智慧流域
理论、方法与技术

冶运涛　蒋云钟　赵红莉　梁犁丽　尚毅梓　曹引 等　编著

中国水利水电出版社
www.waterpub.com.cn
·北京·

内 容 提 要

本书分理论篇和技术篇，共 24 章。理论篇共 9 章，包括智慧流域的起源与时代背景，智慧流域的科学基础与理论框架，智慧流域智能感知技术体系，智慧流域水利大数据技术体系，智慧流域智能仿真技术体系，智慧流域水利模型网技术体系，智慧流域智能决策技术体系，智慧流域智能控制技术体系和智慧流域智能管服技术体系；技术篇共 15 章，包括面向智能感知的降水传感网节点布局优化技术，面向智能感知的水情测报遥测站网论证分析技术，面向智能感知的水质多参数监测设备研制技术，面向智能仿真的水动力水质三维虚拟仿真技术，面向智能仿真的河湖水动力水质实时模拟技术，面向智能诊断的水电机组健康评估与诊断技术，面向智能预警的基于二元水循环的干旱预警技术，面向智能预报的电站调蓄作用下径流预报技术，面向智能预报的流域水文过程实时动态预测技术，面向智能调度的梯级水电站智能优化调度技术，面向智能控制的长距离调水渠道运行控制技术，面向智能决策的水循环要素特性数据挖掘技术，面向智能决策的水利工程规划方案决策优化技术，面向智能管理的草型湖泊水质遥感动态监测技术和面向智能服务的基于云计算的水资源 APP 构建技术。

本书可供水利工程、信息科学、测绘科学与技术、管理科学与工程等领域的研究人员和开发人员使用，亦可作为高等院校相关专业师生的教学参考用书。

图书在版编目（ＣＩＰ）数据

智慧流域理论、方法与技术 / 冶运涛等编著. -- 北京：中国水利水电出版社，2020.10(2024.1重印)
ISBN 978-7-5170-8807-3

Ⅰ．①智… Ⅱ．①冶… Ⅲ．①智能技术－应用－水利工程 Ⅳ．①TV-39

中国版本图书馆CIP数据核字(2020)第157829号

书　　名	**智慧流域理论、方法与技术** ZHIHUI LIUYU LILUN、FANGFA YU JISHU	
作　　者	冶运涛　蒋云钟　赵红莉　梁犁丽　尚毅梓　曹引　等　编著	
出版发行	中国水利水电出版社 （北京市海淀区玉渊潭南路 1 号 D 座　100038） 网址：www.waterpub.com.cn E-mail：sales@mwr.gov.cn 电话：(010) 68545888（营销中心）	
经　　售	北京科水图书销售有限公司 电话：(010) 68545874、63202643 全国各地新华书店和相关出版物销售网点	
排　　版	中国水利水电出版社微机排版中心	
印　　刷	北京中献拓方科技发展有限公司	
规　　格	184mm×260mm　16 开本　33 印张　824 千字	
版　　次	2020 年 10 月第 1 版　2024 年 1 月第 2 次印刷	
定　　价	**160.00 元**	

前　言

　　随着社会经济的高速发展，中国正面临日益严峻的流域性水问题。它们突出表现为复合型水污染及其在流域内的转移，综合性水资源短缺与饮用水安全问题，水利水电等工程引发的生态破坏与经济损失，以及由水旱灾害和污染事件等构成的综合性流域涉水灾害。而全球变化的趋势和城市化率的提高加剧了上述问题，增加了未来的不确定性和风险。从流域系统的角度看，这些水问题特别是水污染不断加剧的一个主要原因是没有从流域尺度进行治理，而且这些水问题相互联系和制约，要更好地解决跨行业、跨部门的水问题，需要改善治理结构，必须实行全流域的综合管理。流域作为一个具有明确边界的地理单元，以水为纽带，将上游、中游、下游组成一个普遍具有因果联系的复合生态系统，是实现资源和环境管理的最佳单元。流域综合管理已经被普遍认为是实现资源利用和环境保护相协调的最佳途径。

　　流域综合管理的实施过程一般包含5个步骤：问题识别与目标确定、过程模拟与评估、评估结果综合分析、管理决策方案设计、决策方案的实施与调整。由流域综合管理的实施过程可以看出，针对某一流域问题，需要从与其联系的水、土、气、生、人等众多要素出发，既要分析和模拟单一流域过程，又要分析不同流域过程之间的联系及响应过程，这一过程一方面需要海量的流域信息支持；另一方面需要针对多学科流域问题的智能化综合决策技术。因此，流域信息化、流域过程分析模型化、综合决策智能化成为流域综合管理部门进行科学决策的保障。数字流域已为流域信息化提供了重要的技术支撑，在水管理中发挥了一定作用。但是由于人水系统的复杂性，现阶段的水治理无法满足人民群众对防洪保安全、优良水资源、宜居水环境、健康水生态的需求，仍然存在着巨大差距，亟须革新治水理念和治水方法。

　　随着新一代信息技术的飞速发展和新的治理理念的涌现，"生态化"和"智慧化"为水治理提供了"双翼"保障，"生态流域"和"智慧流域"应运而生，它们既是一种认识论，又是一种方法论。"生态流域"是对流域"水物理空间"的改造升级的理念和方法，而"智慧流域"是利用新一代信息技术，构建与流域"水物理空间"协同互动的流域"水信息空间"，通过优化"流域水社会空间"，促进"流域水物理空间"生态化的理念和方法。"生态流域"和"智慧流域"相互支撑、相互补充、共同演进。

从数字流域到智慧流域，不仅是水治理方法的进步，更是一种理念的创新。智慧流域不仅涵盖了数字流域的技术，而且涵盖了新一代新信息技术和新的治水理念，是新时期水治理现代化的引擎。但是目前阶段，智慧流域的认知还未达到统一认识，对智慧流域的技术体系还未完全解构，亟须通过对"为什么建智慧流域""智慧流域是什么""智慧流域怎么建""智慧流域关键技术有哪些"等基础性问题的回答，为智慧流域规划和建设提供支撑。

本书围绕上述问题进行了探索研究，内容分理论篇和技术篇，共24章。

理论篇共9章：第1章是智慧流域的起源与时代背景；第2章是智慧流域的科学基础与理论框架；第3章是智慧流域智能感知技术体系；第4章是智慧流域水利大数据技术体系；第5章是智慧流域智能仿真技术体系；第6章是智慧流域水利模型网技术体系；第7章是智慧流域智能决策技术体系；第8章是智慧流域智能控制技术体系；第9章是智慧流域智能管服技术体系。

技术篇共15章：第10章是面向智能感知的降水传感网节点布局优化技术；第11章是面向智能感知的水情测报遥测站网论证分析技术；第12章是面向智能感知的水质多参数监测设备研制技术；第13章是面向智能仿真的水动力水质三维虚拟仿真技术；第14章是面向智能仿真的河湖水动力水质实时模拟技术；第15章是面向智能诊断的水电机组健康评估与诊断技术；第16章是面向智能预警的基于二元水循环的干旱预警技术；第17章是面向智能预报的电站调蓄作用下径流预报技术；第18章是面向智能预报的流域水文过程实时动态预测技术；第19章是面向智能调度的梯级水电站智能优化调度技术；第20章是面向智能控制的长距离调水渠道运行控制技术；第21章是面向智能决策的水循环要素特性数据挖掘技术；第22章是面向智能决策的水利工程规划方案决策优化技术；第23章是面向智能管理的草型湖泊水质遥感动态监测技术；第24章是面向智能服务的基于云计算的水资源APP构建技术。

特别感谢工程师潘汉青和霍健、教授级高级工程师潘罗平、孙金辉博士和教授吕海深等分别提供了"面向智能感知的水质多参数监测设备研制技术""面向智能诊断的水电机组健康评估与诊断技术""面向智能预报的流域水文过程实时动态预测技术"等有关材料，高级工程师刘德龙、高级工程师袁鹰、高级工程师夏瑞参与撰写相关章节，正是由于他们共同的贡献，使本书初步建立了较为完整的智慧流域理论技术体系。

本书获得了国家重点研发计划项目"国家水资源动态评价关键技术与应

用"和"国家水资源立体监测体系与遥感技术应用"、"十二五"国家科技支撑计划课题"基于物联网的流域信息获取技术研究"、水利前期工作项目"智慧水利总体方案编制"、中国工程院咨询研究项目"智慧水利技术框架及战略研究"和课题"新时代我国智慧水利高质发展战略研究"、中国水利水电科学研究院基本科研业务费专项项目"国家智能水网工程框架设计"等的资助。

中国水利水电科学研究院的王浩院士，水利部信息中心蔡阳主任、教授级高级工程师曾焱、教授级高级工程师成建国、教授级高级工程师陈德清，黄河水利委员会信息中心寇怀忠副主任，黄河水利科学研究院教授级高级工程师夏润亮，中国水利水电科学研究院教授级高级工程师张双虎等，在智慧流域研究方面从不同角度给作者很多的指导和启发，在此向他们表达真挚的谢意。感谢中国水利水电出版社编辑老师校稿付出的辛劳。

本书是在繁重的工作之余总结而成，感谢天真活泼的儿子带来的生活乐趣。

感谢所有激发作者想法和支持作者研究的单位与个人。

智慧流域理论技术研究是个复杂的系统工程，既涵盖了哲学、管理、信息、水利等多个学科，又融合了新兴的管理理念和技术范式，因此需要建立公认的概念体系、发展模式和遴选技术，这对于治水现代化能力的提升至关重要。但这些仍处于探索阶段，还不能完全指导智慧社会时代的新一代信息技术与现代化管理方法和治水实践深度融合，缺少了理论与实践相互促进和相互提升的过程。本书的探索仅仅是抛砖引玉。限于作者水平，书中有不足之处，敬请广大读者批评指正。

冶运涛

2020 年 8 月于北京

目 录

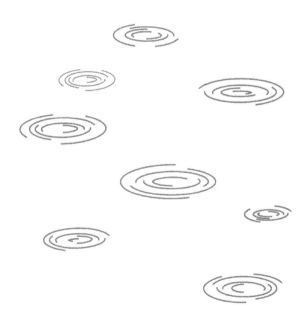

理论篇

第1章 智慧流域的起源与时代背景

1.1 智慧流域的发展基础

1.1.1 流域是治水决策管理和科学研究的最佳单元

流域是指一个湖泊或河流的集水区域，以水为媒体，由人和自然共同构成的社会、经济、资源、环境等诸要素在内的复合系统。它不仅是自然系统与人造系统结合的复合系统，而且包括人的意识及其活动，系统内部湖泊-河流-流域之间各种事件的发生和变化存在着共生和因果联系，因此只有以流域系统为整体单元进行资源开发、环境整治和社会经济发展的统一规划和综合管理，才能从流域内部不同区域的物质流、能量流和信息流出发，充分尊重自然规律，达到人与自然的协调，确保资源与环境的可持续利用（宋长青等，2002）。传统的以行政区域为单元、人为割裂流域或流域各区段之间自然联系的研究思路与方法，已越来越难适应当今地学研究强调人与人文综合集成、强调定量微观机理的发展趋向（宋长青 等，2002）。因此，流域是水资源管理和生态保护的基本单元（National Research Council，1999；Brady，1996；He et al.，2010），也是应用系统综合途径来解决环境问题并实现社会可持续发展的着眼点（贺缠生，2012）。

从水文的角度看，流域可被视为一个"原子"单元，全球陆地正是由从汇水区到子流域到小流域再到大江大河的一个个流域组成的。流域是由分水岭分割而成的自然地域单元，水、泥沙、其他沉积物和化学物质，都主要在流域内部循环，并通过水流汇集到流域出口处。因此，流域是一个既与外界保持着物质、能量和信息交换，但同时又相对封闭、有着清晰边界的系统。

从生态的角度看，流域也被认为是陆地生态系统的一个浑然天成的单元。生态学家认为，"流域生态学的一个重要意义在于它是生态学理论研究和实际应用相结合最适宜的实验地"（邓红兵 等，1998），因此，必须把流域看做一个完整的、异质性的生态单元，研究流域内不同层级、高地、沿岸带、水体间物质、能量和信息交换，分析和模拟流域生态系统的整体功能，并以流域为单元实现生态修复（蔡庆华 等，1998；陈求稳和欧阳志云，2005）。

从社会经济的角度看，世界上不少行政边界是流域分水岭或者大江大河，人类的经济活动往往沿主要河流展开，流域经济带因而成为规划经济活动的一个重要单元。此外，流域内普遍存在着上下游用水矛盾以及由水而激发的其他矛盾。因此，流域更是管理水资源、土地资源和其他资源以及探索社会可持续发展的一个理想单元。

总之，一方面，流域是一个相对封闭的系统，它和外部系统的交换界面较为清晰，这有利于厘清系统的边界，相对独立而又可控地开展研究；另一方面，流域又是由水资源系统、生态系统与社会经济系统协同构成的、具有层次结构和整体功能的复杂系统（程国栋等，2011；Cheng et al.，2014），它具有陆地表层系统所有的复杂性，其综合研究几乎需要涉及地球系统科学的各个门类。这两个特点相辅相成，使得流域成为适合开展地球系统科学实践的绝佳单元（程国栋和李新，2015）。

1.1.2　流域综合管理是解决水问题的重要途径

长期以来，为了追求经济快速增长，人们只注重开发利用河流的经济功能，忽视河流的生态功能，由此引发了河流的生态和环境改变等一系列问题，并为此付出了沉重的代价。过去，人们通常以单一部门或从单一要素对河流进行管理，行政干预常常是解决水问题冲突的主要手段。但是，这种管理方式已经越来越不适应社会经济发展的需要。应该看到，流域水问题正在发生重大变化，各种流域性问题的规模也在不断扩大，河流不同服务功能之间的矛盾日益加剧，流域内各利益群体的诉求进一步强化并呈现多样性。因此，仅仅依靠单一部门或采取单一措施进行治理，只能是事倍功半。

河流生态系统经过长期演化，具有相对完整的结构以及稳定的生态功能。流域是完整的自然地理单元，一般包括上游、中游、下游、河口等，涵盖淡水生态系统、陆地生态系统、海洋和海岸带生态系统。水是流域不同地理单元与生态系统之间联系的最重要的纽带，是土壤、养分、污染物、物种（特别是洄游性鱼类）在流域内迁移的载体。流域生态系统通过水文过程、生物过程和地球化学过程提供淡水等流域产品和服务。流域同时也是独特的人文地理单元，大河流域往往是文明的发祥地，人类文明史在一定程度上也是人与河流相互作用的历史。流域是自然与人文相互融合的整体。流域内健康的湿地、森林与河口等生态系统，不仅为人类提供了灌溉、饮水、水能、航运、水产等社会经济服务功能，还提供了调蓄洪水、净化水质、保护生物多样性等生态环境服务功能。河流是联系上下游地区社会经济发展与文化传播的重要通道。在流域尺度上，通过跨部门和跨地区的协调管理，合理开发、利用和保护流域资源，最大限度地利用河流的服务功能，实现流域的经济、社会和环境福利的最大化以及流域的可持续发展，这就是流域综合管理的核心。实行流域综合管理是当前世界各国治理水问题的普遍趋势，也是解决我国日益严峻的流域性资源环境问题的重要途径（陈宜瑜 等，2007）。流域综合管理不是原有水资源、水环境、水生态、水土保持、湿地保护、林草恢复等要素管理的简单叠加，而是基于生态系统方法和利益相关方参与，试图打破部门管理和行政管理的界限，改变原有的治理结构。它既非仅仅依靠工程措施，也非简单恢复河流自然状态，而是通过综合性措施重建生命之河的系统综合管理。

1.1.3　智能化和智慧化是信息化和社会发展的新阶段

从文明之初的"结绳记事"，到文字发明后的"文以载道"，再到近现代科学的"数据建模"，数据一直伴随着人类社会的发展变迁。然而，直到以电子计算机为代表的现代信息技术出现后，人类掌握数据、处理数据的能力才有了质的跃升。信息技术及其在经济社会发展方方面面的应用（即信息化）推动数据（信息）成为继物质、能源之后的又一种重要战略资源。

回顾信息化的发展历程，我们已经经历过两次高速发展浪潮，正在进入第三次浪潮。从 20 世纪 40 年代第一台电子计算机出现到 20 世纪 80 年代之前，计算机价格昂贵、体积巨大、能耗较大，仅应用在国防、气象和科学探索等领域。20 世纪 80 年代，随着个人计算机的大规模普及应用，第一次信息化浪潮到来，这一阶段可总结为以单机应用为主要特征的数字化阶段。在这一波浪潮中，信息技术褪去神秘的面纱，开始广泛应用到其他领域。受这一波信息化影响而最先发生改变的当属办公条件。数字化办公和计算机信息管理系统取代了纯手工处理，人类第一次体会到信息化带来的巨大改变。

从 20 世纪 90 年代中期开始，以美国提出"信息高速公路"建设计划为重要标志，互联网开始了大规模商用进程，信息化迎来了蓬勃发展的第二次浪潮，即以互联网应用为主要特征的网络化阶段。利用计算机工作的人们，通过互联网实现了高效连接，人类信息交互、任务协同的规模得到空前拓展，空间上的距离不再成为制约沟通和协作的障碍。一方面，政府和企业利用互联网促进信息交流与异地协作，从而实现业务流程和资源配置的优化，并大幅提高工作效率和产品（服务）质量。另一方面，越来越多的人通过互联网结识好友、交流情感、表达自我、学习娱乐，人类开启了在信息空间中的数字化生存方式。可以说，互联网的快速发展及延伸，加速了数据的流通与汇聚，促使数据资源体量指数式增长，数据呈现出海量、多样、时效、低价值密度等一系列特征。

当前，信息化建设的第三次浪潮扑面而来，信息化正在开启以数据的深度挖掘和融合应用为主要特征的智能化阶段，这是建设数字中国的大背景。随着互联网向物联网（含工业互联网）延伸而覆盖物理世界，"人机物"三元融合的发展态势已然成型。除了人类在使用信息系统的过程中产生数据，各种传感器、智能设备也在源源不断地产生数据，并逐渐成为数据最重要的来源。数据资源的不断丰富、计算能力的快速提升，推动数据驱动的智能应用快速兴起。大量智能应用通过对数据的深度挖掘与融合，帮助人们采用新的视角和新的手段，全方位、全视角展现事物的演化历史和当前状态，掌握事物的全局态势和细微差别；归纳事物发展的内在规律，预测事物的未来状态；分析各种备选方案可能产生的结果，从而为决策提供最佳选项。当然，第三次浪潮还刚刚开启、方兴未艾，大数据理论和技术远未成熟，智能化应用发展还处于初级阶段。然而，汇聚和挖掘数据资源，开发和释放数据蕴藏的巨大价值，已经成为信息化新阶段的共识。

纵观信息化发展的三个阶段，数字化、网络化和智能化是三条并行不悖的主线。数字化奠定基础，实现数据资源的获取和积累；网络化构造平台，促进数据资源的流通和汇聚；智能化展现能力，通过多源数据的融合分析呈现信息应用的类人智能，帮助人类更好地认知事物和解决问题。三个阶段的"数字化"又各有特色和重点。信息化的第一阶段是从具有广泛需求且与个人计算机能力最为匹配的办公起步，如文字处理、人事财务物资管理等，"办公数字化"是这个阶段的重点。在第二阶段，通信带宽不断增长、覆盖范围日益广泛的互联网成为信息化的基础平台，各种信息系统纷纷接入互联网并与其他系统交换数据。人们不仅依靠互联网协同工作，也借助互联网开展生活中的各种活动，信息化场景从办公室拓展到整个人类社会。人类积累的数据不再仅限于结构化的业务数据，无结构的文本、图片、音视频等用户生成内容占比日益增加，数据呈现结构化、非结构化并存并通过网络大规模交换、共享和聚集的态势。这个阶段的重点可归纳为"社会数字化"。信息化进入新阶段，数字化的重点将是"万物数字化"，越来越多物理实体的实时状态被采集、传输和汇聚，从而使数字化的范围蔓延到整个物理世界，物联网数据将成为人类掌握的数据集中最主要的组成部分，海量、多样、时效等大数据特征也更加突出。

需要进一步说明的是，在第二阶段，网络化的重点平台是互联网和移动互联网，而在当前的新阶段，网络化的重点平台将是面向各行各业、面向物理世界各类实体的物联网。智能化作为刚刚开启的信息化新阶段的主要特征，通过各类智能化的信息应用帮助人们判断态势、预测趋势并辅助决策，当前仍处于起步期，本质上还是数据驱动的智能。相信随着信息技术的不断进步、信息应用智能化程度的不断提升，数据资源蕴藏的巨大能量将会不断释放，进一步惠及人类社会。

1.1.4 智慧社会的发展驱动治水模式进入新时代

新一轮信息化浪潮正席卷全球，新一代信息技术与经济社会深度融合，智慧城市、智慧社区、智能电网、智慧交通、智慧医疗等在发达地区和相关行业得到应用，深刻改变着政府社会管理和公共服务的方式。

1.1.4.1 智慧社会理念的提出与发展

2008 年 11 月 IBM 提出"智慧地球"概念，2009 年 1 月，时任美国总统奥巴马将其上升为美国国家战略，2009 年 8 月，IBM 又发布了《智慧地球赢在中国》计划书，正式揭开 IBM "智慧地球"中国战略的序幕（IBM 商业价值研究院，2009）。近年来世界各国的科技发展布局，IBM "智慧地球"战略已经得到了各国的普遍认可。数字化、网络化和智能化，被公认为是未来社会发展的大趋势。而与"智慧地球"密切相关的物联网、云计算、大数据、人工智能、区块链、移动通信等，更成为科技发达国家制定本国发展战略的重点。自 2009 年以来，美国、欧盟、日本和韩国等纷纷推出物联网、云计算、大数据、人工智能相关发展战略。

我国政府高度重视信息化发展，2009 年 8 月，时任总理温家宝提出了加快建设国家"感知中国"中心，随后在 11 月发表了题为"让科技引领中国可持续发展"的讲话，要着力突破传感网、物联网关键技术，及早部署后 IP 时代相关技术研发，使信息网络产业成为推动产业升级、迈向信息社会的发动机。目前，我国已将这项技术发展列入国家中长期科技发展规划。2010 年，伴随 IBM 正式提出"智慧的城市"愿景，中华人民共和国科学技术部立项开展智慧城市建设关键技术研究，并将深圳和武汉作为全国智慧城市的建设试点。2011 年，浙江省在全省范围内开展智慧城市建设试点。2012 年，住房和城乡建设部开始推动智慧城市试点建设。2013 年，国家测绘地理信息局开展智慧城市时空信息云平台的建设及试点。2014 年 8 月，国家发展和改革委员会（以下简称"国家发展改革委"）等八部委联合印发《关于促进智慧城市健康发展的指导意见》，从国家层面统筹推进智慧城市建设。从 2015 年开始，国家发展改革委、中共中央网络安全和信息化委员会办公室（以下简称"中央网信办"）牵头，会同国家标准委、工业和信息化部（以下简称"工信部"）、水利部等 25 个相关部门成立了智慧城市建设部级协调工作组，共同加快推进智慧城市建设，并在"十三五"期间推进 100 个示范性智慧城市建设。在智慧城市建设的过程中，结合行业信息化推进实践，交通、电力、卫生等行业纷纷提出智慧交通、智能电网、智慧医疗等概念，并积极探索和推进。这表明智慧化时代已经来临。

　　为了迎接智慧化时代，科学判断信息化社会发展趋势，中国共产党第十九次全国代表大会报告提出了建设智慧社会的战略部署，并将其作为建设创新型国家的重要内容，从顶层设计的角度，为经济发展、公共服务、社会治理提出了全新要求和目标，为信息化时代社会建设指明了方向。智慧社会在云计算、物联网、大数据、移动互联网、人工智能等新一代信息技术的支撑下，通过全面感知、识别、模拟和预测社会态势，辅助政府和企业进行精细管理、快速响应、协同调度、科学决策，进而提供人性化服务，让经济社会发展更高效、更集约、更智能。

　　智慧流域不仅是智慧地球实现的最佳地理单元，而且是建设智慧社会的重要组成部分。

1.1.4.2　智慧社会的主要特征

　　（1）透彻感知。透彻感知是智慧社会的"感官"，通过全方位、全对象、全指标的监测，为社会管理与公共服务提供多种类、精细化的数据支撑，是实现智慧社会的前提和基础。透彻感知既需要传统监测手段，也需要物联网、卫星遥感、无人机、视频监控、智能手机等新技术的应用；既需要采集行业内的主要特征指标，也需要采集与该行业相关的环境、状态、位置等数据。

　　（2）全面互联。全面互联是智慧社会的"神经网络"，实现感知对象和各级平台之间的互联互通，关键在于广覆盖、大容量，为随时、随地的应用提供网络条件。全面互联不仅需要光纤、微波等传统通信技术的支撑，也需要物联网、移动互联网、卫星通信、Wi-Fi等现代技术的应用。

　　（3）深度整合。深度整合是智慧应用的基本要求，不仅包括数据和业务的整合，还包括通过云计算技术等实现基础设施整合，关键是让分散的基础设施、数据和应用形成合力。

　　（4）广泛共享。广泛共享是智慧社会实现管理与服务高效便捷的关键，通过各类数据的全参与、全交换，实现对感知数据的共用、复用和再生，为随需、随想的应用提供丰富的数据支撑。广泛共享既需要行业内不同专业数据的共享，也需要相关行业不同种类数据的共享，丰富数据源，为大数据技术的应用提供支撑。不仅财政资金支持的数据必须共享，而且要广泛应用社会不同渠道的数据。

　　（5）智能应用。智能应用是智慧社会的"智慧"体现，关键在于对新型识别技术、大数据、云计算、物联网、人工智能、移动互联网等新技术的运用，对各类调控、管理对象和服务对象的行为现象进行识别、模拟、预测预判和快速响应，推动政府监管更高效、社会管理更精准、调度运行更科学、应急处置更快捷、便民服务更友好。

　　（6）泛在服务。泛在服务是智慧社会的重要落脚点，将智能系统的建设成果形成服务能力和产品，关键是人性化、便捷化、个性化。各行业的泛在服务在与用户互动方面的要求基本一致，但也各有特点，面向公众服务的应用主要是要求便捷易用，面向政府管理提供服务的应用重点是要求决策支持。

1.2 从数字流域到智慧流域

1.2.1 数字流域的发展

1998 年 1 月，美国前副总统戈尔在加利福尼亚州科学中心作了题为《数字地球》的演讲，标志着美国"数字地球"战略计划出台。由"数字地球"衍生出来的"数字中国""数字城市""数字流域"等，是对不同领域（区域）信息的描述。"数字流域"的概念由张勇传（2001）提出，我国水利界先后提出了"数字海河""数字黄河""数字长江"等一系列数字流域的建设规划，其中"数字黄河"工程已经付诸实施。"数字流域"的建设为我国研究和解决江河水利与水害问题提供了高科技手段。

"数字流域"的实质就是对流域过去、现在和未来信息的多维描述。"数字流域"的研究内容是综合处理流域的空间、地理、气象、水文和历史信息，应用模拟、显示等技术手段，描述流域过去、现在和未来的各种行为，并为流域管理提供决策支持。数字流域整体框架包含数据层、模型层、应用层 3 层（王光谦 等，2006）。国际上少数发达国家已经建立了完善的数据采集和处理系统；研制了一些基于数字高程模型（Digital Elevation Model，DEM）的分布式水文模型；开发了适合本国或本流域的应用系统，如：实时监测系统、河流水情预报系统、水量分配调度系统等；这些系统已在实际工程和管理中发挥了重要的作用，收到了巨大的效益。在我国，20 世纪 90 年代各大江河流域都建立了水文水情数据库，这一时期数据采集系统也在不断完善，由手工、半手工阶段逐渐过渡到自动化采集阶段，采集监测站网不断健全，采集数据的种类更加齐全；随着国家空间信息基础设施建设的发展，不同比例尺的空间地理数据库相继建成；遥感卫星从无到有，实现了自主研制、发射和图像接收；"伽利略"定位系统投入使用，北斗导航卫星系统也建成使用；全国范围的雷达测雨系统已发挥重要作用；数字流域在数据层的建设目前已经有一定规模。模型层是数字流域研究的核心，目前对数字流域的模型研究已有一定进展，研究区域逐渐从小流域扩展到大流域。应用层是数字流域的顶层，也是数字流域研究的目标，目前在该层的研究主要是提供数据服务以及一些专题的决策支持服务，并且大多数的决策支持服务都还是建立在传统模型基础之上，即用传统模型的结果来为决策支持提供依据。

1.2.2 智慧流域驱动因素

1.2.2.1 智慧流域的需求驱动因素

1. 智慧流域是建设生态文明的战略选择

21 世纪是生态文明的世纪，随着以信息技术为代表的高新技术的推陈出新，未来的流域不仅越来越"生态化"，也越来越"智慧化"。智慧流域的到来必将带来流域生产力的又一次深刻变革，形成推动生态流域和民生流域发展的强劲动力，成为建设生态文明和美丽中国的战略选择。

生态文明是现代社会的高级文明形态。面对资源约束趋紧、环境污染严重、生态系统退化的严峻形势，我国明确要求更加自觉地珍爱自然，更加积极地保护生态，努力走向社会主义生态文明新时代，将生态文明提到关系人民福祉、关乎民族未来的长远大计高度，树立尊重自然、顺应自然、保护自然的生态文明理念，把生态文明建设融入经济建设、政治建设、文化建设、社会建设全过程和各方面。生态文明是继原始文明、农业文明和工业文明后的一种高级文明形态，是社会文明演变发展的历史继承和提升，是对传统农业文明和工业文明的反思与超越，倡导的是人与自然的协调发展。

生态文明建设需要智慧流域发挥战略支撑作用。中国共产党中央委员会（简称"党中央"）之所以将生态文明建设提升到"绿水青山就是金山银山"的高度，是因为生态环境已经影响到人民的生活和生存，受到社会的普遍关注。资源约束趋紧、环境污染严重、生态系统退化的严峻形势已成为我国经济可持续发展的瓶颈。数据显示，中国近30%的国土面积分布在大江大河流域，涉及不同的行政区域，流域承载着密集的城镇、工矿企业和众多的人口，是我国经济发展的核心地带，流域内的水资源、土地资源、生物资源、矿产资源等为国民经济的可持续发展提供了源源不断的资源支撑和驱动力。流域是生态文明建设的基本单元，是生态文明建设过程中的摇篮和"孵化器"。如果没有健康的流域支撑，生态文明将是无源之水。因此，维护健康的流域是生态文明建设的重要路径和基石，是实现中华民族伟大复兴的通道。随着生态文明理念的不断深入，健康的流域管理发挥战略作用，流域管理向智慧化方向转变成为信息化发展的终极趋势，是践行治水思路"节水优先、空间均衡、系统治理、两手发力"，保障水安全和生态文明战略实现的重要抓手。

2. 智慧流域是社会融合发展的重要支撑

随着科学技术的不断进步，信息社会已成为社会发展的主流形态，信息社会将信息化贯穿到了生产生活的各个方面，使信息化走向了"智慧"，并使生产力得到了提升。据统计，目前发达国家1/2以上从业人员在从事与信息相关的工作，照此推算，未来10年人们的全部工作中将有4/5与信息有关。信息社会已经显现出以下重要特征：①信息网络泛在化，高速、宽带、融合、无线的信息基础设施将联通所有人或物。②社会运行智能化，精细、准确、可靠的传感中枢将成为社会运行的要素。③经济发展绿色化，高效、安全、便捷、低碳的数字经济将蓬勃兴起。④人们生活数字化，科学、绿色、超脱、便捷的数字化新生活将变成现实。⑤公共服务网络化，虚拟化、个性化、均等化的社会服务将无所不在。⑥公共管理高效化，精细管理、高效透明将成为公共管理的必然趋势。随着信息社会的快速发展，社会各行各业都在发生改变，从社会网络、生产模式，到管理方式与服务手段，这对流域发展及服务方式都产生重要影响，智能化、一体化、协同化成为流域发展的新趋势，智慧流域的到来是必然趋势。

智慧化理念促进了智慧流域的发展。2008年年底IBM首次提出"智慧地球"新理念，感应器逐步被装备到电网、铁路、桥梁、隧道、公路、建筑、大坝、油气管道等各种物体中，并且被普遍连接，形成"物联网"。物联网与现有的互联网整合起来，实现人类社会与物理系统的整合。智慧地球核心是更透彻的感知、更全面的互联互通和更深入的智能化。智慧地球概念提出以来，各种智慧化应用与创新得到不断推广，智慧化理念的不断深入对我国智慧流域的发展也起到了积极的推动作用（蒋云钟 等，2010、2011）。智慧流域是智慧地球实现的重要构成单元，通过智慧流域的发展，可以更有力地承担建设、保护和改善生态系统的重大使命，有效改善森林锐减、湿地退化、土地沙化、物种灭绝、水土流失、干旱缺水、洪涝灾害、气候变暖、空气污染等生态危机。智慧地球是一种低碳、绿色、和谐的发展模式，完全契合了我国构建生态文明、建设美丽中国的发展战略。随着智慧地球理念的不断深入，我国智慧流域的建设是必然趋势。尤其是在我国新型工业化、信息化、城镇化、农业现代化融合发展战略的促进下，流域智慧化的道路将加快推进、创新发展。

3. 智慧流域是流域转型升级的现实需求

近年来，流域信息化有力地支撑了生态流域建设，流域信息化全力促进了流域产业发展，流域信息化着力引领了生态文化创新，流域信息化大力提升了流域执政服务水平。总之，信息化促进了流域智慧转变。从信息到智慧、从数字流域到智慧流域，信息化在流域管理中的应用已经从零散的点的应用发展到融合的全面的创新应用。①智慧流域创新服务，以"民生优先、服务为先、基层在先"的服务理念，用更全面的互联互通促进信息交互、服务多元化，极大地提升政府服务水平和基层参与管理的深度，从而有效支撑服务型政府的构建。②智慧流域创新平台，用更透彻的感知摸清水资源和生态环境状况、遏制生态危机、共建绿色家园，用更深入的智能监测预警事件、支撑生态行动、预防生态灾害，从而打造一体化、集约化的发展平台。③智慧流域创新管理，以智能建设生态流域，提速民生事业，用更智慧的决策掌控精细管理、处置应急事件、促进协同服务，实现最优化的创新管理。

经过多年的努力，流域信息化快速发展，流域管理水平不断提高，流域生态文明建设也取得了一定成果。但是，智慧流域在未来发展过程中仍将面临着较大的挑战：①信息共享和业务协同程度低。②新技术应用支撑能力不足。③感知体系不完善。④数字鸿沟依然悬殊。由于目前存在的各种问题，不仅制约了流域管理发展，且影响了国家发展大局，如果不加快流域发展模式转型升级，将影响美丽中国的实现。因此，需要全面加快流域信息化建设，促进流域管理转型升级，实现流域智慧化发展。今后的流域将实现高度智能化，"信息化引领、一体化集成、智慧化创新"。

4. 智慧流域是主动寻求变化的结果

随着人类社会的发展，流域管理思想也发生着巨大变化，从传统管理方式不断向重视生态、兼顾生态与经济的协调发展转变，从而构建更加适应社会发展需要的流域模式，这需要充分利用现代科学技术和手段，提高全社会广泛参与保护和培育流域资源的积极性，高效发挥流域的多功能和多重价值，以满足人类日益增长的生态、经济和社会需求，现实的需要为智慧流域的发展提供了契机。

现代信息技术革命不断促进社会发展。20世纪以来，在世界范围内兴起了一场以微电子技术、计算机技术与光纤通信技术等为核心的信息技术革命，对社会发展产生了重要影响，是以往任何一次技术革命所不可比拟的。目前，信息技术革命主要经历了三个阶段，即计算机的产生与发展、互联网的产生与发展、物联网的产生与发展阶段。信息技术革命是近代历史上所发生的重要科技革命，计算机技术开辟了智能化时代；互联网技术使信息传播途径成功升级，实现了信息分享无处不在、信息传递精准定位、信息安全便捷可保；物联网、云计算、移动互联网等新一代信息技术实现了互联互通、快速计算、便捷应用等。牢牢把握新一轮信息技术革命的机遇，充分利用现代信息技术的强力作用，将为社会发展不断创造奇迹。

现代信息技术在流域发展中发挥了重要作用。随着现代信息技术的逐步应用，通过对流域的全面有效监管，能实现流域资源状况的实时、动态监测和管理，获取流域资源基础数据，实现对流域资源与社会、经济、生态环境的综合分析，对流域发展态势进行详细分析，对流域演化情况进行预测和模拟。

新一代信息技术为智慧流域的发展提供重要支撑。随着云计算、物联网、下一代互联网等新一代信息技术的变革，以及智慧经济的快速发展，信息资源日益成为流域发展的重要因素，信息技术在流域发展中的引领和支撑作用进一步凸显。目前，信息技术在流域基础设施建设、流域资源监测与管理、流域政务系统完善、流域产业发展等方面已得到广泛应用，为智慧流域的发展起到重要的推动作用。

1.2.2.2　智慧流域的技术驱动因素

1. 智能传感器网络

现代信息技术的三大基础是传感器技术、通信技术和计算机技术，它们分别完成对信息的采集、传输和处理。传感器网络是由一定数量的传感器节点通过某种通信协议连接起来形成的测控系统，与通常的计算机网络相比，具有更好的容错性、实时性和对环境变化的自适应能力。随着传感技术、计算机软硬件技术、网络通信技术（包括无线和移动通信、卫星通信等）的进步，未来的传感器将构成价格低廉、大中小型相结合、无处不在、接触或非接触的智能传感器网络。

智能传感器网络是使智能传感器处理单元实现网络通信协议，从而构成以一个分布式智能传感器的网络系统。在该网络中，传感器成为一个可存取节点，在该网络上可以对智能传感器数据和信息进行远程访问。Neil Gross 将传感器网络描述为"行星地球上附着的一层电子皮"。它用互联网作为骨架来支撑和传输各种感知。这张皮被缝合在一起，它由上百万个嵌入式电子测量器件组成，包括恒温计、压力计、污染检测仪、摄像机等。它们将测量和监测流域和濒危物种；大气；舰船、公路和运输车队；人们的对话、身体乃至梦境（李德仁 等，2010）。它具有以下功能特点：①它是一个无处不在的、接触或非接触的、具有数据采集和通信功能的传感器网络。②它具有一定的在线数据处理能力，以满足实时用户对数据加工、信息提取的实时要求。③智能传感器网络应融入全球计算机信息网络，能根据用户需求的不同级别，合理地调配其资源，实现信息传输、智能控制和灵性服务。

在信息技术和传感器技术飞速发展的时代，每天都可以通过各种遥感传感器接收到信息量极为丰富的多源遥感数据源，这不仅为遥感定量化、动态化、网络化、实用化和产业化提供了基础，而且为利用遥感数据进行城市各种资源的管理、动态监测和服务提供了数据保障（龚健雅 等，2019）。

2. 物联网是工业化和信息化融合的产物

物联网（Internet of Things，IOT）是近年来正在迅猛发展的一项技术，是通过射频识别（RFID）、红外感应器、全球定位系统、激光扫描器等信息传感设备，按约定的协议把任何物品与互联网连接起来，进行信息交换和通信，以实现智能化识别、定位、跟踪、监控和管理的一种网络。具体地说，就是把感应器嵌入和装备到电网、铁路、桥梁、隧道、公路、建筑、供水系统、大坝等各种物体中，并且被普遍连接，形成物联网。物联网实现了人与人、人与机器、机器与机器的互联互通。

物联网是以感知为目的的"物物互联"，已成为"智慧地球"的核心部分。美国 *START-IT* 杂志和 *M2M* 杂志将物联网市场分为六大支柱应用，分别为遥感监测、远程通信与信息处理、智能服务、传感器网络、RFID 和远程控制等。物联网的具体用途还遍及智能交通环境保护、政府工作、公共安全、智能消防、工业监测、水系监测等应用领域。借助物联网的发展，人类可以提高资源利用率和生产力水平，改善人与自然间的关系。

3. 全 IP 网络架构的物联网

IP 规定了计算机在因特网上进行通信时应当遵守的规则，任何厂家生产的计算机系统只要遵守 IP 协议就可以与因特网互联互通。未来的网络将是全 IP 网络，全 IP 能无缝集成各种接入方式，将宽带、移动因特网和现有的无线系统都集成到 IP 层中，通过一种网络基础设施提供所有通信服务，并为运营商带来许多好处，如节省成本、增强网络的可扩展性和灵活性，提高网络运作效率，创造新的收入机会等。

物联网由统一的编码系统、智能传感网以及信息网络系统组成。智能传感器网是物联网的数据采集和事务监督系统，它利用各种仪器设备实现对静止或移动物体的自动识别，并进行数据交换。信息网络系统由本地网路和全球互联网组成，是实现信息管理、信息流通的功能模块。

全 IP 网络架构的物联网集智能传感网、智能控制网、智能安全网的特性于一体，真正做到将识别、定位、跟踪、监控、管理等智能化。国际电联层预测，未来世界是无所不在的物联网世界，将有上万亿传感器为地球上的 70 多亿人口提供服务，通过集成有线光纤、城域网、局域网以及用户的固定、游牧、移动式应用，构建一个无处不在的网络基础设施。

1.2.3　智慧流域的出现

数字地球是以空间位置为关联点整合相关资源（以地理信息系统和虚拟现实技术集成各类数据资源），实现了"秀才不出门、能知天下事"。物联网将与水、电、气、路一样，成为地球上的一类新的基础设施。当今世界，"数字地球"正向"智慧地球"转型，"智慧城市""智慧流域"等概念也孕育而生。世界将继续"缩小""扁平化"和"智慧"，我们正在迈入全球一体化和智慧的经济、社会和地球的时代。数字地球把遥感技术、地理信息系统和网格技术与可持续发展等社会需要联系在一起，为全球信息化提供了一个基础框架。将数字地球与物联网结合起来，就可以实现"智慧地球"（李德仁 等，2010）。

数字流域是伴随地理信息系统和虚拟现实技术产生的概念，强调各种数据与地理坐标联系起来，以图形或图像的方式来展示。然而仅提供三维、航空和地面多视角等多维位置服务的数字流域已经不能适应大信息量、高精度、可视化和可量测方向发展趋势，以及不能满足数据生产、加工、服务内容和更新手段提出的自动化、实时性和智能化的更高要求（李德仁 等，2010、2011）。因此将物联网引入数字流域中，便可构成智慧流域，其发展态势是：①天地一体化同步观测，有利于提高数据处理的速度和精度。②传感器通过 IP 地址进入计算机网络，实现传输和实时处理。③通过网络计算从数据中提取信息和知识，有利于及时提供决策支持。④使数字流域研究走向动态、多维和实时。智慧流域的提出意味着从一种与数字流域不同的视角，以物体基础设施和 IT 基础设施的连接为特色，数字代表信息和信息服务，智慧代表智能、自动化与协同，注重人的个性体验和发展。数字流域以信息资源的应用为中心；智慧流域以自动化、智能处理应用为中心，虽然两者有关联与交集，但是所强调的内涵不同。智慧流域不但具有数字流域特点，更强调人类与物理流域（现实流域）相互作用，实现流域物理世界中人与水、水与水、人与人之间的便利交流，与数字流域的巧妙结合，构建"流域水物理空间-流域水信息空间-流域水社会空间"三元体系的联合互动模式，突出其作为新一代流域变革理念的特色和生命力。

作为"智慧地球"的重要组成部分，"智慧流域"无疑是最关系民生的内容之一。智慧流域是数字流域与物联网相结合的产物，其理念是把传感器装备到流域中的各种物体中形成"物联网"，并通过超级计算机和云计算实现物联网的整合，从而实现数字流域与流域系统整合。通过智慧流域，可以实现流域的智慧管理及服务。

1.3　国内外研究应用现状

以云计算、物联网、移动互联网为代表的新一代信息技术日益发展并逐渐成熟，正深刻影响着我国信息化的各个领域。这些技术的有机结合与深化应用，将使"计算无所不能、网络无所不在、服务无所不可"，并将在感应、传输、计算、业务应用和服务模式上，对水管理工作产生变革性的深刻影响，将会在水文监测预警预报、水利工程运行管理、水资源监控调度、水生态监测保护、水土保持监测和水行政管理等领域得到广泛有效的应用。

1.3.1　国内应用研究现状

自"智慧地球"理念提出之后，我国学者对其如何与治水实践相结合展开了理论探索。蒋云钟等（2010、2011、2014）将该理念和治水实践需求、流域科学相结合，开展了智慧流域理论技术体系框架的研究。以物联网和流域调控相结合为出发点，总结分析了流域调控的特点和要求以及现有调度系统存在的问题，探讨了物联网技术与流域调度的关系，提出了基于物联网技术的流域智能调控技术体系（蒋云钟 等，2010）。在此基础上，蒋云钟等（2011）提出了"智慧流域"的概念，分析了智慧流域的战略需求和技术推动因素，提出了智慧流域的涵义并阐述了其特征，设计了智慧流域总体框架，对其中的关键技术和支撑平台进行了探索，并展望了智慧流域在防洪减灾、抗御干旱、防治污染和水资源管理中的应用前景。为了更加细致地描述智慧流域在治水方面的应用，蒋云钟等（2014）探索了智慧流域理论在水利工程运行管理方面的应用体系，提出了由实时感知层、水信互联层、智慧决策层组成的水质水量智能调控及应急处置系统总体框架，设计了其智能感知、智能仿真、智能诊断、智能预警、智能调度、智能处置、智能控制等服务功能。在智慧流域框架下，衍生出很多与治水相关的概念，如从空间角度来讲，衍生出智能水网（中国水利水电科学研究院水资源研究所，2011；"国家智能水网工程框架设计研究"项目组，2013；匡尚富和王建华，2013；尚毅梓 等，2015；王建华 等，2018、2019）、智慧水网（胡传廉，2011）、智慧灌区（戴玮 等，2018；周亚平 等，2019）、智慧河流（马兴冠 等，2016）、智能大坝（李庆斌 等，2014）、智慧大坝（钟登华 等，2015）等概念；从行业应用来说，如智慧水利（水利部参事咨询委员会，2018；蔡阳，2018；张建云 等，2019）、智慧水务（浙江省水利厅，2012；张世滨，2013；郭晓祎，2013）、水联网（王忠静 等，2013）、智慧环保（徐敏 等，2011；刘锐 等，2012）、智慧农业（李道亮，2012；顿文涛 等，2014）、智慧气象（沈文海，2015；周勇 等，2016）等概念。从以流域为单元的系统治水角度，上述概念均可纳入智慧流域的范畴。由于所有水问题的原因归结为自然水循环和社会水循环演变的失衡，而由自然河湖水系和人工供排渠系构成的水网是水循环载体，从这个角度来说，智能水网是智慧流域的重要组成，也是实现智慧流域的核心。中国水利水电科学研究院水资源研究所（2011）提出的由物理水网、信息水网、管理（或调控，或决策）水网构成的智能水网概念框架符合信息化发展的趋势和治水的需求。水利部2019年陆续印发了《水利业务需求分析报告》《加快推进智慧水利指导意见》《智慧水利总体方案》《水利网信水平提升三年行动方案（2019—2021年）》四项重要成果，正式掀起了我国智慧水利大规模建设的序幕。

在规划设计方面，太湖流域管理局、长江水利委员会等流域管理机构分别提出了智慧长江、智慧太湖的总体框架和发展目标。太湖流域管理局网络安全与信息化领导小组办公室（2017）编制了《智慧太湖顶层设计》，明确了智慧太湖建设的目标、总体架构、主要建设内容和保障措施。提出实现"实时感知水信息、准确把握水问题、精细调度水工程、科学管护水资源、有力保障水安全"的智慧太湖建设目标，形成"四横两纵"的总体框架（戴甦和张敏，2018）。唐航（2018）研究提出智慧长江规划的编制构想，初步描绘最终服务于"安澜、绿色、和谐、美丽"4个长江的智慧长江目标体系，初步构建动态的感知、智联的大数据、智能的应用支撑、智慧的应用，以及运行环境及安全与保障环境等体系的智慧长江框架体系。除流域机构之外，浙江、湖北、北京等地方水利行政部门开展了智慧水利和智慧水务规划，如浙江省水利厅（2012）以台州市为例，提出了浙江省"智慧水务"示范试点项目建设构想，其内容可简单概括为1个中心、2个平台和4大支撑体系。北京市水务局张小娟等（2014）围绕北京水务中心工作提出北京智慧水务建设构想，确定了未来一个时期在水务监测体系、水务控制体系、水务数据中心、水务应用体系4个方面的建设任务。广东省水利厅李观义等（2018）结合广东省"数字政府"建设的机遇，研究确定广东省"互联网＋现代水利"4个建设目标、5个建设任务和总体框架。浙江水利厅虞开森等（2018）设想从浙江省智慧水利的顶层设计、行动计划、指标体系3个方面展开，提出夯实数字化基础、优化网络化覆盖、提升智能化水平、实现智慧化管理的指导思想；设计基础设施、数据资源、应用支撑、业务系统四层总体框架，以及"双中台、一门户"的技术框架；谋划6项工程、29个项目、100项工作内容；构建7个一级指标、22个二级指标、89个三级指标及126个四级指标，共计244个评价指标的水利信息化发展指标体系。江苏省水利厅叶健（2019）从统一门户、基础服务平台、水利云服务中心、业务应用、安全保障机制等方面介绍了江苏智慧水利框架体系。宁夏回族自治区水利厅等（2016）正式印发了《宁夏智慧水利"十三五"规划》，明确了"十三五"水利信息化发展的思路、原则、目标、主要任务和重点工程等。

在实践应用方面，出现了一些智慧流域应用的局部试点工程。在综合应用方面，浙江省台州市相继建成了包含大数据管理、工程管理、工程建设、防汛防台、水政务等全业务管理服务平台，部署了高标准的云服务中心，并铺设了高密度、多项目的物联监测网络和覆盖至村的视频会商网络。构建起了全市水务信息感知预警、协同处理的管理体系，提高了辖区水利水务公共服务水平，在工程运行、防汛减灾等方面发挥了较大的社会效益与经济效益（台州市水利局，2019）。在防汛应用方面，中国水利水电科学研究院在山洪灾害调查评价成果和实时水文气象大数据基础上，提出了以实时卫星、雷达和台站等多源降水融合数据和预报降雨数据为驱动,以调查评价小流域拓扑关系及基础属性为基础,以 7 类水文单元(流域、河段、节点、分水、水源、洼地、水库)水力关系为核心,以历史暴雨洪水和率定参数为先验知识,以机器学习和并行计算为手段,以降雨蒸发、产汇流、河道演进、水库调蓄等水文过程为主线,基于人工智能和大数据技术,构建以小流域为计算单元,集成模型库、人工智能算法库、参数库和先验知识库为一体的新一代分布式水文模型,在新疆射月沟水库"2018·7·31"洪水分析,吉林温德河流域"2017·7·13""2017·7·19"和"2017·8·2"洪水分析,陕西大理河流域"2017·7·25"洪水分析和 2016—2018 年河南省全省 1 万余个山洪灾害中小流域洪水预报预警中得到应用(刘昌军,2019)。在水资源管理方面,宁夏回族自治区彭阳县通过应用网络技术,探索建立了自动化、智能化的"互联网+农村人饮"管理模式,保障了用水供应安全,供水保证率有效提高,使农村人饮工程管理水平得到了有效提升(魏文密,2019)。在工程运行方面,大渡河公司构筑了覆盖电子生产全过程的多维度预报、调控一体化平台,实现大渡河梯级水电站的远程集控、统一调度和人机协同运行,将气象、水情、防洪、发电、市场等信息融为一体,以电网负荷、水情雨情、设备工况等海量数据支撑调度决策,化解了传统水电企业靠天吃饭的管理弊端;通过定量降水预报等技术应用,累计减少电煤消耗 110 万余 t,减排二氧化碳 290 万 t(高蕊,2018)。

在江河保护方面,江苏省无锡市实施了"感知太湖,智慧水利"的物联网示范工程项目,主要针对太湖水域保护建立的一套集蓝藻湖泛智能感知、打捞车船智能调度和信息综合管理于一体的智慧水利物联网系统,该系统由基于智能模式识别的自适应蓝藻湖泛传感器、实时蓝藻湖泛感知传输无线网络节点设备、蓝藻打捞和运输船载以及车载智能终端等新型设备支撑(曹方,2011)。为了落实我国的河长制实施,北京市、浙江省等多个区域开发了智慧河长系统,如北京市采用 GIS、"互联网+"和人工智能等技术,依托 PC 端、移动端和公众号 3 种载体,服务于市、流域、区、乡镇和村各级河长的业务管理工作,全面实现了河道管理网格化、事件处置流程规范化、河长绩效考核差异化、河道信息公开化(王妍 等,2018)。浙江省借助互联网和移动互联网技术,提出河长制信息系统的总体设计思路和详细功能设计,实现河长制基础信息查询、动态信息监测、重点项目统计、巡查问题处理、任务通知发布和目标责任考核等功能,通过信息化的手段管理浙江省数万名河长的履职(章龙飞 等,2018)。广东省结合河湖现状及数字政府建设要求,按照急用先行的原则建设广东智慧河长平台,重点建设投诉建议渠道、引导公众参与监督,跨部门业务协同办公,问题闭环处理及河长责任信息公开等,辅助各级河长及相关工作人员高效履职(王战友 等,2019)。宁夏回族自治区以"互联网+河湖长制"思维,运用云计算、物联网、大数据、移动互联网等新技术,充分整合共享水利、环保、住建等河湖管护信息化资源,基于宁夏智慧水利总体建设框架,打造服务宁夏区、市、县、乡、村五级应用的宁夏河长制综合管理平台,基本形成了"统一治水平台、行业部门协同、线上线下结合、全民共同参与"的新格局(黄国峰 等,2019)。

在灌区管理方面,甘肃省疏勒河管理局开发了灌区斗口计量系统,通过在斗口安装电子水尺,实时收集水位、流量等数据,再将远程控制系统与电子水尺相连接,由电脑根据流量变化控制闸门。电子计量系统迅速覆盖了全灌区 698 个斗口,使 110 万亩农田实现了"智慧用水"。这一系统还"搬"到了手机上,通过手机里的控制软件,调度中心便可远程控制百公里外的水闸（甘肃省人民政府，2015）。李增焕等（2019）基于灌区实时信息采集布点优化技术、实时信息监测技术、实时灌溉预报模型、渠系动态配水模型、互联网技术、闸门监测控制技术，构建基于 B/S 架构的大型灌区通用化智慧灌溉系统。系统包括实时信息监测子系统、信息通信子系统、历史及实时数据管理子系统、实时灌溉预报及渠系动态配水子系统、闸门监测控制子系统、文件管理子系统共 6 大功能模块。系统在 2017年应用于江西省赣抚平原灌区，实现了灌区用水信息全面实时监测、配水优化管理及闸门监测控制，较传统管理模式节水 15.3%。余国雄等（2016）设计基于农业物联网的荔枝园信息获取与智能灌溉专家决策系统，该系统通过信息采集终端模块实时采集荔枝园的土壤含水率、空气温湿度、光照强度、风速和降雨量等环境信息，通过无线传感网将数据包发送到网关上，网关通过通用无线分组网（General Packet Radio Service，GPRS）将处理后的数据包传输到云服务器，专家系统根据采集到的环境数据，结合专家知识，建立多个决策数学模型，实现计算作物需水量、预报灌溉时间、灌溉最佳定量决策、根据灌溉制度决策等决策功能，将决策结果反馈到控制终端模块进行智能监控。

1.3.2　国外应用研究现状

由于水资源短缺、水环境恶化等与水相关的问题越来越复杂，基础设施老化、传统技术和饮用水管理在解决这些水问题方面已逐渐显示出其缺点（Nguyen et al.，2018）。气候变化和人类活动通过减少水量和不断恶化的水质加剧了水问题。特别是，有限的生态维护措施导致污染越来越多地出现在世界各地的公共供水系统中。迫切需要现代化的供水技术，通过提高供水效率和实现全球可持续水管理，从而缓解当前的用水问题（Choi et al.，2016）。传统上，工程师和研究人员习惯于重新调整供水系统。然而，升级现有的供水系统费时费力。相反，改造带有智能组件（如传感器、控制器和数据中心）的水系统可以为决策者提供水系统的实时监测、传输和控制，这对于应对水挑战是一种更具成本效益和可持续性的方法（Sonaje et al.，2015）。

迄今为止，自动化控制技术（Automated Control Technology，ACT）和信息通信技术（Information Communication Technology，ICT）应用于解决供水管网存在的问题，其中两种技术在大规模 ACT 和 ICT 应用中发挥了关键作用。世界各地的一些研究案例考虑使用智能水表监测耗水量并进一步跟踪渗漏以及配水管网中的爆管问题（Lee et al.，2015）。实时测量被用来提高水利模型率定和预测预报的精度。实时控制通常用于泵送、阀门操作和调度。供水效率从自动控制技术中受益匪浅，但电能效率需要在实际应用中优化。如果以智能水系统（Smart Water System，SWS）的发展能够与适当和有效的信息和通信技术的解决方案相匹配，智慧城市的水问题就能得到相应的解决和管理（Liu et al.，2019）。在 SWS 中，可通过智能计量（将数据传输到应用程序的实时监控）和智能控制（实时反馈和操作）取得进展。例如，加州西部市政水务公司（Western Municipal Water District，WMWD）通过 SCADA 系统进行实时警报、动态管理和自动操作设备（Leitão et al.，2016），使能源利用节约 30%、水量损失减少 20%、中断率下降 20%（Correia & Wünstel，2011）。在澳大利亚的布里斯班市，政府和市政当局使用基于网络的通信和信息系统工具向公众提供相关的水资源信息，并提供预警（Hayes et al.，2012）。另外一个是新加坡的 SWS 案例，新加坡开发了一个实时监控系统 WaterWise，该系统利用无线网络传感器网络和数据采集平台提高供水系统的运行效率（Allen et al.，2012）。此外，美国旧金山社区超过 98％的 178000 名用户安装了自动的实时水表，这些水表每小时通过无线传感网络向计费系统发送用水数据（Barsugli et al.，2009）。工程师能够通过访问频繁更新的用水量信息，检测水质事件并定位管道泄漏的速度，比传统手动读表的水系统要更快（Arregui et al.，2018）。鉴于这些 ACT 和 ICT 在水行业的应用，因此出现了智能水概念，并促使 SWS 被许多相关利益者广泛接受。

"智能水网""智能供水系统""智能水系统"或"智能水网络"等术语被广泛采用和推广。城市水资源领域的 SWS 概念正在学术界、政府和工业界获得巨大推动，引起从国际社会（SWAN、EWRI、HIC 和 CCWI）到高层组织（IWA、AWWA、AWC‐亚洲水理事会）的关注。其他国际合作项目为全球智能城市水基础设施提供专业支持（Hall et al.，2000；Höjer et al.，2015；Owen，2013），例如，来自欧盟的 i‐WIDGT（Ribeiro et al.，2015），来自美国的 CANARY（Mounce et al.，2012），来自澳大利亚水资源部的 SEQ（Anzecc，2000），以及智慧城市报告（Albino et al.，2015）。

虽然 SWS 的研究正在加快满足企业和政府的需要，但是供应商和客户之间在概念、技术和实践方面的差距仍未很好地弥合。如果 SWS 应用于水行业传感器技术领域，那么 SWS 的准确定义显得更加重要和必要（Gourbesville，2016）。由于在概念、技术和实践的角度缺乏系统的调研，因此有必要对 SWS 的当前架构、规划和应用进行调查，以帮助更好地理解 SWS 的定义、特征和未来趋势。当前已经开展与 SWS 和智能电网领域相关研究的综述（Boyle et al.，2013；Fang et al.，2012；Balijepalli et al.，2011；Gelazanskas & Gamage，2014）。

Li 等（2020）调研了最近 10～15 年的文献，这些文献广泛介绍了智能水系统，其中包括 SWS 框架的典型论点，根据智能水的定义、结构对文献进行了分类（仪器层、网络层、功能层、效益层、应用层）和度量，见表 1-1，黑色实心圆用于标记引用的元素已经覆盖。表 1-1 的文献不仅包括国际电信联盟（ITU，2015）、美国环境保护署（U.S Environment Protection Agency）（Hagar et al.，2013）、英国国际发展部（UK Department for International Development）❶、联合国全球机会委员会（UN Global Opportunity Committee）❷❸❹❺ 和科罗拉多州大学（Colorado State University）（Colorado State University，

---

❶　University of Oxford. Smart Water System. Available online：https：//assets. publishing. service. gov. uk/media/ 57a08ab9e5274a31e000073c/ SmartWaterSystems_ FinalReport‐Main_ Reduced‐April 2011. pdf（accessed on 9 June 2018）.

❷　GL‐issuu，D. Global Opportunity Report 2015. Available online：https：//issuu. com/dnvgl/docs/globalopportunityreport/14（accessed on 10 December 2019）.

❸　GL‐issuu，D. Global Opportunity Report 2016. Available online：https：//issuu. com/dnvgl/docs/the‐2016‐global‐opportunity‐report（accessed on 10 December 2019）.

❹　United Nations Global Compact. Global Opportunity Report 2017. Available online：https：//www. unglobalcompact. org/library/ 5081（accessed on 10 December 2019）.

❺　GL‐issuu，D. Global Opportunity Report 2018. Available online：https：//www. dnvgl. com/feature/gor2018. html（accessed on 12 October 2019）.

2019)❶ 等的研究成果，而且还考虑了四次重要的专题介绍和一次国际论坛❷❸。

表 1-1　　　　　　　　关于 SWS 框架的文献分类（Li et al.，2020）

参考文献	智慧水定义	智慧水架构					智慧水度量	未来研究
		设备层	网络层	功能层	效益层	应用层		
Li 等 (2018)	智能水又称智能水网（SWG）、水联网、智能水管理等	●	●	●		●		●
Günther 等 (2015)	水行业智能水系统（网络）包括智能仪表、智能阀门、智能泵站、数据通信、数据管理、数据融合和分析工具	●				●		●
Mutchek 等 (2014)	智能水网络应包括智能仪表、智能阀门和智能泵站	●					●	●
Li 等 (2019)	一个先进智能的供水系统和集成 ICT 的供水网络	●			●	●		
Allen 等 (2012)	与 ICT 相结合的水管理技术被称为智能水管理，这区别于传统的水管理技术	●	●	●	●	●		●
McKenna 等 (2016)	智能水网系统是将 ICT 集成到配水系统管理中	●	●	●	●	●		●
Oracle (2009)	智能水系统能够利用技术、中间件和软件等多种方法，帮助所有利益相关者发挥智能仪表数据的最大价值	●		●	●	●		
Hagar 等 (2013)	没有定义			●		●		
①	智能水系统提供了一种通过水信息系统采集和通信水资源数据的机制	●		●	●			
②	没有定义	●		●				●
③	没有定义	●		●				●
④	没有定义	●		●				●
⑤	智能水网络是一个由自动化、感知和通信工具组成的系统	●	●		●	●		
⑥	一个智能水系统是集产业、解决方案和系统于一体	●		●				●

---

❶　University, C. S. Smart Water Grid - Plan B Technical Final Report. Available online：https://www. engr. colostate. edu/~pierre/ce_old/ Projects/ Rising Stars Website/Martyusheva，Olga_ PlanB_ TechnicalReport. pdf (accessed on 12 October 2019).

❷　The Smart Water Networks Forum. What is a Smart Water Network? Available online：https://www. swanforum. com/swan - tools/ what - is - a - swn/ (accessed on 18 October 2019).

❸　Dragan Savic. Intelligent/Smart Water System. Available online：https://www. slideshare. net/gidrasavic/intelligent - smart - water - systems (accessed on 12 October 2019).

续表

参考文献	智　慧　水　定　义	智慧水架构					智慧水度量	未来研究
		设备层	网络层	功能层	效益层	应用层		
Beal 等 (2014)	一个智能水系统能够基于智能仪表系统收集实时水数据	●		●	●		●	●
⑦	与任何数据生态系统一样，智能水网络是分层的从传感器、远程控制和数据源开始，经过数据收集和通信控制、数据管理和显示，直至数据融合和分析	●	●	●	●			
Murray 等 (2010)	没有定义				●		●	●
U. S. Department of Energy (2014)	没有定义							
Albino 等 (2015)	没有定义						●	
Batty 等 (2012)	智能水系统旨在收集有关流量的有意义和可操作的数据以及城市供水压力和分布数据				●	●		●
Kartakis 等 (2015)	智能水系统能够使用数据驱动组件来帮助用户管理和操作物理管网	●	●	●			●	
Koo 等 (2015)	智能水系统旨在将物联网（IoT）技术应用于供水基础设施和用水户的用水计量	●		●	●	●		
Ye 等 (2016)	智能水网是基于物联网的智能水系统，它以物联网为基础，主要包括层次结构框架、技术体系和功能框架	●	●	●	●	●		●
Ribeiro 等 (2015)	利用各种各样的组件和组件进行用水的连续监测和评价				●	●		●
Luciani 等 (2018)	智能水结构可以分为五层：物理层、传感层和控制层、通信层、数据管理层、数据融合层				●			●
Gabrielli 等 (2014)	智能水网是监测配水网络的一种创新方式		●		●		●	●
Chen 等 (2018)	智能水网将利用整套创新技术创建一个数据驱动的智能水资源管理系统				●	●	●	●
Helmbrecht 等 (2017)	智能水网需要在线水监测来收集和分析数据				●	●		●
Wu 等 (2015)	没有定义	●	●		●			●

续表

参考文献	智　慧　水　定　义	智慧水架构					智慧水度量	未来研究
		设备层	网络层	功能层	效益层	应用层		
Hatchett 等（2011）	没有定义			●		●		
Ntuli 等（2016）	智能水系统需要部署许多数字设备（传感器和执行器）通过配水网络实现对水网组件			●	●			●
Li 等（2020）	智能水结构分为五层：设备层、网络层、功能层、效益层、应用层	●	●	●	●	●	●	●

① University of Oxford. Smart Water System. Available online：https://assets. publishing. service. gov. uk/ media/ 57a08ab9e5274a31e 000073c/ SmartWaterSystems _ FinalReport – Main _ Reduced _ April2011. pdf.

② GL – issuu, D. Global Opportunity Report 2016. Available online：https://issuu. com/dnvgl/docs/the –2016 – global – opportunity – report (accessed on 10 December 2019).

③ United Nations Global Compact. Global Opportunity Report 2017. Available online：https://www. unglobalcompact. org/library/ 5081 (accessed on 10 December 2019).

④ GL – issuu, D. Global Opportunity Report 2018. Available online：https://www. dnvgl. com/feature/gor2018. html (accessed on 12 October 2019).

⑤ University, C. S. Smart Water Grid – Plan B Technical Final Report. Available online：https://www. engr. colostate. edu/~pierre/ce _ old/ Projects/ Rising Stars Website/Martyusheva, Olga _ PlanB _ TechnicalReport. pdf (accessed on 12 October 2019).

⑥ The Smart Water Networks Forum. What is a Smart Water Network? Available online：https://www. swanforum. com/swan – tools/ what – is – a – swn/ (accessed on 18 October 2019).

⑦ Dragan Savic. Intelligent/Smart Water System. Available online：https://www. slideshare. net/gidrasavic/intelligent – smart – water – systems (accessed on 12 October 2019).

SWS 的系统架构由协同工作的各个层组成，来执行有用的功能和应用❶。这样一个系统可以表示为具有特定的属性和效益的组件。在过去的几年里，前期研究提出了各种版本的 SWS 来满足其特定需求。水管理技术和 ICT 组合的 SWS 被提出来（Koo et al.，2015），其中使用的 ICT 技术区别于传统的水管理技术。然而，SWS 范围和特点尚未确定。此外，术语"SWG"是指一个先进智能水网，其中包括通过智能测量和网络的实时信息共享和可持续配水的基础设施（Li et al.，2019）。SWG 的智能组件意味着一个智能水网络定义应包括智能仪表、智能阀门和智能泵（Boyle et al.，2013）。这些智能元素包括物理电子部件，如传感器和微控制器、通信协议和嵌入式系统，均包含在物联网（IOT）的概念中，这是 SWS 的基础（Li et al.，2019）。因此，SWS 的结构应该包含三个框架：层次框架、技术体系和功能框架（Ntuli et al.，2016）。

在层次框架和技术体系中，也需要大量的构件，那么最好提出一个易于理解的 SWS 架构。智能水网络的原理被给予解释（Günther et al.，2015），可分为不同层次（Li et

❶ The Smart Water Networks Forum Swan Workgroups. Available online：https://www. swanforum. com/workgroups/.

al.，2020）：物理层（如管道）、传感和控制层（如流量传感器和遥控器）、数据采集和通信层（如数据传输）、数据管理和显示层、数据融合和分析层（如分析工具和均匀性检测、泄漏检测和决策）。尽管如此，这些层仍然只包含物理和网络组件，缺少对服务层的改进。有学者基于物联网和云计算，提出了一个自下而上的五层结构：传感层、传输层、处理层、应用层、统一门户层（Kartakis et al.，2015）。另外，为确保大量高分辨率假设数据和定制信息，由 4 个阶段组成的 SWS 被建立（Ribeiro et al.，2015）。

最被广泛接受的智能水架构用五层来描述：物理层、传感和控制层、采集和通信层、数据管理和显示层，以及数据融合和分析层。每部分都包含网络的一个不同功能❶。然而，由于上述的大部分 SWS 的提出是针对某一特定目的，不能完整地描述其框架，因此尚未达成共识。其中一些为了智能水目标，另一些是强调机制创新，还有的强调 ICT 应用。由于理解 SWS 的原型框架缺乏是综合性的，因此很少能直接被教育、研究机构和公众应用。它们缺少一些关键元素，如网络、度量和案例研究，以及指导未来研究方向的能力。因此，有必要建立一个系统的框架以加深对 SWS 的认识，并加快 SWS 的实施。Li 等（2020）采用和集成现有的一些体系结构，提出了系统的体系结构，从下到上包括五层：设备层、网络层、功能层、效益层和应用层，以了解如何在 SWS 框架中实现系统架构。

除了对理论框架探索外，对智慧水系统的实践应用也陆续开展。美国推进了以水资源配置为主要内容的"国家智能水网"（National Smart Water Grid）建设，从密西西比河调水至科罗拉多河，以解决水资源供需空间不均的问题（Lee et al.，2015）。澳大利亚 SEQ 智能水网工程（SEQ Water Grid）主要是通过输水管网把澳大利亚供水区域和缺水区域相连通，并构建一个智能化水资源管理平台，通过区域综合管理降低水资源短缺风险并实现多水源高效利用❷。以色列历时 11 年建成全国输水系统（National Water Carrier of Israel），将北部加利利湖提水 372m，通过管道运向沿海和南部地区，成为以色列全国统一调配水资源的主动脉，以全国输水系统为骨干基础，配套灵敏科学的水资源调配系统和高效集约用水系统形成的国家智能水网工程，极大地改善了以色列的供水状况❸。韩国 2011 年开始实施智能水网项目，其目标是开发核心技术，如水资源获取和处理、管道网络、"智能水网"的子网和微型网的建设和综合管理（Lee et al.，2015）。在欧盟，法国、西班牙和荷兰计划推出服务于智能水网建设的 1100 万台智能水表。荷兰制定了智能电表的标准；德国埃尔丁的运营已经联手通用电气建设水资源和能源的先进计量基础设施；位于地中海意大利南面的马耳他联合 IBM 从 2009 年发起了为期 5 年耗资 7000 万欧元的国民项目来建立国家水资源和电力系统方面的"智能水网"和先进计量设施（鲍淑君 等，2012）。

IBM 建立了美国哈德森河（Hudson River）上游到入海口的实时监控网，其主要实现手段包括三个方面：①分布式传感器网络，由移动和固定无线传感器（每个传感器都有自己的计算芯片）组成的一个分布式传感器网络，负责收集传送流域的物理、化学和生物变化实时数据。②传感器数据的收集和处理，借助 IBM 的新的"流计算"技术，对分布式

---

❶　The Smart Water Networks Forum Swan Workgroups. Available online：https://www.swanforum.com/work-groups/.

❷　SEQ Water Grid. https：//en. wikipedia. org /wiki / SEQ _ Water _ Grid.

❸　National Water Carrier of Israel. https：//en. wikipedia. org /wiki /National _ Water _ Carrier _ of _ Israel.

传感器网络收集到的实时的连续的物理、化学和生物数据流进行检查分类并按优先次序处理。③融合采集的数据信息的"创建"可视化的虚拟河流，科学家、教育工作者和政府决策者，通过由计算机综合数据形成的"虚拟"河流，以进一步了解生态系统，观测沉积物和化学污染物，深入了解人类对水质和鱼类的洄游的影响，修订区域发展政策和模式（智研咨询集团，2018）。

作物精准灌溉对水资源的智能管理至关重要，不仅提高作物产量和降低成本，同时促进环境可持续性。Kamienski 等（2019）开发了用于作物精准灌溉的基于物联网的智能水管理平台 SWAMP，并在巴西和欧洲进行试验。SWAMP 的体系结构、平台和系统部署均有可复制性，并且，由于物联网应用具有可伸缩性，它包括了 FIWARE 组件的性能分析。结果表明，它能够为 SWAMP 试点提供足够的性能，但需要特别设计的配置和一些重新设计的部件，以使用更少的计算资源来提供更高的可伸缩性。

洪水是世界各地发生的主要灾害之一。为了减少灾害的影响，需要对易发洪水的特定地点的灾民提供洪水预警和监测。通过将物联网技术应用到系统中，可以帮助灾民实时获得准确的洪水状况。Sabre 等（2019）针对洪灾高发区，利用无线传感器节点，开发了一套实时洪灾监测预警系统。该系统基于 NodeMCU 技术，采用 Blynk 应用集成。无线传感器节点可以通过检测水位和降雨强度来帮助灾民，同时在洪水或暴雨发生时发出预警。传感器节点由超声波传感器和 NodeMCU 控制的雨量传感器组成，作为系统的微控制器，放置在确定的洪水区。当洪水达到一定危险程度时，Buzzer 和 LED 开始触发并警告受害者。从传感器检测到的数据通过无线连接发送到 Blynk 应用程序。受害者将通过查看界面并通过 IOS 或 Android 智能手机接收 Blynk 应用程序中提供的推送通知来了解洪水和雨水的当前状态。发送到电子邮件中的洪水位数据可以帮助各个组织进一步改进系统和洪水预报目的。

在这个城市化、人口增长和气候变化的时代，对江河湖泊水质的有效监测、评价和控制是很有必要性。依靠采集水样的传统方法，水实验室的测试和分析不仅成本高昂，而且在数据采集、分析和传播信息给利益相关者方面缺乏实时性。Faustine 等（2014）以 LVB 为例，介绍了一个水传感器网络（WSN）系统的原型。在开发之前，评估了当前的环境，包括运营现场蜂窝网络覆盖的可用性。该系统由 Arduino 微控制器、水质传感器和无线网络连接模块。它可以实时检测水温、溶解氧、pH 值和导电性，并能通过基于网络的门户和移动电话平台向相关利益者以图形、表格格式进行信息发布。

1.4 本书的主要内容

本书的总体思路为"基础理论探索-技术体系构建-关键技术研究"。首先，在论述智慧流域起源与时代背景的基础上，探索智慧流域科学基础与理论框架。其次，构建智慧流域技术体系框架，包括智慧流域智能感知技术体系、智慧流域水利大数据技术体系、智慧流域智能仿真技术体系、智慧流域水利模型网技术体系、智慧流域智能决策技术体系、智慧流域智能控制技术体系、智慧流域智能管服技术体系。最后，基于智慧流域基础理论和技术体系，围绕"智能感知、智能仿真、智能诊断、智能预警、智能预报、智能调度、智能控制、智能决策、智能管理、智能服务"的闭环系统，探索研究其中的关键技术，包括面向智能感知的降水传感网节点布局优化技术、面向智能感知的水情测报遥测站网论证分析技术、面向智能感知的水质多参数监测设备研制技术、面向智能仿真的水动力水质三维虚拟仿真技术、面向智能仿真的河湖水动力水质实时模拟技术、面向智能诊断的水电机组健康评估与诊断技术、面向智能预警的基于二元水循环的干旱预警技术、面向智能预报的电站调蓄作用下径流预报技术、面向智能预报的流域水文模型预测数据同化技术、面向智能调度的梯级水电站智能优化调度技术、面向智能控制的长距离调水渠道运行控制技术、面向智能决策的水循环要素特性数据挖掘技术、面向智能决策的水利工程规划方案决策优化技术、面向智能管理的草型湖泊水质遥感动态监测技术和面向智能服务的基于云计算的水资源 APP 构建技术等。本书技术路线如图 1-1 所示。

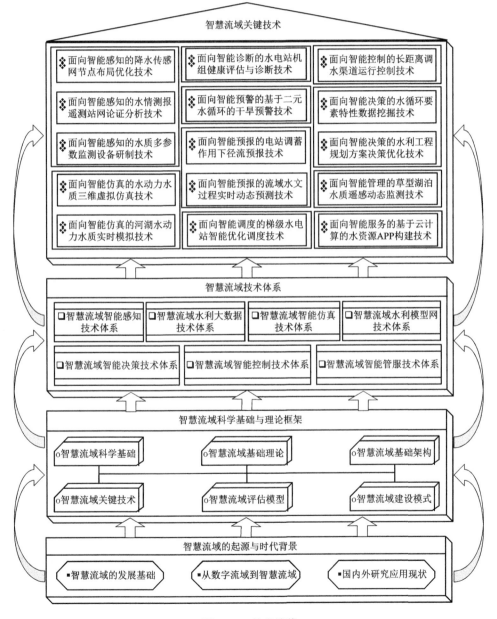

图 1-1 技术路线

本书内容结构如下。

第 1 章是智慧流域的起源与时代背景。论述智慧流域的发展基础，分析从数字流域到智慧流域，综述国内外研究应用现状，提出本书的技术路线和内容结构。

第 2 章是智慧流域的科学基础与理论框架。总结智慧流域的科学基础，提出智慧流域概念模型和智慧流域基础理论，建立智慧流域基础架构，论述智慧流域关键技术，研究智慧流域建设模式。

第 3 章是智慧流域智能感知技术体系。分析智慧流域的智能感知对象，总结智慧流域的智能感知手段，研究智能感知传感器资源建模方法和智能感知传感器服务技术，设计智能感知传感器管理与服务系统。

第 4 章是智慧流域水利大数据技术体系。基于对大数据的认知和水利数据特点，提出水利大数据内涵特征，提炼水利大数据基础架构和应用框架，总结水利大数据关键技术，探索水利大数据标准体系，概述水利大数据应用场景。

第 5 章是智慧流域智能仿真技术体系。研究流域虚拟环境建模技术，研发三维可视化软件看平台，分析三维可视化与漫游原理与实现方式，研究流域交互式仿真框架。

第 6 章是智慧流域水利模型网技术体系。在流域模型分类基础上，总结流域模型特点、表示方式和组合方法，研究流域模型资源元模型，解析流域模型服务流程、接口和操作，设计流域模型管理与服务系统。

第 7 章是智慧流域智能决策技术体系。在分析流域复合系统具有开放复杂的特征，探索综合集成方法是研究流域开放复杂巨系统的钥匙，以水资源管理为例，研究综合集成法的实现形式-流域综合集成研讨厅的构建方法。

第 8 章是智慧流域智能控制技术体系。以渠道为研究对象，总结渠道运行控制方式，综述渠道控制器的设计和渠道优化调度，探索渠道水力特性与控制系统设计中应考虑的问题，提出进一步的发展方向。

第 9 章是智慧流域智能管服技术体系。总结物联网服务新特征，提出基于物联网的精准服务框架，研究基于物联网的精准服务模型，探索基于物联网的精准服务模型信息化表示和流域管理和决策信息精准服务流程，设计流域管理与决策信息精准服务系统。

第 10 章是面向智能感知的降水传感网节点布局优化技术。研究基于改进的抽站法的雅砻江流域已有降水监测站网密度优化方法。在并行计算框架下，研究基于回归克里格模型和模拟退火算法的雅砻江流域新增站点布局优化方法。

第 11 章是面向智能感知的水情测报遥测站网论证分析技术。研究兼顾经济、科学、合理等目标的遥测站网优化方法。以西流松花江（历史又称为"第二松花江"）丰满水库以上流域（不含白山水库流域）为对象，分析现有水文遥测站网布设的合理性。

第 12 章是面向智能感知的水质多参数监测设备研制技术。介绍我国独创的、具有自主知识产权的新一代水质在线分析技术的基本原理和主要优点，对其与国际知名品牌美国哈希（Hach）公司产品的性能做对比分析，设计新一代水质在线分析硬件和软件系统。

第 13 章是面向智能仿真的水动力水质三维虚拟仿真技术。系统分析虚拟仿真与梯级水库群调控融合途径，研究梯级水库群三维虚拟环境建模方法，研究梯级水库群水动力水质仿真模拟关键技术，并利用实例应用验证其效果。

第 14 章是面向智能仿真的河湖水动力水质实时模拟技术。以圣维南方程为基础，结合多类型建筑物过流流量计算公式来源于能量守恒方程推导的特点，提出耦合多模式调控的混合河网的数值计算方法。基于自适应结构网格构建了适用于复杂地形和极端水流条件下突发水污染事件模拟的二维水流-输运模型，利用水槽试验、物理模型和实际算例检验了模型模拟突发水污染事件中污染物输移的精度和稳定性。

第 15 章是面向智能诊断的水电机组健康评估与诊断技术。研究基于健康样本的多维度水电机组健康评估、异常检测与性能退化非线性预测模型；建立超大规模、跨流域、多机组、多系统的大型水电设备状态监测与诊断系统平台；制定统一的水电设备状态监测数据通信接口规约标准，实现不同监测系统之间的数据集成。

第 16 章是面向智能预警的基于二元水循环的干旱预警技术。研究气象、水文、农业和生态干旱模糊评估子模型及综合评估模型。以新疆玛纳斯河流域为研究对象，利用评估模型对玛纳斯河流域的干旱状况进行时空分布评估。

第 17 章是面向智能预报的电站调蓄作用下径流预报技术。在分析流域暴雨洪水特性的基础上，研究考虑水库群联合调节影响的流域洪水预报技术。以堵河流域为研究对象，利用近 10 年水文资料建立洪水预报方案，并评定方案精度。

第 18 章是面向智能预报的流域水文过程实时动态预测技术。研究一种支持向量机与集合 Kalman 滤波耦合的径流预测模型（SVM＋EnKF 模型）。利用粒子群优化（Particle Swarm Optimization，PSO）算法率定新安江模型参数，研究基于集合卡尔曼滤波数据同化的新安江降雨径流模型。

第 19 章是面向智能调度的梯级水电站智能优化调度技术。研究梯级水电站多时间尺度优化调度模型的套接方法和给定调度期下的优化调度模型构建方法。研究优化调度模型的典型求解算法的改进方法。给出多时段嵌套优化调度模型的应用实例。

第 20 章是面向智能控制的长距离调水渠道运行控制技术。研究改进后的预测算法和线性二次型优化模块相结合的扰动可预知优化调度模块设计方法。研究积分-时滞模型和可预知算法的耦合建模方法。

第 21 章是面向智能决策的水循环要素特性数据挖掘技术。以长江上游流域为例，利用 Mann－Kendall 检验方法，通过探讨长江上游流域降水结构的变化，分析不同历时降水事件的发生率与对总降水量的贡献率，不同历时降水发生率与贡献率随时间变化趋势和不同历时降水发生率与贡献率空间分布特性。

第 22 章是面向智能决策的水利工程规划方案决策优化技术。研究基于 Vague 集评分函数和云模型的河湖水系连通工程规划布局方案优选方法。将"非此即彼"的清晰性指标与"亦此亦彼"的模糊概念辩证综合分析，研究基于可变集辩证法数学定理的科学、合理、快捷的河湖水系连通工程方案优选及排序方法。

第 23 章是面向智能管理的草型湖泊水质遥感动态监测技术。基于分区反演思路将草型湖泊微山湖区分为水生植物覆盖区和水体区，将定量和定性遥感监测方法相结合，对草型湖泊微山湖总悬浮物浓度和浊度进行遥感监测，分析微山湖浮物浓度和浊度的时空变化规律。

第 24 章是面向智能服务的基于云计算的水资源 APP 构建技术。在福建省水资源管理系统框架内，基于云计算软件即服务（Software as a Service，SaaS）的理念，研究水资源智能 APP 构建模式，并研发 APP 系统，并将其测试部署在福建省及各设区市。

参考文献

鲍淑君，王建华，刘淼，等，2012. 智能水网国际实践动态及启示 ［J］. 中国水利，(21)：27 - 29.

蔡庆华，吴刚，刘建康，1998. 流域生态学：水生态系统多样性研究和保护的一个新途径 ［J］. 科技导报，(5)：24 - 26

蔡阳，2018. 智慧水利建设现状分析与发展思考 ［J］. 水利信息化，(4)：1 - 6.

曹方，2011. "感知太湖" 物联天下 ［J］. 上海信息化，(5)：28 - 31.

陈求稳，欧阳志云，2005. 流域生态学及模型系统 ［J］. 生态学报，25 (5)：1184 - 1190.

陈宜瑜，王毅，李利锋，等，2007. 中国流域综合管理战略研究 ［M］. 北京：科学出版社.

程国栋，徐中民，钟方雷，2011. 张掖市面向幸福的水资源管理战略规划 ［J］. 冰川冻土，33 (6)：1193 -1202.

程国栋，李新，2015. 流域科学及其集成研究方法 ［J］. 中国科学（地球科学），45 (6)：811 - 819.

戴甦，张敏，2018. 智慧太湖建设总体目标与关键内容 ［J］. 水利信息化，(4)：7 - 10，37.

戴玮，李益农，章少辉，等，2018. 智慧灌区建设发展思考 ［J］. 中国水利，(7)：48 - 49.

邓红兵，王庆礼，蔡庆华，1998. 流域生态学 - 新学科、新思想、新途径 ［J］. 应用生态学报，9 (4)：443 - 449.

顿文涛，赵玉成，袁帅，等，2014. 基于物联网的智慧农业发展与应用 ［J］. 农业网络信息，(12)：9 - 12.

甘肃省人民政府. 智慧水利，为流域治理插上现代化翅膀——省疏勒河管理局全力提升水资源管理水平纪实 ［EB/OL］. (2015 - 12 - 10) ［2020 - 05 - 07］ http：// www. gansu. gov. cn/art/2015/12/10/art _ 36 _ 257720. html.

高蕊，2018. 拥抱新工业革命 谋求高质量发展——国电大渡河智慧企业建设实践 ［J］. 中国经济报告，(2)：82 - 85.

龚健雅，张翔，向隆刚，等，2019. 智慧城市综合感知与智能决策的进展及应用 ［J］. 测绘学报，48 (12)：1482 - 1497.

国家智能水网工程框架设计研究项目组，2013. 水利现代化建设的综合性载体——智能水网 ［J］. 水利发展研究，(3)：1 - 5.

郭晓祎，2013. 智慧水务求解 ［J］. 中国经济和信息化，(24)：92 - 93.

贺缠生，2012. 流域科学与水资源管理 ［J］. 地球科学进展，27 (7)：705 - 711.

胡传廉，2011. 上海 "智慧水网" 发展理念与展望 ［J］. 上海信息化，(3)：14 - 17.

黄国峰，马铭，2019. 宁夏 "互联网＋河湖长制" 探索与实践 ［J］. 水利发展研究，(10)：53 - 56

蒋云钟，冶运涛，王浩，2010. 基于物联网理念的流域智能调度技术体系刍议 ［J］. 水利信息化，(4)：1 - 5.

蒋云钟，冶运涛，王浩，2011. 智慧流域及其应用前景 ［J］. 系统工程理论与实践，31 (6)：1174 - 1181.

蒋云钟，冶运涛，王浩，2014. 基于物联网的河湖水系连通水质水量智能调控及应急处置系统研究 ［J］. 系统工程理论与实践，34 (7)：1895 - 1903.

匡尚富，王建华，2013. 建设国家智能水网工程，提升我国水安全保障能力 ［J］. 中国水利，(19)：40 -44.

李德仁，龚健雅，邵振峰，2010. 从数字地球到智慧地球 ［J］. 武汉大学学报（信息科学版），35 (2)：127 -132.

李德仁，邵振峰，杨小敏，2011. 从数字城市到智慧城市的理论实践 ［J］. 地理空间信息，9 (2)：1 - 5.

李观义，朱汝雄，谢欢，2018. 广东省 "互联网＋现代水利" 探索与实践 ［J］. 水利信息化，(6)：20 - 24.

李庆斌，林鹏，2014. 论智能大坝 ［J］. 水力发电学报，33 (1)：139 - 146.

李道亮，2012. 物联网与智慧农业 ［J］. 农业工程，2 (1)：1 - 7.

李增焕，毛崇华，杨铖，等，2019. 大型灌区智慧灌溉系统开发与应用［J］. 中国农村水利水电，（2）：108-112，118.

刘昌军，2019. 基于人工智能和大数据驱动的新一代水文模型及其在洪水预报预警中的应用［J］. 中国防汛抗旱，29（5）：11，22

刘锐，詹志明，谢涛，等，2012. 我国"智慧环保"的体系建设［J］. 环境保护与循环经济，32（10）：9-14.

马兴冠，高春鑫，冷杰雯，等，2016. 智慧河流体系构建及生态评估管理实现［J］. 中国水利，（12）：5-7.

宁夏回族自治区水利厅，长江勘测规划设计研究有限责任公司，2016. 宁夏智慧水利"十三五"规划［R］. 银川：宁夏回族自治区水利厅.

尚毅梓，王建华，陈康宁，等，2015. 智能水网工程概念辨析及建设思路［J］. 南水北调与水利科技，13（3）：534-537.

沈文海，2015. "智慧气象"内涵及特征分析［J］. 中国信息化，（1）：80-91.

水利部参事咨询委员会，2018. 智慧水利现状分析及建设初步设想［J］. 中国水利，（5）：8-11.

宋长青，杨桂山，冷疏影，2002. 湖泊及流域科学研究进展与展望［J］. 湖泊科学，14（4）：3-14.

太湖流域管理局网络安全与信息化领导小组办公室，2017. 智慧太湖顶层设计［R］. 上海：太湖流域管理局网络安全与信息化领导小组办公室.

台州市水利局. "台州智慧水务"建设示范试点项目通过竣工验收［EB/OL］.（2019-04-26）［2020-05-07］http：//slj. zjtz. gov. cn/art /2019/4/26/art _ 12138 _ 1452898. html.

唐航，2018. 智慧长江规划研究［J］. 水利信息化，（6）：5-9，30.

王光谦，刘家宏，2006. 数字流域模型［M］. 北京：科学出版社.

王建华，赵红莉，冶运涛，2018. 智能水网工程：驱动中国水治理现代化的引擎［J］. 水利学报，49（9）：1148-1157.

王建华，赵红莉，冶运涛，2019. 城市智能水网系统解析与关键支撑技术［J］. 水利水电技术，50（8）：37-44.

王妍，杨朴，2018. 北京市河长制信息系统设计与研发［J］. 中国水利，（18）：46-49.

王战友，李昼阳，周银，2019. 广东智慧河长平台设计与实现［J］. 水利信息化，（3）：10-16.

王忠静，王光谦，王建华，等，2013. 基于水联网及智慧水利提高水资源效能［J］. 水利水电技术，44（1）：1-6.

魏文密，2019. 彭阳县"移动互联网＋农村人饮"管理模式探索与实践［J］. 中国水利，（15）：52-54.

徐敏，孙海林，2011. 从"数字环保"到"智慧环保"［J］. 环境监测管理与技术，23（4）：5-7.

叶健，2019. 深化信息资源整合　推进智慧水利建设［J］. 江苏水利，（S1）：11-14

虞开森，姜小俊，金宣辰，2018. 政府数字化转型下浙江智慧水利设想［J］. 水利信息化，（6）：15-19.

余国雄，王卫星，谢家兴，等，2016. 基于物联网的荔枝园信息获取与智能灌溉专家决策系统［J］. 农业工程学报，32（20）：144-152.

张建云，刘九夫，金君良，2019. 关于智慧水利的认识与思考［J］. 水利水运工程学报，（6）：1-7.

张世滨，2013. 智慧水务构想［C］//中国城镇供水排水协会科学技术委员会2013年年会暨城镇供水设施建设与改造技术交流会：1-28.

张小娟，唐锚，刘梅，等，2014. 北京市智慧水务建设构想［J］. 水利信息化，（1）：64-68.

张勇传，王乘，2001. 数字流域-数字地球的一个重要区域层次［J］. 水电能源科学，19（3）：1-3.

章龙飞，黄河，陈凯歌，2018. 基于五级河长的浙江省河长制信息系统实现［J］. 水利信息化，（6）：57-61.

浙江省水利厅. 浙江省智慧水务示范试点项目建设构想［EB/OL］.（2012-10-29）［2020-02-16］http：//www. mwr. gov. cn/ztpd/2012ztbd/ 2012slxxh/ ggggggggc/201210/t20121029 _ 331269. html.

智研咨询集团，2018. 2019—2025 年中国智慧水务行业发展现状分析及市场前景预测报告［R］. 北京：智研咨询集团.

中国水利水电科学研究院水资源研究所，2011. 关于建设国家智能水网工程的建议［R］. 北京：中国水利水电科学研究院水资源研究所.

钟登华，王飞，吴斌平，等，2015. 从数字大坝到智慧大坝［J］. 水力发电学报，34（10）：1-13.

周亚平，陈金水，高军，2019. 智慧灌区建设要素及关键技术［J］. 水利信息化，（2）：11-18.

周勇，胡爱军，杨诗芳，等，2016. 智慧气象的内涵与特征研究［J］. 中国信息化，（3）：83-88.

ALBINO V, BERARDI U, DANGELICO R M, 2015. Smart cities：Definitions, dimensions, performance, and initiative［J］. Journal of Urban Technology, 22（1）：3-21.

ALLEN M, PREIS A, IQBAL M, et al., 2012. Case study：a smart water grid in Singapore［J］. Water Practice and Technology, 7（4）：1-8.

ANZECC, 2000. Australian and New Zealand guidelines for fresh and marine water quality［R］. Environment and Conservation Council and Agriculture and Resource Management Council of Australia and New Zealand, Canberra.

ARREGUI F J, GAVARA F J, SORIANO J, et al., 2018. Performance analysis of ageing single-jet water meters for measuring residential water consumption［J］. Water, 10（5）：612.

BALIJEPALLI V S K M, PRADHAN V, KHAPARDE S A, et al., 2011. Review of demand response under Smart Grid Paradigm［C］//Proceedings of the 2011 IEEE PES International Conference on Innovative Smart Grid Technologies, Kollam, Kerala, India, 1-3 December 2011.

BARSUGLI J, ANDERSON C, SMITH J B, et al., 2009. Options for improving climate modeling to assist water utility planning for climate change［R］. Denver, CO, USA：University of Colorado at Boulder.

BATTY M, AXHAUSEN K W, GIANNOTTI F, et al., 2012. Smart cities of the future［J］. The European Physical Journal Special Topics, 214（1）：481-518.

BEAL C, FLYNN J, 2014. The 2014 Review of smart metering and intelligent water networks in Australia & New Zealand［C］//Proceedings of the Report prepared for WSAA by the Smart Water Research Centre, Griffith University, Queensland, Australia, 1 November 2014.

BOYLE T, GIURCO D, MUKHEIBIR P, et al., 2013. Intelligent metering for urban water：a review ［J］. Water, 5（3）：1052-1081.

BRADY D J. 1996. The watershed approach［J］. Water Science & Technology, 33（4/5）：17-21.

CHENG G D, LI X, ZHAO W Z, et al., 2014. Integrated study of the water-ecosystem-economy in the Heihe River Basin［J］. National Science Review, 1（3）：413-428.

CHEN Y, HAN, D, 2018. Water quality monitoring in smart city：A pilot project［J］. Automation in Construction, 89：307-316.

CHOI G W, CHONG K Y, KIM S J, et al., 2016. SWMI：new paradigm of water resources management for SDGs［J］. Smart Water, 1（1）：1-12.

CORREIA L M, WÜNSTEL K, 2011. Smart Cities applications and requirements［R］. White Paper of the Experts Working Group, Net! Works European Technology Platform.

FANG X, MISRA S, XUE G, et al., 2012. Smart grid—The new and improved power grid：A survey ［J］. IEEE Communications Surveys & Tutorials, 14（4）：944-980.

FAUSTINE A, MVUMA A N, MONGI H J, et al., 2014. Wireless sensor networks for water quality monitoring and control within Lake Victoria Basin：Prototype development［J］. Wireless Sensor Network, 6（12）：281-290.

GABRIELLI L, PIZZICHINI M, SPINSANTE S, et al., 2014. Smart Water Grids for Smart Cities：A sustainable prototype demonstrator ［C］//Proceedings of the EuCNC 2014 – European Conference on Networks and Communications, Bologna, Italy, 23 – 26 June 2014.

GELAZANSKAS L, GAMAGE K A A, 2014. Demand side management in smart grid: A review and proposals for future direction ［J］. Sustainable Cities and Society, 11: 22 – 30.

GOURBESVILLE P, 2016. Key challenges for smart water ［J］. Procedia Engineering, 154: 11 – 18.

GÜNTHER M, CAMHY D, STEFFELBAUER D, et al. , 2015. Showcasing a smart water network based on an experimental water distribution system ［J］. Procedia Engineering, 119: 450 – 457.

HAGAR J, MURRAY R, HAXTON T, et al. , 2013. Using the CANARY event detection software to enhance security and improve water quality ［C］//Proceedings of the World Environmental and Water Resources Congress 2013: Showcasing the Future – Proceedings of the 2013 Congress, Cincinnati, OH, USA, 19 – 23 May 2013.

HALL R E, BOWERMAN B, BRAVERMAN J, et al. , 2000. The vision of a Smart City ［C］//Proceedings of the 2nd International Life Extension Technology Workshop, Paris, France, 28 September 2000.

HATCHETT S, UBER J, BOCCELLI D, et al. , 2011. Real – time distribution system modeling: Development, application, and Insights ［C］//Proceedings of the Urban Water Management: Challenges and Opportunities – 11th International Conference on Computing and Control for the Water Industry, CCWI 2011, Exeter, UK, 5 – 7 September 2011.

HAYES J, GOONETILLEKE A, 2012. Building community resilience – learning from the 2011 floods in Southeast Queensland, Australia ［C］//Proceedings of the 8th Annual Conference of International Institute for Infrastructure, Renewal and Reconstruction: International Conference on Disaster Management (IIIRR 2012), Kumamoto, Japan, 24 – 26 August 2012.

HE C, CROLEY T E, 2010. Hydrological resource sheds and the U. S. Great Lakes applications ［J］. Journal of Resources and Ecology, 1 (1): 25 – 30.

HELMBRECHT J, PASTOR J, MOYA C, 2017. Smart solution to improve water – energy nexus for water supply systems ［J］. Procedia Engineering, 186: 101 – 109.

HÖJER M, WANGEL J, 2015. Smart sustainable cities: Definition and challenges ［M］//HILTY L, AEBISCHER B. ICT Innovations for Sustainability. Advances in Intelligent Systems and Computing. Springer, Cham.

IBM 商业价值研究院. 智慧地球赢在中国 ［EB/OL］. (2009 – 04 – 28) ［2020 – 09 – 15］. http: //www – 31. ibm. com/innovation/cn/think/ downloads/smart—China. pdf.

ITU, 2015. Global cybersecurity index & cyberwellness profiles ［R］. Geneva, Switzerland: International Telecommunication Union.

KAMIENSKI C, SOININEN J P, TAUMBERGER M, et al. , 2019. Smart water management platform: IoT – based precision irrigation for agriculture ［J］. Sensors, 19 (2): 276.

KARTAKIS S, ABRAHAM E, MCCANN J A, 2015. WaterBox: A testbed for monitoring and controlling Smart Water Networks ［C］//Proceedings of the 1st ACM International Workshop on Cyber – Physical Systems for Smart Water Networks, Seattle, WA, USA, 14 – 16 April 2015.

KOO D, PIRATLA K, MATTHEWS C J, 2015. Towards sustainable water supply: Schematic development of big data collection using Internet of Things (IoT) ［J］. Procedia engineering, 118: 489 – 497.

LEE S W, SARP S, JEON D J, et al. , 2015. Smart water grid: the future water management platform ［J］. Desalination and Water Treatment, 55 (2): 339 – 346.

LEITÃO P, COLOMBO A W, KARNOUSKOS S, 2016. Industrial automation based on cyber – physical systems technologies: prototype implementations and challenges ［J］. Computers in Industry, 81: 11 –25.

LI J, YANG X, SITZENFREI R, 2020. Rethinking the framework of smart water system: a review [J]. Water, 12 (2): 412.

LI J, LEE S, SHIN S, et al. , 2018. Using a micro – test – bed water network to investigate smart meter data connections to hydraulic models [C] //Proceedings of the World Environmental and Water Resources Congress 2018: Hydraulics and Waterways, Water Distribution Systems Analysis, and Smart Water – Selected Papers from the World Environmental and Water Resources Congress 2018, Minneapolis, MN, USA, 3 – 7 June 2018.

LI J, BAO S, BURIAN S, 2019. Real – time data assimilation potential to connect micro – smart water test bed and hydraulic model [J]. H_2 Open Journal, 2 (1): 71 – 82.

LIU X, TIAN Y, LEI X, et al. , 2019. An improved self – adaptive grey wolf optimizer for the daily optimal operation of cascade pumping stations [J]. Applied Soft Computing, 75: 473 – 493.

LUCIANI C, CASELLATO F, ALVISI S, et al. , 2018. From water consumption smart metering to leakage characterization at district and user level: the GST4 Water project [C] //Multidisciplinary Digital Publishing Institute Proceedings, 2 (11): 675.

MCKENNA K, KEANE A, 2016. Residential load modeling of price – based demand response for network impact studies [J]. IEEE Transactions on Smart Grid, 7 (5): 2285 – 2294.

MOUNCE S, MACHELL J, BOXALL J, 2012. Water quality event detection and customer complaint clustering analysis in distribution systems [J]. Water Science and Technology: Water Supply, 12 (5): 580 – 587.

MURRAY R, HAXTON T, MCKENNA S, et al. , 2010. Case study application of the CANARY event detection software [C] //Proceedings of the Water Quality Technology Conference and Exposition 2010, Savannah, GA, USA, 14 – 18 November 2010.

MUTCHEK M, WILLIAMS E, 2014. Moving towards sustainable and resilient Smart Water Grids [J]. Challenges, 5 (1): 123 – 137.

NATIONAL RESEARCH COUNCIL (NRC), 1999. New strategies for America's Watersheds [M]. Washington DC: National Academies Press.

NGUYEN K A, STEWART R A, ZHANG H, et al. , 2018. Re – engineering traditional urban water management practices with smart metering and informatics [J]. Environmental modelling & software, 101: 256 – 267.

NTULI N, ABU – MAHFOUZ A, 2016. A simple security architecture for smart water management system [J]. Procedia Computer Science, 83: 1164 – 1169.

ORACLE, 2009. Smart metering for water utilities [R]. Redwood Shores, CA, USA: Oracle Corporation.

OWEN D L, 2013. The Singapore water story [J]. International Journal of Water Resources Development, 29 (2): 290 – 293.

RIBEIRO R, LOUREIRO D, BARATEIRO J, et al. , 2015. Framework for technical evaluation of decision support systems based on water smart metering: The iWIDGET case [J]. Procedia Engineering, 119: 1348 – 1355.

SABRE M S M, ABDULLAH S S, FARUQ A, 2019. Flood warning and monitoring system utilizing internet of things technology [J]. Kinetik: Game Technology, Information System, Computer Network, Computing, Electronics, and Control, 4 (4): 287 – 296.

SONAJE N P, JOSHI M G, 2015. A review of modeling and application of water distribution networks (WDN) softwares [J]. International Journal of Technical Research and Applications, 3 (5): 174 –178.

The U. S. DEPARTMENT OF ENERGY, 2014. 2014 Smart Grid System Report [R]. Washington, DC,

USA：The U. S. Department of Energy.

WU Z Y, EL – MAGHRABY M, PATHAK S, 2015. Applications of deep learning for smart water networks [J]. Procedia Engineering，119：479 – 485.

YE Y, LIANG L, ZHAO H, et al. , 2016. The system architecture of Smart Water Grid for water security [J]. Procedia Engineering，154：361 – 368.

第2章　智慧流域的科学基础与理论框架

2.1　智慧流域科学基础

智慧流域是综合集成信息技术和现代科学管理方法，实现对以流域水循环为纽带的水资源、社会经济、生态环境相耦合的复杂人水巨系统进行高效管理的认识论和方法论。对智慧流域的研究是基于系统科学、复杂巨系统、人类-自然耦合系统、流域"自然-社会"二元水循环、现代管理、平行系统、水信息学等科学理论。前四个理论是智慧流域认识论的基础，后三个理论是智慧流域方法论的基础。

2.1.1　系统科学理论

系统科学是以系统为研究对象的基础理论和应用开发的学科组成的学科群。它着重考察各类系统的关系和属性，揭示其活动规律，探讨有关系统的各种理论和方法（Bertalanffy，1968）。系统科学起始于 20 世纪 20 年代，由美籍奥地利生物学家 Bertalanffy 提出，到了 20 世纪 50 年代，系统科学的理论研究和教学工作才全面展开。

广义的系统科学包括系统论、信息论、控制论、耗散结构论、协同学、突变论、运筹学、模糊数学、系统动力学、系统工程学等一系列学科，是 20 世纪中叶以来发展最快的一门综合性科学。我国著名科学家钱学森将系统科学的体系结构分为四个层次：第一层次是系统工程、自动化技术、通信技术等，属于工程技术层次；第二层次是运筹学、系统理论、控制论、信息论等，属于技术科学层次；第三层次是系统学，属于系统科学的基本理论；最高层次是系统观，是系统的哲学和方法论的观点。

系统论认为世界是系统的集合，研究世界中的任何一部分即是研究系统与其环境的关系，将其研究对象作为一个系统即整体来对待。系统论的任务是在认识系统的特点和规律的基础上，调整系统结构，协调各子系统及其要素间的关系，使系统最终实现优化。

系统具有三个特征，即结构、功能和行为。结构是指系统各要素的组成，功能是指系统为整体所作贡献，行为指系统采取何种方式作用。系统的整体优化是以各子系统为基础，在各子系统优化的前提下达到最佳整体功能，但是整体的最优并不能代表各子系统的最优。系统的综合动态平衡原理指子系统遵循各自独特的运动规律，按照一定的方式发挥其功能和作用，最终达到总体动态平衡。这种平衡是相对的、运动的、变化的，是事物内部自发调节的，由系统内部的全部个体综合运动所产生的结果。层次-能级原理表明系统演化过程是有层次的，不同的层次对应不同的能级，只有合理的安排，将各要素动态地置于响应的能级中，才能维护系统的稳定性，发挥其整体功能（吴靖平，2008）。

（1）系统论。系统论的核心思想是系统的整体观念。任何系统都是一个有机整体，它不是各个部分的机械组合或简单相加，系统的整体功能是各要素在孤立状态下所没有的性质（Bertalanffy，1968）。相应地，系统论处理问题的方法便是把研究对象作为一个整体系统，分析其结构和功能，研究各子系统之间、子系统与整体系统之间、系统与环境之间的关系和变化规律，并优化系统。所以，系统论的本质就是按照事物本身的系统性把对象放在系统的形式中加以考察，始终着重从整体与部分、部分与部分、整体与外部环境的相互联系、相互制约、相互作用的关系中进行综合的、精确的考察，以期实现最优化。

（2）信息论。信息论是一门用数理统计方法来研究信息的度量、传递和变换规律的科学。物质、能量与信息是组成世界的三大要素，信息是客观事物状态和运动特征的一种普遍形式，客观世界中大量地存在、产生和传递着信息。

信息论的研究，就是撇开其物质、能量的具体内容，抽象出信息这个共同的格式，并使之成为系统确定程度（组织、有序程度）的标记。

对于流域系统来说，不同子系统内部及系统之间物质、能量的传递与交换都以信息为介质，且运行状态的良好与否、整体系统协调与否也是以信息为表征。因此，以信息的度量、传递和变换规律为研究对象的信息论是流域系统研究的理论基础之一。

（3）控制论。控制论的创始人维纳将控制论看做是一门研究机器、生命社会中控制和通信的一般规律的科学，研究动态系统在变的环境条件下如何保持平衡状态或稳定状态的科学。控制是一个有组织的动态控制过程，它根据系统内部、外部各种变化着的条件进行调节，不断克服某种不确定性，使系统保持某种特定的状态，以期达到预定的目标。

流域系统是一个动态的系统，它的内部各子系统、各要素、外部环境都不是一成不变的，而是时刻发生着变化，这种变化可能导致产生的结果也不确定。因为人类希望它能达到一个可持续、协调、良性发展的状态，所以人为地干预系统的演替，调节系统本身的变化，这本身就是一个控制过程，所以以谋求一种自我适应的整体模式为目的的控制论属于智慧流域研究的理论体系。

（4）耗散结构论。耗散结构论指一个远离平衡态的非线性开放系统通过不断地与外界交换物质和能量，在系统内部某个参量的变化达到一定阈值时，系统可能发生突变即非平衡相变，由原来的混沌无序状态变为一种在时间上、空间上或功能上的有序状态。耗散结构理论在本质上研究的是系统演化的理论，它试图对系统由一种结构向另一种结构的演变问题作出正确的解释。耗散结构理论研究的对象是开放系统，通过对开放系统的研究，阐述系统科学的有序原理，即任何系统只有开放、有涨落、远离平衡态，才可能走向有序，或者说，没有开放、没有涨落、处于平衡态的系统，不可能走向有序。系统由低级结构变为较高级的结构，称之为有序，如生物进化过程、社会发展过程均是有序。一个系统要走向有序，其必要条件之一就是系统开放，与外界有物质、能量、信息的交换。要通过"开放的有序""涨落的有序""远离平衡态的有序"，实现系统的新的有序状态。

流域系统是个开放的系统，与其所处的环境存在物质、能量、信息的交换，同时它也是个远离平衡态的系统，因为它的要素并不是单一均匀；流域系统内部各子系统之间满足非线性结构，彼此之间有着相互制约、相互推动的关系，它不断受到外界的影响而产生"涨落"。所以，流域系统满足耗散结构的要求，遵从耗散结构的规律。

(5)协同论。协同论是前联邦德国物理学家哈肯创立的。1971 年，德国科学家 Haken 首次提出"协同"的概念，1977 年发表了《协同学导论》。

协同论对非远离平衡态系统实现的系统演化提出了方案。Haken 在研究中发现有序结构的出现不一定要远离平衡，系统内部要素之间协同动作也能够导致系统演化（内因对于系统演化的价值和途径），他认识到熵概念的局限性，提出了序参量的概念。序参量是系统通过各要素的协同作用而形成的，同时它又支配着各子系统的行为。序参量是系统从无序到有序变化发展的主导因素，它决定着系统的自组织行为，当系统处于混乱状态时，其序参量为零；当系统开始出现有序时，序参量为非零值，并且随着外界条件的改善和系统有序程度的提高而逐渐增大，当接近临界点时，序参量急剧增大，最终在临界域突变到最大值，导致系统不稳定而发生突变。序参量的突变意味着宏观新结构的出现。协同学是一种应用广泛的现代系统理论，它在自然科学与社会科学之间架起了一座鸿桥。协同学是继耗散结构理论之后进一步指出，一个系统从无序到有序转化的关键并不在于其是否处于平衡状态，也不在于偏离平衡有多远，而在于开放系统内各子系统之间的非线性相干作用。这种非线性相干作用将引起物质能量等资源信息在各部分的重新分配，即产生涨落现象，从而改变系统内部结构及各要素间的相互依存关系。一个由大量子系统组成复杂系统，在一定的条件下，它的子系统之间通过非线性相干作用就能产生协同现象和相干效应，该系统在宏观上就能形成具有一定功能的自组织结构，出现新的时空有序状态。

协同论是处理复杂系统的一种策略，其目的是建立一种用统一的观点去处理复杂系统的概念和方法。它的重要贡献在于通过大量的类比和严谨分析，论证了各种自然系统和社会系统从无序到有序的演化，都是组成系统的各元素间相互影响又协调一致的结果。它的重要价值在于既为一个学科提供了理论依据，也为人们从已知领域进入未知领域提供了有效手段。

系统由混乱状态转为有一定结构的有序状态，首先需要环境提供物质流、能量流和信息流。当一个非自组织系统具备充分的外界条件时，协同论提供了一个极好的方法通过设法增加系统有序程度的参数-序参量来形成一定结构的自组织。这种序参量决定了系统的有序结构和类型，这就是哲学中指出的外因是变化的条件，内因是变化的依据，外因通过内因起作用的观点。协同理论告诉人们，系统从无序到有序的过程中，不管原先是平衡相变还是非平衡相变，都遵循相同的基本规律，即协调规律。

(6)突变论。突变论认为，系统的相变（即由一种稳态演化到另一种不同质的稳定态）可以通过非连续的突变和连续的渐变来实现，相变的方式依赖于相变条件。如果相变的中间过渡态不稳定，相变过程是突变；如果中间过渡态稳定，相变过程是渐变。原则上可以通过控制条件的变化来控制系统的相变方式。突变论中所蕴含着的科学哲学思想，内容主要包含：内部因素与外部相关因素的辩证统一；渐变与突变的辩证关系；确定性与随机性的内在联系；质量互变规律的深化发展。

突变论在研究社会问题方面被归纳为某种量的突变问题，人们施加控制因素影响社会状态是具有一定条件的，只有在控制因素达到临界点之前，状态才可控。一旦发生根本性的质变，它就表现为控制因素所无法控制的突变过程。还可以用突变论对社会进行高层次的有效控制，为此需要研究事物状态与控制因素之间的相互关系，以及稳定区域、非稳定区域、临界曲线的分布特点，还要研究突变的方向与幅度。

在对流域系统的研究中可以应用突变论分析其临界状态，寻找到系统向健康、可持续方向发展的突变点，以及达到该突变点所需要的控制条件，以实现系统的良性演变过程。

2.1.2　复杂系统理论

20 世纪 80 年代开始，以非线性科学为基础，以现实问题从物理、化学、生物到经济、生活系统进行研究的新兴交叉领域总称为复杂系统科学或自组织科学（Arthur，1999）。它区别于 20 世纪 30—40 年代发展起来的以线性数学理论为基础的系统论。

复杂系统是指通过对子系统的了解而未能对系统的性质做出完全解释的系统，其整体性质不等于部分性质之和，即系统的整体与部分之间的关系不是一种线性关系。复杂系统一般具有非线性、混沌和分形、涨落和突变、随机性和偶然性、约束性和紧致性、自组织、自适应性、自相似性与动态性等特征。

复杂系统理论是系统学的一个前沿方向，也是复杂性科学的主要研究任务。复杂性科学的主要目的是揭示复杂系统的一些难以用现有科学方法解释的动力学行为。与传统的还原论方法不同，复杂系统理论强调用整体论和还原论相结合的方法来分析系统。它与传统控制系统的区别在于，系统的模型通常用主体及其相互作用来描述；系统的整体行为主要研究目标与描述对象；以探讨一般的演化动力学规律为目的。

德国物理学家 Haken 认为，从组织的进化形式来看，可以把复杂系统分为他组织和自组织等两类。如果一个系统靠外部指令而形成组织，就是他组织；如果不存在外部指令，系统按照相互默契的某种规则，各尽其责而又协调地自动形成有序结构，就是自组织。

在复杂系统中只有自组织结构才能真正做到有序，而依靠外界的力量来直接控制复杂系统的方式是一种无序结构。自组织现象无论在自然界还是在人类社会中都普遍存在。一个系统自组织功能越强，其保持和产生新功能的能力也就越强。自组织现象是系统的构建及演化现象，系统依靠自己内部能压，在相对稳定的状态下，将物质、能量和信息不断向结构化、有序化、多功能方向发展，系统的结构、功能随着变化也将产生自我的改变。复杂的自组织现象是多个子系统之间非线性作用产生的整体现象和整体效应。

自组织包括三类过程：①从混乱的无序状态到有序状态的演化。②由组织程度低到组织程度高的层次跃升的过程演化。③在相同组织层次上由简单到复杂的过程演化。这三个过程呈现出交替作用的情形，形成组织化的连续统一体。一个系统及系统的能量容量范围内，系统密度越大，有序程度就越高，形成的场就越强，效率也越高。在系统能量容量的范围内，一个系统内的有序化是在能量的挤压，需要输入能量来完成，而无序是能量扩散形成的；有序化是在能量的扩散与挤压的更替过程中完成的，系统为了降低系统能压、吸收和储备更多的能量，会采用"自组织"手段，对物质结构重新排列或组合，最终自组织的结果是一个能量不断增加的凝结过程。

Holland 在 1994 年正式提出复杂适应系统理论，并对其中的关键环节受限生成过程（Constrained Generating Procedures，CGP）的理论和建模方法进行了深入的论述，并初步形成了普适理论。复杂适应系统（Complex Aolaptive Systems，CAS）理论将系统中的成员称为具有适应性的主体（adaptive agent），简称主体。CAS 理论在自组织和协同论等理论的基础上，将系统成员看作具有自身目的与主动性的、积极的"活"的主体，是复杂系统研究在观念上的一大进步，这种进步更多地考虑了元素间的相互作用对系统演化的重要贡献，从方法论上突破了传统的"还原论"框架。围绕主体这个核心概念，CAS 理论提出了另外几个和系统演化相关的重要概念。

CAS 的核心思想是适应性产生复杂性。复杂系统中的成员被称为有适应性的主体。所谓具有适应性就是指它能够与环境以及其他主体进行交互作用，主体在这种持续不断的交互作用中不断地"学习"或者"积累经验"，并且根据学习到的经验改变自身的结构和行为模式。整个宏观系统的演变或者进化，包括新层次的产生，分化或多样性的出现，新的、聚合而成的、更大的主体的出现等，这些都是在这个基础上派生出来的。

人类生产生活活动中，到处显示出复杂系统的特征。Ostrom（2009）在《科学》上发表《分析社会生态系统持续性的普适性框架》一文，认为渔场、森林和水资源的潜在损失，以及巨大的气候变化，所有人类使用的资源都包含在复杂的社会生态系统中。社会生态系统由许多子系统以及这些子系统的内部变量组成。人们对导致自然资源改善、恶化的原因的理解有限，因为各个学科使用不同的概念和语言来描述和解释复杂的社会生态系统。如果没有一个共同框架来组织人们的发现，分散的知识将不会被积累起来。直到最近，普遍接受的理论是：资源的使用者永远不会自组织地维护他们的资源，政府必须采取相应的措施。然而，很多学科的研究发现，一些政府的政策会加速资源的破坏，反而一些资源的使用者为了达到资源的可持续性会花费时间和精力。

人类需要科学知识来维护社会生态系统，但是生态科学和社会科学独立发展，不易结合起来。在诊断为什么一些社会生态系统是持久的而另外一些会崩溃时，存在着一个核心的挑战：需要确认和分析这些复杂系统在不同时空尺度上各个层次之间的关系。完全理解一个复杂系统需要了解具体的变量以及他们的组成部分是如何联系的。因此，必须学习如何研究和利用复杂性，而不是把它从这些系统中消除。因为不同学科运用不同的框架、理论和模型来分析这个复杂的多层次整体的各自部分，因此，这个过程非常复杂，需要一个共同的分类框架使各学科朝着更好地理解社会生态系统的方向努力。采用一个最新的多层次嵌套的框架来分析社会生态系统，在这个框架里，显示了四个一级核心子系统之间的关系。这些子系统之间除了会相互影响，还会和其相连的社会、经济、政治环境及相关的生态系统相互影响。这些子系统是：资源系统、资源元素、管理系统和用户。每个核心子系统是由多个二级变量组成（例如资源的大小、资源元素的移动性、管理级别、用户的资源知识），这些二级变量进一步由更高级别的变量组成。

2.1.3　人类–自然耦合系统理论

《科学》杂志 2007 年的撰文指出，包括流域水资源系统在内的很多系统，都是人类–自然耦合系统（Coupled Human–Nature System，CHNS）（Liu et al.，2007）。CHNS 是指那些人类和自然交互作用的整体系统，这些系统中复杂的模式（Patterns）和过程（Processes）是单学科研究所无法发现和描述的，因此将社会科学和自然科学紧密耦合，成为研究 CHNS 的哲学和方法论基础。

在研究的理论方法上，面向 CHNS 的跨学科研究需要具备几个特征：①直接、动态地描述人类与自然的复杂交互和反馈过程，即不仅要对人类子系统和自然子系统采用变量进行描述，而且要将两个子系统的联系通过变量动态耦合。②跨学科研究方法的融合，即将社会科学与自然科学理论方法通过共同的问题进行融合。③多种技术手段的整合应用，即将自然科学常用的技术手段（如实验、监测、数值模拟、3S 技术等）与社会科学常用的研究手段（如样本调查、统计分析、数据挖掘等）紧密结合。④涵盖足够的时间和空间尺度，以研究 CHNS 的长期-短期、整体-局部特性上的差异。只有具备了以上特性，CHNS 中存在的复杂的、动态的模式和过程才能逐步被认识和理解，并为这类系统的建设和管理提供科学依据。

流域水资源系统是非常典型的人类-自然耦合系统之一。在水资源系统中，人类子系统（如人类的日常生活、工农业生产、城市化建设等经济社会发展活动）和自然子系统（如气候、降雨、径流、地表地下水交互、生态环境演变等）有着复杂的交互作用，任何单学科的理论和方法都不能完整地描述系统的复杂性，因此必须从人类-自然耦合系统的基本特征出发采用整体论的研究方法进行研究。

面向人类-自然耦合系统对传统水资源系统分析理论和规划方法提出了新的挑战。现代水资源系统分析方法起源于美国 20 世纪 50—60 年代的"哈佛水项目（Harvard Water Project）（Maass et al.，1962）。在此后的很长一段时间内，水资源系统分析一般采用两种分析方法：基于宏观规划与控制的由上而下方法（top - down approach）和基于微观分析与综合的由下而上方法（bottom - up approach）。优化模型和模拟模型是在这两类方法中都经常使用的建模工具（Loucks et al.，2005）。随着环境的不断改变以及人们对水资源系统认识的逐步深入，水资源分析理论与技术目前正面临新的发展阶段，这一阶段在认识论、方法论、模型方法和管理策略等层面都具有与以往截然不同的特征。

从认识论的层面来看，由于包含人类经济社会发展过程，自然水循环和生态过程，两者交互产生的工程措施以及管理制度子系统，流域水资源系统被认为是典型的人类-自然耦合系统。在我国被广泛使用的相应概念是"自然-人工"二元系统（王浩 等，2002），该概念更加注重从水循环或水资源的角度进行分析。

从研究方法论的角度看，对于包括水资源系统在内的 CHNS 的分析和研究，正如2009 年诺贝尔奖得主 Ostrom 指出的，必须对系统中个体之间、个体与子系统之间以及各子系统之间的交互作用进行描述，建立动态的整体分析模型，进而在 CHNS 的框架内提出资源环境管理问题的解决途径（Ostrom，2009）。因此，基于学科分解的"还原论"研究方法已经不能满足 CHNS 分析的要求，应用"整体论"方法研究这些 CHNS 已成为共识。

从模型方法的角度来看，如何将流域水资源系统分析中涉及的众多子系统进行整体耦合，将成为技术性难题。从社会科学角度看，与流域水资源系统紧密相关的学科包括人口学、微观经济学、宏观经济学、制度经济学、公共管理、城市规划等；从自然科学角度来看，又包括水文学、水力学、生态学、环境学、水文地质等。两者的交互则涉及系统分析、环境管理等。因此，以流域水资源问题为主线，有效选择相关领域的模型方法并进行有效的整体耦合成为技术性难题。

在管理策略方面，流域水资源系统的管理必须将人类社会自身管理与水资源自然特性紧密结合。人类社会的管理是社会科学的核心问题，如何将这些基本准则与水资源的自然特性相结合，将成为管理实践的难题。流域水资源系统特有的自然属性，如空间结构和时间变异性，为水资源管理带来了一些独特的问题，如河网空间结构带来的区域性水资源短缺和工程型水资源短缺，水文不确定性带来的水资源丰枯变化等，这些使得水资源的配置与管理区别于一般意义上的资源环境管理。因此，水资源管理需要从 CHNS 的角度分析和理解系统中人类对变化环境的适应性机制，并以此为基础设计可靠的、有弹性的和抗干扰的基础设施与管理体系，引导人类个体和社会行为以适应变化的自然环境，从而达到提高水资源管理体制效率和可操作性的目的。

2.1.4　流域二元水循环理论

伴随着人类活动对水资源系统干扰程度的不断增加，自然水循环的认识论正制约着水循环的理论与实践，越来越多的学者开始对经济社会系统中水循环的运动过程进行研究。国外学者在研究中引入"Hydrosocial Cycle"以区别传统的"Hydrological Cycle"；与此相对应，国内学者将水资源水文学作为水文学发展的转折，并以研究水在开发利用过程中的循环、平衡与变化，以区别于传统的水在自然界中的循环、平衡与变化研究。"自然-社会"二元水循环（简称"二元水循环"）理论与实践便是在这样的背景下提出的（王浩等，2002；王浩 等，2016；秦大庸 等，2014）。

流域水循环，是指流域尺度下主要包括降水、消耗、径流、输送运移及流域储水量等变化在内的整个过程。流域水循环系统中水分、介质和能量是水循环的基本组成要素，其中水分是循环系统的主体，介质是循环系统的环境，能量是循环系统的驱动力。在没有人类活动或人类活动干扰可忽略的情况下，流域水分循环过程只在太阳辐射、重力势能等能量下驱动，也称为"一元"流域水循环。自人类活动出现以来，随着对自然改造能力的逐步增强，人工动力大大改变了天然水循环的模式，现代环境下在部分人类活动密集区域甚至超过了自然作用力的影响，水循环过程呈现出越来越强的"天然-人工"二元特性。

流域水循环的二元化有四个重要特征：水循环服务功能的二元化、水循环结构和参数的二元化、水循环路径的二元化、水循环驱动力的二元化。其中，服务功能的二元化是其本质，循环结构和参数的二元化是其核心，循环路径的二元化是其表征，驱动力的二元化是其基础。

1. 服务功能的二元化

现代环境下水分在循环过程中同时支撑包含五个方面：①水在循环过程中使水资源得到更新。②水循环维持了自然水体的动态平衡。③水在循环过程中进行能量交换，调节了能量收支和气候条件。④水循环过程中形成的物质搬运力塑造了地表形态，并维持了生态群落栖息地的稳定。⑤水是生命体的重要组成部分，对维系生命体代谢有着不可替代的作用。水循环对人类社会经济系统的服务支撑主要包括三个方面：①水循环过程支撑了人类的日常生活，是人类生存的基本要素。②水循环过程支撑了人类生产活动，包括第一产业、第二产业和第三产业。③水循环过程支撑了人居环境用水，美化了人类生活环境。在没有人类社会经济系统之前，水循环只服务于自然生态环境系统，人类对自然水循环系统的影响和改造，其目的归根结底是利用水循环系统为人类社会经济发展服务，因此二元水循环的本质是服务功能的二元化。

2. 循环结构和参数的二元化

自然状况下，流域天然水循环具有"大气-坡面-地下-河道"自然水循环结构。在人类活动参与下，形成了由"取水-输水-用水-排水-回归"五个环节构成的社会水循环结构，因此流域水循环结构产生了二元化。在流域水循环参数二元化方面：一是人类活动对原有的"大气-坡面-地下-河道"循环参数产生了深刻影响，包括水土保持、水利建设等对天然的坡面产流/汇流参数产生影响，城市化、农业耕种、地下水开采等使得流域下垫面的渗透参数、蒸发参数、补给参数发生变化等。二是在"大气-坡面-地下-河道"水循环之外形成的社会水循环结构，已经不能用于天然水循环的参数来描述，而需要一套用于描述和刻画社会水循环的参数体系，如包括需水量、供水量、耗水量、回归量、管网损失率、虚拟水、用水效益与效率等体现社会水循环特征的参数，以反映水在人类经济社会系统中的循环过程和作用。需要指出的是，人类社会经济系统水循环特征存在地区、部门、单元间的差异，如南方地区和北方地区、农业部门和工业部门、农村单元和城市单元等，参数体系将有显著不同，一般需要区别描述。由于流域水分的循环结构和循环参数体现了水循环系统的属性和特点，同时也是变化环境下水循环研究试图重点揭示的内容，因此二元水循环的核心是循环结构和参数的二元化。

3. 循环路径的二元化

自然水循环的路径包括水汽传输路径、坡面汇流路径、河道水系路径、地下水径流路径、土壤水下渗路径等。人类社会经济系统处于自身生产、交通、生活等需要，发展了各种人工水循环路径，如长距离调水工程、航运工程、人工渠系、城市管网系统等。一方面在自然水循环路径之外形成了新的水循环路径；另一方面各种人类活动还对自然水循环路径产生了显著干预。如人工降雨干预了水汽的输送路径，水土保持干预了坡面汇流路径，使坡面水分在当地滞留；人工开挖干预了河道水系路径，使原本无水力联系的河道相互连通；地下水开发干预了地下水的径流路径，使原本无水力联系的河道相互连通；地下水的开发干预了地下水的径流路径，使原本流向下游的地下水围绕局地开采漏斗汇流；道路、工地建设等硬地陆面干预了土壤水分的下渗路径，阻隔了土壤水的向下运移通道；调水行为直接将属于不同水系甚至不同流域的地表水进行重新分配等。以上直接和间接的行为产生了水循环路径的二元化。人类活动对水循环路径的改造和影响是实现其对流域水循环干预的主要手段和水循环二元化的外在体现，因此水循环路径的二元化的表征是循环路径的二元化。

4. 驱动力的二元化

天然状态下，流域水分在地球自转和公转、太阳辐射能、重力势能和毛细作用等自然作用力下不断运移转化，其循环内在驱动力表现为"一元"的自然力。而在人类社会经济系统的参与下，流域水循环的内在驱动力呈现明显的二元结构，人工驱动力的技术手段主要包括水利工程的修建太高水体水位，改变水体自然状况下的能态沿程分布，从而驱使水体按人类的意愿循环流动，如修建水库或枢纽等；或通过能量之间的转化直接将处于低势能的水体传输到高势能地点，如机电井和泵站的抽排等；或通过加工将水分通过产品的形式进行转移等。在以上技术手段作用下，水分进入社会水循环环节，在人类社会经济系统中分配并服务。驱动水分分配和服务的内在驱动机制与人类社会经济的运行息息相关，可总结为四大驱动机制：①公平机制，水是人日常生活必不可少的部分，首先在兼顾用水的重要性等级、社会公平与和谐的需求下进行分配。②效益机制，在利益驱动下，水一般由经济效益低的区域和部门流向经济效益高的区域和部门。③效率机制，在区域水资源缺乏或容量有限的情况下，出于提高承载力的需求，用水效率低的部门将受到制约，被迫提高用水效率或进行用水转让等。④国家机制，即出于区域主题功能或宏观战略等原因决定水的分配和流向。现代环境下人类活动的影响越来越深远，受人工驱动力的作用，强人类活动干扰地区的社会水循环通量甚至成为主要的循环通量，因此在研究流域水循环驱动机制时，必须把人工驱动力作为与自然力并列的内在驱动力。流域水分的循环流动主要是基于驱动力的作用，因此二元水循环的基础是驱动力的二元化。

2.1.5 现代管理理论

现代管理理论是继科学管理理论、行为科学理论之后，西方管理理论和思想发展的第三阶段，特指第二次世界大战以后出现的一系列学派。与前阶段相比，这一阶段最大的特点就是学派林立，新的管理理论、思想、方法不断涌现。美国著名管理学家哈罗德·孔茨认为当时林林总总共有十一个学派：经验主义管理学派、人际关系学派、组织行为学派、社会系统学派、管理科学学派、权变理论学派、决策理论学派、系统管理理论学派、经验主义学派、经理角色学派、经营管理学派（陈伟 等，2003）。

现代管理理论是近代所有管理理论的综合，不仅是一个知识体系，而且是一个学科群，它的基本目标就是要在不断急剧变化的现代社会面前，建立起一个充满创造活力的自适应系统。要使这一系统能够得到持续地高效率地输出，不仅要求要有现代化的管理思想和管理组织，而且还要求有现代化的管理方法和手段来构成现代管理科学。

纵观管理学各学派，虽各有所长，各有不同，但不难寻求其共性，可概括如下（王关义 等，2019）：

（1）强调系统化。这就是运用系统思想和系统分析方法来指导管理的实践活动，解决和处理管理的实际问题。一个组织就是一个系统，同时也是另一个更大系统中的子系统。所以，应用系统分析的方法，就是从整体角度来认识问题，以防止片面性和受局部的影响。

（2）重视人的因素。由于管理的主要内容是人，而人又是生活在客观环境中，虽然他们在一个组织或部门中工作，但是其思想、行为等诸方面可能与组织不一致。重视人的因素，就是要注意人的社会性，研究和探索人的需要，在一定的环境条件下，尽最大可能满足人们的需要，以保证组织中全体成员齐心协力地为完成组织目标而自觉作出贡献。

（3）重视"非正式组织"的作用，即重视"非正式组织"在正式组织中的作用。非正式组织是人们以感情为基础而结成的集体，这个集体有约定俗成的信念，人们彼此感情融洽。利用非正式组织，就是在不违背组织原则的前提下，发挥非正式群体在组织中的积极作用，从而有助于组织目标的实现。

（4）广泛地运用先进的管理理论与方法。随着社会的发展，科学技术水平的迅速提高，先进的科学技术和方法在管理中的应用越来越重要。所以，必须利用现代的科学技术与方法，提高管理水平。

（5）加强信息工作。由于普遍强调通信设备和控制系统在管理中的作用，所以对信息的采集、分析、反馈等的要求越来越高，即强调及时和准确。必须利用现代技术，建立信息系统，以便有效、及时、准确地传递信息和使用信息，促进管理的现代化。

（6）把"效率"（Efficiency）和"效果"（Effectiveness）结合起来。作为一个组织，管理工作不仅追求效率，更重要的是从整个组织的角度来考虑组织的整体效果以及对社会的贡献。因此，要把效率和效果有机地结合起来，从而使管理的目的体现在效率和效果之中，也即通常所说的绩效（Pedonnance）。

（7）重视理论联系实际。重视管理学在理论上的研究和发展，并进行管理实践和善于归纳总结，找出规律性的东西。要乐于接受新思想、新技术，并用于管理实践中，把诸如质量管理、目标管理、价值分析、项目管理等新成果运用于实践，并在实践中创造出新的方法，形成新的理论，促进管理学的发展。

（8）强调"预见"能力。社会迅速发展，客观环境在不断变化，这就要求人们运用科学的方法进行预测和前馈控制，从而保证管理活动的顺利进行。

（9）强调不断创新。要积极改革，不断创新。管理意味着创新，就是在保证"惯性运行"的状态下，不满足现状，利用一切可能的机会进行变革，从而使组织更加适应社会条件的变化。

2.1.6　平行系统理论

平行系统（Parallel Systems）是指由某一个自然的现实系统和对应的一个或多个虚拟或理想的人工系统所组成的共同系统（王飞跃，2004a）。通过构造与实际系统对应的软件定义模型——人工系统，通过在线学习、离线计算、虚实互动，使得人工系统成为可试验的"社会实验室"，以计算实验的方式为实际系统运行的可能情况提供"借鉴""预估"和"引导"，从而为管理运作提供高效、可靠、适用的科学决策和指导。从功能上来说，数字孪生可视作平行系统的一种特列或子集（杨林瑶 等，2019），为特定的系统提供实时监测和调整服务（王飞跃 等，2018）。

平行系统采用复杂系统研究的"多重世界"观点，即对复杂系统进行建模时，不再以逼近某一实际的复杂系统的程度作为唯一标准，而是将模型认为是一种"现实"，是实际复杂系统的一种可能的替代形式和另一种可能的实现方式，而实际复杂系统也只是可能出现的现实中的一种，其行为与模型的行为"不同"但却"等价"。

平行系统，是指由某一个自然的现实系统和对应的一个或多个虚拟或理想的人工系统所组成的共同系统（王飞跃，2004a、2004b），平行系统的基本框架如图 2-1 所示。它包括实际系统和人工系统两部分。简单来讲，人工系统是对实际系统的软件化定义，不仅是对实际系统的数字化"仿真"，也是为实际系统运行提供可替代版本（或其他可能的情形），从而实现对实际系统在线、动态、主动的控制与管理，为实际复杂系统管理运作提供高效、可靠、适用的科学决策和指导。

平行系统的主要目的是：通过实际系统与人工系统的相互连接，对两者之间的行为进行实时的动态对比与分析，以虚实互动的方式，完成对各自未来的状况的"借鉴"和"预估"，人工引导实际，实际逼近人工，从而达到有效解决方案的以及学习

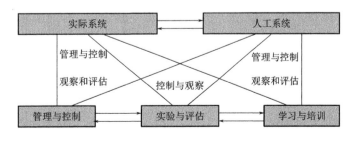

图 2-1　平行系统的基本框架

和培训的目的。主要过程包括三个方面（王飞跃，2004c）。

（1）实验与评估。人工系统作为软件定义的系统，可在其中进行"计算实验"，以真实系统运行数据为输入，用计算的手段分析了解复杂实际系统面对不同情境和状况时的行为和反应，并对不同的解决方案、管理策略、法律法规的效果进行评估，作为辅助管理与控制决策的依据。

（2）学习与培训。人工系统本身可作为一个学习、培训管理及控制复杂系统的中心。通过对实际与人工系统的适当连接组合，可以使管理和控制实际复杂系统的有关人员迅速掌握复杂系统的各种状况以及对应的行动，实现情景式或场景式学习培训。同时，人工系统与实际系统也在实时的互动与学习，由于系统参与人员情绪、心理或行为等各种不定性、复杂性或多样性问题的存在，均可引发系统的异常，此时，需要人工系统与实际系统相互补充、协同演化，实现平行系统的相互学习与培训。

（3）管理与控制。在平行系统构建之初，人工系统试图尽可能地模拟实际系统，对其行为进行预估，从而为寻找对实际系统有效的解决方案或对当前方案进行改进提供依据；随着计算实验的深入与扩展，进而通过观察实际系统运行状况，可预估其潜在的多个发展趋势，对比相应人工系统状态，选择合适的策略引导实际系统行为；当实际系统与人工系统产生状态误差时，产生误差反馈信号，同时对人工系统和实际系统的评估方式或参数进行修正，以减少差别，并开始分析新一轮的优化与评估。

2.1.7　水信息学理论

水信息学出现于 20 世纪 80 年代初，1989 年出现 Hydroinformatics。1991 年，荷兰 IHE 学院 Abbott 教授 *Hydroinformatics: Information Technology and Aquatic Environment* 专著的出版标志着水信息学的正式诞生（陶建华，1994；李树平，2002）。

Abbott（1999）将水信息学定义为在水范围内运用知识的新途径、元知识。所谓元知识即知识的知识。设计大型专家系统时，把知识分为两个层次：知识集及控制知识集（知识的知识）。元知识的设置一般是在领域知识及具体的系统中实现的。它起着减少搜索知识时间、确定知识使用的优先级、知识分类、知识项的宏观描述、控制知识的激发和运行等作用。元知识是高层次的知识，它们之间是控制、操作关系。元知识运行有优先的地位，而知识（例如规则）的运行是在元知识控制下进行。

水信息学的研究领域极为广泛，包括数据的获取和分析（例如 SCADA、遥感、遥测、数据模型、数据管理和数据库技术等）、先进的数值分析方法和技术（例如一维、二维和三维计算水力、水质和水生态模型，参数估计和过程识别）、控制技术和决策支持（例如基于模型控制、不确定性处理、决策支持系统、分布影响评价和决策、Internet 和 Intranet 等）、标准软件的开发（例如海岸和河口污染物扩散的过程分析、水资源的流域管理、城市给水排水系统、计算机辅助教学软件等）以及智能科学理论和先进信息技术的应用（例如专家系统、人工神经网络、进化计算、模糊逻辑、数据挖掘技术、数据仓库技术、数据融合技术、并行计算技术、分布和扩散模型、面向对象和代理等）（李树平，2002；Abbott，1999；Abbott et al.，2001；许世刚 等，2002；李义天 等，2001；艾萍 等，2001；Liang et al.，2001；Babovic et al.，1999），尤其是新一代信息技术的应用（如物联网、云计算、大数据、区块链、人工智能、虚拟仿真等）（Dogo et al.，2019；Bordel et al.，2019；Thompson et al.，2014；Kurtz et al.，2017；冶运涛 等，2019a、2019b）。

2.2　智慧流域基础理论

2.2.1　流域系统特性、管理特点和要求

2.2.1.1　流域系统特性

流域水系统具有时间、空间和属性等特性。

时间上，年内汛枯交替，降雨及水资源量的60％以上集中在汛期的几个月，年际变化悬殊，存在枯水年和丰水年，存在异常惰性，出现连续枯水年组、连续丰水年组。由于各种水文事件所要求的时间尺度不同，如水资源管理，有周、旬、月、年、多年等时间尺度要求，防洪，则需要分钟、小时和日等时间尺度要求。水资源量是随着水文循环的变化而发生变化，在不同的时刻，水资源存量或通量可能不同。

空间上，由于受气候变化、下垫面条件和人类活动的影响，水资源空间分布不同，如我国南方水资源丰富、北方水资源短缺。从水资源赋存形态上表现为大气水、地表水、土壤水和地下水，这是通常所说的实体水，水资源还有另外一种新式，即虚拟水。

属性上，社会经济、生态、环境和水资源系统间既相互联系，相互依赖，又相互影响，相互制约，这些子系统间组成一个有机整体。因此水系统包括资源属性、社会属性、经济属性、生态属性和环境属性。为了发挥水资源效益或减灾，需要通过一定的工程手段实现，水系统也具有工程属性。

2.2.1.2　流域管理特点和要求

1. 流域管理特点

流域管理的特点与发展趋势主要表现为"五多"。

（1）多目标。调控目标向防洪、供水、灌溉、发电、养殖、旅游、航运及改善生态环境等方面综合利用的多目标方向转化，特点强调水资源配置、调度、节约和保护，注重人与自然的和谐相处。

（2）多时段。包括多个连续调控时段，当前调控决策不仅影响面临时段的调控效益，而且对余留期的调控产生影响。水循环调控是一个随时间变化而不断调整的动态过程。

（3）多利益主体。涉及地区多、范围广、距离长，上下游、左右岸、不同流域和行政区、不同行业、城市和农村等各类不同利益主体之间存在复杂的水事关系，用水竞争性强。

（4）多不确定性。自然水循环过程本身具有许多不确定性，如气候变化导致的高温热浪、强台风、强降水、持续干旱等极端发生频率的增加，全球变暖导致海平面上升等；高强度人类活动作用下，流域水循环及其伴声的水环境、水生态过程呈现出越来越明显的"自然-人工"二元特性；水工程在外力作用以及本身条件退化情景下，可能导致溃堤、溃坝以及管网爆裂等事情的发生。受气象、水文、社会、经济、工程、技术和政策等多类风险的影响，流域水循环调控面临多重不确定性。

（5）多决策者。水循环调控决策不仅涉及国家、流域机构、地方政府、用水户等不同层次的决策者，各类决策者通过群决策制定调控方案。

2. 流域管理要求

流域管理面临"五高"的要求。

（1）高安全性。经济社会的快速发展使财富积累和人员集中，极端水事件造成的损失急剧增加，保证水安全的难度越来越大，对水安全的要求也越来越高。

（2）高可靠性。保证有足够的水量满足缺水时段和缺水地区的要求，有达标的水质满足生产、生活和生态用水需求，有运行安全的工程满足水量水质调度的要求。

（3）高稳定性。要求水量变化保持在合理范围内，水质标准不超过水体自净能力，不会发生突变导致安全问题出现，水工程运行状态指标不超过设定的安全阈值。

（4）高全面性。既要满足特定时段、特定区域、特殊目标对水量水质的要求，又要兼顾其他次要调控目标的要求。

（5）高时效性。各调控目标需要通过安全稳定的水工程的支撑，及时有效的水量水质调度满足要求，避免或减少由于调度滞后所带来的经济和社会损失。

2.2.2 互联网治水大脑模型

2.2.2.1 互联网治水大脑模型的原理

在物理网、云计算、大数据、人工智能等新一代信息技术的驱动下，互联网向与人类大脑高度相似的方向进化进程中，形成了类脑智能巨系统架构。互联网大脑架构具备不断成熟的类脑视觉、听觉、躯体感觉、运动神经系统、记忆神经系统、中枢神经系统、自主神经系统、神经纤维。互联网大脑通过类脑神经元网络将互联网各神经系统和世界各元素关联起来，互联网大脑在群体智慧和人工智能的驱动下通过云反射弧实现对世界的认知、判断、决策和反馈（刘锋，2018）。互联网大脑如图 2 - 2 所示。

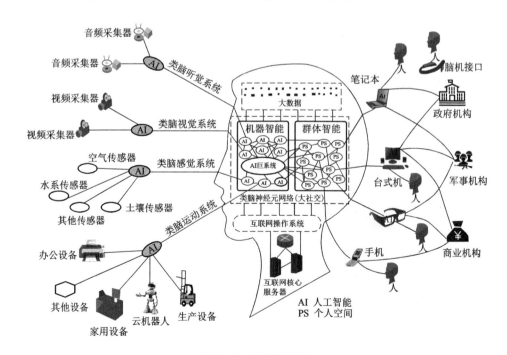

图 2 - 2　互联网大脑

刘锋（2012）分析了物联网、云计算、大数据与互联网的关系。

（1）物联网是互联网大脑的感觉神经系统，因为物联网重点突出了传感器感知的概念，同时它也具备网络线路传输，信息存储和处理，行业应用接口等功能，而且也往往与互联网共用服务器，网络线路和应用接口，使人与人（Human to Human），人与物（Human to Thing）、物与物（Thing to Thing）之间的交流变成可能，最终将使人类社会、信息空间和物理世界（人-机-物）融为一体。

（2）云计算是互联网大脑的中枢神经系统，在互联网虚拟大脑的架构中，互联网虚拟大脑的中枢神经系统是将互联网的核心硬件层、核心软件层和互联网信息层统一起来为互联网各虚拟神经系统提供支持和服务。从定义上看，云计算与互联网虚拟大脑中枢神经系统的特征非常吻合。在理想状态下，物联网的传感器和互联网的使用者通过网络线路和计算机终端与云计算进行交互，向云计算提供数据，接受云计算提供的服务。

（3）大数据是互联网智慧和意识产生的基础，也是互联网梦境时代到来的源泉，随着互联网大脑的日臻成熟，虚拟现实技术开始进入到一个全新的时期，与传统虚拟现实不同，这一全新时期不再是虚拟图像与现实场景的叠加（Augment Reality，AR），也不是看到眼前巨幕展现出来的三维立体画面（Virtual Reality，VR）。它开始与大数据、人工智能结合得更加紧密，以庞大的数据量为基础，让人工智能服务于虚拟现实技术，使人们在其中获得真实感和交互感，让人类大脑产生错觉，将视觉、听觉、嗅觉、运动等神经感觉与互联网梦境系统相互作用，在清醒的状态下产生梦境感（Real dream）。刘锋（2012）认为，工业 4.0 或工业互联网本质上是互联网运动神经系统的萌芽，互联网中枢神经系统也就是云计算中的软件系统控制工业企业的生产设备、家庭的家用设备、办公室的办公设备，通过智能化、3D 打印、无线传感等技术使得机械设备成为互联网大脑改造世界的工具。同时这些智能制造和智能设备也源源不断地向互联网大脑反馈大数据，供互联网中枢神经系统决策使用。

2.2.2.2　互联网大脑与流域治水的关系

流域管理活动内容主要是围绕水利用和服务、生态环境保护和防灾减灾开展的。流域管理活动环节包括调查/测量、观测/监测、设计、建设和运行等。互联网大脑在流域治理的智能化和智慧化方面提供了重要支撑，它与流域系统的融合形成了"流域治水大脑"。流域治水在逐步智慧化的过程中，将逐步形成自己中枢神经系统（云计算）、流域感觉神经系统（物联网）、流域运动神经系统（工业 4.0）、流域神经末梢发育（边缘计算）、流域智慧的产生与应用（大数据与人工智能）、流域神经纤维（通信技术）。以此基础形成流域的两大核心功能：①流域神经元网络系统（流域大社交网络），实现流域中人与人、人与水、水与水的信息交互。②流域大脑（云脑）的云反射弧，实现流域服务的快速智能反应。基于上述类功能推动流域智慧的不断进步，这样类脑流域建设架构称之为流域大脑（云脑）。治水大脑感觉神经系统的透彻感知、中枢神经系统的科学决策、云发射弧的有效调控为流域管理提供了有效支撑。

（1）治水大脑的透彻感知为流域管理提供了先决条件。治水大脑的透彻感知是水安全保障的先决条件。灵敏感知是指自然-社会二元水循环的各个过程状态及未来演变趋势可被水管理者通过技术手段所全面掌握，是应对当前水安全问题所呈现的破坏突发性和成因系统性态势的重要策略。全面的信息掌控是保证水安全保障决策和管理科学性、精准性的基础前提。所谓灵敏感知包含以下三层含义：①信息感知范围的全面性，既包括对水循环通量特征因子的反映，又包括对荷载水流运动的物理实体和周边环境的静态特征和动态趋势的感知。②信息感知的高效性，既体现在信息收集和传输的高效率，也体现在感知活动的低损耗和可持续性。③信息感知的准确性，即感知活动是对系统状态及未来可能发展方向的真实反映和有效预测。

（2）治水大脑的科学决策为流域管理提供了核心动力。治水大脑的科学决策是水安全保障的核心动力。水安全保障的科学内涵是对二元水循环过程进行有效、健康的调控，因此指导水循环调控活动的水管理决策环节将直接制约国家水安全保障能力水平，科学完备的水管理决策能力是推动国家水安全保障能力提升的核心驱动力。水安全保障科学决策具体体现在以下方面：①决策的客观性，即在管理决策行为中遵循科学规律，减少非科学因素的主观性扰动。②决策的系统性，即在管理决策中应将水系统中各环节、各利益对象作为系统整体看待，充分考虑水循环及其伴生系统对调控行为的总体响应。③决策的高效性，包括决策成果效益的最优化以及决策形成过程的高效率。④决策的适应性，即面向不同问题、不同基础条件和不同目标采取针对性策略，并重视通过反馈过程对决策进行优化和修正。

（3）治水大脑的有效调控为保障水安全提供了实现工具。强大的水循环及其伴生过程调控能力是水安全保障最终实现的直观方法，水管理者通过工程和非工程手段改变水循环路径、通量和赋存位置，调节水质、水量和水生态过程，实现水灾害防治、供水保障和生态维护等水安全保障目标。由于人类目前对于大气水和土壤水等非径流性水分调控的能力、程度和范围还相当有限，因此以径流性水资源为基本对象、依托自然-社会二元水循环物理网络系统展开是当前水安全保障有效调控的主要特征，即以水利工程和基础设施建设为主要手段，通过工程建设和运行改变天然水流运动的时空分布，实现水循环调控，达到水安全保障目标。

可以理解为，治水大脑是面向涉水领域的集中与分布式结合的智能系统，具有认知、记忆、注意、推理等类脑计算功能，通过与环境交互，自主或交互地执行辨识、预测、规划、调控等任务，不断学习并积累经验，清楚自身能力、局限并渐进趋优；它具有认知计算的结构，交互反馈的自适应学习模式，以及深度引导强化学习相结合的基础学习单元；其核心特征在于用领域知识保证结果可行，用数据驱动提升其精度与性能（尚宇炜 等，2018）。

2.2.3 智慧流域的基本模式

20世纪最伟大的哲学家之一——卡尔·波普尔在1972年出版的《客观知识》一书中提出的"三个世界"的理论（王飞跃，2016），即世界由三部分组成：物理世界、心理世界和人工世界。对此，王飞跃（2013a）认为，经过几千年的发展，农业和工业社会已全面地开发了人类的物理自然世界和精神心理世界，保障了人类的生存和发展；物联网、大数据、云计算等概念的兴起以及人工智能、机器人、无人驾驶等技术的再次风靡，预示人工世界将成为人类现阶段开发的重点，其核心任务就是开发数据和智力资源。同时，由于网络化和进程化进程的发展，赛博空间已确确实实成为与物理世界平行的一个新的空间，并使得人工社会从哲学的抽象成为日常的具体应用。新媒体、Wiki、众包等正在快速推动人类的生活空间被数据驱动和虚拟化，知识几乎可以光速传播并获取，影响通过社会关系瞬间遍及整个网络空间（王飞跃 等，2015）。为此，王晓等（2018）认为，以人为本、面向物理世界和网络空间融合的社会物理信息系统（Cyber – Physical – Social System，CPSS），而非传统的信息物理系统（Cyber – Physical Systems，CPS），将成为未来社会的基础设施。

CPS 是美国于 2007 年提出的，基于该视角的复杂系统研究主要集中在其工程的复杂性要素，或者其社会复杂性要素的某一个方面。复杂系统中，尤其像流域这种复杂的巨系统，人作为流域的活跃因子，具有一定的经济行为和社会特征（王慧敏 等，1999），往往是流域的设计者、建造者、运营管理者和最终使用者，人为因素等社会复杂性要素在复杂系统各个阶段都起到不可忽视甚至是决策性的重要作用。要实现复杂系统安全、可靠和高效的目标，其工程复杂性要素和社会复杂性要素必须作为不可分割的、地位平等的整体加以研究。为此，中国学者在国际上率先提出，复杂系统向全要素综合集成和深度智慧方向不断进化，互联网演化了类人大脑模型，将逐步形成越来越多的复杂的、巨型的 CPSS。

基于 CPSS 视角，可以认为智慧流域是由物理水系统（Physical Water System）、包括人的社会水系统（Social Water System）、连接两者的信息水系统（Cyber Water System）所共同组成的一类复杂系统，它通过传感器网络实现物理水系统和信息水系统的连接，通过社会传感器网络实现了社会水系统和信息水系统的连接，这样"社会水系统＋物理水系统"的流域物理空间和流域社会空间就能够"等价地"映射到信息水系统的流域赛博空间中，其基本模型如图 2 - 3 所示。在此基础上，通过流域物理空间和流域信息空间的彼此认识、虚拟互动、共同提高，就可以循序渐进地实现智慧流域安全、可靠、高效运行等管控和应用目标。它通过智能化的人机交互方式实现人员组织和物理系统的有机结合，有望实现流域系统的综合管理。

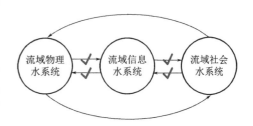

图 2 - 3　智慧流域的基本模型

基于国际上的智慧城市研究和实践，"智慧"的理念被解读为不仅仅是智能，即新一代信息技术的应用，更在于人体智慧的充分参与。推动智慧城市形成的两股力量：一是以物联网、云计算、移动互联网为代表的新一代信息技术和知识社会环境下逐步形成的开放城市创新形态。二是技术创新层面的技术因素和社会创新层面的社会经济因素。正如有学者指出，新一代信息技术与创新 2.0 是智慧城市的两大基因，缺一不可。

综合上述智慧化理念的解读，不管是智慧地球，还是智慧城市，主要体现为物的智能和人的智慧，前者是指信息技术的发展，后者是人的创新能力的发展，两者相互促进，相辅相成，缺一不可。正是两者的结合，使管理对象，如地球、城市等，呈现出智慧化的形态，保持可持续发展。由此可以得知智慧理念的构成有三要素：物（客体或准主体）、技术（手段）、人（主体）。人通过创新，使技术得到进步，技术进步使物具备了智能化，正是物体的智能化，使人类居住的生态环境、社会经济与自然资源协调发展。这和 CPSS 的理念是一致的。

在此基础上，可以提出智慧流域的概念模型：

$$SmartBasin = f_{SB}(PWS, CWS, SWS, DIM)$$

式中：$SmartBasin$ 为智慧化的效果；PWS（Physical Water System）为流域物理水系统；CWS（Cyber Water System）为流域信息水系统；SWS（Social Water System）为与水资源开发利用的流域社会水系统；DIM（Deeply Integrated Mode）为一体化深度融合的方式与路径，如创新驱动；$f_{SB}(\cdot)$ 为流域水物理空间、流域水信息空间、流域水社会空间三元世界融合的效应函数。

从上述公式可以看出，实现智慧流域就是寻找一条"三元水系统"一体化深度融合的方式与路径，也就是智慧流域建设需要突破的瓶颈，需要寻求新的解决思路，引入新的概念和方法，结合平行系统理论方法，提出发展智慧流域的新范式——平行流域。

平行流域是由实际流域和若干人工流域共同构成。其中，人工流域是人、基础设施、物、事件等流域系统所有要素的数字化、模型化、软件化定义，是实际流域系统在计算机中的等价映射和虚拟再现，不仅可以对实际流域系统进行精确描述，还可以对实际流域系统进行模拟、推演和预测。与实际流域物理世界等价的人工流域和实际流域共同存在、平行运行、互联互通、实时互动，从而完成对流域的描述、预测和引导。

在平行流域中，人工流域系统与实际流域系统处于同等地位，并在实际流域系统的整个生命周期中，人工流域系统一直存在、不断完善，两者交互融合。同现有的仿真模拟相比，人工流域系统的角色发生了很大转变，即：由被动发展到主动、由静态发展到动态、由离线发展到在线、由独立运行发展到共同运行、由短期存在发展到全生命周期存在（吕宜生 等，2019a；王飞跃，2013b）。人工流域系统的构建可综合利用机理、试验、数据驱动、代理等方法。人工流域系统和实际流域系统连接，在实际流域系统内部的小闭环管控的基础上，增加了人工流域系统和实际流域系统间的数据、信息、管控交互过程的大闭环。通过对比、分析和预测实际流域系统与人工流域系统之间的行为，调节各自的管理与控制方式，达到有效地解决问题的目的（吕宜生 等，2019b）。

人工流域系统可以超前运行，可以突破物理、法律、道德、经济等的约束，进行自我运行、评估、学习，产生平行智能。平行智能是一个新型的人工智能理论框架，其核心是ACP（Artificial system, Computational experiment, Parallel execution）方法。ACP 方法包括人工系统（Artificial system）、计算实验（Computational experiment）、平行执行（Parallel execution）3 个部分。在流域管理中，即：构建与实际流域系统等价的人工流域系统，以对实际流域系统进行描述、建模；基于人工流域系统开展计算实验，以对流域系统进行分析、预测、评估；通过平行执行的方式完成对流域系统的管理与控制（王飞跃，2004a、2004b、2004c）。也就是说，平行智能的核心是构建由实际流域系统与人工流域系统组成的平行系统，通过虚实互动实现两者的状态、行为耦合，以及对流域系统的引导、控制与管理。平行智能为实现"将小数据导成大数据，再将大数据导成小知识"提供了途径（李力 等，2017；Li et al.，2017）。目前，ACP 方法已经在交通、物流、能源、乙烯生产、社会计算等领域得到了成功应用（吕宜生 等，2019b；Wang，2010；王飞跃，2013a；张俊 等，2019；刘腾 等，2019）。

在一定程度上，智慧流域革新传统管理方式就是利用网络流域空间内无限的数据和信息资源，突破物理流域空间资源有限的约束，真正地纳"人"于系统和管理的流程之内，基于 ACP 的社会计算方法，针对由动态网群组织（Cyber Movement Organizations，CMO）参与并组织演化的社会过程、服务执行及资源分配问题，构建由软件定义的人工流域水系统与真实流域水系统虚实互动的平行流域系统，使得来自物理世界和心理世界的相关知识及经验形式化、计算化和可视化，可用实时反馈、虚拟互动、平行执行的方式实现流域系统描述解析、预测推理、诱导学习及反馈功能，进而减少完成目标的不确定性、化多样化为归一、使复杂变简单（王飞跃 等，2015），从而推进流域的可持续发展和生态流域建设。

2.2.4　智慧流域的概念和内涵

2.2.4.1　智慧流域的概念

从认识论的角度，智慧流域是利用物联网、互联网、云计算、大数据、虚拟现实、人工智能等新一代信息技术，以流域为基本单元，以水为主题，实现流域综合管理的涉水数据感知透彻化、水信互联全面化、业务应用智慧化和服务提供泛在化，促进流域可持续发展的新理念和新模式。

从技术论的角度，智慧流域是指把新一代信息技术充分运用于流域综合管理，把传感器嵌入和装备到流域各个角落的自然系统和人工系统，并通过普遍连接形成"水联网"，而后通过超级计算机和云计算将"水联网"整合起来，以水利机理模型和水利数据驱动模型为核心，以大数据、虚拟现实、人工智能等为支撑，并将其与数字流域耦合起来，完成数字流域和物理流域的无缝集成，使人类能以更加精细和动态的方式对流域进行规划、设计和管理，从而使流域达到的"智慧"状态。

综合认识论和技术论两种认知模式，智慧流域的运行模式是以水服务需求和开放创新为驱动，在数字流域框架内，以物联网、智能技术、云计算与大数据等新一代信息技术为基本手段，以水信感知、泛在互联、循环跟踪、智能处理、动态预报、实时调控、智慧决策为基本运行方式，通过"互联网+"将流域空间中包括以"自然-社会"二元水循环为纽带的水资源复合系统在内的水物理空间、水信息空间和水社会空间进行深度融合与协同互动，建立水基础设施生态化、动态精细化、大成智慧化的可感知、可协同、可分析、可预判、可管控的智慧流域建设与管理运行体系，使流域达到河流健康、人水和谐的状态。

2.2.4.2　智慧流域的内涵

智慧流域是智慧地球的重要组成部分，是未来流域创新发展的必由之路，是统领未来流域工作、拓展信息技术应用、提升流域管理水平、增强流域发展质量、促进流域可持续发展的重要支撑和保障，它既是信息时代现代流域发展的新目标，又是实现流域科学发展的新模式，是信息技术与流域发展的深度融合。智慧流域与智慧地球、美丽中国紧密相连；智慧流域的核心是利用现代信息技术，建立一种智慧化发展的长效机制，实现流域可持续发展；智慧流域的关键是通过制定统一的技术标准及管理服务规范，形成互动化、一体化、主动化的运行模式；智慧流域的目的是促进流域资源管理、生态系统构建、绿色产业发展等协同化推进，实现生态、经济、社会综合效益最大化。其基本内涵包括：以人为本、协同整合、创新驱动和生态发展。

（1）以人为本。以人为本是强调智慧流域要从以管理为中心向以服务为中心转变，把人的需求和发展放到首要位置，着力突出公众在智慧流域中的主体地位。无论是政策的设计还是公共服务的供给，都要响应公众诉求，满足民生需求，把提升公众的满意度和幸福感放在首位，使公众的意愿得到充分尊重和体现。

（2）协同整合。整合是智慧流域的主要形式。智慧流域建设要从条块分割的信息化模式向协同整合的模式转变，实现以流域为单元的"大系统整合"，通过跨部门的信息资源、业务管理协同、联合政策制定，提高流域综合规划能力、管理能力、运行效率，实现资源更有效的配置，提升流域承载力。

（3）创新驱动。流域发展要从依赖资源、资本驱动向依赖知识、科技驱动转变。要充分发挥创新主体的作用，依靠政府、企业、公众共同推动，在技术、机制、商业模式、服务方式上进行创新，提升流域发展的质量。重视用户创新、开放创新、公众创新等新形势，鼓励政府开放数据，通过社会参与、节省政府开支、增加服务供给实现多方共赢的模式创新。

（4）生态发展。智慧流域的长远目标是实现整个流域的可持续发展。流域可持续发展在维持流域系统的生态、环境和水文整体性的同时，充分满足大流域当代及未来的社会发展目标，按发展阶段层次性地提高流域的安全度、舒适度和富裕度。流域的可持续发展要求流域的人口、资源、环境、生态、经济协调发展，在社会主义市场经济体制不断完善的条件下，使流域的安全度、舒适度和富裕度不断得到提高。流域可持续发展不仅要满足当代人的需求，而且也要满足子孙后代的需求，根据流域的自然地理条件（安全度），协调人类与自然之间的关系（舒适度），最终实现经济增长和社会进步（富裕度）。

"智慧流域"是信息化流域发展的高级阶段。"智慧"，强调事物能够迅速、灵活、正确的理解和处理的能力。智慧流域，就是要集聚人的智慧，赋予物以智能，两方面互存互动、互促互补，以实现经济社会活动最优化的流域发展新模式和新形态。

总体来说，智慧流域就是要利用新一代信息通信技术来感知、监测、分析、整合流域水资源开发利用关键环节的信息资源，在此基础上对各种需求做出智能反应，使流域具备自组织、自优化功能，为流域服务对象创造一个绿色、和谐的环境，提供高效、便捷、个性化的服务。

2.2.4.3　智慧流域的研究对象

狭义研究对象：以流域为单元的水资源复合系统（含水工程，如大坝、管道、闸门等）。它可以认为是一个由水生态系统和社会经济系统相互联系、相互作用和相互耦合而形成的具有一定结构和功能的有机整体，而水资源则是生态系统和社会经济系统的重要纽带。也是本书所探讨的研究对象。

广义研究对象：以流域为单元的社会-经济-自然复合生态系统。它是由人类社会、经济活动和自然条件共同组合而成的生态功能统一体。在社会-经济-自然复合生态系统中，人类是主体，环境部分包括人的栖息劳作环境（包括地理环境、生物环境、构筑设施环境）、区域生态环境（包括原材料供给的源、产品和废弃物消纳的汇及缓冲调节的库）及社会文化环境（包括体制、组织、文化、技术等），它们与人类的生存和发展休戚相关，具有生产、生活、供给、接纳、控制和缓冲功能，构成错综复杂的生态关系。

2.2.4.4　与相关概念的关系

在智慧地球和智慧城市的框架下，衍生与水管理相关的概念，如智慧水利、智慧水务、智慧（智能）水网、水联网等。

　　智慧水利和智慧水务是从行业角度提出，不能统筹如气象、环保、国土等涉水业务，在信息资源共享和应急响应方面存在弊端。

　　智慧（智能）水网的提出是以自然水系和人工水系及城市管网为研究对象提出，国内提法偏重于自然水系和人工水系，国外偏重于城市管网。水网是流域的重要组成部分，智能水网应是智慧流域的组成部分和核心内容。

　　水联网概念可以理解为物联网技术在水资源管理中的应用，它更加强调的是技术层面的事情。不能完全表达出智慧化时代的全部特征。

　　上述概念均是局部视角（学科视角、职能管理视角、技术视角），缺乏从全局和系统解决水问题的方法论思想。智慧流域是立足于系统的视角，考虑水资源系统复杂巨系统的特性及水循环调控的不确定性，以流域为单元，将"山水林田湖草"作为一个生命体，综合创新理念和先进技术，对上述概念扬长避短而提出的解决水问题的新的方法论。上述概念或者是智慧流域的行业化应用，或者是智慧流域的子集，或者是智慧流域的关键技术之一。

2.2.5　智慧流域的三维特征

2.2.5.1　属性特征

　　数字流域把地理信息系统、网络通信技术、数据库技术、系统仿真及坝工技术等与大坝各种功能需求联系在一起，它为智慧流域提供了基础（谭德宝，2011）。随着物联网等信息技术不断进步，各种传感器等的普遍使用，使得感知范围能够涵盖流域空间，实现空间信息全面数字化；新式通信传送设备等的普遍使用使传送效率与稳定性进一步提升；同时基于云计算与自然计算等智能计算的处理过程，充分利用知识库、模型库和信息库的知识挖掘，实现信息处理智能化以及物理空间与虚拟空间的深度融合，做出科学优化的决策，将决策结果或执行指令反馈给人或设备，采取相应的措施以有效解决相关问题，从而提高水资源开发利用的效益。智慧流域赋予流域空间环境智慧，其智慧高低一般取决于精确的感知、可靠的传送、丰富的知识、运算速度与处理方法的应变性所达到的程度（钟登华 等，2015）。在具体实施与实现时，智慧流域则是采用基于主动结构的理念；在顶层决策时，智慧流域依靠智能处理，使得其具有一定的自主性。为方便理解智慧流域的含义，智慧流域可简化表述为"智慧流域＝数字流域＋物联网＋云计算＋大数据＋智能技术"，即智慧流域是基于物联网的扁平结构，使以水为纽带的物理流域、数字流域和人类社会能够高度融合和动态互动，具有如下特征。

　　（1）系统整体性。智慧流域是一个系统，其功能不是由构成系统的各个要素简单机械相加就可实现的。因为，除了这些构成要素之外，各要素相互之间的关系催生了系统的系统质或整体质。在智慧流域系统中，诸如水资源系统、生态环境系统、社会经济系统等子系统的功能和属性相加之和，并不能构成整个流域的功能和属性。智慧流域在技术上是建立在一系列不同的系统之上的"系统之系统"，系统整体功能大于各要素功能之和。以物联网、智能技术、云计算与大数据等新一代信息技术为支撑的智慧流域能够凸显整体特性，使之成为一个有机体，各部分功能协调工作，实现整体运作。

　　（2）协同互动性。在目前的流域水系统管理体系中，不同部门和组织之间的界限将实体资源和信息资源常分割，使得资源组织分散。在智慧流域中，取得授权的任何应用环节都可以在"互联网+"平台上对系统进行操作，使各类资源可以根据系统的需要发挥其最大价值，从而实现流域各类信息的深度整合与高度利用。各个部门、流程因资源的高度共享实现无缝连接。正是智慧流域高度的协调性使得其具有统一性的资源体系和运行体系，打破了"资源孤岛"和"应用孤岛"。

（3）融合进化性。新一代信息技术以物联网、智能技术、云计算与大数据等为标志的诞生，如使信息技术向智能化、集成化方向发展，同时使得信息网络向宽带、融合方向发展，这些为信息技术与其他产业技术实现深度融合，提供了重要的技术基础。运用新一代网络技术将所有的流域水系统部件赋予相应的网络地址，通过覆盖全部流域空间的物联网接入互联网等网络，实现流域水系统的全面互联；对流域水系统运行中产生的海量数据、信息和知识，可以实现有效存储和实时更新，并通过虚拟地理环境技术实现信息资源的深度融合。云计算平台通过智能物体构成云端，利用互联网网络基础设施，以虚拟化的信息资源中心为共享条件实现运作。新一代信息技术被全方位地应用到智慧流域的各项系统和流程之中，从而实现了物理流域的"智慧化"，具有高度的融合可扩展性，是智慧流域的特有属性。

（4）自主鲁棒性。在智慧流域中，基于物联网的感知层可能包含数以千计的传感器节点（智能体），这些节点根据功能需求进行布置安装。对有大量节点构成的传感网络进行手工配置是不具现实操作性的，因此需要网络具有自组织和自动重新配置的自主性。同时单个节点或局部范围的部分节点由于环境改变等原因发生故障时，网络拓扑能够随时间和剩余节点现状进行自主重组，同时自动提供失效节点的位置及相关信息。因此智慧流域要求网络具备动态自适应、自维护功能和对环境扰动等条件变化的良好鲁棒性。

2.2.5.2　目标特征

在蒋云钟等（2011）提出的智慧流域的"更透彻的感知、更全面的互联互通、更深入的智能化"特征基础上，将目标特征进一步扩充，包括技术目标、应用目标和价值目标。技术目标是新兴技术使得整个系统逐渐向类人巨系统演进，具有时代化特点；应用目标是要有新型技术与业务深度融合，改进日常管理和应急业务流程；价值目标是通过新兴技术的应用，使人水系统和谐增加，管理效率提高，应用效益明显。

（1）更透彻的感知（感知化）。充分利用物联网技术中各种空、天、地表、地下、水中等传感设备，构建空天地一体化监测网络，作为智慧流域的"五官"，对"自然-社会"二元水循环及其伴生过程的各个环节以及相关的软硬件环境运行状态的参数信息进行全方位采集，获取的信息要素更全、获取的精度更高、获取的时效性更强。

（2）更泛在的互联（互联化）。利用各类宽带有线、无线网络、移动网络等网络与通信技术为水与水、人与水、人与人的全面互联、互通、互动，为管理各类随时、随地、随需、随意应用提供基础条件。宽带泛在网络作为智慧流域的"神经网络"，极大地增强智慧流域作为自适应系统的信息获取、实时反馈、随时随地智能服务的能力。

（3）更深度的整合（一体化）。基于云计算技术，充分发挥云计算虚拟化计算、按需使用、动态扩展的特性，以最大限度地开发、整合和利用各类信息资源为核心，推进实体基础设施和信息基础设施的整合与共享，构建智慧流域基础支撑环境，实现软硬件集中部署、统建共用、信息共享，从而提升管理基础环境的充分运用。

（4）更个性的服务（个性化）。智慧流域通过云计算技术将基础设施、应用支撑平台、软件、数据等各种资源以云端服务按需供应的方式提供给政府、企业和公众；并通过各种固定或移动终端设备，借助于高速互联互通的计算机网络和通信技术，根据政府、企业和公众不同用户的需求，将系统运行中的常规信息、应急信息、处理后的信息和决策信息，以位置服务的形式快速有效地传递给用户。

（5）更智能的管控（智能化）。智能化是信息社会的基本特征，也是智慧流域运营的基本要求，利用物联网、云计算、大数据等方面的技术，在获取各种数据源基础上，精准的预报预测流域水状态过程；在此基础上，实现决策信息指令的自动执行以及基于多元传感设备及高速传输网络的各种水网控制体系的智能调控。决策信息指令的自动执行是利用集中控制方式实现对防洪、水源、城乡供水、城市排水、生态河湖等控制工程的远程调控；水网控制工程的智能调控指整个控制工程系统能够以调度指令和水安全作为边界条件，在不受干扰的情景下，实现自动、高效、安全、有序地自感知、自组织、自适应、自优化的调控。

（6）更协同的业务（协同化）。信息共享、业务协同是流域智慧化发展的重要特征，就是要使流域规划、管理、服务等各功能单位之间，在流域管理、灾害监管、产业振兴、移动办公和流域工程监督等流域政务工作的各环节实现业务协同，以及政府、企业、居民等各主体间更加协同，在协同中实现流域的和谐发展。

（7）更智慧的决策（智慧化）。智慧流域让所有的事物、流程及运行方式都具有更深入的智能化，政府、企业和公众获得更加智能的洞察。基于云计算和大数据，通过智能处理技术的应用实现对海量数据的存储、计算与分析，并进入综合集成法（综合集成研讨厅），通过人的"智慧"的参与，将专家体系、知识体系与机器体系有机组合，发挥综合系统的整体优势去解决问题，大大地提升决策支持的能力。基于云计算平台的大成智慧工程，构成智慧流域的"大脑"。

（8）更生态的发展（生态化）。生态文明是智慧流域的本质性特征，就是利用先进的理念和技术，进一步丰富流域自然资源、开发完善流域生态系统、科学构建流域生态文明，并融入到整个社会发展的生态文明体系之中，保持流域生态系统持续发展强大。

（9）更显著的效益（效益化）。通过智慧流域建设，就是形成生态优化、产业绿色、文明显著的智慧流域体系，进一步做到投入更低、效益更好，展示综合效益最优化。

2.2.5.3　技术特征

智慧流域的技术特征包括：智慧流域建立在数字流域的基础框架上；智慧流域包含物联网、云计算、大数据和人工智能；智慧流域面向应用和服务；智慧流域与物理流域融为一体；智慧流域能实现自主组网和自维护。

（1）智慧流域建立在数字流域的基础框架上。数字流域将流域中各类信息按照地理分布的方式统一建立索引和模型，为数字化的传感和控制提供了基础框架（张勇传和王乘，2001）。智慧流域需要依托数字流域建立起来的地理坐标和流域中的各种信息（自然、人文、社会等）之间的内在有机联系和相互关系，增加传感、控制以及分析处理功能。

（2）智慧流域包含物联网、云计算、大数据和人工智能。在有了基础框架后，智慧流域还需要进行实时的信息采集、处理分析与控制，如同人除了躯干之外，还需要触觉、视觉等用于采集信息，需要大脑处理复杂的信息，需要四肢来执行大脑的控制命令。物联网和云计算就是实现这些功能的关键。物联网和云计算的核心和基础是互联网，其用户端延伸和扩展到了任何物品和物品之间，使它们之间进行信息交换和通信，弹性地处理和分析。智慧流域中的物联网和云计算应该包括以下四个方面。

1）智能传感网。射频识别（Radio Frequency Identification RFID）和二维码等物联设施随时随地获取物体的信息和状态。

2）智能安全网。通过在互联网、广播网、通信网、数字集群网等各类型网络中建立各类安全措施，将物体的信息和状态实时、安全地进行传递。

3）智能处理网。在云端采用各种算法和模型，实时对海量的数据和信息进行分析和处理，为实时控制和决策提供依据。

4）智能控制网。采集的信息经过云端智能处理后，根据实际情况实时地对物体实施自动化、智能化的控制，更好地为流域提供相关服务。

（3）智慧流域面向应用和服务。智慧流域中的物联网包含传感器和数据网络，与以往的计算机网络相比，它更多的是以传感器及其数据为中心。与传统网络建立的基础网络适用于广泛的应用程序不同，由微型传感器节点构成的传感器网络则一般是为了某个特定的应用而设计的。它面向应用的，通过无线或有线节点，相互协作地实时监测和采集分布区域内定的各种环境或对象信息，并将数据交由云计算进行实时分析和处理，从而获得相近而准确的数据和决策信息，并将其实时推送给需要这些信息的用户。

（4）智慧流域将"物理-信息-社会"融为一体。在智慧流域中，各节点内置有不同形式的传感器和控制器，可用以测量包括温度、湿度、位置、距离、土壤成分、移动物体的速度等流域中的环境和对象数据，还可通过控制器对节点进行远程控制。随着传感器和控制器种类和数据量的不断增加，智慧流域将流域与电子世界的纽带直接融入到现实城市的基础设施中，自动控制相应流域基础设施，自动监控流域的水量水质等，与现实流域融为一体。

（5）智慧流域能实现自主组网和自维护。智慧流域中的物联网需要具有自组织和自动重新配置的能力。单个节点或局部节点由于环境改变等原因出现故障时，网络拓扑应能根据有效节点的变化而自适应地重组，同时自动提示失效节点的位置及相关信息。因此，网络还具备维护动态路由的功能，保证不会因为某些节点出现故障而导致整个网络瘫痪。

2.2.6 智慧流域的体系构成

智慧流域是融合了物联网、云计算、大数据处理、人工智能等技术，这些技术推动智慧流域向更强的感知能力、计算能力和整合能力的跃升，创新了流域综合管理模式，其核心是"感、知、行"的运行方式（倪明选 等；2013；王飞跃 等，2015；张建云 等，2019；Li et al.，2020）。"感"即以物联网技术为基础，利用多种传感器实时跟踪流域中涉水的人、地、事、物、组织等要素数据并通过无线或有线网络技术传送到数据中心；"知"即利用大数据存储与处理平台，应用数据挖掘与知识发现理论对历史数据和实时数据进行建模与分析；"行"即将实时跟踪与历史数据的分析结果，通过云服务和云控制的方式反馈给流域空间的人、组织和物，实现智慧管理与决策支持、设备自动控制和公众的服务。这 3 个阶段周而复始，形成了智慧流域中"感、知、行"的闭环，在不停的循环过程中，提升智慧流域的应用价值。

按照上述运行方式的解析，可以提出智慧流域由流域透彻感知体系、信息资源体系、智慧应用体系、智能控制体系和泛在服务体系等主要内容构成。其中，"感"指流域透彻感知体系；"知"指流域信息资源体系；"行"指流域智慧应用体系、智能控制体系和泛在服务体系。

（1）流域透彻感知体系。该体系是基于天基、空基、地基、网基、人基等监测设施，智能采集以流域"自然-社会"二元水循环为纽带的流域水灾害、水资源、水环境、水生态、水能源、水交通、水工程、水景观、水文化和水经济等涉水全时空信息，建立面向流域人水系统"天空陆水"的立体、协同、主动的一体化全面感知及互联网络。

（2）流域信息资源体系。该体系是采用大数据技术进行流域信息汇集、储存、分析的枢纽。它基于云计算架构，动态集成和融合共享跨层级、跨地域、跨系统、跨部门、跨业务的多源异构数据形成大数据中心，开发大数据智能处理分析和流域仿真模拟平台，对涉水数据实现快速处理、分析计算、可视化和服务。

（3）流域智慧应用体系。该体系是服务于流域综合管理，包含流域信息服务、业务管理、决策支持和应急管理等功能模块。它能对涉水事件处理分析、预测预判及协同应对，实现以数据驱动为特点的流域"智能感知、智能仿真、智能诊断、智能预警、智能预测、智能调度、智能决策、智能管理"。

（4）流域智能控制体系。该体系是在构建远程自动控制体系基础上，综合利用透彻感知、数据分析和智能应用，构建数据驱动的自适应、自组织和自学习的控制模式，对流域防洪除涝、水资源调控、生态修复、环境保护、农田水利、供水排水、水土保持、水力发电和水上航运等涉水工程设施进行智能化调控。

（5）流域泛在服务体系。该体系是以流域涉水事件为驱动，将透彻感知的涉水信息进行全面互联，以虚拟化流域数据中心为支撑，按需及时汇聚和智能处理跨层级、跨地域、跨系统、跨部门、跨业务的涉水信息，基于云服务、虚拟现实、智慧地图、移动互联等技术，面向政府、企事业和公众的共性和个性需求，提供灵性化的服务。

2.2.7　智慧流域的演化模型

2.2.7.1　智慧流域系统描述模型

智慧流域系统是以流域系统物理空间为管控对象，以信息空间为支撑手段，流域物理空间与信息空间虚实共生、虚实互动、共同演化的系统。智慧流域系统是由水资源系统、社会经济系统、生态环境系统和"互联网＋"四个子系统在自然和社会水循环驱动下的开放复杂巨系统（左其亭，2007；戴汝为 等，2001）；而互联网是一个综合了连接网络的无论何时、何地、何人、何种形式、何种内容的信息，以不确定性的形式、不确定性的时间进行着不确定内容的动态交互作用形成的东太系统，这个系统完全具备了开放的复杂巨系统的动力学特征（戴汝为 等，2001），在互联网基础上发展起来的物联网、云计算、大数据、人工智能等新一代信息技术，更是增加了互联网系统的复杂性。由水资源系统、社会经济系统、生态环境系统和互联网系统融合的智慧流域系统更是开放复杂巨系统。

智慧流域复杂巨系统的各个子系统又有其自身的演化规律和制约因素，系统与外部以及系统内部存在着不断的物质循环、能量流动和信息传递，形成一个相互联系、支撑和制约的复杂关系。对智慧流域复杂巨系统的研究就是将人与水以及互联网系统放在一个不可分割的整体语境中来解读它们之间的关系，研究其特征与演化规律，这是研究人水关系的最佳途径，以实现人水和谐为根本目标。鉴于此，为进一步明确系统内部各变量之间的相互作用和影响，为了对智慧流域复杂巨系统的量化研究，智慧流域复杂巨系统可表述为以下函数关系（刘海猛 等，2014）：

$$S = F_\gamma(X, Y, Z, L) \tag{2-1}$$

$$\left. \begin{array}{l} X = f(x_1, x_2, \cdots, x_n) \\ Y = f(y_1, y_2, \cdots, y_n) \\ Z = f(z_1, z_2, \cdots, z_n) \\ L = f(l_1, l_2, \cdots, l_n) \end{array} \right\} \tag{2-2}$$

$$\gamma = f(e, d, t) \tag{2-3}$$

式中：S 为智慧流域复杂巨系统；F 为智慧流域复杂巨系统变量的函数关系；X、Y、Z、L 分别为社会经济变量组、生态环境变量组、水资源变量组、"互联网＋"变量组；式（2-2）为四个子系统方程组，$(x_1, x_2, \cdots, x_n)$、$(y_1, y_2, \cdots, y_n)$、$(z_1, z_2, \cdots, z_n)$、$(l_1, l_2, \cdots, l_n)$ 分别为各子系统的变量；式（2-3）作为条件函数，e 为智慧流域复杂巨系统各变量的有序性或熵；d 为智慧流域复杂巨系统的空间尺度或域；t 为智慧流域复杂巨系统的时间尺度。

当考虑智慧流域复杂巨系统的演化过程时，由于系统存在涨落、反馈、非线性等自组织特性，一个变量组发生变化，在"互联网＋"创新环境下，在自然水循环和社会水循环驱动的智慧流域复杂巨系统的不同层次触发多重耦合作用，其他变量组和整个系统随之变化响应，即各个部分存在有机互动关系。以"互联网＋"变量组发生变化为例，智慧流域复杂巨系统函数称为变量 L 的函数，相应的方程可表示为

$$S(L) = \int_{\gamma_L} f(L) \mathrm{d}L \tag{2-4}$$

式中：$f(L) = \dfrac{\partial S}{\partial L} = \dfrac{\partial F}{\partial L} + \dfrac{\partial F}{\partial X} \dfrac{\partial X}{\partial L} + \dfrac{\partial F}{\partial Y} \dfrac{\partial Y}{\partial L} + \dfrac{\partial F}{\partial Z} \dfrac{\partial Z}{\partial L}$；$\gamma_L$ 为"互联网＋"变量组的域。同理，其他变量组发生变化也可以写出类似的表达形式。

2.2.7.2 系统自组织演化特征

复杂系统的基本特点是系统中包含大量的基本单元，且随着时间的演化发展，在更高的层次上不断涌现出新的结构和功能，而自组织理论便是研究复杂系统的一个有力工具。目前该理论未形成一套完善的规范体系，一般我们把耗散结构理论、协同学、超循环理论等统称为自组织理论。它揭示了各种远离平衡的非线性复杂系统和现象从无序到有序转变的共同规律，提供了观察和分析系统形成和发展的机制，极大地丰富和发展了现代系统演化理论。通过上文对智慧流域系统概念的剖析，其演化过程就是通过与外界环境的物质、能量和信息交换以及子系统的相互作用，经历着从无序的混沌状态转变为有序性结构，然后再循环往返、周而复始的一种自组织过程，即智慧流域系统的自组织演化。其演化的格局与过程呈现多层次性，层次间相互联系，过程间存在多重耦合与反馈，不同过程作用尺度不一。具体分析，智慧流域系统的自组织演化特征包括以下几方面。

（1）开放性。衡量系统的无序或混乱程度可以用熵表示，"熵理论，对于整个科学来说是第一法则"（爱因斯坦）。普利高津以总熵变公式 $dS = d_i S + d_e S$ 论证了开放性是自组织的必要条件。如图 2-4 所示，大圆为虚线，表明系统是开放的，与岩石圈、大气圈不断相互

作用，完成自然水循环过程；d_iS 为智慧流域系统内部混乱性产生的熵，为非负量；d_eS 为智慧流域系统与外部环境相互作用交换来的熵，称为熵流。当总熵变 $dS<0$ 时，系统获得的负熵大于正熵，表现为减熵过程，各子系统承载力增强，整体协同演进，开始趋于有序。

（2）涨落。状态变量对其平均值的偏离称为涨落。涨落是智慧流域系统自组织的诱因和重要动力，系统通过涨落去触发旧结构的失稳，探寻新结构，所以涨落导致有序。如图 2-4 中坐标系所示，x 为时间轴，$E(x)$ 为熵值，x_1 和 x_3 为系统的两个稳态，x_3 比 x_1 更优，当涨落（人类活动、自然水循环等的驱动）足够强时，智慧流域系统可以越过势垒 x_2（极大点），趋向新的稳态 x_3，产生整体涌现性。涨落方向有正负之分，例如当子系统中极具能动性的人带有破坏性地无序地发展社会经济系统，会导致社会经济系统向其他两个子系统释放正熵，从而使整个智慧流域系统向负向涨落。

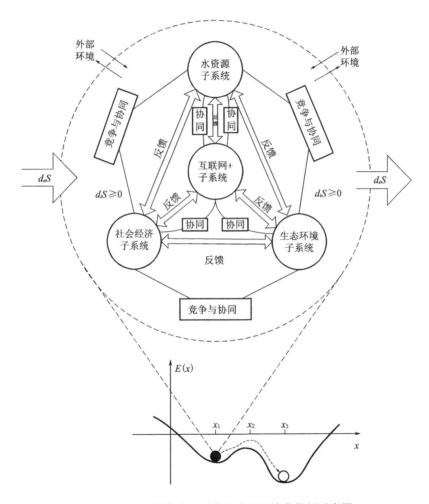

图 2-4　智慧流域复杂巨系统的自组织演化特征示意图

（3）非线性。由于智慧流域系统本身的复杂性和动态性，它与外部的大气圈、岩石圈之间以及内部的社会、经济、资源、环境、生态等不同维度之间都存在竞争与协同的相互作用，而竞争与协同本质上为非线性，因此智慧流域系统概念模型中的方程均为非线性，只有非线性系统才有整体行为，才能产生自组织。

（4）反馈。系统现在的行为结果作为影响系统未来行为的原因称为反馈，对未来行为有加强和激励作用为正反馈，反之为负反馈。智慧流域系统在自组织演化过程中总存在非线性反馈行为。正负反馈共同作用才使系统维持和更新。

（5）不稳定性。根据耗散结构理论，只有远离平衡态才能形成有序结构，新结构的出现要以原有结构失去稳定性为前提，但新结构只有稳定状态下才算成立。智慧流域系统的自组织演化是在气候变化、自然水循环、人类社会经济活动、科技水平与管理制度等自然和人文因素共同影响下旧平衡与新平衡的不断更替演进，稳定性与不稳定性的统一。

（6）支配性。在智慧流域系统演化过程中并非所有参量对系统演化起相同的作用，协同学认为在这些参量中，只有为数不多的慢变化参量完全确定了系统的宏观行为并表征系统的有序化程度，哈肯称之为序参量。

2.2.7.3 系统自组织演化模型

演化是事物从一种多样性统一形式转变到另一种多样性统一形式的具体过程，是一种复杂状态到另一种复杂状态的过渡。在智慧流域系统演化过程中，主要是通过自组织途径来实现的，系统内各要素从一种有序到另一种有序转变，从低级有序到高级有序转变，自组织的途径包括状态变量的变化引起自组织和系统要素的质与量的变化引起自组织两种。在讨论的智慧流域系统概念模型和演化特征基础上，借鉴协同学和耗散结构理论，综合运用自组织演化的序参量判据和熵判据，构建子系统的协同度和智慧流域系统有序度来模拟子系统和智慧流域系统整体的演化协同有序性，进而识别系统的演化方向。

（1）子系统演化协同度。子系统演化协同度反映了在内外环境的影响下，通过序参量之间相互竞争和协同，系统向前演化的有序性以及相变特征。根据协同学理论，在系统发生非平衡相变时，序参量不仅决定相变的形式和特点，而且也起到支配、决定其他变量变化的作用，集中概括了系统的信息，主宰着系统整体演化过程，在讨论系统演化时只研究序参量的变化即满足要求。

若智慧流域系统的第 i 个子系统的第 j 个序参量标识为 x_{ij}，且 $\alpha_{ij} \leqslant x_{ij} \leqslant \beta_{ij}$，$\alpha_{ij}$、$\beta_{ij}$ 为临界阈值，则第 i 个子系统的协同度为 λ_i，公式为

$$\mu_i = \sum_{j=1}^{n} \lambda_j \mu_{ij}(x_{ij}), \lambda_j \geqslant 0, \sum_{j=1}^{n} \lambda_j = 1 \qquad (2-5)$$

式中：μ_{ij}（x_{ij}）为第 i 个子系统第 j 个序参量 x_{ij} 的协同度；λ_j 为序参量 x_{ij} 的权重。协同度按下式计算：

$$\mu_{ij}(x_{ij}) = \frac{x_{ij} - x_{ij\min}}{x_{ij\max} - x_{ij\min}} \qquad (2-6)$$

$$\mu_{ij}(x_{ij}) = \frac{x_{ij\max} - x_{ij}}{x_{ij\max} - x_{ij\min}} \qquad (2-7)$$

$$\mu_{ij}(x_{ij}) = 1 - \frac{|x_{ij} - c|}{x_{ij\max} - x_{ij\min}} \qquad (2-8)$$

式中：$x_{ij\max}$、$x_{ij\min}$ 分别为序参量 x_{ij} 的最大和最小临界阈值。序参量越大越优型，协同度按式（2-6）计算；序参量越小越优型，协同度按式（2-7）计算；序参量在临界阈值内越接近某一值 c 越优型，协同度按式（2-8）计算。

（2）智慧流域系统有序度及自组织演化方向。熵既是一个物理学概念，又是一个数学函数，也是一种自然法则。熵值不断增加的系统为退化系统，系统的混乱程度和无序程度随着熵值的增加而增加；熵值不断减少的系统为进化系统，系统的混乱程度和无序程度随着熵值的减少而减少。由于智慧流域系统整体的有序度不仅取决于各个子系统内部的协同有序性，还取决于子系统之间的相互协调程度，即协同度的综合表现，因此，可以利用熵与系统有序程度的关系，用 Shannon 信息熵构建智慧流域系统的有序度，其公式为

$$E_S = -\sum_{i=1}^{4} \frac{1-\mu_i}{4}\ln\frac{1-\mu_i}{4} \tag{2-9}$$

$$R_S = 1 - \frac{E_S}{E_{\max}} \tag{2-10}$$

式中：E_S 和 R_S 分别为智慧流域系统的信息熵和有序度；μ_i 为子系统协同度；$E_{\max}=\ln4$，为最大信息熵，意味着系统处于最混乱、最无序状态。

智慧流域复杂巨系统的演化方向可良性发展，也可恶性发展，通过 R_S 值的动态变化可以识别智慧流域复杂巨系统的演化发展方向：R_S 增大，系统整体向健康有序的方向演化；R_S 减小，系统整体向混乱无序的方向演化。为促使智慧流域系统的自组织演化呈良性循环，一方面应积极合理地进行系统负熵流的输入；另一方面应协同控制各子系统序参量的量与质的变化，尽量减少系统内部正熵 d_iS 的产生，从而提高有序度 R_S，促进整个系统向和谐有序状态演化。

2.3　智慧流域基础架构

2.3.1　智慧流域的生态架构

智慧流域的发展来源于物联网、云计算、大数据、人工智能等新一代信息技术在短期内集合涌现，改变了人的认知和生活方式，促进流域系统向智能化和智慧化迈进。传统的水利信息化建设，建成运行几年后基本废止不用，导致资源的浪费，而智慧流域的建设要摒弃这种思路，首先要站在发展的视角，立足于科学技术的动力，构建一种智慧流域可以自动迭代升级的生态架构，描绘未来的智慧流域发展蓝图。如图 2-5 所示，该生态结构由"五层、四体系"组成，全面覆盖了智慧流域"规划设计-实施建设-运行管理-迭代升级"的"长生不老"的生命周期。"五层"包括流域空间层、主动感知层、自主传输层、智能处理层、智慧应用层；"四体系"包括标准规范体系、运行管理体系、产业创新体系、智力提升体系。

流域空间层主要由物理水系统和社会水系统构成。物理水系统主要是江河湖库自然水系和渠道、管道等人工建造水系构成的水网系统。社会水系统是指与水相关的社会经济活动和影响生态环境行为以及相关的法律、规范等构成的社会化系统。

主动感知层由利用"天-空-地-网"组成的多元协同感知的传感器网络和物联网设备层，包括传感器节点、射频标签、手机、个人电脑、掌上电脑（Personal Digital Assistant，PDA）、监控探头等。感知物理水系统中的降水、径流、蓄水量、水利工程供水量、用水量、污水处理量、污水排放量等"二元水循环"以及伴生的水环境、水生态、泥沙等要素，以及水工程安全中变形、渗流、位移等要素。感知社会水系统的产业结构、管理措施

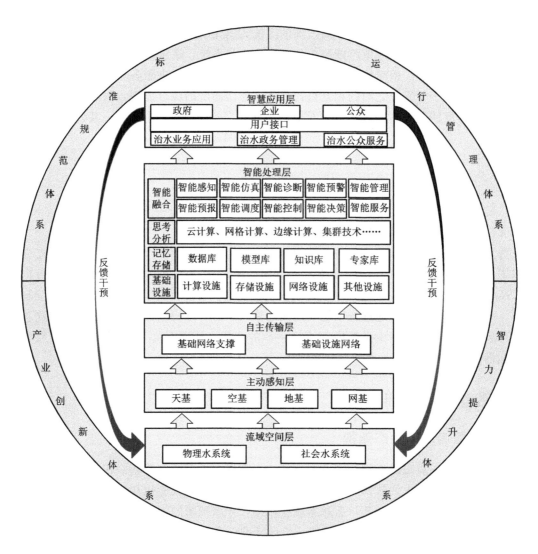

图 2-5　智慧流域的生态结构

和行为、公众的需求等要素。

自主传输层包括由基础网络支撑层和基础设施网络层。基础网络支撑层包括无线传感网、P2P 网络、网格计算网络、云计算网络，是泛在融合的网络通信技术保障，体现出信息化和工业化的融合。基础设施网络层包括 Internet 网、无线局域网、3G/4G/5G 等移动通信网络。

智能处理层是整个智慧流域的大脑。在搭建的计算、存储、网络、其他等基础设施基础上，建设数据库（大数据库）、模型库（含机理驱动模型和数据驱动模型）、知识库、专家库等综合库，利用云计算、网格计算、社会计算、流计算、内存计算、分布式计算等计算模式对所获得的信息资源进行处理分析，涌现出智能感知、智能仿真、智能诊断、智能预警、智能预报、智能调度、智能控制、智能决策（含智能处置）、智能管理、智能服务等智能功能，通过智能融合支撑上层的智慧应用。

智慧应用层是面向政府、企业和公众的需求，向他们提供用户接口，供治水业务应用、治水政务管理、治水公众服务等使用。通过人机耦合的决策后，通过组织和设备的方式，反馈作用于流域空间层，促进生态流域建设，为防洪保安全、优质水资源、宜居水环境、健康水生态、可靠水工程提供支撑。

上述五个层次涵盖了"数据采集、加工、储存、清洗、挖掘、应用、反馈"全生命周期，形成了"自感知、自处理（分析、学习、推理）、自反馈、自优化、自迭代"的生态链条，实现从数据到信息、信息到知识、知识到智能、智能到指挥的跃升。

标准规范体系是智慧流域能够正常运行的基本特征和建设依据。把相关的标准集成到流域系统的架构中，可有效规范智慧流域规划设计、建设运行、设备制造等各领域、各环节的实践，形成完整的智慧流域标准规范体系，最终目标是实现物理水系统和社会水系统中相关信息的集成与共享。

运行管理体系是集感知中心、数据中心、仿真中心、调度中心、指挥中心、控制中心、运维中心、服务中心等于一体的运行管理中心。其负责对流域信息资源的汇聚、整合与共享；能够提供信息基础设施实现流域的仿真、调度、控制；能够对多部门进行协调与指挥；对 IT 系统运维的集中监控与管理；促进面向社会的大数据开放应用、服务交易体系的形成。

产业创新体系和智力提升体系构成了促使智慧流域系统迭代升级的动力。产业创新体系是指研制智慧流域的成熟 IT 产品要有创新意识，在产品的使用中根据信息技术的发展态势，对产品进行升级换代，能够满足新时期流域管理的需求。智力提升体系应以科研部门为主，提出能够引领智慧化时代的科研成果，为促进不同层次的核心技术的使用提供基础支撑。

2.3.2　智慧流域的系统架构

基于智慧流域的生态架构可知，智慧流域基本架构由流域空间层、协同感知层、自主传输层、智能处理层和智慧应用层等构成，如图 2-6 所示。流域空间层是物理层，是协同感知层的感知和处理对象；自主传输层将协同感知层获取的信息传送至智能处理层的储存空间；信息在智能处理层中进行分析处理；智慧应用层各服务子层调用智能分析层，智慧表达处理结果，并将决策信息通过管理者反馈或反作用于流域空间层。其中，流域空间层、协同感知层、自主传输层、智能处理层构成了智慧流域的物联网、大数据和人工智能的骨架，与流域空间层和智慧应用层一并构成了智慧流域管理运行体系。

2.3.2.1　流域空间层——治水对象

流域空间层的重要对象是具有可持续发展和健康和谐的流域水资源复合巨系统。目前在人类开发利用水资源的过程中，出现了系列水资源问题，扰动了水系统的生态状态，可以采用水生态基础设施关键工程技术，建设水生态基础设施，应考虑整个水系统，以生态系统服务为导向进行设计，发挥水系统的供给、调节、生命承载和精神文化功能（俞孔坚，2015）。

2.3.2.2　协同感知层——神经末梢

协同感知层是智慧流域信息基础的来源途径，通过在流域空间管理对象中广泛设置的由射频标签、感知芯片、监控探头、卫星定位等智能设备和传感器及各种数据接口构

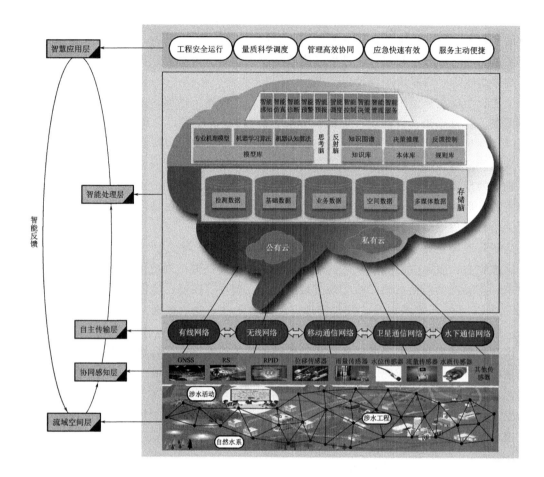

图 2-6　智慧流域基本架构

成的智能型分布式自动监控系统实现主动感知，自动采集包括以水循环为纽带的流域规划信息、设计信息、运行等阶段的信息，并赋予唯一的名称属性和世界时间属性。通过各项感知技术的应用以及覆盖整个流域空间的感知网的建设，智慧流域的各个服务应用系统可以获取实时、有效、全方位的多种类型的整合感知信息。智慧流域感知层要用到的感知技术有：①传感器技术，实现智慧流域全面感知的各类传感器是智慧流域获取信息的来源，有些已经在数字流域建设中得到应用。②RFID 技术。③GNSS 为智慧流域建设提供了必要的空间技术保障。④遥感技术主要组成包括信息源、信息获取、信息处理与信息应用四个部分。智慧流域在建设过程中广泛使用感知技术，极大地提高了自身信息收集、传递、处理和交流能力，为实现系统、精确、实时和全面的服务提供了重要基础。

2.3.2.3　自主传输层——神经网络

自主传输层是通过建设通信系统、计算机网络和数据中心，MSTP、4G 及 5G、无线传输、互联互通等信息技术，搭建智慧流域信息基平台，满足各种自主感知模块获取的各类信息数据及时准确地自主传输。智慧流域通过扎实的通信网络建设，形成多层次、系统化、高速的基础网络，实现互联网、广电与通信网络的三网融合。4G/5G 通信技术的发展，将能够满足几乎所有用在相对开阔环境对无线服务的需求；考虑到流域水利工程建设环境的特殊性，比如深窄峡谷环境、交通隧洞、地下洞室群，4G/5G 通信应用受限，协同建设局域无线传输网络，可减少对环境的依赖。智慧流域通过有线网络与无线传输、互联互通等方式完成对流域空间的全覆盖。网络技术方面，IPv6 是 IETF 设计的用于替代 IPv4 的新一代协议，2128 地址容量为流域各种设备组建物联网扫清了技术障碍，也为流域中实体对象网络实名制奠定了良好的基础。

上述的通信标准和协议均是针对陆域或水面实现的，目前监测的信息多是水面的水质要素信息，不能反映水体分层带来的水环境要素的变异以及不能实时监测水中生物的实时动态变化，因此需要借助水下无线通信技术布设水下传感器节点的通信网络，目前常用的是水下无线电磁波通信，它主要使用甚低频、超低频和极低频三个低频波段，以避免陆地上传输良好的短波、中波、微波等在水下衰减严重的问题，应用于远距离的小深度的水下通信场景。此外还包括水声通信、水下光通信、引力波通信、中微子通信、水下量子通信等水下无线通信技术。

2.3.2.4　智能处理层——大脑分析

智能处理层是信息汇集、储存、分析的枢纽，有三个必备要素：信息、数学分析模型、分析计算。信息蕴含的知识价值会随时间不断衰减，实时快速在线智能处理是充分利用信息知识价值的关键。智能处理层是基于云计算架构的云服务平台。云服务平台为智慧流域提供了云数据库端与云知识库空间。自主传输层将流域空间信息协同感知层从流域空间感知获取的海量的具有实名属性的暂无分析要求数据传送至云服务平台的云存储，并按照国家标准和行业标准分类有序地储存在云端；而将需即时分析数据传送至各服务处理子模块进行流处理，连同结果信息有序存储，形成信息库。知识库则是诸如生态清洁小流域技术规范、河湖生态需水评估导则、大中型水电站水库调度规范、海绵城市建设技术指南、水电水利工程施工导流设计导则等国家和行业标准、专家经验、类似工程、建设管理经验知识及从云信息库中挖掘出的知识等的数字化描述形式，是流域水资源开发利用规划设计和运行管理的依据边界、数学分析模型的条件边界，也是决策的支撑边界。在知识库的基础上，构建规则库和本体库，建立知识图谱模型，利用智慧流域决策推理和反馈控制为涉水事件的及时处置提供有效的反应和干预。

数学分析模型是智能处理层进行科学分析计算的基础，针对不同业务问题域建立分析模型如数值天气预报模式、分布式水文模型、水动力学模型、水资源配置模型、水资源调度模型、社会经济模型、生态环境模型、水资源开发利用方案优选模型、突发水灾害应急处置模型等和科学问题预案，储存在云服务中，形成模型库。智能处理层借用云服务平台为智慧流域提供的云计算能力，利用云数据库，调用数据挖掘分析模型，实现快速处理与分析计算。在云计算平台上基于先验信息与即时信息并耦合边界条件调用数学模型的处理分析全过程。

同时云服务也为智慧流域提供了虚拟现实技术和多媒体仿真技术展现平台。参建人员通过适当装置，利用虚拟现实技术生成的逼真的流域三维物理空间及视、听等感觉，自然地对虚拟流域空间进行体验和交互作用；多媒体仿真技术则将流域水资源管理有关仿真过程及结果信息转换成被感受的场景、图形和过程，提供的临场体现扩展了仿真范围，产生实景图像和虚拟景象结合在一起的半虚拟环境，以辅助进行决策。

2.3.2.5 智慧应用层——及时反馈

智慧应用层是智慧流域的服务层级，通过建设智慧流域实时管理决策系统，集成智能处理层提供的智能感知、智能仿真、智能诊断、智能预警、智能预报、智能调度、智能控制、智能决策、智能管理、智能服务等功能模块，实现资源的交互和共享，为智慧流域应用的实现提供多种服务和运行环境，是决策、反馈与处理的中枢，支撑工程安全运行、量质科学调度、管理高效协同、处理快速有效和服务主动便捷的应用；其中智慧应急是在发生如突发水污染、超标洪水、极端干旱、滑坡等突发事件时的智能应急处置系统，有效提升反应处置成效。智慧化实时管理决策系统一方面是自动响应，调用置于云模型库的数学分析模型及各种可能的科学问题预案，当触发边界条件时，系统自动响应，云计算平台则会根据响应信息自动分析处理与反馈。智慧流域反馈与处理是基于智能设备与智能材料等智能化主动结构的调整过程，既可响应信息传至智能设备后按决策指令进行开闭等处理，也可使具有自愈、可调整等功能的智能设备和智能材料根据实际感知处理的信息自主优化局部水流状态。另一方面是根据用户的要求，通过友好交互界面随时分析处理各种信息，为决策提供依据。

2.3.3 智慧流域的功能框架

智慧流域通过各种网络通信手段和终端设备以及云计算平台建设，能够提供模型服务和数据服务，更重要的是智慧流域还能提供流域管理全生命周期的功能服务。智慧流域的功能服务实现了流域管理的智能化管理和自动化控制，发挥了其拟人化操控流程，提供了智慧化的管理手段。

流域管理的智能化和自动化要求信息"双向"流动，信息是利用传感设备获取，经过信息处理和决策后，最终将处理后的信息传送给传感设备或指令执行者，实现对流域的闭环管理和服务。按这种信息传递模式，智慧流域提供的功能服务包括智能感知、智能仿真、智能诊断、智能预警、智能预报、智能调度、智能控制、智能决策、智能管理、智能服务，如图2-7所示。

（1）智能感知。智能感知就是将各种信息传感设备及系统，如无线传感器网络、射频标签阅读装置、条码与二维码设备、遥感监测和其他基于物-物通信模式的短距无线自

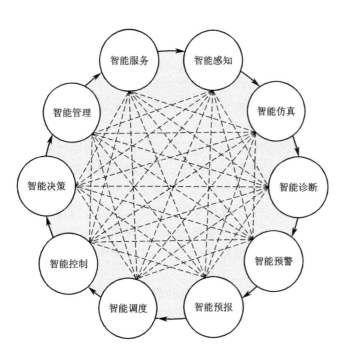

图2-7 智慧流域功能框架

组织网络，构建覆盖主要水监测对象的智能感知网络体系，并建立这些传感设备之间的标识和联通，实现对二元水循环过程中水量水质、水情、工情等各种信息全覆盖、全天候的信息时空无缝监测、监控和采集。如利用各种监测和监控技术对主要水源地的水质水量变化、流域和城市水流线路中水质水量变化、供水系统中的管道的取用排水量和渗漏量、固定断面的污染物种类和浓度、大坝变形参数、堤岸的渗漏参数等进行实时监测。通过优化布设传感器对自然水循环和社会水循环过程进行实时监控，为科学、精确、动态的流域管理提供完备的数据支持。

（2）智能仿真。智能仿真就是综合虚拟现实技术、云计算技术、遥感技术和数值模拟技术，将真实的涉水情况搬入计算机，在计算机中建立与现实相对应的可交互控制的虚拟环境，并将各种影响安全的信息进行实时仿真，从而实现对流域工程的可视化展示与管理。通过建立基于云计算技术的数值仿真平台，主要包括分布式水文模型、水源区面源污染模型、水动力水质生态数值仿真模型、城市管网和洪水预报模型等，实现对降水径流过程、污染物迁移转化过程、城市管网供水过程、生态需水过程、泥石流淹没过程以及洪水演进过程的数值仿真，同时与虚拟现实系统实时交互，将模拟结果通过可视化技术实时展现在虚拟场景中，为流域综合管理提供基础。

（3）智能诊断。在建立水质水量综合诊断指标体系基础上，结合感知的水量水质和水情工情信息，采用专家系统、神经网络、模糊理论等方法进行信息的深度挖掘，对各种水安全风险因子进行智能识别。经过综合诊断，识别出供水对象所面临的水量短缺和水质恶化的高度风险区域，利用在线观测、移动观测设备对这些区域实时跟踪监控，一旦发生安全风险事件，开展以追踪溯源为核心的智能诊断，自动判断安全隐患或突发性事件发生的地点、类型、性质。

（4）智能预警。智能预警是在智能诊断出的高风险突发性事件的基础上，分析水安全时间的特点，根据集成到智能仿真平台中的分布式水量水质模型、河网水量水质水生态模型、洪水预报模型、生态需水模型等对诊断出的突发性水安全事故进行模拟，预测预报事故的演变规律，定量给出事故的影响范围和深度，根据事故所隶属的等级以及直接危害或间接危害的程度，通过虚拟现实与可视化技术将事故的危害程度直观表现在流域三维虚拟环境中，同时利用各种电子终端自动联合发布相关的预警信息。

（5）智能预报。以水文、气象管理部门发布的降雨量、蒸发量、径流量等大量历史数据和智能感知体系获得的多源水文水资源监测数据为基础，通过数据处理平台所具有的高效数据处理能力，获得正确的、无噪声的有效数据；再运用成因分析与统计学习，筛选出与中长期来水密切相关的遥相关因子；并融合数值天气预报和中长期天气形势研判成果，综合利用机器学习算法、深度学习算法和基于物理机制的水文模型，开展长、中、短期嵌套、滚动实时修正的智能预报，定量解析水量预测的不确定性，实现复杂环境下的智能化水量预测。

（6）智能调度。智能调度是根据水安全事件的诊断与预警，运用智能计算方法形成可行的调度方案，利用智能仿真技术进行多种调度方案的模拟分析，并实现对方案的跟踪管理。对高风险区域，事先制定应急调度预案。对没有发生在高风险区的事件，可以参考邻近位置预案集和应急调度预案集，生成可行的应急调度方案；由感知系统获取的数据实时传递给智能仿真系统和智能诊断与预警系统平台，诊断突发事件的类型，计算影响范围和程度，进而制定实时应对方案，并对方案的实施效果进行实时评估、实时调整与改进，尽量将水安全事件的负面影响降到最低。

（7）智能控制。智能控制就是充分利用各个智能子系统的应用信息，优化各种不同类型控制建筑物和设备（如：闸门、泵站机组、发电机组）的自适应控制算法，建立所有控制性建筑物和设备的智能控制模型。并在此基础上，利用智能仿真模型以及各个监控站点信息的相互智能感知，建立区域内所有控制性建筑物和设备的联合控制模型。联合控制模型能够以水量调度系统下达的水量分配方案为目标对区域内所有控制性建筑物和设备进行统一控制，并以当前河道或流域状况作为反馈以修正对闸、泵的控制达到区域闭环的效果，实现系统运行数据和设备状态的智能化监控，在满足调度目标的同时确保输水河道以及输水建筑物安全，达到统一调度方式安全水量分配。

（8）智能决策。智能决策是人工智能和决策支持系统（Decision Support System，DSS）相结合，应用专家系统（Expert System，ES）技术，使 DSS 能够更充分地应用人类的知识，如关于决策问题的描述性知识，决策过程中的过程性知识，求解问题的推理性知识，通过逻辑推理来帮助解决复杂的决策问题的辅助决策。如智能决策中的对突发水安全事件的智能处置，当仅仅通过水质水量联合调度无法满足水安全的要求时，必须对其进行相应处置。如突发的水污染极端事件造成供水风险和生态风险，仅仅采用闸门的联合调控或者分质供水不能有效地应对风险的产生，首先将其影响限定在一定范围内，然后可以采用化学的方法、物理的方法或生态的方法将污染物浓度降低到一定范围内，去除有毒污染物的毒性。如发生供水管道破裂时，自动关闭该管段的闸门禁止通水，能够迅速通知市政部门对其抢修。

（9）智能管理。智能管理是通过综合运用现代化信息技术与人工智能技术，以现有管理模块（如信息管理、生产管理等）为基础，以智能计划、智能执行、智能控制为手段，以智能决策为依据，智能化配置资源，建立并维持运营秩序，实现管理中"机要素"（各类硬件和软件总称）之间高效整合，并与"人要素"实现"人机协调"的管理体系。

（10）智能服务。智能服务实现的是一种按需和主动的服务，即通过捕捉用户的原始信息，通过后台积累的数据，构建需求结构模型，进行数据挖掘和智能分析，除了可以分析用户的习惯、喜好等显性需求外，还可以进一步挖掘与时空、身份、工作生活状态关联的隐性需求，主动给用户提供精准和高效的服务。

2.3.4　智慧流域的应用框架

根据智慧流域的概念、内涵与特征，凝练出智慧流域的应用框架，主要有六部分组成：水系统（Water system）、信息基础设施（Infrastructure）、精准服务（Service）、生态发展（Ecology）、政府（Government）、企业（Business）、公众（Public），简称 WISE - GBP。政府、企业、公众是流域管理和服务的主体，水系统是流域管理的客体，软硬件基础设施是主体和客体互联的纽带，服务是连接的方式，主、客体之间通过综合泛在服务进行协调形成良好的互动，从而降低行政成本，提高水资源、社会经济、生态环境的综合效益，保障流域的生态发展。WISE - GBP 框架强调综合精准服务的核心地位，基于物联网、云计算、大数据、人工智能等新一代信息技术基础上，将精准服务可以分为数据服务、功能服务、模型服务；从而通过精准服务，最终提高流域的生态效益，如图 2 - 8

所示。

在这个框架中，更加强调政府、企业、公众三者的协作，以及三者与水系统的互动，它们通过基于物联网、云计算、大数据、人工智能的精准服务形成良好的沟通。如图2-8所示的智慧流域应用框架是全要素、全时段、全覆盖的智能化的流域管理新模式，它依赖智能化的手段，围绕提供优质高效的服务，充分调动政府、企业、公众三者之间的和谐互动，推动水系统的和谐发

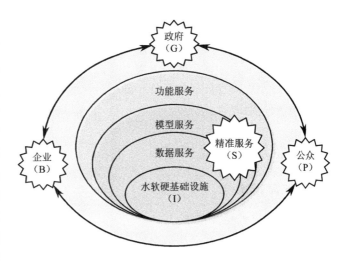

图 2-8　智慧流域的应用框架

展，实现流域管理智能化与业务管理网格化的结合，实现条块资源的整合与联动，建立政府监督协调、企业规范运作、公众广泛参与的联动机制。

在该应用框架中，信息基础设施（I）是物，政府（G）、企业（B）和公众（P）是人，这四者之间存在多种相互关联的关系，这些关系都是通过综合精准服务进行关联，每种关系在模型中都表现成一系列具体的服务，而各种具体的之间又可能相互结合形成更高层次的服务和更复杂的关系，形成一个立体交叉的精准服务体系，最终推动流域向生态化目标迈进。

其中，信息基础设施包括遍布各处的各类感知设备、云计算基础设施、移动终端及各类便民信息服务终端等。物联网技术通过部署传感器、视频监控设备、卫星定位终端和射频识别读写设备，实现流域诸要素运行状态的实时感知，通过传感网及时获取并安全传输各类感知信息，进行智能化识别、定位、跟踪、监控和管理。云计算技术是通过基础设施云服务、平台云服务和应用软件云服务，实现信息化的统筹、集约建设。移动通信技术是通过智能移动终端，打破时间、空间的限制，为政府、公众、企业提供按需无线服务。大数据和人工智能技术是利用人工智能对基础数据、综合数据、主题共享数据和实时感知数据等进行智能处理，围绕某项专题或某个领域，为政府、公众和企业提供人融合化、关联性信息。

智慧流域应用信息技术，对流域运行要素进行实时感知、智能识别，实时获取流域运行过程中各类信息，并对信息进行加工整合和多维融合。宏观、中观和微观新信息相结合，分析和挖掘信息关联，面向各级政府、政务工作人员、社会公众和企业等各相关服务对象，提供按需服务，形成反馈协调运行机制，实现流域运行诸要素与参与者和谐、高效的协作，达成流域运行最佳状态，使"河畅、水清、岸绿、景美"的愿景得以实现。

实现精准服务的前提，需要确定服务对象、服务流程和服务方案，从而能够提供更精准的服务。具体工作流程：①确定服务范围。根据政府服务的重点领域和相应的服务职能，对面向企业和市民的服务事项分别进行梳理，确定用户需求的范围。②建立流程标

准。明确服务事项后，对其进行细分，梳理各项服务的具体流程，结合用户需求，立足已有的信息资源和技术手段，以精准服务本质为依据，从各项服务中抽取共性特征，制定统一的流程优化标准。③确定服务方案。从流域管理的实际情况出发，寻求最适合流域管理发展、与水资源管理发展战略保持一致的最优服务方案，同时建立服务绩效评估体系，促进服务水平的持续改进。

2.4 智慧流域关键技术

2.4.1 支撑技术

2.4.1.1 数字流域相关技术

数字流域相关技术涵盖流域空间信息的获取、管理、使用等方面，数字流域建设的具体需求也推动着相关技术逐步发展和成熟。数字流域从数据获取、组织到提供服务的技术如下。

（1）空天地一体化的空间信息快速获取技术。2006 年在《自然》杂志发表的封面论文《2020 Vision》认为，观测网将首次大规模地实现实时获取现实世界的数据。现在，空天地一体化的空间信息观测和测量系统已初具雏形，空间信息获取方式也从传统人工测量发展到太空星载遥感平台、全球定位导航系统，再到机载遥感平台、地面的车载移动测量平台等。空间信息获取和更新的速度越来越快，定位技术将由室外拓展到室内和地下空间，多分辨率和多时态的观测与测量数据与日俱增。

（2）海量空间数据调度与管理技术。面对数据容量不断增长、数据种类不断增加的海量空间数据，PB 级及更大的数据量更加依赖于相关数据调度与管理技术，包括高效的索引、数据库、分布式存储等技术。

（3）空间信息可视化技术。从传统的二维地图到三维数字流域，数字流域的空间表现形式由传统的抽象的二维地图发展为与现实世界几近相同的三维空间中，使得人类在描述和分析流域空间事务的信息上获得质的飞跃。包含真是纹理的三维地形和流域模型可用于流域规划、生态分析、构成虚拟地理环境等。

（4）空间信息分析与挖掘技术。数字流域中基于影像的三维实景影像模型，可构成大面积无缝的立体正射影像，用于自主的实时按需量测，以挖掘有效信息。

（5）网络服务技术。通过网络整合并提供服务，数字流域作为一个空间信息基础框架，可以整合集成来自网络环境下与地球空间信息相关的各种社会经济和生态环境信息，然后通过 Web Service 技术向专业部门和社会公众提供服务。

（6）数字流域模型技术。人类活动对天然河流的干扰，使得满足单目标的分散模型已不足以反映各种工程与非工程措施所引起的河流复杂响应。流域管理的多目标和精细化，要从"水-土-气-生-人"复杂系统集成的角度出发，运用交叉集成的流域模拟模型和管理模型，构建水-生态-经济多场耦合的数字流域模型系统，不仅突出自然过程、生态环境和经济社会的综合模拟，而且能够实现全过程、全要素的动态定量模拟预报（余欣 等，2012）。

2.4.1.2 传感器与感知、物联网和移动互联网

（1）传感器与感知。传感器是一种"能感受规定的被测量并按照一定的规律（数学函

数法）转换成可用信号的器件或装置，通常由敏感元件和转换元件组成"。感知技术是由传感器的敏感材料和元件感知被测量的信息，且将感知到的信息由转换元件按一定规律和使用要求变换成为电信号或其他所需的形式并输出，以满足信息的传输、处理、存储、显示、记录和控制等要求。

（2）物联网。物联网（Internet of Things，IoT）就是"物物相连的互联网"，通过智能感知、识别技术与普适计算、泛在网络的融合应用，首先获取物体/环境/动态属性信息，再由网络传输通信技术与设备进行信息/知识交换和通信，并最终经智能信息/知识处理技术与设备实现人-机-物世界的智能化管理与控制的一种"人物互联、物物互联、人人互联"的高效能、智能化网络，从而构建一个覆盖世界上所有人与物的网络信息系统，实现物理世界与信息世界的无缝连接。物联网是互联网的应用拓展，以互联网为基础设施，是传感网、互联网、自动化技术、计算技术和控制技术的集成及其广泛和深度应用。物联网主要由感知层、传输层和信息处理层（应用层）组成，它为智慧流域中实现"人-机-物"三元融合一体的世界提供最重要的基础使能技术与新运行模式。应用创新是物联网发展的核心，以用户体验为核心的创新 2.0 是物联网发展的灵魂。

（3）移动互联网。移动互联网是移动通信技术与互联网融合的产物，是一种新型的数字通信模式。广义的移动互联网是指用户使用蜂窝移动电话、PDA 或者其他手持设备，通过各种无线网络，包括移动无线网络和固定无线接入网等接入到互联网中，进行语音、数据和视频等通信业务。

2.4.1.3　云计算/边缘计算、大数据和区块链

（1）云计算/边缘计算。①云计算是一种基于网络（主要是互联网）的计算方式，它通过虚拟化和可扩展的网络资源提供计算服务，通过这种方式，共享的软硬件资源和信息可以按需提供给计算机和其他设备，而用户不必在本地安装所需的软件。云计算涉及的关键技术包括：基础设施即服务（Infrastructure as a Service，IaaS）、平台即服务（Platform as a Service，PaaS）、软件即服务（Software as a Service，SaaS）等。②边缘计算是指在靠近设备端或数据源头的网络边缘侧，采用集网络、计算、存储、应用核心能力为一体的开放平台，提供计算服务。边缘计算可产生更及时的网络服务响应，满足敏捷连接、实时业务、数据优化、应用智能、安全与隐私保护等方面的需求，涉及的关键技术有：感知终端、智能化网关、异构设备互联和传输接口、边缘分布式服务器、分布式资源实时虚拟化、高并发任务实时管理、流数据实时处理等（刘强，2020）。

（2）大数据。从 3V（Volume，Velocity，Variety）特征的视角，大数据（Big Data，BD）被定义为具有容量大、变化多和速度快特征的数据集合，即在容量方面具有海量性特点，随着海量数据的产生和收集，数据量越来越大；在速度方面具有及时性特点，特别是数据采集和分析必须迅速及时地进行；在变化方面具有多样性特点，包括各种类型的数据，如：半结构化数据、非结构化数据和传统的结构化数据。大数据技术涉及的内容有：大数据的获取、大数据平台、大数据分析方法和大数据应用等。

（3）区块链。区块链（Block Chain）是一种由多方共同维护，使用密码学保证传输和访问安全，能够实现数据一致存储、难以篡改、防止抵赖的记账技术，也称为分布式账本技术（Distributed Ledger Technology）。作为一种在不可信的竞争环境中低成本建立信任的新型计算范式和协作模式，区块链凭借其独有的信任建立机制，正在改变诸多行业的应

用场景和运行规则，是未来发展数字经济、构建新型信任体系不可或缺的技术之一。各类区块链虽然在具体实现上各有不同，但在功能架构上存在共性，可以划分为基础设施、基础组件、账本、共识、智能合约、接口、应用、操作运维和系统管理等模块。区块链具备三大不可替代的特质，即隐秘性、安全性、不可篡改性。围绕区块链的特质，区块链底层技术将提供一个开放和去中心化的生态闭环，从容让每次决策都可以兼顾所有变量，变得更加精准可靠。

2.4.1.4　虚拟现实/增强现实/混合现实、虚拟地理环境和数字孪生

（1）虚拟现实/增强现实/混合现实。①虚拟现实（Virtual Reality，VR）是一种可以创建和体验虚拟世界的计算机仿真系统和技术，它利用计算机生成一种模拟环境，使用户沉浸到该环境中，虚拟现实技术具有"3I"的基本特性，即：沉浸（immersion）、交互（interaction）和想象（imagination）。②增强现实（Augmented Reality，AR）是虚拟现实的扩展，它将虚拟信息与真实场景相融合，通过计算机系统将虚拟信息通过文字、图形图像、声音、触觉方式渲染补充至人的感官系统，增强用户对现实世界的感知。AR技术的关键在于虚实融合、实时交互和三维注册。③混合现实（Mixed Reality，MR）结合真实世界和虚拟世界创造了一种新的可视化环境，可以实现真实世界与虚拟世界的无缝连接。

（2）虚拟地理环境。虚拟地理环境（Virtural Geographic Environment，VGE）最初由地理学和地理信息学者提出，旨在通过集成虚拟环境和地理学以研究现实地理环境及赛博空间的现象与规律。从地理学研究手段的角度，虚拟地理环境是一个可用于模拟和分析复杂地学过程与现象，支持协同工作、知识共享和群体决策的集成化虚拟地理实验环境与工作空间。虚拟地理环境需要提供对于地理过程时空变化以及人地相互作用机制的表达，包括对地理过程时空模型的表示、组织、管理、可视化以及有关人类行为的表达、管理与知识提取并辅助决策等功能（贾奋励 等，2015）。

（3）数字孪生。数字孪生（Digital Twin，DT）是一种实现物理系统向信息空间数字化模型映射的关键技术，它通过充分利用布置在系统各部分的传感器，对物理实体进行数据分析与建模，形成多学科、多物理量、多时间尺度、多概率的仿真过程（Korth et al.，2018；Schluse et al.，2016；Kharlamov et al.，2018），将物理系统在不同真实场景中的全生命周期过程反映出来。借助于各种高性能传感器和高速通信，它可以集成多维物理实体的数据，辅以数据分析和仿真模拟（Merkle et al.，2019），近乎实时地呈现物理实体的实际情况，并通过虚实交互接口对物理实体进行控制（杨林瑶 等，2019）。数字孪生主要由3部分组成（Glaessgen et al.，2012）：①物理空间的物理实体。②虚拟空间的虚拟实体。③虚实之间的连接数据和信息。

2.4.1.5　人工智能和知识图谱

（1）人工智能。人工智能是研究使用计算机模拟人的某些思维过程和智能行为（如学习、推理、思考、规划等）的学科，它研究开发用于模拟、延伸和扩展人类智能的理论、方法、技术及应用系统，主要包括计算机实现智能的原理、制造类似于人脑的智能机器，使之能实现更高层次的应用。人工智能研究的具体内容包括机器人、机器学习、语言识别、图像识别、自然语言处理和专家系统等。

（2）知识图谱。知识图谱是人工智能领域的分支，是大数据时代知识表示最重要的一种方式（刘峤 等，2016）。本质上是由具有属性的实体通过关系链接而成的网状知识库，即具有有向图结构的一个知识库，其中图的节点代表实体（entity）或者概念（concept），而图的边代表实体/概念之间的各种语义关系（漆桂林 等，2017）。流域知识图谱的核心是建立流域知识库，在其基础上形成流域知识语义网，然后通过语义模型，实现流域知识的语义搜索、流域知识推荐、关联分析等功能，从而具备对流域、空间上分散的人、环境、事件等进行大规模实时关联和因果分析的能力（蒋秉川 等，2018；魏瑾 等，2020）。

2.4.1.6　业务流程优化和网格化管理

（1）业务流程优化。流程优化是一项通过不断发展、完善、优化业务流程，从而保持企业竞争优势的策略。在流程的设计和实施过程中，要对流程进行不断的改进，以期取得最佳的效果。对现有工作流程的梳理、完善和改进的过程，即称为流程的优化。流程优化不仅仅指做正确的事，还包括如何正确地做这些事。为了解决企业面对新的环境、在传统以职能为中心的管理模式下产生的问题，必须对业务流程进行重整，从本质上反思业务流程，彻底重新设计业务流程，以便在当今衡量绩效的关键（如质量、成本、速度、服务）上取得突破性的改变。

（2）网格化管理。网格化管理源于城市管理，是一种数字化管理模式，它是通过地理编码技术、网络地图技术、现代通信技术，将不同街道、社区划分成若干网格，使其部件、事件数字化，同时将部件、事件管理与网格单元进行对接，形成多维的信息体系，一旦发现问题，都能及时传递到指挥平台，通知相应职能部门解决问题，实现管理空间和时间的无缝管理。网格化管理是一种革命和创新，主要表现在：①将过去被动应对问题的管理模式转变为主动发现问题和解决问题。②对管理对象、过程和评价的数字化手段管理，保证管理的敏捷、精确和高效。③科学封闭的管理机制，不仅具有一整套规范统一的管理标准和流程，而且通过发现、立案、派遣、结案四个步骤形成一个闭环，从而提升管理的能力和水平。

2.4.1.7　从定性到定量的综合集成和知识自动化

（1）从定性到定量的综合集成。在流域综合管理中，水文、生态、经济领域的研究方法都由定量方法主导，此外，还必须考虑政治、法律、政策、文化、宗教、习惯、风俗、行为和心理等社会要素，这些社会要素及其建模都非常难以定量化。如果将可以用数学方程描述，并采用定量方法解决的问题称为结构化（structured）问题，那么，后一类与社会要素有关、难以定量、难以形式化的问题则常常被称为非结构化（unstructured）、病态结构化（ill - structured）或奇异（wicked）问题（程国栋 等，2015）。为了应对复杂的非结构化问题，称为综合集成（meta - synthesis）或者软系统方法论（soft systems methodology）的一系列方法涌现出来，典型者如钱学森先生所倡导的"从定性到定量的综合集成方法论"及其具体操作方法"综合集成研讨厅"（钱学森 等，1990；于景元 等，2002）。这一方法论的核心思想是计算机和专家共同参与的从定性到定量的分析。"综合集成研讨厅"由专家体系、知识体系、机器体系 3 大部分组成，它汇集了专家智慧、多源的数据和信息、各种计算机模型和计算机的高速计算能力，"把各种学科的科学理论和人的经验知识结合起来"（钱学森 等，1990），形成一个巨大的智能系统。需要指出的是，"综合集成研讨厅"是一个由人和计算机共同构成的虚拟环境，而信息技术的迅猛发展为"综合集成研讨厅"提供了勃勃生机，以互联网为基础的信息搜索、网上百科、电子邮件、即时通信、社交网站、博客、微信、网络会议以及支持集体讨论和群体思维的群件（groupware）等技术使得迅即汇聚集体智慧、融合多种信息成为可能。此外，大数据的挖掘，语义分析的进步，也为不仅仅使用因果关系，而且依靠通过数据本身展现出来的相关关系来决策提供了更多的可能性。对于流域管理而言，"综合集成研讨厅"可被当作新一代的决策支持系统（DSS）（Tang，2007），它是处理流域综合管理中极为常见的非结构化的问题，以及开展群决策的一个理想平台。

（2）知识自动化。知识自动化是信息自动化的自然延伸与提高，是"人"嵌在自动化之中的过程，也是从物理世界的自动化控制转向人类社会本身的智能化管理的基础。大数据时代下的知识自动化一方面是已知或已约定的知识之自动化，另一方面是未知或无法规定的模式之表示及处理，都间接或直接涉及人与社会行为的建模与分析问题。借助基于位置的服务（Location - Based Services，LBS）、基于任务的服务（Task - Based Services，TBS）、基于信息的服务（Information - Based Services，IBS）、基于决策的服务（Decision - Based Services，DBS）和基于知识的服务（Knowledge - Based Services，KBS），知识自动化可整合社会-物理-信息系统（Cuber - physical - Social Systems，CPSS），实现对社会的主动感知、积极响应、引导决策以及反馈执行。LBS可帮助全面地感知动态网群组织（Cyber Movement Organizations，CMO）人员在真实物理世界中的地理位置、线上及线下的虚实行为互动及其参与的社会组织形态；TBS及IBS有助于解析并预测CMO人员的心理及行为驱动模型、社会组织的演化趋势及其社会服务全周期过程；DBS及KBS可实现科学地管理并引导自由意志、CMO组织演化以及社会服务的操作执行。

2.4.1.8　智能控制和智能材料

（1）智能控制。智能控制代表了自动控制的最新发展阶段，也是应用人工智能实现人类脑力劳动和体力劳动自动化的一个重要领域（蔡自兴 等，1988；Levis et al.，1987）。智能机器是能够在各种环境中自主或交互地执行各种拟人任务的机器（蔡自兴，2018）。拟人任务即仿照人来执行的任务。智能控制是驱动智能机器自主地实现其目标的过程，控制过程无需人工干预（蔡自兴，2007）。或者说，智能控制是一类能够独立地驱动智能机器实现其目标的自动控制（蔡自兴，1990、2004）。其本质是仿人或仿智，即宏观结构上以知识和经验为基础的拟人控制系统，具备感知和认知、在线规划和学习、推理决策、多执行机构协调操控的能力（吴宏鑫 等，2019）。

（2）智能材料。仿生智能是受生物启发或者模仿生物的各种特性而开发出的具有感知环境（包括内环境和外环境）刺激，并对其进行分析、处理、判断，采取一定的措施进行适度响应的类似生物智能特征的材料（梁秀兵 等，2018）。新型仿生智能材料的研发是一个认识自然、模仿自然，进一步超越自然的过程，其基础是从分子水平上阐明生物体的材料特性和构效关系，进而模仿生物材料的特殊成分、结构和功能，将仿生理念与材料制备技术相结合，将基础研究与应用研究相结合，以实现成分、结构和功能的协调统一，设计并制备出结构、功能与原生物对象类似或更优的新型材料体系（Shoseyov et al.，2008；刘克松 等，2009；江洪 等，2014；江雷 等，2016；王鹏伟 等，2016）。

2.4.2　使能技术

使能技术是指智慧流域系统性集成和应用使能方面的关键技术，归结为三大集成技术和五项应用使能技术，主要包括：端到端集成、纵向集成、横向集成、状态感知、实时分析、自主决策、精准执行、效能评估等技术。

2.4.2.1　系统集成技术

（1）端到端集成，即贯穿全价值链的端到端工程。未来的智慧流域系统中，在 CPSS、DT 等技术的支持下，基于模型的开发，可以完成从需求分析描述到规划、设计、运行和管理等各个方面，也可以在端到端的工具链中，对所有的相互依存关系进行定义和描述，实现"打包"开发的模式，从而开启个性化定制产品的可行性。

（2）纵向集成，即纵向集成和网络化流域系统。其实质是将从最底层的物理设备（或装置）到最顶层的计划管理等不同层面的 IT 系统（如执行器与传感器、控制器、管理、执行和计划等）进行高度集成，纵向打通内部管控，其重点是计划、系统与底层各种设施的全面集成，为数字化、网络化、智能化、个性化流域管理提供支撑。

（3）横向集成，即价值网络的横向集成。横向集成的本质是横向打通跨部门、跨层次、跨系统之间的网络化协同及合作。

2.4.2.2　应用使能技术

（1）状态感知。状态感知是智能系统的起点，也是智慧流域的基础。它是指采用各种传感器或传感器网络，对过程、装备和对象的有关变量、参数和状态进行采集、转换、传输和处理，获取反映智慧流域系统运行状态、产品或服务质量等的数据。由于物联网的快速发展，未来智慧流域系统状态感知的数据量将会急剧增加，从而形成治水大数据。

（2）实时分析。实时分析是处理智慧流域数据的方法和手段，它是指采用软件或分析工具平台，对智慧流域系统状态感知数据（特别是治水大数据）进行在线实时统计分析、数据挖掘、特征提取、建模仿真、预测预报等处理，为趋势分析、风险预测、监测预警、优化决策等提供数据支持，为从大数据中获得洞察和进行自主决策奠定基础。

（3）自主决策。自主决策是智能制造的核心，它要求针对智能制造系统的不同层级（如设备层、控制层、执行层、计划层）的子系统，按照设定的规则，根据状态感知和实时分析的结果，自主作出判断和选择，并具有自学习和提升进化的能力（即还具有学者提出的"学习提升"功能）。由于智慧流域系统的多层次结构和复杂性，故自主决策既涉及底层设备的运行操控、实时调节、监督控制和自适应控制，也包括执行和运行管控，还包括各种资源、业务的管理和服务中的决策。

（4）精准执行。精准执行是智慧流域的关键，它要求智慧流域系统在状态感知、实时分析和自主决策基础上，对流域水系运行状态和政府、企业和公众的需求等作出快速反应，对各层级的自主决策指令准确响应和敏捷执行，使不同层级子系统和整体系统运行在最优状态，并对系统内部本身或来自外部的各种扰动变化具有自适应性。

（5）效能评估。上述使能技术作用于流域管控对象的效果如何，是促进了效率的提升，还是没有好的运行效果，这对于改进管理方式有着重要意义。建立水安全保障水平的指标，评估智慧流域的建设是否达到了防洪保安全、优质水资源、健康水生态、宜居水环境、可靠水工程的目标，从而进一步优化管理流程和执行方式。

2.5　智慧流域评估模型

从智慧流域内涵特征和框架结构分析中，提炼出智慧流域的五大关键要素，分别是服务（Service）、管理和运营（Management & Maintenance）、应用平台（Application Platform）、资源（Resource）和技术（Technology）。五大要素的英文首字母正好构成单词"SMART"，故称之为 SMART 模型（王理达 等，2013）。

结合智慧流域的发展理念，不难得出五大要素之间的关系。服务是智慧流域建设的根本目标，管理是服务水平提升的核心手段，应用平台是实现流域智慧化运行的关键支撑，资源和技术是智慧流域建设的必要基础。由此确定出 SMART 模型的层次结构。五大要素以流域发展战略目标为导向，服务位于顶层，体现出智慧流域建设的本质是惠民，要求将公众服务需求的满足放在首位；管理与运营紧随其后，是智慧服务的重要支撑和保障；应用平台是智慧流域实现协同运作的信息化手段；资源和技术位于底层，是智慧流域建设的基础条件。

作为智慧流域评估的理论模型，根据评估侧重点不同，SMART 模型可划分为投入层、产出层和绩效层。其中，投入层主要考察智慧流域在资源和技术方面的投入情况；产出层重点考虑智慧流域建设过程中所产生的应用平台的支撑能力；绩效层重点考察智慧流域在社会服务、管理与运营等方面所呈现的效果。三大层级可综合评估智慧流域的整体建设水平。

2.5.1　综合评估模型的服务

服务的产生源于需求，而需求的发展在很大程度上受到流域发展水平的影响。从数字流域，再到智能流域和智慧流域，公众的服务需求层次也逐步实现了从量变到质变的飞跃。在流域的最初管理阶段，计算机开始应用但普及率并不高，公众的服务需求主要停留在公平地享受到尽可能的全面服务；数字流域阶段，随着信息的数字化、信息系统的应用，公众的需求从服务数量上升到服务质量；智能流域和智慧流域阶段，移动网络覆盖率和智能终端渗透率的提高，激发出公众对服务方式和服务内容的更高要求。

根据不同发展阶段的流域需求变化规律，提取出服务需求层次结构。流域的服务需求共分为六个层级，从底层的均等化到顶层的个性化，体现了不同发展阶段的服务需求特征。各层次的具体含义如下：①均等化为流域范围内的个体均能平等享受到已有的各项服务。②全面化为已有的服务基本上覆盖用户的现实需求。③准确化为提供的各项服务与用户的预期基本一致。④及时化为提供的服务能够及时达到服务对象。⑤多样化为提供多种服务渠道，满足用户随时随地接入服务的需要。⑥个性化为根据用户需求对服务进行细分，提供满足用户个人需求的服务。

首先，从层级的逻辑关系来看，六种需求像阶梯一样逐级递升，但这种次序不是完全不变。比如及时性和准确性，在应急管理服务领域，预警信息发布的及时性和准确性同样重要。其次，流域发展的每个阶段都有服务需求，某层的需求得到满足后，更高层级的服务需求才会出现，未被满足的需求往往是最迫切的。最后，最高层级的服务需求是低层级需求得到满足后的发展方向。因此，智慧流域的服务应同时满足均等、全面、准确、及时、多样、个性六大需求。

2.5.2　综合评估模型的管理与运营

智慧管理与运营是一个过程，而不是单纯活动的集合，是指政府、企业、科研机构、用户等参与的从规划、建设、运营维护到监督的一个完整的过程。该过程具备资源集约、公正透明、协同配合、决策支持、监督评价等特征。智慧流域的管理与运营应立足于流域的宏观管理，包括智慧流域规划管理、运营管理和监督评价管理三个组成部分。

规划管理是智慧管理与运营的前提。规划管理具有全局性、前瞻性、持续性等特征，是以国家、流域的智慧流域相关规划、政策法规为依据，对重大项目和重大工程进行的人力、资金、物资的计划、组织、协调和控制。

运营管理是智慧管理与运营的关键。运营管理涵盖了水利、环保、国土、交通、电力、能源等多个领域，涉及运营管理模式、盈利模式、运营效果等具体内容。考虑到智慧流域建设的规模，在建设模式上采用政府主导、企业建设、社会各界共同参与的方式。因此，运营模式方面，采用企业运作、服务社会的模式；在盈利模式上，可探讨公众增值应用、广告运营等多种组合方式；运营效果方面，引入第三方机构，通过公正公开的评估，促进管理效果的持续提升和改进。

监督评价是智慧管理与运营的保障。监督评价管理强调公众参与流域具体的管理活动。政府相关部门应用建设完善的监督评价渠道，建立配套机制，及时接收来自社会各界的反馈，根据反馈意见有针对性地提高管理水平。

计划、组织、协调、控制是管理与运营活动的主要职能，也是智慧流域管理的重要组成部分。智慧流域的建设切忌一哄而上地盲目建设，必须认真地准备和严密地组织。首先，对流域发展的现状有一个清晰的认识，评估流域所处的发展阶段，考察是否具备建设智慧流域的必要条件；其次，立足于流域发展的现状，确定智慧流域建设的具体目标和重点任务，并对任务进行分解；第三，成立专门的智慧流域建设领导小组，权责明确，调动一切可调动的资源；第四，建立有效的沟通渠道，协调智慧流域参与各方的关系；最后，建立监督机制，做好智慧流域建设的控制工作。

智慧流域管理与运营四大职能的最终效果表现在对时间、成本和质量的管理上。时间管理方面，制定年度滚动计划，确保阶段性目标的顺利实现；在成本管理方面，预算的制定需经过严格的调查论证，除特殊情况外，实施过程严格按照预算进行；质量管理上，制定统一的质量评估标准和奖惩机制，定期考核。

2.5.3　综合评估模型的应用平台

应用平台建设是智慧流域服务和管理的实现手段，与流域服务管理所涉及的各个领域密切相关。狭义的应用平台主要包括各个领域能实现智能处理的信息系统，广义的应用平台还包括面向企业和个人的、整合领域内部资源或跨领域资源的、能够提供统一管理服务的软硬件环境。

应用平台具有统一性、开放性、安全性等典型特征，其建设的根本目的是要实现信息资源的互联互通。在总体框架设计上，应用平台应抛开具体的业务功能特征，在总体框架上保持一致，以保证子系统之间信息的交换和共享，促进机构间的协作。以信息资源的流转方向为依据，应用平台通用框架应从接入、传输、应用、支撑四个方面规定通用的标准和规范。

应用平台的接入层应满足用户接入方式的多样化，支持个人电脑、智能终端、自助终端、虚拟桌面等多种接入方式，实现随时随地信息的查询和推送；传输层致力于通过互联网、无线网、传感网、融合网等各种网络渠道，保证信息流通的准确性、及时性和稳定性；应用层由一系列子系统构成，包括运用管理子系统、安全管理子系统、业务处理子系统、辅助决策子系统等，强调系统的物联能力、云计算能力、行业能力和泛在能力；支撑层位于底层，既包括支撑系统运行的通用技术组件、软件系统，也包括人口信息、空间地理信息、法人信息、宏观信息等信息资源。

应用平台与智慧流域服务管理密切关联，涵盖了流域服务管理的各个领域。就我国流域应用平台的发展现状来看，各个领域基本都有独立的信息系统，但各个系统都处于封闭和孤立状态，无形中增加了运维成本，也不利于提高服务效率。因此，在智慧流域建设的过程中，一方面要完善已有的分领域信息系统的功能，提高系统的可靠性；另一方面，相关的领域之间要建立起统一的应用平台，打破条块分割和信息孤岛，提高公众服务水平。

2.5.4 综合评估模型的基础资源

资源可分为自然资源、基础设施资源和信息资源三大类。资源的开发和利用是智慧流域建设的基础。自然资源包括土地、能源、水资源等天然存在的资源。基础设施资源主要包括网络基础设施、服务终端、防灾减灾设施等流域基础设施和公众服务设施。

自然资源在总量上是一定的，也是当前限制流域发展的重要因素。智慧流域的建设，其着力点是如何发挥好基础设施的作用，整合利用信息资源，实现自然资源的优化配置和高效利用，建设资源节约型、环境友好型、流域持续发展的高效信息化社会。

基础设施资源，尤其是网络基础设施，包括各种传感网、有线宽带网和无线网络，是智慧流域建设的物质基础。信息资源的整合和利用是实现流域智慧管理和智慧服务的前提条件。当前流域管理活动中普遍存在资源分散、标准不统一等问题，造成信息共享和交换困难重重。因此，急需进行有效的数据元管理、制定统一的交换标准和流程优化标准，为智慧流域建设打造良好的信息资源基础。

智慧流域建设的战略目标是为了满足公众更高层级的服务需求。政府正是流域服务的主要提供者，这就决定了智慧流域的重点资源主要是与政府的服务管理活动相关的信息资源，包括国家基础信息资源和政务信息。

2.5.5 综合评估模型的关键技术

科学技术是第一生产力。信息技术的应用改变了人们的生产生活方式，创造了新的产业，推动了经济社会的共同发展，是流域发展中重要的推动力量。根据 SMART 体系，在智慧流域的建设过程中，技术的作用主要体现在如何提升应用平台的运作效果。如果将智慧流域的所有应用看成一个统一的大系统，那么，系统的感知层、传输层、应用层和终端层，均需要通过不同的技术手段实现。而这些技术中，尤以下一代互联网技术、新一代移动通信技术、云计算、物联网、大数据、智能网络终端以及宽带网等信息技术最为关键。

感知层的关键技术：物联网及下一代互联网的技术。在智慧流域背景下，与流域服务管理相关的物体之间将不再是孤立的个体，而是相互作用，形成一张物物相连的网络。物联网技术可广泛应用于智慧水利、智慧环保、智慧电力、智慧交通、智慧林业等诸多领域，实现信息的实时监控、采集、追溯等。而要实现物联网的规模应用，则需要借助下一代互联网技术来提供更丰富的网络地址资源，两大技术共同实现整个流域的智慧感知。

传输层的关键技术：新一代移动通信和宽带网。新一代移动通信技术使得服务的随时随地接入成为可能，移动上网的速度、质量均得到极大的改善。宽带网使得网络的承载能力更大、速度更稳定。新一代移动通信和宽带网络优势互补，共同为公众提供移动、泛在、稳定、高速、安全的网络环境，确保网络的任意接入以及信息资源及时准确的传输。

应用层的关键技术：云计算和大数据。智慧流域多个应用系统之间存在信息共享、信息交互的需求，云计算能够将传统数据中心不同架构、品牌和型号的服务器进行整合，通过云操作系统的调度，向应用系统提供统一的运行支撑平台。此外，借助于云计算平台的虚拟化基础架构，能够实现基础资源的整合、分割和分配，有效降低单位资源成本。面向智慧流域中各类数量庞大的大数据，尤其是空间、视频等非结构化的大数据，应积极面对挑战，通过充分发挥云计算的优势并重点研究数据挖掘理论，对大数据进行有效的存储和管理，并快速检索和处理数据中的信息，挖掘大数据中的信息与知识，充分发挥大数据的价值。

终端层的关键技术：智能终端。智能终端是服务对象与服务提供者之间的桥梁，解决了智慧流域应用的"最后一公里"问题。通过智能手机、平板电脑、自助终端等各种类型的智能终端，为用户提供多样化的服务渠道，满足用户在任何时候任何场合享受流域提供的各种服务的需求。

综上，以 SMART 模型为依据，可以初步理清智慧流域的建设要求，主要体现在以下几方面。

（1）构建全面感知的流域基础环境，实现流域环境完备智能。流域环境完备智能是指流域的感知终端、信息网络等基础设施具有能够全面支撑流域公众、企业和政府间的信息沟通、服务传递和业务协同，人才培养、资金使用、自然资源利用、环境保护等各方面造就流域巨大的创新潜力和可持续发展能力。

（2）实现协同集约的流域管理。这就要求政府部门实现网络互联互通、信息资源按需共享、业务流程高效协同，为政府决策提供基础支撑，大幅度提升管理效率。

（3）提供高效便捷的民生服务。流域便捷的民生服务，是指公众具备应用信息与通信技术的意识与能力，应用网络与电脑、手机各类终端设备，熟练获取各类社会服务，提升生活质量，实现流域和谐、公众幸福。

2.6　智慧流域建设模式

2.6.1　面向事件的智慧应用需求

近年来，智慧化概念的持续升温，目前水信息系统以智能化应用为主，出现了各种各样不同的智慧应用。事实上，对于一些核心系统，都可以看到冠以智慧的应用系统。就狭义的水利职能来看，都有其相应的智慧系统。这些智慧化的系统有效地促进了社会发展，显示出了其重要作用。

然而，智慧流域建设不是这些智慧化应用的叠加组成的。一般来说，智慧流域是利用移动互联网、云计算、物联网的新一代信息技术，实时感知、建模、分析和处理有关水问题的各个关键数据，通过整合数据为政府、企业和居民公众提供智能高效的服务。然而，水问题的统筹解决都不是一个智慧化核心系统所能覆盖的，任何一个事件或活动都需要涉及多个应用系统的支持，而实际的智慧体验取决于多个智慧应用联合起来提供的智能化服务。

从数据融合角度来看，目前以智慧应用为核心的智慧流域还存在一定的挑战。各个部门的智慧应用在建设时容易从自身的应用特点出发，主观上会较少考虑数据与其他系统的融合，从而客观上加重了各个系统间的信息隔离。其中一个重要原因是虽然信息技术的全面发展给水管理的智慧化带来了巨大的发展基础，但是不同领域的技术发展并不是完全同步，这样会造成不同领域的不同系统可能由不同的厂商实现，而厂商只关注本领域内的数据与业务处理，这样会加重不同系统间的技术壁垒，缺乏相应的接口标准，相互间的业务无法集成，从而加重不同领域和不同行业的信息隔离。

从数据本身的价值来看，流域水系统的运行和发展产生了大量数据，这些数据本身有重要价值，如果这些数据的存在不能被各类垂直系统应用，则会影响对流域的智慧化管理，影响流域综合决策和服务。

从流域综合管理角度来看，如果涉及水的各个行业领域的智慧化都独立运行，则势必会浪费很多的资源，许多基础性的工作需要重复投入，对将来的维护、扩展和重用都带来不便。如果智慧流域建设的投入和回收不能成正比，由此造成投资浪费、应用失效，则信息安全隐患等后果势必会影响智慧流域建设的积极性和主动性。

由此可见，随着水信息化规模的不断扩大，应用系统不断增加，对信息共享、系统互操作性和软件重用方面的要求越来越高，这些相对独立进行建设的各种智慧信息系统已经不能满足业务融合的需要，暴露出的弊端越来越多。因此智慧流域建设需要在真实需求判断的基础上，进行统筹规划和综合协调，避免大规模重复建设，更不能将各部门拟建的信息化项目拼成一个大包，再贴上智慧流域或智慧水系统的标签就算是智慧化了。

所以，提出了事件驱动模式的智慧流域建设策略。在这样的智慧流域中，由流域发生的真实水事件作为驱动，进而通过智能化的事务管理，协调调动水系统部署的各个智慧应用，跟随当前时间点上出现的事件，调用可用资源，执行相关任务，使不断出现的问题得以解决，提供综合决策和服务。事实上，智慧流域能够提供的智慧体验应该是所有智慧化服务的一个总体反应，只有按照事件的方式进行组织，才能使流域水系统智慧服务的使用者感觉到实实在在的智慧。

总的来说，智慧流域建设的着力点应在于数据共享，在此基础上促进对各种资源的有效利用以及流域管理的细化。因此，对于实现事件驱动的智慧流域建设，需要准确把握其内涵特征和目标定位，从设计原则、运营管理等多个角度梳理。

2.6.2 面向事件的智慧应用设计原则

面向事件的智慧流域建设中，需要遵循一定的原则，支持协调统一地建设各个领域的智慧化工作，才能确保为事件驱动的智慧体验提供切实可靠的支撑。遵循的设计原则包括以下几方面。

（1）需要为面向事件，以数据融合为特征的智慧流域提供科学实用的顶层设计。智慧流域涉及水资源系统、社会经济系统和生态环境系统，是一个极其复杂的巨系统，理解也不尽相同。因此需要从全局出发，围绕着事件驱动这个特点，以数据融合为核心，通过对智慧流域的建设过程中各种因素进行统筹考虑，设计一个符合流域水系统特点的长期和短期相结合的建设目标，来指导流域水智慧化工作的各项建设。为了达到这个目标，需要不断完善现行的信息化建设体制架构，建立健全信息化推进机制，统一协调各个领域的智慧化工作，才能使得以融合为特色的智慧流域真正成为可能。

（2）在统一完善的智慧流域顶层设计框架内，需要进一步加强信息基础设施的建设。随着新一代信息技术已经变成智慧流域建设的基础设施，以此为每个人以及所用的信息提供接入能力，将以水为纽带的各个部门、相关人员关联起来。对于一个以事件驱动，着眼于数据融合的智慧流域来说，更需要采用适度超前的原则，优先建设各种仪器设备、应用程序和软件以及各种网络基础设施，构成互联互通、无所不在的信息网络，使得音频、数据、图像、视频等各种新式的信息得到传送，全面提升利用水平，满足不同用户所需不同应用以及不同性能要求，才能真正保证面向事件的智慧流域应用服务的真正开展。

（3）为确保面向事件的智慧应用服务，需要在建设过程中避免各个智慧系统各自分头建设的弊端。在统筹规划和实施的基础上，优先发展一些公共平台的建设，以此对数据融合提供有力支持。目前智能化建设具体建设标准尚未形成统一，客观上形成了大量的信息孤岛，基础数据难以共享，集成很难，无法发挥信息融合的综合效应。所以在智慧流域建设中，应该通过管理创新，完善项目建设的体制机制，在地理、气象等已有的信息平台的基础上，建设新的公共平台，来整合已有资源，实现对基础信息的管理。同时，立足以服务应用为导向，重点关注数据融合类业务，选择多个融合需求较强的业务进行服务创新，抓好智慧流域核心系统的建设，按照一定的标准规范，以数据的融合为核心，实现跨业务范围的信息交换与共享，提供多样化的智慧型服务。

（4）在建设的过程中，还需要不断推动并完善数据融合、共享，应用相关的规范和标准，建立健全评价指标，确保数据共享的政策落实。目前，数据规范和标准没有统一建立，并且缺乏相应的评价标准，导致重复、错误、不一致的数据无法得到完全的修正，进一步造成数据融合、共享时的困难。所以在智慧流域建设中，应该通过各种方式建立一套完善的标准，同时，还应吸收智慧应用的使用方来参与评价，通过交流平台和反馈机制不断完善智慧应用，才能不断修正智慧流域的建设路线，实实在在地提高智慧体验。

2.6.3　智慧流域的运营模式

智慧流域的建设无法一蹴而就，是一个持续性长、涉及面广、建设内容多、投资量大的复杂系统工程，在建设、管理和运维的过程中建立有效的运营模式是智慧流域面临的一个重要挑战。

智慧流域的建设性质一般兼具有市场化和公益化的特征，且涉及的各类信息化系统和应用千差万别，不能用简单统一的运营模式，而应该采用多种运营方式相结合的办法进行管理。目前在项目管理的实践中，有许多具有各自优势和特点的运营模式，如政府自建模式、"建设-移交"（Build - Operate - Transftr，BT）模式、"建设-经营-移交"（Build - Operate - Transftr，BOT）模式、"建设-拥有-经营"（Build - Owning - Operation，BOO）模式、"建设-拥有-经营-移交"（Building - Owning - Operation - Transfer，BOOT）模式等，需要针对智慧流域不同的建设管理子项目来选择合适的运营模式。

对于面向事件的智慧流域，还需要重点考虑一种以数据为核心的运营模式。由于智慧流域的核心是数据，且智慧体验都来源于对数据高效而合理的利用，需要对数据提供一种可持续的运营管理机制。当回顾苹果手机的发展历程时，可以看到，苹果公司绝不是一个简单的智能手机生产和销售商，围绕着苹果手机可以看到以 AppStore 为核心形成的庞大产业链。从某种意义上说，真正支持苹果发展壮大的是 AppStore 中众多小巧而精美的应用程序。

智慧流域建设可以从中得到很大启发，数据作为一种核心的战略资源，也应该作为智慧流域形成一个产业圈提供重大的支持。因此，加强在安全可控条件下对数据进行开放式的运营具有重要意义。首先数据是客观存在的，对数据的处理是一切智慧的基础，只有开放的数据，才有真正的智慧。其次产业的培养应该是市场化的，只有开放的数据，才有可能培育出未来智慧服务业的烦琐，带动流域的可持续发展。

智慧流域的意义在于提供给居住在流域中的人切切实实的智慧体验，当人们需要服务时，服务就应该在那，甚至人们还没有意识到需要服务时，服务也应该以智能的方式进行主动推送以满足人们潜在的需求。因此，智慧流域的建设应该在信息化系统建设的基础上，提供对每一个人活动的智慧化支持，这才是真正的智慧流域。

2.6.4　智慧流域规划建设关键点

智慧流域是未来流域管理的高级形态，是以大数据、云计算、互联网、物联网、人工智能等新一代信息技术为支撑、致力于流域发展的智慧化，使流域具有智慧感知、反应、调控能力，实现流域的可持续发展。从战术层面推进智慧流域建设，还务必掌握其内在的逻辑规律，抓住五个关键点。

（1）智慧流域建设的基础是万物互联。世界是普遍联系的，事物的普遍联系和相互作用，推动着事物的运动、变化和发展。随着手机等智能终端和移动互联网的普及，全球70多亿人口已打破地域限制，实现了人与人跨时空的即时互联，这深刻地改变了人类社会的形态和生产生活的方式。当前，我们正步入物联网时代，5G通信、物联网、云计算、大数据、人工智能等现代技术的迅猛发展，让物理世界数字化、智能化成为可能，推动自然界和人类社会的深度融合，从而将人与人之间的沟通连接逐步扩大到人与物、物与物的沟通连接，一个万物互联的时代即将到来。智慧流域只是以此为支撑的流域形态。推动智慧流域的建设，必须全面掌握并熟练运用互联网时代的新技术、新理念、新思维，更加科学主动地推动"流域"和"智慧"融合，否则，很难有大的突破。

（2）智慧流域建设可分为四个阶段，循序渐进。从大逻辑来讲，智慧流域建设起码要经历四步，首先让流域的物能说话，其次让物与物之间能对话，再次让物与人能交流，最后让流域会思考。这决定了智慧流域建设分为四个版本：1.0版是数字化，这是智慧流域的初级形态，目的是让物理世界可以通过数字表述出来；2.0版是网络化，就是通过网络将数字化的流域要件连接起来，实现数据交互共享；3.0 版是智能化，就是在网络传输基础上实现局部智能反应与调控；4.0 版是智慧化，就是借助万物互联，使流域的各部分功能在人类智慧的驱动下优化运行，到了这个版本，智慧流域才算基本建成。这四个版本，前一版是后一版的基础，但又不是截然分开、泾渭分明。推进智慧流域建设，要循序渐进、适度超前，但不要好高骛远、急于求成。总想一步到位，往往只会事倍功半。

（3）智慧流域建设要自下而上、由点到面的推进。智慧流域的内在逻辑，决定了它很难先有一张"施工总图"，然后照图推进。智慧流域建设只能是自下而上，成熟一个推一个，积少成多、聚沙成塔。也就是说，我们要按照现实需求，区分轻重缓急，逐一构建流域各条战线、各个领域的智慧子系统，先把智慧流域的四梁八柱搭好，再添砖加瓦、封顶竣工，这样才能根基深厚。智慧流域建设中，尤其要避免热衷于搞"大规划""大方案"却不务实功、不作细功的倾向。

（4）智慧流域建设要坚持市场导向。智慧流域意味着高效率，而效率能够产生效益，这就能够吸引社会资本参与。我们要尊重市场规律，坚持市场导向，以物联网平台及其受益企业的活动为中心，吸引更多企业参与智慧流域建设，决不能仅靠政府力量强推，那往往是缺乏智慧、烧钱而低效的，也容易搞成"政绩工程""形象工程"。

（5）智慧流域建设要法制化标准化。智慧流域是复杂系统，也是新生事物，其健康发展需要良好的外部环境。其中，有三个方面尤为重要：一是标准。要统筹协调，加快构建包括信息技术标准、城市建设标准、信息应用标准在内的智慧流域标准体系，确保有序建设、高效集约。二是安全。这是智慧流域正常运转的基础。要加强网络安全立法和监管，强化知识产权保护，积极发展网络安全技术，解决关键核心技术受制于人的问题。三是扶持。政府要带头打破"信息孤岛"，出台鼓励社会参与的政策措施，建立容错纠错机制，为智慧流域营造良好宽松的发展环境。

2.6.5　智慧流域发展愿景和建设内容

2.6.5.1　发展愿景

建立流域的数字双胞胎，将现实的晋江流域真正搬进电脑。建设流域三维虚拟场景仿真系统，让流域"立起来"，全面掌握流域点、线、面基础信息及三维可视化；建设流域立体智能监视预警系统，让流域"动起来"，实现"空天地"监视信息的智能感知与预警及其三维可视化仿真；建设流域综合调配智能大脑系统，让流域"想起来"，实现防洪、供水、生态、应急等调度决策的智能化及三维可视化；建设流域远程智能控制平台，让流域"活起来"，实现水库、闸门、泵站等水利工程的远程智能控制及三维可视化；建设流域协同智能监督管理系统，让流域"严起来"，实现防洪、水资源、生态环境、水土保持等各涉水业务的智能化协同监管。

（1）流域可视。构建流域三维虚拟仿真场景，将流域空间地理、地形地貌等数据与流域实景照片融合，直观展示流域地形地貌、水利工程、地下水等要素，将真实世界的静态流域搬进电脑，方便管理人员全面立体地掌握流域点（水利工程）、线（河流）、面（流域）信息，同时可与三维虚拟仿真场景进行实时交互。

（2）流域可仿。构建动态流域立体智能仿真场景，利用流域空天地网一体化的多维监视信息，结合自动建模等技术，在三维立体场景中动态展示流域降雨、径流、蓄水、供水、排水等自然和社会水循环过程，实现对流域自然和社会水循环仿真模拟，真正将真实世界的动态流域搬进电脑。

（3）流域可调。建立流域综合调配平台，以物联网技术为支撑，人工智能模拟为核心，集成全过程仿真、全流域调度，充分发挥工程体系综合效益，促进晋江流域河湖水体有序流动，提高应对防洪、供水、生态、应急等需求变化的能力，最大程度保障流域防洪、水资源、水环境、水生态的安全。

（4）流域可控。建设流域远程智能控制平台，通过总控中心统一协同控制流域内所有水库、闸门、泵站等水利工程设施，快速、准确地执行调度方案下达的指令，使各环有序运作、紧密衔接，切实提高流域管理的自动化水平。

（5）流域可监。建设流域协同智能监管平台，配合河长制、最严格水资源管理制度、水土保持督查、资源审计等业务，统筹各业务的管理现状及目标，为流域一体化协同监管提供有力支撑，提高流域协同监管能力，实现各个涉水业务的协同管理。

2.6.5.2　建设内容

以更透彻的感知、更全面的互联互通、更深入的智能化为理念，通过建设"五个一"体系，即流域一张图、监测一张网、数据一中心、监管一本账、调度一平台，全面解决流域治理、管理过程中出现的痛点、难点问题，以达到整个物理流域无处不在的感知、互联互通、高度数字化、高度信息化、高度智能化的愿景。

（1）流域一张图。智慧流域的综合性治理和管理需要统筹地形、地貌、水文、气象等自然要素以及防洪、供水、排水、治污等工程要素协调发展的关系，综合考量各种因子的时空分布特征及其变化规律，才能得到一个比较合理的解决方案。因此，智慧流域建设的首要任务是构建一个包含流域内地形、地貌、水文、气象等自然要素以及防洪、供水、排水、治污等工程要素的流域图，形成一个能真实反映流域水雨工情的一张图，防洪、供水、排水、治污各类基础、管理要素一图了然，为流域一体化管理做基础，促进流域形成系统化的管理体系。

（2）监测一张网。以对全流域信息更透彻的感知理论为指导，要建立智慧流域，实现对流域统一化及精确化的动态规划和管理，则必须实现对"自然-社会"水循环全过程所涉及的各种信息全方位、实时监测，并构建覆盖全面、布局合理、管控有序的监测网络体系。基于智慧流域的监测需求，利用遥感、无人机、自动监测站等空天地多元化的监测手段，形成支撑智慧流域管理的全方位、多角度的自动监测系统。通过这些新设备，实时、准确地获取天然水循环系统相关的下垫面数字高程、土壤、植被、土地利用类型和降雨、蒸发、下渗、坡面径流、河道输水输沙和污染物运移等整个天然水循环过程，以及人工循环系统中的水源、供水、用水、耗水、排水等社会水循环过程和各涉水工程的运行状态所涉及的各种信息。同时，以河长巡河及公众参与为辅助监测手段，完善和补充自动监测系统，形成了以自动监测系统为主、以河长巡河及公众参与为辅的，兼具代表性、控制性和经济性的全方位监测网络体系。全方位监测网络体系可以保障平台数据库数据的时效性、全面性和可靠性，有效解决当前晋江流域监测网络不完善、信息资源不全面的问题，实现对流域运行状态的全面掌握，为流域中各种水问题的解析和下一步的运维管理工作提供服务支撑。

（3）数据一中心。以使全流域的各种数据信息更全面的互联互通为理念，建设集数据融合、治理、存储及分析等功能为一体的大数据中心，通过信息融合技术，将已有和新建的各系统、各部门、各监测站点的结构化和非结构化数据按照统一的传输规约和协议汇集到数据中心，加强与各相关流域、各部门的信息互通，提高业务协同，以实现海量的结构化和非结构化数据和信息更为全面的互联互通，从而为流域与区域相结合的管理制度奠定基础，并能打破城乡之间、地区之间、部门之间由于数据信息壁垒所造成的水管理界限，以解决由数据信息不流通所造成的管理效率低下、手段落后等问题，为建立起流域与区域、城市和农村、水源和供水、供水和排水、用水和节水、治污和回用一体化的综合管理体制提供支撑，为水利各类应用提供数据支撑，提高水资源管理和水环境保护辅助决策水平，为各级政府部门提供信息共享交换服务、为大数据后续的专业分析提供基础，是有效地摸清和解决各种水问题的前提条件。

（4）监管一本账。综合考虑各项业务如流域防汛工作和河长制的任务要求，建立以自动监测系统为主、以河长巡河及公众参与为辅的流域监测网络体系，帮助管理人员实现对流域运行状态的全面掌握。与此同时，结合河长制加强执法监督的任务需求，自动监测系统也应具备对河长巡河及流域治理、管理工作的监督功能。利用巡河 APP 的追踪定位功能实现对河长巡河工作的跟踪记录；利用自动监测系统对考核段面水质的实时监测，实现对河长治理工作的考核监督。即监测体系既是对河长治理、管理流域的基础支撑，同时也是对河长巡河及管理工作的考核监督，形成以监督管、以管辅监的流域监管新模式，即监管一本账模式。

（5）调度一平台。以更深入的智能化理念为指导，为使流域达到真正"智慧"的状态，分析调度平台集成耦合各种分析模拟工具及模块，如流域数据挖掘和分析工具、流域数据同化工具以及防汛、水资源、水污染、水环境管理等多种专业应用模块，并完成数字流域与物理流域的无缝集成，深入分析已收集的气象、水情、水环境等数据，因而平台同时集防洪、治污、配水等功能于一体，实现平台数据一源多用的目的。在灾害性天气或事件期间，掌握历史数据、清楚当下实时数据、预测未来信息，并依据预测结果提供相应的调度方案，充分应对暴雨洪水、水资源短缺、水质污染等方面问题，实现对流域灾害的智能化调度、科学化管理，解决以往防洪预报精度低、治污方案不经济、配水方案不合理等问题，使人类能以更加精细和动态的方式对流域进行规划、设计和管理，从而达到流域的"智慧"状态。

2.6.6　智慧流域发展策略和推进路径

2.6.6.1　发展策略

1. 以标准化为纲，促进系统建设规范化

"智慧流域"体系的建设与发展必须加快制定统一的信息标准规范，大力推进标准的贯彻落实。对多年的数据进行整合，梳理出明确规范的编码体系和数据规则，再通过对历年业务数据的收集和整理，归纳并建立统一规范的数据标准和信息管理体系。各业务系统的建设应遵循统一的标准规范。

各级部门的"智慧流域"体系建设应以数据中心建设为契机，开展信息化地方标准的研制工作。在进行标准体系建设时，要考虑与国家或行业信息化标准的结合，并结合地方信息化的现状，重点进行数据和管理规范的建设。

2. 以数据流为轴，提高信息资源共享的水平和能力

应严格遵循行业标准和信息化标准，以多维、立体化的思维模式，从数据库架构升级、数据结构改善、数据字典规范化、数据内容核准与筛选四个方面入手，对原有数据库架构和数据结构进行升级改造，确保数据的准确性、唯一性，全力打造出科学完善的数据模型体系，为监测信息化的高级应用提供根本的数据保障和技术支持。

通过数据中心建设，形成各级部门的信息资源目录体系；推动数据共享机制的建立，构建信息资源共建共享技术指南；逐步形成各级部门的信息统一编码规则和元数据库数据字典。

在数据中心建设过程中，应开展信息资源规划，以流域全生命周期管理等为主线，进行数据的梳理整合，构建全域数据模型。在国家或行业化分类标准的约束下，生成全域数据模型。全域数据模型主要用以指导支撑各级部门的相关领域各类业务系统数据模型的设计，逐步深化并持续改进。

3. 以顶层设计为本，破解业务系统建设偏失

将"智慧流域"体系建设涉及的各方面要素作为一个整体进行统筹考虑，在各个局部系统设计和实施之前进行总体架构分析和设计，理清每个建设项目在整体布局中的位置，以及横向和纵向关联关系，提出各分系统之间统一的标准和架构参照。

可引入先进成熟的联邦事业架构（Federal Enterprise Architecture，FEA）、电子政府交互框架（e-Government Interoperability Framework，e-GIF）、面向电子政务应用系统的标准体系架构（Standard and Architecture for e-Government Application，SA-GA）等理论框架为指导，对各级部门的相关领域业务系统进行分析，确保"智慧流域"体系方向正确、框架健壮，确保各业务系统边界明确、流程清晰。同时，项目建设不应急于求成，而要按照"再现-优化-创新"三段式发展，循序渐进地推动各项业务应用系统的标准化和规范化，最终达到通过信息技术支持行政管理机制创新和变革的效果。

4. 以流程规范为重，通过整合与重构推进业务协同

传统管理方式中的职责不清、工作流程随意性大是制约信息化发展的重要管理因素。"智慧流域"离不开业务流程的优化。从某种程度上讲，"智慧流域"伴随的流程再造过程是变"职能型"为"流程型"模式，超越职能界限的全面改造工程。如果管理业务流程不能事先理顺，不能优化，就盲目进行信息系统的开发，即便一些部门内部的流程可以运转起来，部门间的流程还是无法衔接的。

各级部门的"智慧流域"体系建设，应充分重视业务流程的梳理和规范化的作用，以标准、规范的工作流程逐渐替代依赖个人经验管理环境事务的方式。一方面对已有的应用系统要进行深入整合，实现重点业务领域的跨部门协同；另一方面随时适应各级部门的组织体系调整，重构一些重大综合应用系统，特别是面向公众的一些社会管理、公共服务的系统，提高公共服务能力和社会化管理水平。

5. 以机理驱动和数据驱动模型技术为径，提升综合决策能力

构建机理驱动和数据驱动组合的流域模型模拟与预测体系，利用流域信息感知平台获取的数据，为流域管理提供模拟、分析与预测。升级流域水循环及其伴生过程集成模拟预测预报系统，形成水循环、水生态、水污染业务预报能力。开发基于三维 GIS 的各级部门

的水资源综合评价预警系统。

通过流域时空数据挖掘分析，开展流域水资源-生态环境-社会经济形势联合诊断与预警分析及基于"社会经济发展-生态环境改善-水资源支撑能力增强"的预测模拟，开展流域形势分析与预测，识别经济社会发展中的重大水资源与生态环境问题；开展流域规划政策模拟分析，探索建立各类政策模拟分析模型系统，实现政策手段对经济社会的影响的预测，开展水经济政策实施的成本分析；开展流域水系统风险源分类分级评估、水系统风险区划等工作，支撑水系统风险源分类分级分区管理政策的制定。

"智慧流域"的发展主要体现在新型技术支撑手段的应用和面向综合性决策智能化两个方面。一方面，随着新兴的云计算、人工智能、数据挖掘、环境模型等技术的不断发展，"智慧流域"的技术支撑体系正在发生深刻变革；另一方面，随着水安全保障工作的不断深入，面向流域管理中的综合性决策需求也日益迫切。如何有效地进行水安全形势分析与预测，结合经济社会发展形势与趋势，建立水安全形势分析指数与预警方法，开发短、中、长期预测模型系统，开展水安全分析与预测，识别经济社会发展中的重大水问题；如何针对水安全目标与方案的不确定性问题，建立多情景方案、模型方法及决策支持平台，开展不同目标可达性及多方案的优选模拟理论与应用研究；如何以投入产出模型、CGE 模型、费用效益分析、系统动力学模型等为基础，开展水政策的模拟分析，对水政策投入对经济社会和生态环境的贡献度进行测算分析，是未来"智慧流域"在宏观决策层面关注的重点领域。

2.6.6.2　推进路径

智慧流域是水利现代化和数字流域发展的高级阶段，以物联网、云计算、移动互联网等新一代信息技术为基础，通过更深入的智慧化、更全面的互联互通、更有效的交换共享、更协作的关联应用，实现流域自然资源更丰富、流域生态系统更安全、流域绿色产业更繁荣、流域生态文明更先进。智慧流域建设，是一项长期性、系统性工作，需分步骤、分阶段扎实推进。依据各工程项目的紧迫性、基础性、复杂性、关联性等，建设智慧流域分基础建设、展开实施、深化应用三个阶段。

（1）基础建设阶段。编写智慧流域规划，出台智慧流域建设的相关政策，安排扶持资金等，并局部开展智慧流域的探索实践工作。在现有流域信息化成果基础上，选择基础性强的流域大数据工程、流域云建设工程、下一代互联网提升工程、流域应急感知系统、流域环境物联网和无线网等优先建设，为后续的智慧流域的全面建设提供良好的基础。

（2）展开实施阶段。智慧流域建设全面展开，汇聚各方力量、加大人、财、物方面的投入，积极鼓励企业、公众参与智慧流域建设。本阶段以智慧流域基础设施为基础，完成智慧流域各个行业平台工程建设。智慧流域建设的步伐明显加快，智慧流域框架体系基本形成。

（3）深化应用阶段。经过展开实施阶段，智慧流域建设有了量的积累，需要各部分走向相互衔接、相互融合，实现质的飞跃。本阶段主要建设整合所有软硬件基础设施，构建智慧化系统工程。智慧流域的应用效果和价值逐步显现，其竞争力、集聚力、辐射力明显增强。

2.7　本章小结

本章探索了智慧流域的科学基础和理论框架，为智慧流域的研究和建设奠定理论基础，并指明了努力方向。主要结论如下。

（1）智慧流域的科学基础包括系统科学理论、复杂系统理论、人类-自然耦合系统理论、流域二元水循环理论、现代管理理论和平行系统理论。

（2）提出了智慧流域的基础理论。提出了智慧流域的基本模式，分析了流域水循环调控的特点和要求，总结了流域水循环系统的特性及其描述方式，探讨了互联网进化在治水中的作用。给出了智慧流域的概念内涵，提出了智慧流域的三维特征和智慧流域的体系构成，研究了智慧流域的演化模型，研究了智慧流域的应用模型。

（3）提出了智慧流域的基础架构。智慧流域的总体架构由水生态基础设施系统、水信息实时主动感知模块、联通化实时自主传输模块、智能化实时分析模块、智慧化实时管理决策系统。智慧流域的业务框架有基础业务、行政审核、智慧服务、综合管理。智慧流域的功能框架有智能感知、智能仿真、智能诊断、智能预警、智能预报、智能调度、智能控制、智能决策（智慧处置）、智能管理、智能服务。

（4）总结了智慧流域的支撑技术。包括数字流域相关技术、智能传感器网络、物联网和移动互联网、云计算和虚拟现实、大数据和人工智能、区块链、知识图谱、业务流程优化和网格化管理、综合集成研讨厅等。数字流域相关技术包括天空地一体化的空间信息快速获取技术、海量空间数据调度与管理技术、空间信息可视化技术、空间信息分析与挖掘技术、网络服务技术、数字流域模型技术等。

（5）提出了智慧流域的评估模型。从智慧流域内涵特征和框架结构分析中，提炼出智慧流域的五大关键要素，分别是服务、管理和运营、应用平台、资源和技术。服务是智慧流域建设的根本目标，管理和运营是服务水平提升的核心手段，应用平台是实现流域智慧化运行的关键支撑，资源和技术是智慧流域建设的必要基础。由此确定出SMART模型的层次结构，以流域发展战略目标为导向，服务位于顶层，体现出智慧流域建设的本质是惠民，要求将公众服务需求的满足放在首位，让江河成为造福人民的幸福河；管理与运营紧随其后，是智慧服务的重要支撑和保障；应用平台是智慧流域实现跨部门跨系统跨业务协同运作的信息化手段；资源和技术位于底层，是智慧流域建设的基础条件。

（6）探索了智慧流域的建设模式。分析了面向事件的智慧应用需求，提出了面向事件的智慧应用设计原则，探析了智慧流域的运营模式，研究了智慧流域规划建设关键点。探索提出了智慧流域的发展愿景和建设内容，初步提出了智慧流域发展策略和推进路径。

参考文献

艾萍，王志坚，索丽生，等，2001. 水文数据在线分析与知识发现系统模型研究［J］. 水利学报，32（11）：15-19.

蔡自兴，张钟俊，1988. 智能控制的若干问题［J］. 模式识别与人工智能，（2）：45-51.

蔡自兴，1990. 智能控制［M］. 北京：电子工业出版社.

蔡自兴，2004. 智能控制［M］. 2版. 北京：电子工业出版社.

蔡自兴，2007. 智能控制原理与应用 [M]. 北京：清华大学出版社.

蔡自兴，2018. 中国智能控制 40 年 [J]. 科技导报，36（17）：23 - 39.

陈伟，陈克，2003. 现代管理理论 [M]. 哈尔滨：哈尔滨工程大学出版社.

程国栋，李新，2015. 流域科学及其集成研究方法 [J]. 中国科学（地球科学），45（6）：811 - 819.

戴汝为，操龙兵，2001. 一个开放的复杂巨系统 [J]. 系统工程学报，（5）：376 - 381.

贾奋励，张威巍，游雄，2015. 虚拟地理环境的认知研究框架初探 [J]. 遥感学报，19（2）：179 - 187.

蒋秉川，万刚，许剑，等，2018. 多源异构数据的大规模地理知识图谱构建 [J]. 测绘学报，47（8）：
1051 - 1061.

蒋云钟，冶运涛，王浩，2011. 智慧流域及其应用前景 [J]. 系统工程理论与实践，31（6）：1174 - 1181.

江洪，王微，王辉，等，2014. 国内外智能材料发展状况分析 [J]. 新材料产业，（5）：2 - 9.

江雷，冯琳，2016. 仿生智能纳米界面材料 [M]. 北京：化学工业出版社.

李树平，2002. 水信息学概述 [J]. 给水排水，（4）：90 - 94.

李义天，李荣，2001. 具有河网水沙运动特点的人工神经网络模型 [J]. 水利学报，32（11）：1 - 7.

李力，林懿伦，曹东璞，等，2017. 平行学习——机器学习的一个新型理论框架 [J]. 自动化学报，43
（1）：1 - 8.

梁秀兵，崔辛，胡振峰，等，2018. 新型仿生智能材料研究进展 [J]. 科技导报，36（22）：131 - 144.

刘锋，2012. 互联网进化论 [M]. 北京：清华大学出版社.

刘锋. 城市大脑的起源、现状与未来趋势 [EB/OL]. （2018 - 04 - 01）[2020 - 08 - 01]. http：//blog.
sciencenet. cn/blog - 39263 - 1105932. html.

刘海猛，石培基，杨雪梅，等，2014. 人水系统的自组织演化模拟与实证 [J]. 自然资源学报，29（4）：
709 - 718.

刘克松，江雷，2009. 仿生结构及其功能材料研究进展 [J]. 科学通报，54（18）：2667 - 2681.

刘强，2020. 智能制造理论体系架构研究 [J]. 中国机械工程，31（1）：24 - 36.

刘峤，李杨，段宏，等，2016. 知识图谱构建技术综述 [J]. 计算机研究与发展，53（3）：582 - 600.

刘腾，王晓，邢阳，等，2019. 基于数字四胞胎的平行驾驶系统及应用 [J]. 智能科学与技术学报，1（1）：
40 - 51.

吕宜生，陈圆圆，金峻臣，等，2019a. 平行交通：虚实互动的智能交通管理与控制 [J]. 智能科学与技术
学报，1（1）：21 - 33.

吕宜生，王飞跃，张宇，等，2019b. 虚实互动的平行城市：基本框架、方法与应用 [J]. 智能科学与技术
学报，1（3）：311 - 317.

倪明选，张黔，谭浩宇，等，2013. 智慧医疗——从物联网到云计算 [J]. 中国科学（信息科学）：43（4）：
515 - 528.

漆桂林，高桓，吴天星，2017. 知识图谱研究进展 [J]. 情报工程，3（1）：4 - 25.

钱学森，于景元，戴汝为，1990. 一个科学新领域——开放的复杂巨系统及其方法论 [J]. 自然杂志，13：
3 - 10，64.

秦大庸，陆垂裕，刘家宏，等，2014. 流域"自然-社会"二元水循环理论框架 [J]. 科学通报，59（4 -
5）：419 - 427.

尚宇炜，郭剑波，吴文传，等，2018. 电力脑初探：一种多模态自适应学习系统 [J]. 中国电机工程学报，
38（11）：3133 - 3143.

谭德宝，2011. 数字流域技术在流域现代化管理中的应用 [J]. 长江科学院院报，28（10）：193 - 196.

陶建华，1994. 计算水力学和水力信息学 [C]//1994 年全国水动力学研讨会文集. 北京：海洋出版社：
803 - 807.

王飞跃，2013a. 系统工程与管理变革：从牛顿到默顿的升华 [J]. 管理学家（实践版），（10）：12 - 19.

王飞跃，2013b. 平行控制：数据驱动的计算控制方法［J］. 自动化学报，39（4）：293－302.

王飞跃，2013c. 社会信号处理与分析的基本框架：从社会传感网络到计算辩证解析方法［J］. 中国科学（信息科学），43（12）：1598－1611.

王飞跃，2004a. 人工社会、计算实验、平行系统——关于复杂社会经济系统计算研究的讨论［J］. 复杂系统与复杂性科学，1（4）：25－35.

王飞跃，2004b. 计算实验方法与复杂系统行为分析和决策评估［J］. 系统仿真学报，16（5）：893－897.

王飞跃，2004c. 平行系统方法与复杂系统的管理和控制［J］. 控制与决策，19（5）：485－489.

王飞跃，王晓，袁勇，等，2015. 社会计算与计算社会：智慧社会的基础与必然［J］. 科学通报，60（5/6）：460－469.

王飞跃，2016. 从 AlphaGo 到平行智能：启示与展望［J］. 科技导报，34（7）：72－74.

王飞跃，孙奇，江国进，等，2018. 核能 5.0：智能时代的核电工业新形态与体系架构［J］. 自动化学报，44（5）：922－934.

王关义，刘益，刘彤，等，2019. 现代企业管理［M］. 5 版. 北京：清华大学出版社.

王浩，秦大庸，王建华，2002. 流域水资源规划的系统观与方法论［J］. 水利学报，33（8）：1－6.

王浩，贾仰文，2016. 变化中的流域"自然-社会"二元水循环理论与研究方法［J］. 水利学报，47（10）：1219－1226.

王慧敏，刘新仁，1999. 流域复合系统可持续发展测度［J］. 河海大学学报（自然科学版），27（3）：45－48.

王理达，王芳，张少彤，2013. 基于 SMART 模型的智慧城市综合评估框架［J］. 电子政务，（4）：18－23.

王鹏伟，刘明杰，江雷，2016. 仿生多尺度超浸润界面材料［J］. 物理学报，65（18）：61－83.

王晓，要婷婷，韩双双，等，2018. 平行车联网：基于 ACP 的智能车辆网联管理与控制［J］. 自动化学报，44（8）：1391－1404.

魏瑾，李伟华，潘炜，2020. 基于知识图谱的智能决策支持技术及应用研究［J］. 计算机技术与发展，（1）：1－6.

吴宏鑫，常亚菲，2019. 智能控制系统简述及研究构想［J］. 空间控制技术与应用，45（4）：1－6.

吴靖平，2008. 系统资源理论发展模型研究［J］. 理论前沿，（21）：26－27.

许世刚，索丽生，陈守伦，2002. 计算智能在水利水电工程中的应用研究进展［J］. 水利水电科技进展，22（1）：62－65.

杨林瑶，陈思远，王晓，等，2019. 数字孪生与平行系统：发展现状、对比及展望［J］. 自动化学报，45（11）：2001－2031.

冶运涛，蒋云钟，梁犁丽，等，2019a. 流域水循环虚拟仿真理论与技术［M］. 北京：中国水利水电出版社.

冶运涛，蒋云钟，梁犁丽，等，2019b. 虚拟流域环境理论技术研究与应用［M］. 北京：海洋出版社.

于景元，周晓纪，2002. 从定性到定量综合集成方法的实现和应用［J］. 系统工程理论与实践，22（10）：26－32.

余欣，寇怀忠，王万战，2012. 流域数学模拟系统发展方向及关键技术［J］. 水利水运工程学报，2（5）：5－12.

俞孔坚，2015. 水生态基础设施构建关键技术［J］. 中国水利，（22）：1－4.

张建云，刘九夫，金君良，2019. 关于智慧水利的认知与思考［J］. 水利水运工程学报，（6）：1－7.

张俊，王飞跃，方舟，2019. 社会能源：从社会中获取能源［J］. 智能科学与技术学报，1（1）：7－20.

张勇传，王乘，2001. 数字流域——数字地球的一个重要区域层次［J］. 水电能源科学，19（3）：1－3.

钟登华，王飞，吴斌平，等，2015. 从数字大坝到智慧大坝［J］. 水力发电学报，34（10）：1－13.

左其亭，2007. 人水系统演变模拟的嵌入式系统动力学模型［J］. 自然资源学报，22（2）：268－274.

ABBOTT M B, 1999. Introducing hydroinformatics [J]. Journal of Hydroinformatics, 1 (1): 3 - 19.

ABBOTT M B, BABOVIC V M, CUNGE J A, 2001. Towards the hydraulics of the hydroinformatics era [J]. Journal of Hydraulic Research, (4): 339 - 349.

ARTHUR W B, 1999. Complexity and the economy [J]. Science, 284 (5411): 107 - 109.

BABOVIC V, KEIJZER M, 1999. Computer supported knowledge discovery—A case study in flow resistance induced by vegetation [C] //Proceedings of the XXVI Congress of International Association for Hydraulic Research, Graz.

BERTALANFFY L V, 1968. General system theory: Foundations development, applications [M]. New York: George Braziller.

BORDEL B, MARTíN D, ALCARRIA R, et al. , 2019. A Blockchain - based Water Control System for the Automatic Management of Irrigation communities [C] //2019 IEEE International Conference on Consumer Electronics (ICCE). IEEE: 1 - 2.

DOGO E M, SALAMI A F, NWULU N I, et al. , 2019. Blockchain and internet of things - based technologies for intelligent water management system [M] //Al - Turjman F. Artificial Intelligence in IoT. Springer, Cham.

GLAESSGEN E, STARGEL D, 2012. The digital twin paradigm for future NASA and U. S. Air Force vehicles [C] //Proceedings of the 53rd AIAA/ASME/ASCE/AHS/ASC Structures, Structural Dynamics and Materials Conference, Honolulu, USA. AIAA: 1818 - 1832.

KHARLAMOV E, MARTIN - RECUERDA F, PERRY B, et al. , 2018. Towards semantically enhanced digital twins [C] //Proceedings of the 2018 IEEE International Conference on Big Data (Big Data), Seattle, USA. IEEE: 4189 - 4193.

KORTH B, SCHWEDE C, ZAJAC M, 2018. Simulation - ready digital twin for realtime management of logistics systems [C]. In: Proceedings of the 2018 IEEE International Conference on Big Data (Big Data). Seattle, USA: IEEE: 4194 - 4201.

KURTZ W, LAPIN A, SCHILLING O S, et al. , 2017. Integrating hydrological modelling, data assimilation and cloud computing for real - time management of water resources [J]. Environmental modelling & software, 93: 418 - 435.

LEVIS A H, MARCUS S I, PERKINS W R, et al. , 1987. Challenges to control: A collective view [J]. IEEE Transactions on Automatic Control, 32 (4): 275 - 285.

LI L, LIN Y L, ZHENG N N, et al. , 2017. Parallel learning: a perspective and a framework [J]. IEEE/CAA Journal of Automatica Sinica, 4 (3): 389 - 395.

LI J, YANG X, SITZENFREI R, 2020. Rethinking the framework of smart water system: A review [J]. Water, 12 (2): 412.

LIANG S J, MOLKENTHIN F, 2001. A virtual GIS - based hydrodynamic model system for Tamshui River [J]. Journal of Hydroinformatics, 3 (4): 195 - 202.

LIU J, DIETZ T, CARPENTER S R, et al. , 2007. Complexity of coupled human and natural systems [J]. Science, 317 (5844): 1513 - 1516.

LOUCKS D P, BEEK V E, 2005. Water resource systems planning and management: An introduction to methods, models, and applications [M]. UNESCO publishing: 24 - 65.

MAASS A, HUFSCHMIDT M, DORFMAN R, et al. , 1962. Fair design of water resources system [M]. Cambridge, Massachusetts: Harvard University Press.

MERKLE L, SEGURA A S, GRUMMEL J T, et al. , 2019. Architecture of a digital twin for enabling digital services for battery systems [C] //Proceedings of the 2019 IEEE International Conference on Industrial Cyber Physical Systems (ICPS), Taipei, China. IEEE: 155 - 160.

OSTROM E, 2009. A general framework for analyzing sustainability of social - ecological system [J]. Science, 325 (419): 419 - 422.

SCHLUSE M, ROSSMANN J, 2016. From simulation to experimentable digital twins: simulation - based development and operation of complex technical systems [C] //Proceedings of the 2016 IEEE International Symposium on Systems Engineering (ISSE), Edinburgh, England. IEEE: 1 - 6.

SHOSEYOV O, LEVY I, 2008. Nanobiotechnology: Bioinspired devices and materials of the future [M]. New Jersey: Humana Press.

TANG X J, 2007. Towards meta - synthetic support to unstructured problem solving [J]. International Journal of Information Technological Decision Making, 6 (3): 491 - 508.

THOMPSON K, KADIYALA R, 2014. Leveraging big data to improve water system operations [J]. Procedia Engineering, 89: 467 - 472.

WANG F Y, 2010. Parallel control and management for intelligent transportationsystems: concepts, architectures, and applications [J]. IEEE Transactions on Intelligent Transportation Systems, 11 (3): 630 -638.

第3章 智慧流域智能感知技术体系

3.1 引言

当前我国在新老水问题相互交织、水安全形势日益严峻背景下，水利业务以防汛抗旱减灾、水资源合理配置和高效利用、水资源保护与河湖健康等建设为核心，迫切需要采集广谱、要素丰富、信息准确完整的水利监测新技术支撑，以及结构优化、灵活接入、安全可靠的泛在先进水利通信网络保障。构建水利全要素立体监测体系与技术成为需解决的关键问题之一。在《全国水利信息化发展十三五规划》中明确提出：将"建成天地一体的水利立体监测体系，支撑水环境水生态要素采集、供用水计量、大型工程/重点工程在线监管等应用"等作为新时期水利信息化建设的重要任务。

水利信息广泛存在于自然水循环、水利活动和其他涉水相关领域。同时，国民经济、社会生活乃至网络虚拟空间，亦蕴含着丰富的水利信息。立体监测的主要目的就是要通过不同位置、时相、精度、尺度的信息采集和传输，拓展监测的时空连续性，提高监测精度，全面获取水利信息。因此，水利立体监测技术涉及空-天-地联合方式、多元融合和汇聚模式、全要素精准获取方法等方面，既有对各种监测平台及技术的整合应用问题，也有各种通信网络融合问题，还需考虑对社会经济、公共网络空间资源的有效利用问题等。

现有水利参数获取方法是从单一系统来源的低分辨率数据处理方法的基础上发展而来，信息自动化处理程度不高，不能有效地快速处理不同观测平台源的多分辨率数据，无法快速应对突发性水安全事件。因此需要系统地构建流域空天地一体化对地观测的立体感知网，实现流域动态监测，加强区域水资源高效利用，促进地方经济健康快速发展，以满足水利信息观测能力与服务水平的国家重大需求。针对现有流域水利监测系统之间封闭、孤立和自治，各种传感器系统之间缺乏有效的管理、规划、调度和共享机制，不能对流域水利信息进行空天地协同观测，无法监测流域水循环要素间相互联系及动态变化过程。对于快速变化的水循环系统，只能监测到水利变化现象，而不能有效地分析变化事件的成因、进行真实性检验和预测变化趋势。水利空天地一体化耦合协同监测传感网是由各种异构传感器资源组成的流域协同观测系统，具有通过网络进行水事件的感知、协同观测、信息融合、数据同化、模型耦合、决策预警等能力。所有传感器系统动态整合，实现自主的、任务可定制的、动态适应并可重新配置的观测系统，有助于传感器资源广泛共享，促进观测-模型-决策支持系统的信息流通，是对地观测领域和水利研究领域的新思想（Suter，2005；Butler，2006；Balazinska et al.，2007；李德仁，2005）。

3.2　智慧流域智能感知对象

水系统是智慧流域的管控对象，也是流域综合管理的对象。水系统是以水循环为纽带的三大过程（物理过程、生物与生物地球化学过程和人文过程）构成的一个整体，而且内在地包含了这三大过程的联系及其之间的相互作用（夏军等，2018）。其基本概念如图3-1所示。

物理过程即传统的水循环物理过程，包括降水、蒸散发、下渗、径流、地貌、泥沙过程、水汽输送等。它包括地球陆地表面、海洋和大气中的水文过程。

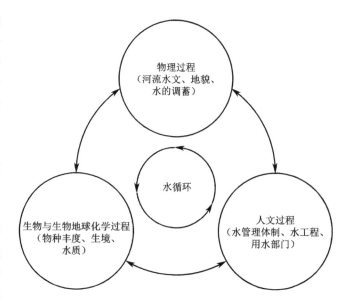

图3-1　水系统要素的关系及概念示意（转引自GWSP）

生物与生物地球化学过程则包括水生生物及其相关的生态系统和其生物多样性。这些生物也是水系统的地球化学作用过程中不可或缺的环节，而不仅仅是简单地受物理-化学系统的变化的影响，这当中也包括流域水系统和水质中的生物地球化学循环。

人文过程包括与水相关的组织结构、工程、用水部门等，人类社会不仅是水系统中的一环，其本身也是水系统内变化的重要媒介。人类社会在遭受到水资源可利用量的变化所带来的威胁的同时，也会采取不同的行动以减轻或适应这样的变化。

流域水系统在地球系统的非生物动力学中起着关键作用。水循环为地球系统中的各个过程提供了物质交换和能量转换的载体。例如，通过与碳循环及其他生物地球化学循环的耦合，水有助于调节二氧化碳及其他重要气体的释放及储存，维持陆地和水生生态系统的完整性和生物多样性。水文循环控制由大陆到海洋的水性物质的运输，云、雪覆盖和水汽的全球分布则调节地球的能量平衡。同时，流域水系统在人类社会中发挥着核心作用。随着水系统与经济、社会、技术等社会过程的联系愈加紧密，这些过程的"全球化"使得水系统的全球化更加凸显。比如一些大型国际组织所实施的与水相关的政策会直接影响全球范围内的取水、配水及调水，进而影响全球范围内的水文情势、污水排放、水体的生物地球化学作用及水生生态系统的完整性。

3.3　智慧流域智能感知体系构成

3.3.1　水系统天基感知

天基感知，即航天遥感和卫星导航定位。

航天遥感泛指以各种空间飞行器为平台的遥感技术系统，其以地球人造卫星为主体，包括载人飞船、航天飞机和空间站，有时也把各种行星探测器包括在内。其中，用于流域对地观测的航天器主要有气象卫星、地球资源卫星、海洋卫星、环境和灾害监测卫星、测绘卫星等。航天卫星的轨道高度通常可达 910km 左右，搭载的传感器工作谱段从可见光、红外、微波已发展到几乎覆盖无线电波甚至 γ 射线的整个谱段。

航天遥感可获取大范围大数据资料，获取信息量大。此外，由于卫星围绕地球运转，因此能及时获取所经地区的各种自然现象的最新资料，以及更新原有资料或根据新旧资料变化进行动态监测，这也是人工实地测量和航空摄影测量无法比拟的。另外，航天遥感获取信息受条件限制少，由于地球有较多自然条件极为恶劣、人类难以到达的地方，航天遥感可以不受地面条件限制，方便及时地获取各种资料。航天遥感获取信息的手段多，信息量大，航天遥感技术所搭载的传感器种类多样，能够利用不同波段对物体不同的穿透性获取地物外部甚至内部的信息，微波波段还可以全天候工作。

航天遥感在水利行业的灾害监测评估、水资源监测和保护、生态环境监测和水土保持、灌溉面积调查、河道与河口变化监测和治理、水利工程监测等方面得到应用。

在灾害监测评估方面：①对于洪涝灾害监测评估，基于遥感对地观测的能力，能够提取居民地、耕地、水体、铁路和公路、林地和草地、地面高程等土地利用和其他地面信息，遥感技术对防洪减灾的贡献可以也应该与时俱进地从确定受淹面积发展到灾情评估（李加林 等，2014）。特别是在灾前进行防洪调度决策时，如能对各种预案可能造成的损失和影响进行评估和比较，则对防洪减灾决策有重大意义（Li，1999）。通过遥感技术，可以提供孕灾环境信息，如范围、水深和受淹历时；能提供承灾体信息，如耕地、房屋、铁路公路、输电通信铁塔和线路、工业区等。再加上各种孕灾环境各种承灾体的损失系数（脆弱性分析）和叠加上行政边界，就可以进行灾情统计评估。②对旱情监测评估，由于干旱是以面体现的，墒情站网难以以点代面，再加密几倍也解决不了先天性缺陷，再加上建设和维护成本高，因此覆盖面广、成本低廉、处理速度快的旱情遥感监测很早就受到了广泛关注（易永红 等，2008），提出了很多利用不同数据源的模型。目前利用气象卫星和 MODIS 数据进行旱情监测，同时，主动、被动微波及两者的结合是未来发展的主要方向。③对涉水地质灾害监测评估，水利遥感在泥石流和滑坡等自然灾害的监测方面发挥了重要作用，为处置方案的决策提供了有力的依据。④对洪水预报预警，遥感在水文模型的流域边界确定、小流域划分、流域河网提取、土壤、植被、地形（坡度、坡向）、小水库和塘坝的分布、土壤含水量、不透水面积（杨可明 等，2014）、蒸散发等信息的提供方面直接或间接地发挥了很大作用。基于能量平衡和水量平衡相结合的流域降雨径流模型（Corbari et al.，2011）的发展主要是以遥感技术为基础的，为无资料流域，尤其是山丘区洪水预警预报提供了新的途径。

在水资源监测和保护方面：①对降水量预报，卫星遥感获取的降水资料在水资源量计算方面发挥明显的作用（王皓 等，2014）。最突出的是 TRMM（Tropical Rainfall Measuring Mission）卫星，它在降水量预报方面发挥的作用已被越来越多的人接受，尤其对于雨量站密度仍然较稀疏的边远山区是很好的补充。②对土壤含水量监测，提出了很多模型和方法，例如反射率法、植被指数法、地表温度法、温度-植被指数法、作物水分胁迫指数法、热惯量法和微波法等（吴黎 等，2014）。其中，主动微波与被动微波结合的方法其物理机制较强（吴莹 等，2013），在理清表层 5～10cm 土壤含水量与整个包气带或根系带的土壤剖面中的含水量的关系的基础上，能够更直接地解决实际工作的需求。利用 GPS 信号对土壤含水量反演也是一个发展方向（王一枫 等，2014）。③对蒸散发量遥感估算，遥感蒸散发模型主要分为经验模型、特征空间模型、单源模型、双源模型等四类（冯景泽 等，2012）。有代表性的单源模型有 SEBAL 模型、SEBS 模型和 S-SEBI 模型等；而第四类双源模型则有 S-W 模型和 N95 模型等。在水利系统中用得较多的是单源模型，在我国干旱和半干旱地区应用比较广泛。④对地表水体的监测，遥感在水体面积提取方面已经成熟，在地表水量的估算方面精度不高，但是在水库和湖泊的库容曲线的建立、修正和更新方面已有较长的历史。⑤对地下水的监测，重力恢复和气候实验（Gravity Recovery and Climate Experiment，GRACE）卫星带来了新的应用方向。基于时变序列可以反演得到陆地水储量变化值，特别是对于数百平方千米和更大空间尺度，可以反演到平均小于 1cm 的陆地水储量变化（Wahr et al.，1998）。在季节性时间尺度上，利用 GRACE 重力场的精度足以反演以月或周为最小时间单位、平均小于 1cm 的陆地水变化。结合全球陆面数据同化系统 GLDAS 数据，就可以估算出地下水储量的变化（吴黎 等，2014）。我国在长江、黄河、海河、黑河等流域的应用研究表明，利用 GRACE 卫星数据对地下水储量的变化、地下水年开采量进行估算是可行的（李纪人，2016），与传统方法（许昆 等，2004）的计算结果基本一致。⑥对水环境的监测，多光谱卫星遥感对浑浊度、电导率、悬浮质泥沙浓度和蓝藻水华等的监测有较高精度，其他水质参数遥感反演精度有待提高，但高光谱的发展为水质遥感监测打开了大门（Lee et al.，2004），其精度较高的水质参数有浑浊度、水温、色度、透明度、悬浮固体、油污染、电导率、叶绿素 a 等。氧平衡参数方面也有一些成果，但其反演模型现都是只适用于当时当地。水质遥感监测目前是国内外关注的前沿问题，需要不断进行深入研究。⑦对地表水体保护方面，遥感对于水域的乱侵、乱占等现象能够达到实时监管的程度。

在生态环境监测和水土保持方面：①对生态环境监测，遥感技术对植物（李成 等，2013）、温度、大气、水、土地等生态环境要素监测具有与生俱来的优势，水利遥感在这方面做的工作也很多，例如在 1999 年、2001 年和 2003 年对塔里木河应急调水后对该河大西海子水库以下干流河道及其两侧 10km 范围内的植被进行了连续监测，用植被覆盖度和绿度等指标定量地评估了调水的效果；在 2004 年对黄河河口地区进行了生态与环境质量评价、景观生态评价、基于生态足迹的评价和生态系统健康评价，并提出了评价指标与标准；此外还有对扎龙湿地输水后和黑河流域调水后生态的监测。②对水土保持监测，全国水利普查中水土保持调查中采用的技术路线都是以遥感调查为主，计算模型则从经验模型过渡到以美国通用方程为主的半经验模型，使遥感技术的作用发挥得更大（毛雨景 等，2013）。遥感的动态监测能提取覆盖范围很大区域内的各种变化信息，这是该技术的又一优势。每隔十年进行一次水土保持遥感普查能对我国水土流失治理规划、治理和保护效果的评估提供数据基础。此外，我国利用遥感技术进行石漠化监测也有很大进展，已在西南的贵州（李建存 等，2013）、广西等地大规模开展。

在灌溉面积调查方面，水利部在 1996 年完成了河南省有效灌溉面积和实际灌溉面积的调查，与统计资料相比，精度能达到 97%。在 2000 年前后又与法国地质矿产调查局合作对山东省进行了同样的调查，还结合地下水资源，提出了灌溉面积发展规划。这些工作（Li，1997）有一定的影响，促进国际水资源管理研究所进行了全球灌溉面积的调查。国外一些先进的灌区管理在遥感技术应用上更加广泛，利用遥感监测了灌区的土壤含水量和作物长势，以及土壤中钾、磷、氮的含量，从而确定需水量和需施肥的种类和数量，然后在滴灌的入口处将肥料融化在水中一起施加，为精细农业提供了有力保障。

在河道与河口变化监测和治理方面，河道与河口变化（谢凌峰 等，2015）的监测也是遥感技术在水利中应用较多的一个领域。河道水沙变化引起的河道冲淤变化、河道挖沙引起的河势变化，另外桥梁等跨河建筑物的增加等都会对河道行洪能力有较大影响，在有些国际河流上河道变化导致的中泓线的变化还会引起国土面积的变化。因此河道变化的遥感监测一直是水利遥感关注的问题之一。

在水利工程监测方面，卫星遥感可以应用在水利工程勘察设计、建设和运行阶段（刘峰 等，2017）。在设计勘察阶段，遥感图像能获取地貌、地质和水文信息，可用来地质填图，研究区域地质稳定性，调查水环境、生态环境、水土流失、滑坡泥石流和岩溶情况，辅助工程选址、协助移民安置。在工程建设阶段，遥感图像可以监测施工情况及工程对环境的影响。建设完成后，遥感图像还可以评估工程效益，评价其环境效应、监测其运行状态。

导航定位是通过终端设备实现导航卫星信号与其他定位相关的传感器信息的接收，进而反映人和物的运动轨迹变化。通过导航定位所获取到的位置信息，动态乃至实时地反映人、物的变化状态。导航定位的位置信息，通常伴随着其他类型的数据同时存在，表达某一时刻、某段时间或者某些环境下人和物的状态。在全球卫星导航定位方面，除我国的北斗导航系统之外，目前全球运行中的 GNSS 主要有美国的 GPS、俄罗斯的格洛纳斯全球卫星导航系统（Global Navigation Satellite System，GLONASS）、欧盟的伽利略定位系统（Galileo positioning system，Galileo）。四大导航卫星系统各有所长，其中，GPS 可以全球全天候定位，卫星较多且分布均匀，全球覆盖范围高达 98%，可满足军事用户连续精确定位，但相对于其他三大卫星系统来说，民用定位精度稍低；GLONASS 民用精度较高，且随着卫星数量的不断补充，能够达到全球覆盖和定位；北斗目前已全面完成组建工作并提供正式服务，其设计性能优于 GLONASS，与第三代 GPS 相当，能够为全球用户提供高精度、高可靠性的导航、定位和授时服务；Galileo 是世界上第一个基于民用的全球卫星导航定位系统，性能先进、功能更全。

3.3.2　水系统空基感知

空基感知，即航空遥感，是指从飞机、飞艇、气球等空中平台进行对地观测的遥感技术。常用的航空遥感平台高度一般分为低空（0.6～3km）、中空（3～10km）及高空

（10km以上）。航空遥感传感器包括航空摄影仪（相机）、摄像仪、扫描仪、散射辐射计、雷达等，摄取波谱包括可见光、红外、紫外、微波及多光谱等。航空遥感传感器一般采用可见光-近红外传感器，少数情况使用热红外传感器。习惯上通常所说的航空遥感也是指可见光-近红外的航空遥感。

航空遥感具有图像分辨率高、不受地面条件的限制、人为可控性强、调查周期短以及资料回收方便等特点，因此获得人们的青睐。飞机作为航空遥感平台，其机动性很强，人工可以控制飞行路线、飞行高度、飞行姿态、作业时间以及成像的其他参数。由于常用的航空遥感摄像高度一般在 1×10^4m 以内，成像立体角大，相对于卫星遥感影像，在传感器辐射能量敏感度相同的情况下，航空遥感影像的信噪比要高得多，影像的清晰度也高很多。

在水利航空遥感监测中，无人机遥感是常用的监测方式。无人机遥感是利用先进的无人驾驶飞行器技术、遥感传感器技术、遥测遥控技术、通信技术、POS 定位定姿技术、GPS 差分定位技术和遥感应用技术，具有自动化、智能化、专业化快速获取国土、资源、环境、事件等空间遥感信息，并进行实时处理、建模和分析的先进新兴航空遥感技术解决方案。无人机遥感系统即是一种以无人机遥感为平台，以各种成像与非成像传感器为主要载荷，飞行高度一般在几千米以内（军用可达 10km 之上），能够获取遥感影像、视频等数据的无人航空遥感与摄影测量系统，由于其具有结构简单、成本低、风险小、灵活机动、实时性强等独特优点，已成为卫星遥感、有人机遥感和地面遥感的有效补充，给遥感应用注入了新的血液（李新 等，2010）。

3.3.3　水系统地基感知

地基感知，即地面观测，是指利用固定地面平台或移动（如车辆、手提、船等）地面平台进行对地观测的感知技术。在水利地面观测方面，主要应用遥测和现代通信技术，实现江河流域降雨量、水位、流量、水质等数据的实时采集、报送和处理技术。流域中所采集的信息包括雨情信息、水情信息、工情信息、旱情信息、水质信息等。

目前采用的是物联网监测技术，主要通过的降水、风速、温度、蒸发量、水位（江河湖库、地下水）、流量、土壤墒情、供水、用水、水质、闸门开度、视频图像等各类传感器设备来实现感知数据的获取。通过物联网监测，实现了人与人、人与物、物与物之间的连接和交互。通常，物联网监测主要针对河流、湖泊、渠道、管道、水利工程、用水户等动态变化的空间信息和属性信息，通过固定设定在某些特定空间位置的监测站点或依附于某些监测对象之上的智能传感器，来捕捉获取动态变化监测的数据，然后通过一定时间段或空间区域的数据积累，来综合反映被监测对象的时空变化趋势。

3.3.4　水系统网基感知

随着互联网的快速发展，水利行业与互联网的结合越来越紧密。随着水利信息化与公共信息公开化进程的加快，大量的水利信息数据开始来源于互联网，各类自媒体、公开政务以及新闻报道等媒体信息是其重要的组成部分。这些数据往往来源广泛，时效性强。面对这些复杂的网络数据，如何合理地整合与利用，成为研究者关注的课题。

传统的水利信息数据收集与检索工作通常依靠人工完成。通过人工采集与整理的水利信息数据往往具有精度高，数据格式规整，可信程度高，但数据量小，来源单一，时效性差等特点。与此相对应，网络水利信息数据量大，来源广泛，时效性强，但数据格式复杂多变，收集和整理网络水利信息数据需要耗费大量的人力。因此，传统人工数据采集与整理方法不适用于网络水利信息。在大数据时代，搜索引擎在信息检索方面起着关键性的作用，为人们快速准确地提供所需要的信息。

网络信息的自动采集获取，目前公认的最有效的方式就是网络爬虫。其对论坛、新闻网站、博客、微博等多种网络信息源定制目标主题，并进行垂直、精准、持续有效的网络信息抓取。网络爬虫本质是一种可以分析和追踪网络超链接结构，并按照特定的策略持续进行资源发掘和收集的功能模块。网络爬虫技术是随着搜索引擎发展而伴随产生并普及的一种通用的信息采集技术，其最为成功且广泛的应用就是作为搜索引擎网络信息的前沿，负责完成网页信息的采集任务，为搜索引擎提供检索信息的数据来源。可以说，网络爬虫是搜索引擎信息的提供者，其信息采集的性能和策略将直接影响到搜索引擎提供的网页质量以及信息更新的时效性。网络爬虫核心就是网页获取、链接抽取、文本抽取，再向上即是权重分析、网页去重、更新策略，以及人工智能和分布式集群。一套完善的网络爬虫系统应该具备良好的框架结构、合适的网页获取技术、高度优化的代码以及易于配置和管理四个要素。

3.4　智慧流域智能感知体系优化

3.4.1　流域监测体系优化需求

流域信息数量和质量直接影响人类对流域资源环境的了解和掌握程度，是人类开发利用水资源、保护水环境、制定流域管理方案的主要决策依据。信息技术的迅速发展和治水应用需求的急剧膨胀，使流域信息的重要性越加突出。流域资源环境监测体系作为流域资源环境信息获取手段，国内外已建立了形式多样的流域资源环境监测系统，以保证对流域资源环境的有效监测和对水安全的高效保障。

建设智慧流域，有效开发、利用和保护流域资源环境，必须首先认识并掌握流域自身所具有的环境特点和变化规律。这就要求我们建立高效的流域资源环境监测体系，准确、可靠、及时地获取流域资源环境信息。

大规模流域资源环境监测体系建设和日趋频繁的治水活动对资源流域环境监测的高度依赖，亟须解决以下三个方面的流域资源环境监测体系优化问题。

3.4.1.1　监测体系规划

各种流域监测系统建成并投入使用，这些系统各自独立运行没有互联互通，由此形成了一个又一个的"烟囱"。一方面，造成了资源的极大浪费；另一方面，不利于流域资源环境管理。解决该问题的根本出路是：在国家层面，以及在各流域资源环境监测重点区域，开展流域资源环境监测体系顶层规划，统筹流域资源环境监测系统建设，实现不同系统之间的资源共享和信息共享，形成无缝连接的流域资源环境监测网络体系。

对于多个流域资源环境监测体系建设方案来说，需要采用科学方法和工具，以及尽可能低的时间和经济成本，研究分析最合适的建设方案，或对不同方案进行优化组合，既满足各方面各层次的需要，也能尽可能减少重复建设和资源浪费。

3.4.1.2 监测任务应对

针对特定任务对流域资源环境信息的需求，如果已有流域资源环境监测体系无法提供合适的流域资源环境信息。这就需要对已有流域资源环境监测体系进行优化完善。但是，如何完善该体系，在现有体系中加入什么类型、什么功能的流域资源环境监测设备就能满足需求，该监测设备部署在现有体系的什么位置最合适，这就要求采用科学手段对已有流域资源环境监测体系进行优化分析和验证，并付诸实施，以满足任务需要。

3.4.1.3 突发故障解决

流域资源环境监测体系突发故障表现为体系中监测设备故障或系统故障。在这种情况下，需要采用科学手段，尽可能快地找出最小成本情况下、可行的最佳解决方案，并将方案作为解决流域资源环境监测体系突发故障的实施依据。

3.4.2 体系优化概念和主要方法

流域环境监测体系优化，也可称之为流域资源环境监测装备体系优化。流域资源环境监测装备体系优化属于装备体系优化范畴。装备体系优化是充分发挥装备体系效能、提高装备体系业务能力的重要途径。

3.4.2.1 体系优化概念

李英华等（2004）认为，装备体系优化的核心思想是比较和选择。将装备体系优化分为体系结构优化和面向任务的优化配置两类。其中，体系结构优化立足体系宏观层面，针对体系组织结构，装备优化配置立足体系应用层面，针对具体任务。毛昭军等（2007）认为，装备体系优化是寻求装备体系在结构、比例、技术水平、数量、编配等方面达到整体最优的过程。李涛等（2008）指出，装备体系优化是一个复杂的多目标、多约束条件优化问题，装备体系优化主要满足四个方面的目标：①体系能力结构优化，用于满足各种任务需求。②体系组成结构优化，提供满足能力结构要求的合理装备组成。③体系规模结构优化，在一定能力需求和经费约束下，寻求体系中各类装备的合理数量和最优比例关系。④体系质量结构优化，给出合理的新老装备数量搭配比例。

3.4.2.2 体系优化方法

程贲等（2012）系统梳理了当前用于装备体系优化的七种方法，分别是：三层综合优化法、探索性方法、可执行模型法、仿真优化法、多层次多阶段方法、多目标协同优化方法和数学规划法。他们比较了上述方法的适用范围、选用模型的类型、模型关键要素及其优点和不足等。崔荣等（2007）针对复杂体系的三个发展阶段，提出了三类优化问题，通过研究体系结构、体系能力和体系效能之间的内在关系，给出了体系优化的思路，建立了以体系效能为优化目标的复杂体系优化模型。苏振东等（2020）将海洋环境监测系统按照功能划分为不同的模块，在线性规划融合的基础上引入熵方法，以成本和效能指标为主要对象，通过合理分配，在确保系统优化融合后监测能力不降低的同时，尽量减少建设成本。

3.4.3　流域监测体系优化方法

3.4.3.1　传统体系优化方法应用思路和特点

传统体系优化方法应用于流域监测体系优化，可以采用建模仿真、运筹分析等方法共同完成。对由多个系统组成的流域监测体系建设方案论证之初，首先采用任务-系统-能力矩阵方法，根据任务、系统和能力之间的对应关系，选择满足任务要求的多个子系统，这些子系统按照能力搭配进行组合，形成满足复杂任务要求的多个监测体系建设方案。然后采用多方案优选方法，建立体系效能评估标准；运行仿真模型、解析模型或综合评价模型，对各方案的效能、风险、费用等进行综合评估，从而选择出最优的体系建设方案。

面向特定任务，对已有流域监测体系进行优化以提升能力，可以采用仿真优化方法。建立体系仿真模型，然后根据事先设计的试验方案反复试验，通过观察体系输出来获得优化的体系方案。还可以采用探索性分析方法，探索各种不同监测体系结构参数组合变化对监测结果的影响，使决策者对监测体系结构变化的整体情况、对完成使命任务的影响有较为全面的认识，从而提高决策的适应性和灵活性。上述传统的体系优化方法需要建立体系网络和节点设备模型，依据模型运行结果进行分析。对于流域监测体系这类复杂的大系统来说，如果采用传统的体系优化方法，则势必导致建模工作量巨大，前期投入的人力和物力都非常多，且对人员综合素质要求较高，开展方案优化的论证人员需全面了解流域监测体系现有装备、技术发展、可能经费支撑、水安全保障任务目的等多方面情况。更重要的是，如果模型可信度不高，仿真运行偏差较大，则最终得到的所谓体系优化方案也没有太大意义。

3.4.3.2　基于平行系统的体系优化方法

分析流域监测体系这类复杂大系统是一项艰巨的工作。受时间、经费和认知能力等条件限制，研究人员难以基于上述传统的体系优化方法，建立大量高逼真度模型来描述流域监测体系，并进一步通过模型的运行实现对流域监测体系结构的优化分析。

针对上述问题，王飞跃（2004a、2004b、2004c、2006）提出了复杂系统建模与调控的平行系统理论，该理论的基本思路是将人工系统作为建模工具，以数据为驱动，采用计算实验方法进行分析评估，实现真实系统与人工系统之间的交互，对两者之间的行为进行对比和分析，完成对各自未来状况的"借鉴"和"预估"，相应地调节各自的管理与控制方式，达到方案优化的目的。

基于平行系统理论研究复杂系统时，所表现出的特点是：一方面，不必刻意追求人工系统与实际系统在模型上完全相同或高度逼真，只要求两者在规模、行为方式和系统特性等方面具有一致性，由此较好地解决了建立大量高逼真度模型的难题。另一方面，在平行系统运行过程中，人工系统的角色从被动到主动、运行方式从静态到动态、交互方式从离线到在线，相互关系从从属地位到相等地位，人工系统的作用得到充分发挥。平行系统理论和方法已经成功应用于石化、交通、能源等领域，用于解决复杂系统的管理控制和优化等问题（熊刚 等，2010、2012；宁滨 等，2010）。

平行系统理论和方法用于优化利于监测体系的思路是（苏振东 等，2018）：建立流域人工监测体系，与真实流域监测体系并行运行，形成流域平行监测体系，基于该平行监测体系平台，通过学习与训练、管理与控制、实验与评估等方法，实现两者的交互，最终完成对真实流域监测体系的优化。流域平行监测体系框架如图 3-2 所示。也就是说，人工流域监测体系与真实流域监测体系两者之间的交互运行，构成完整的流域平行监测体系。流域平行监测体系的运行实际上是人工流域监测体系和真实流域监测体系同时运行。这一运行过程是建立问题、分析判断问题、获得运行结果的过程。

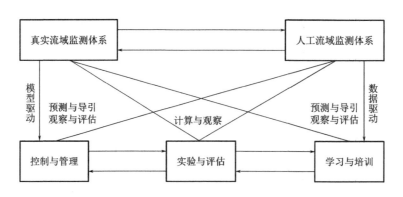

图 3-2　流域平行监测体系框架

3.4.4　流域平行监测体系运行

流域平行监测体系运行包括人工监测体系模型构建和可信度验证、计算实验和平行执行共三个方面。

3.4.4.1　模型构建

构建人工流域监测体系所需要的模型，不以和建模对象的高逼真度为唯一目的，因此，模型的应用不会受到高逼真度的要求，只要求真实体系和人工体系在功能和行为上的"等价"。流域人工监测体系模型包括以下五类。

（1）监测设备类模型。流域监测体系所使用的各种监测设备的模型。重点描述这些设备海洋环境的感知能力。

（2）体系结构模型。描述流域监测体系中各种设备和平台的连接配合方法、协同运用方法、相对位置、数量比例等关系。

（3）流域水系统模型。描述流域水系统的模型。包括对气象、水文、水环境、水工程等的描述。

（4）流域任务目标模型。描述流域水资源、水灾害、水环境、水生态、水工程等管理任务。

（5）数据规则库。上述四类建模对象的历史数据、监测体系运行规则和专家经验、专业知识等信息，统一存储在数据规则库中。

人工流域监测体系运行前，必须对其模型进行校正，以保证其与真实流域监测体系的等价性。许多方法可以实现标定和校正工作：采用真实流域监测体系运行数据，对人工流域监测体系不断修正和滚动优化，最终使人工体系与真实体系达到输入和输出的"等价"。

根据数据来源的不同，校正人工流域监测体系模型的方式有两种：一是人工流域监测体系离线学习真实流域监测体系已有的历史数据进行校正；二是选取正在运行的真实流域监测体系的数据，作为人工流域监测体系的输入，在线校正人工流域监测体系。在上述模型校正过程中，真实流域监测体系对人工流域监测体系起指导作用。

上述模型校正过程并不是针对某一个模型，而是从人工流域监测体系模型的"个体一致性"和子系统的"局部一致性"校验出发，逐步发展到对人工流域监测体系模型的"整体一致性"进行校验。即从各个基本模型组件校验开始，到对每个子系统结构合理性及功能进行验证，最终完成人工流域监测体系与真实流域监测体系整体结构和功能的"等价"校验。

3.4.4.2　计算实验

在人工流域监测体系与真实流域监测体系达到输入和输出的"等价"后，人工流域监测体系成为了一个可控实验平台，利用该实验平台，通过改变监测装备体系参数，设计各种各样的实验，多次重复该实验并以统计的方法对结果进行分析，实现对流域监测体系变化的定量研究。如流域监测体系在装备结构、比例、技术水平、数量、编配等方面的调整带来体系监测能力的变化；预测突发性监测装备体系变化对系统体系监测能力的干扰，以及评估对应的方案和措施。以此作为依据，确定最终的优化决策。

3.4.4.3　平行执行

针对方案优化，流域平行监测体系运行过程如图 3-3 所示。在流域平行监测体系运行过程中，人工流域监测体系等同于真实流域监测体系，真实流域体系中方案选取或优化改进都是建立在人工流域监测体系评估的基础上，以上一阶段的评估结果作为主要依据。找到真实流域监测体系优化方案，为监测体系建设提供决策依据，或为实际流域监测体系的调整优化提供参考依据。

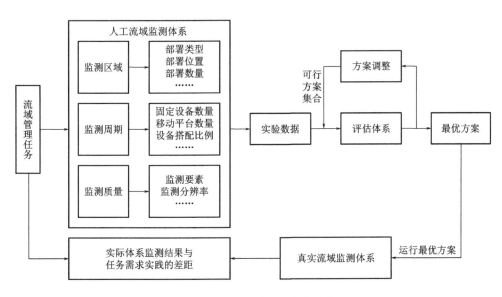

图 3-3　流域平行监测体系对方案的优化过程

3.4.5　流域平行监测体系优化应用

流域平行监测体系作为研究平台，能够完成流域监测体系优化的各种需求。

3.4.5.1 多系统顶层规划

决策机关需要对各级各部门上报的流域监测系统建设方案统筹优化。首先将各系统合并为一个未优化的流域监测体系,以流域平行监测体系为平台,对未优化的人工流域监测体系不断进行实验,在实验过程中观察数据情况并调整体系参数,如此反复,最终实现在不降低能力要求的情况下,逐步促使未优化的海洋环境监测体系实现整体最优,从而达到统筹规划多个海洋环境监测系统方案的目的。

3.4.5.2 应急任务下的体系调整

在应急任务中,在要求的时间窗口内,需要高密度高精度实时监测实施应急抢救任务所在区域的气象水文情况,并提供给应急抢救指挥部。这种情况要求对该区域的监测体系进行调整,以满足任务需要。

利用流域平行监测体系,管理人员可以实时在人工流域监测体系中实时推演该紧急情况下的体系优化调整措施,并根据结果分析,将验证后的优化调整措施应用到真实海洋环境监测体系中。

3.5 智能感知传感器资源描述模型方法

3.5.1 流域智能感知传感器资源分类

智慧流域的实现是建立在传感器资源观测应用之上。流域传感器资源种类繁多,原理各异,检测对象五花八门,为了更好地归纳、表达及共享传感器能力特征,首要任务是建立流域传感器分类,然而,流域传感器资源的分类目前尚无统一规定,国内外研究机构及教育机构通常将传感器按下列原则进行分类(胡楚丽,2013;胡楚丽 等,2014):①按能量的传递方式。②按被检测量。③按工作原理。④按传感器观测原理。⑤按用途。⑥按材质等。总之国内外没有统一的流域传感器分类标准。

从不同的角度出发,就会有不同的分类方式(胡楚丽,2013;胡楚丽 等,2014)。从所需实时监测的应用领域角度来看,流域传感器资源可以分为大气、水文、环保等种类;从观测测量标准角度可以分为遥感和现场类型,遥感传感器是非接触式、遥远地测量和记录被探测物体的电磁波特性的工具;现场传感器则是接触式测量目标所产生的地面振动波、声响、红外辐射、电磁或磁能的工具;从观测距离的不同,可以分为航空、航天和地面传感器,地面传感器测量在传感器周围区域的物质属性,而航天遥感传感器通过目标物体反射或辐射的射线来测量离传感器有一定距离的物质属性,航空传感器观测应用则比较灵活;从观测平台移动性角度,可以分为固定传感器和移动传感器。固定传感器如气象观测站中的风速、温度和湿度传感器;移动传感器如车载、船载、机载和星载传感器。

航天、航空及地面观测手段,一方面大大地增强了从微观到流域再到大尺度水循环的观测能力,另一方面使得"分布式"的地面观测成为可能。同时,各类传感器之间互相组网,优势互补,构成传感器 Web,可使传统的地面点观测变成面观测。

智慧化的流域管理是建立在广泛的传感器资源观测应用基础上的。不同传感器具有不同的观测原理、专属的信息编码与独特的能力属性等,同时它们数量巨大,不同领域、不同应用传感器系统呈现出封闭、孤立、自治的特点。总之,基于新兴传感网、物联网的异构传感器资源管理低效、使用不充分，导致流域管理决策时缺乏实时可靠的数据来源，阻碍了流域的智慧化进程。纵观现有的传感器信息交换标准，它们在设计思想、基本组件、编码方式与使用领域各有侧重点。但现有传感器资源描述模型无法实现传感器真正共享。

为了标准化定义传感器资源描述模型，需要引入元对象机制来建立传感器资源描述模型框架及其信息构件，分析传感器共享需求，建立传感器共享元模型，实现传感器资源描述模型的形式统一化和内容标准化（陈能成 等，2013）。

3.5.2 流域传感器资源描述元模型框架

国际标准组织提出了 ISO/IEC 19502：2005《信息技术-元对象机制（Meta Object Facility，MOF）》。MOF 元级框架采用一种统一的抽象语法与标准的分层元级结构，实现了传感器资源描述模型的建模概念、元素、结构和它们之间的关系的描述（陈能成 等，2015）。它是一种典型的四层建模结构，依次为 M3 层、M2 层、M1 层和 M0 层，每一层都是上一层的实例，同时又是下一层的抽象。基于 MOF 元级的传感器资源描述元模型框架分为四层：元元模型层、元模型层、模型层和现实世界层，如图 3-4 所示。

（1）元元模型层。该层为传感器资源描述元模型框架的顶层抽象，它基于 MOF 标准宏观全面地定义了整个元模型的结构集，定义了传感器资源元模型所涉及的概念，主要包括传感器资源元模型构建、传感器资源信息模型、传感器资源实例，它们的关系是层层细化，不同层次代表了传感器资源元模型的不同抽象级别，传感器资源信息结构是传感器资源元模型的模型框架，采用面向对象的思想，它是一种通用、抽象的用于定义面向对象元模型的抽象语言。在该 MOF 元元模型层，如表 3-1 所示，共包括六种元模型元素或建模概念，即类、包、关联、引用、聚合与数据类型，三种机制用来实现元模型的构建和重用：实例化（instantiation）、泛化（generalization）、嵌套（nesting）。

表 3-1   **MOF 元级框架中元建模概念与机制图形表达**

元建模概念与机制	表达方式	元建模概念与机制	表达方式
类		引用	A_1被引用于A_2 \<ReferencedIn\> $A_2 \rightarrow A_1$
包		聚合	A_1聚合于A_2
关联	A_1包含A_2 \<ContainedIn\> $A_2 \rightarrow A_1$	数据类型	
实例化		嵌套	
泛化			

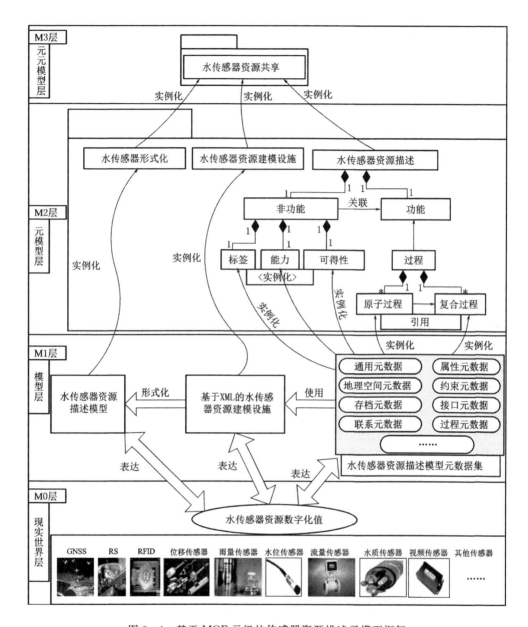

图 3-4 基于 MOF 元级的传感器资源描述元模型框架

（2）元模型层。该层可以定义为传感器资源信息共享元模型框架，它为 MOF 元元模型层的实例。MFS_SRI 共包含三个元模型：传感器形式化、建模设施、传感器资源描述。三个元模型所对应的类为 MOF 元元模型中类传感器资源共享的实例。传感器形式化元模型用于指导传感器资源形式化表达，建模设施元模型用于说明传感器资源描述模型的建模设施。传感器资源描述元模型是整个传感器资源共享元模型框架的核心，它包括功能元模块类，其中两者的关联关系为：后者可以被包含在前者中。非功能类由标签、能力、可得性三种不同类型的元数据类聚合组成；过程类继承自功能类，它包括原子过程类和复合过程类，其中两者的引用关系为组件类可以在系统类中得到引用。

（3）模型层。该层为元模型层的实例。基于上层 SensorResourceDescription 元模型中所定义的传感器资源描述框架、ModelingFacility 元模型所定义的建模设施 SensorFormalization 元模型所定义的传感器资源描述形式化表达，确定传感器资源描述模型构建的数据类型组成，包括通用元数据、属性元数据、地理空间元数据、约束元数据、存档元数据、时空参考元数据、联系元数据、接口元数据以及过程元数据等，通过使用基于 XML 标准编码的建模设施对上述数据类型的模型构件进行形式化表达，最终建立传感器资源模型。

（4）现实流域信息层。该层为现实流域中传感器对象实例层，是整个元模型框架的底层。实例可以是任意类型的流域传感器，每个实例都有自身的数据信息，这些信息只有通过一定的数据格式进行包装，以及通过某种形式的建模设施按照一定规则进行形式化表达，才能成为计算机可以识别且万维网环境下可共享的传感器资源描述模型。

3.5.3　流域传感器资源元数据模型构件

在目前的流域感知网环境下，有许多流域传感器资源没有被充分利用，原因是（陈能成等，2015）：①流域传感器资源通过专有的描述格式被分布式地部署，只被部署人员识别与利用。②在如应急响应等特定流域管理任务中，用于对于流域传感器规划与调度主要依赖于先验知识或被动的专家经验或不全面的知识库系统。因此，流域感知网传感器资源共享的目的包括（陈能成等，2015）：①流域传感器能主动更好地发现，即在所需的时空以及事件主题下，提供具有相应观测质量的所有合适流域传感器。②有助于流域多传感器资源集成与协同观测，即针对一些特定的、复杂的观测任务，往往单一的流域传感器不能很好地满足观测需求，如可能存在观测盲点、观测数据质量低下等，则需要结合不同观测能力的流域传感器进行增加或互补协同观测。

流域传感器发现的形式包括：流域传感器实例本身、流域传感器所属服务。流域传感器实例的发现是指用户搜索到了特定的传感器设备本身。流域传感器所属服务的发现指的是用户通过流域传感网服务（如流域传感器观测服务、流域传感器规划服务）的形式获取到流域传感器数据或服务信息。

流域传感器发现是传感器资源共享的基础，它更多侧重流域传感器设备本身的发现，而不是流域传感器之间的交互。通常针对特定的观测任务，涉及多种流域传感器进行互补或增强型协同观测，这样才能减少观测盲点，提高观测质量，因此，流域传感器资源共享要同时兼有流域传感器发现和流域传感器协同的功能模块。如图 3-5 所示，流域传感器资源描述元模型应分为非功能性和功能性两类，包括流域传感器通用标签、流域传感器能力特征、流域传感器可得性服务和流域传感器观测过程等元模型构件（陈能成等，2015）。

1. 流域传感器通用标签

流域传感器通用标签主要包括关键词、标识符和分类符等三个属性。

（1）关键词：是用户了解流域传感器资源的用语，往往由简短的词语组成，可以是任何用于表达流域传感器资源特性的名称。

（2）标识符：是用于表达流域传感器资源的所属内容（what）。它通过一个术语（term）表达，该术语有一个定义（definition）属性，用于说明标识符的内容，各个定义

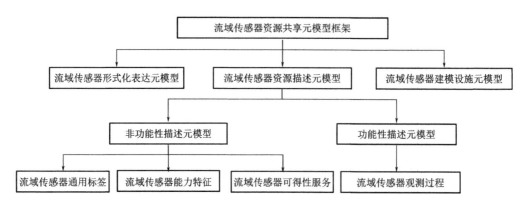

图3-5 流域传感器资源描述元模型构件层次与组成

都包含其对应的值（value）。标识符主要用于表达流域传感器和它所搭载平台的ID、名称、制造商与代号等内容。

（3）分类符（classifier）：是用于表达流域传感器资源的所属类别（type）。它提供了一系列可能的分类符，有助于流域传感器及其系统的快速发现。它的表达形式和标识符一样，其中的术语定义可能包括流域传感器类型、观测类型、处理类型、有目的的应用或任务ID。

2. 流域传感器能力特征

流域传感器按测量（measure）标准划分为遥感（remote sensing）传感器和原位（in-situ）传感器两种。这些流域传感器基本是由收集系统、探测系统、信息转化系统和记录系统四部分组成。也就是说，通常的流域传感器系统都包含观测感知、计算存储和通信传输的能力特征。除此之外，每个流域传感器系统都有一个所能工作的极限环境范围、能量维持状况和物理尺寸，因此，流域传感器的能力特征还应包括流域传感器系统物理特征。其中，观测感知能力是其核心，其他三个方面存在较大共性。

流域传感器能力特征作为流域传感器资源描述元模型构件之一，它是基于不同观测机理和观测对象的流域传感器在观测感知、计算存储、通信传输和物理特征方面归纳提炼出来的一套完备的指标体系，在此体系框架基础上进而扩展具体传感器的专有能力特征。

3. 流域传感器可得性服务

流域传感器可得性服务体现在以下三个方面：①流域传感器观测服务、流域传感器规划服务和流域传感器事件服务，即除了流域传感器设备本身信息的发现，用户可以通过标准的网络服务，实现流域传感器任务的规划与指派、流域传感器观测的获取和流域传感器相关过程事件的预警与定制等服务操作。②流域传感器的联系信息，如相关的负责单位或个人。③流域传感器的约束性，包括流域传感器观测的有效时间、合法性和使用级别等。

4. 流域传感器观测过程

流域传感器资源观测涉及一系列过程，包括观测前的流域传感器观测系统固有属性与特征描述过程、观测中的观测现象转换过程、观测后的数据处理过程。观测前的流域传感器观测系统固有属性与特征描述过程被建模成流域传感器资源元数据模型；然而观测中与观测后的过程都可以通过过程建模的方式，根据实际的过程目标，将该过程中要继续进行的活动、实现活动所需要的资源、每个活动所要求的输入信息、所产生的输出信息以及该过程转换所需要的处理过程方法组成一个完整的过程，称为功能性过程。功能性过程模型主要定义了流域传感器观测所涉及的过程和与之相关的处理方法。

流域传感器资源观测过程不但涉及一些纯数学的逻辑（非物理）处理过程，还涉及一些融入时空关系信息的物理过程，如移动导航定位、RFID 移动跟踪、视频内容解析等过程，它们涉及平台的时空坐标系及坐标系转换关系、观测几何、仪器空间位置和指向等物理信息。无论物理过程还是非物理过程，针对过程的本身特征，主要通过引用非功能的流域传感器资源描述信息构件来表达；根据过程的复杂程度，又可细分为原子过程与复合过程。各种过程描述都采用了标准的过程型元数据，主要定义了处理过程所涉及的行为与接口，具体描述过程流（如输入、输出、参数）、过程算法和过程方法。

过程模型包括两部分功能：①通过过程模型对于流域传感器观测过程的描述，有利于其过程的发现，用户可以实现流域传感器观测过程的共享。②允许通过过程引擎来实现流域传感器观测过程的处理转换，实现不同的物理与非物理过程处理执行，为判定流域多传感器集成与协同观测奠定基础。

静态的信息构件描述是流域传感器资源非功能性元模型的实现，过程模型则是流域传感器资源及其观测功能性元模型的实现，两者共同组成了流域传感器资源描述元模型。静态的信息构件主要表达了流域传感器资源及其观测系统固有的属性信息与特征，如流域传感器及其观测平台的基本标识信息，流域传感器的观测能力、几何、质量信息以及要实现流域传感器可得性的一些操作等。综上所述，这些静态构件描述信息不参与流域传感器观测过程的处理实现，但是通过在功能性过程中引用这些信息构件，如引用观测处理过程的物理信息，则可以有助于理解该过程的时空坐标系和几何参数、接口说明等，让用户增进对流域传感器资源观测处理过程的情境感知，从而大大增加流域传感器相关观测过程的可知性与可用性。

过程主要描述了流域传感器观测过程中所涉及的处理流和复杂过程的逻辑，如处理输入、输出、参数信息，以及处理过程中所使用的处理方法与处理算法，还包括简单过程与复杂过程的组合与引用等逻辑关系，这些描述信息构成了流域传感器观测过程的基本组件，是整个处理过程实现的关键。

总之，流域传感器资源描述静态信息构件既可以独立于流域传感器资源过程，也可以包含于流域传感器过程描述模型中，将两者组合起来并通过一种标准化的形式化表达，即可建立流域传感器资源描述模型，然后基于该标准描述模型，经过统一、标准的注册与发现，从而为流域传感器资源及其相关的观测过程共享奠定基础。

3.5.4　流域传感器资源共享元数据模型

3.5.4.1　流域传感器资源共享元数据模型框架

根据流域传感器的资源描述元模型构件组成可知，流域传感器资源共享元数据模型表达框架包括（陈能成 等，2015）：通用（general）、约束（constraint）、属性（property）、联系（contact）、存档（archive）、地理位置（geo‐position）、接口（interface）以及过程（process）元数据，即八元组。

通用型元数据主要有流域传感器分类与标识信息。约束型元数据主要有流域传感器观测的有效时间、流域传感器共享级别与合法性等。属性元数据主要有流域传感器固有特征和观测、通信、计算能力等。联系型元数据主要有流域传感器负责单位或个人、流域传感器在线引用等。存档型元数据主要有流域传感器或流域传感器数据服务发布时间、流域传感器在线文档链接等。地理位置元数据主要有流域传感器及其搭载平台所在时空坐标系、流域传感器观测系统的动态或静态空间观测位置。接口型元数据主要是流域传感器可得性服务，如流域传感器规划服务与流域传感器观测服务。过程型元数据主要有流域传感器观测数据所涉及的处理，包括输入、输出、参数和处理方法等。

整个流域传感器资源共享元数据模型主要采用描述型、结构型和管理型等元数据类型进行表达。其中描述型元数据用于描述一个流域传感器资源的内容及其与其他资源的关系的元数据。总体说来，可以认为元数据是描述型的，但其中直接描述资源对象固有属性的一些元素，常被称为描述型元数据。例如，流域传感器资源的名称、主题、类型等。结构型元数据用于定义一个复杂的流域传感器资源对象的内部物理结构，以利于导航、信息检索和显示。例如，描述各个流域传感器描述构件是如何组织到一起的元素。管理型元数据是以管理资源对象为目的的属性元素，通常称为管理型元数据，包括资源对象的显示、注解、使用、长期管理等方面的内容，例如，流域传感器资源所有权权限的管理、流域传感器观测的有效时间、流域传感器观测资源获取与规划的服务方式、流域传感器使用或获取方面的权限管理等。

3.5.4.2　流域传感器共享元数据框架扩展方法

流域传感器共享元数据的架构参照地学元数据的构架，将从元数据的作用上分为目录信息和详细信息两个层次（陈能成 等，2015）。目录信息主要用于对数据集信息的宏观描述，它适合在更宏观的级别管理和查询元数据时使用，适用于数据集的编目，它只需要全局地回答，如流域传感器基本标签、流域传感器能力特征和流域传感器及其服务是否可得等基本问题，可被称为顶层核心元数据。详细信息用来详细或全面地描述元数据集内容，是对流域传感器最大化通用描述信息，被称为流域传感器全集元数据。

流域传感器共享元数据方案是基于目录信息和详细信息两个层次来产生不同类型流域传感器专用元数据标准。通过核心元数据标准、全集元数据标准和专用元数据标注三者的关系来建立扩展模型（陈能成 等，2015）。考虑到现有流域传感器的多样性和元数据标准的广泛性，流域传感器元数据的组织框架被设计为四大层面。第一层为流域传感器核心元数据，即顶层核心元数据；第二层为按流域传感器类型分类的模式核心元数据，如原位和遥感流域传感器模式核心元数据，该层是在第一层基础上的扩展；第三层为第二层的扩展；同样第四层是第三层的扩展，它是按照流域传感器工作原理分类的流域传感器专用元数据。基于上述扩展方法，不同类型流域传感器专用元数据变化可以在相应的模式之下完成。当需要扩展或修改一个模式时（如气象流域传感器专用元数据结构），只需要更改它本身的模式即可，不会影响到其他模式。

遵循前面所定义的流域传感器资源描述信息构件、流域传感器元数据扩展模式和方法，构建流域传感器共享元数据标准框架。

3.5.4.3　流域传感器共享全集元数据项设计

陈能成等（2015）借鉴地理空间元数据设计与发展的方法而设计的城市传感器共享元数据集的方法，并利用 UML 类图展示传感器共享元数据框架。流域传感器共享元数据集的设计可以参考该方法。首先，分析流域感知网传感器资源共享需求；其次，结合现有相关的元数据，通过彼此间的对比，重用这些元数据标准，并根据特定的传感器共享需求进行元数据扩展，从而可以制定一套最大化符合流域感知网传感器共享的全集元数据，包括传感器共享全集元数据的所属方面、所属元组、所属复合类型、所属基本类型、全集数据项中文名称、英文名称、概要简介、约束/条件（M 为必选，O 为可选）、最大出现次数以及数据类型等方面。对于特定类型的传感器专用元数据，可以通过元数据架构模式与方法进行扩展。

3.5.5 流域传感器资源描述模型

上文所述的流域传感器资源共享八元组元数据模型，确定了流域传感器资源描述模型中所应描述流域传感器的内容。流域传感器资源描述模型是连通用户与流域传感器资源实例的中间"桥梁"，该描述模型的内核是流域传感器资源共享八元组元数据模型，它是将八元组元数据集形式化表达的结果，主要应用流域传感器建模语言（SensorML）和传感网通用数据模型（SWE Common Data Model）编码，具体流程为：①八元组元数据模型通过采用 SWE 通用数据模型进行封装和编码。②对于封装好的元数据模型，则通过 SensorML 标准描述框架进行形式化表达。基于该描述模型，编制其元数据搜索引擎，用户可以精确地发现并共享到这些流域传感器资源。

SWE 通用数据模型是 OGC SWE 框架下的信息模型之一，它是一种底层的数据模型，通过提供统一的、可互操作的方式来定义任意数据字段和数据集合，它支持各种各样的数据类型，例如数量、个数、布尔、类别、时间以及集合类型（如数据记录、阵列、矢量和矩阵）。因此，它可以描述流域传感器资源中几乎所有的元数据属性以及输入输出参数。

SensorML 同样作为 OGC SWE 框架下的信息模型，它基于 XML 模式编码，其框架要素包括 {keywords，identification，classification，validTime，securityConstraint，legalConstraint，characteristics，capabilities，contact，documentations，history，outputs，parameters，method}，它提供一个灵活而宽泛的统一化流域传感器及其观测过程的描述框架，用于描述流域传感器本身、观测系统和处理过程，消除了异构流域传感器观测描述的差异性，实现了不同流域传感器观测系统标准化描述。它的优点表现为：①发展于 OGC SWE 标准体系之下，公众使用度与认可度高。②支持任何类型的流域传感器描述信息，允许在 SensorML 信息模型框架中引入任何数据模型或外部资源，表达所要描述的信息。③所用于描述的流域传感器模型，支持流域传感器和观测系统的发现。④支持基于万维网的标准服务，如 SPS、SOS 和 SES，从而促进流域传感器在 Web 环境下的互操作服务。

通过 SWE 通用模型编码的元数据项与 SensorML 框架要素的映射关系，完成嵌套共享元数据的流域传感器资源描述模型。

3.6 智能感知传感器服务技术

在智慧流域感知网建设过程中，异构海量流域传感器的部署接入是第一步，其次是建立标准化共享的流域传感器服务。国际标准化组织 OGC 的 SWE 组发布了致力于提高流域传感器等设备服务标准化的一系列标准服务接口规范，如 SOS、SPS、SES。

3.6.1　流域传感器共享服务流程

主要提供一个智慧流域传感器共享的资源描述模型，如图 3-6 所示。它提供流域传感器资源及其观测系统的描述，由此支持流域传感器资源及其观测的发现，同时提供实时观测数据获取的标准接口，促进流域传感器观测广泛共享。结合前面设计的流域传感器资源描述模型，结合 OGC 发布的标准传感网服务规范，采用网络注册服务技术，形成以 SOS 为核心、以 SPS 和 SES 为扩展的流域传感器感知服务体系。

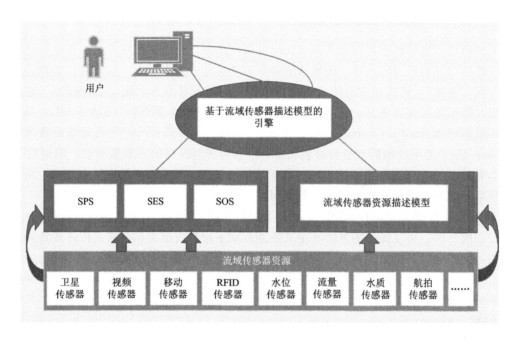

图 3-6　传感器资源描述模型框架

智慧流域传感器观测服务流程如图 3-7 所示，先通过前文的流域传感器元模型对流域传感器信息进行表达，并注册到 SOS；再通过观测与测量规范（O&M）实时地对最新的观测数据进行统一编码，发送到 SOS 进行存储；最后，用户可以通过目录服务接口，发送搜索请求，然后目录服务响应出一个能满足搜索需求的 SOS 服务列表。最终，用户绑定到 SOS，并取回观测与测量（O&M）格式统一编码的传感器观测数据。

智慧流域传感器规划-观测服务流程，如图 3-8 所示，是在流域传感器观测服务流程的基础上，通过 SPS 对要指派的流域传感器按需进行任务定制，当流域传感器观测到符合需求的场景时，流域传感器将观测数据存储到数据库，并链接到 SOS；同时 SPS 通过 WNS 通知用户数据已经可进行获取，进而能够即时响应任务请求，结合 WNS 实现异步通信机制。

智慧流域传感器规划-观测-警告服务流程，是在流域传感器规划-观测服务流程的基础上，用户通过预订 SES，接收合适的 SES 信息，如图 3-9 所示。其中流域传感器观测结果发送到 SES，SES 根据阈值对数据进行过滤，当过滤的数据符合用户需求时，以预警的形式通过 WNS 将结果传递给用户。

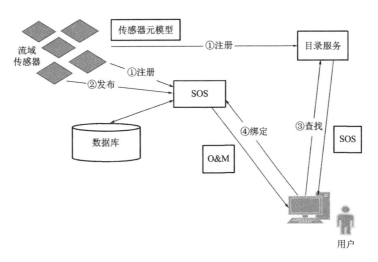

图 3-7　智慧流域传感器观测服务流程

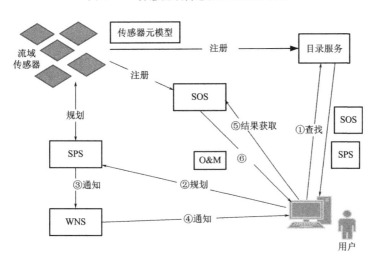

图 3-8　智慧流域传感器规划-观测服务流程

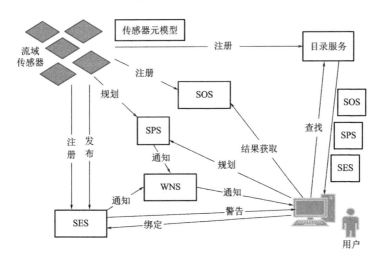

图 3-9　智慧流域传感器规划-观测-警告服务流程

通过以上三种感知服务流程可以实现海量异构流域传感器集成管理、观测数据广泛共享，并能根据需求提供个性化的数据规划与事件告警服务。

3.6.2 流域传感器共享服务接口与操作

随着流域的发展，大量的流域传感器用于流域的感知，流域感知已进入了多平台、多流域传感器和多角度观测的发展阶段。当前流域传感器种类繁多，既包括简单水位、雨量流域传感器等基本原位流域传感器，也包括视频流域传感器、导航定位流域传感器、RFID等复杂流域传感器，这些流域传感器结构各异，描述信息和格式千差万别，由这些流域传感器产生的观测数据异质，数量庞大，目前尚缺乏一种可以保证流域传感器元数据和观测数据互操作的管理方式。观测数据服务接口的目的在于提供一种标准的流域传感器观测数据和流域传感器描述信息的服务接口，用于管理和检索来自异质流域传感器或流域传感器系统的元数据和观测数据。

通过这个服务接口，流域传感器拥有者可以以一种标准且互操作的方式进行单一或多个流域传感器注册，流域传感器、流域传感器平台或流域传感器系统的描述信息发布以及流域传感器观测数据的上传和共享等操作；流域传感器数据使用者则能够高效地访问流域传感器或流域传感器系统描述信息，并过滤、发现、请求和获取自身所需要的观测数据。在使用该标准时，需要使用流域传感器共享元数据标准和陈能成提出的观测数据元数据标准对流域传感器元数据和流域传感器观测数据进行编码。

该服务接口主要适用于流域传感器描述信息的发布、查询和管理以及流域传感器观测数据的访问、共享和互操作等，具体适用范围如图3-10所示。

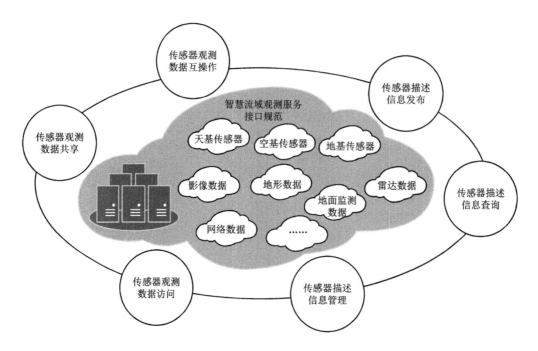

图3-10　智慧流域综合管理传感器服务适用范围

　　智慧流域环境下流域传感器观测服务是一种开放的接口，该标准是客户端与观测数据存储仓库交互的中间代理。该标准定义了一个网络服务接口，该接口允许流域传感器观测数据、流域传感器元数据的查询和观测属性的表征。而且，该标准定义了注册新流域传感器、删除现存流域传感器以及查询新的流域传感器观测数据的方法。标准包括核心操作（GetCapabilities、DescribeSensor 和 GetObservation）、事务操作（InsertSensor、DeleteSensor 和 InsertObservation）、高级操作（GetFeatureOfInterest 和 GetObservationById）和面向结果的操作（GetResult、InsertResultTemplate、InsertResult 和 GetResultTemplate）。其中，只有三个核心操作作为必选操作，其余均为可选操作。标准元素的组织结构见表 3 - 2。

表 3 - 2　　　　　　智慧流域传感器观测服务接口元素组成（陈能成 等，2015）

标准名称	操作类型	操作名称	操作功能简介	是否为必选操作
智慧流域传感器观测服务接口标准	核心操作	GetCapabilities	用于访问 SOS 服务器中可用操作的元数据和详细信息	是
		DescribeSensor	用于查询 SOS 服务器中可用传感器和传感器系统的元数据信息	是
		GetObservation	用于通过时间、空间和主题等过滤条件访问传感器观测数据	是
	事务操作	InsertSensor	用于向 SOS 注册新的传感器	否
		DeleteSensor	用于删除已注册传感器和与之相关的观测数据	否
		InsertObservation	用于向 SOS 服务器插入传感器观测数据	否
	高级操作	GetObservationById	用于通过观测 ID 访问传感器观测数据	否
		GetFeatureOfInterest	用于获取 SOS 所提供观测的感兴趣要素	否
	面向结果的操作	GetResult	用于在观测元数据和结构信息未知的情况下访问观测结果	否
		InsertResultTemplate	用于观测模板的插入，其中包括观测元数据和结果的结构信息。该操作是后面观测结果插入的前提	否
		InsertResult	用于将观测结果插入 SOS 服务器，插入之前服务器中需要首先存在观测元数据模板	否
		GetResultTemplate	用于访问包含结果结构的模板，以便 GetResult 操作响应结果的返回	否

3.7　智能感知传感器管理与服务系统设计

　　基于前面提出的流域传感器资源描述模型，流域传感器服务流程，流域传感器资源建模、注册、发现与可视化方法，构建智慧流域传感器共享管理平台。

3.7.1 流域传感器管理共享系统总体框架

流域传感器共享管理平台的主要目的是管理流域中可以利用的流域传感器资源，使得用户全面、方便与准确地规划到可用的流域传感器。流域传感器共享管理平台具有互操作性、扩展性、可重用性和相互连通等特点。为了实现流域感知网流域传感器资源的共享管理，本节共享管理平台框架集流域传感器建模、注册、关联发现与可视化于一体。如图 3-11 所示，在流域传感器共享管理平台总体框架中，核心是流域传感器目录服务中心，基础是流域传感器资源建模，关键是事件到流域传感器的关联方法，而流域传感器可视化则是流域传感器共享管理的必要呈现途径。

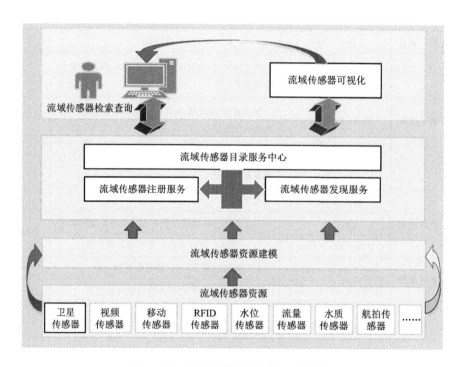

图 3-11　流域传感器共享管理总体框架

流域传感器资源建模的输入为现实世界中流域观测流域传感器，输出为标准统一的流域传感器信息描述模型；流域传感器目录服务中心有两层功能，包括流域传感器注册与流域传感器发现，来自于流域传感器资源建模的流域传感器信息描述模型是流域传感器注册的输入，按照特定的注册方法，实现流域传感器资源的标准网络注册；流域传感器发现则是以流域传感器信息描述模型库为数据库，通过特定的流域传感器发现接口，流域传感器查询者可以实现流域传感器的精准、全面关联；流域传感器可视化则是对整个共享管理的直观展现。

3.7.2 流域传感器管理共享系统功能设计

如图 3-11 所示，智慧流域传感器共享管理平台分为四大模块：传感器资源建模、传感器注册服务、传感器发现服务和传感器可视化。整个平台中各个模块功能明确，且具有一定的独立性，因此，各个模块都可以独立设计和修改，若把其中一个模块增加到系统中或从系统中删除，这只会导致整个平台增加或减少该模块具有的功能，而对其他模块影响较小。但是，这些模块间要保留便于对外连接的接口。总之，要保持整个平台较好的可维护性和可修改性。

1. 流域传感器资源建模模块

流域传感器资源建模模块的功能是供流域传感器资源建模者构建和相应的流域传感器资源描述模型，其主要包括四个子模块：流域传感器分类树建模引导、元数据模板选择、模板组合和基于 SensorML 的形式化表达。

流域传感器分类树引导子模块的功能是让流域传感器建模者可以按需指定流域传感器元数据模板，即建模者只需在流域传感器分类树上选择要建模的流域传感器，开启建模步骤，然后根据向导式进行建模即可。

元数据模板选择子模块的功能是让用户根据模板进行元数据值的键入。该部分对于建模者是透明的，即建模者无需具有先验知识或专业建模知识，元数据模板选择本身已经被封装到向导式建模方法中。

元数据模板组合子模块的功能是让用户组合不同方面的流域传感器信息，如流域传感器通用元数据为模板一、流域传感器能力元数据为模板二等。该模块则按照向导式建模完成各个模块的组合。

模板形式化表达子模块的功能是将各模板用 OGC SensorML 作为描述载体进行表达。上述模板侧重的是流域传感器元数据要素的确定与底层表达，而经过 SensorML 描述的元数据模板称为嵌套元数据的流域传感器资源描述模型，可用于后续标准的注册与发现。

2. 流域传感器注册服务模块

Sensor CSW 的注册模块功能是注册来自 Sensor Modeling 的流域传感器资源描述模型，其主要包括四个子模块：注册信息扩展、注册信息模型映射、注册对象的插入/更新/删除与注册结果返回。

注册信息模型扩展子模块的功能是对 OGC/CSW 的信息模型 ebRIM 的按需扩展，使之能够应用于流域传感器资源的注册。注册信息模型扩展是整个流域传感器注册过程的预处理，它发生在自 Sensor Modeling 的流域传感器资源描述模型之前。

注册信息模型映射子模块的功能是将 Sensor CSW 所接收的流域传感器资源描述模型转换为上一步扩展出来的注册信息模型。

注册对象的插入/更新/删除子模块的功能是将已转换为基于 ebRIM 表达的注册西悉尼模型通过 OGC/CSW 的事务（transaction）操作，将其插入/更新/删除记录保存到 Sensor 存储中心（如 CSW 所对应的是 PostgreSQL 数据库）。

注册结果返回子模块的功能是将注册成功与否的结果封装成 OGC/CSW 特定的响应模式反馈出来。

3. 流域传感器发现服务模块

Sensor CSW 的发现模块是查询 GenSensor 中心的流域传感器资源，其主要包括三个子模块：查询语言转换、底层数据库查询和查询结果转换。

查询语言转换子模块的功能是将流域传感器查询者所构建的查询语言请求转换为 CSW 底层数据库支持的查询语言。其中 Sensor CSW 使用的是 PostgreSQL 数据库的管理和维护，它遵循通用的 SQL 查询语句。

底层数据库查询子模块的功能是直接与数据库交互，即从数据库中查询出满足给定查询条件的流域传感器记录。

查询结果转换子模块负责接收返回的记录信息，Sensor 的查询结果转换模块的功能是将 PostgreSQL 数据库返回的信息按照 Sensor 自定义的 SensorGranule 元数据模型进行转换，然后再将转换后的记录文档返回给流域传感器发现客户端。

4. 流域传感器可视化模块

流域传感器可视化模块的功能是将从 GenSensor 存储中心查询出来的流域传感器资源进行可视化，其主要包括两个子模块：时空观测能力仿真和其他观测能力表单提取。

时空观测能力仿真子模块的功能是将流域传感器的动态观测范围进行实时仿真，包括原位流域传感器的定位与遥感流域传感器的动态轨迹。

其他观测能力表单提取子模块的功能是将除动态的时空观测能力之外的能力特征（如流域传感器管理者、流域传感器潜在应用、空间分辨率、相关的辐射精度、流域传感器观测服务等）进行表单式展现。

3.8 本章小结

本章通过对智慧流域感知对象的分析，提出了"天-空-地-网"四维立体感知体系，研究了智慧流域传感器建模方法和传感器服务技术，结论如下：

（1）水系统是流域综合管理的对象，也是智慧流域感知的对象，包括物理过程、生物与生物地球化学过程和人文过程。智能感知体系由天基、空基、地基和网基感知组成。

（2）研究了智慧流域智能感知传感器资源描述模型方法，包括智慧流域传感器资源分类、智慧流域传感器资源描述元模型框架、智慧流域传感器资源元数据模型构件、智慧流域传感器资源共享八元组模型、智慧流域传感器资源描述模型。

（3）研究了智慧流域智能感知传感器服务技术。设计了智慧流域传感器共享服务流程，它提供了智慧流域传感器资源描述模型，对传感器资源及其观测系统的描述，由此支持传感器资源及其观测的发现，同时提供实时观测数据获取的标准接口，促进传感器观测广泛共享。研究了智慧流域传感器共享服务接口与操作，提供了一种标准的传感器观测数据和传感器描述信息的服务接口，用于管理和检索来自异质传感器或传感器系统的元数据和观测数据。

（4）设计了智慧流域智能感知传感器管理与服务系统。设计了集传感器建模、注册、关联发现与可视化于一体的智慧流域传感器共享管理平台的总体框架，其核心是传感器目录服务中心，基础是传感器资源建模，关键是事件到传感器的关联方法，而流域传感器可视化则是传感器共享管理的必要呈现途径。智慧流域传感器共享管理平台分为四大模块：传感器资源建模、传感器注册服务、传感器发现服务、传感器可视化。

参考文献

崔荣，常显奇，2007. 基于不确定性理论的复杂体系优化方法研究 [J]. 计算机仿真，24（5）：165-168.

陈能成，陈泽强，何杰，等，2013. 对地观测传感网信息服务的模型与方法 [M]. 武汉：武汉大学出版社.

陈能成，王伟，王超，等，2015. 智慧城市综合管理 [M]. 北京：科学出版社.

程贲，鲁延京，周宇，2012. 武器装备体系优化方法研究进展 [J]. 系统工程与电子技术，34（1）：85 - 90.

冯景泽，王忠静，2012. 遥感蒸散发模型研究进展综述 [J]. 水利学报，43（8）：914 - 924.

胡楚丽，2013. 对地观测网传感器资源共享管理模型与方法研究 [D]. 武汉：武汉大学.

胡楚丽，陈能成，关庆锋，等，2014. 面向智慧城市应急响应的异构传感器集成共享方法 [J]. 计算机研究与发展，51（2）：260 - 277.

李德仁，2005. 论广义空间信息网格和狭义空间信息网格 [J]. 遥感学报，9（5）：513 - 520.

李成，陈仁喜，王秋燕，2013. 改进的基于视觉认知特征的植被识别方法 [J]. 国土资源遥感，25（2）：75 - 80.

李纪人，2016. 与时俱进的水利遥感 [J]. 水利学报，47（3）：436 - 442.

李加林，曹罗丹，浦瑞良，2014. 洪涝灾害遥感监测评估研究综述 [J]. 水利学报，45（3）：253 - 260.

李建存，涂杰楠，童立强，等，2013. 贵州岩溶石漠化20年演变特征与影响因素分析 [J]. 国土资源遥感，25（4）：133 - 137.

李涛，杨秀月，郭齐胜，2008. 基于探索性计算实验的信息化武器装备体系优化 [J]. 装甲兵工程学院学报，22（1）：1 - 5.

李新，程国栋，马明国，等，2010. 数字黑河的思考与实践4：流域观测系统 [J]. 地球科学进展，25（8）：866 - 876.

李英华，申之明，李伟，2004. 武器装备体系研究的方法论 [J]. 军事运筹与系统工程，18（1）：17 - 20.

刘峰，李大宏，黄张裕，等，2017. 面向智慧流域的"陆水空天"安全监测数据获取技术研究 [J]. 四川水力发电，36（1）：13 - 17.

毛雨景，赵志芳，吴文春，等，2013. 云南省水蚀荒漠化遥感调查及成因分析 [J]. 国土资源遥感，25（1）：123 - 129.

毛昭军，蔡业泉，李云芝，2007. 武器装备体系优化方法研究 [J]. 装备学院学报，18（2）：9 - 13.

宁滨，王飞跃，董海荣，等，2010. 基于ACP方法的城市轨道交通平行系统体系研究 [J]. 交通运输系统工程与信息，10（6）：22 - 28.

苏振东，杨瑞平，王飞跃，2018. 海洋环境平行监测体系架构及应用 [J]. 指挥与控制学报，4（1）：32 - 36.

苏振东，杨瑞平，王飞跃，2020. 海洋环境监测平行系统优化融合 [J]. 国防科技大学学报，42（1）：170 - 175.

王飞跃，2004a. 平行系统方法与复杂系统的管理和控制 [J]. 控制与决策，19（5）：485 - 489.

王飞跃，2004b. 关于复杂系统研究的计算理论与方法 [J]. 中国基础科学，41（6）：3 - 10.

王飞跃，2004c. 人工社会、计算实验、平行系统——关于复杂社会经济系统计算研究的讨论 [J]. 复杂系统与复杂性科学，1（4）：25 - 35.

王飞跃，2006. 关于复杂系统的建模、分析、控制和管理 [J]. 复杂系统与复杂性科学，3（2）：27 - 34.

王皓，罗静，叶金印，等，2014. CMORPH融合降水产品与地面观测雨量资料估算——淮河流域面雨量对比分析 [J]. 河海大学学报（自然科学版），42（3）：189 - 194.

王一枫，何秀凤，季摇君，2014. 利用GPS信号信噪比反演土壤湿度变化 [J]. 河海大学学报，45（1）：62 - 66.

吴黎，张有智，解文欢，等，2014. 土壤水分的遥感监测方法概述 [J]. 国土资源遥感，26（2）：19 - 26.

吴莹，王振会，2013. 微波地表发射率模型研究进展 [J]. 国土资源遥感，25（4）：1 - 7.

夏军，张翔，韦芳良，等，2018. 流域水系统理论及其在我国的实践 [J]. 南水北调与水利科技，16（1）：1 - 7，13.

谢凌峰，申其国，徐治中，2015. 20世纪80年代以来珠江三角洲网河区河性演变 [J]. 水利水电科技进展，35（4）：10 - 13.

熊刚，王飞跃，邹余敏，等，2010. 提升乙烯长周期生产管理的平行估计方法 [J]. 控制工程，17（3）：141 -146.

熊刚，王飞跃，侯家琛，等，2012. 提高核电站安全可靠性的平行系统方法 [J]. 系统工程理论与实践，32（5）：1018 - 1026.

许昆，2004. 降水量与地下水补给量的关系分析 [J]. 地下水，26（4）：272 - 274.

杨可明，周玉洁，齐建伟，等，2014. 城市不透水面及地表温度的遥感估算 [J]. 国土资源遥感，26（2）：134 - 139.

易永红，杨大文，刘志雨，等，2008. 多时相中分辨率卫星影像在 2006 年川东和重庆旱情监测中的应用研究 [J]. 水利学报，39（4）：490 - 499.

BALAZINSKA M，DESHPANDE A，FRANKLIN M J，et al.，2007. Data management in the worldwide sensor web [J]. IEEE Pervasive Computing，6：30 - 40.

BUTLER D，2006. 2020 computing：Everything，everywhere [J]. Nature，440（7083）：402 - 405.

CORBARI C，RAVAZZANI G，MANCINI M，2011. A distributed thermodynamic model for energy and mass balance computation：FEST - EWB [J]. Hydrology Process，25（9）：1443 - 1452.

LEE Z P，CARDER K L，2004. Absorption spectrum of phytoplankton pigments derived from hyperspectral remote sensing reflectance [J]. Remote Sensing of Environment，89（3）：361 - 368.

LI J R，1997. Application of remote sensing and GIS techniques for irritable land investigation [C] //Proceedings of International Symposium on Remote Sensing and GIS for Design and Operation of Water Resources System. IAHS Publication No. 242.

LI J R，1999. Analysis on flood of 1998 in China [J]. Hydrology and Water Resources，Japan，12（4）：307 - 318.

SUTER J J，2005. Sensors and sensor systems research and development at APL with a view toward the future [J]. Johns Hopkins APL technical digest，26（4）：350 - 356.

WAHR J，MOLENAAR M，BRYAN F，1998. Time variability of the Earth's gravity field：Hydrological and oceanic effects and their possible detection using GRACE [J]. Journal of Geophysical Research，103（B12）：30205 - 30229.

第4章 智慧流域水利大数据技术体系

4.1 引言

2008年，"大数据"被《自然》杂志刊登专题后，引发了全球各国的重点关注（Chen et al.，2016；黄哲学 等，2012），美国、英国等发达国家及我国先后发布大数据的相关研究和发展计划（张毅 等，2019），将其上升为国家层面的战略资源。随着"物物皆能被感知，人人成为传感器"的愿景日益变为现实，人类面临着呈爆炸式增长的数据信息，这无疑向我们昭示——大数据时代已经到来（Graham - Rowe et al.，2008；Jonathan et al.，2011；方巍，2014）。随之而来的是大数据概念的不断发展完善（Graham - Rowe et al.，2008；Ji et al.，2012；孙忠富 等，2013），它被认为以容量大（Volume）、类型多（Variety）、存取速度快（Velocity）、应用价值高（Value）为主要特征的数据集合（中华人民共和国国务院，2015）。各行业利用对大数据的采集、存储和关联分析发现新知识、创造新价值、提升新能力的新一代信息技术和服务业态（中华人民共和国国务院，2015）。

变化环境下水安全问题已成为人类可持续发展面临的新的重大挑战（夏军 等，2016），同时是国际上普遍关心的全球性和重大战略问题（夏军 等，2015），涉及领域广泛，过程复杂，驱动因素众多，在"自然-社会"耦合的复杂水系统运行中产生了海量的、多源的、异构的涉水数据，这给水安全问题的监测分析和管理决策带来很大难题。融合新资源、新技术和新理念的水利大数据为解决水安全问题开辟了新的途径和指明了新的方向，对认识水规律、强化水管理、谋划水未来均有重要价值。作为大数据关键组成部分的水利大数据具备大数据的一般特征（蔡阳，2017；陈军飞 等，2017）。水利部《关于推进水利大数据的指导意见》的印发标志着水利大数据发展进入一个新阶段（蔡阳，2017；中华人民共和国水利部，2017）。

随着我国智慧水利建设工作的推进，智慧水利建设目标是应用物联网、云计算、大数据、人工智能等技术，围绕洪水、干旱、水工程安全运行、水利工程建设、水资源开发利用、城乡供水、节水、江河湖泊、水土流失等9个方面，形成融合高效、智能分析、实时便捷的智慧水利应用大系统（蔡阳，2018），促进水治理体系和能力现代化（陈雷，2016）。国内外对水利大数据研究进行了有益尝试，但从总体上看，这些研究还处在起步阶段，主要存在以下问题（陈军飞 等，2017；张东霞 等，2015）：①大数据的理论技术尚未成熟和大规模应用。②水利信息系统仍没有统一的数据存储与共享模型。③水利行业在大数据的理论、研究方法和应用价值等方面存在思想认识落后，技术储备不足的问题。

④水利大数据既缺少战略性研究，又没有能够应用的顶层设计指导。这些问题的存在影响和制约了水利大数据的研究和应用工作的有序推进。尤其是水利大数据概念内涵不清晰，架构体系不统一，标准规范不完善，业务应用不明确等基础问题仍没有得到解决，无法回答"是什么""怎么做""如何用"等命题，这就导致在水利大数据建设中，基础设施建设蓬勃发展，但是成功应用案例不多，与大数据建设的"初心"仍有较大差距。以探索解决这些基础问题为出发点，致力于实现大数据技术能够广泛应用在治水实践（莫荣强 等，2013），开展如下工作：①基于对大数据的认知，解析水利大数据的内涵特征。②将成熟先进的大数据产品、开源软件框架及传统数据处理组件相结合，设计一整套水利大数据混合体系架构。③提出符合水利业务和大数据特点的数据管理规范和应用标准。④研究总结水利大数据应用场景。⑤提出水利大数据的关键技术。

4.2 对大数据的认知

4.2.1 对大数据概念的理解

国内外对大数据的定义、内涵和标准已开展大量探索和研究，但还没有形成共识（刘丽香 等，2017）。由于大数据定义侧重点不同，可以将其分为三类（刘丽香 等，2017）：①主要突出"大"（常杪 等，2015；赵国栋 等，2013），例如麦肯锡、IDC、亚马逊、维基百科等给出的定义，"大"只是大数据的标志之一，但并不是全部（刘丽香 等，2017）。②突出其"作用"（申建建 等，2019），认为大数据是在多样或者大量数据中迅速获取信息的能力，强调了大数据的功能和作用（刘丽香 等，2017）。③突出其"价值观和方法论"，认为大数据是用崭新的思维和技术对海量数据进行整合分析，从中发现新的知识和价值，带来"大知识""大科技""大利润""大发展"（徐子沛，2012）。随着全球数据的飞速增长，除了包含传统的结构化数据，还产生了大量非结构化数据和半结构化数据，这就需要大量处理技术来处理这些不同结构的数据，并将它们应用在实践中（常杪 等，2015；赵国栋 等，2013；徐子沛，2012）。刘丽香等（2017）认为大数据是为决策问题提供服务的大数据集、大数据技术和大数据应用的总称。

目前对大数据普遍认可的是其具有以下"5V"特点（常杪 等，2015；陶雪娇 等，2013）：

（1）数据量巨大。通过各种设备产生的海量数据，规模庞大，数据量从 TB 级别跳跃到 PB 级别（常杪 等，2015；赵国栋 等，2013；徐子沛，2012）。

（2）数据种类繁多。数据来源种类多样化，不仅包括传统结构化数据，还包括各种非结构化数据和半结构化数据，而且非结构化数据所占比例越来越高（常杪 等，2015；赵国栋 等，2013；徐子沛，2012；程春明 等，2015）。

（3）大数据的"快"，包括数据产生快和具备快速实时的数据处理能力两个层面。第一层面是数据产生的快，目前有的是爆炸式产生（常杪 等，2015；程春明 等，2015；Wu，2013），例如，欧洲核子研究中心的大型强子对撞机在工作状态下每秒产生 PB 级的数据；有的数据每秒产生数据少，但由于用户众多，短时间内产生的数据量依然非常庞大，例如点击流、日志、视频识别数据、GPS（全球定位系统）位置信息（Wu，2013）。

第二层面是对数据快速、实时处理的能力高。大数据技术通过发展不同于传统的快速处理的算法，对海量动态数据进行处理分析，使它们变为可使用的有价值的数据。因此，大数据对实时处理有着较高的要求，数据的处理效率就决定着获得信息的能力。

（4）数据价值密度低、应用价值高。大量不同数据集组成大数据集，这些数据集的价值密度的高低与数据集总量的大小成反比。在大数据应用中，数据量大的数据并不一定有很大的价值，不能被及时有效处理分析的数据也没有很大的应用价值（常杪 等，2015；赵国栋 等，2013；徐子沛，2012；程春明 等，2015）。

（5）真实性低。随着社交数据、企业内容、交易与应用数据等新数据源的兴起，我们能获得的数据源逐渐多样化，这使得获得的数据中有些具有模糊性（孙忠富 等，2013）。真实性将促使人们利用数据融合和先进的数学方法进一步提升数据的质量，从而创造更高价值。例如，社交网络中的视频、语音、日志等获得的原始数据真实性差，需要我们对其过滤和处理才能挑出有用的数据。

大数据技术及应用流程主要包括以下技术（段军红 等，2015）：

（1）大数据采集技术。它是大数据技术及应用的重要基础，其智能感知主要包括数据传感、网络通信、传感适配、智能识别等体系，以及软硬件资源接入系统，同时能够把复杂且不易处理的数据转化处理为简单且易处理的数据结构类型，另外能够支持数据清洗去噪和校核处理，甄别过滤掉无用或错误的离群数据，提取有应用价值的数据。

（2）大数据存储及管理技术。需要用存储设备存储采集的数据，并根据数据的结构化、半结构化和非结构化结构类型及业务需求特点，建立相应的并行、高效的大数据数据库系统，以统一管理、检索、调用和互联共享海量数据。

（3）大数据分析及挖掘技术。它是大数据处理流程最核心的部分，基于对象的数据、相似性连接等大数据融合技术，融合机器语言、人工智能、统计分析和系统建模等新型数据挖掘和知识发现技术，改进现有的数据挖掘技术及算法，突破面向特定领域的大数据挖掘技术。

（4）大数据展现与应用技术。将大数据分析及挖掘的信息和知识用多种可视化手段展现，提高各行业各领域的运转效率和集约化水平。

4.2.2　对大数据研究方法的理解

4.2.2.1　传统研究方法

传统研究方法是基于机理的研究方法，分为以下 4 个步骤（王继业，2017）：

（1）步骤 1，合理假设，适当简化。根据大量的先验知识，尽可能地深入了解研究对象的物理本质，在此基础上做出合理的假设和适当的简化，建立物理试验或数学等模型。

（2）步骤 2，遵循机理，建立模型。物理模型的建立常需要做出一定的等值或缩微处理；数学模型的建立需要线性化、离散化处理；若缺少详细数据选择参数，就需采用一些典型参数参与后续计算。

（3）步骤 3，模型实验，仿真计算。对水利系统来说，相关的研究包括物理模型实验、水利系统安全稳定仿真、水文模拟计算等，数模混合实验在研究大坝、水闸等水利工程建设，水循环演变规律和机理等方面发挥了重要作用。

（4）步骤 4，分析结果，机理解释。针对实验研究、仿真和计算结果，需要做出机理性解释，有时为了支持机理解释的正确性，需要对仿真计算结果再次进行可重现的科学实验。

4.2.2.2 大数据研究方法

大数据研究方法是以多源数据融合为基础，采取数据驱动的研究方法，包含以下 4 个步骤（王继业，2017）：

（1）步骤 1，构建应用场景，提取合适用例。数据驱动方法通常将研究对象看作一个黑匣子，只需要了解输入和输出数据，便可通过一定的数据分析方法开展研究。依据一定的先验知识，对需要研究的对象或问题进行分析，建立应用场景，分解成应用案例，明确所需要的数据。

（2）步骤 2，采集多源数据，强化数据融合。大数据分析方法强调数据的整体性。大数据是由大量的个体数据组成的一个整体，其中各个数据不是孤立存在，而是有机地结合在一起。如果把整体数据割裂开来，将会极大地削弱大数据的实际应用价值，而将零散的数据加以整理，形成一个整体，通常会释放出巨大的价值。数据融合是大数据研究过程的难点。

（3）步骤 3，面向具体对象，多维数据分析。对基于融合后的数据进行数据分析，需针对应用场景和用例，选择合适的分析方法。数据分析是大数据研究过程的关键环节。

（4）步骤 4，解读关联特性，解释水利规律。研究结果反映研究对象的内在规律性、因素的相互关联性或发展趋势，应对研究结果给予解释，需要时进行灵敏性分析。

4.2.2.3 两种方法对比

物理概念清晰的传统研究方法已形成了较为系统的方法论，在科学技术发展中发挥了重要作用，但对于一个复杂的系统，存在以下局限性：①在建立复杂系统的模型时，需要做出一些理想的假设和简化，在某些情况下存在着较大的误差甚至错误。②对于难以基于机理建模的系统，不具有适用性。③分析较片面、局部，难以反映宏观的时空关联特征。

大数据方法不依赖机理，可将历史和现在的数据综合进行分析，得到多维度宏观的时空关联特性。大数据方法目前还不成熟，尚未形成系统性方法论，需经过长期的发展完善才能发挥应有的作用（王继业，2017）。需要强调的是，大数据的出现并不意味着要取代传统业务数据，传统业务数据是大数据的重要数据来源，大数据方法能够挖掘提升传统业务数据的价值。

4.3 水利大数据内涵特征

以"自然-社会"二元水循环及其伴生的水生态、水环境、经济社会等过程为对象的水利多维立体感知网络的日益完善，一直在持续提升水利行业数据采集的能力，形成了能够获取时空连续的多源异构、分布广泛、动态增长的水利大数据集合，在解决水安全问题时具备了水利行业的特征，具体如下：

（1）水利大数据的体量巨大。各类传感器、卫星遥感、雷达、全球导航卫星系统（GNSS）、视频感知、手机终端等形成了"空-天-地-网"信息获取的水联网体系（王忠静等，2013）。全国水利行业目前拥有超过 14 万处的雨量、河湖水位、流量、水质及地下水水位等各类水利信息采集点，自动采集点所占比例超过了 80%，当前省级以上水利部门存储数据资源近 2.5PB（陆佳民 等，2017），构成了海量水利数据集，如果加上与水利相关的气象、生态环境、农村农业等行业外数据，水利大数据的规模更加庞大，而且数据量增加速度很快。

（2）水利大数据的复杂多样。①从数据类别看，既有来自物联网设备的水文气象、水位流量、水质水生态、水利工程等大量的监测信息，还有全国水利普查、水资源调查评价、水资源承载能力监测预警等成果，以及与水利相关的社会经济信息、生态环境数据、地质灾害数据、互联网数据等各类辅助信息，其中不完全相互独立的水利数据之间有着复杂的业务和逻辑关系。②从数据格式看，除了对传统结构化数据类型的处理分析外，大数据技术能够应用与分析水利领域产生的文本（如项目报告）、图片（如卫星遥感图像）、位置（如业务人员的巡查路线）、视频（如河湖监管视频）、日志等半结构化和非结构化数据；来自不同领域、行业、部门、系统的水利数据具有多样的格式，尚无统一标准规范这些数据的整合和合并（陈军飞 等，2013）。

（3）水利大数据的时空融合。水利管理决策不仅需要了解水利系统的历史演变规律，还要能够预测未来发展的趋势，同时还需要能够实时处理动态连续观测的数据，对当前状态进行预警监控。历史演变规律为预测预警和实时管理决策提供先验知识，在此基础上，结合实时监测的流式数据，快速挖掘出有用的信息，能够提高预测的准确性和管理决策的科学性。

（4）水利大数据的价值很高。水联网体系能够感知无处不在的巨量水利信息的价值密度可能相对较低，需要发展从这些数据中快速地提取有用信息的模型算法，能够通过对海量涉水数据的挖掘，实现从价值密度低的数据中获取最有用的高价值信息。有的水利业务，如洪水、内涝灾害预测预警和水利工程安全运行，要求很高的时效性，需要利用大数据技术对这类数据高效处理和及时反馈。

（5）水利大数据的模糊很大。虽然各种水利传感器设备监测精度较高，但由于监测指标之间存在关联性，或者设备运行过程中可能产生噪声数据，以及不同设备性能导致记录的相同对象的数据差异较大，从而导致关注的数据可能会淹没在数据海洋中。因此，需要利用大数据技术对多途径获取的海量水利数据进行甄别筛选、过滤清洗、去伪存真，提高获取数据的精准度，使数据更加接近或描述真实的情况（方海泉 等，2017；张峰 等，2017；黄波 等，2017）。

（6）水利大数据的交互性。水利大数据以其与国民经济社会广泛而紧密的联系，具有无可比拟的正外部性，价值不局限在水利行业内部，更能体现在国民经济运行、社会进步等方方面面，而发挥更大价值的前提和关键是水利行业数据同行业外数据的交互融合，以及在此基础上全方位的挖掘、分析和再现。这也能够有效地改善当前水利行业"重建不实用"的行业短板，真正体现"反馈经济"带来的价值增长。

（7）水利大数据的效能性。提高效率、增长效益是水利大数据服务于治水事业的目标，没有效率和效益的水利大数据建设是没有生命力的。与电力大数据一样（中国电力工程学会信息化专业委员会，2013），水利大数据具有无磨损、无消耗、无污染、易传输的特性，并在使用过程中不断精炼而增值，在水利各个环节的低能耗、可持续发展方面发挥独特巨大的作用，从而达到节约水资源、高效利用水资源、保障水安全的目的。

（8）水利大数据的共情性。水利发展的目的在于服务公众。水利大数据天然联系千家万户、政府和企业，推动治水思路转变的本质是体现以人为本，通过人们对高品质水需求的充分挖掘和满足，为人民群众提供更加优质、安全、可靠的水服务，从而改善人类生存环境，提高人们的生活质量。

这些具有体量巨大、处理速度快、数据类型多样、价值密度低、复杂等大数据共性特点，同时具有交互性、效能性和共情性等行业特点的数据共同构成了水利行业的大数据集。蔡阳（2017）结合水利行业实际业务与数据现状，研究提出了"水利大数据"的内涵，在此基础上，结合水利本身的特点，本章丰富了水利大数据的内涵，即，它是水利活动产生和所需的体量巨大、类别繁多、处理快速并具有潜在价值，以及广泛交互性，能够实现高效能、深共情的所有涉水数据的总称。

在实际应用中，水利大数据的"大"是一个相对概念，除了"大"到传统数据工具无法处理分析水利数据的规模和复杂度外，水利数据还要能够全面描述水利对象的时空特征或者变化规律。水利大数据以水利数据资产管理为基础，以水利大数据平台为载体，通过新的多元水利数据集成、多类型水利数据存储、高性能水利计算和多维水利分析挖掘等技术，实现跨部门、行业、领域、系统的水利行业内外部数据的关联分析，满足水利行业的政府监管、江河调度、工程运行、应急处置、公众服务等方面的管理效率提升和业务创新需求。

由于水利大数据具有上述特征，其研究方法与传统水利数据分析方法也有所不同：①传统水利业务数据。以抽样方式获取的结构化数据为主，利用统计学方法分析水利规律，从而实现对水利对象或事件的特征和性质的描述；一般基于水利行业或部门内部的数据进行分析，以少量的水利数据描述水利事件，更多追求合理性的抽样、准确性的计算和科学性分析。②水利大数据方法。以水问题为导向，在跨行业、部门、系统的基础上，以相关的涉水数据形成对水利对象或事件的全景式描述，以数据的关联和趋势全方位地描述水利对象或事件，更多追求数据的大样本、多结构和实时性。传统的水利数据分析强调的是分析计算的精确性和事件现象的因果关系，水利大数据强调的水利数据的全面性、混杂性和关联性，同时允许数据存在一定的误差和模糊性。从广义上讲，传统的水利数据分析方法是水利大数据的重要组成部分，实际应用时要摒弃为"大数据"而"大数据"的片面思想，应以能够解决水问题为选择数据分析方法的首要原则。

4.4 水利大数据基础架构

4.4.1 水利大数据总体架构

建立水利大数据的体系架构需要从数据"产生、流动、消亡"全生命周期出发（饶玮 等，2016），基于 DIKW 模型（Data‐to‐Information‐to‐Knowledge‐to‐Wisdom Model）体系（叶继元 等，2017），根据数据的精炼化和价值化过程分析水利大数据的分析流程，主要由水利数据的集成、存储、计算及业务应用等 4 个阶段组成。该流程将水利数据的治理与分布式存储、高性能混合计算与智能信息处理、探索与一体化搜索、可视化展现、安全治理等信息技术进行融合，能够形成支撑水利数据分析与处理、安全防护的基础平台。通过水利领域内外学科交叉融合的研究，建立水利领域智能化建模分析和数据服务模式，支撑水利业务管理和应用场景需求，水利大数据总体架构如图 4-1所示。

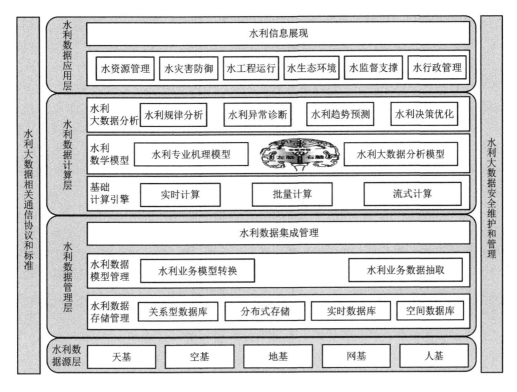

图 4-1　水利大数据总体架构

（1）水利数据源层。水利数据源层主要负责数据的供给和清洗，就水利行业而言，主要包括以下数据（蔡阳，2017）：①水利业务数据。目前水利业务数据的产生和积累主要来自重大水利信息化项目、专项和日常工作三个方面，重大水利信息化项目包括国家防汛抗旱指挥系统工程、国家水资源监控能力建设、全国水土保持监测网络和信息系统等，水利专项工作包括全国水利普查、全国水资源调查评价等，日常工作主要指水利行业不同部门根据其职责开展的水利业务工作。②其他行业数据。其他行业数据主要包括气象、自然资源、生态环境、住房和城乡建设、农村农业、统计、工业和信息化、税务等部门收集整理的数据和产品。③卫星遥感影像数据。卫星遥感影像数据包括高分、环境、资源等国内卫星遥感影像，以及 Landsat，MODIS，Sentinel 等国外卫星遥感影像。④媒体数据。媒体数据包括传统和新媒体中所涉及的水利领域的民生需求、公众意见、舆论热点等信息。这些数据类型包括结构化、半结构化和非结构化数据，数据的时间维度包括离线、准实时和实时。这四类数据共同构成了数据海洋，是水利大数据分析与应用的数据基础和来源。

（2）水利数据管理层。水利数据管理层负责对转换和清洗后的水利大数据进行存储、组织、管理。目前采用的全国水利普查（蔡阳 等，2015）和山洪灾害调查评价结果（刘

业森 等，2017）两种数据模型属于准动态实时 GIS 时空数据模型，在应对高速度大数据量的水利数据流的存储、管理方面则显得无能为力，无法支持水利多传感器的快速接入，不能有效描述水利对象多粒度时空变化，更不能很好地对水利对象的多过程、多层次复合进行精确的语义表达，也没有具备支撑水利多过程、多尺度耦合的动态建模和实时模拟的能力。因此，将实时 GIS 时空数据模型（龚健雅 等，2014）与水利数据模型（蔡阳 等，2015）的概念和方法相结合，发展一种包含业务属性、时空过程、几何特征、尺度和语义的"多领域、多业务、多层次、多粒度、多版本"的水利实时时空数据模型。基于改进的水利实时动态的时空数据模型，通过水利消息总线、关系数据库、文件等接入方式将数据采集到数据源层，再利用统一的水利数据模型实现数据的存储与集成管理。水利消息总线接入是采集如传感器监测的流式水利和日常管理产生的水利日志等数据，水利关系数据库接入是将结构化的水利数据从关系型水利数据库迁移到水利大数据平台，水利文件接入是向上传输与水利相关的卫星遥感、社交媒体、文档、图像、视频等半结构化和非结构化文件。

（3）水利数据计算层。水利数据计算层提供水利大数据运算所需要的水利计算框架、资源任务调度、模型计算等功能，负责对水利领域大数据的计算、分析和处理等。融合传统的批数据处理体系和面向大数据的新型计算方法，通过数据的查询分析、高性能与批处理、流式与内存、迭代与图等计算，构建高性能、自适应的具有弹性的数据计算框架；遴选可以业务化的水利专业模型，整合现有成熟的基于概率论的、扩展集合论的、仿生学的及其他定量等数据挖掘算法，以及文本数据的数据挖掘算法（吴冲龙 等，2016），形成可定制、组合、调配的分析模型组件库，有效支持水利模型网（Skøien et al.，2013）的构建和并行化计算。

（4）水利数据应用层。水利数据应用层是以水利大数据存储和计算架构为支撑，基于微服务架构，开发的面向我国水资源、水灾害、水生态、水环境、水工程等治水实践需求的水利大数据应用系统的集合。应用系统利用虚拟化方法和多租户模式构建满足水利大数据平台多用户的使用，不仅能够提供结构化、半结构化、非结构化等各种类型的水利数据访问的控制方式，而且还提供直观友好的水利数据图形化的编程框架，为我国水利的政府监管、江河调度、工程运行、应急处置和公共服务中的规律分析，异常诊断，趋势预测，决策优化等提供全方位的技术支撑。此外，还能向第三方提供安全可控的水利数据开放等功能。

4.4.2 水利大数据功能架构

水利大数据功能架构设计可用于规范和定义水利大数据平台在运行时的整体功能流程及技术选型，水利大数据平台可整合水利行业数据，融合相关行业和社会数据，形成统一的数据资源池，通过多元化采集、主体化汇聚构建全域化原始数据，基于"一数一源、一源多用"原则，汇聚全域数据，开展数据治理，形成标准一致的基础数据资源。在此基础上，构建具备开放性、可扩展性、个性化、安全可靠、成熟先进的水利大数据分析服务体系，并具备面向社会的公共服务能力。

围绕水利大数据分析应用生态圈，从底层基础设施，水利数据集成、处理、分析、可视五个层面，以及水利系统运维和安全两个保障功能，将先进的技术、工具、算法、产品无缝集成，构建水利大数据功能架构，如图 4-2 所示。

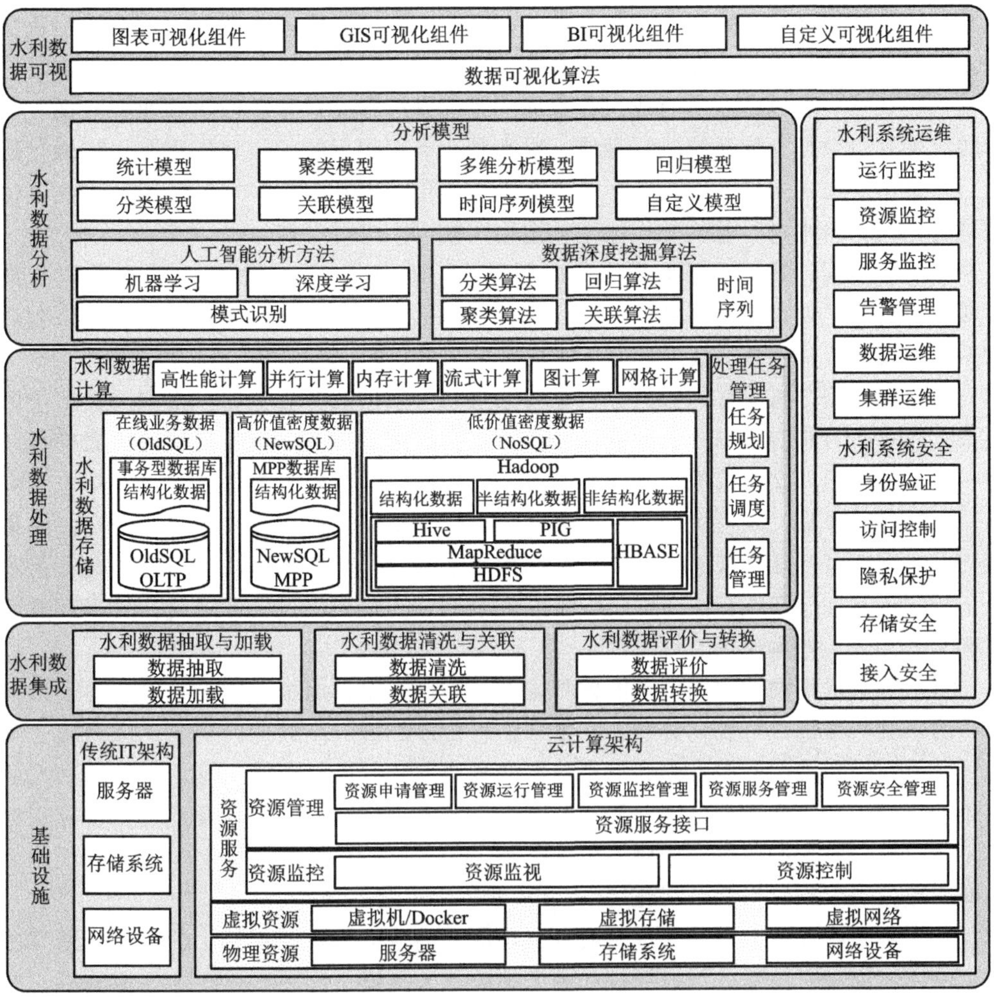

图 4-2　水利大数据功能架构

具体功能架构分析如下：

（1）水利数据集成。如果对极其广泛来源和极为复杂类型的水利大数据进行处理，首先必须从源数据体系中抽取出水利对象的实体及它们之间的关系，依据时空一致性原则，按照水利对象实体将不同来源的数据进行关联和聚合，并能利用统一定义的数据结构对这些数据进行存储。数据集成和提取的数据源可能来自多个业务系统，则避免不了有的数据是错误数据，有的数据之间存在冲突，需要通过检查数据一致性，处理无效值和缺失值等数据清洗流程，将存在的"脏数据"清洗掉，以保证数据具有很高的质量和可信性。在实际操作中，通过改进现有 ETL 采集技术，融合传感器、卫星遥感、无人机遥感、网络数据获取、媒体流获取、日志信息获取等新型采集技术，完成水利行业、行业外和日常业务产生的数据等多源、多元、多维数据的解析，转换与转载。

（2）水利数据存储。可以利用已成为大数据磁盘存储事实标准的分布式文件系统

127

（HDFS）存储智慧水利中的海量数据（宋亚奇 等，2013）。水利行业数据在应用中具有其业务特点，有的业务对数据的实时性要求很高，有的业务的数据更新频次不高，有的业务产生的数据可能以结构化数据为主，有的业务产生的数据可能以半结构化或非结构化数据为主，因此，需要根据水利业务的性能和分析要求对水利数据进行分类存储。对实时性要求高的水利数据，可以选用实时或内存数据库系统进行存储；对核心水利业务数据，可以选用传统的并行数据仓库系统进行存储；对水利业务中积累的长系列历史和非结构化的数据，可以选用分布式文件系统进行存储；对半结构化的水利数据，可以选用列式或键值数据库进行存储；对水利行业的知识图谱，选用图数据库进行存储。

（3）水利数据计算。根据水利业务应用需求，通过从查询分析，以及高性能与批处理、流式与内存、迭代与图等计算中对计算模式进行选择或组合，能够提供面向水利业务的大数据挖掘分析应用所需要的实时、准实时或离线计算（林旺群 等，2017）。

（4）水利数据分析。水利数据分析是智慧水利大数据的核心引擎，水利大数据价值能否最大化取决于对水利数据分析的准确与否。水利数据分析方法包括传统的数据挖掘、统计分析、机器学习、文本挖掘及其他新兴方法（如深度学习）等方法。需要利用水利大数据分析方法建立模型，发挥关联分析能力，还得建立水利行业机理模型，充分发挥因果分析能力，实现两者的相互校验、补充，共同构成水利数据分析的基础。通过融合、集成开源分析挖掘工具和分布式算法库，实现水利大数据分析建模、挖掘和展现，支撑业务系统实时和离线的分析挖掘应用。

（5）水利数据可视。利用图形图像处理、计算机视觉、虚拟现实设备等，对查询或挖掘分析的水利数据加以可视化解释，在保证信息传递准确、高效的前提下，以新颖、美观的方式，将复杂高维的数据投影到低维的空间画面上，并提供交互工具，有效利用人的视觉系统，允许实时改变数据处理和算法参数，对数据进行观察和定性及定量分析，获得大规模复杂数据集隐含的信息。按照不同的类型，数据可视化技术分为文本、网络（图）数据、时空数据、多维数据的可视化等（任磊 等，2014）。

（6）水利系统安全。解决从水利大数据环境下的数据采集、存储、分析、应用等过程中产生的，诸如身份验证、用户授权和输入检验等大量安全问题；由于在数据分析、挖掘过程中涉及各业务的核心数据，防止数据泄露和控制访问权限等安全措施在大数据应用中尤为关键（林为民 等，2015）。

（7）水利系统运维。通过水利数据平台服务集群进行集中式监视、管理，对水利大数据平台功能采用配置式扩展等技术，可解决大规模服务集群软、硬件的管理难题，并能动态配置调整水利大数据平台的系统功能。

4.4.3 水利大数据技术架构

水利大数据核心平台基于 Hadoop、Spark 和 Stream 框架的高度融合、深度优化，实现高性能计算，具有高可用性，水利大数据技术架构如图 4-3 所示。

具体架构如下：①数据整合方面，主要采用 Hadoop 体系中的 Flume、Sqoop、Kafka 等独立组件。②数据存储方面，在低成本硬件（x86）、磁盘的基础上，选用分布式文件系统（如 HDFS）、分布式关系型数据库（如 MySQL、Oracle 等）、NoSQL 数据库（如 HBase）、数据仓库（如 Hive）、图数据库（如 Neo4J），以及实时、内存数据库等业界典

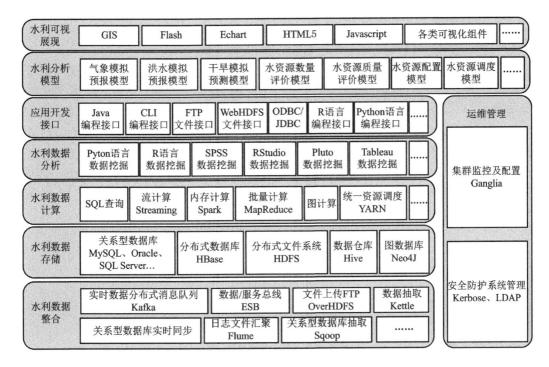

图 4-3　水利大数据技术架构

型系统。③数据分析方面，集成 Tableau、Pluto、R、Python 语言环境，实现数据的统计分析及挖掘能力。④应用开发接口方面，集成 Java 编程，CLI，FTP，WebHDFS 文件，ODBC/JDBC 数据库，R 语言编程，Python 语言编程等接口。⑤水利分析模型方面，基于大数据和传统分析方法，建立气象模拟预报、洪水模拟预报、干旱模拟预测、水资源数量评价、水资源质量评价、水资源配置和水资源调度等模型。⑥运维管理方面，利用 Ganglia，实现集群、服务、节点、性能、告警等监控管理服务（彭小圣 等，2015）。⑦可视化展现方面，基于 GIS、Flash、Echart、HTML5 等构建可视化展示模块，还可以结合虚拟仿真技术，构建基于三维虚拟环境的可视化模块。

4.4.4　水利大数据部署架构

在基础设施部署架构及容量规划方面，参考全球能源互联网电力大数据省级平台的部署模式（饶玮 等，2016），水利大数据平台集群主要由数据存储、接口、集群管理和应用等服务器组成，支持存储与计算混合式架构，以及广域分布的集群部署与管理。对于七大流域机构和 31 个省级行政区，每个流域或省级行政区的集群由 n 台 x86 服务器（数量 n 可以根据实际数据量的存储和分析模型的计算等需求定）和 1 台小型机组成。其中核心数据集群由（$n-5$）台服务器构成；剩余的 5 台服务器中，3 台服务器组成消息总线集群，部署包括消息队列及文件传输协议传输入库等集群，1 台服务器作为用户认证和访问节点，1 台服务器作为 ODBC/JDBC 及 Web HTTP/REST 服务节点；小型机作为关系型及时间序列等数据库的节点。

4.4.5 水利大数据应用架构

4.4.5.1 实时分析应用

在水资源、水生态、水环境、水灾害、水工程等监测与状态评估业务中,涉及在线监测、试验检测、日常巡视、直升机或无人机巡视和卫星遥感等数据,水利大数据实时分析框架如图 4-4 所示,实时获取涉水监测与状态的流数据,利用分布式存储系统的高吞吐,实现海量监测与状态数据的同步存储;利用事先定义好的业务规则和数据处理逻辑,结合数据检索技术对监测与状态数据进行快速检索处理;利用流计算技术,实时处理流监测与状态数据,根据流计算结果,实现实时评估和趋势预测,对水安全状态正确评价,指导对事件状态的决策处理,准确识别水安全问题,实现异常状态报警,对极端条件下水安全进行预警,为水灾害防治提供决策支撑。

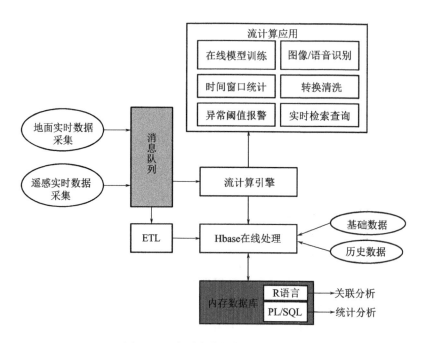

图 4-4 水利大数据实时分析框架

4.4.5.2 离线分析应用

针对水空间规划、水工程运行过程中产生的海量异构和多态的数据,具有多时空、多来源、混杂和不确定性的特点,分析水空间规划数据的种类和格式多样性,建立统一的大数据存储接口,实现水空间规划离线数据的一体化分布式快速存储。水利大数据离线分析框架如图 4-5 所示。在离线数据一体化存储的基础上,建立数据分析接口,提供对水空间规划数据统计处理任务的支撑,并进一步满足水空间规划计算分析、水安全风险评估及预警等高级应用系统的数据要求,为管理层制定优化的决策方案提供科学合理的依据。

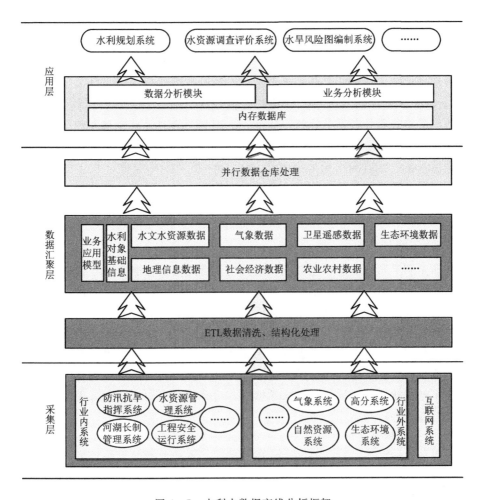

图 4-5　水利大数据离线分析框架

4.5　水利大数据关键技术

智慧流域水利大数据技术涉及数据采集、存储、处理、分析挖掘、可视化、安全与隐私保护等诸多环节，各环节采用的技术和方法日新月异。本节在广泛调研、深入分析和应用实践的基础上，针对智慧流域水利大数据的技术架构中的具体环节详细阐述智慧流域水利大数据关键技术，最后总结凝练出各项关键技术的基本信息、特点及适用场景。

4.5.1　数据采集技术

智慧流域水利大数据具有数据量大、复杂多样、分散放置等特征，这些特征给数据抽取、转换及加载（Extract、Transform、Load，ETL）过程带来极大挑战。为确保智慧流域水利大数据整个采集过程的完整高效，需要根据其数据类型及特征选择相应的采集策略。水利大数据采集通常分为流式数据采集、数据库采集和文件采集三种。

（1）流式数据采集。该方法对于智慧流域的传感器采集、监控日志等数据进行分布式采集、聚合和传输。通过简单配置数据来源、数据传输通道及数据目的地，即可实现数据收集；同时，可以实时监控并跟踪数据从采集、处理到入库的全过程。典型的流式数据采集工具包括 Flume、Chuwa、Scribe。

（2）数据库采集。该方法是从关系型数据库抽取数据到分布式文件系统 HDFS、Hive 或者 HBase 等分布式存储系统中。支持配置抽取源、抽取目标、目标路径、抽取规则、并行度、数据转换规则、数据分隔符等属性，适用于关系型数据库与大数据平台分布式存储之间的数据交换和整合。典型的数据库采集工具如 Sqoop。

（3）文件采集。该方法用于采集 txt、csv、dat 等类型的文件，并且可以通过配置文件校验规则、预处理规则等转换规则，实现对文件的稽核，完成文件数据接入。典型的文件采集工具是 Kettle。

4.5.2 数据存储技术

智慧流域水利大数据需要根据数据特点选用合适的数据存储方式，保证具有足够的存储容量和高效的查询索引性能，那么就采用分而治之的方法，构建已于扩展的分布式存储系统，随着数据规模的扩大，动态增加存储节点。针对不同的数据类型，采用不同的存储引擎，同时还需要构建各存储系统之间的连接器，实现数据快速融合。

在水利大数据中，绝大多数数据为结构化数据，同时也存在文本、图像、音频、视频等非结构化或半结构化数据。对非结构化数据可采用分布式文件系统进行存储，对结构松散无模式的半结构化数据可采用分布式数据库，对海量的结构化数据可采用传统关系型数据库系统或分布式并行数据库。

4.5.2.1 分布式文件系统

分布式文件系统适合存储海量的非结构化数据，将数据存储在物理上分散的多个存储节点上，对这些节点的资源进行统一管理和分配，并向用户提供文件系统访问接口，主要解决本地文件系统在文件大小、文件数量、打开文件数等方面的限制问题。

Hadoop 是大数据的一个解决方案，可以实现大数据的存储、分析和管理。HDFS（Hadoop Distributed File System）是一个分布式文件系统，它是开源项目 Hadoop 的家族成员。HDFS 将大规模数据分割为大小为 64 兆字节的数据块，存储在多个数据节点组成的分布式集群中，当数据规模增加时，只需要在集群中增加更多的数据节点，具有很强的可伸缩性。同时，每个数据块会在不同的节点中存储多个副本，具有高容错性。此外，由于数据是分布存储的，因此 HDFS 具有高吞吐量的数据访问能力。

4.5.2.2 分布式数据库

传统的数据库在数据存储规模、吞吐量以及数据类型和支撑应用等方面存在瓶颈，大数据环境下对数据的存储、管理、查询和分析需要采用新的技术。分布式数据库由于具有很好的扩展性和协同性，适用于结构松散无模式的半结构化数据或非事务特性的海量结构化数据，在大规模数据存储和管理中得到广泛的应用。目前主要有非关系型（Not Only SQL，NoSQL）、大数据并行处理（Massively Parallel Processing，MPP）数据库、分布式时间序列数据库、分布式内存数据库等。

1. NoSQL 数据库

键值存储系统即 Key - Value 存储，是一类 NoSQL 存储系统的统称。键值存储系统的数据按照键值对（Key - Value Pair）进行组织、索引和存储。与关系型数据库相比，键值存储系统一般为无模式的，特别适合结构复杂、关联较少的半结构化数据存储，且拥有更好的读写性能。例如 HBase 数据库，可利用 HDFS 作为其文件存储系统，通过使用 MapReduce 技术来处理 HBase 中的海量键值对数据。

文档数据库是一类高性能、面向文档、与模式无关的 NoSQL 数据库，主要用于存储、索引并管理面向文档的数据或半结构化数据。文档数据库弥补了关系数据库对非结构化数据处理能力的不足，同时兼具关系数据库绝大多数查询功能。文档数据库以标准化格式封装和加密数据，并用多种格式进行解码，在海量数据集上提供更快的遍历速度和操作。目前广泛应用的文档数据库主要包括 MongoDB、CouchDB 等。

图数据库是一类面向图、高性能的 NoSQL 数据库。相对于关系数据库，图数据库的优势是处理大量复杂、互连接、低结构化、变化迅速且查询频繁的数据时，能够避免大量的表连接导致的性能问题。图数据库通过使用面向聚合的模型来描述一些具备简单关联的大型记录组并运行在集群环境中，适用于社交网络、推荐系统、GIS 等领域。目前广泛使用的图数据库主要有 Neo4j、FlockDB、Titan 等。

2. MPP 数据库

MPP 数据库采用 Shared Nothing 架构，通过列存储、粗粒度索引等多项处理技术，再结合 MPP 架构高效的分布式计算模式，完成对分析类应用的支撑；具备数据高效存储、高并发查询功能，支持标准 SQL，再加上其高性能和高扩展性的特点，特别适用于海量数据的统计分析。目前主流 MPP 数据库包括 GBase 8a、阿里巴巴 Analytic DB、Greenplum 和 Sybase IQ 等。

3. 分布式时间序列数据库

分布式时间序列数据库是专门用于管理时间序列数据的专业数据库。与传统的关系型数据库不同，时间序列数据库针对时序数据进行存储、查询等方面的专门优化，具有优良的数据压缩能力、极高的存储速度和查询检索效率。在存储策略方面，分布式时间序列数据库改变原有周期性存储为根据变化的时间序列连续存储，以满足水利业务应用中基于时间维度、时间切面的数据检索与分析，具有比传统关系数据库更高的响应速度、查询效率和处理性能。目前主流分布式时间序列数据库包括 OpenTSDB、InfluxDB 等。

4. 分布式内存数据库

内存数据库的本质特征是主拷贝或"工作版本"常驻内存，适用于高性能实时查询分析场景。相对于磁盘，内存的数据读写速度要高出几个数量级，将数据保存在内存中相比从磁盘上访问能够极大地提高应用的性能。同时，内存数据库抛弃了磁盘数据管理的传统方式，基于全部数据都在内存中重新设计了体系结构，并且在数据缓存、快速算法、并行操作方面也进行了相应的改进，其数据处理速度比传统数据库快很多，适用于对数据访问实时性要求高的场景。常见的典型分布式内存数据库有 Sybase ASE、SAP HANA、Volt-DB。

4.5.2.3　关系数据库管理系统

关系型数据库管理系统是当前智慧流域水利大数据相关的业务应用系统中结构化数据的主要存储系统。基于对业务数据保密性和敏感性要求，如用户档案、设备档案、调度等数据，采用传统关系型数据库具有分式存储所不具备的安全优势；基于对业务系统运行效率的要求，采用由关系型数据库扩展形成的并行数据库来逐步取代关系型数据库的某些功能，能够大幅提升业务系统的性能。关系数据库管理系统是智慧流域水利大数据架构中的重要存储组件，仍然广泛应用于涉及事务、高时效、高安全的业务应用领域。目前在智慧流域中广泛应用的关系数据库管理系统主要包括 MySQL、PostgreSQL、Oracle、DB2 和 Sybase 等。

4.5.2.4 分布式消息队列

分布式消息队列是通过发布订阅消息的模式支持业务应用向消息队列推送实时业务数据，适用于实时业务数据的存储需求，如用水信息采集数据通过消息发布接口将采集数据实时推送至水利大数据平台进行处理。

分布式消息队列支持消息主题的创建、删除和查看等操作，实时监控各个主题消息的消费情况，支持回溯消费等操作；支持业务系统实时在线地向消息队列推送业务数据，并以主题的方式进行消息分组；支持消息的订阅者以主动或被动的方式关注订阅感兴趣的消息主题。典型消息队列组件如 Kafka、RabbitMQ、ZeroMQ 等。

4.5.3 数据处理技术

智慧流域水利大数据处理的问题复杂多样，不同业务应用领域的数据处理时间、数据处理规模各不相同，其中数据处理时间一般是业务应用中最敏感的因素。根据处理时间的要求将业务分为在线、近线和离线。其中在线处理时间一般在秒级甚至是毫秒级，因此通常采用流式计算方式；近线处理时间一般在分钟级或者是小时级，通常采用内存计算方式；离线的处理时间一般以天为单位，通常采用离线计算方式。

4.5.3.1 流式计算

流处理的基本理念是数据的价值会随着时间的流逝而不断减少，因此尽可能快地分析最新数据并给出分析结果，是所有流式计算处理模式的共同目标。智慧流域中需要采用流式计算处理的大数据应用场景主要有工程安全稳定分析、设备运行状态评估、流域洪水的实时预报、突发涉水时间的舆情分析等。这类数据刚刚生成就需要进行数据移动、计算和使用，才能保证数据价值最大化。现阶段，基于传统数量级的实时计算框架已成熟应用于设备故障检测、故障预警、设备状态评估等业务。但是，随着数据规模急剧增长，传统实时计算的性能瓶颈开始凸显。为保证海量数据的实时访问和实时计算分析性能，智慧流域水利大数据可以引入分布式流式计算框架。目前广泛应用的分布式流式计算框架主要包括 Storm 和 Spark Streaming。

Storm 是分布式实时计算系统，可以简单、高效、可靠地处理源源不断的数据流，并将结果写入存储系统中，经常用在实时分析、在线机器学习、持续计算、分布式远程调用和 ETL 等领域。Storm 是全内存计算，且计算速度快，弥补了 Hadoop 批处理所不能满足的实时要求。但是 Storm 还存在集群负载不均衡、任务部署不够灵活、不同的拓扑之间无法通信、结果无法共用等缺点，这也限制了其在智慧流域领域的应用范围。Storm 主要用于实时数据采集、数据 ETL 和持续在线数据分析等计算需求相关的业务领域。

Spark Streaming 是对 Spark 技术在实时计算方面的扩展，支持高吞吐、低延迟、可扩展的流式数据处理。与传统的流式计算处理中的一次处理一条记录的方式不同，Spark Streaming 将流式数据按时间粒度进行离散化，以类似批处理的方式进行秒级以下数据片断的处理。凭借独特的缓存策略，Spark Streaming 能够在极短的时间内完成批数据处理并将结果输出到别的系统。同时，其分布式计算的特性，避免了传统模型指定单一静态节点执行数据处理的风险和性能瓶颈，实现了负载均衡与快速故障恢复。Spark Streaming 既可以根据数据特点高效智能完成数据 ETL，也可以基于数据挖掘或专家经验来建立数据模型。流处理结束后，计算结果和原始数据将被智能地保存在合适的存储结构中，供后续数据挖掘使用，也可以实时地反馈给相应的业务系统，实现智慧流域中水网系统运行状态、设备状态、用水户需求指标的实时监控。

4.5.3.2　内存计算

智慧流域水利大数据内存计算主要应用于海量、非实时静态数据的复杂迭代计算，可以通过减少磁盘 I/O 的操作，提高数据读写能力，加速海量数据的分布式计算效率。内存计算是一种体系结构上的解决方法，它可以和各种不同的计算模式相结合，包括批处理、流处理、图计算等。此外，该计算框架也可广泛应用于智慧流域水利大数据中的有向无环图（Directed Acyclie Graph，DAG）计算、知识图谱计算、机器学习等方面上。

Spark 是一种基于 DAG 编程模型的高效分布式计算框架。采用 Spark 实现的 MapReduce 算法，具有 MapReduce 的所有优点且更高效。Spark 可以将复杂应用划分为不同的阶段，各阶段产生的中间结果可以保存在内存中，从而大幅减少磁盘 I/O 开销，具有更好的读写性能，同时也避免了 MapReduce 烦琐复杂的串联任务操作和反复调用，适用于替代机器学习等需要迭代计算的算法。在智慧流域水利大数据架构中，Spark 可以基于 Hadoop 集群来实现资源的高效利用，使其具备与 Spark 独立集群同等的实时计算、海量数据分析挖掘能力。

GraphX 计算是 Spark 生态圈中的分布式、高性能图计算框架。图计算是以"图论"为基础的对现实世界的一种"图"结构抽象表达，以及在这种数据结构上的计算模式。图数据结构很好地表达了数据之间的关联性，可以从噪声很多的海量数据中抽取有用信息。而现在水利大数据架构中的 MapReduce 计算引擎还无法满足复杂的关联性计算。在智慧流域的涉水业务应用中，数据分析的维度不是事先预定的，需求也会根据时间不断在变化。GraphX 中图结构维护的海量数据关联能够进行交互式的数据钻取和挖掘，形成基于业务应用的画像，解决大数据环境下多维关联分析动态变化的问题，实现复杂的图数据挖掘。

机器学习库（Machine Learning lib，MLlib）是 Spark 对常用机器学习算法的实现库，目前提供了包括分类、聚类、协同过滤、降维在内的通知学习算法和工具类。同时，用户也可以根据需求开发特定算法。MLlib 充分利用 Spark 计算框架的强大性能和一站式解决能力，最大限度地降低了分布式算法开发难度。智慧流域水利大数据挖掘和深化应用对分布式算法的需求日益增加，需要根据业务需求有针对性地将传统成熟的数据挖掘算法在 MLlib 中逐步分布式化。随着人们对数据挖掘领域的不断重视，MLlib 算法库也在快速的丰富和完善，大幅减少了智慧流域大数据挖掘的成本。在智慧流域领域，可以利用 Spark MLlib 组件，逐步致力于海量数据的分析挖掘处理，解决当前水利行业小数据集上的分析挖掘局限性问题。

4.5.3.3　离线计算

智慧流域大数据批量计算主要应用于海量、非实时静态数据的批量计算和处理。批量计算凭借其低成本、高可靠性、高可扩展性的特点，在离线数据处理业务中得到了广泛的应用。当前的离线计算框架众多，需要针对数据的特点，从编程模型、存储介质、应用类型等角度选择合适的离线计算框架，以满足智慧流域大数据应用场景的需求。

Google 公司在 2004 年提出的 MapReduce 是最具代表性的批处理模式。MapReduce 是一个使用简易的软件框架，用于大规模数据集的并行运算，主要用来分析大规模离线数据。基于 MapReduce 实现的应用程序能够运行在由数千台商用机器组成的大型集群上，并以一种可靠容错的并行处理大规模数据集。MapReduce 的核心思想包括两个方面：①将问题分而治之。②把计算推到数据所在的服务器，而不是把数据推到计算，有效地避免数据传输过程中产生的大量通信开销。它的优点主要有两个方面：①不仅能用于处理大规模数据，而且能将很多繁琐的细节隐藏起来，如自动并行化、负荷均衡和灾备管理等，这将极大简化开发工作。②伸缩性非常好，能够方便集群的扩展。MapReduce 的不足是其不适应实时应用的需求，只能进行大规模离线数据分析。

Pig 是在 MapReduce 上构建的一种高级查询语言，把一些运算编译进 MapReduce 模型的 Map 和 Reduce 中，适合于处理大型半结构化数据集，简化 Hadoop 的使用。

HiveQL 是在 MapReduce 之上构建的能够提供完整的 SQL 查询功能的语言，大幅简化 HDFS 中海量数据的统计分析过程。

Mahout 是一个分布式机器学习算法的集合，其最大的优点就是基于 Hadoop 实现，将很多以前运行于单机上的算法转化为 MapReduce 模式，提升了算法可处理的数据量和性能。

4.5.4 数据分析技术

数据分析是智慧流域水利大数据处理的核心，数据集成和清洗是数据分析的基础，大数据的价值产生于数据分析。由于智慧流域水利大数据的海量、复杂多样、变化快等特性，大数据环境下的传统小数据分析算法很多已不再适用，需要采用新的数据分析方法或对现有数据分析方法进行改进。智慧流域大数据分析常用方法包括统计分析方法、数据挖掘方法、机器学习方法及新兴方法。

1. 统计分析方法

统计分析方法是通过整理、分析、描述数据等手段，发现被测对象的本质，甚至预测被测对象未来的一类方法。统计分析可以为大数据集提供两种服务：描述和推断。描述性的统计分析可以概括或描述数据的集合，而推断性统计分析可以用来绘制推论过程。更加复杂的多元统计分析技术有：多重回归分析（简称回归分析）、判别分析、聚类分析、主元分析、对应分析、因子分析、典型相关分析、多元方差分析等。

2. 数据挖掘方法

传统的数据挖掘是在大型数据存储库中自动发现有用信息的过程，其方法主要有分类分析、回归分析、关联分析、聚类分析、异常检测和汇总等六种。2006 年，电气和电子工程师协会国际数据挖掘会议（IEEE International Conference on Data Minging，IEEE ICDM）评选出十个最具影响力的数据挖掘算法，包括：分类决策树算法（C4.5）、K 均值（K-means）聚类算法、支持向量机算法（Support Vector Machine，SVM）、布尔关联规则频繁项集算法（Apriori）、最大期望算法（Expectation Maximization，EM）、网页排名算法（PageRank）、提升算法（AdaBoost）、k 近邻算法（k Nearest Neighbors，kNN）、朴素贝叶斯算法（Naïve Bayes，NB）和分类回归树算法（Classification And Regression Tree，CART）。此外，也有其他先进的计算智能算法，如神经网络和遗传算法应用于不同领域数据挖掘当中。在大数据环境下，进行数据挖掘时，需要对采用的算法进行并行化，以提高算法的性能，发挥大规模数据平台的优势。

3. 机器学习方法

机器学习是人工智能（Artifical Intelligence，AI）的一个分支，涉及概率论、统计学、逼近论、凸分析、计算复杂性理论等多门学科。机器学习理论主要是设计和分析一些让计算机可以自动"学习"的算法。机器学习算法是一类从数据中自动分析获得规律，利用规律对未知数据进行预测的算法。机器学习大体上可分为监督学习（Supervised Learning）、无监督学习（Unsupervised Learning）、半监督学习（Semi - supervised Learning）和增强学习（Reinforcement Learning）等几类，如表 4 - 1 所示。在智慧流域大数据环境下，机器学习算法要结合分布式和并行化大数据处理技术，以便提升可扩展性和计算效率，同时还要考虑数据长尾效应、数据的信息物理耦合特性等。

表 4 - 1　　　　　　　　　　机 器 学 习 方 法 总 结

大类	定义	小类	方法举例
监督学习	从给定的训练数据集中学习出一个函数，当新的数据到来时，可以根据这个函数预测结果。监督学习的训练集要求是包括输入和输出，也可以说是特征和目标。训练集中的目标是人为标注的	分类	k 近邻、决策树、向量机、贝叶斯分类器、集成学习、隐马尔可夫模型等
		回归	神经网络、高斯过程回归
无监督学习	与监督学习相比，训练集没有人为标注的结果	聚类	自组织映射、层级聚类、聚类分析
		规则学习	关联规则学习
半监督学习	介于监督学习与无监督学习之间，同时使用有标记和无标记数据	—	生成式模型、半监督支持向量机、协同训练、图半监督学习等
增强学习	通过观察来学习如何做成动作。每个动作都会对环境有所影响，学习对象根据观察到的周围环境的反馈来做出判断	—	Q学习、时间差分学习等

4. 新兴方法

随着数据规模的增大，对机器学习算法的可扩展性、稀疏性和鲁棒性提出了更高要求。为从智慧流域大数据中获得更准确、更深层次的知识，需要提升分析挖掘系统对数据的认知计算能力，采用人工智能方法使分析挖掘系统具备对数据的理解、推理、发现和决策能力。交互式可视化分析、深度学习、随机矩阵理论、自然语言处理、群智能等新的数据分析方法也成为智慧流域大数据分析挖掘的重要技术。

5. 方法小结

智慧流域大数据除了规模大以外，还有维度高的特点，在分析挖掘中通常会进行降维处理，因而特征学习和特征选择算法仍然不可忽视。智慧流域大数据的信息物理系统的耦合特性也增加了分析的难度，而机器学习算法通常缺乏直观的物理解释，因此数据分析挖掘结果还需要结合业务领域知识给予合理的解释。

以上分析方法并不严格孤立，存在着交叉融合，但每种数据分析方法都有其应用特点，在智慧流域大数据应用中需要针对具体的业务采用合适的数据分析方法，同时还需考虑算法的计算性能、可编程性和易用性等问题。

4.5.5 数据可视化技术

数据可视化是利用图形图像处理、计算机视觉及用户界面，对数据加以可视化解释的高级技术方法。其目的是围绕一个主题，在保证信息传递准确、高效的前提下，以新颖、美观的方式，将复杂高维的数据投影到低维度的画布上。根据技术原理，数据可视化方法可以划分为基于几何的技术、面向像素的技术、基于图标的技术、基于层次的技术、基于图像的技术以及分布式技术等；按照数据的不同类型，数据可视化技术分为：文本可视化、网络（图）数据可视化、时空数据可视化、多维数据可视化等。

大数据时代，数据往往是海量、高维、复杂关联的，传统的可视化方法无法满足大数据可视化的实时性和人机交互高频性要求。大数据可视化分析通过有效融合计算机的大规模计算能力和人的认知能力，基于人机交互实时计算和可视化展示数据，获得大规模复杂数据集隐含的信息。大数据可视化在智慧流域大数据中的应用包括以下几方面。

（1）流域全景态势概览。针对智慧流域大数据的时域和地域特征，通过大数据可视化技术，将流域运行状态数据与全景的流域信息和 GIS 结合，可绘制流域的水网地图，对历史数据、实时数据以及未来预测规划数据进行流线化动态展示，展示流域数据集全貌，预估流域全景全域的发展态势。

（2）高维数据动态分析。针对智慧流域大数据高维、复杂的特征，可采用多维多尺度分析方法，对高维数据进行降维，投影到直角坐标或者三维空间，结合差异化的配色和不同尺寸的几何图形进行动态展示。

（3）高频交互可视化分析。根据智慧流域大数据的层级特征，可建立多层次的可视化数据结构，通过人机交互，快速实现对数据的下钻、上卷、切片，进行不同粒度数据的多层级可视化展示。

4.5.6 数据安全与隐私保护

智慧流域大数据应用涵盖水灾害、水资源、水生态、水环境、水工程等全部业务领域，包括工程安全运行数据、水网调度数据、企业运营管理数据、各业务系统的核心档案等隐私数据。不同类型的业务数据在大数据架构的逻辑层面上高度集中，随之而来的数据安全与隐私问题日渐凸显，需要改进现有的安全与保护模式，特别是扩展现有的安全技术，以满足大体积、多样化和速度快的大数据安全性与隐私性要求。

1. 数据安全

认证和访问控制是大数据环境下行之有效的数据安全保障方法。水利大数据主要从安全认证、访问控制、完整性验证和物理隔离等方面实现数据安全与保护。

（1）安全认证。安全认证是指用户在使用分布式存储和计算等服务时，首先必须经过服务的安全认证，通过确认用户信息和口令，实现访问者合法身份的验证。同时，各级服务之间也需要相互的认证。服务需求者和提供者需要接受默认的安全协议。

（2）访问控制。传统的访问控制协议，是一种粗粒度的访问控制，无法满足大数据环境下，多租户访问角色和多层级访问控制的需求，同时，日益复杂的安全法律和政策限制也对数据的访问控制提出了新的要求，通过基于多租户和细粒度的访问控制解决上述问题。对于多租户访问控制，当前主要通过组用户的方式来设置用户对 HDFS、Hive 的访问权限。

（3）完整性验证。完整性验证能够防止外界对平台上数据集的篡改和安全性攻击，又能够防止合法用户无意中对数据造成的破坏。在具体操作手段上，可采用完善的授权机制应对可能存在的采集源风险，并考虑通过设计识别 Sybil 攻击和 ID 欺骗攻击的算法来降低被攻击的可能性。

（4）物理隔离。物理隔离是指利用安全网络对安全域边界、网络、主机等按照相应的等级防护要求进行统一的安全防护。在不同等级的安全域之间采用硬件防火墙等设备进行网络隔离，并采取入侵检测与防御策略，实现智慧流域在应用和数据层面、集群节点层面和桌面终端层面的全面保护。

2. 隐私保护

针对智慧流域中由于集中存储可能导致的数据泄露等问题，一方面，完善静态数据加密、访问控制和授权机制，从访问控制方面进行管控，通过完善的访问日志记录，实现访问的事后审计和查询，进而进行数据使用追溯；另一方面，通过隐私法规和合同约束数据接收方重新识别匿名数据，同时采用合理的数据输出手段，降低数据接收方累积数据的可能性。

隐私保护技术主要包括基于数据失真技术、基于数据加密技术和基于限制发布技术等。

（1）基于数据失真的技术通过添加噪声等方法，使敏感数据失真但同时保持某些数据或数据属性不变，仍然可以保持某些统计方面的性质。第一种方法是随机化，即对原始数据加入随机噪声，然后发布扰动后的数据；第二种方法是阻塞与凝聚，阻塞是指不发布某些特定数据，凝聚是指原始数据积累分组存储统计信息；第三种方法是差分隐私保护。

（2）基于数据加密的技术是指采用加密技术在数据挖掘过程中隐藏敏感数据的方法，包括安全多方计算和分布式匿名化。前者是使两个或多个站点通过某种协议完成计算后，每一方都只知道自己的输入数据和所有数据计算后的最终结果；后者是保证站点数据隐私、收集足够的信息实现利用率尽量大的数据匿名。

（3）基于限制发布技术是指有选择地发布原始数据、不发布或者发布精度较低的敏感数据，实现隐私保护。当前这类技术的研究集中于"数据匿名化"，保证对敏感数据及隐私的披露风险在可容忍范围内。

4.5.7　关键技术对比

智慧流域大数据以业务应用为发展导向，以技术整合为发展驱动。随着水利业务应用的进一步深化，智慧流域大数据处理对技术的性能、种类、创新的要求越来越高。目前，智慧流域大数据应用涉及数据采集、数据存储、数据处理、数据分析及数据可视化等，涵盖了开源技术、商用软件等多个领域，不同的技术之间存在交集，又各具特点，能够在适宜的应用场景下发挥强大的作用。智慧流域大数据的业务实现是一个大数据技术的整合过程，针对特定的业务需求需要若干技术的协同工作来满足。表4-2梳理了水利大数据关键技术的基本信息、特点及适用场景等内容。

表4-2　　　　　　　　　　　　　水利大数据关键技术对比

技术类别	技术名称	技术介绍	技术特点	适用场景
数据采集	Flume	一种分布式、高可用、高可靠的海量日志采集、传输和聚合组件	主要用于数据采集，提供对数据采集的定制和简单处理并按要求写入存储组件；易于管理，可伸缩性强	平台日志采集；流式数据采集
	Sqoop	数据库抽取工具	主要用于在 Hadoop（Hive、HBase）与传统的关系型数据库（如MySQL、PostgreSQL等）之间进行数据的传递	结构化关系型数据批量采集
	Kettle	可视化 ETL 工具	提供可视化 ETL 操作界面，用于配置 ETL 任务及相应数据处理规则	复杂的半结构化数据（如 txt 等）采集
数据存储	HDFS	一种高性能、高可靠、高可伸缩性的分布式文件系统，是 Hadoop 的底层文件系统	主要以文件的形式存储平台海量结构化、半结构化数据，是平台数据的重要基础逻辑载体	非结构化数据的高效存储
	HBase	分布式的列式数据库	主要用于大规模结构化数据存储和检索，是智慧流域海量数据集即时查询的重要组件。需要加大该组件在水利业务领域的探索力度，扩大平台数据处理的范围	高并发查询效率高、查询条件单一的海量明细档案或者结果数据的存储
	Hive	分布式数据仓库	支持 SQL92 的大部分标准，用户可以快速实现不同业务应用中大规模数据集分析功能；可以为平台 HBase、Spark 等提供数据源，实现高效的数据应用，并且可以利用类 SQL 的语句进行统计分析，降低学习和开发成本，在智慧流域大数据体系的数据仓库管理中起着非常关键的作用	存储历史的、全量结构化数据
	Kafka	一种高吞吐量的分布式发布订阅消息系统	可以利用 Hadoop 的并行加载集中统一在线和离线数据的处理，根据时间灵活制定数据消费策略，满足智慧流域水利大数据不同时效的数据的即时存储需求	流式数据的即时存储

续表

技术类别	技术名称	技术介绍	技术特点	适用场景
数据存储	Gbase 8a	一种商用的高性能、高可用的并行关系数据库系统	具有高效、超低延迟等优势，用于存储海量结构化数据并进行快速统计分析，其 SQL 语句完全符合 SQL92 标准	海量结构化数据的存储，并可以进行快速不同维度的统计分析
	MongoDB	一种分布式的文档数据库	兼备文档数据库和关系数据库的功能，且在不断丰富与完善；在水利大数据架构中可替代关系型数据库组件，解决关系数据库大量表关联难以使用和维护等问题，提供更高的性能	文档数据存储；多表复杂关联查询的业务
	Neo4j	高性能的 NoSQL 图形数据库	将结构化数据存储在网络上而不是表中，可被看作是一个高性能的图引擎；具有事务支持、高可用性和高性能等一般数据库的基本特性，同时还可以进行大规模可扩展性和非常快的图形算法	水利数据分析结果图的存储；可视化显示图的存储
	OpenTSDB	分布式时间序列数据库	使用 HBase 作为存储中心，无须采样便可完整地收集和存储上亿的数据点；支持秒级的数据监控；HBase 可以灵活支持 metrics 的增加，可以支持上万台机器和上亿数据点的采集	基于时间维度的高速检索查询
	VoltDB	分布式内存数据库	使用 SQL 存取，是一个内存中的开源联机事务处理数据库，能够保证事务的完整性；大幅降低了服务器资源的开销，单节点每秒数据处理远远高于其他数据库管理系统	实时数据分析，高吞吐的快速查询
数据处理	MapReduce	Google 提出的一种简单高效的计算思想，是 Hadoop 的底层计算引擎	适用于多种不同的应用领域，是智慧流域水利大数据业务开展的重要计算组件。随着业务深化和分析挖掘复杂度的提升，未来将会被更高效的计算模型取代	海量数据离线计算；数据分析与挖掘算法
	Spark	一种类似于 Hadoop 的开源集群计算环境，是对 Hadoop 生态技术的扩展与增强	适用于任何 Hadoop 数据处理的领域，但基于其高成本的内存计算，仅在海量数据查询中应用；需要随着 Spark MLlib 功能的不断强大，加深其在数据分析和数据挖掘领域的应用	海量数据迭代计算；实时计算；图计算；机器学习
	Storm	一种分布式实时计算系统	适用于处理高速、大型、细粒度数据流，是最佳的流式计算框架，但其高实时数据采集会对系统性能造成较大压力。因此，在亚秒级别的数据采集应用中，建议采用 Spark Streaming 替代	实时数据计算

技术类别	技术名称	技术介绍	技术特点	适用场景
数据分析	R	一种开源的统计分析软件，提供了丰富的经典统计分析算法和绘图技术，具有非常丰富的程序包，实现了很多经典的、现代的统计算法	编程简单，有活跃的社区支持和丰富的算法包，且算法包很容易安装使用，可快速实现数据的统计分析；提供了方便的画图工具，易于实现分析中间过程和最终结果的可视化	数据量不是特别大时的数据实验及数据探索分析和算法原型开发的场景，数据量较大时可考虑 SparkR 和 Rhadoop 等分布式算法组件
数据分析	Python	一种被广泛使用的高级、通用、解释性的动态编程语言，提供丰富的算法库	上手快速，活跃的社区提供了丰富的如 Pandas、Scikit. learn、Numpy、Scipy、Ipython 和 Matplotlib 等的数据科学算法库，可快速实现数据的分析、挖掘及可视化，同时提供最新的如深度学习的机器学习算法库	小数据量的数据清洗、数据探索分析和机器学习算法的快速实现
数据分析	MATLAB	一款在高校、科研院所被广泛使用的，用于算法开发、数据可视化、数据分析以及数值计算的商业数学软件，提供演算纸式编程和交互式环境	编程简单，无须考虑底层实现，特别适合矩阵计算相关算法的研究和开发；同时，提供一个可视化仿真环境 Simulink	小数据量数据的算法研究和原型系统开发，软件本身提供一个轻量级并行运行库
数据可视化	Yonghong BI	可在前端进行多维分析和报表展现的敏捷商业智能（BI）软件	通过拖拽图表模块操作，支持多种格式的数据源，可实现跨库跨源的数据连接；具有简单易用、多样化呈现、交互式体验、支持各类移动终端等特色	可视化报销快速制作及发布，无须进行二次开发
数据可视化	Tableau	桌面系统中控制台灵活动态、界面友好、容易上手的商业智能（BI）工具软件	程序通过拖放将所有的数据展示到数字"画布"上，可快速创建各种图表，使用者不需要精通复杂的编程和统计原理，就可以完全实现自定义配置。擅长结构化数据的快速可视化，并构建交互界面（通过发布到 Server）	擅长结构化数据的快速可视化，不具备强大的统计分析功能，可构建交互界面，并通过服务器发布和共享数据源界面，支持多用户同时访问
数据可视化	ECharts	基于 HTML5 Canvas，使用 JavaScript 进行开发的商业级数据图表库	可以流畅地运行在 PC 和移动设备上，兼容当前绝大部分浏览器，底层依赖轻量级的 Canvas 类库 Zrender，提供直观、生动、可交互、可高度个性化定制的数据可视化图表。自带去除奇异点、tuozhuai 重计算、数据漫游功能	大规模数据展示，各类跨平台系统的图表展示；可帮助用户进行初步探索性数据分析

技术类别	技术名称	技术介绍	技术特点	适用场景
数据可视化	D3.js	基于数据的文档操控JavaScript图形库	解决的问题核心是基于数据的高效文档操作使用HTML和CSS实现数据的可视化展示；可在无须捆绑任何专有框架的前提下，结合强大的可视化组件及其数据驱动的DOM操纵方法，充分利用现代浏览器的全部功能展示数据	操作敏捷，支持大数据集和动态交互，功能样式允许通过多样化的组件和插件进行代码重用，适合具有一定编程基础的用户使用

4.6　水利大数据标准体系

通过分析国内外大数据相关标准（中国电子技术标准化研究院 等，2018），并结合水利大数据技术、产品和应用需求，形成能够全面支撑水利大数据的技术研究、产品研发、试点建设的水利大数据标准体系，规范水利系统中的水利大数据产生、流动、处理和应用等过程，重点涵盖大数据基础概念、采集、存储、计算、分析、展示、质量控制、安全防护、服务等方面，适用于水利大数据平台建设和相关标准编制。水利大数据标准体系如表4-3所示。

表4-3　　　　　　　　　水利大数据标准体系

序号	标准分类	标准名称
1	水利大数据基础标准	水利大数据术语
2		水利大数据参考模型
3	水利大数据采集与转化标准	水利信息采集转换规范
4		视频监控信息采集转换规范
5		空间信息采集转换规范
6	水利大数据传输标准	水利通信协议应用层规范
7		水利通信系统建设规范
8	水利大数据存储与管理标准	水利大数据数据模型标准
9		水利大数据分布式存储系统设计规范
10		水利大数据虚拟化存储系统设计规范
11	水利大数据处理与分析	水利大数据商业智能工具应用规范
12		水利大数据可视化工具应用规范
13		水利大数据挖掘标准规范
14	水利大数据质量标准	水利大数据质量控制规范
15		水利大数据质量评估准则

序号	标 准 分 类	标 准 名 称
16	水利大数据安全标准	水利大数据安全技术规范
17		水利大数据隐私防护规范
18	水利大数据服务标准	水利大数据开放数据集规范
19		水利大数据业务数据集成规范
20		水利大数据平台服务接口规范

具体标准分析如下：

（1）水利大数据的基础标准。水利大数据术语规定水利大数据相关的基础术语、定义，保证对水利大数据相关概念理解的一致性；从数据生存周期的角度，提出水利大数据技术参考模型，指导水利大数据模型搭建。

（2）水利大数据的采集与转换标准。规定水利大数据平台上所采集的水利数据的基本内容（如水资源、水灾害、水环境、水生态、水工程等）与属性结构，主要水利数据要素的采集方法（如传感器数据、传统关系型数据库并行、ETL 数据、消息集群数据等的接入）及其技术要求，适用于各类水利信息的采集、处理、更新和转换全过程，规范水利大数据的数据采集接口及转换流程。

（3）水利大数据的传输标准。在参考《水文监测数据通信规约》（SL 651—2014）、《水资源管理系统传输规约》（SL 427—2008）等行业标准的基础上，考虑卫星遥感、移动终端、视频监控等新型采集手段，以及已有采集设备与 IPv6 和 5G 的融合需求，规定支撑智慧水利的信息通信的传输模式和协议，满足大数据环境下大容量水利数据高实时性、高可靠性传输的要求。

（4）水利大数据的存储与管理标准。在参考水利行业标准《水利信息数据库表结构及标识符编制规范》（SL 478—2010）、《基础水文数据库表结构及标识符标准》（SL 324—2005）、《水资源监控管理数据表结构及标识符》（SL 380—2007）等基础上，对已有存储与管理标准的业务，需要增加对半结构化和非结构化数据的存储及管理的内容；对没有存储与管理标准的业务，按照水利大数据的特点对业务数据的存储与管理提出新的标准。该类标准主要规范水利大数据不同数据源的结构化、半结构化和非结构化数据的存储及管理，满足海量水利数据的大规模存储、快速查询和高效计算分析的读取需求。

（5）水利大数据的处理与分析标准。规定水利大数据的商务智能分析和可视化等工具的技术及功能的规范，用于水利大数据计算处理分析过程中的各项技术指标决策。

（6）水利大数据的质量标准。规定水利大数据平台上水利数据采集、传输、存储、交换、处理、展示等全过程的质量控制方法和全面的评价指标，并提出对水利大数据成果的测试方法和验收要求。

（7）水利大数据的安全标准。以数据安全为核心，围绕数据安全，需要技术、系统、平台方面的安全标准，以及业务、服务、管理方面的安全标准支撑，提出个人信息隐私保护的管理要求和移动智能终端个人信息保护的技术要求。

（8）水利大数据的服务标准。规定水利大数据平台上水利数据服务的模式、内容和方式，制定水利数据开放的管理办法，提出水利大数据平台与外部系统之间交互的数据、文件、可视化等服务接口规范。

4.7　水利大数据应用场景

《智慧水利总体方案》总结了水资源、水环境水生态、水灾害、水工程、水监督、水行政、水公共服务等水利大数据应用场景（中华人民共和国水利部，2019）。

1. 水资源智能应用

围绕最严格的水资源管理制度落实、节水型社会建设、城乡供水安全保障等重点工作，在国家水资源监控能力建设、地下水监测工程的基础上，扩展业务功能，汇集涉水大数据，提升分析评价模型智能水平，构建水资源智能应用，支撑水资源开发利用、城乡供水、节水等业务。

2. 水环境水生态智能应用

围绕河湖长制、水域岸线管理、河道采砂监管、水土保持监测监督治理等重点需求，在全国河长制管理信息、水土保持监测和监督管理、重点工程管理等系统基础上，运用高分遥感数据解译、图像智能、数据智能等分析技术，构建水环境水生态智能应用，支撑江河湖泊、水土流失等业务。

3. 水灾害智能应用

围绕水情旱情监测预警、水工程防洪抗旱调度、应急水量调度、防御洪水应急抢险技术支持等重点工作，在国家防汛抗旱指挥、全国重点地区洪水风险图编制与管理应用、全国山洪灾害防治非工程措施监测预警、全国中小河流水文监测等系统基础上，运用分布式洪水预报、区域干旱预测等水利专业模型，提高洪水预报能力，开展旱情监测分析，强化水情旱情预警，强化工程联合调度，构建水灾害智能应用，支撑洪水、干旱等业务。

4. 水工程智能应用

围绕工程运行管理、运维，项目建设管理、市场监督等重点工作，在水利工程运行、全国水库大坝基础数据、全国农村水电统计信息、水利规划计划等管理系统，以及水利建设与管理信息系统、全国水利建设市场监管服务平台、水利安全生产监管信息系统的基础上，强化运行全过程监管，推荐建设全流程管理，加强建设市场监管，构建水工程智能应用，支撑水利工程安全运行、建设等业务。

5. 水监督智能应用

围绕监管信息预处理、行业监督稽查、安全生产监管、工程质量监督、项目稽查和监督决策支持等重点工作，在水利安全生产监管信息化系统的基础上，以"水利一张图"为抓手，提升发现问题能力，提高问题整改效率，强化行业风险评估，构建水监督智能应用，支撑水利监督等业务。

6. 水行政智能应用

围绕资产、移民、项目规划、财务、移民与扶贫、机关事务等行政事务管理需求，优化完善现有系统，利用水利大数据的人工智能等技术支撑，构建水行政智能应用，实现智慧资产监管，移民、扶贫智能监管，项目智能规划，智慧机关建设，财务智能管理。

7. 水公共服务智能应用

围绕政务服务全国"一网通办"，加快政府供给向公众需求转变的核心需求，以社会公众服务为导向，做好已取消或下放审批事项的事中事后监督，以多元化信息服务为抓手，构建水公共服务智能应用。运用移动互联、虚拟/增强现实、"互联网＋"、用户行为大数据分析等技术，创新构建个性化水信息、动态水指数、数字水体验、水智能问答、一站式水行政等服务，全面提升社会各界的感水治水能力、节水护水素养、管水治水服务水平。

4.8　本章小结

智慧时代产生的爆炸式水利信息数据催生了水利大数据。水利大数据对提高水利管理效率和决策水平，发挥水利在社会经济、生态环境中的作用和效益，促进水利可持续发展，具有极其重要的现实意义。它旨在突破跨部门、领域、业务之间的数据壁垒，促进水利管理业务变革，提升治水智能化水平。通过对水利大数据基础性问题的研究，得出如下结论。

（1）根据对大数据的概念理解，以及对大数据研究方法与传统研究方法的对比，解析了水利大数据的内涵特征，为正确认识和使用水利大数据提供了思路。

（2）提出了集"总体架构、功能架构、技术架构、部署架构与应用架构"于一体的水利大数据基础体系架构，为指导水利大数据的建设提供顶层参考。

（3）总结了水利大数据关键技术，包括数据采集技术、数据存储技术、数据处理技术、数据分析技术、数据可视化技术、数据安全与隐私保护。并对使用的关键技术组件进行了对比分析。

（4）结合数据全周期管理，从基础、技术、产品、应用等方面综合考虑提出水利大数据标准体系，为规范大数据在水利系统中的流动和处理过程提供了依据。

（5）总结了水利大数据在水资源、水环境水生态、水灾害、水工程、水监督、水行政、水公共服务等业务管理中的应用场景，为水利大数据的应用指明方向。

水利大数据是新型的战略资源，是水利科学发展的趋势和新一代引擎，是水信息学新的发展方向，也是大数据研究的重要领域。国内外对水利大数据理论、方法与技术的研究仍处于起步阶段，水利数据壁垒依然存在，大数据分析方法不能发挥"威力"，业务应用尚未体现其规模化效益。因此，为全面推动水利大数据发展，需要在水利主管部门的组织下，联合政府、企业、高校和科研院所，产、学、研全方位配合，戮力同心，共谋水利大数据健康有序发展。

参考文献

蔡阳，2017. 以大数据促进水治理现代化 [J]. 水利信息化，(4)：6-10.

蔡阳，2018. 智慧水利建设现状分析与发展思考 [J]. 水利信息化，(4)：1-6.

蔡阳，谢文君，付静，等，2015. 全国水利普查空间信息系统的若干关键技术 [J]. 测绘学报，44（5）：585-589.

常杪，冯雁，郭培坤，等，2015. 环境大数据概念、特征及在环境管理中的应用 [J]. 中国环境管理，

7 (6)：26 - 30.

陈军飞，邓梦华，王慧敏，2017. 水利大数据研究综述 [J]. 水科学进展，28 (4)：622 - 631.

陈雷，2016. 贯彻网络强国战略思想，开创水利网信新局面 [J]. 水利信息化，(4)：1 - 4.

程春明，李蔚，宋旭，2015. 生态环境大数据建设的思考 [J]. 中国环境管理，7 (6)：9 - 13.

段军红，张乃丹，赵博，等，2015. 电力大数据基础体系架构与应用研究 [J]. 电力信息与通信技术，13 (2)：92 - 95.

方海泉，薛惠锋，蒋云钟，等，2017. 基于 EEMD 的水资源监测数据异常值检测与校正 [J]. 农业机械学报，48 (9)：257 - 263.

方巍，郑玉，徐江，2014. 大数据：概念、技术及应用研究综述 [J]. 南京信息工程大学学报，6 (5)：405 - 419.

龚健雅，李小龙，吴华意，2014. 实时 GIS 时空数据模型 [J]. 测绘学报，43 (3)：226 - 232.

林旺群，高晨旭，陶克，等，2017. 面向特定领域大数据平台架构及标准化研究 [J]. 大数据，3 (4)：46 - 59.

林为民，余勇，梁云，等，2015. 支撑全球能源互联网的信息通信技术研究 [J]. 智能电网，3 (12)：1097 - 1102.

刘丽香，张丽云，赵芬，等，2017. 生态环境大数据面临的机遇与挑战 [J]. 生态学报，37 (14)：4896 - 4904.

刘业森，郭良，张晓蕾，等，2017. 全国山洪灾害调查评价成果数据管理平台设计 [J]. 南水北调与水利科技，5 (6)：196 - 202.

陆佳民，冯钧，唐志贤，等，2017. 水利大数据目录服务与资源共享关键技术研究 [J]. 水利信息化，(4)：17 - 20, 27

黄波，赵涌泉，2017. 多源卫星遥感影像时空融合研究的现状及展望 [J]. 测绘学报，46 (10)：1492 - 1499.

黄哲学，曹付元，李俊杰，等，2012. 面向大数据的海云数据系统关键技术研究 [J]. 网络新媒体技术，1 (6)：20 - 26.

莫荣强，艾萍，吴礼福，等，2013. 一种支持大数据的水利数据中心基础框架 [J]. 水利信息化，(6)：16 - 20.

申建建，曹瑞，苏承国，等，2019. 水火风光多源发电调度系统大数据平台架构及关键技术 [J]. 中国电机工程学报，39 (1)：43 - 55.

孙忠富，杜克明，郑飞翔，等，2013. 大数据在智慧农业中研究与应用展望 [J]. 中国农业科技导报，15 (6)：63 - 71.

陶雪娇，胡晓峰，刘洋，2013. 大数据研究综述 [J]. 系统仿真学报，25 (S)：142 - 146.

彭小圣，邓迪元，程时杰，等，2015. 面向智能电网应用的电力大数据关键技术 [J]. 中国电机工程学报，35 (3)：503 - 511.

任磊，杜一，马帅，等，2014. 大数据可视分析综述 [J]. 软件学报，25 (9)：1909 - 1936.

饶玮，蒋静，周爱华，等，2016. 面向全球能源互联网的电力大数据基础体系架构和标准体系研究 [J]. 电力信息与通信技术，14 (4)：1 - 8.

宋亚奇，周国亮，朱永利，2013. 智能电网大数据处理技术现状与挑战 [J]. 电网技术，37 (4)：927 - 935.

王继业，2017. 智能电网大数据 [M]. 北京：中国电力出版社.

王忠静，王光谦，王建华，等，2013. 基于水联网及智慧水利提高水资源效能 [J]. 水利水电技术，44 (1)：1 - 6.

吴冲龙，刘刚，张夏林，等，2016. 地质科学大数据及其利用的若干问题探讨 [J]. 科学通报，61 (16)：1797 - 1807.

夏军，石卫，2016. 变化环境下中国水安全问题研究与展望 [J]. 水利学报，47 (3)：292 - 301.

夏军，石卫，雒新萍，等，2015. 气候变化下水资源脆弱性的适应性管理新认识 [J]. 水科学进展，26 (2)：279 - 286.

徐子沛，2012. 大数据 [M]. 桂林：广西师范大学出版社.

叶继元，陈铭，谢欢，等，2017. 数据与信息之间逻辑关系的探讨——兼及 DIKW 概念链模式 [J]. 中国图书馆学报，(3)：34 - 43.

张东霞，苗新，刘丽平，等，2015. 智能电网大数据技术发展研究 [J]. 中国电机工程学报，35 (1)：2 -12.

张峰，薛惠锋，宋晓娜，等，2017. 水资源监测异常数据模态分解-支持向量机重构方法 [J]. 农业机械学报，48 (11)：316 - 323.

张毅，贺桂珍，吕永龙，等，2019. 我国生态环境大数据建设方案实施及其公开效果评估 [J]. 生态学报，39 (4)：1290 - 1299.

赵国栋，易欢欢，糜万军，等，2013. 大数据时代的历史机遇——产业变革与数据科学 [M]. 北京：清华大学出版社.

中华人民共和国国务院. 关于印发《促进大数据发展行动纲要》的通知 [A/OL]. (2015 - 08 - 31) [2019 - 05 - 05]. http://www. gov. cn/zhengce/content/2015-09-05/content _ 10137. htm.

中华人民共和国水利部，2017. 关于推进水利大数据发展的指导意见 [A]. 北京：水利部网络安全与信息化领导小组办公室.

中华人民共和国水利部，2019. 智慧水利总体方案（水信息〔2019〕220 号）[A]. 北京：中华人民共和国水利部：3 - 65.

中国电力工程学会信息化专业委员会，2013. 中国电力大数据发展白皮书 [M]. 北京：中国电力出版社.

中国电子技术标准化研究院，全国信息技术标准化技术委员会大数据标准工作组，2018. 大数据标准化白皮书 [R]. 北京：中国电子技术标准化研究院，全国信息技术标准化技术委员会大数据标准工作组.

CHEN Y H, HAN D W, 2016. Big data and hydroinformatics [J]. Journal of Hydroinformatics, 18 (4)：599 - 614.

GRAHAM - ROWE D, GOLDSTON D, DOCTOROW C, et al., 2008. Big data：Science in the petabyte era [J]. Nature, 455 (7209)：8 - 9.

JONATHAN T O, GERALD A M, 2011. Special online collection：Dealing with data [J]. Science, 331 (6018)：639 - 806.

JI C Q, LI Y, QIU W M, et al., 2012. Big data processing in cloud computing environments [C] //Proceedings of the 12th International Symposium on Pervasive Systems, Algorithms and Networks. San Marcos：IEEE：17 - 23.

SKΦIEN J O, SCHULZ M, DUBOIS G, et al., 2013. A Model Web approach to modeling climate change in biomes of Important Bird Areas [J]. Ecological Informatics, 14：38 - 43.

WU G S. 大数据漫谈之四：Velocity——天下武功，唯快不破 [EB/OL]. (2013 - 05 - 28) [2019 - 05 - 05]. http：//www. huxiu. com/article/15106/1. html.

第 5 章　智慧流域智能仿真技术体系

5.1　引言

流域智能仿真就是将真实的流域环境搬入计算机，实现流域环境和物体的计算机虚拟表达，并且能够与真实世界进行动态交互和协调调整。而智能仿真系统的更高要求就是和科学计算可视化的结合，在计算机生成的流域三维虚拟环境中模拟现实世界中事物的变化过程，从而预测事件的未来发展和挖掘其中蕴含的规律，为流域的综合管理和规划提供辅助决策支持（冶运涛 等，2019a、2019b）。

随着计算机技术的发展，仿真技术也发展出了多种技术形态和计算模式，包括：分布交互仿真、网格仿真、并行仿真、云仿真等，为满足不同时代仿真应用需求提供了解决方法。然而，由于复杂流域系统具有不确定性、自适应性以及动态演化机理，使得建模与仿真方法始终缺乏对复杂流域系统进行精确描述的能力，即使相当精细的系统仿真模型仍然不能正确地预测复杂流域系统的行为。例如：随着实际流域系统运行，流域系统的状态和结构发生了自适应变化，使得预先定义的仿真模型、参数与实际系统的误差不断积累和扩大。在这种情况下，面向复杂流域系统的建模与仿真研究对仿真技术提出了更高要求，即实现仿真系统与实际系统的实时互动，通过数据交互实现模型、参数的实时更新，从而实现仿真系统与实际系统的协同演化。复杂流域系统建模与仿真要求将仿真系统嵌入到实际系统中，参与和控制实际流域系统的执行，从而将流域仿真系统与实际流域系统有机高效地结合起来。

本章主要研讨流域智能仿真平台建设需求和开发基础，提出流域智能仿真框架，研究流域智能仿真的虚拟仿真关键技术、流域智能仿真的实时模拟技术和流域智能仿真的实时交互技术。

5.2　流域智能仿真平台建设需求

虽然对流域信息化建设已有较多的研究（清华大学水沙科学教育部重点实验室，四川省都江堰管理局，2004），但多体系协同运行的研究模式还没有完善的框架。所以需要开发实时的流域智能仿真系统，将流域的原型观测、数学模型计算和实体模型试验的成果集成于仿真平台中，为流域的战略宏观问题、专业系统协调和重大突发事件的决策提供支持。在流域三维漫游演示、研究成果可视化和连接与交互接口方面的需求如下（王兴奎等，2006）。

（1）流域三维漫游演示。建立流域三维虚拟仿真平台，实时显示流域的水文气象、人文地理、社会经济等各种属性或参数，在友好的人机交互环境下进行漫游浏览、信息查询、规划方案显示、调度指挥、远程监控。采用人工配音方式对所演示的内容进行解说。

（2）研究成果可视化。在流域的水利规划、开发、管理过程中，需要采用各种方法，特别是数学模型和实体模型对各种专题进行研究，其成果应在三维虚拟场景中实时显示，如枢纽布局、工程效果、水流状态、泥沙冲淤、生态环境、水质污染等。另外也可以模拟降雨、产流和洪水演进过程，根据天气预报和野外观测的结果，在三维虚拟场景下实时显示流域内降雨的区域及强度。通过产流产沙模型计算流域的产汇流过程并实时传输给水动力模型进行河道洪水演算，将计算结果在虚拟场景下同步显示，动态掌握洪水演进过程、淹没范围，实时制定防洪预案。

（3）连接与交互接口。系统需要集成多种研究手段协调工作，必须具有与各种方法相联系的接口，如与数学模型和实体模型的接口。仿真平台通过网络、数据库、管道等技术进行数据和指令交互，从图形界面对计算、试验、观测等数据进行统一管理与显示，达到各种方法统一控制、协调运行的目的。

5.3 流域智能仿真平台开发基础

（1）数据库。数据库是开发仿真平台的基础，有专业数据，也有地理数据。专业数据如通过观测、计算、试验等所得的各种流域水文水资源数据，地理数据则有空间数据和属性数据两大类。可采用1∶1万、1∶5万数字等高线图、正射影像图和1∶25万全图层数字地图拼接、组合，经过纹理贴图、矢量数据叠加，生成各种精度、多种用途的三维仿真地形图；另外根据结构图和图片资料，生成各种地物的三维仿真模型，这些均为系统虚拟仿真提供基础空间数据。为进行信息的综合与查询，需要将三维场景中的各个三维实体进行编码列表，输入其相应的属性信息，如实体标识名、属性说明、图片、多媒体等信息存入数据库中，组成其属性数据，为各子系统的开发提供数据支持。

（2）数学模型库。开发基础的模块和构件，建立各类专题模型，根据模型库的规则存放。如区间的产汇流数学模型，以干流和区间来流为基础的长河道一维非恒定水动力模型，可以研究洪水远距离的传播过程，亦为实体模型和二维或三维数学模型提供边界条件。与实体模型范围一致的二维或三维水动力数学模型则可与实体模型耦合运行，互为补充和支持。

实体模型。对于重要的河段或水利工程枢纽区的水流泥沙问题，应根据相似理论建立实体模型进行专门研究。

5.4 基于范式融合的流域智能仿真框架

5.4.1 流域智能仿真相关理论范式

5.4.1.1 平行系统

平行系统（Parallel Systems）的构想起源于1994年智能系统的研究（Wang，1994）。

王飞跃提出嵌入式协同仿真方法，即将协同仿真（Co‐Simulation）嵌入到实际系统中实现实际系统的智能控制，并将其命名为影子系统（Shadow Systems）。2004 年王飞跃思考复杂系统领域中的人工现象问题（王飞跃 等，2004），例如：人工生命、人工系统、人工社会，并强调"虚"空间的重要作用，同时从不同层面的理论、方法与应用展开了复杂系统与人工社会相互交叉融合的系统性研究（王飞跃，2004a），并开展了基于人工社会的计算实验理论与仿真研究（王飞跃，2004b），提出了利用平行系统方法解决复杂系统的管理与控制问题（王飞跃，2004c）。同年，王飞跃就如何利用计算方法来综合解决复杂社会经济系统和城市综合发展的科学问题，正式提出了人工社会（Artificial Societies）、计算实验（Computational Experiments）与平行执行（Parallel Execution）相结合的 ACP 方法（王飞跃，2004d；Wang et al.，2004），系统阐述了这一方法的指导思想、基础原理、应用方向和解决方案，以解决复杂系统中不可准确预测、难以拆分还原、无法重复实验等复杂性问题（王飞跃 等，2011）。ACP 方法的思想在于首先通过数据、算法、模型等在虚空间中构建人工系统；然后将人工系统作为虚空间的实验室，在其中采用计算实验方法研究各种可能的现实情景，对影响复杂系统行为的各种可能因素进行定量分析；最后，通过多种数据感知与数据同化方法实现人工系统与实际系统的平行执行，实时测量实际系统的状态数据，更新人工系统的模型、参数、算法，确保人工系统的计算实验结果的可靠性，并通过计算实验分析支持实际系统的优化管理与控制。平行系统的思想与方法已经在多个领域得以研究和应用，例如平行智能交通系统、平行应急管理系统，以及平行军事体系的研讨和应用（Wang，2010；王飞跃，2015；黄文德 等，2012；邱晓刚 等，2013）。

5.4.1.2　数字孪生

数字孪生的概念最早可以追溯到 Grieves 教授于 2003 年在美国密歇根大学的产品全生命周期管理（Product Lifecycle Management，PLM）课程上提出的"镜像空间模型"（Grieves，2005），其定义为包括实体产品、虚拟产品及两者之间连接的三维模型。由于当时技术和认知水平的局限，这一概念并没有得到重视（Glaessgen et al.，2012a、2012b；Kim et al.，2013），此后十年间都没有相关成果发表。直到 2010 年，美国国家航空航天局在太空技术路线图中首次引入了数字孪生的概念（Tuegel et al.，2011），以期采用数字孪生实现飞行系统的全面诊断维护。2011 年，美国空军实验室明确提出面向未来飞行器的数字孪生体范例，指出要基于飞行器的高保真仿真模型、历史数据及实时传感器数据构建飞行器的完整虚拟映射，以实现对飞行器健康状态、剩余寿命及任务可达性的预测（Glaessgen et al.，2012a）。此后，数字孪生的概念开始引起广泛的重视，并逐渐得到应用（杨林瑶 等，2019）。

数字孪生的核心是模型和数据，为进一步推动数字孪生理论与技术的研究，促进数字孪生理念在产品全生命周期中落地应用，陶飞等（2018）结合多年在智能制造服务、制造物联、制造大数据等方面的研究基础和认识，将数字孪生模型由最初的三维结构（APRISO，2014）发展成五维结构模型（Tao et al.，2017），包括物理实体、虚拟模型、服务系统、孪生数据和连接。其中，①物理实体是客观存在的，它通常由各种功能子系统（如控制子系统、动力子系统、执行子系统等）组成，并通过子系统间的协作完成特定任务。各种传感器部署在物理实体上，实时监测其环境数据和运行状态。②虚拟模型是物理实体忠实的数字化镜像，集成与融合了几何、物理、行为及规则 4 层模型。其中：几何模型描述尺寸、形状、装配关系等几何参数；物理模型分析应力、疲劳、变形等物理属性；行为模型响应外界驱动及扰动作用；规则模型对物理实体运行的规律/规则建模，使模型具备评估、优化、预测、评测等功能。③服务系统集成了评估、控制、优化等各类信息系统，基于物理实体和虚拟模型提供智能运行、精准管控与可靠运维服务。④孪生数据包括物理实体、虚拟模型、服务系统的相关数据，领域知识及其融合数据，并随着实时数据的产生被不断更新与优化。孪生数据是数字孪生运行的核心驱动。⑤连接将以上 4 个部分进行两两连接，使其进行有效实时的数据传输，从而实现实时交互以保证各部分间的一致性与迭代优化（Tao et al.，2017）。

基于上述数字孪生五维结构模型实现数字孪生驱动的应用，首先针对应用对象及需求分析物理实体特征，以此建立虚拟模型，构建连接实现虚实信息数据的交互，并借助孪生数据的融合与分析，最终为使用者提供各种服务应用。为推动数字孪生的落地应用，数字孪生驱动的应用可遵循以下准则（陶飞 等，2018）：

（1）信息物理融合是基石。物理要素的智能感知与互联、虚拟模型的构建、孪生数据的融合、连接交互的实现、应用服务的生成等，都离不开信息物理融合。同时，信息物理融合贯穿于产品全生命周期各个阶段，是每个应用实现的根本。因此，没有信息物理的融合，数字孪生的落地应用就是空中楼阁。

（2）多维虚拟模型是引擎。多维虚拟模型是实现产品设计、生产制造、故障预测、健康管理等各种功能最核心的组件，在数据驱动下多维虚拟模型将应用功能从理论变为现实，是数字孪生应用的"心脏"。因此，没有多维虚拟模型，数字孪生应用就没有了核心。

（3）孪生数据是驱动。孪生数据是数字孪生最核心的要素，它源于物理实体、虚拟模型、服务系统，同时在融合处理后又融入到各部分中，推动了各部分的运转，是数字孪生应用的"血液"。因此，没有多元融合数据，数字孪生应用就失去了动力源泉。

（4）动态实时交互连接是动脉。动态实时交互连接将物理实体、虚拟模型、服务系统连接为一个有机的整体，使信息与数据得以在各部分间交换传递，是数字孪生应用的"血管"。因此，没有了各组成部分之间的交互连接，如同人体割断动脉，数字孪生应用也就失去了活力。

（5）服务应用是目的。服务将数字孪生应用生成的智能应用、精准管理和可靠运维等功能以最为便捷的形式提供给用户，同时给予用户最直观的交互，是数字孪生应用的"五感"。因此，没有服务应用，数字孪生应用实现就是无的放矢。

（6）全要素物理实体是载体。不论是全要素物理资源的交互融合，还是多维虚拟模型的仿真计算，抑或是数据分析处理，都是建立在全要素物理实体之上，同时物理实体带动各个部分的运转，令数字孪生得以实现，是数字孪生应用的"骨骼"。因此，没有了物理实体，数字孪生应用就成了无本之木。

5.4.1.3　虚拟地理环境

虚拟地理环境作为新一代地理学语言（林珲 等，2003；林珲 等，2005），自 1998 年在一次学术会议上的非正式提出，发展至今已经经历整整 20 年。其间，从理念初现到架构明晰，从争议颇多到杂然相许，虽谈不上一路艰难，却也九转而成丹（林珲 等，2018）。

启发于陈述彭先生的地学信息图谱（陈述彭，2001）及 Michael Batty 教授的虚拟地理学（Batty，1997），提出虚拟地理环境的初衷就是借助虚拟世界（信息世界），增强对真实世界（物理世界、人文世界）的感知、理解与研究，从而帮助推动真实世界的改造与发展（陈述彭，2001；Batty，1997；Chen et al.，2017）。面向此需求，以地理数据库为核心的传统 GIS 系统在这方面显然力有未逮：仅有大量数据，没有深度分析手段，将无法及时消化数据，甚至消耗和浪费大量计算和存储资源；仅有系统操作工具，没有符合人类认知习惯的易感知手段，也难以催进认知，提升改造潜能与功效。虚拟地理环境的特征在于将人机物三元融合的地理环境作为天然的研究对象，借助由计算机生成的数字化地理环境，并通过多通道人机交互、分布式地理建模与模拟、网络空间地理协同等手段（Batty，1997），以实现对复杂地理系统的感知、认知和综合实验分析（Chen et al.，2017；Lin et al.，2013a）。基于虚拟对象的种类，可以将虚拟地理环境分为相似与增强的现实地理环境、再现与复原的历史地理环境、预测与规划的未来地理环境（林珲 等，2018）。值得强调的是，虚拟地理环境产生于地理环境与虚拟环境，但是其主体是地理环境，主要功能是辅助实现地理环境的感知、认知、理解与探索（Lin et al.，2013b）。地理环境是自然要素（如土壤、水）与人文要素（如人类社会、经济活动）的综合体，承载着地理场景与地理现象，用于表达地理空间分异与格局、地理演化过程及地理要素之间的相互关系。地理环境具备时空局部静态、时空全局动态及系统性的特征；对地理环境的表达与分析，不能仅停留在对于空间分异的描述上，还需要对要素及对象的演化过程、相互作用进行描述与分析，从而实现高级地理分析与探索（Lin et al.，2015；Chen et al.，2015）。而传统 GIS 多关注地理空间几何及位置信息，对于语义、要素关系及演化过程的抽象与表达有所欠缺，无法全面描述与解释地理环境。

发展虚拟地理环境，动态变化的地理环境是其必然研究对象，地理数据库与地理过程模型的融合是基本理念，虚拟与模拟成为必要手段，而表达、感知与协同则成为连接虚拟世界与真实世界的桥梁，辅助实现物理世界、人文世界及信息世界的协调与统一。这是虚拟地理环境区别于一般数字城市、虚拟城市，甚至于虚拟游戏的主要特征所在。在此设计理念指导下，同时针对传统 GIS 在数据支持、时空分析、表达与交互、支持协同工作等方面能力的不足，虚拟地理环境面向地理认知与地理感知，设计了 4 个功能组成部分，包括数据环境、建模与模拟环境、表达环境、协同环境（龚建华 等，2010；闾国年，2011）：

（1）地理数据是地理信息的载体，数据环境为虚拟地理环境的构建提供了数据及信息源。由于地理环境是物质迁移、能量转换、信息传递的发生介质，因此虚拟地理环境的构建不能仅仅停留在对几何数据进行收集与整理的阶段，而应全面考虑对地理环境中对象及现象相关的语义信息、位置信息、几何信息、属性信息、要素关系及演化过程信息进行收集、组织，以形成全息的虚拟地理场景，支持虚拟地理环境的构建（Lü et al.，2018）。这其中，难点在于面向地理环境构建的多源异构信息及数据整合、统一地理时空框架构建、支撑地理分析的场景数据组织等。

（2）地理模型是地理规律的抽象与表达，地理建模与模拟是现代地理学研究的重要手段，建模与模拟环境为在虚拟地理环境中开展动态、综合地理分析提供基础工具和实现手段（Voinov et al.，2018）。在地理数据急剧增长形成"地理（地球）大数据"（Guo et al.，2017）的今天，地理问题及环境分析所欠缺的不是数据，而是有效的地理分析手段；而复杂地理问题的求解，则必须借助多学科合作、协作式探索的模式，以求对综合地理环境的分析与预测。随着网络技术、云计算（边缘计算）等技术的快速发展，网络环境下协作式建模与模拟得到有效支撑，为虚拟地理环境的模拟与分析提供了新的求解模式（Zhang et al.，2016；Wen et al.，2013，2017；Yue et al.，2016），其难点在于面向复杂问题求解的分布式异构模型的共享、集成与模拟控制等。

（3）虚拟环境表达是人类感知、认知及理解环境的窗口，表达环境为研究者、普通公众等提供具备不同认知习惯的表达工具集，从而实现环境信息与用户的正向传输。然而，人类感知信息、认知信息的渠道，除了依靠视觉之外，还包括了触觉、嗅觉、听觉等多种感知途径。虚拟现实（VR）/增强现实（AR）/混合现实（MR）的快速发展，推动了面向多种感知通道表达技术的发展，但是面向地理环境的特殊性，也就是动态性、综合性、感知有限性（地理环境中有一些信息不可被感知，但确实存在，特定场合下需要被表达与感知，如磁场、电场等），相关技术还有待完善。其虚拟地理环境表达环境构建的难点在于面向动态地理环境的多尺度、多维度、多感知通道表达策略的设计与实现。

（4）协同用于实现真实环境及其人、物与虚拟环境及其人、物的相互作用与共同演进，包含了人与人、人与机器、机器与机器的协同。虚拟地理环境并不是独立存在的环境，而是来源于真实地理环境、与真实地理环境协同发展的环境，这其中，真实与虚拟的融合、人与机器的交互、人与人的协作，都是虚拟地理环境协同的一部分（Zhu et al.，2007；Xu et al.，2011），有助于虚拟地理环境对于真实地理环境的刻画与交替演进，从而最终达到"有无相生、虚实共济"。显而易见，虚拟地理环境协同环境的构建，其难点在于虚实融合的协同模式及其实现手段。

5.4.2 基于范式融合的流域智能仿真概念

5.4.2.1 流域智能仿真内涵

流域智能仿真是将流域仿真系统作为人工系统，与实际流域系统协同运行、虚实互动、共同演化发展及相互控制的一种仿真技术应用方法。它基于平行系统框架，以动态数据驱动、数据建模、参数估计、传感器、数据同化算法、自适应建模、数据孪生、虚拟地理环境等技术方法为实现途径，要求流域仿真系统不再与实际流域系统串行执行，而是将流域仿真系统嵌入到实际流域系统中，实现流域仿真系统与实际流域系统的平行执行。流域智能仿真与动态数据驱动的建模仿真在含义和方法上具有一定相似性，但是智能仿真强调与实际流域系统的实时测量过程相结合，要求实际流域系统的实时状态数据的动态注入，并根据实时数据更新仿真系统状态，实现模型和参数的演化调整，同时智能仿真有虚拟流域环境做支撑（冶运涛 等，2019a、2019b）。

流域智能仿真的作用在于提高建模仿真的可靠性。由于复杂系统状态是实时变化的，预先定义的模型和参数难于准确描述和预测复杂系统的状态和行为。由于仿真模型的长时间运行以及系统状态的变化，模型和参数不断积累误差，因此，难于有效预测实际系统的状态，甚至可能偏离实际系统运行轨迹，而造成错误的预测和判断。通过实际系统状态数据的实时采集，对模型和参数进行动态更新，可以矫正仿真系统状态，以提高建模仿真的可靠性。

目前仿真学科领域的学者和工程师普遍认为平行系统就是仿真系统，两者的研究内容和技术方法没有明显的区别。实际上，仿真系统和平行系统并非同一层次的两个概念。

平行系统方法是人工系统、计算实验与平行执行的一体化集成，强调人工系统与实际系统的虚实互动，协同演化。在概念上，仿真系统对应人工系统，属于人工系统的一种类型。而人工系统的构成不仅限于仿真系统，还可以采用数学方程、运筹算法、规划算法、统计模型、机器学习等来构建人工系统。同理，在概念上，仿真对应于计算实验。当采用仿真系统构建人工系统时，计算实验过程包括仿真运行或者仿真推演；当采用数学方程、运筹算法、规划算法、统计模型等构建人工系统时，计算实验可能是数学解析、算法寻优、解空间搜索、模式匹配等计算过程。此外，平行系统强调人工系统和实际系统的虚实互动和协同演化，注重从实际系统中测量系统状态，采集数据，并反馈到人工系统中更新系统状态、模型和参数，使得人工系统基于实际系统实时状态开展计算，提高对实际系统行为预测的正确性。

5.4.2.2　流域智能仿真的特点

流域智能仿真具有以下技术特点：

（1）虚实共生。实际流域系统和流域仿真系统同时存在，构成一种"虚""实"互利共生的结构，流域仿真系统受益于实际流域信息以演化修正自身模型、提高仿真结果精度，实际流域管理则受益于流域仿真系统反馈的仿真结果以提升流域管理的效能。

（2）数据驱动。双向数据交互是互利共生的前提，实际流域信息和流域仿真结果都是以数据或数据集的形式存在，数据是驱动流域仿真系统运行与模型演化的原动力也是实际流域管理效能的依据。

（3）模型演化。以往仿真系统的仿真模型侧重于一次性构建，即流域仿真系统运行后的模型参数、结构不再改变，模型输出也不再校正，流域仿真系统中的仿真模型是可演化的仿真模型，流域仿真系统能根据实际流域信息调整自身模型参数、结构及校正模型输出，使得仿真模型输出不断逼近相应的实际流域信息，提高仿真结果的准确性。

（4）平行运行。实际流域系统和流域仿真系统同时运行，流域仿真系统以在线的方式获取实际流域信息用于修正仿真模型，同时为保证仿真过程和仿真结果反馈的时效性，流域仿真系统的运行一般应快于实际流域信息，以超实时或者尽可能快（As Fast As Possible，AFAP）的方式运行（葛承垄 等，2017），并具备高性能计算（High Performance Computation，HPC）能力。

（5）可视分析。一幅图胜过千言万语。人类从外界获得的信息约有 80% 以上来自于视觉系统（任磊，2009；Card et al.，1999），当数据以直观的可视化的图形形式展示在分析者面前时，分析者往往能够一眼洞悉数据背后隐藏的信息并转化知识以及智慧。可视分析是指在仿真模型演化推进的同时，利用支持面向文本、网络（图）、时空、多维等信息可视化的用户界面以及支持分析过程的人机交互方式与技术，有效融合计算机的计算能力和人的认知能力，以获得对于大规模复杂数据集的洞察力（Gayer et al.，2003；任磊 等，2014）。

5.4.3　流域智能仿真框架

平行仿真方法的框架通常包括流域仿真系统、实际流域系统、测量模块、数据处理模块和决策分析模块，如图 5-1 所示。测量功能模块通过各种测量设备、测量方法，例如：传感器组网等，对实际系统的状态、事件、活动等进行实时观测，获取测量数据。数据处理模块接收测量数据，对数据进行处理，例如数据融合和数据同化，将数据转换为仿真系统可理解和接入的知识。流域仿真系统使用实时测量数据更新系统状态、系统结构、模型和参数，同时根据仿真运行或仿真推演需求，可向测量模块提出数据采集和测量需求，控制传感器获取所需数据。另外，仿真运行和仿真推演的实验结果，通过决策分析模块，可提供给实际系统，支撑实际系统的管理控制决策辅助。

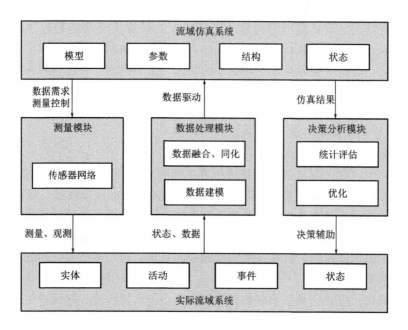

图 5-1　基于平行系统的流域智能仿真框架

5.5　流域智能仿真的虚拟仿真关键技术

5.5.1　大型地形场景实时生成技术

交互式三维仿真系统应具有实时、逼真、精确的性能，但地表模型、高精度影像、三维几何模型等的数据处理和计算量很大，如何在这样一个庞大的数据库里提取模型，实时完成复杂的渲染和计算，是开发三维仿真系统的关键（王兴奎 等，2006）。

大地形的生成：为了兼顾数据资料的完备性和三维仿真的需要，对流域大范围地形，可采用各种不同比例尺的 DEM 资料生成，如全流域采用 1：25 万、重点河段采用 1：5 万、重要部位采用 1：1 万、工程枢纽区采用 1：500 至 1：2000 的 DEM 生成三维立体地形。三维地形用不规则三角网模拟，在流域研究中，人们关心河流胜于高山，但在生成三维地形时如采用等间距平分高差的原则决定三角网密度，则陡峭的山峰模拟非常逼真而河谷水系将会模糊不清。所以在大地形生成时应将三角形数目按高差的等比序列分配，低谷河道分配的高差小而山峰分配的高差大，形成高山只具轮廓、河道细微表现的地形。

多重细节技术：在生成虚拟场景时，如果将场景中的所有模型都按建模的精细程度进行渲染和处理，则系统的计算量极大而难以实时演示。在虚拟现实的大范围场景内，三维模型的数量很多，但大部分离视点很远，实际观察到的模型只是一个轮廓，即可以用粗略模型代替；而在小范围场景内采用精细的三维模型，其数量不多，总的计算量不大，这样就解决了视点在不同范围内模型计算量的不平衡问题。

该方案的核心是实现多重细节的构造和切换，包括单独的三维模型、连续地形及高精度影像贴图的多重细节。采用不同精细程度的模型进行替换实现单独三维模型的多重细节；将地形分层分块构造来实现连续地形的多重细节以降低计算量；对于高精度的遥感影像，一般是通过构造 mipmap 来实现其多重细节。

5.5.2　流域动态环境建模技术

对静态场景的模拟相对简单，而要科学直观地模拟流域内各种运动状态，则需要采用动态模拟技术，如对水流、河床冲淤、枢纽运行状态等的模拟。常用的动态建模技术主要有动作自由度描述技术、实体变形技术、纹理和贴图技术、自定义的运动模型等（王兴奎等，2006）。

刚体运动技术：通常采用空间变换或运动路径描述来实现刚体的运动。空间变换可以实现物体的移动、旋转、比例变化等运动，运动路径则可以使物体沿特定路线运动。对于物体本身各部分的运动则可以采用动作自由度描述的方法来实现复杂动作的描述。如工程模拟中机械的多自由度运动，闸门的启闭，水轮机的转动等均可用刚体运动技术实现。

实体变形技术：这是构造几何体形状变化动态效果的常用技术，它一般构造一系列关键形状，关键形状之间的变化采用插值技术来生成，这样就可以平滑地模拟出几何体的形状变化，如河床的冲淤变化等。

材质、纹理贴图技术：该技术是将材质、纹理贴图与实体表面相关联，通过连续变换纹理或纹理错位的重叠面放映方式，表现由相应纹理所造成的动态效果。对于水流等流体的模拟常用纹理贴图技术加以表现，这样可以在系统消耗不大的情况下比较逼真地模拟水面的动态效果。另外通过透明材质和纹理的使用，也可模拟水体的透明性，表现出水下实体以及水体体积等特性。

自定义的运动和变形：要实现更加复杂的运动和变形，则要借助软件开发来实现，首先要设计出一个适用的几何体，然后通过模型计算和参数求解，生成需要的几何体并通过参数控制几何体的运动和变形（陈文辉 等，2004）。如对水面起伏流动的模拟，可以根据河道的沿程水位生成由三角网组成的片状水面并粘贴水波纹理，三角网的平面坐标由最高水位的水边线确定，节点高程由测站水位实时动态内插。将生成的水面嵌于地形中，低于地形的部分消隐。通过节点高程的不断更新，形成水面流动的真实效果。

粒子系统：粒子系统（Particle System）是一种模拟不规则的模糊物体的方法，它能模拟物体随着时间变化的动态性和随机性。粒子系统的基本思想是将许多简单的微小粒子作为基本元素来表示不规则物体，这些粒子都赋予一定的"生命"，在生命期中它们的"出生""运动和生长"及"死亡"都通过随机过程进行控制。在流域模拟中的典型应用是模拟孔口出流等水流运动。

5.5.3　虚拟仿真模拟控制技术

实现三维场景的显示与控制需要相应图形开发软件的支持，常用的有 OpenGL、Direct3D、Vega、OpenGVS、WTK 和 Java3D 等。OpenGVS 提供了构建虚拟场景的总体框架和大量的 C 函数接口，本身实现了许多图形显示的经典算法，从而避免了重复开发工作。OpenGVS 下的控制程序设计可分为 3 个部分：程序初始化、图形处理循环和程序退出（张尚弘 等，2011）。初始化是对场景三维可视化所涉及的各种实体进行初始化赋值并载入的过程，主要包括：创建图像通道并定义透视投影视图体的大小；载入地形地物实体，将其置于特定的空间位置；设定光照和雾化效果的具体参数后加入场景；初始化摄像机位置和视角。通过初始化工作，程序就具备了图形渲染的数据基础，可渲染出最初的场景静态效果图。而要实时生成图形，进行动态交互仿真，就需要根据交互操作实时改变绘图参数，并根据参数的改变渲染出相应图形，这正是程序的图形处理循环部分所要完成的任务，也是三维交互系统设计的核心所在。实时系统的图形处理是按帧循环的，每帧中都首先根据交互操作的要求进行实体状态更新，如改变摄像机的位置视角、各种地物的运动状态、光照雾化的效果参数等，然后按照更新后的实体状态绘制输出。其中对实体更新变化过程的控制正是实现三维仿真模拟的接口，如场景漫游就是通过更新摄像机位置和视角来实现的，基于科学计算的三维交互仿真也是通过对相应实体运动变化控制函数的设计而完成的。

5.6　流域智能仿真的实时模拟技术

5.6.1　实际系统的状态监测和数据采集

实际系统的状态监测和数据采集是实现智能仿真的一个重要步骤。传统仿真系统采用静态数据驱动的建模与仿真方法，而没有采用动态数据驱动的建模仿真，与实际系统是串行化执行的。除了系统领域的应用需求没有达到之外，还包括实际系统的监测与数据采集没有得到很好的解决。随着计算机技术、传感器技术、大数据技术的发展，实际系统的监测和数据采集能力得到了提升，但是部分情况下依然存在仿真系统难于获得实际系统的实时监测数据的支持，例如：由于研发单位与应用单位的协调问题使得数据难于流通。

5.6.2　实时监测数据的动态注入

在获得实际系统的实时监测数据之后，使用监测数据驱动系统的建模和仿真运行，是实现流域智能仿真的关键一步。解决该问题需要首先根据具体的模型、参数、结构等仿真系统特性来分析和设计实时数据运用和接入方法；其次需要采用数据融合、数据同化等技术和算法，例如：卡尔曼滤波算法、粒子滤波算法、数据结构化建模、参数估计、数据拟合等。

5.6.3　仿真模拟的高性能计算

随着水利信息化的发展，行业内对高效率流域模型计算的需求也越来越迫切。例如洪水预报、山洪预警以及水库的实时调度等都要求在短时间内做出正确的决策，这对流域模型计算的效率提出了更高的要求。目前，除计算方法的改进之外，计算机硬件的性能提升也是提高水利计算效率的重要方法，尤其是 GPU 并行优化技术的出现，为水利计算效率的提升提供了一条可行之道。

当前，高性能计算机集群是提升计算效率的主要方法之一。高性能计算集群有多个计算节点，每个计算任务被独立分配到各个计算节点上，这使得各个计算节点的性能得以充分发挥。算法的并行化是高性能计算的基础，目前主要有三种并行方式：基于 MPI 的并行模式（张蕾 等，2005；吕奕清 等，2011）、基于 OpenMP 的并行计算模式（周洪斌，2010）以及基于 FPGA 等并行计算设备的并行计算模式（Tewolde et al.，2009）。上述并行计算方法在一定程度上提高了算法的计算效率和寻优功能。然而，对于高度非线性的复杂问题，启动过多的线程必将导致大量进程间的通信和管理损耗；此外，基于 CPU 的计算机集群硬件成本高昂，这在一定程度上也阻碍了高性能计算机集群的推广应用。

基于 GPU 的并行优化技术在计算性能和成本上优势明显。随着 GPU 技术的发展，GPU 已经具有强大的并行计算能力，浮点计算能力是同代 CPU 的 10 倍以上（左颖睿 等，2009）。特别是经过 GPGPU（基于 GPU 的通用计算技术）技术的发展，GPU 已经被应用于各种科学计算领域。然而，早期的 GPU 技术对研究人员 GPU 硬件结构方面的知识要求很高，因此算法的设计与实现都很困难。CUDA（NVIDIA 公司提出的统一计算设备架构）的推出打破了 GPU 技术应用的瓶颈，使得 GPU 具有很好的可编程性（朱宇兰，2016）。国内外学者以此为契机，将 GPU 应用到多体系统模拟、计算流体科学（李森 等，2011）、核科学（Nieto et al.，2010）等各个计算领域。此外，与基于 CPU 的高性能计算机集群相比，GPU 成本更低。水利计算中的很多模型和算法具有天然的并行性，这是 GPU 并行优化技术应用的重要基础。此外，水利计算在水利行业应用较为广泛，从个人到企业均有涉及，其具有大众化的特点。与庞大的高性能计算机群相比，基于 GPU 加速的便携式个人计算机更适合大众化推广。

DirectCompute、OpenACC、CUDA 以及 MIC 技术是目前主流的并行技术，前三种技术是针对 GPU 的并行计算技术，而 MIC 技术则针对于 CPU（覃金帛 等，2018）。

DirectCompute 是微软公司推出的一种应用于 GPU 通用计算的程序接口，其主要集成在 Microsoft DirectX（微软创建的多媒体编程接口）内。DirectCompute 支持多种并行计算方式，如 CPU 和 GPU 协同的异构计算方式，CPU 负责逻辑运算，GPU 进行大规模的并行计算，两者各司其职共同分担并完成计算任务（Chang，2011）。

OpenACC 是一种指导语句方式的并行编程语言标准，它使用户不用考虑底层硬件架构，从而降低了异构并行编程的使用门槛。用户只要在有并行需要的代码段前写入 OpenACC 指导语句，然后通过对应编译器的编译，就可以自动生成相应的并行化中间代码，从而执行设备的初始化、管理和传输等操作。目前，OpenACC 可以针对复杂的 C/C++ 或 Fortran 代码进行加速。OpenACC 编译器具有强大、快速和可移植的特点，目前已经在各行业得以应用。

CUDA 是 NVIDIA 公司提出的一种用于处理 GPU 并行计算的硬件和软件架构，该架构使 GPU 能够解决复杂的计算问题。CUDA 程序的开发语言以 C 语言为基础，并对 C 语言进行扩展。基于 GPU – CUDA 的程序由串行代码和并行代码组成，串行代码在 CPU 上运行，而并行代码在 GPU 上运行。串行代码负责申明变量、变量初始化、数据传递和调用内核函数（Kernel Function）等工作。并行代码即为串行代码所调用的内核函数。在内核函数中，线程是以并行执行的线程块为单位在设备上执行的，而并行执行的线程块的集合用线程栅格来表示，关于 CUDA 的工作原理和硬件架构可进一步参考文献（董莘 等，

2010），相关应用研究可参考文献（钟庆，2012；孔英会 等，2016；李承功，2013）。与 OpenACC 相比，CUDA 使用者需要对计算机底层硬件架构有深入的理解，只有这样才能充分发挥硬件的计算潜能。OpenACC 在为使用者带来便利的同时，也牺牲了硬件的部分计算潜能，而 CUDA 则恰好相反。对于使用者来说，需要根据应用的需要来做选择。

MIC 是 Intel 公司提出的一种新型架构，其功能是协助 CPU 进行计算。按 MIC 在 CPU 协助处理中充当角色的不同，MIC 主要分为两种运行模式：一种是 MIC 与 GPU 进行有机的结合，此种模式下 MIC 与 GPU 面对计算任务各司其职，共同担负任务，MIC 卡支持通过本地以启动程序，这种模式称之为 native 模式；另一种是 MIC 承担加速的任务，程序从 CPU 端启动，并选择性地将代码卸载（offload）到 MIC 端执行，此种模式称之为 offload 模式。每个基于 MIC 的协处理器可配备多个高频率的计算核心，并拥有专属的存储空间。每个计算核心可支持多个硬件线程，目前单 MIC 卡的双精度浮点计算峰值性能超过 1TFlops（Jeffers et al.，2013）。

5.7　流域智能仿真的实时交互技术

平行智能仿真平台的交互性包括虚拟场景漫游控制的交互、原型观测信息实时查询、实体模型试验和数学模型计算成果的演示及交互反馈和控制。地形景物的海量数据可采用多层细节和纹理技术来实现；演示实体模型试验成果的关键是数据的传输和插值；数学模型包括计算与反馈，其交互性凌驾于系统真实性和实时性之上，对研究平台的实时性及实体模型和数学模型的应变性都提出了更高的要求（张尚弘 等，2004）。为实现实时性和交互性，王兴奎等（2006）对下述关键问题进行了研究并提出相应的解决方案。

庞大的计算和存储量：对三维地形部分，首先根据 DEM 数据生成实体模型的制模断面、数学模型的计算断面和三维仿真系统的地形。在仿真系统中，可采用多层细节和分区域建模的方式，减少系统的存储量和渲染量；采用基于图像的建模方式完成普通地物的模拟；采用限制视图体大小和雾化消隐等方法减小三维可视化的渲染量。在数学模型方面，通过改进数学模型的算法，优化硬件配置，如采用多机并行计算等提高运行效率。实体模型则需要自动获取试验进程中的各种参数，如水位流量的时空变化及河床变形等。

研究结果与实时显示的时间匹配：首先以数学模型计算的结果为基础，根据实体模型试验的结果实时修正，将两者的研究结果集成，得出一定时间步长的空间信息，然后对研究结果进行时空插值，即可解决两者的时间匹配问题。如假设实体模型试验和数学模型计算成果的一个时间步长为 50s，取系统循环周期为 60s，将其分为 10 步进行线性插值，在每一步内再以 1/25s 的间隔进行空间插值与更新，这样就解决了前台实时显示的时间步长（1/25s）与后台研究成果的时间步长（50s）的匹配问题。

多种开发语言间信息的实时传输：采用管道传输机制、输入输出重定向技术和事件触发技术实现实体模型试验、数学模型计算和显示进程间的信息传递。建立两类管道：一类用于在图形交互操作中产生的控制信息的传输；另一类用于研究结果的传输。以管道为桥梁，Fortran 和 Visual C ++通过本身函数与管道进行读写交互，就可实现不同语言编写的各系统间数据信息的传递，由于管道经过了系统优化，传输效率很高，可以满足研究平台各系统间实时交互的需要。

5.8　本章小结

本章将平行系统理论、虚拟流域环境、系统仿真和数值仿真相结合，探索了智慧流域智能仿真技术体系，结论如下：

（1）分析了流域综合管理在流域三维漫游演示、研究成果可视化、连接与交互接口等方面的建设需求。论述了流域智能仿真平台开发的数据库、模型库和实体模型基础。

（2）提出了基于平行系统的流域智能仿真框架，从平行系统、动态数据驱动的应用系统、共生仿真、数字孪生、在线仿真等方面论述了平行仿真的发展历程。基于平行系统理论，提出了由流域仿真系统和实际流域系统动态互动的流域智能仿真框架。

（3）研究了大型地形场景实时生成技术、动态环境建模技术、模拟控制技术等流域智能仿真的虚拟仿真关键技术。其中大型地形场景实时生成技术包括大地形的生成、多重细节。动态环境建模技术包括刚体运动技术，实体变形技术，材质、纹理和贴图技术，自定义的运动和变形，粒子系统等。研究了模拟控制技术的通用框架，包括程序初始化、图形处理循环和程序退出。

（4）研究了流域智能仿真的实时模拟和实时交互技术。实时模拟技术包括实际流域系统的状态检测和数据采集、实时测量数据的动态注入和仿真模拟的高性能计算等技术。实时交互技术包括庞大的计算和存储量的高效处理、研究结果与实时显示的时间匹配、多种开发语言间信息的实时传输等技术。

参考文献

陈述彭，2001. 地学信息图谱探索研究［M］. 北京：商务印书馆.

陈文辉，谈晓军，董朝霞，2004. 大范围流域内水体三维仿真研究［J］. 系统仿真学报，16（11）：2409-2412.

董莘，葛万成，陈康力，2010. CUDA 并行计算的应用研究［J］. 信息技术，（4）：11-15.

葛承垄，朱元昌，邸彦强，等，2017. 装备平行仿真理论框架研究［J］. 指挥与控制学报，3（1）：48-56.

龚建华，周洁萍，张利辉，2010. 虚拟地理环境研究进展与理论框架［J］. 地球科学进展，25（9）：915-926.

黄文德，王威，徐昕，等，2012. 基于 ACP 方法的载人登月中止规划的计算实验研究［J］. 自动化学报，38（11）：1794-1803.

孔英会，王之涵，车辚辚，2016. 基于卷积神经网络（CNN）和 CUDA 加速的实时视频人脸识别［J］. 科学技术与工程，16（35）：96-100.

李承功，2013. 流场的格子 Boltzmann 模拟及其 GPU-CUDA 并行计算［D］. 大连：大连理工大学.

李森，李新亮，王龙，等，2011. 基于 OpenCL 的并行方腔流加速性能分析［J］. 计算机应用研究，28（4）：1401-1403.

林珲，朱庆，陈旻，2018. 有无相生虚实互济——虚拟地理环境研究20周年综述［J］. 测绘学报，47（8）：1027-1030.

林珲，龚建华，施晶晶，2003. 从地图到地理信息系统与虚拟地理环境——试论地理学语言的演变［J］. 地理与地理信息科学，19（4）：18-23.

林珲，朱庆，2005. 虚拟地理环境的地理学语言特征［J］. 遥感学报，9（2）：158-165.

吕奕清，林锦贤，2011. 基于 MPI 的并行 PSO 混合 K 均值聚类算法 [J]. 计算机应用，31 (2)：428 -431.

间国年，2011. 地理分析导向的虚拟地理环境：框架、结构与功能 [J]. 中国科学（地球科学），41 (4)：549 - 561.

覃金帛，曾志强，梁藉，等，2018. GPU 并行优化技术在水利计算中的应用综述 [J]. 计算机工程与应用，54 (3)：23 - 29.

清华大学水沙科学教育部重点实验室，四川省都江堰管理局，2004. 数字都江堰工程总体框架及关键技术研究 [M]. 北京：科学出版社.

邱晓刚，张志雄，2013. 通过计算透视战争——平行军事体系 [J]. 国防科技，34 (3)：13 - 17.

任磊，2009. 信息可视化中的交互技术研究 [D]. 北京：中国科学院.

任磊，杜一，马帅，等，2014. 大数据可视分析综述 [J]. 软件学报，25 (9)：1909 - 1936.

陶飞，刘蔚然，刘检华，等，2018. 数字孪生及其应用探索 [J]. 计算机集成制造系统，24 (1)：1 - 18.

王飞跃，史帝夫·兰森，2004. 从人工生命到人工社会—复杂社会系统研究的现状和展望 [J]. 复杂系统与复杂性科学，1 (1)：33 - 41.

王飞跃，2004a. 从一无所有到万象所归：人工社会与复杂系统研究 [N]. 科学时报，2004 - 03 - 17.

王飞跃，2004b. 计算实验方法与复杂系统行为分析和决策评估 [J]. 系统仿真学报，16 (5)：893 - 897.

王飞跃，2004c. 平行系统方法与复杂系统的管理和控制 [J]. 控制与决策，19 (5)：485 - 489.

王飞跃，2004d. 人工社会、计算实验、平行系统——关于复杂社会经济系统计算研究的讨论 [J]. 复杂系统与复杂性科学，1 (4)：25 - 35.

王飞跃，曾大军，曹志冬，2011. 网络虚拟社会中非常规安全问题与社会计算方法 [J]. 科技导报，29 (12)：15 - 22.

王飞跃，2015. 指控 5.0：平行时代的智能指挥与控制体系 [J]. 指挥与控制学报，1 (1)：107 - 120.

王兴奎，张尚弘，姚仕明，等，2006. 数字流域研究平台建设雏议 [J]. 水利学报，37 (2)：233 - 239.

杨林瑶，陈思远，王晓，等，2019. 数字孪生与平行系统：发展现状、对比及展望 [J]. 自动化学报，45 (11)：2001 - 2031.

冶运涛，蒋云钟，梁犁丽，等，2019a. 流域水循环虚拟仿真理论与技术 [M]. 北京：中国水利水电出版社.

冶运涛，蒋云钟，梁犁丽，等，2019b. 虚拟流域环境理论技术研究与应用 [M]. 北京：海洋出版社.

张蕾，杨波，2005. 并行粒子群优化算法的设计与实现 [J]. 通信学报，26 (1)：289 - 292.

张尚弘，姚仕明，曲兆松，等，2004. 流域三维可视化与数值模拟的实时交互运行研究 [J]. 清华大学学报，44 (12)：1638 - 1641.

张尚弘，易雨君，王兴奎，2011. 流域虚拟仿真模拟 [M]. 北京：科学出版社.

钟庆，2012. 基于 CUDA 并行计算的三维形状变形编辑 [D]. 大连：大连理工大学.

周洪斌，2010. 基于 OpenMP 求解 QAP 的并行粒子群优化算法 [J]. 微型机与应用，29 (10)：84 - 86.

朱宇兰，2016. 基于 GPU 通用计算的并行算法和计算框架的实现 [J]. 山东农业大学学报（自然科学版），47 (3)：473 - 476.

左颖睿，张启衡，徐勇，等，2009. 基于 GPU 的并行优化技术 [J]. 计算机应用研究，26 (11)：4115 - 4118.

APRISO, 2014. Digital twin: manufacturing excellence through virtual factory replication [EB/OL]. (2014 - 05 - 06) [2020 - 07 - 10]. http://www.apriso.com.

BATTY M, 1997. Virtual geography [J]. Futures, 29 (4 - 5): 337 - 352.

CARD S K, MACKINLAY J D, SHNEIDERMAN B, 1999. Readings in information visualization: Using vision to think [M]. San Francisco: Morgan - Kaufmann Publishers.

CHANG J, 2011. 异构计算：计算巨头的下一个十年 [J]. 个人电脑，17 (11)：82 - 88.

CHEN M, LIN H, KOLDITZ O, et al., 2015. Developing Dynamic Virtual Geographic Environments (VGEs) for geographic research [J]. Environmental Earth Sciences, 74 (10): 6975 - 6980.

CHEN M, LIN H, LÜ G N, 2017. Virtual Geographic Environments [M]. The International Encyclopedia of Geography: People, the Earth, Environment and Technology. [s. l.]: Wiley and the American Association of Geographers (AAG). DOI: 10.1002/9781118786352.wbieg0448.

GAYER M, SLAVIK P, HRDLICKA F, 2003. Real - time simulation and visualization using pre - calculated fluid simulator states [C] //The Seventh International Conference on Information Visualization. Los Alamitos: IEEE Computer Society Press: 440 - 445.

GLAESSGEN E, STARGEL D, 2012a. The digital twin paradigm for future NASA and U. S. Air Force vehicles [C] //Proceedings of the 53rd AIAA/ASME/ASCE/AHS/ASC Structures, Structural Dynamics and Materials Conference. Honolulu, USA: AIAA, 1818 - 1832.

GLAESSGEN E, STARGEL D, 2012b. The digital twin paradigm for future NASA and U. S. Air Force vehicles [C] //Proceedings of the 53rd AIAA/ASME/ASCE/AHS/ASC Structures, Structural Dynamics and Materials Conference. Honolulu, USA: AIAA, 1 - 14.

GRIEVES M W, 2005. Product lifecycle management: The new paradigmfor enterprises [J]. International Journal of Product Development, 2 (1 - 2): 71 - 84.

GUO H D, LIU Z, JIANG H, et al., 2017. Big Earth Data: A new challenge and opportunity for Digital Earth's development [J]. International Journal of Digital Earth, 10 (1): 1 - 12.

JEFFERS J, REINDERS J, 2013. Intel Xeon Phi coprocessor highperformance programming [M]. San Francisco: Morgan Kaufmann.

KIM Y H, KIM C M, HAN Y H, et al., 2013. An efficient strategy of nonuniform sensor deployment in cyber physical systems. The Journal of Supercomputing, 66 (1): 70 - 80

LIN H, CHEN M, LÜ G N, 2013a. Virtual Geographic Environment: A workspace for computer - aided geographic experiments [J]. Annals of the Association of American Geographers, 103 (3): 465 - 482.

LIN H, CHEN M, LÜ G N, et al., 2013b. Virtual Geographic Environments (VGEs): A new generation of geographic analysis tool [J]. Earth - Science Reviews, 126: 74 - 84.

LIN H, BATTY M, JØRGENSEN S E, et al., 2015. Virtual Environments begin to embrace process - based geographic analysis [J]. Transactions in GIS, 19 (4): 493 - 498.

LÜ G N, CHEN M, YUAN L W, et al., 2018. Geographic scenario: A possible foundation for further development of Virtual Geographic Environments [J]. International Journal of Digital Earth, 11 (4): 356 - 368.

NIETO J, de ARCAS G, VEGA J, et al., 2010. Exploiting graphic processing units parallelism to improve intelligent data acquisition system performance in JET's correlation reflectometer [C] //Proceeding of the 17th IEEE NPSS Real Time Conference, Lisbon, Portugal: 1 - 4.

TAO F, ZHANG M, 2017. Digital twin shop - floor: a new shopfloor paradigm towards smart manufacturing [J]. IEEE Access, 5: 20418 - 20427.

TEWOLDE G S, HANNA D M, HASKELL R E, 2009. Multi - swarm parallel PSO: Hardware implementation [C] //IEEE Swarm Intelligence Symposium.

TUEGEL E J, INGRAFFEA A R, EASON T G, et al., 2011. Reengineering aircraft structural life prediction using a digital twin [J]. International Journal of Aerospace Engineering: Article No. 154798.

VOINOV A, ÇÖLTEKIN A, CHEN M, et al., 2018. Virtual Geographic Environments in socio - environmental modeling: A fancy distraction or a key to communication? [J]. International Journal of Digital Earth, 11 (4): 408 - 419.

WANG F Y, 1994. Shadow systems: a new concept for nested and embedded cosimulation for intelligent systems [R]. Tucson, Arizona State, USA: University of Arizona.

WANG F Y, TANG S, 2004. Artificial societies for integrated and sustainable development of metropolitan systems [J]. IEEE Intelligent Systems, 19 (4): 82 – 87.

WANG F Y, 2010. Parallel control and management for intelligent transportation systems: concepts, architectures, and applications [J]. IEEE Transactions on Intelligent Transportation Systems, 11 (3): 630 –638.

WEN Y N, CHEN M, LÜ G N, et al. , 2013. Prototyping an open environment for sharing geographical analysis models on Cloud Computing platform [J]. International Journal of Digital Earth, 6 (4): 356 –382.

WEN Y N, CHEN M, YUE S S, et al. , 2017. A model – service deployment strategy for collaboratively sharing geo – analysis models in an open web environment [J]. International Journal of Digital Earth, 10 (4): 405 – 425.

XU B L, LIN H, CHIU L S, et al. , 2011. Collaborative Virtual Geographic Environments: A case study of air pollution simulation [J]. Information Sciences, 181 (11): 2231 – 2246.

YUE S S, CHEN M, WEN Y N, et al. , 2016. Service – oriented model – encapsulation strategy for sharing and integrating heterogeneous geo – analysis models in an open web environment [J]. ISPRS Journal of Photogrammetry and Remote Sensing, 114: 258 – 273.

ZHANG C X, CHEN M, LI R R, et al. , 2016. What's going on about geo – process modeling in Virtual Geographic Environments (VGEs) [J]. Ecological Modelling, 319: 147 – 154.

ZHU J, GONG J H, LIU W G, et al. , 2007. A collaborative Virtual Geographic Environment based on P2P and grid technologies [J]. Information Science, 177 (21): 4621 – 4633.

第6章　智慧流域水利模型网技术体系

6.1　引言

流域模型既是对流域系统科学认识的形式化知识集大成者，又能够重演过去，同时根据真实和假设的情况对未来可能发生的变化提出应对策略，能够服务于流域管理的水问题全面诊断、水事件及时预警、水情势预测预报、水工程优化调度等。随着国内外学者的共同努力，流域模型已向"水-土-气-生-人"的集成模型的发展。它一般应包括地表水、地下水、水质、能量平衡、植被动态/作物生长、碳氮等生物地球化学循环、土壤侵蚀等模块，有些模型也实现了和大气模型的单向耦合（大气模型作为驱动）或双向耦合，而耦合土地利用和社会经济模型则是极具挑战的前沿。严格意义上来说，目前还没有包含了以上所有模块的流域集成模型，但诸多模型已经包含了其中若干个组分。国际上较为知名的流域集成模型包括：美国农业部（USDA）的 SWAT 及在此基础上发展出的多种集成模型、美国环保署（EPA）的 BASINS、美国地质调查局（USGS）在 MODFLOW 基础上发展的地表地下水耦合模型 GSFLOW、丹麦水文研究所（DHI）的 MIKE SHE 和 MIKE BASIN 等系列软件，以及 ParFLOW。可以看出，这些模型或软件工具多以分布式水文模型或地下水模型为骨架，进一步耦合区域气候模型、陆面过程模型、动态植被/作物生长模型。模型集成的另一个重要环节是建模环境（Modeling Environment）。它是支持集成模型的高效开发、已有模型或模块的便捷连接、模型管理、数据前处理、参数标定、可视化的计算机软件平台。建模环境的发展，可以大大加快建模的效率以及模型与数据的集成，方便模型之间的相互比较和模型选择，并能支持决策支持系统的快速定制。

随着智慧流域发展，用于分析与决策的流域模型的应用需求也在日益增长。一方面，流域模型涵盖了流域可持续发展的方方面面，如水利、能源、气象、农业、城市等规划与管理以及资源与环境评估等，来源广泛；另一方面，流域模型可能由不同的组织、机构和研究人员开发，各种模型在开发方式、开发平台、服务方式和表示方法等方面千差万别。所有这些因素都导致了不同的流域分析与决策模型可能使用不同的开发方式和表征方法进行开发或表征。此外，当面临流域复杂问题决策时，常常需要用到不同组织使用不同方法开发的多种模型。

流域模型的这种异构性往往使得模型之间难以相互调用与共享，同时它的复杂性也决定了在对模型进行操纵时需要考虑更多因素。而在智慧流域决策中，要求模型能够在组织之间进行共享与重用，加上不断有新的模型出现，导致模型更加复杂，使其在网络环境下难以共享利用。因此，如何实现模型在网络环境下的共享与重用是智慧流域模型管理一个亟待解决的问题。而模型管理是决策支持系统走向实用和成功的关键，选择合适的模型管理方式对辅助决策者理解复杂的实际问题、选用合适的模型、提高决策的有效性具有十分重要的意义。

本章针对流域分析与决策模型表达形式各异、无法统一描述、组合应用困难等问题，从流域模型分类入手，提出了流域模型资源元模型，设计了流域模型服务的流程、接口和操作，以及流域模型资源管理与服务系统。

6.2 流域模型分类

流域模型（Watershed Model）是大量描述流域模型库中应存储的模型，这些模型包括较为通用的稳定性模型、专用模型、用户自建的模型和"定向的"模型，用于操作的模型、用户战术的和战略的决策支持的模型以及支持多种任务和分析方法的模型（Westervelt，2001）。模型有多种分类方法，按照模型结构，可分为解析类模型、模糊逻辑类模型、仿真类模型、知识类模型。管理信息系统使用的模型比较简单，以简单的解析类模型为主，包括预测模型、分析模型、投入产出模型、计划模型和库存模型。从是否具有机理角度，分为机理模型和数据驱动模型。所有的模型，本质上都可以分为复合模型和简单模型两大类。简单模型是可用单一解析公式表示的模型；复合模型可分为算法步骤下的一系列简单模型。

根据不同的划分原则，可对模型进行分类。根据模型规模可以分为大、中、小三类；根据模型所使用的数学方法可分为投入产出模型、计划平衡模型、预测模型、控制论模型、系统动力学模型、规划论模型、决策论模型等。根据应用模型获得的输出所起的作用，可将模型划分为：直接用于指导决策的模型、对决策的制定提出建议的模型、用于估计决策实施后可能产生后果的模型。

从使用范围来讨论模型的分类：①组合算法类模型：这类模型将若干算法组合成能够解决具体应用问题的模型，如各种类型的统计平滑模型。为了比较不同算法组合的结果，统计平滑模型可以按不同算法设置多种。这类模型通用性强，接口比较简单，在特定环境下对应一些专门的应用。②面向问题的模型：在管理信息系统和决策支持系统中，有一些需要经常性解决的决策性问题，可以归纳为面向问题的模型，如季节性水平模型。③专业模型：在特殊的应用中，专业模型运行效率高，这些模型只针对一个具体的问题，如流域产沙模型。

李纪人等（2009）按流域涉及的系统将流域模型划分为4种类型的模型：①空间数据模型，它是描绘流域地理属性的模型，如数字高程模型、流域分区模型、网络连通模型等。②水循环系统模型，它是流域特殊问题的体现，包括水文模型、河道演进模型、地表（土壤、地下）水动力学模型、陆面过程等。③亲水系统模型，它用来描述在水循环作用下流域自然环境的演变，如流域泥沙运动模型、生态演化模型、水土流失模型、水质环境模型等。④社会经济模型，它是对流域人类社会活动的描述，如人口迁移模型、经济发展模型、公共政策模型、宏观决策模型等。

目前我国各大流域已积累了大量针对流域研究的各种数学模型，在流域各应用系统中也具体应用着大量专业模型。随着智慧流域的日益发展，流域模型不断地增加且呈分布异构态。由于模型开发方法、模型表示方法、应用目的和处理方式等方面存在很大的不同，它们呈现出封闭、孤立和自治性，很难统一共享、管理、访问。因此，需要有一种统一、有效的管理机制，来高效地管理网络环境下流域模型资源。

6.3　流域模型特点、表示和组合

6.3.1　流域模型特点

流域模型大多为数学模型，不仅具有数学模型的一般特征，而且由其本身的性质和任务决定的一些突出的特点（王桥 等，1997）：

（1）空间性。流域模型所描述的现象或过程往往与空间位置、分布和差异有密切关系，因此，需特别注意模型的空间运算特征。

（2）动态性。流域模型所描述的现象或过程也与时间有密切的联系，具有不同动态性的模型在系统中使用的效率有较大的差别。所以，在模型设计时需考虑时间对模型目标的影响和数据的可能更新周期问题。

（3）多元性。流域模型将会涉及自然、社会、经济、技术等多种因素，如地理环境、资源条件、人口状况、经济发展、政策法规等，需注意通过因素分析调整模型状态。

（4）复杂性。流域分析与决策所需要处理的问题可能是相当复杂的，且往往存在人为的干预与影响，很难用数学方法全面、准确、定量地加以描述，所以流域模型常采用定量与定性相结合的形式，为此，在模型设计时，应给人为干预留出一定的余地。

（5）综合性。一个实用的流域模型往往涉及多种模型方法，且与多个子系统中的数据有关，如一个水资源配置模型往往是指标量化模型、层次分析模型、综合评价模型等的结合体，而所涉及的数据可能来自气候、能源、工业、农业、住建等诸多方面，因此需要注意模型变量、结构的协调，并保证有充足的数据量。

6.3.2　流域模型表示

模型表示是模型管理的基础，好的模型表示方法能够促进模型共享、发现（邵荃，2009）。模型表示主要是要表达关于模型的知识，这些知识包括模型参数的定义、模型结构的定义、模型的文档、模型的目的、边界、假设以及与其他模型的关系和数据等。在模型库管理系统（MBMS）中，首先要考虑模型在计算机中的表示方法和存储形式，使模型便于管理，能灵活地连接并参加推理。为了增强管理的灵活性和减少存储的冗余，模型的表示趋向于将模型分解成基本单元，由基本单元组合成模型。对应于不同的管理模式，基本单元采用不同的表示方法和存储方式，模型表示方法主要有三类：基于程序的模型表示法、基于数据的模型表示法和基于知识的模型表示法（许向东 等，1997）。

比较著名的模型表示方法包括结构化构模表示、面向对象表示、模型的数据表示、框架表示和构模语言表示等。结构化构模表示是由 Geoffrion（1992a、1992b）提出的，他制定了结构化模型语言（Structured Modeling Language，SML）。该语言通过引入基本实体（PE）、复合实体（CE）、属性实体（ATT）、变量实体（VA）、函数实体（F）和测试实体表示模型。一个实际的模型可由上述六类实体构成，SML 通过引入依赖变量和索引变量，使各实体之间建立一一对应关系，因此 SML 是一种表达能力较强的构模语言。面向对象方法来表示模型的被 Lenard（1993）、Ma（1995）、Lazimy（1993）等学者采用，他们是从不同的角度应用面向对象的方法来表示模型的。模型的数据表示是由 Lenard（1986）和 Dolk（1988）提出的，这种表示方法是在 SML 的基础上，将 SML 表示的模型转换成关系数据的形式。模型的框架表示由 Hong 等（1990）提出，这种方法利用模型来表示模型类，并提出模型类、模型模板和模型实例三个从抽象到具体的继承层析。El‐Gayar 和 Tandekar（2007）提出了一个构模语言（Structured Modeling Markup Language，SMML），它将 XML 与 SML 结合起来，用 XML 来表示 SML 中定义的内容。用这种方法来表示模型，同时具有了 XML 的通性、可扩展性和 SML 的构模能力强的特点，但是，由于 SML 本身的缺陷，这种方法很难表示复杂的模型。

目前来说，这些模型表示方法往往依据建模者的主观认识来确定建模内容，且建模方法与工具不一致，同时，这些模型表示方法很少考虑网络环境下模型的共享需求。特别是，由于流域模型的复杂性，没有一种模型表示方法能够很好地表达（陈能成 等，2015）。

6.3.3　流域模型组合

流域管理具有多学科、多目标和动态性的特点。流域系统非常复杂，涉及不同时间和空间尺度上的气候、土壤、水文、植物和动物之间的相互作用关系等，流域人类活动、经济、社会和技术等因素使流域管理复杂性大为增加。目前，一般单一目标的动态流域模拟模型已成熟，但常常需要通过连接两个或更多的模拟模型来实现多学科的模拟（Westervelt，2001），尤其面对流域复杂决策任务，可能需要多个流域模型组合起来共同完成决策，流域模型组合（模型链）是将一个模型的输出作为多个模型输入的连接操作。模型组合解决在没有模型满足一些问题决策时，如何利用现有流域模型组合生成一个新的组合模型，并解决模型输入、输出参数相匹配问题。

流域模型组合方法大概可以分为关系型（Liang，1988）、基于图型（Basu et al.，1998）、基于知识型（Chari，2003）、基于脚本型（Qi et al.，2007；Krishnan et al.，2000）；也有许多机构开发了不同的模型库系统，其中在一定程度上实现了模型的组合。表 6‐1 是一些主要的模型组合方法及系统的对比。

表 6‐1　　　　　　　　模型组合方法及系统的对比（陈能成 等，2015）

名　称	开发者/提出者	目　的	缺　点
陆地观测与预报系统	NASA	包含生态、水文其他相关模型的用于预报预测的集群系统	模型和输出结果缺乏共享和互操作，不能被其他领域模型和建模者使用
OpenModeller	开放	提供一个灵活、用户友好和跨平台的环境，该建模环境用于生态模拟实验的整个执行过程	只能服务于特定领域，很难融入更复杂的场景

名　称	开发者/提出者	目　的	缺　点
AND/OR 图	Tingpeng Liang	用于模型组合	难以展现模型间的复杂关系，无法形成组复杂的组合模型
元图	Basu 等	利用元图来表示多个模型之间的关系	由于不同模型的连接参数必须有相同的变量名，在实践中很难应用
SYMMS	Muhanna	将模型视为有输入/输出端口的系统	不支持单个模型与多个模型进行连接，使模型组合受到了限制

6.4　流域模型资源元模型

本章通过流域模型的特点，利用陈能成等（2015）提出的流域模型元数据共享的框架和内容，建立一种广泛通用且可扩展的智慧流域综合管理模型共享元数据模型，服务于流域模型的发布、共享和管理等多方面。

6.4.1　流域模型资源元模型框架

通过对流域典型模型的研究，分析流域模型的模型方法、模型过程和参数要求等，特别是对流域模型的输入数据和模型结果进行系统分析，并结合现有模型的元数据标准和过程建模的现状，建立起了能够描述流域模型的模型基本特征、模型方法和模型过程控制的流域模型资源元模型。

为了以一种标准的、统一的信息模型对流域模型进行描述，实现流域模型元数据信息的结构化管理，本章采用了 MOF 元级结构的元建模技术（乐鹏，2003），MOF 是一种典型的四层建模结构，依次为 M3 层、M2 层、M1 层和 M0 层，每一层是其上一层的实例，同时又是下一层的抽象。在元建模框架中，描述了组成模型的建模概念及其关系，包括 5 种基础描述元模型构件、十一元组模型信息描述框架，以及元数据信息扩展机制和形式化方法，在层次上划分为元元模型层、元模型层、模型层和现实世界层，如图 6-1 所示。

（1）元元模型层。该层为整个流域模型描述元模型框架的顶层抽象，它基于 MOF 标准宏观、全面地定义了整个元模型的结构集，定义了流域模型元模型所涉及的概念，主要包括流域模型元模型构件、流域模型信息模型、流域模型实例，它们的关系是层层细化，不同层次代表了流域模型元模型的不同抽象级别，流域模型信息结构是其元模型构件的实例化，而流域模型实例是其信息模型的实例化。MOF 是定义元模型的模型框架，采用面向对象的思想，它是一种通用、抽象的用于定义面向对象元模型的抽象语言。在该 MOF 元元模型层，如表 6-2 所示，共包括六种元模型元素或建模概念，即类、包、关联、引用、聚合与数据类型，三种机制用来实现元模型的构建和重用：实例化（instantiation）、泛化（generalization）、嵌套（nesting）。

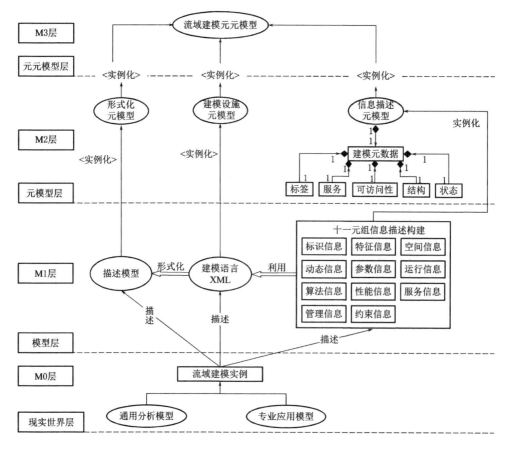

图 6-1　流域模型元建模框架

（2）元模型层。该层可以定义为流域模型资源信息共享元模型框架，它为元元模型层的实例，共包含 3 个元模型：形式化元模型、建模设施元模型与信息描述元模型。3 个元模型所对应的类为元元模型层中类的实例。形式化元模型用于指导流域模型资源的形式化表达，建模设施元模型用于说明流域模型资源描述模型的建模设施。信息描述元模型是整个流域模型资源信息共享元模型框架的核心，它定义了流域模型资源的基础描述元模型构件，包括标签（tag）、状态（state）、结构（structure）、服务（service）和可访问性（accessibility）。

（3）模型层。该层为元模型层的实例，基于上层元模型中所定义的信息描述元模型，详细定义了流域模型资源共享十一元组元数据模型；基于上层元模型中所定义的建模设施元模型，定义了建模语言 XML；基于上层元模型中所定义的形式化元模型，详细定义了流域模型资源描述模型。其中，流域模型资源共享十一元组元数据模型包括标识信息、特征信息、空间信息、动态信息、参数信息、运行信息、算法信息、性能信息、服务信息、管理信息和约束信息，通过使用基于 XML 标准编码的建模设施对上述数据类型的模型构件进行形式化表达，最终建立流域模型资源描述模型。

（4）现实世界层。该层为现实流域中流域模型对象实例层，是整个元模型框架的底层，主要职责是描述流域模型的详细信息。实例可以是任意类型的流域模型，每个实例都有自身的数据信息，这些信息只有通过一定的数据格式进行包装，以及通过某种形式的建模设施按一定规则进行形式化表达，才能成为计算机可以识别且万维网环境下可共享的流域模型资源描述模型。

表 6-2　　　　　　　　　　　MOF 元模型框架中元建模概念与机制图形表达

元建模概念与机制	表达方式	元建模概念与机制	表达方式
类		引用	A_1 被引用于 A_2
包		聚合	A_1 聚合于 A_2
关联	A_1 包含 A_2 <ContainedIn> $A_2 \longrightarrow A_1$	数据类型	
实例化		嵌套	
泛化			

6.4.2　流域模型资源基础描述元模型构件

目前流域模型共享存在的困难主要表现在：①模型众多，不同的单位、部门、研究机构开发运维各自服务的模型，模型的开发方式、描述各异，很难查找合适的模型。②由于模型技术方面的限制，对决策模型的绝大部分研究都侧重于某一个领域的模型，模型之间缺乏关联和共享机制，无法协同。因此，流域模型共享管理的目标是：①流域模型被更好地发现，即在所需的时、空和应用主题条件下，提供能够满足应用的所有合适的流域模型。②有助于多个流域模型组合，即针对一些特定的、复杂的流域管理中的分析与决策任务，往往单一的流域模型不能很好地满足流域管理需求，需要组合多个模型来共同完成。

流域模型管理的目的是针对具体的决策问题，实现满足需求的可用流域模型的快速发现与调用，根据流域模型的特点，确定分布式流域模型系统的组织结构。一个流域模型能否被发现、调用以满足具体的流域决策任务的需要，主要取决于流域模型标签特征、流域模型状态特征、流域模型结构特征、流域模型服务特征、流域模型可访问性特征（陈能成等，2015）。

（1）流域模型标签特征。用于实现在网络环境下流域模型的快速发现，包括标识信息、特征信息、空间信息和动态信息。标识信息用于唯一地确定一个流域模型；特征信息用于描述流域模型所解决的问题；空间信息表征流域模型应用的空间范围与空间参考信息；动态信息描述时间对流域模型的影响。

（2）流域模型状态特征。包括性能信息和运行信息。性能信息指模型解决具体问题的能力，是判定流域模型能否使用的一个重要指标。运行信息指模型运行所需要的环境，不同的流域模型可能使用不同的开发语言或开发平台，所需要的运行环境可能不同。

（3）流域模型结构特征。包括参数信息与算法信息。参数信息是使用流域模型的关键，分为输入和输出的参数信息，用户通过输入参数信息获得流域模型运行所需要的数据和参数，同时通过输出参数信息得到流域模型计算结果相关的信息。算法信息是指流域模型计算所用到的算法、数学公式等相关的信息和对算法的描述。

（4）流域模型服务特征。包括服务信息。指与流域模型服务有关的信息，通过将模型封装为服务，实现网络环境下流域模型的共享。服务信息以统一的方式描述不同服务类型的相关信息。

（5）流域模型可访问性特征。流域模型的访问权限主要受管理机构、访问级别以及法律和安全性约束等条件的影响。管理机构反映了流域模型的归属信息，访问级别指用户是否具有相应的权限使用某流域模型，它们与流域模型的法律和安全性约束条件共同决定了流域模型的可访问性特征。

根据流域模型的管理需求分析可知，流域模型的状态、可访问性与结构是流域模型信息描述的重要元数据内容。此外，为了便于查询与发现模型，并通过标准的服务接口访问，还需要描述流域模型的标签和服务信息。因此，构建流域模型信息描述的元模型构件，主要包括模型标签、模型状态、模型结构、模型服务和模型可访问性等五种基本元模型构件。

6.4.3　流域模型资源共享元组元数据模型

6.4.3.1　流域模型资源共享元数据模型框架

流域模型的标签特征、状态特征、结构特征、服务特征、可访问性特征等5个基础元模型构件构成了一个可重用的通用信息模型，从异构流域模型的元数据需求出发，元模型的详细元数据内容可以定义为一个十一元组结构的通用信息描述框架，表现形式为：流域模型元数据＝｛标识信息，特征信息，空间信息，动态信息，参数信息，运行信息，算法信息，性能信息，服务信息，管理信息，约束信息｝（陈能成 等，2015）。其中，流域模型的标识信息、特征信息、空间信息和动态信息是流域模型标签构件的细化；流域模型的参数信息和算法信息是模型结构构件的细化；流域模型的运行信息和性能信息是模型状态构件的细化；流域模型的服务信息是模型服务构件的细化；流域模型的管理信息和约束信息是模型可访问性构件的细化。元模型构件与十一元组元数据类型的关系如图6-2所示。

（1）流域模型的标识信息。包括流域模型关键词、流域模型名称、流域模型标识符、流域模型类型、流域模型级别等描述流域模型基本信息的元数据要素，以唯一标识该模型。

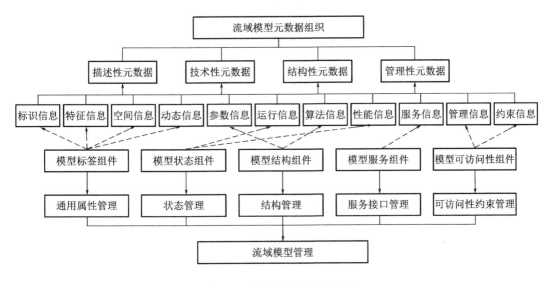

图 6-2　流域模型元数据组织

（2）流域模型的特征信息。包括流域模型基本原理、流域模型适用范围、流域模型的具体应用领域、流域模型所解决的问题的名称或简要说明等。特征信息主要用于描述流域模型，以确定流域模型是否能够应用于某种流域决策问题。

（3）流域模型的空间信息。包括空间的范围信息和参考信息，前者涉及流域模型所应用的区域和范围；后者包括流域模型空间参考的类型、名称、维度和高程等。

（4）流域模型的动态信息。包括流域模型数据更新周期、计算周期、时间维度等，动态信息主要用于描述时间对流域模型的影响。

（5）流域模型的参数信息。有关流域模型运行所需要数据或参数的说明。流域模型参数类型包含空间数据、非空间数据或文件参数，每种参数类型对数据格式的要求不同，因此需要根据流域模型参数的类型进行扩展。

（6）流域模型的运行信息。流域模型运行所需要环境的相关描述信息，包括流域模型运行平台的名称、描述、权属和开发流域模型采用的程序语言。

（7）流域模型的算法信息。流域模型实现的算法来源、算法的基本要点、算法的步骤、具体的算法表达和公式、模型算法的实例等。

（8）流域模型的性能信息。包括流域模型的服务质量、流域模型的性能目标、流域模型求解的稳定性、流域模型结果的可靠性与精度等描述流域模型性能的元数据要素。流域模型性能总体可分为流域模型质量和流域模型服务质量，并且不同的性能目标对流域模型质量的评价方式不同，因此流域模型性能需要基于模型质量和模型服务质量扩展。

（9）流域模型的服务信息。包括服务名称、服务类型、服务地址、服务参数、服务提供者、服务联系等描述流域模型服务接口信息的元数据要素，以描述流域模型的网络访问方式，通过服务联系要素可以描述服务组合各个服务组件的结构关系。

（10）流域模型的管理信息。包括流域模型开发者、联系信息、历史信息、文档信息等描述流域模型管理信息的元数据要素，主要表现了流域模型的管理机构及其联系方式。

（11）流域模型的约束信息。包括访问权限、法律约束、安全约束等描述流域模型约束信息的元数据要素，决定了流域模型的可访问性。

6.4.3.2 流域模型资源共享元数据框架扩展方法

十一元组流域模型信息描述结构构建了通用元数据信息的描述框架。针对不同类型流域模型的差异性信息，需要扩展其元数据要素，并构建特有信息模板。根据流域模型的异构性特点，对流域模型的特有信息扩展，确定具有差异性信息的元数据要素，主要包括流域模型的性能信息与参数信息。

流域模型的性能主要分为服务质量与模型质量。服务质量包括服务的稳定性、服务的响应时间、服务费用等内容；模型质量与模型的性能目标相关，应包括性能目标的类型、取值的分级和精度等内容。

流域模型的参数信息可分为空间数据参数、非空间数据参数与文件参数等3大类。空间数据参数信息是指与地理空间位置相关联的数据参数信息，包含矢量数据和栅格数据。矢量数据类型是指通过一系列坐标值来精确地记录地理实体，可分为点数据、线数据、多边性数据等，在元模型中需要表征矢量数据类型、矢量数据取值类型和相关描述等信息；栅格数据是以二维矩阵的形式来表示空间地物或现象分布的数据组织方式，每个矩阵单位称为一个栅格单元，在元模型中需要表征栅格数据的行数和列数、栅格数据类型、栅格数据取值类型、栅格数据精度以及相关描述等信息。在元模型中，空间数据的空间参考信息和流域模型的空间参考信息一致，因此，这里不再赘述。

非空间数据参数是指与地理空间位置不相关的数据参数信息。非空间数据参数一般分为单值、数组、矩阵三种类型。单值数据参数是指取值为单个数值的参数，需要表征单值类型、单值取值范围和描述等信息；对于以文件形式存在的参数，既可以是空间数据文件，也可以是非空间数据文件。对于空间数据文件，矢量数据文件类型包含 CAD、Shapefile、Coverage、KML、GML 等一系列的类型；栅格数据文件包含遥感影像数据、图片数据、DEM 数据等一系列的类型，对于非空间数据文件，文件类型也包含 txt、xml、excel 数据库文件等一系列类型。在元模型中，需要表征文件参数的文件类型、是否为空间数据文件、文件取值类型等信息。

6.4.3.3 流域模型资源共享全集元数据项设计

为了实现流域模型的共享与互操作，需要构建流域模型建模的特定信息模板，对流域模型进行统一的建模。可以借鉴陈能成等（2015）的城市分析与决策模型共享元数据集设计思路，首先分析流域模型的资源共享需求，结合现有的相关元数据，通过彼此之间的对比，重用这些元数据标准，并根据特定的流域模型资源共享需求进行元数据扩展，设计一套最大化符合流域模型资源共享的全集元数据，这样就避免了重新制定模型资源共享元数据集的工作。对于特定类型的模型专用元数据，可以通过元数据架构模式与方法进行扩展。

基于前面提出的模型资源共享的十一元组元数据模型框架及其扩展机制，并借鉴现有的元数据标准，特别是 CSDGM 中关于地理空间数据的描述，陈能成等（2015）设计了元模型的 UML 类图及模型资源共享全集元数据的所属构件、所属元组、所属复合类型、所属基本类型、全集元数据项中文名称、英文名称、概要简介、约束/条件、最大出现次数以及数据类型方面等内容，可以供流域模型资源共享全集元数据项设计，见表 6-3。

表 6 - 3 　　　　　　　　　流域模型资源共享元数据集（陈能成 等，2015）

所属构件	所属元组	所属复合类型	所属基本类型	全集元数据项中文名称	英文名称	概要简述	约束条件	最大出现次数	数据类型
标识信息		标识符		关键词	Keywords	模型关键词	M	1	Text
				模型唯一标识码	modelID	模型唯一标识码	M	1	Text
				模型名称	modelName	模型名称	M	1	Text
		分类型		模型类型	modelType	模型所属的类型	M	1	Category
				模型子类型	modelSubType	模型所属的子类型	O	1	Text
				模型深度	modelLevel	模型所属类别处的深度	M	1	Text
				是否为空间模型	isSpatial	模型是否为地理空间模型	M	1	Boolean
	特征信息	模型原理		模型原理	principle	模型的基本原理	M	1	Text
		模型功能		模型功能	function	模型的功能	M	1	Text
		应用领域		应用领域	domain	模型的应用领域	M	1	Text
		解决问题		解决问题	problemSolved	模型所解决的问题	M	1	Text
标签特征	标签特征	通用性		通用性	isGeneral	模型应用范围是否通用	M	1	Boolean
		应用区域		应用区域	applicationRegion	模型的应用领域	O	1	Text
		空间范围	应用范围经度	东	east	模型应用范围的东边界经度	O	1	Quality
				西	west	模型应用范围的西边界经度	O	1	Quality
				南	south	模型应用范围的南边界经度	O	1	Quality
				北	north	模型应用范围的北边界经度	O	1	Quality
	空间信息	空间参考	空间参考类型	空间参考类型	spatialReferenceType	模型的空间参考类型	O	1	Category
			空间参考名称	空间参考名称	spatialReferenceName	模型的空间参考名称	O	1	Category
			高程参与名称	高程参与名称	altitudeReference	模型的高程参与名称	O	1	Category
			维度	维度	dimension	模型的维度	O	1	Category
	动态信息	数据更新周期		数据更新周期	dataUpdateCycle	模型数据的更新周期	O	1	Complex
		时间维度		时间维度	timeScale	模型的时间维度	O	1	Category
		计算周期		计算周期	calculationCycle	模型的计算周期	O	1	Complex

所属构件	所属元组	所属复合类型	所属基本类型	全集元数据项中文名称	英文名称	概要简述	约束条件	最大出现次数	数据类型
状态特征	性能信息	模型质量	性能类型	性能类型	performanceType	模型的性能类型	M	1	Category
			可靠度	可靠度	reliability	模型的可靠度	M	1	Category
			精度	精度	precision	模型的精度	M	1	Text
			稳定性	稳定性	stability	模型的稳定性	M	1	Category
		服务质量	服务名称	服务名称	serviceName	模型服务的名称	M	1	Text
			服务能力	吞吐量	throughout	模型服务的吞吐量	M	1	Complex
				延迟时间	delay	模型服务的延迟时间	M	1	Complex
			服务费用	服务费用	price	模型服务的费用	M	1	Complex
			服务可靠度	服务可靠度	reliability	模型服务的可靠度	M	1	Quantity
			响应时间	响应时间	responseTime	模型服务的响应时间	M	1	Complex
			信度	信度	reputation	模型服务的信度	M	1	Quantity
	平台信息	平台名称	平台名称	平台名称	platformName	模型平台的名称	M	1	Text
		平台描述	平台描述	平台描述	platformInfo	模型平台的相关描述	M	1	Text
		平台权属	平台权属	平台权属	platformOwner	模型平台的所有者	M	1	Text
		开发语言	开发语言	开发语言	programmingLanguage	模型开发的语言	M	N	Text
结构特征	空间参数信息	参数标识符	参数标识符	参数标识符	parameterID	模型的唯一标识符	M	N	Text
		参数类型	参数类型	参数类型	parameterType	参数所属的类型	M	N	Category
		参数描述	参数描述	参数描述	description	参数的描述信息	M	N	Text
		空间参数	矢量参数	矢量名称	VectorName	适量参数的名称	M	N	Text
				矢量类型	VectorType	矢量参数的类型	M	N	Category
				数据类型	vectorValueType	矢量参数值类型	M	N	Text
			栅格参数	栅格名称	rasterName	栅格参数的名称	M	N	Text
				栅格类型	rasterType	栅格参数的类型	M	N	Category
				行数	rowCount	栅格数据的行数	M	N	Quantity
				列数	columnCount	栅格数据的列数	M	N	Quantity
				垂直行数	verticalCount	栅格数据的垂直行数	O	N	Quantity
		非空间参数	值参数	值名称	valueName	值参数的名称	M	N	Text
				值类型	valueType	值参数的类型	M	N	Category
				取值范围	valueScope	值参数的取值范围	O	N	Complex

所属构件	所属元组	所属复合类型	所属基本类型	全集元数据项中文名称	英文名称	概要简述	约束条件	最大出现次数	数据类型
结构特征	参数信息	非空间参数	数组参数	数组名称	arrayName	数组参数的名称	M	N	Text
				数组类型	arrayValueType	数组参数值的类型	M	N	Category
				值分隔符	tokenSeparator	数组参数值分隔符	M	N	Text
				块分隔符	blockSeparator	数组参数块分隔符	O	N	Text
			矩阵参数	矩阵名称	matrixName	矩阵参数的名称	M	N	Text
				行数	rowCount	矩阵参数的行数	M	N	Quantity
				列数	columnCount	矩阵参数的列数	M	N	Quantity
				矩阵值类型	matrixValueType	矩阵参数的值类型	M	N	Category
			表参数	表名称	columns	表参数的名称	M	N	Text
				行数	rowCount	表参数的行数	O	N	Quantity
				列数	columnCount	表参数的列数	M	N	Quantity
				列集合	columns	表参数的列集合名称	M	N	Complex
		文件参数		文件名称	fileName	文件参数的名称	M	N	Text
				文件类型	fileType	文件参数的类型	M	N	Text
				空间性	isSpatial	文件参数的空间性	M	N	Boolean
	算法信息	算法标识符	算法标识符	算法标识符	algorithmID	模型算法的唯一标识符	M	1	Text
		算法名称	算法名称	算法名称	algorithmName	模型算法的名称	M	1	Text
		算法开发者	算法开发者	算法开发者	developer	模型算法的开发者	M	1	Text
		算法步骤	算法步骤	算法步骤	algorithmProcess	模型算法的步骤	M	1	Complex
		算法公式	算法公式	算法公式	algorithmFormula	模型算法的公式	M	1	Complex
服务特征	服务信息	服务名称	服务名称	服务名称	serviceName	模型服务的名称	M	1	Text
		服务类型	服务类型	服务类型	serviceType	模型服务的类型	M	1	Category
		服务地址	服务地址	服务地址	serviceAddress	模型服务的调用地址	M	1	Text
		服务提供者	服务提供者	服务提供者	serviceProvider	模型服务的提供者	M	1	Text
		服务参数		服务输入	inputs	模型服务的输入参数信息	M	1	Complex
				服务输出	outputs	模型服务的输出参数信息	M	1	Complex
		访问模式	访问模式	访问模式	AccessMode	模型服务的访问方式	M	1	Category
		服务联系	服务联系	服务联系	serviceConnection	模型服务的联系信息	O	1	Complex

所属构件	所属元组	所属复合类型	所属基本类型	全集元数据项中文名称	英文名称	概要简述	约束条件	最大出现次数	数据类型
可访问性特征	管理信息	联系信息	模型开发者	modelDeveloper	模型的开发者	M	1	Text
			管理单位名称	organizationName	模型管理单位的名称	M	1	Text
			联系电话	phone	模型管理单位的联系电话	O	1	Text
			联系地址	address	模型管理单位的联系地址	O	1	Text
			负责人名字	individualName	模型负责人名字	O	1	Text
			电子邮箱	electronicMailAddress	模型负责人电子邮箱	O	1	Text
		历史事件	事件时间	eventDate	事件发生的日期/时间	O	N	Date
			事件描述	eventDescription	事件的文本描述或者外部链	O	N	Text
		存档文件	文件描述	documentDescription	简单的文本描述或者外部链接	O	N	Text
			文件格式	documentFormat	文件的格式	O	N	Text
			文件链接	onlineResource	指向文档的实际位置的链接	O	N	Text
	约束信息	访问权限	访问角色	AccessRole	访问角色	O	1	Text
			访问等级	AccessLeven	访问等级	O	1	Text
		法律约束	法律约束	legalConstraint	法律约束	O	1	Complex
		安全约束	安全约束	securityConstrain	安全约束	O	1	Complex

注　M表示必选；O表示可选。

6.4.4　流域模型资源描述模型

6.4.4.1　流域模型资源描述模型框架

建立流域模型元模型的目标之一是提供一个让流域模型共享的资源描述模型，它提供流域模型资源的统一描述，由此支持网络环境下流域模型资源的快速发现、共享与重用。资源描述模型利用一个具体的建模设施（如 XML），通过对流域模型标签特征的描述，支持网络环境下流域模型的快速发现；通过对状态特征的描述，支持流域模型的优化选择；通过对结构特征的描述，支持流域模型调用与互操作；通过对服务特征的描述，支持流域模型的分布式共享；通过对可访问性特征的描述，支持流域模型的可访问性，从而形成一个通用的建模框架，为网络环境下流域模型的共享与重用和分布式模型库系统体系结构设计奠定基础。

6.4.4.2　十一元组信息元数据模型形式化方法

流域模型资源共享的十一元组信息元数据模型确定了流域模型资源描述模型中所应描述的流域模型内容。而本节资源描述模型的目标是将十一元组元数据集进行形式化表达。因此，需要建立十一元组信息到资源描述模型的映射，即十一元组元数据模型通过何种载体进行装载或形式化表达为流域模型资源描述模型。

元数据模型形式化表达的目标是提供一种简单、共享的方式实现城市分析与决策模型的统一描述。要实现共享元数据模型的形式化表达，本书主要应用 XML 语言。XML 本身存在的优势是：①内容与结构的完全分离。②可操作性强，可以在不同操作系统上的不同系统之间进行通信。③规范统一，具有统一的标准语法。④可扩展性，可以根据 XML 的基本语法来进一步限定使用范围和文档格式。可扩展标记语言架构（XML Schema）用于定义 XML 文档的结构，利用 XML Schema 可以对元数据模型进行封装与编码。另外，目前存在很多基于 XML 的元数据标准，本书利用元数据模型可以直接使用和借鉴其他元数据标准的内容，例如，直接使用数学标记语言（MathML）来描述算法信息中的数学公式；使用 GML 来表示地理空间对象的空间数据与非空间属性数据；借鉴 CSDGM 的方式和内容来描述地理空间数据。

综上所述，要建立流域模型资源描述模型，主要是将本书的流域模型共享十一元组元数据模型形式化，其流程为：根据十一元组元数据模型中的内容，建立相对应的 XML Schema，在建立 XML Schema 的过程中，使用和借鉴已经存在的元数据标准；根据此 XML Schema 建立的文档，就是一个标准、可共享的流域模型。

6.5　流域模型资源服务

6.5.1　流域模型服务流程

构建流域模型元模型的目的是实现流域模型在网络环境下的统一建模、管理，进而实现流域模型共享、重用和复杂环境下模型的组合。为了达到上述目标，将模型封装为服务并采用本书提出的流域分析与决策元模型对模型进行描述是一种有效的解决途径。

基于前述的流域模型元模型，并遵循 OGC 的网络目录服务（CSW）标准（Geller et al.，2007），构建流域模型服务体系架构，如图 6-3 所示。系统架构中包含三种角色：流域模型服务提供者、流域模型服务代理和流域模型服务请求者。

（1）流域模型服务提供者。流域模型服务提供者开发的流域模型被封装为模型服务，利用流域模型元模型对这些进行建模，生成流域模型的十一元组建模信息，然后采用 CSW 的标准接口将这些信息注册到注册中心。

（2）流域模型服务代理。流域模型服务代理就是注册中心，存储元模型中规定的流域模型信息，并提供一系列的接口来注册、发现、更新、删除模型的元数据信息，通过注册中心，可以对网络环境下的流域模型资源进行统一管理。

（3）流域模型服务请求者。流域模型服务请求者就是用户，用户可以根据十一元组建模信息规定的内容，构建查询条件，从注册中心查询合适的流域模型，并实现流域模型服务的绑定与调用，返回流域模型服务结果。

6.5.2　流域模型服务接口

上节所提出的模型服务架构中包含了管理流域模型所需的一系列模型服务接口，这些

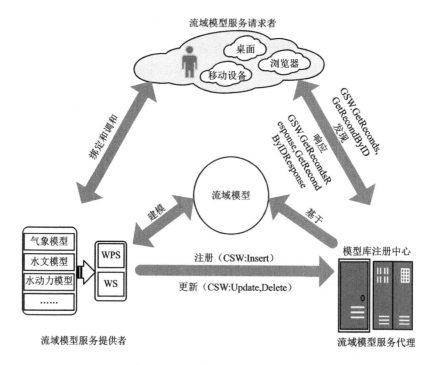

图 6-3 流域模型服务体系架构

服务接口用于流域模型的建模、注册、发现、组合和调用等。流域模型拥有者可以通过服务接口查询模型元数据信息，找到自身所需流域模型，并根据返回的流域模型 ID 最终发现、访问和调用模型体。流域模型服务接口适用范围如图 6-4 所示。

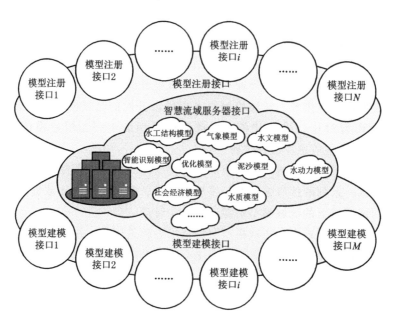

图 6-4 模型服务接口适用范围

　　智慧流域中的模型服务是一种开放的定义的模型服务接口，可以实现模型服务体系架构中三种角色（模型服务提供者、注册中心和模型服务请求者）之间的交互，从而实现智慧流域中流域模型的共享与互操作。模型服务接口核心操作包括 GetCapabilities、DescribeModel 和 Modelling，事务操作包括 InsertModel、DeleteModel、UpdateModel 和 ExecuteModel 等。其中，只有三个核心操作为必选操作，其余均为可选操作。模型服务接口的元素组成如表 6-4 所示。

表 6-4　　　　　　　　　　　　模型服务接口的元素组成

操作类型	操作名称	操作功能简介	是否为必选操作
核心操作	GetCapabilities	用于获取服务器中可用模型的元数据及其详细信息	是
	DescribeModel	用于查询服务器中可用模型和模型链的元数据信息	是
	Modelling	用于模型的建模	是
事务操作	InsertModel	用于新模型的注册	否
	DeleteModel	用于删除已注册模型和与之相关的原数据	否
	UpdateModel	用于模型参数和功能等的更新	否
	ExecuteModel	用于模型的执行	否
高级操作	GetRecordBuID	根据模型标识符查找负荷时间的唯一模型	否
	GetRecords	根据元模型中定义的相关模型信息查找符合条件的一个或多个模型	否
	DataConversion	用于不同数据格式之间的转换	否
	ModelCombination	用于组合多个模型	否

6.5.3　流域模型服务操作

6.5.3.1　流域模型建模服务

　　流域模型建模服务的目标是基于前面建立的流域模型元模型，对流域模型进行统一的描述。在模型建模服务接口中，封装了元模型中定义的十一元组元数据模型信息，即标识（identification）信息、特征（characteristic）信息、空间（spatiality）信息，动态（dynamics）信息、参数（parameters）信息、运行（working）信息、算法（algorithm）信息、性能（performance）信息、服务（service）信息、管理（administration）信息和约束（constraint）信息；每个元组信息包含了需要被描述的元数据要素。

　　在具体的流域模型管理中，模型库系统可以实现这个接口，基于具体的信息模板，提供一个可视化界面和一个向导工具来进行各种决策模型的快速建模。

6.5.3.2　流域模型注册服务

　　为实现流域模型的统一管理、提高模型的发现能力，需要将流域模型的十一元组信息注册到注册中心，提供一种基于网络的通用且灵活的注册服务，实现流域模型的检索、存储和管理，使得用户可以在一个开放的分布式系统下定位、访问和使用资源。

　　通过模型建模服务生成了模型共享的十一元组信息描述信息，模型注册服务就是将模型十一元组信息注册到注册中心，在本书中，通过 CSW 的标准接口完成建模信息的注册，模型注册过程如下：①用户发送一个 Insert 请求到注册中心，请求中包含需要注册到注册中心的建模信息。②注册中心获取 Insert 请求，并根据元模型的十一元组信息描述结构对请求中包含的建模信息进行解析，然后，调用 Publish 接口将这些建模信息插入数据库中。③当 CSW 服务完成 Publish 操作时，一个成功注册的响应将返回给用户。

6.5.3.3　流域模型发现服务

流域模型发现是针对特定的任务，根据元模型中规定的流域模型信息，如标识信息（模型名称、模型类型、关键字等）、特征信息（模型应用范围、模型目的等）、性能信息（性能目标）等，从注册中心查找合适的模型。模型发现通过 CSW 的 GetRecords 或 GetRecordByID 接口实现与注册中心的交互，其过程如下：①用户发送 GetRecords 或 GetRecordByID 请求到注册中心，请求中包含要查询的模型信息，如模型的标识信息、特征信息、空间信息、性能信息等。②注册中心获取并解析请求中的查询信息，并从数据库中查询满足条件的一个或多个模型。③当注册中心完成查询操作时，则给用户返回 GetRecords - Response 或 GetRecordsByIDResponse 响应，其中包含了查询结果。

6.5.3.4　流域模型组合服务

流域模型组合是将多个流域模型组合起来完成复杂决策任务的操作。模型组合的关键在于发现满足决策任务的多个流域模型和解决多个流域模型输入、输出数据格式相匹配的问题。前者的解决方案是：基于元模型的发现机制，针对具体的决策目标，通过交互式的手工设计模式或半自动组合模式生成抽象的模型链，通过与目录服务注册中心的交互生成实例化的模型链，模型链的实例化就是将其中包含的用户信息、领域知识、过程信息用相应的可执行的模型服务实例代替，从而形成模型链的实例。后者的解决方案是：用户提供自定义的数据格式到标准数据格式（如 GML、KML 等）的转换，模型库系统将这种转换封装为服务，当用户下次调用时，模型库系统能够自动进行转换，同时模型库系统提供不同标准数据格式之间的转换服务。另外，用户可以提供不同的自定义数据格式之间的转换服务，并提交给注册中心进行注册，这样可以直接进行自定义数据格式之间的转换。

流域模型组合服务就是将多个模型服务组合起来，同时使用数据转换服务实现不同模型服务之间的交互，从而达到解决复杂决策任务的目的。

6.5.3.5　流域模型执行服务

模型执行服务是绑定模型服务的地址，调用模型服务，得到模型计算的结果。在模型注册中心中，存储了元模型中定义的模型的服务信息（service information），包括服务类型、服务地址、服务方式、服务所需参数等。模型执行服务以可视化的界面提供用户所需的参数，当用户完成参数的输入时，模型执行服务绑定模型服务地址，传递服务参数给模型服务，调用模型服务，并将模型计算结果返回给用户。

6.6　流域模型管理与服务系统设计

流域模型元模型的提出为分布式流域模型库管理系统（即"流域模型管理与服务系统"）的构建提供了模型描述基础。在本节中，基于流域模型元模型以及流域模型的建模、注册、发现、组合方法，设计流域模型管理子系统。

6.6.1　系统总体架构

流域模型管理与服务系统设计的目标是实现流域模型的统一建模、注册、发现、组合和调用等功能，注册中心采用 CSW，其总体架构如图 6-5 所示。

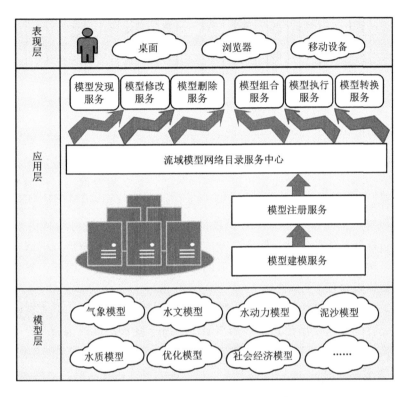

图 6-5　流域模型管理与服务系统总体架构

（1）模型层。模型层包含各种流域模型，如气象模型、水文模型、水动力模型、水质模型、优化模型、社会经济模型等，为其他层提供模型数据基础。

（2）应用层。应用层是整个模型管理子系统的核心，它包含在模型管理中所用到的各种功能（服务），如模型建模服务、模型注册服务、模型发现服务、模型组合服务等。模型建模信息也存储在应用的网络服务中心中。

（3）表现层。表现层是最终用户通过何种方式来访问系统，通常采用浏览器和客户端两种方式实现用户的访问，是一种 C/S（Client/Server）和 B/S（Browser/Server）。

6.6.2　系统功能设计

按系统功能划分，流域模型管理与服务系统可以划分为四个功能模块：流域模型建模模块、流域模型管理模块、流域模型组合模块和流域模型执行模块。整个系统功能模块的划分如图 6-6 所示。

1. 流域模型建模模块

流域模型建模模块的功能主要包括建模模块生成和模型验证。

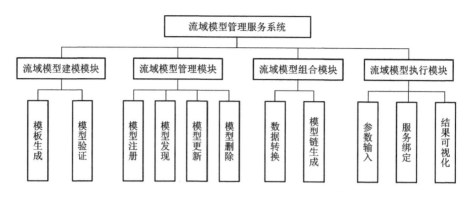

图 6-6　流域模型管理与服务系统功能模块划分

模型建模是基于元模型的十一元组建模信息，构建专门的信息模板，基于模板对模型进行快速建模，生成模型建模的 XML 文件。针对不同的模型，其建模信息有所不同。不同模型的参数类型不同，其参数类型可以是空间数据、非空间数据或文件类型，不同的类型又包含很多种数据格式。在元模型中，不仅支持标准的数据格式，如 GML、KML 等，同时也支持用户自定义的数据格式。对模型的性能而言，其性能分为服务质量与模型质量。服务质量包括服务的稳定性、服务的响应时间、服务费用等内容；模型质量与模型的性能目标相关，包括性能目标的类型、取值的分级和精度等内容。因此，需要针对不同的模型构建不同的建模模板。

以模型参数信息的建模为例，用户可以基于元模型结构来构建一个流域模型的参数信息。通过添加完整的流域模型信息，利用 XML 序列化技术，可以创建一个 XML 编码的流域模型描述模型。模型验证用于验证建模 XML 文件是否满足元模型的模式要求。

2. 流域模型管理模块

流域模型管理模块的功能主要包括模型注册、模型发现、模型更新和模型删除等。

模型注册功能是将流域模型的十一元组建模信息注册到注册中心。系统可以根据流域模型的建模信息生成 XML 代码，并将流域模型的建模信息提交到注册中心进行存储。

模型发现功能是根据元模型中定义的模型信息，从注册中心中查找到符合条件的一个或多个流域模型。系统根据用户输入的查询条件，如流域模型的关键词、性能目标、空间范围等，构建查询文档，并提交给注册中心；注册中心返回的查询结果，其中包含符合条件的模型及其元模型信息。

模型更新就是用户编辑修改已经创建的流域模型。当需要修改流域模型的相关信息时，用户可以利用这个功能来修改对应模型文件的相关部分。流域模型通过一系列的操作装载进系统中并以数结构的形式进行显示。在这个功能中，一个重要的操作是进行模型的验证，它确认一个模型是否遵循流域模型元模型的模式。

模型删除就是从注册中心中删除特定流域模型的元模型信息。

3. 流域模型组合模块

流域模型组合模块就是将多个模型服务组合起来形成服务链来共同完成某一流域决策任务，具体是指根据用户需求，通过交互式的手工设计模式或基于本体的半自动组合模式生成抽象模型链，通过与目录服务注册中心的交互生成实例化的模型链。其中目录服务中注册了原子模型、组合模型（模型链）和实现模型的处理服务元数据信息。模型链的实例化就是将用户信息、领域知识、过程信息用相应的可执行模型服务实例代替，从而形成模型链的实例。实例化的模型链通过模型链执行引擎执行。为保证模型链和模型服务的重用，抽象模型链和执行引擎生成的处理服务可以注册到目录服务的注册中心中（熊璋 等，2015）。

4. 流域模型执行模块

流域模型执行模块包括参数输入、服务绑定和计算结果的可视化。

模型在线执行操作是指在用户需要执行模型时，系统自动列出需要用户添加的模型的输入参数，用户添加完成后，系统自动验证输入参数的合法性，验证通过后，将输入参数传给模型进行模型的计算。模型计算结果返回是指将模型计算的结果返回给用户，并对返回的结果进行相关信息的说明，以使用户能够理解和使用。

6.7　本章小结

本章通过对流域模型的分类，总结了流域模型的特点、表示和组合，研究了流域模型资源元模型和流域模型资源服务，设计了流域模型管理与服务系统，结论如下。

（1）流域模型是智慧流域进行科学分析和决策的核心引擎。从专业的角度，可以分为4 种类型的模型：空间数据模型、水循环系统模型、亲水系统模型和社会经济模型。按照是否遵循相应的机理，又分为流域机理模型和数据驱动模型。空间数据模型是描绘流域地理属性的模型；水循环系统模型是流域特殊问题的体现，包括水文模型、水动力模型等；亲水系统模型是描述在水循环作用下流域自然环境的演变；社会经济模型是对流域人类社会活动的描述。

（2）流域模型具有空间性、动态性、多元性、复杂性、综合性等特点。流域模型表示的方法包括结构化构模表示、面向对象的表示、模型的数据表示、框架表示和构模语言表示。流域模型组合是解决流域复杂决策任务，需要多个流域模型组合共同完成分析和决策，采用模型链将一个模型的输出作为多个模型的输入，其方法分为关系型、基于图型、基于知识型、基于脚本型等。

（3）流域模型元模型包括流域模型资源元模型框架、流域模型资源基础描述元模型构件、流域模型资源共享十一元组元数据模型、流域模型资源描述模型。流域模型资源元模型框架分为元元模型层、元模型层、模型层和现实流域信息层。流域模型资源基础描述元模型构件由标签特征、状态特征、结构特征、服务特征和可访问性特征组成。流域模型资源共享十一元组元数据模型包括模型资源共享十一元组元数据模型框架、模型资源共享元数据框架扩展方法和模型资源共享全集元数据项。流域模型资源描述模型包括资源描述模型框架和十一元组信息元数据模型形式化方法。

（4）构建流域模型元模型的目的是实现流域模型在网络环境下的统一建模、管理，进而实现流域模型共享、重用和复杂环境下模型的组合。为了达到上述目标，将模型封装为服务并采用本书提出的流域分析与决策元模型对模型进行描述是一种有效的解决途径。提出了流域模型服务体系架构，包括流域模型服务提供者、流域模型服务代理和流域模型服务请求者，设计了流域模型共享与互操作的接口，核心操作包括 GetCapabilities、DescribeModel 和 Modelling，事务操作包括 InsertModel、DeleteModel、UpdateModel 和 ExecuteModel。流域模型服务操作包括模型建模服务、模型注册服务、模型发现服务、模型组合服务、模型执行服务。

（5）流域模型元模型的提出为分布式模型库管理系统（即"模型管理与服务系统"）的构建提供了模型描述基础。基于流域模型元模型以及流域模型的建模、注册、发现、组合方法，设计了流域模型管理与服务系统总体架构，包括模型层、应用层和表现层，模型层是各种流域模型层组成的模型库；应用层是模型管理系统的核心，包含在模型管理中所用到的各种功能（服务）；表现层是最终用户通过何种方式来访问系统。把模型管理与服务系统的功能划分为四个模块：模型建模模块、模型管理模块、模型组合模块和模型执行模块。

参考文献

陈能成，王伟，王超，等，2015. 智慧城市综合管理［M］. 北京：科学出版社.

李纪人，潘世兵，张建立，等，2009. 中国数字流域［M］. 北京：电子工业出版社.

邵荃，2009. 突发事件应急平台模型库中模型链构建方法的研究［D］. 北京：清华大学.

王桥，吴纪桃，1997. GIS 中的应用模型及其管理研究［J］. 测绘学报，26（3）：280 - 282.

熊璋，等，2015. 智慧城市［M］. 北京：科学出版社.

许向东，张全寿，1997. MBMS 中模型表示方法的研究［J］. 管理科学学报，(2)：19 - 24.

乐鹏，2003. GIS 网络分析模型及相关算法研究［D］. 武汉：武汉大学.

BASU A，BLANNING R W，1998. The analysis of assumptions in model bases using metagraphs［J］. Management Science，44（7）：982 - 995.

CHARI K，2003. Model composition in a distributed environment［J］. Decision Support Systems，35（3）：399 - 413.

DOLK D R，1988. Model management and structured modeling：The role of an information resource dictionary system［J］. Communications of the ACM，31（6）：704 - 718.

EL - GAYAR O，TANDEKAR K，2007. An XML - based schema definition for model sharing and reuse in a distributed environment［J］. Decision Support Systems，43（3）：791 - 808.

GELLER G N，TURNER W，2007. The model web：a concept for ecological forecasting［C］//2007 IEEE International Geoscience and Remote Sensing Symposium. IEEE：2469 - 2472.

GEOFFRION A M，1992a. The SML language for structured modeling：Levels 1 and 2［J］. Operations Research，40（1）：38 - 57.

GEOFFRION A M，1992b. The SML language for structured modeling：Level 3 and 4［J］. Operations Research，40（1）：58 - 75.

HONG S N，MANNINO M V，GREENBERG B S，1990. Inheritance and instantiation in model management［C］// Twenty - Third Annual Hawaii International Conference on System Sciences. IEEE，3：424 -432.

KRISHNAN R，CHARI K，2000. Model management：survey，future research directions and a bibliography［J］. Interactive Transactions of OR/MS，3（1）：399 - 413.

LAZIMY R，1993. Object - oriented modeling support system：model representation，and incremental modeling［C］//Proceedings of the Twenty - sixth Hawaii International Conference on System Sciences. IEEE，3：445 - 459.

LENARD M L, 1986. Representing models as data [J]. Journal of Management Information Systems, 2 (4): 36 - 48.

LENARD M L, 1993. An object - oriented approach to model management [J]. Decision Support Systems, 9 (1): 67 - 73.

LIANG T P, 1988. Development of a knowledge - based model management System: Special focus article [J]. Operations Research, 36 (6): 849 - 863.

MA J, 1995. An object - oriented framework for model management [J]. Decision Support Systems, 13 (2): 133 - 139.

QI C, SUN J, 2007. Model net: A representation of the static structure of modelbase [J]. International Journal of Pattern Recognition and Artificial Intelligence, 21 (4): 791 - 807.

WESTERVELT J, 2001. Simulation modeling for watershed management [M]. New York: Springer - Verlag.

第7章　智慧流域智能决策技术体系

7.1　引言

　　流域属于一种特殊的自然区域，是一个水文单元，它的整体性极强，关联度很高，流域内不仅自然要素间联系极为密切，而且上中游、干支流、左右岸各区域间的相互作用、相互影响极其显著（常月明 等，2004），是一个结构复杂、因素众多、作用方式复杂的巨系统（王慧敏 等，2000）。针对复杂系统的研究已经成为管理科学、系统工程和信息技术研究领域的一个热点问题，钱学森等（1990）提出了"开放的复杂巨系统"的概念以及处理相关问题的方法论——从定性到定量的综合集成法。在综合集成法的基础上，概括出人机结合、以人为主、从定性到定量的综合集成研讨厅的理论框架（于景元 等，2002）。于景元和周晓纪（2002）、戴汝为和李耀东（2004）、崔霞和戴汝为（2006）认为综合集成研讨厅体系是复杂决策问题的求解方法论。该方法论把定性的、不全面的感性认识加以综合集成，将综合集成法中的个体智慧上升为群体智慧。部分学者把综合集成理论应用到不同领域，如李元左（2000）和司光亚（2000）提出在空间军事系统以及战略决策中采用研讨厅的思想；胡代平等（2001）和顾基发等（2007）把综合集成研讨厅理论应用到宏观经济决策问题中；周原冰等（2008）将电力经济数据信息、专家知识和经验与计算机模拟、分析处理能力结合起来，采用从定性到定量综合集成研讨的方式，形成一个电力市场供需相关重要问题研究、会商和决策支持的智能系统；王慧敏和唐润（2009）构建了流域初始水权分配综合集成研讨厅，并在此基础上讨论了初始水权分配群决策的有关模型；龚建华等（2012）介绍了地理综合集成研讨厅的产生背景、基础理论、关键技术和典型应用实践；薛惠锋等（2019）以面向智慧水利的水资源管理平台为例，介绍了综合集成研讨厅体系在智慧水利建设中的应用。这些实践都为有关部门提供了科学决策的有效手段。

　　随着人类社会经济的发展，水资源短缺已经成为全球性的危机。面对日益短缺的水资源，如何合理、有效地分配这些资源成为人们最为关注的问题之一；同时，水资源系统是一个复杂的大系统，其资源配置问题会影响到自然生态、经济发展和社会和谐等多个方面，属于系统的复杂性决策问题。因此本章尝试把解决复杂系统的综合集成研讨厅理论引入流域的水资源管理中，构建流域水资源管理综合集成研讨厅体系，分析其运行机制。这不仅丰富了流域水资源管理理论，而且对于流域范围内的地区可持续发展及社会和谐、促进决策过程的科学化与民主化也具有十分重要的实践意义。

7.2　流域复合系统的开放复杂特征

流域是人类重要的生存环境，对人类生存与发展起着重要支撑作用。然而，数十年来随着我国城市化和工业化进程的加速，水污染及富营养化问题十分突出，湖泊流域的自然资源遭受严重破坏，生态环境持续恶化，多种流域性环境资源危机共存且日益加重，已经成为关系到未来我国社会、经济、生态健康发展的关键问题。流域水问题的系统性、复合性、多样性、突发性和严峻性等特征（刘永 等，2008；马世骏 等，1984；金帅 等，2010），要求基于复杂性科学的视角，从流域社会-经济-自然复合系统的层面对其进行系统分析，以清晰全面认识其成因与复杂性，进而用科学方法进行管理（盛昭瀚 等，2012）。

科学系统地描述和表征流域系统，是开展流域治理的基本前提。从系统科学分析，流域是一个由人参与并主导的、要素众多、关系复杂、功能多样的社会-经济-自然复合系统，具有复杂的时空结构与层次结构，并呈现出整体性、动态性、非线性、适应性、多维度等特性（刘永 等，2008；马世骏 等，1984；金帅 等，2010）。构成流域复合系统的三个不同性质的系统-自然子系统、经济子系统与社会子系统，各自又是复杂自适应系统，有各自特殊的结构、功能和作用机理。而且，它们自身的存在和发展又受其他系统结构、功能的制约。

7.2.1　流域系统的复杂性

除了具有诸如流域自然地理、人口密度大、河网密布、植被覆盖、气候环境条件多变等造成的"显性"复杂性（冯国章 等，1998；马建华 等，2003；孙晓 等，1988），流域系统还体现在如具有动态开放的环境、多元自主主体、多要素间的非线性关联等"隐性"复杂性方面（盛昭瀚 等，2012）。

1. 流域环境开放性形成的系统复杂性

水是流域复合系统的纽带，具有自然资源、物质生产资源、生活资源等多重属性，这决定了流域必然会受到周边社会经济环境变化的强烈影响。随着全球一体化进程的加剧，全球气候环境、社会经济等任何一个因素的变化，都有可能通过改变流域复合系统的某一个子系统，而引发复合系统整体性的变化。

2. 流域多元自主主体形成的系统复杂性

人是流域复合系统中最活跃的要素，具有自主的经济行为和社会特征，通过资源开发与利用等社会经济行为将资源和环境紧密联系在一起。同时，系统中的人是多元化的利益相关群体构成的，并具有高度的智能性、自主性、目的性等。其认知与决策行为本身就是一个通过与其他主体以及环境之间的交互，并通过学习、模仿、尝试等手段进而改变自身行为以适应环境变化的适应性过程。因此，人的广泛参与及其行为的适应性造就了流域复合系统的高度复杂性（Holland，1995）。

3. 流域多要素间非线性关联形成的系统复杂性

流域水体本身存在着相当复杂的物理、化学和生物反应过程，对于外界污染负荷冲击的响应过程通常也是非线性的。而且，由于水的连通性，流域复合系统更是由多元主体、组织、资源、信息等要素通过一定规则而相互关联的动态整体，各种要素之间形成一定的层次或网络结构，并且这种结构也在随着系统的演化进程而不断变化，一般会呈现出复杂的"涌现"现象。同时，复合系统中多要素间相互关联方式与因果关系具有多种形式的内在机理，并呈现多种类型的复杂性，如时间延滞与空间冲突、系统响应过程非线性、信息不完全与不对称以及个体与整体目标指向偏差等。所有关联作用在非线性和外界环境影响下，可能会使流域复合系统产生大尺度宏观或全局行为。

7.2.2 流域系统管理的复杂性

流域复合系统的复杂性与强大的交互反馈能力，造就了其治理的难度，即流域复合系统的管理复杂性，这些复杂性是导致流域管理面临的难题，体现在如下方面（金帅 等，2010）。

1. 系统认知的复杂性

流域复合系统是开放的复杂巨系统，人们对其认识具有不完全性与渐进性。因而，系统认知的复杂性是固有的，不仅表现在系统状态的部分可观测性、系统结构与过程以及发展趋势的不确定性（Pahl - wostl et al. , 2007），而且产生这些趋势的系统要素及其关联关系包括非线性、反馈回路、延迟等都具有不确定性。同时，自然过程、社会过程与经济过程共同存在且作用于流域系统，使得单一学科知识并不能对其进行有效分析与总结。

2. 决策制定的复杂性

实现流域系统可持续运行是治理决策制定的初衷与归宿。然而，由于生态修复的长期性、系统认知的滞后性等，在构造实现复合系统可持续发展的目标体系上存在很大分歧与抽象色彩。同时，流域系统复杂的时空关联特征带来的尺度效应、累积效应、滞后效应以及外部因素干扰等，使得精确识别与量化系统状态、影响源及其效果分析变得异常复杂，并难以简单概括为一些易测定的指标。特别是由于复合系统复杂的时空关联效应以及人们对系统功能及过程的认识不足，管理方案通常不得不建立在系统局部问题的分析与评估之上，势必造成复合系统进化过程与社会政治过程的不协调。因此，决策制定具有巨大的经济成本、时间成本以及潜在风险。

3. 多主体协调的复杂性

决策制定者、不同利益相关群体与科学研究者之间不协调给管理决策带来了挑战。他们对问题的产生原因、利害关系与合理的解决方案等可能有不同的看法，而这些看法会影响他们对系统的认识、具体管理目标以及具体管理措施成功的可能性等方面的判断，并不可避免地从不同视角与利益出发提出管理的目标或需求。具体表现在研究者主要从专业学术角度对系统或特定问题进行研究；利益相关者倾向于从切身利益出发提出要求；而决策者偏重从社会经济发展的宏观视角去解决实际问题。

4. 系统行为的复杂性

流域各子系统的自适应性也决定了系统对管理行为的响应具有不确定性。社会、经济、人口和生态等方面的变化性使得通过观察难以直观推断系统状态及其影响源，并预测他们对管理行为的反应。个体行为的主观性使得流域治理的社会经济政策实施效果无从精确预测，即管理者对系统部分可控（Owens，2009）。系统的开放性还决定了系统要受到外界物质、资金与人员等方面的干扰，进一步加大了系统响应的不确定性。此外，还有如极端气候条件以及不断呈现出的新型污染物等某些因素的不可预测性存在于系统行为中。

7.2.3　流域水资源系统的复杂性

在流域水资源开发利用中，其实质是人类作用于自然水系统的理性活动，既注重水利效益与经济效益，又重视环境生态效益与社会效益，使水资源开发利用与地区社会经济向着良性循环的方向协调发展。陈守煜（1993）认为人与水两个系统相互作用与制约，人本身就是一个复杂的巨系统。人的经验知识、意向（决策者从群众中来到群众中去的正确意见）在水资源开发利用中是极其重要的不能取代的信息资源。水资源系统与周围环境，特别是人的活动，不断地进行着信息、物质与能量的交换。系统的规模庞大、目标多样、功能综合，包含有数目极多的子系统。它们不仅关联复杂，而且处于为数众多的不同层次之中。因此，在水资源开发利用的决策及其实现过程，已经无法回避人的经验知识、决策者的意向所起的极为重要甚至是决定的作用。很难用经典的优化理论、技术与方法求解，而且复杂水资源大系统理论与技术也难适应。故陈守煜（1993）结合钱学森等（1990）关于开放的复杂巨系统的一般概念，按照水资源可恢复的有限的动态资源特征与决策者在资源开发利用中极为重要的作用，提出开放的复杂水资源巨系统概念。其本质特点是要充分考虑人的经验知识、决策者的意向在水资源开发利用中不可取代的重要作用，用水资源学、水文学、系统科学、社会科学、经济学、环境生态科学、知识工程、人工智能、专家系统等多种学科的理论与技术，以期达到充分有效地开发利用有限的水资源，并使其与地区社会经济向着良性循环方向协调发展的目的（王浩 等，2001）。

综上所述，开放的复杂水资源巨系统的主要特点可概括为（陈守煜，1993、1994）：①水资源开发利用系统由数量极多子系统组成的可控系统。系统目标多样，功能综合，输入多变不易预测，各个子系统之间相互关联复杂，层次众多。②系统本身与周围环境之间有信息、物质与能量的交换，尤其与决策者之间不断地进行着意向信息的交换。③遵循人对开发利用水资源的理性活动的要求，人的经验知识、决策者的意向对系统具有不可取代的重要甚至是决定的作用。

7.3　综合集成方法是研究流域复杂系统的方法和工具

7.3.1　综合集成方法的提出

钱学森等（1990）《一个科学的新领域——开放的复杂巨系统及其方法论》一文的发表，标志着复杂巨系统理论的诞生，这一理论为处理开放的复杂巨系统问题提供了行之有效的方法工具体系。他指出，系统科学是从事物的整体与部分、局部与全局以及层次关系的角度，即系统角度来研究客观世界的。系统是系统科学研究和应用的基本对象。系统最重要的特点就是系统在整体尚具有部分所没有的性质，也就是系统的"整体性"。系统整体性不是它组成部分性质的简单"拼盘"，而是系统整体"涌现"的结果。

对于系统，从不同角度做过多种分类。这些分类比较直观，但是过分着眼于系统的具体内涵，反而忽略了系统的本质，这对于系统科学的研究恰恰是至关重要的。钱学森根据系统结构的规模、复杂程度、开放程度的不同，提出了新的系统分类，将系统分为简单系统、简单巨系统、开放的复杂巨系统和开放的特殊复杂巨系统。统计学为研究简单巨系统提供了切实有效的方法，特别是普利高津的耗散结构理论和哈肯的协同学，对于研究简单系统和简单巨系统提供了理论和方法。开放的复杂巨系统规模巨大且结构复杂，元素或子系统种类繁多，本质各异，相互关系复杂多变，存在多重宏观、微观层次，不同层次之间关联复杂，作用机制不清楚，因而不可能通过简单的统计综合方法从微观描述推断其宏观行为。对于开放的复杂巨系统，特别是社会系统，不是已有的理论和方法所能处理的，需要有新的方法论和方法。钱学森认为，实践已证明，现在能用的、唯一能有效处理开放的复杂巨系统（包括社会系统）的方法论，就是从定性到定量的综合集成方法。

7.3.2　综合集成方法论

综合现代信息技术的发展，"从定性到定量综合集成方法"及其实践形式"从定性到定量综合集成研讨厅体系"，两者合称为综合集成方法，应用这套方法的集体成为总体设计部（于景元 等，2004）。从航天系统工程的实践来看，钱学森在长期指导中国航天工程的过程中，开创了一套系统的工程管理方法与技术，其核心就是"一个总体部、两条指挥线"的管理模式，形成了一套可以操作且行之有效的方法体系和应用方式。实践证明，这套方法也同样适用于社会系统。

综合集成方法是还原论与整体论的统一，是科学方法论的创新与发展（于景元 等，2005），其关键是集成专家体系、机器体系，构成人机结合、人网结合的智能循环演化体系，包括实现定性综合集成、定性定量综合集成、从定性到定量综合集成三个阶段（于景元 等，2019）。

（1）定性综合集成：这是在已有相关的科学理论、经验知识和信息的基础上与专家判断力（专家的知识、智慧和创造力）相结合，对所研究的系统问题提出和形成经验性假设，如猜想、判断、思路、对策、方案等。这种经验性建设一般是定性的，其正确性仍需用严谨的科学方式加以证明。

（2）定性定量综合集成：在数据和信息系统、指标系统和模型系统的支持下进行系统仿真和实验，并通过观察系统环境、结构和功能之间的输入和输出关系进行系统分析和综合，以判断经验假设的准确性。

（3）从定性到定量综合集成：由专家体系对前一次系统仿真和实验的结果进行综合集成，这是把原始的经验性假设上升到定量结论非常关键的一步。通过人机交互、反复对比、逐次逼近，直到认定结果是可信的，完成从定性到定量的综合集成。

开放的复杂巨系统问题通常是非结构化问题，通过上述综合集成过程可以看出，综合集成方法实际上是用结构化序列去逼近非结构化问题。从定性综合集成提出经验性假设和判断的定性描述，到定性定量相结合综合集成得到定量描述，再到从定性到定量综合集成获得定量科学结论，这就实现了从经验性的定性认识上升到科学的定量知识（于景元 等，2002），如图 7-1 所示。

鉴于综合集成方法提出的时代背景，随着新一代信息技术为代表的自然科学、社会科学的发展，其理论体系和实践体系（综合集成研讨厅体系）需要立足科技前沿进一步提

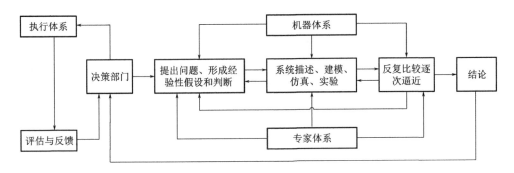

图 7-1　综合集成法实施过程示意图

升。尤其是，综合集成方法在"反复比较、逐次逼近"过程中，需要进一步明确"梯级涌现"的基本特征和系统目标由"硬"到"软"的趋势。故此，薛惠锋等（2019）基于"定性到定量综合集成方法"与"旋进原则"系统方法论，提出了综合集成方法的发展-综合提升方法，其核心是，融合"综合集成理论"的定性与定量相结合，与"旋进原则"的有效循环和持续提升，同时将"梯级涌现"特征作为系统提升过程中的阶段收敛性特征，将系统"满意状态"的"软目标"作为系统调控的主要遵循，在集成和循环过程中持续调整系统组分间、结构间及外部环境间的关联关系，实现局部与整体协同、系统协调，使系统在整体上涌现出更满意的和更好的功能，最终实现系统状态从不满意到满意的目标提升。

综合提升理论的理论基础是"综合集成方法"和"旋进原则"，方法基础是系统科学、数学科学与管理科学，技术基础是以物联网、大数据、人工智能、知识工程、模型工程等为代表的现代信息技术，思想基础是"梯级涌现、持续改进"。它是新技术背景下处理开放复杂巨系统的方法论和技术工具，通过数据驱动和模型驱动实现了体系间的信息实时交互和上下追溯，通过人工智能与专家集成实现人网结合、以人为主的智慧涌现，通过迭代交互、逐次逼近实现系统不满意状态到满意状态的梯级涌现、持续提升，工作过程如图 7-2 所示。

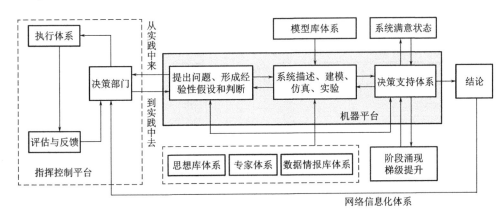

图 7-2　综合提升方法实施过程示意图

7.3.3 综合集成研讨厅体系

从定性到定量的综合集成研讨厅体系是钱学森同志总结其毕生理论和实践精华，形成的一整套以系统工程为核心的方法和工具体系，强调人机结合、以人为主。人是指把专家组织起来形成专家群体，通过共同研讨研究问题；厅是把专家的知识经验、信息系统、高性能计算机等按照一定的工作逻辑组织起来，形成人机结合的智能系统。综合集成方法将个体智慧上升为群体智慧，将机器智能作为专家智慧的延伸与补充，从而使系统的智慧超越了单个个人的智慧（戴汝为 等，2004）。

从定性到定量的综合集成研讨厅的核心思想是采用人机结合、以人为主的技术路线，通过专家研讨互相启发，使集体创见优于个人智慧。从定性到定量的综合集成研讨厅体系是专家们同计算机和信息资料情报系统一起工作的"厅"，包括专家体系，机器体系和知识体系，这三者本身也构成了一个系统，是人机结合以人为主的智能系统（崔霞 等，2006）。

在新一代信息技术飞速发展，物联网、大数据、云计算、人工智能技术成为新时代国家、区域、城市发展中信息处理和利用的有力工具这一背景下提出的，故而其解决开放复杂巨系统理论的技术工具体系——综合集成研讨厅体系的体系架构、运行模式同样发生了质的飞跃。综合集成研讨厅体系架构实现了从"专家体系""机器体系""执行体系"的三大体系到"思想库体系""数据情报库体系""专家库体系""网信体系""模型库体系""决策支持体系"以及"机器实现支撑平台""指挥控制运行平台"的六大体系两大平台的跃迁（薛惠锋，2018），如图7-3所示。进而使综合集成研讨厅的实践主体——总体设计部，可更加充分集成最新的物联网、云计算、大数据、人工智能技术，有效应用模型体系、决策支持体系，对系统结构、关系进行优化，进而实现系统功能的满意目标。其核心是在系统满意状态"阶段涌现、梯级提升"思想指导下，将新兴信息技术充分运用到各类社会复杂巨系统的系统工程实践中，利用机器平台全面灵活地实现物与物、物与人、人与人的互联互通能力以及全面感知和信息利用能力，构建以人为中心的数据驱动和模型驱动体系，利用人工智能、模型工程等新兴技术，实现人机结合、人网结合、以人为主的研讨体系，并实现系统局部与整体关系统筹协调、上下层析协同推进、结构功能只能个体跃升。

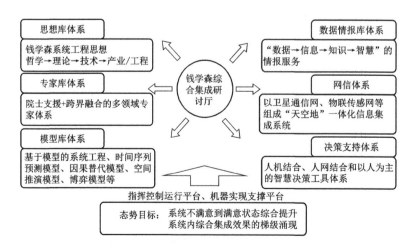

图 7-3 基于综合提升方法论的综合研讨厅体系架构

综合集成研讨厅体系的六大体系两平台相辅相成，协同作用共同构成系统有机的整体（薛惠锋 等，2019）。图 7-4 给出了综合集成研讨厅体系的功能结构。

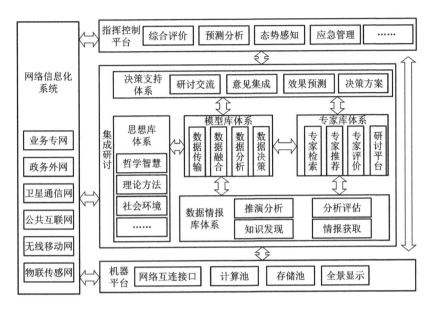

图 7-4　综合集成研讨厅体系功能结构图

机器平台作为基础支撑平台，为综合集成研讨厅的有效运行提供存储、运算、人机交互、综合集成等方面的软硬件环境。

思想库体系是指导综合集成研讨的最高思想路径和方法的集成，提供哲学理论、系统理论、从哲学到理论、从理论到技术、从技术到应用的理论方法。

数据情报库体系是主动感知外部环境变化的数据采集和预警系统。基于思想库的经验知识、研究成果等理论知识，提供知识发现、情报获取、推演分析以及分析评估，为实施决策支撑提供数据知识服务。数据情报库可以通过专家库体系的专家领域关联进行知识发现。

网络信息化体系提供天空地海全方位感知的信息通信网络，为机器平台之上的万物互联提供互连接口，为数据情报体系数据采集提供传输通道，是专家体系专家交互研讨的互联通道，也是面向智能决策支持的指挥控制平台实现多维全景信息展示以及指挥交互的信息通道。

模型库体系针对复杂系统性问题，利用系统模型技术，开展问题分析、预测、规划、评价，集成各类模型，为问题建模仿真提供技术工具。模型库体系通过基于模型的系统工程，构建以数据为主线的全流程模型驱动协同仿真环境，为决策支持体系研讨过程的定量分析提供具体技术，也为专家库体系的专家意见集成提供及时的研讨数据支撑。

专家库体系为复杂问题的综合集成研讨提供专家资源服务。专家库通过情报库的知识发现挖掘领域专家形成专家网络，并向决策支撑体系的集成研讨提供专家资源服务，如专家需求发布、专家推荐、专家评价等。决策支持体系通过建设人机交互研讨控制系统，如智能中控系统、视频会议系统、声学扩声系统等，提供集成研讨环境，并面向应用提供数据、模型和知识支撑。

决策支持体系为专家库体系的专家研讨提供研讨环境，通过专家库的专家意见集成形成输出结果，并为指挥控制平台的结果可视化提供接口。决策支持体系的输出结果以思想库的哲学、技术理论以及社会环境为基础，基于模型驱动的仿真预测为依托。

指挥控制平台面向决策机构提供全景式态势监管和指挥应急管理服务。以网络信息化体系的网络互通能力为支撑，将决策支持体系综合集成研讨的专家研讨结果输出到决策者，传递至执行者。

综合集成研讨厅的运行过程中（薛惠锋 等，2019）：首先，决策部门提出复杂性的系统问题，如经济建设、工程建设、装备发展等方面。再进行基于专家和知识的定性分析过程，形成对问题的经验性判断。在定性分析过程首先要进行研讨准备，对复杂问题分解，并采用专家体系的推荐工具得到推荐专家，并进行研讨流程设计。之后，开展集成研讨过程。经过发散式研讨、深度研讨和专家意见集成形成的过程，得到对问题的经验性判断。再基于定性分析结果，开展定量分析，结合模型体系的模型库建模、仿真、试验，得到定量结果，这个过程需要反复多次，不断增强对问题的定量描述。经过多次专家研讨与模型化定量分析，专家体系再进行研讨与综合集成、梯级涌现，生成"使利益相关者满意"的结果。最后要进行分析报告生成与总结评价。形成的结论应反馈到提出问题的决策部门执行与评估反馈。也就是问题从实践中来、再到实践中去，要经过实践的不断检验。专家研讨以及定量分析需要利用机器体系的丰富资源和强大的信息处理能力，利用思想库体系、情报库体系、网信体系的智慧支撑、知识服务和系统连接。整个综合集成研讨厅的运行过程，需要不断收敛，直至可通过系统协同，能够使系统从不满意状态调整至满意状态为止。

7.4 流域综合集成研讨厅的构建

7.4.1 流域综合集成研讨厅中的研讨主体

流域水资源管理涉及很多主体，这些主体的行为特征、所代表的利益各不相同，因而要合理地进行水量分配，必须要有多个利益主体的参与。流域水资源管理综合集成研讨厅的决策主体有中央政府、流域管理机构、地方政府、民众和企业代表、专家（唐润 等，2010）。

（1）中央政府。中央政府是我国国家机构的最高层，能从更高和全局的角度去看待流域水资源管理问题。在流域水资源管理的研讨过程中，作为中央政府的代表主要有水利部、生态环境部和国家发展和改革委员会。水利部作为全国水利的最高管理部门，主要任务是判断水资源管理是否符合国家的水法以及相关政策；生态环境部作为专职环境保护的中央政府部门，主要是监督流域范围内水体污染问题；国家发展和改革委员会主要考虑地区的水资源管理是否符合国家宏观经济发展规划。在价值取向上，中央政府具有"人水和谐"的治水动机，致力于平衡各地方的关系，并进行利益整合，保证水资源的合理利用，保证社会的相对公平和稳定。

（2）流域管理机构。流域管理机构是流域水资源的实际管理者，在中央部门的授权下，致力于平衡地方政府在水资源利用上的利害关系，维持流域水资源管理的和谐与可持续发展，但是在实际机构的运行中，流域管理机构的责权不对等，难以对地方政府进行有效的规制。所以研讨过程中还必须有中央政府的参与，流域管理机构负责不同主体之间的协调问题，是研讨的主要组织者和协商决议草案的起草者。

（3）地方政府。在水资源管理中，这些主体主要是从该地区自身的经济发展、水文条件、环保需求等方面考虑，以本地区经济发展和人民的生活需要为出发点，提出对水资源管理的要求，在研讨的过程中往往更关注本地区的利益。

（4）民众和企业。随着市场经济的发展，人们的主体意识不断增强。民众和企业是水资源管理的直接利益相关者，因此在水资源管理中要体现用户参与的特点。这既是水资源管理民主化进程的需要，也是防止水事纠纷的有效手段。

（5）专家。专家参与是科学管理水资源的重要保证。上述 4 类研讨主体都是水资源管理的利益相关者，而专家作为研讨的第三方，能够从第三方的立场上比较公正地看待水资源管理问题，并且都具有某个方面的专业知识。他们在研讨过程中的作用是分析和集结研讨者所提出的规则及其偏好，并建立一系列的数学模型，得到水资源管理的备选方案集。当然，这些备选方案集是由多个被专家认为是科学合理的方案所组成的，只是这些方案综合考虑了多利益相关主体所表达的一些合理的利益诉求。

7.4.2　流域综合集成研讨厅体系架构

借鉴前文所述的综合集成研讨厅六大体系、两大平台架构，形成流域水资源管理综合集成研讨厅体系，如图 7-5 所示。该架构以综合集成研讨厅体系为基础，融合水资源管理的实际业务需求、领域知识体系、分析模型工具，形成基于综合集成研讨厅的水资源管理平台的技术体系和结构功能关系（薛惠锋 等，2019）。

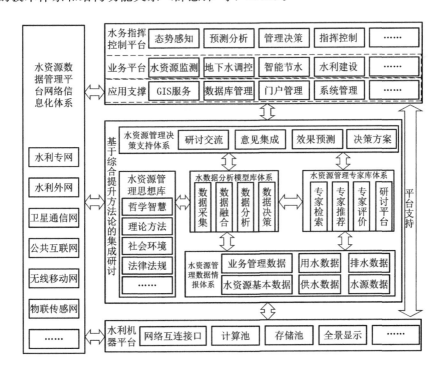

图 7-5　流域水资源管理综合集成研讨厅（薛惠锋 等，2019）

（1）水资源管理思想库体系。水资源管理思想库体系为复杂问题分析提供哲学思想及理论指导，是指导综合集成研讨厅体系运行的最高思想路径和方法的集成。思想库体系的指导包括哲学的智慧、系统的理论方法、多元的社会环境认知等多方面内容，它提供了对研究对象开展系统性分析的思维深度和跨学科、跨领域认知问题的广度以及跨层次纵向分析问题的高度。就治水层面，要坚持习近平生态文明思想，坚持"节水优先、空间均衡、系统治理、两手发力"的治水思路和"水利工程补短板、水利行业强监管"总基调。系统的理论方面要坚持流域二元水循环理论和流域可持续发展理论。

（2）水资源管理数据情报库体系。水资源管理数据情报库体系是系统感知外部环境变化的数据采集与预警系统。通过从数据到知识到情报的全生命周期情报服务，支撑实现系统认知和系统实施。综合集成研讨厅体系通过构建"人机结合、人网结合、以人为主、数据驱动"的情报推进一体化平台，形成了"从数据到决策"的全生命周期情报服务，包括知识发现、情报获取、推演分析、分析评估，最终为实施决策服务。情报库体系平台的构建，将涵盖海量的数据库；发现高价值信息，引导数据融合；捕捉并遴选更多真实有效的情报数据，辅助决策制定；将情报快速转化为成果，形成决策产品；充分利用蓬勃发展的情报搜集与挖掘技术，开展由表及里、揭示内涵和规律的情报分析研究。数据情报体系平台自底向上经过数据获取、数据整合、情报分析为系统主体提供各方面辅助决策信息，通过智库情报信息收集系统、信息资源服务系统、产业专业知识服务系统、群决策知识服务查询与推送服务系统，实现从数据到信息，再到知识的转变。

（3）水资源管理网络信息化体系。水资源管理网络信息化（"网络信息化"简称为"网信"）体系的主要目标是将人与人、人与物、物与物进行相连，实现物理空间到数据空间的精准映射，通过信息的传递、共享、收集、最大化的进行信息融合，为综合决策提供支撑。它的构建需借助各类基础设施，包括：传感器网络、宽带网络、移动通信网络、卫星网络等，以地面网络为依托，天基网络为拓展。为水资源管理数据情报体系的数据采集提供传输通道，将三维物理空间和网络空间（互联网和物联网空间）进行融合，为综合集成研讨厅体系打造"事在四方，要在核心"的连接万物的能力；同时水资源管理专家库体系的接入提供通道，使研讨厅具有智慧动态获取的能力。

随着空天地一体化技术的发展，网信体系可通过打造空天地一体化的态势感知体系整合联通万物。空天地一体化的网信体系是以地面网络为基础、天基网络为拓展，由互联网、移动通信网和天基信息网互联互通而成。通过建设"空天地一体化"的信息网络，构建宽带泛在、随需接入的网络基础设施，可为综合研讨厅体系从更高层次、更广领域感知自然与社会态势，服务流域决策提供坚实基础。

（4）水资源分析模型库体系。水资源分析模型库体系主要面向系统的复杂性问题，以综合提升方法为指导，以基于模型的系统工程为核心，通过构建体系性的系统分析模型，开展与水灾害、水资源、水环境、水生态、水工程等相关的模型构建研究，形成针对不同专题、不同层面的分析、规划与评价模型集，为综合集成研讨厅体系提供仿真推演与实时预测。

水资源分析模型库体系核心是模型驱动的系统工程技术和沟通系统链条的数字主线协同仿真环境，其中模型的建立可以通过分层实现，分别进行顶层任务级、系统功能级、分系统功能级建模，经过迭代综合，实现水灾害、水资源、水生态、水环境、水工程等系统的模型化，通过仿真推演实现对未来的预测与评估。构建模型库与模型管理系统，关键是实现模型协同联动的数字主线环境，搭建高性能的建模仿真环境、高适应的仿真应用系统、高友好的人机协作环境，从而实现对流域日常管理和应急处置进行实时仿真推演和预测。

（5）水资源管理专家库体系。水资源管理专家库体系中的专家是在学术、技艺等方面有专门技能或专业知识全面的人，可以为复杂问题的分析解决带来一种能力和知识。一方面，它通过汇集专家的经验知识，对定性研究起到一定的作用，同时可以指导定量研究的方法选取（也是一种经验）；另一方面，它通过专家的专业技能可直接对问题进行解决。水资源管理专家库体系以专家资源的集中管理和科学运用为出发点，以高效的信息组织分析为抓手，整合各类专家资源，建立细粒度、综合的、系统的信息组织模式，实现科技专家资源的动态化、高效化和科学化；为各类复杂问题的综合集成研讨提供专家资源服务。

同时，水资源管理专家库体系通过搭建平台，构建表征专家个人信息、关系信息的数据集与信息库，建立不同分类属性的专家体系，如按照领域、专业、成果方向、单位、职称等分类建立专家网络模型，进而实现充分运用"跨层级、跨系统、跨领域、跨学科、跨地域"大规模专家资源优势，实现专家经验和智慧的跨界整合。专家库体系平台由专家信息管理系统、专家组织管理系统、专家资源服务系统构成。专家信息管理系统提供专家信息收集、专家评价反馈管理、专家使用和服务等。专家组织管理系统提供专家组织的组织建设、组织运行、组织评价等功能。专家资源服务系统提供专家和专家组织相关信息的集中发布和交流互动、专家信息推荐等，全面展示专家及专家组织的管理业务工作，实现对专家和专家组织的信息公开和共享服务。

（6）水资源管理决策支持体系。水资源管理决策支持体系是辅助决策者通过数据、模型和知识，以人机交互方式进行半结构化或非结构化决策的计算机应用体系。它为决策者提供分析问题、建立模型、模拟决策过程和方案的环境，调用各种信息资源和分析工具，帮助决策者提高决策水平和质量。通过决策支持体系的构建，解决综合集成研讨厅体系指挥输出的问题，针对决策者的决策目标，通过水资源管理思想库体系、水资源管理数据情报库体系、水资源管理网络信息化体系、水资源分析模型库体系、水资源管理专家库体系的从定性到定量的综合集成和梯级提升形成的不同决策方案，并结合决策方案实施环境和实施效果预测给出决策方案的满意优略性，将上述方案集提供给决策者，真正做到科学的辅助决策。

水资源管理决策支持体系依据从综合集成到综合提升的系统工程方法实现问题的认识与综合提升，综合调用各种信息资源和分析工具打造"人机结合、人网结合、以人为主"的专家群决策工具。利用数据（信息）、方法（模型）、专家（知识）等进行综合集成，对阶段涌现的解决方案进行满意度判断，并经过梯级提升，最终为研讨厅输出综合决策方案。

（7）水利机器平台与水利指挥控制平台。综合集成研讨厅的六大体系有效运行需要人机结合、人网结合、以人为主的运行环境。机器平台的建立，为模型交互的数字主线环境、为研讨厅的有效运行创造存储、运算、人机交互、综合集成等软硬件环境。同时，六大体系的科学组织与管理也需要运用系统工程方法进行有效控制，同时在系统运行过程中，人的参与需要以指挥控制的方式进行。因此，面向决策机关"一把手掌控、一盘棋联动、一张图指挥"的需要，需建立控制指挥运行平台与机器实现支撑平台，用于综合集成研讨厅体系运行过程中从数据采集、传输、专家介入、综合决策、调度指挥等全流程的运行控制。

水利机器平台为综合集成研讨厅的有效运行创造各方面软硬件环境，由高性能的管理服务器、数据服务器、磁盘阵列、多媒体计算机等组成，可以提供虚拟数据中心（Virtual Data Center，VDC）服务、云主机服务、云磁盘服务、网络服务及应用部署服务以及系统运维中心等，为智库运行提供高效、持续、稳定的计算服务。

指挥控制平台作为全景式决策指挥中心，一是实现全景式态势监管，特别是围绕应急管理，开展重点情报信息的可视化监控与在线管理，实时展现各类情报数据信息；二是实现全景式模拟推演，开发自动化、智能化的仿真模拟环境进行态势评估与预测；三是支撑全景式指挥控制，围绕水资源管理应用，进行综合研判、实时指挥。

7.4.3　流域综合集成研讨厅的运行

"综合集成研讨厅"运行流程是一种把整体论和还原论结合起来的方法，可概括为：

（1）第一步，从宏观定性认识出发，由人提出议题（指难以明确定义的问题）以及对议题的假设和想定，这一过程强调对议题整体上的定性认识。

（2）在研讨厅中，依靠计算机协同工具的支持，汇集来自不同专家的观点和知识（定性为主），同时依靠计算机收集和分析存储在网络上各种数据库中的数据和信息，在收集到足够的数据、信息和知识之后，采用决策方法对它们进行筛选、整理和形式化，在此基础上，形成概念模型。整个第二步中，人机互动以及计算机支持下的人-人互动非常关键，它们交叉或者同步进行。

（3）建立计算机模型，包括机理模型、数据驱动的模型、推理模型等，运行模型以提供定量信息。

（4）在研讨厅中，对模型结果进行计算机辅助的群体讨论，可能会重新回到议题，修正对议题的概念模型，如此通过反复的人机互动，渐进地（recursively）并最终以精密科学的定量方式为主（即定性到定量），增加对复杂系统的认识，提出对议题的解决方案（钱学森 等，1990；于景元 等，2002；李耀东 等，2004；Gu et al.，2005）。

7.5　本章小结

本章在分析流域复合系统是一个开发复杂系统的基础上，研究了综合集成方法是研究流域复合系统的钥匙，以水资源管理为例，探讨了流域综合集成研讨厅的构建方法，具体结论如下。

（1）流域是由流域自然子系统、流域经济子系统、流域社会子系统组成的复合系统。分析了流域复合系统的复杂性，即流域系统本身的复杂性和流域管理的复杂性；流域系统本身的复杂性包括流域环境开放性形成的系统复杂性、流域多元自主主体形成的系统复杂性、流域多要素间非线性关联形成的系统复杂性；流域管理的复杂性包括系统认知的复杂性、决策制定的复杂性、多主体协调的复杂性、系统行为的复杂性。

（2）流域水资源系统与周围环境，特别是人的活动，不断进行着信息、物质与能量的交换，其规模庞大、目标多样、功能综合，包含有数目极多的子系统，这些子系统不仅关联复杂，而且处于为数众多的不同层次之中，因此水资源系统是个开放的复杂的巨系统。其本质特点是要充分考虑人的经验知识、决策者的意向在水资源开发利用中不可取代的重要作用，用水资源学、水文学、系统科学、社会科学、经济学、环境生态科学、知识工程、人工智能、专家系统等多种学科的理论与技术，以期达到充分有效地开发利用有限的水资源，并使其与地区社会经济向着良性循环方向协调发展的目的。

（3）综合集成法是研究流域复杂巨系统的钥匙，是由"从定性到定量综合集成方法"及其实践形式"从定性到定量综合集成研讨厅体系"组成。综合集成方法包括三个过程，即定性综合集成、定性定量综合集成、从定性到定量综合集成。综合集成方法的实质是将专家体系，数据、信息与知识体系以及计算机体系有机结合起来，构成一个高度智能化的人-机结合与融合体系，这个体系具有综合优势、整体优势、智能优势和智慧优势。它不仅是人-机结合的信息处理系统，也是人-机结合的知识创新系统，还是人-机结合的智慧系统。

（4）探讨了流域系统综合集成研讨厅的构建方法。流域综合集成研讨厅的建设思路是不仅仅考虑到专家群体智慧的集成，更是考虑到水资源管理过程中多利益主体的合理要求和意愿的集成。其研讨主体包括中央政府（以水利部为主，如有必要，自然资源部和生态环境部需要参加）、流域管理机构、地方政府、公众和企业、专家。其体系结构包括思想库体系、数据情报库体系、网络信息化体系、模型库体系、专家库体系、决策支持体系、机器平台与指挥控制平台。

参考文献

崔霞，戴汝为，2006. 以人为中心的综合集成研讨厅体系——人工社会（一）[J]. 复杂系统与复杂性科学，3（2）：1-8.

常月明，王心源，王桂林，等，2004. 用流域系统的观点看待荒漠化及其治理 [J]. 干旱区资源与环境，18（3）：48-53.

陈守煜，1993. 开放的复杂水资源巨系统概念及决策技术 [J]. 大连理工大学学报，33（5）：591-597.

陈守煜，1994. 开放的复杂水资源巨系统特点与权重的表示 [C] //中国系统工程学会·复杂巨系统理论·方法·应用——中国系统工程学会第八届学术年会论文集：561-565.

戴汝为，李耀东，2004. 基于综合集成的研讨厅体系与系统复杂性 [J]. 复杂系统与复杂性科学，1（4）：1-24.

冯国章，宋松柏，李佩成，1998. 水文系统复杂性的统计测度 [J]. 水利学报，29（11）：76-80.

龚建华，李文航，马蔼乃，2012. 地理综合集成研讨厅的方法与实践 [M]. 北京：科学出版社.

顾基发，王浣尘，唐锡晋，2007. 综合集成方法体系与系统学研究 [M]. 北京：科学出版社.

胡代平，王浣尘，2001. 建立支持宏观经济决策研讨厅的预测模型系统 [J]. 系统工程学报，16（5）：335-339.

金帅，盛昭瀚，刘小峰，2010. 流域系统复杂性与适应性管理 [J]. 中国人口·资源与环境，20（7）：60-67.

李耀东，崔霞，戴汝为，2004. 综合集成研讨厅的理论框架、设计与实现 [J]. 复杂系统与复杂性科学，1（1）：27-32.

李元左，2000. 关于空间军事系统综合集成研讨厅体系的研究 [J]. 中国软科学，（3）：12-14.

刘永，郭怀成，2008. 湖泊-流域生态系统管理研究［M］. 北京：科学出版社.

马建华，管华，2003. 系统科学及其在地理学中的应用［M］. 北京：科学出版社.

马世骏，王如松，1984. 社会-经济-自然复合生态系统［J］. 生态学报，4（1）：1-10.

钱学森，于景元，戴汝为，1990. 一个科学的新领域：开放的复杂巨系统及其方法论［J］. 自然杂志，13（1）：3-10.

盛昭瀚，金帅，2012. 湖泊流域系统复杂性分析的计算实验方法［J］. 系统管理学报，21（60）：771-780.

司光亚，2000. 战略决策综合集成研讨与模拟环境研究与实现［J］. 系统工程，18（5）：79-80.

孙晓，孙凤文，1988. 熵与复杂性理论［M］. 北京：气象出版社.

唐润，王慧敏，牛文娟，等，2010. 流域水资源管理综合集成研讨厅探讨［J］. 科技进步与对策，27（2）：20-23.

王浩，杨小柳，阮本清，等，2001. 流域水资源管理［M］. 北京：科学出版社.

王慧敏，徐立中，2000. 流域系统可持续发展分析［J］. 水科学进展，11（2）：165-172.

王慧敏，唐润，2009. 基于综合集成研讨厅的流域初始水权分配群决策研究［J］. 中国人口·资源与环境，19（4）：42-45.

薛惠锋，周少鹏，侯俊杰，等，2019. 综合集成方法论的新进展——综合提升方法论及其研讨厅的系统分析与实践［J］. 科学决策，（8）：1-19.

薛惠锋，2018. 系统工程助推新时代的强国梦［J］. 科学决策，（4）：1-7.

于景元，周晓纪，2002. 从定性到定量综合集成方法的实现和应用［J］. 系统工程理论与实践，22（10）：26-32.

于景元，周晓纪，2004. 综合集成方法与总体设计部［J］. 复杂系统与复杂性科学，1（1）：20-26.

于景元，周晓纪，2005. 从综合集成思想到综合集成实践——方法、理论、技术、工程［J］. 管理学报，2（1）：4-10.

于景元，薛惠锋，2019. 钱学森智库：用系统科学解决复杂性问题［J］. 中国航天，（增刊）：1-45.

周原冰，左新强，温权，等，2008. 电力供需研究综合集成研讨厅系统的设计与实现［J］. 电力技术经济，20（2）：48-53.

GU J F, TANG X J, 2005. Meta-synthesis approach to complex system modeling［J］. European Journal of Operational Research, 166（3）：597-614.

HOLLAND J, 1995. Hidden Order: How adaptation builds complexity［M］. New York：Addison-Wesley.

OWENS P N, 2009. Adaptive management frameworks for natural resource management at the landscape scale：implications and applications for sediment resources［J］. Journal of Soil & Sediments, 9：578-593.

PAHL-WOSTL C, SENDZIMIR J, JEFFREY P, et al., 2007. Managing change toward adaptive water management through social learning［J］. Ecology and Society, 12（2）：30.

第8章 智慧流域智能控制技术体系

8.1 引言

我国修建了水网工程来应对水资源时空分布不均问题。水网工程的输水基本形式有明渠和管道两种。管道系统内的流量变化是以压力波的形式出现的，传播速度很快，因此对下游需水的变化能立即做出反应。然而其建设费用远大于建设明渠的费用，对于多数输配大流量的输水系统来说，常常采用渠道系统作为水网工程的主要输水型式（管光华，2006）。对工程控制来说，相比渠道运行控制，管网运行控制和单个水利工程运行控制（如单个闸门、单个泵站、单个机组）的研究较为成熟，本章不做专门论述，仅对渠道运行控制体系进行研究。

在明渠输水系统中，渠系工程包括渠道，控制水位的节制闸，调节流量的分水闸，穿过山丘的隧洞，跨越河流、山岩、道路的渡槽、倒虹吸管，渠道上架设的桥梁，过流山水的渠底涵洞等交叉建筑物（朱宪生 等，2004）。目前的输水系统，尤其是灌溉系统，现代灌溉计划要求渠系对主干渠的流量变化做出快速反应，并有极大的灵活性以实现优化供水，这对传统的渠道运行方法提出了挑战。到目前为止，国内外大部分灌区，由于设计及施工水平的限制，大多仍采用传统的人工控制管理方式，存在不少弊端（美国内务部垦务局，2004），主要表现在（刘国强，2013）：①大多采用人工操作，需要大量有经验的操作管理人员，操作笨拙，信息传递、反应极为缓慢，年运行费用高。②难以准确控制水量，易造成经常性的弃水或供水不足。③管理上人为因素多，用水户之间以及用水户与灌区管理机构之间容易因水量的不及时、不合理和不公平产生纠纷。④水资源利用效率低，浪费严重。⑤容易产生土壤盐碱化和土壤板结等环境问题。

渠道运行控制系统是根据渠道运行信息，操作节制闸门以控制渠道水位、流量，满足用户需水需要的基本系统，其目的在于全面提高渠系运行调度水平，改善输水效率，实现实时适量供水，避免供水的不足与浪费，降低运行费用，从而提高水资源利用率。与传统人工控制相比，渠道运行自动控制具有以下优点（刘国强，2013）：①能对渠道流量的各种变化做出快速响应。②能对突发的或未经预报的渠侧取水量的变化或暴雨形成的洪水入渠作出及时响应。③能以天或小时为时段调节渠道流量，以适应渠侧分水口取水量变化。④能对整个系统同时发生的各种信息进行综合比较分析，实现灵活调度。

渠道控制系统自动化设计既要考虑渠道的水力运行特性，又要据此特性考虑选择合适的闸门调控方式。从此意义上讲，渠系控制自动化应属于明渠水力学与自动控制理论的交叉科学。渠道自动控制系统研究历史虽然比较长，发展却一直很缓慢，国外一些已经建成的自动控制渠道大多为满足农业灌溉用水的需要，控制系统设计多采用比例-积分-微分（PID）当地控制，这种系统实现的控制精度不高，运行效率相对低下（Burt，1987；Buyalski et al.，1991；Clemmens et al.，1989）。近年来，随着系统优化和自动控制理论的完善，国内学者在国外已有研究的基础上，针对像南水北调这样长距离、大规模的复杂供水系统开展了渠道运行方式和自动控制应用研究。控制容量法和模糊 PID 控制、智能网络、最优控制等新成果、新理论不断在渠系控制上得到应用。

本章在论述智能控制的基本理论的基础上，对渠道运行方式和控制概念进行了较为系统的阐释，并对这些研究成果进行分类评述，指出其中存在的问题和可能改进的途径，对渠系水力结构和自动化控制机制进行初步探讨，并提出新的研究方向和有关研究课题。

8.2 智能控制基本概念和原理

8.2.1 什么是智能控制

"智能控制"包含"智能"与"控制"两个关键词。控制一般是自动控制的简称，而自动控制通常指反馈控制。因此，"智能控制"即为"智能反馈控制"。因此，智能控制遵循着反馈控制的基本原理，它是基于智能反馈的自动控制。智能控制系统是自动控制系统与智能系统的融合。"智能控制"中的"智能"是"人工智能"的简称。因此，智能只能从计算机模拟人的智能行为中来。

人的智能来自人脑和人的智能（感觉）器官，如视觉、听觉、嗅觉和触觉。因此，人的智能是通过智能器官从外界环境及要解决的问题中获取信息、传递信息、综合处理信息、运用知识和经验进行推理决策，解决问题过程中表现出来的区别于其他生物高超的智慧和才能的总和。

人的智能主要集中在大脑，但大脑又是靠眼、耳、鼻、皮肤等智能感觉器官从外界获取信息并传递给大脑供其记忆、联想、判断、推理、决策等。为了模拟人的智能控制决策行为，就必须通过智能传感器获取被控对象输出的信息，并通过反馈传递给智能控制器，做出智能控制决策。

研究表明，人脑左半球主要同抽象思维有关，体现有意识的行为，表现为顺序、分析、语言、局部、线性等特点；人脑右半球主要同形象思维有关，具有知觉、直觉，和空间有关，表现为并行、综合、总体、立体等特点。

人类高级行为首先是基于知觉，然后才能通过理性分析取得结果，即先由大脑右半球进行形象思维，然后通过左半球进行逻辑思维，再通过胼胝体联系并协调两半球思维活动。维纳在研究人与外界相互作用的关系时曾指出："人通过感觉器官感知周围世界，在脑和神经系统中调整获得的信息。经过适当的存储、校正、归纳和选择（处理）等过程而进入效应漆面反作用于外部世界（输出），同时也通过像运动传感器末梢这类传感器再作用于中枢神经系统，将新接受的信息与原储存的信息结合在一起，影响并指挥将来的行动。"

按照 K.S.Fu（傅京孙）和 Saridis 提出的观点，可以把智能控制看作是人工智能、自

动控制和运筹学三个主要学科相结合的产物。图
8-1 所示的结构，称之为智能控制的三元结构。

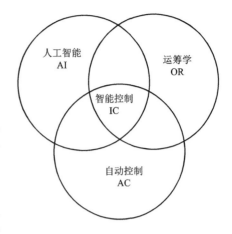

图 8-1　智能控制的三元结构

智能控制的三元结构可用交集形式表示为

$$IC = AI \cap AC \cap OR \qquad (8-1)$$

式中各子集的含义为：IC 为智能控制
（Intelligent Control），AI 为人工智能（Artifical
Intelligence），AC 为自动控制（Automatic Con-
trol），OR 为运筹学（Operations Research）。

人工智能（AI）是一个知识处理系统，具有
记忆、学习、信息处理、形式语言、启发式推理
等功能。自动控制（AC）描述系统的动力学特
性，是一种动态反馈。运筹学（OR）是一种定量
优化方法，如线性规划、网络规划、调度、管理、
优化决策和多目标优化方法等。

这种三元结构理论表明，智能控制就是应用人工智能的理论与技术和运筹学的优化方
法，并将其同控制理论方法与技术相结合，在未知环境下，仿效人的智能，实现对系统的
控制。这里所指的环境，是指广义的被控对象或过程及其边界条件。或者说，智能控制是
一类无需（或仅需尽可能少的）人的干预就能够独立地驱动智能机器实现其目标的自动控
制。可见，智能控制代表着自动控制科学发展的最新进程。

智能控制的定义可以有多种不同的描述，但从工程控制角度看，它的三个基本要素
是：智能信息-智能反馈-智能决策。从集合论的观点，可以把智能控制和它的三要素关系
表示为

$$[智能信息] \cap [智能反馈] \cap [智能决策] \subseteq 智能控制$$

智能控制是以知识为基础的系统，所以知识工程是研究智能控制的重要基础。

8.2.2　智能控制的研究对象

智能控制是自动控制的最新发展阶段，主要用来解决那些用传统控制方法难以解决的
复杂系统的控制问题。

传统控制包括经典反馈控制和现代控制理论基础，它们的主要特征是基于精确的系统
数学模型的控制。在传统控制的实际应用中遇到不少难题，主要表现在以下几点（易继锴
等，2007）：

（1）实际系统由于存在复杂性、非线性、时变性、不确定性和不完全性等，一般无法
获得精确的数学模型。

（2）研究这些系统时，必须提出并遵循一些比较苛刻的线性化建设，而这些建设在应
用中往往与实际不相吻合。

（3）对于某些复杂的和包含不确定性的控制过程，根本无法用传统数学模型来表示，
即无法解决的建模问题。

（4）为了提高控制性能，传统控制系统可能变得很复杂，从而增加了设备的投资，降
低了系统的可靠性。

在这样复杂对象的控制问题面前，将人工智能的方法引入控制系统，实现了控制系统的智能化，即采用仿人智能控制决策，迫使控制系统朝着期望的目标逼近。

传统的控制方式基于被控对象精确模型的控制方式，实际上往往是利用不精确的模型，又采用固定的控制算法，使整个控制系统置于模型框架下，缺乏灵活性和应变能力，因而很难胜任对复杂系统的控制，这种控制方式可称之为"模型论"。而智能控制是把控制理论的方法和人工智能的灵活框架结合起来，改变控制策略去适应对象的复杂性和不确定性，相对于"模型论"可称智能控制方式为"控制论"。可见传统控制和智能控制两种控制方式的基本出发点不同，导致了不同的控制效果。

传统的控制适用于解决线性、时不变等相对简单的控制问题。这些问题用智能的方法同样也可以解决。智能控制是对传统控制理论的发展，传统控制是智能控制的一个组成部分，在这个意义下，两者可以统一在智能控制的框架下。

8.2.3 智能控制的基本原理

为了说明智能控制的基本原理，先来回顾一下经典控制与现代控制系统的基本思想。

经典控制理论在设计控制器时，需要根据被控对象的精确数学模型来设计控制器的参数，当不满足控制性能指标时，通过设计校正环节改善系统的性能。因此，经典控制理论适用于单变量、线性时不变或慢时变系统，当被控对象的非线性、时变性严重时，经典控制理论的应用受到了限制。

现代控制理论的控制对象已拓宽为多输入多输出、非线性、时变系统，但它还需要加入精确描述被控对象的状态模型，当对象的动态模型难以建立时，往往采取在线辨识的方法。由于在线辨识复杂非线性对象模型，存在难以实时实现及难以收敛等问题，面对复杂非线性对象的控制难题现代控制理论也受到了挑战。

上述传统的经典控制、现代控制理论，它们都是基于被控对象精确模型来设计控制器，当模型难以建立或建立起来复杂得难以实现时，这样的传统控制理论就无能为力。传统控制系统设计研究重点是被控对象的精确建模，而智能控制系统设计思想是将研究重点由被控对象建模转移为智能控制器。设计智能控制器去实时地逼近被控对象的拟动态模型，从而实现对复杂对象的控制。实质上，智能控制器是一个万能逼近器，它能以任意精度去逼近任意的非线性函数。或者说，智能控制器是一个通用非线性映射器。它能够实现从输入到输出的任意非线性映射。实际上，模糊系统、神经网络和专家系统就是实现万能逼近器（任意非线性映射器）的三种基本形式。此外，分层递阶智能控制、学习控制和仿人智能控制也被认为是智能控制的其他三种形式。将进化计算、智能优化同智能控制相结合，形成了智能优化算法与智能控制融合的多种形式。将网络技术、智能体技术等同智能控制相结合，产生了基于网络的智能控制，基于多智能体的智能控制等。

图8-2给出了经典控制和现代控制与智能控制在原理上的对比示意图，其中经典控制以PID控制为例，现代控制以自校正控制为例，智能控制以模糊控制或神经控制为例。

根据控制理论的发展历程可以总结，经典控制理论研究对象是单输入、单输出系统，分析方法是传递函数、频域法，研究重点是反馈控制，核心装置是模拟调节器，主

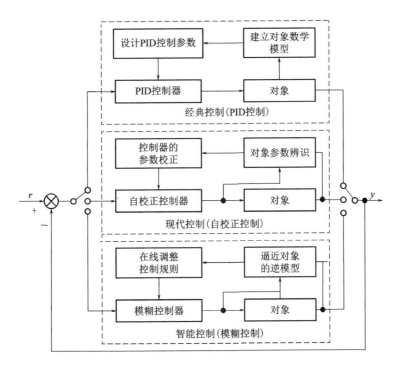

图 8-2　经典控制和现代控制与智能控制在原理上的对比示意图

要应用是单机自动化。现代控制理论研究对象是多输入、多输出系统，分析方法是状态方程、时域法，研究重点是最优、随机、自适应控制，核心装置是电子计算机，应用于机组自动化。智能控制理论研究对象是多层次、多变量系统，分析方法是智能算子、多级控制，研究重点是大系统、智能控制，核心装置是智能机器系统，应用于综合自动化。

8.3　智能控制系统的特征和性能

8.3.1　智能控制系统的一般结构

智能控制系统是实现某种控制任务的一种智能系统，其一般结构如图 8-3 所示。这是一种多层次结构的系统，图 8-3 中广义对象表示通常意义下的控制对象和所处的外部环境。感知信息处理部分将传感器递送的分级和不完全的信息加以处理，并要在学习过程中不断加以辨识、整理和更新，以获得有用的信息。认知部分主要接受和储存知识、经验和数据，并对它们进行分析推理，做出行动的决策并送至规划和控制部分。规划和控制部分是整个系统的核心，它根据给定任务的要求、反馈信息及经验知识，进行自动搜索、推理决策、动作规划，最终产生具体的控制作用，经常规控制器和执行机构作用于控制对象。

对于不同用途的智能控制系统，以上各部分的形式和功能可能存在较大差异。

智能控制系统同时具有以知识表示的非数学广义模型和以数学表示的数学模型的混合

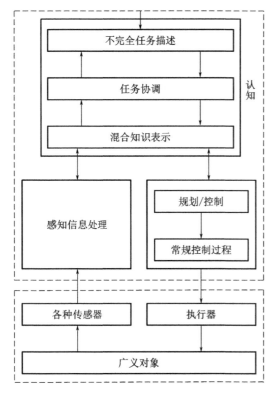

图 8-3 智能控制系统的结构

控制过程，系统在信息处理上，既有数学运算，又有逻辑和知识推理，能对复杂系统（如非线性、快时变、多变量、强耦合、不确定性等）进行有效的全局控制，并具有较强的容错能力，是定性决策和定量控制相结合的多模态组合控制。其设计重点不在常规控制器上，而是在智能机模型或计算智能算法上。

8.3.2　智能控制系统的主要功能特征

智能控制的概念主要是针对被控系统的高度复杂性、高度不确定性及人们要求越来越高的控制性能提出来的。面向这样的要求，一个理想的智能控制系统应具有以下性能。

（1）学习能力。系统对一个过程或未知环境所提供的信息进行识别、记忆、学习并利用积累的经验进一步改善系统的性能，即在经历某种变化后，变化后的系统性能应优于变化前的系统性能，这种功能与人的学习过程相类似。

（2）适应性。系统应具有适应受控对象动力学特性变化、环境变化和运行条件变化的能力。这种智能行为实质上是一种输入到输出之间的映射关系，可看成是不依赖模型的自适应估计，较传统的自适应控制中的适应功能具有更广泛的意义，如还包括故障情况下自修复等。

（3）组织功能。对于复杂任务和分布的传感信息具有自组织和协调功能，使系统具有主动性和灵活性。智能控制器可以在任务要求范围内进行自行决策，主动采取行动，当出现多目标冲突时，在一定限制下，各控制器可以在一定范围内协调自行解决，使系统能满足多目标、高标准的要求。

（4）容错性。系统对各类故障应具有自诊断、屏蔽和自恢复的功能。

（5）鲁棒性。系统性能应对环境干扰和不确定性因素不敏感。

（6）实时性。系统应具有相当的在线实时响应能力。

（7）人-机协作。系统应具有友好的人-机界面，以保证人-机通信、人-机互助和人-机协同工作。

8.3.3　智能控制系统的特征模型

智能控制系统的本质是在宏观结构上和行为功能上对人控制器进行模拟。在人参与过程控制中，经验丰富的操作者不是依据数学模型，而是根据积累的经验和知识进行在线推理，确定或变换控制策略，而这些经验和知识反映系统运行状态所有动态特征信息。

1. 特征模型

智能控制系统的特征模型 f 是对系统动态特性的一种定性与定量相结合的描述。它是针对问题求解和控制指标的不同要求，对系统动态信息空间 $\sum$ 的一种划分。如此划分出的每一个区域分别表示系统的一种特征状态 f_i，特征模型为所有特征状态的集合，即

$$F = \{f_1, f_2, \cdots, f_i, \cdots, f_n\} \quad (f_i \in \Sigma) \tag{8-2}$$

在图 8-4 表示的系统动态信息空间 $\sum$ 中，每一块区域都对应于图中系统偏差曲线上的一段，表示系统正处于某种特征运动状态。例如特征状态

$$f_i = \{e \cdot \dot{e} \geqslant 0 \cap |\dot{e}/e| > \alpha \cap |e| > \delta_1 \cap |\dot{e}| > \delta_2\} \tag{8-3}$$

就表明系统正处于受扰动的作用以较大的速度偏离目标值的状态，其中 α、δ_1、δ_2 为阈值。

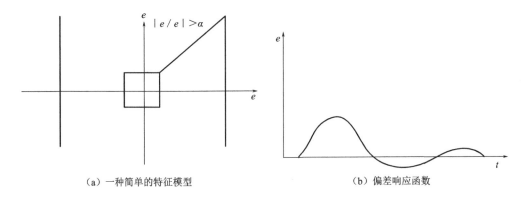

(a) 一种简单的特征模型　　　　　　　　(b) 偏差响应函数

图 8-4　特征状态划分示例

随着问题求解目标的不同，在同一信息空间的特征模型 F 将各不相同。从式 (8-3) 可以看出，特征状态由一些特征基元 q_i 的组合表述，设特征基元集为

$$Q = \{q_1, q_2, \cdots, q_m\} \tag{8-4}$$

例如基元 q_i 的常用表示设为

$q_1 : e \cdot \dot{e} \geqslant 0;$　　$q_2 : |e/\dot{e}| > \alpha 1;$　　$q_3 : |e| < \delta_1;$　　　　$q_4 : |e| > M_1$

$q_5 : |\dot{e}| < \delta_2;$　　$q_6 : |\dot{e}| > M_2;$　　$q_7 : |e_{m_{i-1}} \cdot e_{m_i}| > 0;$　　$q_8 : |e_{m_{i-1}} \cdot e_{m_i}| \geqslant 1$

......

式中：α、δ_1、δ_2、M_1、M_2 均为阈值；e_m 为误差的第 i 次极值。

若特征模型和特征基元分别以向量表示为

$$F = \{f_1, f_2, \cdots, f_n\}, Q = \{q_1, q_2, \cdots, q_m\} \tag{8-5}$$

则两者的关系可以表示为

$$F = P \odot Q^T \tag{8-6}$$

式中：P 为 $n \times m$ 阶关系矩阵，$P = [p_{ij}]_{n \times m}$，$p_{ij}$ 取值为 -1、0、$+1$；符号 $\odot$ 表示"与"矩阵的相乘关系，则：

$$f_i = [(p_{i1} \cdot q_1) \cap (p_{i2} \cdot q_2) \cap \cdots \cap (p_{im} \cdot q_m)] \tag{8-7}$$

总之，反映系统运动状态的所有特征信息构成了系统特征模型，成为控制器应有的先

验知识。

建立了特征模型后，智能控制系统根据特征模型 F，对采样得到的信息进行特征识别处理，以确定系统当前处于什么样的特征状态，控制器将它记录下来以确定相应的控制决策状态。

2. 特征记忆

特征记忆是指智能控制器对一些特征信息的记忆，这些特征信息或者集中地表示了控制器前期决策与控制的效果，或者集中地反映了控制任务的要求以及被控对象的性质。所记忆的信息称为特征记忆量，其集合记为

$$\Lambda = \{\lambda_1, \lambda_2, \cdots, \lambda_i, \cdots, \lambda_p\} \quad (\lambda_i \in \Sigma) \tag{8-8}$$

特征记忆量的常用表示设为

λ_1——误差的第 i 次极值 e_{mi}；

λ_2——控制器前期输出保持值 u_H；

λ_3——误差第 i 次过零速度；

λ_4——误差极值之间的时间间隔 t_{em}；

……

特征记忆的引入，可使控制器接受大量的信息得到精炼，消除冗余，有效地利用控制器的储存容量。同时，这些特征记忆状态也构成了判断系统稳定性的特征模型，以此来作为智能控制系统稳定性监控的依据。

3. 控制决策模态

控制决策模态是指智能控制器的输入信息，即当前特征状态和特征记忆量与输出信息之间的某种定量或定性的映射关系。控制决策模态的集合记为

$$\Psi = \{\psi_1, \psi_2, \cdots, \psi_r\} \tag{8-9}$$

其中，定量映射关系 ψ_i 可表示为

$$\psi_i : u_i = R_i(e, \dot{e}, \lambda_i, \cdots), u_i \in U(\text{输出信息集}) \tag{8-10}$$

定性映射关系 ψ_j 可表示为

$$\psi_j : R_i \rightarrow IF(\text{条件})THEN(\text{操作})$$

不难看出，特征模型 F 表征了智能控制系统当前运行状态，并由此可以确定多模态控制策略，使智能控制系统达到目标控制。

例如，系统当前特征模型为

$$f_i = [(p_{i1} \cdot q_1) \bigcap (p_{i2} \cdot q_2) \bigcap (p_{i3} \cdot q_3)] \tag{8-11}$$

令 $p_{i1}=1$，$p_{i2}=1$，$p_{i3}=1$，$q_1 = e > 0$，$q_2 = e \cdot \dot{e} < 0$，$q_3 = \dot{e} < 0$

则

$$f_i = [e \bigcap -e \cdot \dot{e} \bigcap -\dot{e}] \tag{8-12}$$

式（8-12）表明，当偏差为正，偏差变化为负，偏差和偏差变化的乘积为负时，系统将向消除偏差的方向运动，应对系统施加"奖励"，说明原来的控制策略有效，但应防止输出产生回调过冲。由此可见，当系统参数变化时，特征模型也随之改变，这将导致智能控制系统控制策略的改变。

8.4　智能控制系统的类型

基于智能理论和技术已有研究成果，以及当前的智能控制系统的研究现状，可把智能控制系统分为以下几类。

1. 分级递阶控制系统

分级递阶智能控制是在自适应控制和自组织控制基础上而提出的智能控制理论。分级递阶智能控制（Hierarchical Intelligent Control）主要由三个控制级组成，按智能控制的高低分为组织级、协调级、执行级，并且这三级遵循"伴随智能递降精度递增"原则。组织级是通过人机接口和用户（操作员）进行交互，执行最高决策的控制功能，监视并指导协调级和执行级的所有行为，其智能程度最高，起主导作用，涉及知识的表示与处理，主要应用人工智能。协调级是可进一步划分为控制管理分层和控制监督分层，在组织级和执行级间起连接作用，涉及决策方式及其表示，采用人工智能及运筹学实现控制。执行级是通常执行一个确定的动作，位于底层，具有很高的控制精度，采用常规自动控制。

2. 专家控制系统

专家控制系统主要指的是一个智能计算机程序系统，其内部含有大量的某个领域专家水平的知识与经验，能够利用人类专家的知识和解决问题的经验方法来处理该领域的高水平难题。具有启发性、透明性、灵活性、符号操作、不确定性推理等特点。应用专家系统的概念和技术，模拟人类专家的控制知识与经验而建造的控制系统，称为专家控制系统。

3. 神经控制系统

神经网络是指由大量与生物神经系统的神经细胞相类似的人工神经元互连而组成的网络；或由大量像生物神经元的处理单元并联互连而成。这种神经网络就有某些智能和仿人控制功能。

学习算法是神经网络的主要特征，也是当前研究的主要课题。学习的概念来自生物模型，它是机体在复杂多变的环境中进行有效的自我调节。神经网络具备类似人类的学习功能。一个神经网络若想改变其输出值，但又不能改变它的转换函数，只能改变其输入，而改变输入的唯一方法只能修改加在输入端的加权系数。

神经网络的学习过程是修改加权系数的过程，最终使其输出达到期望值，学习结束。常用的学习算法有：Hebb 学习算法、Widrow - Hoff 学习算法、反向传播学习算法——BP 学习算法、Hopfield 反馈神经网络学习算法等。

4. 模糊控制系统

模糊控制是以模糊集合论、模糊语言变量和模糊逻辑推理为基础的一种计算机数字控制技术。模型控制不是采用纯数学建模的方法，而是将相关专家的知识和思维、学习与推理、联想和决策过程由计算机来辨识和建模并进行控制。其突出特点在于：①控制系统的设计不要求知道被控对象的精确数学模型，只需要提供现场操作人员的经验知识及操作数据。②控制系统的鲁棒性强，适用于解决常规控制难以解决的非线性、时变及大纯滞后等问题。③以语言变量代替常规的数学变量，易于形成专家的"知识"。④控制推理采用

211

"不精确推理"。推理过程模仿人的思维过程，由于介入了人类的经验，因而能够处理复杂甚至"病态"系统。

5. 学习控制系统

学习控制系统是靠自身的学习功能来认识控制对象和外界环境的特性，并相应地改变自身特性以改善控制性能的系统。这种系统具有一定的识别、判断、记忆和自行调整的能力。

实现学习功能可有多种形式，根据是否需要从外界获得训练信息，学习控制系统的学习方式分为受监视学习和自主学习两类。

受监视学习除了一般的输入信号外，还需要从外界的监视者或监视装置获得训练信息。所谓训练信息是用来对系统提出要求或者对系统性能作出评价的信息。如果发现不符合监视者或监视装置提出的要求，或受到不好的评价，系统就能自行修正参数、结构或控制作用。不断重复这种过程直至达到监视者的要求为止。当对系统提出新的要求时，系统就会重新学习。

自主学习，简称自学习，这是一种不需要外界监视者的学习方式。只要规定某种判据（准则），系统本身就能通过统计估计、自我检测、自我评价和自我校正等方式不断自行调整，直至达到准则要求为止。这种学习方式实质上是一个不断进行随机尝试和不断总结经验的过程。因为没有足够的先验信息，这种学习过程往往需较长的时间。

在实际应用中，为了达到更好的效果将两种学习方式结合起来。学习控制系统按照所采用的数学方法而有不同的形式，其中最主要的有采用模式分类器的训练系统和增量学习系统在学习控制系统的理论研究中，贝叶斯估计、随机逼近方法和随机自动机理论，都是常用的理论工具。

6. 仿人控制系统

仿人控制所要研究的主要目标不是被控对象，而是控制器本身，即直接对人的控制经验、技巧和各种直觉推理逻辑进行测辨、概括和总结，使控制器的结构和功能更好地从宏观上模拟控制专家的功能行为，从而实现对缺乏精确数学模型的对象进行有效控制。

7. 集成智能控制系统

有几种智能控制方法或机理融合在一起而构成的智能控制系统称为集成智能控制系统，举例如下。

（1）模糊神经（FNN）控制系统。模糊系统具有容易被人理解的表达能力，而神经网络则有极强的自适应学习能力。模糊神经控制系统根据模糊系统的结构，决定等价结构的神经网络，即将模糊系统转换为对应的神经网络，把两种智能方法融合在一起，相互取长补短，从而提高整个系统的学习能力和表达能力。

（2）基于遗传算法的模糊控制系统。遗传算法是一种基于自然选择和自然遗传机制，根据适者生存而形成的一种创新的人工优化搜索算法，有很强的鲁棒性。

模糊控制是基于模糊集合论，模拟人的近似推理的方法。但是其控制规则在推理过程中是不变的，不能适应对应变化的情况。将遗传算法的优化搜索技术和模糊推理机制有机地结合在一起，就可使模糊推理规则根据实际情况作出相应变化，从而赋予模糊控制器自动获取模糊推理知识的能力。

这种基于遗传算法优化的模糊控制器可采用等价的神经网络来实现。

（3）模糊专家系统。模糊专家系统是一类在知识获取、知识表示和知识处理过程中全部或部分地采用了模糊技术的专家系统的总称。

由于模糊专家系统中的知识表达与推理更接近人类（领域专家）表达知识及解决问题的思维方式，因而容易开发与实现。

模糊专家系统的特点是能在初始信息不完全或不十分准确的情况下，较好地模拟人类专家解决问题的思路和方法，运用不太完善的知识体系，即可能性理论，给出尽可能准确的解答和提示。

8. 组合智能控制系统

组合智能控制的目标是将智能控制与常规控制模式有机地组合起来，以便取长补短，获取互补特性，提高整体优势，以期获得人类、人工智能和控制理论高度紧密结合的智能控制系统，如 PID 模糊控制器、自组织模糊控制器、基于神经网络的自适应控制系统、重复学习控制系统。

8.5　基于智能控制的渠道运行控制技术体系

8.5.1　渠道运行控制方式

渠道运行控制就是控制整个渠系的水量和水深变化，控制动作与渠道水力学响应有关，即要满足流量变化时仍要保持渠道水位的稳定，或能够控制流量变率（王长德等，1999a、1999b；阮新建，1999）。渠系的自动化控制通过对节制闸的控制来实现，节制闸是对渠道输水过程实施调节的主要设备（吴泽宇 等，2000）。通过对闸门开度的调节快速满足用户需求，保证在有限的时间内使渠道恢复稳定状态。根据渠道对闸群的控制方式，渠道控制系统可分为当地控制和中央集成监控两大类（李欣苓，2002）。

渠段输水可采用不同的运行方式，渠道在不同的运行方式下呈现出不同的水力响应特性。根据渠道水位控制点位置的选取，运行方式又可分为：上游常水位（闸后常水位）、下游常水位（闸前常水位）、等容积控制、控制容量法（周斌 等，1999）。

上游常水位就是在渠段运行过程中保持其上游水深不变（图 8-5），在这种运行方式下，渠段在零流量和最大流量 $Q_{\max}$ 过水体积之间存在一个蓄水体积 V（图中阴影部分），这个蓄水体积能快速反映支渠和下游渠道不可预见的流量增大需求，当下游渠道需水量小时又可容蓄水量。为保证稳定分水，分水口通常选在渠段上游。

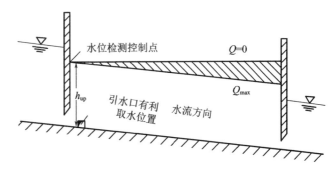

图 8-5　上游常水位

这种运行方式对应闭环反馈控制系统，系统通过对闸门操作，保持渠段上游闸门后水位不变。渠道在该运行方式下运行，渠道水面线较高，渠段蓄水量大，水力响应特性好，可以满足用户的紧急需求，但是由于该方式蓄水体积较大，流量的突然改变引起渠段的震荡时间也较长。

与以实时供水为主要目的上游常水位运行方式相对应，下游常水位运行方式对应开环控制系统（图 8-6），系统通过对渠段上游闸门的调节，保持渠段下游闸门前水位不变，分水口一般选在渠段下游，渠道正常运行流量小于设计流量，渠段蓄水量小，用户需水需要提前预订。此种方式自动化实现程度低，突然的、临时的用户需求改变都会给渠道运行控制带来困难。目前在此运行模式上主要为 P＋PR 控制器实现。

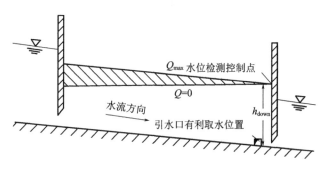

图 8-6 下游常水位

在上游常水位和下游常水位运行方式下，水位检测装置分别放置在上游节制闸后和下游节制闸前。渠段节制闸通过开度的调节来反映本渠段内水情变化，实现渠道系统内各个渠段的自治。但是，无论是上游还是下游控制，这两种运行方式下的渠道自动化测控方式都能对且仅能对单个渠段水力特性变化做出反应，无法根据渠道系统的整体运行状态进行调节，不利于水量的统一调配。

为满足输水渠道的水量动态规划和统一调度的需要，长距离输水渠道控制宜采用中央集成监控模式。渠道等容积运行方式的提出大大适应了该模式的发展（图 8-7）。流量变化时，渠段水面线以槽蓄容积的中点为轴转动，渠段水量的改变需要上下游闸门的同时调节，因此等容量运行方式也称为"同时运行法"。这种模式是上游常水位和下游常水位运行模式的折中，因而具有上述两种运行方式不可比拟的优势。它可显著改善下游常水位运行模式反应延迟的问题（王长德 等，1999a、1999b）。范杰等（2006a）考虑了渠道水位下降约束，分析了渠道在不同运行方式下的水力响应特性，认为调蓄水体不能满足水位变化所需水量是造成水位波动的主要原因。当 $\Delta V_供 > \Delta V_需$ 时，调蓄体体积能够满足水位变化所需体积，渠道中水位变化过程较为稳定，水位振荡不明显；当 $\Delta V_供 < \Delta V_需$ 时，调蓄体体积不能满足水位变化所需水量的体积，渠道中水位振荡较为剧烈。同时指出在相同条件下，等容积运行方式在渠道水位、流量控制方面比上下游常水位运行方式更具优势。渠段蓄水量是渠道控制的基础，根据用户需求和上游来水变

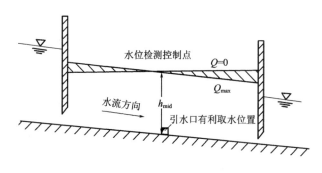

图 8-7 等容积控制

化，获取闸门系统的联合调控方案以满足水量实时调配的需要，是渠道控制的终极目标。渠段水位不动点的选择因而变得不再重要。建立在此理念之上的控制容量法（图 8-8），没有常水位的限制，灵活性特别高，能够比较容易适应渠道的紧急调配。等容积运行方式是控制容量法将槽蓄容积中点选取为控制点的一个特例。

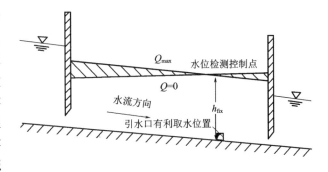

图 8-8　控制容量法

　　控制容量法在引黄济青工程输水控制中得到应用。实践证明该运行模式可以成功的处理渠段内突然的、大流量的变化，满足调度运行的需要。目前等容积控制和控制容量实现都是建立在精确水力计算模型，计算机实时监控和闸群统一调度基础之上的（李欣苓，2002）。

8.5.2　渠道控制器设计

　　渠道自动控制系统的被控对象是整个输水渠道，控制的本质是要实现渠道非恒定流计算和控制算法设计的有机组合（张礼卫 等，2006）。像南水北调这样大规模长距离的调水工程采用的是明渠输水，明渠输水系统是由多个节制群隔离的渠段顺序串联而成的复杂水力网络。渠道系统中的控制信号依靠渠道中的水波进行传递，多渠段串联运行的最大特点是渠段之间存在着耦合作用，一个渠池的扰动会依次向上、下游两个方向传播，因此渠池水位、流量的波动必然会影响与其相邻两个渠池的稳定。良好的闸门系统控制方式能够使扰动产生的水位振荡在有限的渠段内得到控制，从而实现调节有限的闸门来保持整个渠道系统稳定的目的（张礼卫，2006）。目前普遍使用的闸门控制器设计模式主要有 On-Off 三点控制，PID 控制、鲁棒控制等。

8.5.2.1　基于理想水力模型的闸门控制器设计

　　1952 年，美国加利福尼亚州中央流域工程首次使用 Little Man 三点式当地控制器对 Friantkem 渠道运行进行控制，Little Man 控制器可以将闸门水位维持在目标值，闸门前水位为输入值，输出为闸门增量。然而如果渠道流量幅度变化比较大，这一控制逻辑就很难保持稳定。改进的两段式 Little Man 控制器可以同时保证在正常和加大流量情况下渠段能够正常工作，从而提高了系统流量控制的鲁棒性。然而这种控制器在控制误差较大的情况下，系统有严重的时间延迟。微分控制可以按照误差变率进行操作，结合了微分控制环节的 Clvin 算法在一定程度上加快了系统响应，但是闸门仍然不能进行连续操作，缺少灵活性。不过三点式算法应用比较灵活，结构比较简单。通过调整水位传感器安放位置，可以比较容易地实现上下游常水位控制。

　　随着微处理器的出现，PID 以其根据确定水力模型可以对节制闸进行稳定连续的调节，在渠道闸门控制系统上得到广泛的应用。P+PR（比例＋比例复位）控制算法将微分控制引入渠道，并在 Umattilla 流域输水工程中得到实现。Buyalski（1979）为消除水位波动对控制器的影响，在传统的 PI（比例＋微分）控制中加入滤波器，研制出 EL-FLO plus reset（电子水位过滤器＋复位），并将其应用到 Coming 渠道下游常水位控制。Sogreah 开发出 SogreahPID 控制器用于 Kirkuk－Adhaim 渠道下游的常水位控制，此后，Sogreah 同时考虑了渠道上下游水位的影响，开发出 BIVAL（常水位控制逻辑），在 Miami 的两个渠道上得到成功应用。

EL－FLO 算法主要用于渠系的下游自动控制，而 P＋PR 算法主要用于渠系的上游自动控制，但是无论是上游还是下游控制，它们都有一个共同的特点是反应速度慢、整体调节能力差。王长德等（2000）将 P＋PR 算法和 BIVAL（比威尔控制）结合起来对单个渠段进行了可控性研究（Chevereau et al.，1987），发现采用 P＋PR 控制器的渠道响应速度，在等体积运行方式下要比常水位控制快一倍左右，认为将算法和渠段运行方式进行有机地组合可以提高系统控制性能，从而有效地缩短渠段控制反应时间。随后，王长德等（2002）又将闸门同步操作技术和 P＋PR 算法结合起来建立了考虑有渠侧出流的多渠段串联渠系等容积控制模型，并对系统稳定性、过渡时间、超调量和稳定精度等控制指标进行了分析。柳树票等（2001）将单渠段等容积控制算法 P＋PR 应用于串联倒虹吸控制，建立了理想串联倒虹吸多渠段控制模型，并对控制过程进行了仿真，结果显示该模型能够在较大流量下稳定运行，具有比较好的动态调控性能。

设计 PID 控制算法的核心是 PID 参数的整定，参数的选择直接影响到渠段运行控制的品质，通常 PID 参数的整定是根据系统对控制对象数学模型的描述，采用试算法来确定的。采用试算法对参数进行整定工作量大，而且这些参数的运行过程是随渠段运行状况的改变而改变的，试算参数的时不变性很难消除控制中产生的误差，因而不能精确描述渠段的运行状况。范杰等（2003）认为采用模糊控制可以消除 PID 控制产生的暂态误差，缩短渠段稳定时间。通过引入 K1 和 K2 两个时变加权系数把模糊控制和 PID 控制结合起来，设计实现了联合控制算法。王涛等（2004）考虑到渠道系统上下游渠段的波动耦合作用，把神经元网络（BP）应用于 PID 控制参数的整定，通过 BP 网络的自适应和自学习功能，实现了 PID 控制参数的在线调整。结合渠段等容积运行方式对一个 3 渠段的渠池进行了仿真试验，认为加入自适应单神经元的 PID 控制器可以减小渠段内的水位超调，缩短系统控制反应时间。王长德等（2005a）吸取了现代控制理论中的优化思想，将预测控制中的动态矩阵控制（DMC）引入到渠系自动控制系统，在常规 PID 控制模块基础上设计出 DMC 控制器，并对采用等容积控制方式运行的单渠段进行了仿真研究，结果表明预测控制器可以利用实测信息对 DMC 进行反馈校正，提高了运行效率，在一定程度上克服了渠道的非确定性。

8.5.2.2 基于渠道扰动模型的闸门控制器设计

由于渠道水流的非恒定性，节制闸闸门开度与渠道水面线变化具有动态对应关系，因而渠道系统是一个多输入多输出的多变量系统，有限的参数很难对系统变化做出精确的描述，在某些时候，这种描述甚至是错误的。

被控对象的不确定性是时时存在的，如分水口需求变化、渠道的淤积、渠道运行模式的改变等都会引起系统结构的变化（张劲松 等，2003）；有些扰动是不可避免的，例如在控制器设计中描述渠道水流过渡过程的圣维南方程就是一个非线性方程组，为了计算和描述的方便通常将圣维南公式进行线性化和离散化处理，去掉了高次项，控制方程自身就与原来的水力学方程有一定的差异。如果控制器不考虑这些因素，建立的调控模型极可能会引起渠段内大幅度、长时间的水面波动（尚涛，2004）。

Corriga 等（1983）、Reddy 等（1992）尝试将最优控制概念加入反馈控制器设计中，企图消除不确定分水计划所造成的渠道水面扰动，大部分设计成果集中在单输入单输出闸门控制器。其后扩展的多渠池控制是这种控制器的简单串联，试验结果表明该设计无法有效地消除上下游的渠段波动耦合（Reddy，1990、1995、1996、1999；Liu et al.，1995）。

状态空间法将整个渠系看作是一个状态空间系统，将渠道运行工况改变或水力参数摄动造成控制误差看作系统状态向量，运用状态估计、反馈等多种方法建立系统和各个状态向量的关系。状态空间模型针对多输入多输出系统设计具有天然的优势。王念慎等（1989）以渠池首尾水深作为状态变量，以闸门开度作为控制变量建立状态空间方程，通过线性二次型性能指标最小寻优获取了节制闸最优调节规律，建立了渠段等容积控制模型，可以实现闸门的同步操作。阮新建等（2002，2003a、2003b，2004a、2004b）利用有限差分法对圣维南方程进行离散，将每个计算节点的水位和流量设置为状态变量，对控制系统反馈增益矩阵的确定和权矩阵的选取进行了系统的研究，设计出带观测器的渠道运行反馈控制器。系统可以容忍水位、流量测量误差的存在。随后，崔巍等（2005a）将模型预测算法运用到渠道过渡过程状态空间离散方程上，构造出目标方程。刘青娥等（2005）、阮新建等（2006）在控制系统的观测回路上并联了两个神经网络模型——NNM 和 NNC，尝试利用神经网络的自学习和自适应功能来补偿控制中的扰动和误差。值得说明的是，采用预测算法和并联 BP 神经网络模型的控制方式，其原理都是预测（学习）-滚动优化-反馈校正。它们都是根据渠道运行系统的历史操作信息对输入的水位或流量信号进行判断，并对下一时刻闸门的操作进行预测和控制。

鲁棒控制是 20 世纪 70 年代针对模型不确定性等问题提出的，能够使控制系统在误差扰动下仍能保持稳定，以牺牲系统的灵敏度为代价来提高控制系统的稳定性。目前应用在渠道控制的主要有 H_∞ 法。考虑到线性化误差及水力参数变化给控制过程带来的影响，尚涛等（2004）将扰动抑制的概念引入到 H_∞ 设计中。管光华等（2005）对建模误差进行了量化，根据参数摄动对控制系统造成的不同影响，对扰动进行分类。尚毅梓等（2008）分析了渠池运行控制特性，并在此基础上提出了权函数的选择方法，避免了加权函数的试凑。H_∞ 设计方式的采用提高了控制器运行的稳定性，避免了控制的误动作。另一方面，这项技术的使用却加大了渠道输水过程中的稳态控制误差。

无论是基于理想水力模型设计的 PID 控制器，还是基于渠道扰动模型的闸门控制器设计，考虑到渠道响应速度和调蓄容积小等特点，渠段的运行方式多为对渠段容量的控制。值得注意的是，在实际控制中，控制容量法实际上是通过对水位的控制来实现。等容积控制则是对渠道中点水位来进行控制，通过保持控制点的加权水位 $Y = 0.5Y_1 + (1-0.5)Y_2$（Y_1、Y_2 分别为上、下游水位）不变，来实现渠道控制蓄量的不变。水流特性（渠段的壅水、跌水等）使控制过程势必存在一定的误差，水流的这种波动特性就决定了实际的等容积控制不存在。

8.5.2.3　人工智能控制器

无论是经典 PID 控制还是现代鲁棒控制，都严重依赖于对控制对象的精确描述。渠道水流的非线性、大滞后、多扰动等特点使精确控制模型的建立变得非常困难。而人工智能控制设计可以避开复杂的数学建模，在一定程度上可以解决模型非线性和渠道中的随机扰动等问题。

2002年，尚涛等（2002）首次将BP网络应用于水资源的预测，根据水资源的历史数据对模型进行解析，通过样本训练形成预测控制模型。随后，秦亮等（2003）对人工神经网络在有压输水系统过渡过程的应用作了深入的研究，对BP算法比较并进行了改进，建立出理想渠道的输水预测控制模型，结果表明采用BP控制算法可以避免大规模的数学计算，大大提高了系统控制的实时性。但是在实际的渠道系统中，不同渠段的水力特性参数是不同的（糙率、波速、水力断面等），将整个渠道系统的运行参数放在同一个网络里进行分析和训练显然不妥。安宁（2003）考虑到不同渠段的特点，利用广义预测算法（GPC）在渠道的各个子渠段分别建立受控自回归数学模型（CARIMA），设计出多渠段控制器，并在两个渠段上进行了仿真试验，结果显示广义预测控制模型可以补偿渠道分水造成的流量扰动，可以达到比较好的控制精度。

模糊控制是一种基于规则的控制，无须建立数学模型，基本思想就是将人的经验通过计算机控制来实现。模糊控制系统和常规控制系统在总体结构上是一致的，都包括控制器、执行机构（闸门电机）、控制对象（节制闸），它们的区别仅在于控制器。模糊控制器按照经验规则对被控对象进行控制，而不考虑控制对象的内部特性。2003年，杨桦等（2003a、2003b）首次提出将模糊控制理论应用于单渠道控制，并在长5000m的渠段上进行了模拟仿真，然后，又利用闸门同步操作技术，将多变量控制器分解为多个单变量控制器（简单模糊控制器），建立了多渠段等容积控制模型，但是控制精度不高，简单模糊控制器之间的整体协调能力比较差。崔巍等（2005b）认为在模糊控制中加入自调整模块，可以提高控制精度，设计出一种在全论域范围内带有自调整因子的控制器，它能根据水位偏差e和水位偏差变化率ec的实时变化趋势对量化因子进行在线调节，从而实现了模糊控制器的自调整功能。该控制器在鲁棒性和抗干扰能力上都优于普通模糊控制器。王长德等（2005b）针对渠道系统简单模糊控制器动态和静态性能比较差的特点，提出了分层模糊控制的思想，分层模糊控制对论域进行分层，外层解决系统动态响应问题，内层解决动态精度控制问题，设计出分层模糊控制器，对模糊控制器的整体控制性能进行了改善，但是其整体控制仍然不能达到令人满意的效果。

人工智能网络和模糊控制器的设计与基于被控对象模型建立控制器的设计理念不同，人工神经网络是根据已知渠道运行资料（如水位、流量及对应闸门开度）拟合出一个非线性模型，用来反映渠道的运行规律，然后运用这个非线性模型对渠道扰动做出反应，对节制闸进行控制。模糊控制的核心是模糊规则的设计，模糊控制则是操作者对渠道长期运行经验加以总结、提炼而得的模糊条件语句的集合，控制器将渠段运行条件与规则进行模糊匹配得出节制闸的开度，从而实现对渠系的自动化控制。因此可以看出，智能控制不涉及被控对象的物理机制，它完全建立在历史运行数据之上的。因此渠段运行模式的改变，分水口的开启等非平滑扰动都会造成控制系统的剧烈震荡，导致控制的失败甚至会引起节制闸的破坏。

人工智能控制在渠段控制自动化上面的研究还不成熟，一些研究者把工业过程控制中的参数简单地应用到渠段控制中而未作调整和论证，这种做法是值得商榷的（因为还必须考虑到渠段的各水力因素、渠道边界条件、闸门调节能力等）。一方面，把人工智能和渠道运行模式结合起来对渠道控制进行描述，将有助于人们对渠道控制的随机性和非线性规律把握；另一方面，将神经元网络和模糊控制应用于渠道控制研究中，还使经典控制显示出新的生命力。无论如何，渠道运行方式、控制方式的研究都具有重要的理论和实际意义，是基于自动化渠道优化调度的基础，值得深入研究。

8.5.3　渠道优化调度

控制系统设计和渠道优化调度方案是不同的两个概念，控制器参数和性能优化不能代替调度方案的选择。调度方案的确立应是以控制系统建立为前提，并能在自动化控制渠系中得到验证，也就是说调度方案的确立是建立在渠系控制研究基础上的。完整意义上的渠系自动化应该是能对整个渠系实施优化管理，使优化调度和自动控制相结合的系统，美国加利福尼亚州、亚利桑那州等调水工程在动态规划原理基础上建立了输水控制模型（Yeh et al.，1980；范杰 等，2006b）；国内一些研究者利用线性规划对渠段调度控制提出了两步法：第一步由渠段完成水位的调整；第二步调整水量使渠道稳定（韩延成 等，2006a）。也有的一些学者以控制输水成本为目标，建立了优化模型（韩延成 等，2006b）。但是这些都尚待完善，采用线性优化模型是否合理还尚待商榷。

8.6　渠道运行智能控制面临问题和发展方向

8.6.1　渠道水力特性与控制系统设计中应考虑的问题

跨流域调水是实现水资源优化配置，解决区域性缺水的战略性基础设施工程。工程一般具有水量输送距离远，输运流量大，渠道内水流形态复杂等特点，且设计渠系沿线缺少必要的在线调蓄水库，分水口会不定期开启，这样造成了渠道控制的困难。造成控制困难的物理机制主要有如下几个方面。

（1）模型非线性。水力模型非线性是渠道控制非线性产生的根本原因，描述渠道水流过渡过程的圣维南方程为双曲型偏微分方程组，目前尚无法求得其解析解。另外渠道的各个渠段通过水流波动相互关联，研究表明，这种关联和作用通常是非线性的，很难表述为线性方程。非线性是水流、节制闸动态调节、渠道水力运行要素相互关联的纽带，是控制系统内外协同、进行水力输移机理研究的关键。

（2）动态多维性。多维性是非恒定流的基本特征，分析渠段非恒定流中各参数之间的关系，可知在波所涉及的区域内，各过水断面的水位-流量不是单一的对应关系，非恒定过渡过程的附加水力坡度是产生这种多对应关系的直接原因，渠段涨水过程，附加水面坡度为正，流量比恒定流时大，落水过程附加水面坡度为负，流量比恒定流时小，在涨落水过程中，水位和流量分布呈现绳套曲线。渠道的整个调度运行过程，就是渠道的槽蓄不断调整的过程，水位-流量的这种多维对应关系直接导致水位和节制闸开度之间的对应关系不唯一，因此基于精确模型建立的单输入单输出的控制器设计方式实际上是不存在的。

（3）扰动的不确定性。如何消除扰动的非确定性是控制算法选择的关键。由于描述渠道的抽象模型与实际总有误差，因此扰动是不可避免的，即被控对象是不确定的。这主要由以下几方面造成的：①参数测量及线性化带来的误差，由于流体自身的特点，测量仪器不可能做得像工业控制那样精确，水位或流量的测量值和实际值之间一定存在误差。采取等容积或控制容量法对渠段运行进行控制，目前控制点水位是通过上下游测点线性加权插值得到，人为造成的扰动也是不可避免的。②运行环境和运行模式的变化带来的扰动，分水口的开启，闸门快速启闭造成的渠段壅水，上下游渠段运行模式的切换等都会引起数学模型参数的调整。③渠段非恒定流计算模型的简化引起的扰动，为求解圣维南方程组，通常将进行离散和线性化处理，这同样会影响控制的精确性。由此看出，被控对象模型具有极大的不确定性，如要系统能在这样的环境下稳定运行，控制器必须具有针对这些扰动的鲁棒性。

8.6.2　进一步的发展方向

分析、归纳现有的成果可以发现，针对控制器设计、渠道运行方式研究成果较丰富，而在渠道调度运行方面研究成果还不多。针对控制器的设计，比较成熟的单输入单输出的PID控制为部分调水工程所采用，该设计方式固有的缺点严重制约了当地控制器的普及。多输入多输出系统是研究的热点，然而基于多输入多输出的中央集中控制器对渠道水力特性及渠道扰动抑制考虑不足，目前仍处在理论研究阶段。在研究方法上，采用控制机理对设计机制进行改进的方法比较多，从渠道运行机理对控制方法进行改进的研究还较少，这在一定意义上有舍本逐末之嫌。

针对上述问题做了一些新的尝试和探索，但是由于实际系统的复杂性，迄今为止尚未完全阐明问题的本质，仍有深入研究的必要。为此，提出对以上问题的看法和设想。

（1）针对渠道运行方式。渠段在控制容量方式下运行，水位、流量的监测是否可以转化为对流量或流量变率的控制，从而减小线性化控制水位对渠段非恒定流描述的误差。控制容量法从字面上理解是控制渠段内水体的体积，然而在运行过程中控制水体的体积形态从未严格固定过，实际进行控制的一直都是渠段的槽蓄，转化为控制就是通过改变节制闸闸门开度来实现对过闸流量的调节。因此，采用对过闸流量或流量变率的监测和控制在本质上和渠段等容积控制运行更为接近。

（2）针对控制器的设计。对水力模型和控制器性能的掌握是控制系统设计的核心问题。模型的非线性和水力参数的动态多维性是控制器设计的难点，模型参数（糙率、水头损失等）是随渠段运行和扰动的改变而改变的，因此单输入单输出的经典控制理论所应用的参数不随时间变化的设计是不合适的，而完全基于历史运行数据而建立的人工智能网络等经验控制方法，针对大扰动或渠道运行模式的突变很难做出有效的控制。基于以上分析，笔者认为基于扰动控制的鲁棒设计方法具有更好的适用性，当然，状态空间法等鲁棒设计方法仍有改进的地方，例如：如何把经验控制和模型控制融合在一起，现在有些研究者将模糊控制融入到控制器设计中并取得不错的效果，这是一个尝试的方向。另外，专家智能决策能够根据目前渠段运行特性和水力参数做出有效的判断和调整，而且支持提供系统解决方案，遗传算法能够积累渠道运行经验使控制变得很简单，如何将其引入控制器设计，融入这种设计的控制是否具有好的适用性也待探讨。目前控制理论在渠道控制上的应用还在尝试阶段，要寻求一个实际水力模型和控制算法的最优搭配还有很长的路要走。

（3）针对渠道运行模式。针对像南水北调这样的大规模长距离输水渠道，要保持水量的统一调配，系统监控势必要采用中央监控模式。跨流域调水渠道跨越多行政地区、多地质结构、多地貌形态，同时由于水源地供水量以及其他受水区的需水量的不确定性，监控中心对整个渠道的每个渠段都采取同样的调度控制措施显然是不合适也是不现实的。笔者设想能否采取多层监控、分级控制，根据相关渠道水力特性和控制设备约束采用整数规划的方法对渠段进行划分和归类，对相似特性的渠段控制采用统一配置和运行方式，设置子监控中心对子渠系进行在线控制，这样可以最大限度地发挥渠段控制灵活性，可期望采用合适的调度和运行方式来解决冰期过渡带输水的困难。当然其中还存在很多问题，如：优化模型采用线性还是非线性，子渠段的动态调节过程控制是分步还是连续控制，控制目标是多目标好还是单目标好，从哪个级别上解决渠段之间的耦合等。

8.7　本章小结

本章对渠道运行方式和控制概念进行了较为系统的阐释，并对这些研究成果进行分类评述，指出其中存在的问题和可能改进的途径，对渠系水力结构和自动化控制机制进行初步探讨，并提出新的研究方向和有关研究课题。结论如下。

（1）分析了智能控制的基本概念和原理、智能控制系统的特征和性能以及智能控制系统的类型。智能控制系统类型分为分级递阶控制系统、专家控制系统、神经控制系统、模糊控制系统、学习控制系统、仿人控制系统、集成智能控制系统和组合智能控制系统等。

（2）渠道运行控制方式包括上游常水位（闸后常水位）、下游常水位（闸前常水位）、等容积控制、控制容量法。对于上游常水位和下游常水位运行控制方式，仅能对单个渠段水力特性变化做出反应，无法根据渠道系统的整体运行状态调节，不利于水量统一调配。等容积控制法没有常水位的限制，灵活性特别高，比较容易适应渠道的紧急调配。控制容量法能够处理渠段内突然的、大流量的变化，和等容积控制法一样，需要建立精确的水力学模型。

（3）目前普遍使用的闸门控制器设计模式包括基于理想水力模型的闸门控制器设计、基于渠道扰动模型的闸门控制器设计、人工智能控制器设计等。渠道优化调度模型常采用线性优化模型，其合理性值得商榷。

（4）渠道水力特性与控制系统设计中应考虑模型非线性、动态多维性、扰动的不确定性等。水力模型非线性是渠道控制非线性产生的根本原因。多维性是非恒定流的基本特征，非恒定流过渡过程的附加水力坡度是产生水位-流量多对应关系的直接原因。由于描述渠道的抽象模型与实际总有误差，因此扰动不可避免，即被控对象是不确定的。

（5）提出了针对渠道运行方式、针对控制器设计、针对渠道运行模式等进一步发展方向，针对上述问题做了一些新的尝试和探索，但是由于实际系统的复杂性，迄今为止尚未完全阐明问题的本质，仍有深入研究的必要。针对渠道运行方式，采用对过闸流量或流量变率的监测和控制在本质上和渠段等容积控制运行更为接近。针对控制器的设计，基于扰动控制的鲁棒设计方法具有更好的适用性，当然，状态空间法等鲁棒设计方法仍有改进的地方。针对渠道运行模式，设想能否采取多层监控、分级控制，根据相关渠道水力特性和控制设备约束采用整数规划的方法对渠段进行划分和归类，对相似特性的渠段控制采用统一配置和运行方式，设置子监控中心对子渠系进行在线控制，这样可以最大限度地发挥渠段控制灵活性，可期望采用合适的调度和运行方式来解决冰期过渡带输水的困难，当然其中还存在很多问题。

参考文献

安宁，2003. 渠道运行广义预测控制技术及其仿真 [J]. 武汉大学学报（工学版），36（3）：4-6.

崔巍，王长德，管光华，等，2005a. 渠道运行管理自动化的多渠段模型预测控制 [J]. 水利学报，36（8）：1000-1006.

崔巍，王长德，管光华，等，2005b. 渠道运行自调整模糊控制系统设计与仿真 [J]. 武汉大学学报（工学版），38（1）：104-116.

范杰，王长德，崔巍，等，2003. 渠道运行系统中的模糊 PID 联合控制研究 [J]. 灌溉排水学报，22（4）：59-62.

范杰，王长德，管光华，等，2006a. 渠道非恒定流水力学响应研究 [J]. 水科学进展，17（1）：55-60.

范杰，王长德，管光华，等，2006b. 美国中亚利桑那调水工程自动化运行控制系统 [J]. 人民长江，37（2）：4-5，58.

管光华，王长德，范杰，等，2005. 鲁棒控制在多渠段自动控制的应用 [J]. 水利学报，36（11）：1379-1391.

管光华，2006. 大型渠道自动控制建模及鲁棒控制研究 [D]. 武汉：武汉大学.

韩延成，高学平，2006a. 长距离自流型渠道输水控制的二步法研究 [J]. 水科学进展，17（3）：414-418.

韩延成，高学平，2006b. 长距离调水工程最优控制数学模型 [J]. 水利水电技术，36（10）：62-66.

李欣苓，2002. 渠系的控制方法评价 [J]. 水利水文自动化，（1）：5-6.

刘国强，2013. 长距离输水渠系冬季输水过渡过程及控制研究 [D]. 武汉：武汉大学.

刘青娥，杨芳，2005. 渠道供水系统的神经网络控制模型研究 [J]. 中国农村水利水电，（9）：73-77.

柳树票，王长德，崔玉炎，等，2001. 串联倒虹吸渠系的 P+PR 控制 [J]. 中国农村水利水电，（10）：30-32.

美国内务部垦务局，2004. 现代灌区自动化管理技术实用手册 [M]. 北京：中国水利水电出版社.

秦亮，练继建，万五一，2003. 长距离输水系统的神经网络模型研究 [J]. 水利水电技术，34（9）：1-4.

阮新建，1999. 渠道运行 GSM 算法及其适用条件 [J]. 中国农村水利水电，（5）：15-17.

阮新建，杨芳，王长德，2002. 渠道运行控制数学模型及系统特性分析 [J]. 灌溉排水，21（1）：36-40.

阮新建，杨芳，2003a. 渠道运行离散模型及最优控制 [J]. 灌溉排水学报，22（5）：56-71.

阮新建，王长德，2003b. 渠道运行最优控制与运行模拟仿真 [J]. 人民长江，34（10）：30-32.

阮新建，2004a. 带观测器的渠道控制系统设计与运行模拟仿真 [J]. 灌溉排水学报，33（3）：66-69.

阮新建，袁宏源，王长德，2004b. 灌溉明渠自动控制设计方法研究 [J]. 水利学报，（8）：21-25.

阮新建，姜兆雄，杨芳，2006. 渠道运行神经网络控制 [J]. 农业工程学报，22（1）：114-118.

尚涛，2004. 渠道自动运行鲁棒控制的理论研究 [D]. 武汉：武汉大学.

尚涛，安宁，王长德，2002. 基于 BP 网络的水资源预测方法的研究 [J]. 华中师范大学学报（自然科学版），36（4）：455-458.

尚涛，安宁，刘永，2004. 渠道运行鲁棒控制的理论及其动态仿真研究 [J]. 武汉大学学报（工学版），37（2）：78-84.

尚毅梓，吴保生，2008. 多渠段渠道自动控制系统的稳定控制 [J]. 清华大学学报（自然科学版），48（6）：967-971.

王长德，阮新建，1999a. 南水北调中线总干渠控制运行设计 [M]. 武汉：人民长江出版社.

王长德，阮新建，1999b. 南水北调中线总干渠控制运行设计 [J]. 人民长江，30（1）：19 - 21.

王长德，柯善青，冯晓波，2000. P＋PR 控制器用于比威尔算法 [J]. 武汉水利电力大学学报，33（2）：11 -15.

王长德，柳树票，崔玉炎，等，2002. 多渠段串联渠系 P＋PR 控制 [J]. 武汉大学学报（工学版），35（1）：15 - 19.

王长德，郭华，邹朝望，等，2005a. 动态矩阵控制在渠道运行系统中的应用 [J]. 武汉大学学报（工学版），38（3）：6 - 18.

王长德，姚雄，李长菁，2005b. 分层模糊控制器在渠道运行系统中的应用 [J]. 武汉大学学报（工学版），38（1）：1 - 4.

王念慎，郭军，董兴林，1989. 明渠瞬变最优等容量控制 [J]. 水利学报，(12)：12 - 20.

王涛，阮新建，2004. 基于单神经元 PID 控制器在渠道自动控制中的应用 [J]. 长江科学院院报，21（4）：53 - 56.

吴泽宇，周斌，2000. 南水北调中线渠道控制计算模型 [J]. 人民长江，31（5）：10 - 11.

杨桦，王长德，冯晓波，2003a. 模糊控制在渠道运行系统中的应用 [J]. 武汉大学学报（工学版），36（1）：45 - 49.

杨桦，王长德，范杰，等，2003b. 多渠段串联渠系运行模糊控制 [J]. 武汉大学学报（工学版），36（2）：58 - 61.

易继锴，侯媛彬，2007. 智能控制技术 [M]. 北京：北京工业大学出版社.

张礼卫，王长德，胡成胜，2006. 水力自动控制渠系串联系统仿真模型研究 [J]. 中国农村水利水电，(1)：56 - 59.

张礼卫，2006. 水力自动控制渠系动态过程与仿真研究 [D]. 武汉：武汉大学.

张劲松，王长德，刘丽珍，2003. 水力自动溢流堰在自动调控渠系中的应用 [J]. 中国农村水利水电，(4)：32 - 34.

周斌，吴泽宇，1999. 调水工程渠道运行控制方案设计 [J]. 人民长江，30（4）：10 - 11.

朱宪生，冀春楼，2004. 水利概论 [M]. 郑州：黄河水利出版社.

BURT C M, 1987. Overview of canal control concepts [C] //Darell D Z. Symposium on planning, operation, rehabilitation and automation of irrigation water delivery systems. New York：ASCE：81 -109.

BUYALSKI C P, EHLER D G, FALVEY H T, et al. , 1991. Canal systems automation manual [M]. Denver Colorado：US Bureau of Reclamation.

BUYALSKI C P, SERFOZO E A, 1979. Electronic filter level offset (EL - FLO) plus reset equipment for automatic control of canals [R]. Denver：Engineering Research Center.

CHEVEREAU G, SCHWARTZ - BENEZETH S, 1987. BIVAL system for downstream control [C] // Darell D Z. Symposium on planning, operation, rehabilitation and automation of irrigation water delivery systems. New York：ASCE：155 - 163.

CLEMMENS A J, REPLOGLE J A, 1989. Control of irrigation canal networks [J]. Journal of Irrigation and Drainage Engineering, ASCE, 115 (1)：96 - 110.

CORRIGA G, SANNA S, USAI G, 1983. Suboptimal level control of open channels [J]. Applied Mathematical Modelling, (7)：262 - 267.

LIU F, FEYEN J, BERLAMONT J, 1995. Downstream control of multireach canal systems [J]. Journal of Irrigation and Drainage Engineering, ASCE, 121 (2)：179 - 190.

REDDY J M, 1990. Evaluation of optimal constant volume control for irrigation canals [J]. International Journal Applied Mathematics Modeling, 19 (4)：201 - 209.

REDDY J M, DIA A, OUSSOU A, 1992. Design of control algorithm for operation of irrigation canals

[J]. Journal of Irrigation and Drainage Engineering, ASCE, 118 (6): 852 - 867.

REDDY J M, 1995. Kalman filtering in the control of irrigation canals [J]. International Journal Applied Mathematics Modeling, 19 (4): 201 - 209.

REDDY J M, 1996. Design of global control algorithm for operation of irrigation canals [J]. Journal of Hydraulic Engineering, ASCE, 122 (9): 503 - 511.

REDDY J M, JACQUOT R, 1999. Stochastic optimal and suboptimal control of irrigation canals [J]. Water Resource Planning & Management, 125 (6): 369 - 378.

YEH W G, 1980. Central arizona project: operations model [J]. Journal of the Water Resources Planning and Management Division, ASCE, 106 (2): 521 - 540.

第9章 智慧流域智能管服技术体系

9.1 引言

我国水资源、水生态、水环境、水灾害等新老问题并存，无法适应人民群众对防洪保安全、优质水资源、健康水生态、宜居水环境的美好生活需求。根据流域日常管理和应急处置的综合管理与决策任务需求，对各类水信息资源进行高效聚合，建立面向水安全事件日常管理和应急处置任务的综合管理与决策信息精准服务，为政府、企业和公众等多层次用户提供及时、可靠和个性化的信息服务，从而满足流域综合管理与分析决策需要，对智慧流域建设具有重要意义。

我国目前在国家、流域、省级及区县级等层面建立了防汛抗旱指挥系统、水资源管理系统等水信息系统，在信息采集、通信、网络等基础设施建设方面取得了较大进展，相对而言，应用层面的建设略显不足，普遍存在着"重建设、轻应用"的问题，即基础建设相对成熟，决策支持应用不足的问题。近年来相关研究针对应用层面的问题进行了很多尝试，主要着眼于技术层面，希望通过集成和应用最新的信息技术，提高系统的表现能力和应用能力。然而，系统的实用性并没有得到有效提升。主要原因是，现有的应用系统中的信息和功能流程，与业务流程结合不够紧密。因此，在流域综合管理与决策时，很难方便快捷地从系统中找到与其业务密切相关的信息和功能。大量堆砌的信息反而让管理决策者在各孤立的功能单元中无以适从，各类复杂的流域模型几乎成为摆设。

而且，现有的流域管理与决策支持和服务模式局限于孤立地获取特定的有限信息，难以适应分布式、协作的网络化环境，无法根据日常管理和应急处置任务对分散的传感器、数据、计算和决策资源进行高效聚集，完成从事件的预警和通知到信息处理和决策支持的联动机制（李德仁 等，2012），具体表现在（陈能成 等，2015）：①决策过程链网络化共享和协作管理困难。目前相关方法对于服务链采用单机操作的管理模式，服务链模型文件存储在本地，共享和复用困难，利用效率低下。②缺乏网络环境下事件驱动的抽象决策服务链精确的高效发现方法。现有方法建立的抽象决策服务链大都是孤立的，没有关联事件信息，在面对重大突发事件时，采取的是基于人工经验的决策服务链查找方法，这种方式不仅极大地依赖于决策者对灾害应急决策流程的先验知识，也极大地限制了处置服务链发现和获取效率，难以满足突发事件应急处置高效精确的要求。③缺乏日常管理和突发事件决策结果的网络化共享和个性化服务手段。现有方法中决策结果以本地存储为主，难以复用，决策结果应用效率低下。

综上分析，不仅是对日常管理，还是对突发事件或渐变事件的决策，需要大规模、多源感知信息的采集、分发和融合，以及服务系统需要对流域物理世界的动态化做出相应的实时响应，而物联网技术为流域综合管理与决策服务提供了一条解决途径。就水利业务来说，物联网能够跨业务域甚至跨组织地在多个分布式、松耦合的信息系统间按需分发、实时汇聚/融合和共享感知信息；以及支撑基于实时感知信息实现大量异构服务、业务流程、物理实体和人员的有效协同来快速应对物理世界的动态变化。

智慧流域云平台是通过对现有网络化服务技术进行延伸和变革，把各类资源和能力虚拟化、服务化，并进行统一，集中的智能化管理和经营，从而进一步丰富和拓展云计算的资源共享内容和服务模式；在此基础上，构建的大数据技术和仿真模拟技术为水事件的演变提供了智能预警、预测预报的技术基础；而随着物联网（Internet of Things，IoT）的发展，为实现各种终端设备以及复杂的软硬件资源集成提供了可能。

现有的云服务主要是解决"人-机"和"机-机"的交互，也就是说现有的服务主要是面向一个二元问题域，即用户域和信息空间域。然而，物联网服务还需要解决与物理世界的无缝集成和动态交互，在云服务基础上发展的物联网服务本质上面临的是一个"用户、信息空间和物理空间"的三元问题域（Ma，2011）。物联网服务在互联网环境下，能够实现各种资源（数据、计算、模型、软硬件）在用户、信息空间和物理空间之间进行互联互通和高效处理。

9.2 物联网服务新特征

首先分析下现有的电信网或者互联网服务的特征，如图 9-1 所示。现有的服务提供主要面临的是用户域和信息空间域的交互问题，基本上以"请求-应答"的服务模式来提供服务，只有少量类型的服务通过服务器端的个性化配置来主动推送一些用户感兴趣的内容。因此，归纳现有的服务主要为一个面向"用户和信息空间"的二元问题域，主要解决"人-机"和"机-机"的交互，没有很好地体现物理环境感知方面的特征，虽然个别业务或者应用有一些，但不是这些服务的一个基本特征。

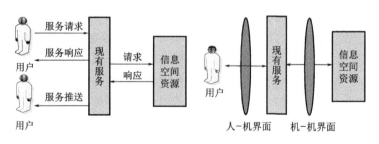

图 9-1　现有服务的二元域问题

而物联网无缝地将物理空间融入了信息空间，物理对象成为业务流程中的一个重要参与方（Meyer et al.，2013）。物联网服务系统可以通过网络方便地与这些物理对象进行实时交互、查询或者改变它们的状态，发出相关控制指令等。这样，物联网服务不仅需要与用户和信息空间资源交互，还需要实时的感知物理世界并动态的协同人、机、物来做出应对。因此，物联网服务需要具有高度的智能性和自主性，在大多数情况下，系统自身能够基于观测到的物理情景和相应的策略来实时地执行对应的业务处置流程。如图9-2所示，与现有的电信服务或者互联网服务相比，物联网服务主要解决"人-机-物"的动态协同，物联网服务的系统边界发生了变化，从原来的二元问题域（即"用户、信息空间"）转变为三元问题域（"用户、信息空间、物理空间"）。可以看出，物联网的服务提供环境与现有的电信或者互联网服务相比发生了较大的变化。

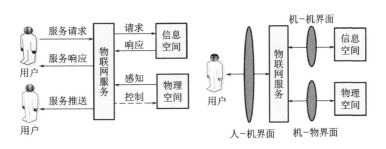

图9-2 物联网服务的三元问题域

本质上来说，物联网具有3个基本特征（乔秀全 等，2013）：①互联互通。②透彻感知。③精准服务。其中，互联互通主要解决多种异构网络、异构终端和传感设备的互联互通，为感知数据的大规模交换和传输奠定基础；透彻的感知主要解决对物理空间域的相关环境/上下文信息的采集和分布式智能处理，为上层应用提供对物理世界变化的有意义的高层认知信息；服务的智慧性体现在物联网服务系统需要根据物理空间的状态变化等情况，能够尽可能地自主决策从而动态适应这种实时变化的物理世界。这三者的关系是，互联互通是基础，透彻感知是关键，精准服务是目的。可以看出，环境感知计算是物联网服务提供中非常关键的一项支撑技术，通过对物理世界中多源的、分散的感知信息进行分布式的、分层次的协同处理，产生更有意义的高级信息，从而对服务所处环境形成一个全面、完整的认知。

物联网具有的这种特有的感知特征促使物联网服务系统从现有服务的"业务流＋媒体流"模式转变为"业务流＋媒体流＋感知流"模式。现有的电信网或者互联网服务基本上是基于业务流和信息流来设计的，业务流是指各种请求/响应信息、呼叫信令、管理命令等控制操作；媒体流是指各种语音、数据和多媒体承载/内容流。

在新型的"环境感知→信息融合→智能决策→服务协同"的物联网环境下，对服务所处的物理环境的感知是建立业务流和控制流的重要条件。由于物联网环境下，各种物理传感器能够透彻感知到物理空间域的实时状态信息，因此在文中将物联网环境下多源上下文信息的采集、传输、融合处理所形成的信息流称之为"感知流"，提出"业务流、媒体流和感知流"相结合的物联网研究思路，"三流"的有机协同是提供智慧型物联网服务的基础。

从以上分析可知，物联网服务提供的问题主要是在对物理环境实时感知和信息融合的基础上，如何灵活有效的协同各种应用系统来提供精准的服务。现有的电信网或者互联网服务提供，更强调业务流和信息流的协调，实际上缺乏对物理世界的实时感知、数据流的实时分析和汇聚，并形成决策来协调相关业务系统的能力。而信息的感知和处理并智慧地协同不同的服务满足用户需求是物联网的核心本质。

9.3 基于物联网的精准服务框架

9.3.1 基于物联网的精准服务内容

物联网发展和建设的终极目标是精准服务，而精准服务本质上也是个性化服务，是解决网络中海量信息资源的个性精确化服务的主要途径之一，将服务的用户-信息空间延伸到了用户-信息空间-物理空间，更加强调了实时性和动态性。精准服务体现在两方面：一方面对海量信息资源进行聚焦；另一方面是对信息服务对象的聚焦，即面向特定的目标用户群，主动提供其感兴趣的、满足其信息需求的信息。

在智慧流域日常管理和应急响应中，基于物联网的精准服务涉及两方面的内容（陈能成等，2015）。

（1）对海量、分布、异构的流域综合管理与决策信息资源进行统一管理，实现海量信息资源的聚焦：流域中具有丰富的信息资源，包括流域数据资源和流域决策模型服务资源，如图 9-3 所示。

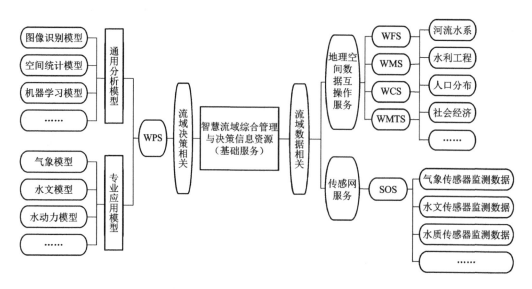

图 9-3 智慧流域决策信息资源

流域数据资源进一步包括流域基础地理空间数据资源（河流水系、水利工程、人口、社会经济等数据）和流域感知网实时传感器数据资源（气象传感器实时监测数据、水文传感器实时监测数据、水质传感器实时监测数据等）。流域决策相关的服务资源主要是指流域智能分析与决策涉及的不同领域、不同应用的模型资源。这些信息资源具有异构的特点，以数据资源为例：流域基础地理数据就包含 Shape、TIFF、CAD 等多种格式；流域感知网数据包括实时数据流，利用 Excel 表格存储的、数据库存储的存档数据，以及二进制视频数据。为了对这些异构数据进行统一管理，首先需要将这些数据发布成标准的服务，实现数据的互操作。对于流域基础地理空间数据，可以发布成 WFS、WMS、WMTS、WCS 等，通过标准的互操作接口，以多种数据交换格式进行数据共享，为用户提供历史存档的基础地理数据互操作服务；对于流域感知网数据，可以发布成 SOS，通过标准的互操作接口，以 O&M（Observation & Measurement）标准格式进行近实时共享，提供流域感知网数据的互操作服务，为流域运行状态的实时感知与智能分析提供支撑。

流域分析与决策模型资源可以利用 WPS 的扩展机制，将模型封装成 WPS 中的处理（算法），通过 WPS 提供的统一的操作接口，对外提供可重用和可互操作的分析与决策服务。

然而，尽管这些信息资源可以以标准服务接口的方式对外提供可互操作的信息资源服务，但是由于提供信息资源服务的网络服务器实例分散在网络各个节点上，给信息资源的高效发现和使用带来了困难，所以有必要利用注册中心对这些网络信息资源进行统一管理。

（2）为政府、企业和市民用户提供个性化的信息服务，实现对信息服务对象的聚焦。

根据精准服务的定义，精准服务需要面向不同用户群，提供其感兴趣的、满足其实际应用需求的信息。流域中主要涉及三类用户群：政府、企业和公众，如图 9-4 所示。比如城市洪涝事件应急响应中，政府用户关注的是应急救援和抢险调度信息，因此需要为其提供如洪涝事件影响范围预测、最短救援路线等信息，辅助其制定应急方案和进行应急响应；企业用户关注的是设施损毁情况、抢修信息、理赔信息等，因此需要为其提供如最短抢修路径、损失评估报告等；公众更多关注的是洪涝事件中自身的生命和财产安全，以及洪涝事件对自己活动范围的影响，因此有必要通过信息服务网络平台、电视、广播和短信平台等为其提供预警信息、疏散路线等。

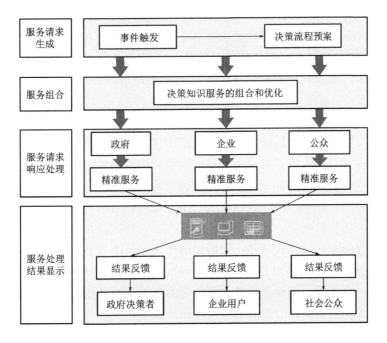

图 9-4　智慧流域决策信息精准服务

9.3.2 基于物联网的精准服务方法

任何技术或者架构思想都是由具体的业务需求驱动的。面向服务架构（SOA）的出现是由于人们打破竖井应用并追求功能重用的强烈需求，而事件驱动架构（Event‐Driven Architecture，EDA）是一种设计和实现一个应用系统的方法学，在这个系统里事件可传输于松散耦合的组件和服务之间，通过引入异步的事件发布/订阅模式，使得系统具备了快速响应业务事件的能力，非常适合应用在不可预知的和异步的环境里。然而，由于物联网应用系统的复杂性，具体体现为各种物理实体和信息系统的异构性、感知信息在多个信息系统之间的按需分发、多个服务系统之间的动态自主协同等特点。

单纯的 SOA 和 EDA，都有各自的局限和适用的范围，见表 9‐1。

表 9‐1   SOA 与 EDA 的对比

性能指标	SOA	EDA
核心概念	服务	事件
使用模式	请求/响应模式	发布/订阅模式
触发方式	操作调用	事件触发
通信机制	同步	异步
耦合约束	松散耦合的交互	分离的交互
参与方之间的关系	1∶1（一对一）	$n∶n$（多对多）
业务处理方式	预定的线性、串行路径	动态非线性、并发路径

SOA 主要从系统解耦的角度入手，它侧重于将整个应用分解为一系列独立的服务，并指定各种标准和基础设施来使得这些服务易于重用，能够很容易地被各种平台上的应用来使用。但由于传统的 SOA 主要适应于"请求‐响应"的服务交互模式，是一种同步的命令控制模式，更多的是关注静态的信息，所以不能很好地与动态业务匹配。而 EDA 不是同步的命令控制模式，恰恰相反，它是一个异步的事件发布/订阅模式，一个事件的产生可以触发一个或多个服务的并发执行。当某个事件发生后，系统的不同服务就能够自动地进行触发，这样就把这些静态的功能通过隐式的事件流动态地协同起来，使得系统具备了在松散耦合的分布式计算环境下实时感知和快速响应事件的能力。可以看出，事件驱动架构对面向服务架构具有很好的补充作用，相互独立的服务系统之间通过事件机制完成一定的服务协作，非常符合物联网的"域内高度自治、域间高效协同"的特点，既提高了对不断变化的业务需求的实时响应，又最大限度地减少了对已有应用系统的影响，可以更容易开发和维护大规模分布式应用程序和不可预知的服务或异步服务。

物联网的服务中的事件不仅是来自业务系统（如水资源管理系统、防汛抗旱指挥系统、或者电子政务系统等）的业务事件，更是来自实时监控的物理世界的实时数据流，而且从海量数据流中迅速检测出有意义的事件并做出及时响应。因此，在考虑物联网服务系统的异构性和动态变化的特征情况下，智慧流域服务架构采用一种事件驱动、面向服务的物联网服务提供方法（Event‐Driven Service‐Oriented Architecture，EDSOA）。该方法无缝集成 SOA 和 EDA 的各自优势，SOA 技术用来解决大规模分布式物联网环境中大量异构服务和物理实体之间的互操作和应用重用性问题；EDA 技术用来解决跨业务域甚至跨组织的感知信息的按需分发以及事件驱动的服务动态协同问题。SOA 和 EDA 的融合增强了系统的灵活性，允许事件在解耦的系统和服务间进行按需的分发，通过即时过滤、聚集和关联事件的功能，以极快的速度从海量数据流中迅速识别出有价值的事件（包括可能对企业造成威胁或为企业提供商业机会的事件或模式）并实时动态地做出响应，为企业提供了响应这些实时动态业务所需的能力，这对具有高度自动化要求的物联网服务系统来说非常适合。

与传统的 SOA 不同，EDSOA 更适合于动态、异构的物联网服务环境，如图 9 - 5 所示。

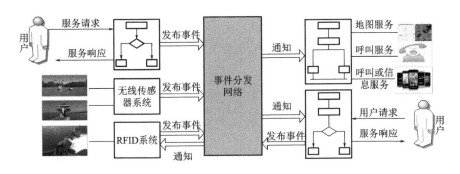

图 9 - 5　事件驱动、面向服务机制

事件分发网络降低了不同服务系统的耦合度，这种解耦的系统或业务流程具有最少的直接交互，实现了"时间、空间和控制"的解耦。时间解耦主要是指参与交互的各方不需要在同一时间参与交互，也就是说是一种异步的通信交互模式；空间解耦是指参与交互的各方彼此不需要知道对方；而控制流解耦就是在这种基于发布/订阅的事件驱动的服务协同中，没有一个统一的集中式的服务编排流程（如 BPEL 或者工作流）来显式地描述整个系统流程，而完全是一种松耦合的、隐式的事件流驱动的方式。也就是说在这种模式下，一个新系统的加入或者一个旧系统的退出或者修改对其他系统没有任何的影响。

通过发布/订阅的机制，事件分发网络能够支持感知信息或者业务事件在多个分布式、松耦合的信息系统间的按需分发和共享。而且 EDSOA 支持一对多或者多对多的异步事件通信模式，增强了服务的并发执行能力。通过事件的发布/订阅机制，可以用一种隐式的事件链来驱动不同的服务系统的动态协同。通过瞬时的过滤、聚集和关联事件，EDSOA可以快速地检测出事件类型，从而帮助管理人员快速、恰当地响应和处理这些事件。因此，针对物联网服务环境的特点，可以采用 EDSOA 技术来构建信息的共享交换平台，实现跨部门、跨平台、跨应用系统的感知信息和业务事件的共享与交换，并对跨业务域甚至跨组织的服务协同提供支撑和保障。

基于以上的分析和考虑，基于物理网的精准服务采用基于 EDSOA 的物联网服务提供架构，如图 9 - 6 所示。

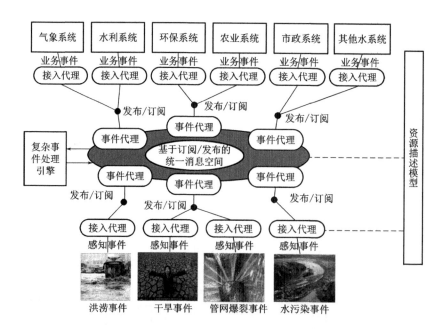

图 9-6　事件驱动、面向服务的物联网服务提供架构

接入代理从传感器或传感器应用系统获得原始的传感数据，并使用资源描述模型转换异构的或专有信息为统一事件。然后，接入代理调用事件代理的发布/订阅接口，发布事件到基于发布/订阅机制的统一消息空间。统一消息空间负责事件的发布、订阅和路由。统一消息空间中发布的事件可以被其他相关的物联网服务系统订阅。除了感知信息，物联网服务系统也可以使用统一消息空间来将控制指令作为事件发布，从而发送到相关的传感器或者控制设备。一旦订阅的事件发生，统一消息空间将通知所有的相关订阅者。同样，物联网应用系统也可以发布/订阅应用层的业务事件（即由应用系统产生的事件，如一个审批流程的结束，或者一个新订单的生成），以实现不同应用系统间的服务协同。

例如，一旦复杂事件处理系统检测到紧急报警事件，该通知将被发送到实时监控系统的可视化界面显示报警信号提醒值班人员，同时该报警事件也会被发送到工作流业务系统来触发相关的报警处置流程来处理此事件。可以看出，不同的服务系统彼此间不再直接交互，而是通过发布/订阅机制完成事件的异步通信和服务的动态协同。统一消息空间是该架构的核心部分，进一步解耦了不同的物联网应用系统。

构成系统架构的主要组件包括（乔秀全 等，2013）。

1. 基于发布/订阅的统一消息空间

统一消息空间利用发布/订阅机制分发事件，其主要部件提供事件发布、订阅、通知和路由功能的事件代理。事件的发布者和订阅者基于订阅列表，使用事件代理彼此通信。每个订阅者发送一个或多个订阅请求到事件代理，标识感兴趣的事件类型。当事件发生时，事件代理通过路由机制将该事件交付给订阅了该事件的所有订阅者。事件代理通常执行存储和转发功能，将消息从发布者路由到订阅者。事件代理由三部分组成：发布/订阅接口、事件订阅表和核心应用功能。发布/订阅接口为事件发布者和订阅者提供使用统一消息空间的接口服务。

　　统一消息空间采用基于主题的发布/订阅机制。基于主题的系统中，事件被发布到"主题"上，订阅者将接收发布到订阅主题的所有事件，同一主题的所有订阅者将收到相同的事件。订阅者或发布者首先需要注册到事件代理上。然后，它可以作为发布者发布事件，作为订阅者订阅已有的事件，或同时作为发布者和订阅者。为了支持事件通知，事件代理通过 Web 服务通知（WSN）规范实现了事件推送功能。此外，事件代理还提供了主题退订接口，以便订阅者也可以退订相关主题。为了支持事件路由，事件代理维护了两种信息：事件集和主题订阅表。事件集存储有关主题的最新发布的事件。事件路由模块根据主题订阅表处理接收到的事件。如果订阅者正好由此事件代理管理，则该事件将通过主题通知接口直接通知给订阅者。

　　当用户未在该事件代理注册时，该事件将被路由到相关代理。为了保持统一消息空间中事件订阅的一致性，每个事件代理需要根据下面的事件路由策略实时同步统一信息空间的订阅信息。为了支持大规模分布式事件分发，事件代理可以形成不同的簇，以提供簇级的可扩展性，而成簇的代理连接在一起扩展了地域范围。因此，统一消息空间形成了由一组事件代理构成的一个分布式的覆盖网络。在这种分簇拓扑结构中，统一消息空间需要支持簇内路由和簇间路由。每个簇中，一个特定事件代理负责簇间路由，称之为委托代理。

　　发布者或订阅者连接到统一消息空间中的一个事件代理，并通过该代理发布或订阅感兴趣的事件。当一个代理收到其客户端的订阅时，该代理转发订阅到簇内邻居节点，而本簇的委托代理负责转发订阅信息到其他簇。同样，当一个代理从其客户端收到发布的事件，通过统一消息空间转发事件到匹配订阅的代理。然后，这些代理交付事件给感兴趣的订阅者。物联网服务可以将统一消息空间作为事件池，通过发布/订阅接口接入和访问。

　　2. 资源描述模型

　　物联网服务提供中一个重要的特征就是如何在大量异构的业务系统之间对物理世界的感知信息进行分发、聚合和语义共享，其中涉及的一个问题就是事件的语义互操作问题，通过这种"时间、空间和控制"解耦的物联网服务系统，各个系统之间进行协同和交互的一个共同基础就是事件，因此，需要对事件进行准化的建模，而对事件的建模离不开对物联网资源的建模，涉及各种领域概念和术语或者通用的一些概念。为此，采用资源描述模型来解决此问题，接入代理从传感器或传感器应用系统获得原始传感数据，并使用资源描述模型将异构或专有信息转换为统一事件。资源模型使用链接数据并扩展了现有本体，如W3C SSN（Semantic Sensor Network）等。该资源模型可以表达资源、上下文信息和领域知识等。基于资源模型，接入代理可以自动获取资源，生成基于本体的语义上下文信息和事件。

　　在资源描述语义模型中使用的本体组织层次中，顶层 DOLCE 是 W3C SSN 采用的通用本体。上层主要基于 W3C SSN 来描述传感器资源和观测数据。由于 SSN 本体主要集中在描述传感器设备、观测数据和平台方面信息，所以需要在实体模型和领域知识等方面对它扩展。使用 OWL－Time 来表达时间信息，参考了 SemSOS O&M－OWL 的信息模型和观测数据模型。使用 LinkedData 技术与 FOAF（Friend Of A Friend），GeoNames，Linked－GeoData 和 DBpedia 等本体关联（乔秀全 等，2013）。FOAF 是描述社交网络中的人和关系的模型，可以将情境模型中的人员模型与 FOAF 关联可以增加模型的通用性获取更多的附加信息。GeoNames 和 Linked - GeoData 是一套全球范围的地理位置本体，通过将资源模型与他们关联可以表达实体或资源的全局位置。DBpedia 是从维基百科抽取出的结构化数据，提供了很多通用概念和概念间的关系。底层领域本体对上述的本体进行扩展，使模型能够表达领域知识。资源模型包括资源描述和实体描述两部分。

资源描述部分用于描述和动态维护传感器、激励器资源的信息。实体描述用于描述被监控的对象和对业务场景中的情景信息进行建模。在本章的语义模型中，资源模型中的 observation 属性与实体模型中的领域属性关联。称这种关联关系为资源实体绑定。绑定用于将观测数据提升为情景信息。绑定关系可能是静态的或动态的，同时，可能是自动生成的或者人工配置的。

当需要产生绑定关系时，需要综合考虑资源类型、资源 tag、资源观测类型、信息质量这几个方面的信息。接入代理根据资源描述把异构的原始传感信息转化为统一的观测信息，并产生简单的观测事件。资源实体绑定用于将观测信息提升为情景信息；基于领域知识、情景信息与其他已有信息关联形成语义情景信息。观测事件不仅包括此事件对应的实体及其产生此事件的资源，事件内容还包括报警级别、报警时间、观测数值、数据单位、阈值等信息。

3. 接入代理

接入代理实际上是一种发布者/订阅者和统一消息空间之间的消息适配器。一方面，它需要与各种传感器系统或应用系统进行通信，以采集感知信息，或通过一些专有接口传递控制动作。另一方面，它也需要通过发布/订阅接口发布或订阅感兴趣的事件。

数据采集是预处理和采集数据的过程。数据采集管理为用户提供了一个人机界面以配置采集参数，用户可以轻松地添加或删除相关的采集参数，以适应应用需求的变化。资源映射模块主要实现数据转换任务。接入代理从传感器或业务系统接收数据后，根据资源描述模型描述信息。这样，接入代理可以屏蔽数据的异构性，为统一消息空间提供语义互操作的基础。同时，接入代理也可以作为订阅者订阅感兴趣的事件。因此，接入代理需要以异步方式处理事件通知。事件通知处理模块为注册的事件代理提供服务调用接口。一旦事件代理收到订阅的事件，它会通过注册的通知接口通知接入代理。此外，用户还可以使用代理来处理一些简单事件，这些事件与具体的、可测量的变化条件直接相关。利用该机制，用户可以按需配置外部的告警信息。例如，在测量水位时，用户可以自定义水位阈值，当观测值超过阈值时，将生成特殊告警事件，然后发布到统一消息空间。报警处理系统和实时监控系统将收到告警事件。一般来说，由于大多数的传感器系统和业务系统使用专用的数据格式，需要在系统中自定义代码封装和解析发布/订阅事件，以将这些系统集成到统一消息空间中。

4. 复杂事件处理

从上面的描述中可以看出，接入代理解决了信息采集和预处理问题，统一消息空间提供了信息提供者和消费者之间灵活的事件分发机制。事实上，物联网应用往往包含大量感知信息和业务事件，实时或准实时的物联网服务系统要求从潜在的多源事件流中抽取隐含的高层含义（如高层上下文信息或潜在的商业机会），并做出低延时的智能决策从而对变化的情况做出合适的实时反应。因此，面向实时数据流的复杂事件分析，在物联网应用中发挥着越来越重要的作用。

复杂事件处理将系统数据看作不同类型的事件，通过分析事件间的关系，建立不同的事件关系序列库，利用过滤、关联、聚合等技术，最终由简单事件产生高级事件来驱动业务流程。复杂事件处理（Complex Event Processing，CEP）是物联网应用智能化的关键支撑技术。为了支持实时事件流处理，CEP 引擎采用的是存储事件查询语句和实时过滤数据的模式，而不是一般的存储数据并对存储的数据运行查询的模式。输入/输出事件流适配器负责适配不同的事件格式，如 XML 或 Java 对象。为了支持复杂事件检测规则的定义，采用专门的事件处理语言（Event Processing Language，EPL）来表达丰富的事件条件、事件的关联和跨越的时间窗口。EPL 是一种类 SQL 语言，拥有 SELECT，FROM，WHERE，GROUPBY，ORDERBY 子句。逻辑运算符，如 AND，OR，NOT，可用于复杂事件的表达。不同事件的时间序列可以用"→"运算符表示。例如，A→B 表示事件 A 发生后，接着事件 B 也发生了的情况。对于时间相关的事件流处理，与时间相关的原语，如 timer：interval，timer：at，timer：within，可以用在 where - conditions 中以控制子表达式的生命周期（乔秀全 等，2013）。基于这些操作符，用户可以定义感兴趣的事件检测规则（即声明）。通常，EPL 支持模式匹配、任意条件下的事件联合以及创建时间窗口等。

为了方便事件检测规则或者事件模式的定义，CEP 引擎提供了一个可视化的事件模式编辑器。用户可以自定义规则和条件（称为模式）对感兴趣的事件进行过滤。生成的事件检测规则（即声明）运行时加载到 CEP 引擎。然后，事件模式检测模块实时聚合来自分布式系统的事件信息并应用规则来识别模式。一旦检测到预定义的模式，事件触发通知将发送到相关的事件监听器，事件监听器可以根据具体应用需求决定随后的操作。通过对简单事件的聚合而得出的高层事件也可以作为新事件再次发布到统一消息空间，从而支持事件的嵌套级联处理模式。CEP 引擎有能力处理多个事件流，识别有意义的事件。此外，为了方便自定义事件类型的处理，用户可以通过可视化界面注册事件类型到 CEP 引擎，以简化 EPL 声明的编写。

5. 应用服务子系统

由于物联网应用需要无缝协调"人-机-物"的动态交互，因此，物联网服务系统常常需要集成多个分布式、跨业务域的企业应用系统从而形成一个大规模复杂服务系统来实时协作完成一定的业务目标，需要集成一系列的企业应用服务系统来完成特定的业务功能。

6. 事件驱动、面向服务的跨域/跨组织的服务动态协同机制

通过感知、按需分发、过滤和聚合多源感知信息，复杂事件处理系统可以检测出一些高层事件，如某关键水文站测出流量超过阈值时，一旦感兴趣的事件被触发，需要执行相关业务流程对变化的情况做出及时反应。考虑到全自动的服务动态组合技术目前并不现实，一种灵活的、实用的服务协同机制是有必要的，以满足应用需求的时变性和多种异构服务系统的动态协同特点。

可以采取两项措施来增强系统的灵活适配能力。

一方面，功能相对独立的不同业务域的服务系统，利用事件驱动的方式尽可能协作。这意味着，业务系统主要使用事件的发布/订阅机制实现信息的交互。在这种方式中，没有显式的、集中的服务编排流程来定义 Web 服务或任何其他服务的调用顺序。而是采用异步的、隐式的事件链来驱动不同业务系统的动态协同。如业务系统 1 生成并发布事件 1，

而事件 1 被业务系统 2 和业务系统 3 订阅。当业务系统 2 和业务系统 3 收到事件 1 时，执行相应的业务流程。业务系统 2 生成的事件 2 将进一步触发业务系统 3 的流程继续执行。这样，当有新的需求变化时，用户可以通过调整事件链的方式来改变业务处理流程，即改变事件的发布和订阅。例如，当一个新的业务系统集成到本系统并对事件 1 感兴趣时，它只需要订阅事件 1，而这不会影响现有的任何其他业务系统。事件的发布者不关心事件订阅者的存在。很明显，事件驱动的服务协同本质上是异步的一对多、多对多的事件通信范式。因此，这种事件驱动的服务协同机制有助于降低跨业务域甚至跨组织的业务系统的耦合度，形成一个更灵活、更敏捷的物联网服务提供系统。

另一方面，并不是说所有请求驱动的服务交互都应被事件驱动的服务交互全部替换。对于实现一个具体的业务系统，仍然鼓励采用传统的请求驱动的、面向服务的技术，以进一步提高系统的自身的灵活性和功能重用性。由于当前物联网应用系统缺少可重用的服务，大部分现有的物联网系统的实现还是硬编码。为了提高业务系统的敏捷性，一些明确定义的业务功能应该作为共享软件组件（离散的代码片段和/或数据结构），以便后续的复用。具有这种特点的服务可以潜在的解决通过服务重组来满足新的业务需求。当业务需求有新变化时，用户可以调整 Web 服务组合逻辑或任何其他的工作流语言指定的业务流程，以快速响应需求。

9.3.3 事件驱动的流域决策信息精准服务

智慧流域中针对突发事件的决策信息精准服务过程由突发事件触发。事件驱动的流域决策信息精准服务从宏观来看包含一个精准服务模型，该服务模型是对精准服务提供过程的深度分析。为了保证该模型的顺畅运行，同时实现突发事件应急响应需求、流域信息资源和决策的无缝衔接和聚合，需要建立流域突发事件和流域信息资源、流域突发事件分析结果和决策之间的桥接。

9.4 基于物联网的精准服务模型

精准服务模型是对智能服务过程的深度分析，是在 GEA（Government Enterprise Architecture）（http://wapps.islab.uom.gr/govml/? q＝node/4）提出的对象和过程模型的基础上引入事件驱动的概念和特性而建立的。如图 9-7 所示，在该服务模型中，精准服务由智慧流域中的日常管理和突发事件触发，并且向不同的社会实体提供服务，包括政府、企业和公众。由于该服务模型是一个通用模型，其服务描述涵盖了日常管理和突发事件应急响应的多个不同的应用领域，使得该模型在不同精准服务用例中具有高度的可重用性。

在该精准服务模型中，公共管理实体（public administration entities）是一类参与提供服务的政府实体，其在提供精准服务的过程中扮演下面几种角色中的一种。

（1）服务提供者（service provider）：向社会实体（societal entities）提供服务，包括政府、企业和公众。

（2）证据提供者（evidence provider）：向服务提供者提供必要的证据（piece of evidence），以执行精准服务。

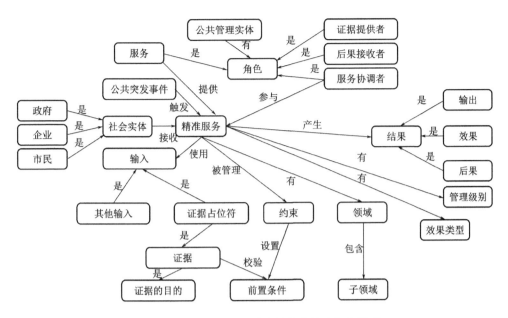

图 9-7　事件驱动的流域决策信息精准服务模型

（3）后果接收者（consequence receiver）在精准服务执行完毕后获得通知。

（4）服务协作者（service collaborator）：参与提供精准服务。

前提条件（preconditions）设定了精准服务运行的一般框架和保证精准服务成功运行所必须满足的底层业务规则。前提条件可以正式地表达为一系列子句（或规则）并被证据（piece of evidence）检校。证据是纯粹的信息，存储在如行政文书的证据占位符（evidence placeholders）中。结果（outcome）是指精准服务可能产生的多种类型的结果。精准服务模型定义了三种类型的结果。

（1）输出：服务提供者提供的关于社会实体所请求服务的文字性决定。目前主要输入在证据占位符中以送达用户。

（2）效应：服务执行所引起的真实世界状态的改变。在公共管理中，服务的效应是市民最终有权获得的确切的准许、证书、限制或者惩罚。在公共管理拒绝公共服务的情形中不存在效应。

（3）后果：需要转发给感兴趣团体（如后果接受者）的关于所执行的精准服务的信息。

精准服务模型是一个抽象的概念模型，描述了参与精准服务的角色、约束、输入和结果、服务对象以及服务机制（事件驱动），为精准服务在突发水事件应急响应中的应用提供了高层次的指导。

9.5　精准服务模型信息化表示

为了推动精准服务模型在信息空间的运行，建立精准服务模型的信息化表示是一项必要的工作。精准服务模型的信息化表示是特定于突发水事件类型和阶段的，即它是为处于特定阶段的特定类型突发水事件而预先编制的。从信息服务的角度来看，它用来获取和处理信息资源并产生决策支持结果的抽象精准服务链。陈能成等（2015）给出了精准服务模型信息化表示的 UML 类图，其中类型包括 ConstraintType、AdministrationType、ServiceChainType、IdentificationType、RelatedEventType、ComponentServiceType、ComplexProcessType、ChainflowType、ServiceNameType、KeywordsType、KeywordListType、AtomProcessType、AbstractParamType、ComplexParamType、LiteralParamType、OutputParamType、FigureType、ProcessFigureType、FlowFigureType、DataFigureType 等。

9.5.1　元数据

精准服务模型的信息化表示包含五个方面的信息，包括标识信息、关联事件信息、组件信息、管理信息和约束信息（陈能成 等，2015）。

（1）标识（identification）信息。标识信息描述了用于发现精准服务模型信息化表示的基本信息，包括精准服务模型信息化表示的名称（name）、摘要（abstract）、关键词（keywords）、标识符（identification）、应用（application）以及提供者（service provider）信息。在注册中心中，每一个标识符均唯一，以唯一标识精准服务模型的信息化表示（抽象精准服务链）。

（2）关联事件（related event）信息。关联事件信息描述了抽象精准服务链所适用的事件类型和阶段。该信息能够在公共突发事件发生时快速发现适合分析处理该事件的抽象精准服务链。

（3）组件服务（component service）信息。组件服务信息包含复杂过程（complex process）和图（figure）。进一步，复杂过程包含一个或多个原子过程（atom process）和原子过程间的控制流（control flow）。每一个原子过程可以看成一个具有特定功能的模型。图进一步包括过程图（process figure）和控制流图（flow figure）。图用于可视化抽象服务链。结果也是组件服务的一部分，用图中 OutputParamType 类的对象表示。

（4）管理（administration）信息。管理信息包括联系（contact）信息、历史（history）信息和文档（document）信息。管理信息对于管理抽象精准服务链具有重要意义。特别地，历史信息记录了抽象精准服务链的更新历史。

（5）约束（constraints）信息。约束信息包括法律约束（legal constraint）和安全性约束（security constraint）。约束信息影响抽象精准服务链的可访问性。

9.5.2　输入和输出

输入和输出是精准服务模型十分重要的组成部分，描述了精准服务模型完成精准服务所需要的信息和精准服务所能产生的结果，反映在精准服务模型的信息化表示如下。

（1）输入。整个精准服务模型的信息化表示事先在注册中心注册，并通过注册中心提供的功能接口进行管理。用于发现精准服务模型信息化表示的输入是突发事件信息（事件类型和事件阶段）。

（2）输出。一般来说，输出包括输出的名称（output name）、格式（output format）、值（output value）、产生的时间（output producing time），产生该输出的事件

ID、服务以及服务链 ID。其中，输出格式信息对于该输出的后续使用具有重要作用，常见格式包括 Shape、TIFF 和 GeoTIFF；输出值可以是一个文本值，也可以是对网络资源的引用，如一个指向由 WFS 或 WMS 所提供的可互操作结果的引用；输出产生的时间应该以标准的日期和时间格式表示，如日期和时间的信息交换表征 ISO8601（陈能成 等，2015）。通过这些信息，输出的出处就很容易得知。此外，由于精准服务本质上是一种个性化服务，输出对于政府用户、企业用户和公众用户等不同社会实体来说应该是不一样的。

(1) 对政府用户而言，政府用户作为流域的管理者，关注更多的是突发事件的救援信息，以将突发事件造成的损失降低到最低，同时评估突发事件造成的损失对于政府部门的灾后恢复工作也具有重要意义。因此应该给政府部门提供距离灾害事故现场最近的公共设施和公安、消防、医疗等责任部门信息，以及这些责任部门到达事故现场的最短路径；同时，事故造成的人员伤亡和经济损失信息同样应该提供给政府部门。

(2) 对企业用户而言，企业用户可能更多地关注灾损信息，如城市内涝的淹没程度、水污染损害程度情况等。这些信息可以帮助公司评估损失，并确定可以从保险公司获得的理赔信息。

(3) 对公众用户而言，公众用户更多地关注自己的出行信息：他们可以/不能去哪里；突发事件发生时获得警告信息；获得事件随时间演进的信息；逃生路线等。

9.5.3　形式化

XML Schema 是一门用于定义属于特定文档类型的 XML 文档实例结构的语言。精准服务模型信息化表示的 UML 类图可以映射为 XML Schema。基于该 Schema，可以对精准服务模型的信息化表示进行形式化，并将形式化的结果注册在注册中心，实现精准服务模型信息表示的网络共享。

9.6　流域决策信息精准服务流程

9.6.1　流程概述

精准服务是一项复杂的、系统性的工作。在精准服务过程中，有多个角色参与交互，包括注册中心、流域突发事件、流域信息资源、精准服务软件和社会实体。

注册中心作为精准服务的核心角色，注册了公共突发事件信息、智慧流域数据资源及分析与决策模型资源、抽象精准服务链以及公共突发事件分析与处理结果。同时在考虑各类资源特点的基础上提供满足其实际应用需求的操作接口，一般包括注册、查询、更新等资源操作接口。五个交互角色以注册中心为中心，发生直接或间接交互，形成事件驱动的城市信息精准服务流程。

9.6.2　交互过程

事件驱动的流域决策信息精准服务流程如图 9-8 所示，共包括 8 个步骤，详细的步骤和五个角色之间的交互过程如下（陈能成 等，2015）。

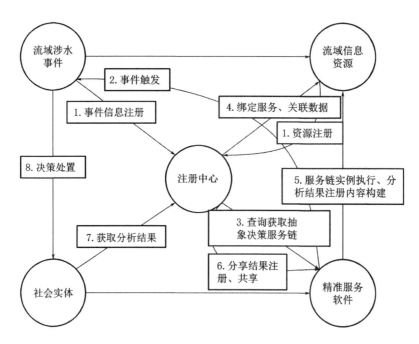

图 9-8　事件驱动的流域决策信息精准服务流程

（1）资源注册和事件信息注册。为了更容易管理和发现流域决策信息资源，流域决策信息资源首先被注册到注册中心。注册的流域决策信息资源及关联常见事件的抽象精准服务链、事件信息等。此步骤为实现事件驱动的流域决策信息精准服务的前提。

（2）事件触发。事件触发精准服务过程，精准服务软件开始进行流域决策信息的精准服务。

（3）查询获取抽象服务链。精准服务软件利用注册中心提供的查询接口查询并获取关联所发生事件类型及阶段的抽象精准服务链。

（4）绑定服务、关联数据。决策信息聚焦服务软件对获取的抽象精准服务链绑定具体的服务实例并关联数据资源，形成可执行的服务链实例。在关联数据资源方面，SOS 可以通过 GetObservation 接口提供传感器观测数据，WFS、WMS 通过 GetFeature 和 Map 接口分别提供地理要素和地图影像数据。

（5）服务链实例执行、分析结果注册内容构建。决策信息精准服务软件通过内置的开源工作流引擎执行服务链实例，得到中间分析结果和最终分析结果，同时构造各分析结果基本描述信息。

（6）分析结果注册、共享。决策信息精准服务软件发布分析结果，形成可访问的网络资源，同时利用注册中心提供的注册接口注册第（5）步构造的各分析结果的描述信息，实现分析结果对各社会实体的共享。

（7）获取分析结果。社会实体通过互联网从注册中心获取流域事件分析结果。

（8）决策处置。社会实体利用第（7）步获取的分析结果辅助流域突发事件决策处置。

9.7　流域决策信息精准服务系统设计

流域决策信息精准服务系统是智慧流域综合管理的核心，需要与智慧流域的决策事件建模与管理系统、决策模型建模与管理系统、数据接入与耦合系统、决策可视化与仿真系统以及智能终端应用进行交互。流域决策信息精准服务系统设计需要考虑多方面的需求，包括抽象决策信息精准服务链共享及协作管理的需求、事件驱动的抽象决策信息精准服务链精确高效发现的需求、决策信息精准服务链运行过程监控的需求和决策结果共享的需求等（陈能成 等，2015）。

1. 抽象决策信息精准服务链的共享及协作管理的需求

抽象决策信息精准服务链是一种描述决策信息精准服务过程的宏观流程，由抽象原子服务过程之间链接构成，具有粗粒度、不可执行的特点。抽象决策信息精准服务链本身并未指定和关联任何具体的服务，其所代表的决策流程在一定程度上是可复用的，具有局部范围的普适性。

通常对于一类涉水事件某个发展阶段的决策处置流程是可复用的，就这一点而言，一个抽象决策信息精准服务链可以关联一类涉水事件的某个发展阶段，用于对该类事件的该阶段进行决策处置。共享关联涉水事件类型及阶段的抽象决策信息精准服务链对于实现抽象决策信息精准服务链的重用以及面对突发事件时的快速应急响应具有重要意义。当流域事件发生时，可以迅速发现和获取关联事件的抽象决策信息精准服务链，并实例化运行，进行事件处置，快速获取分析与决策方案。因此能够对抽象决策信息精准服务链进行网络共享是系统必须实现的功能。此外，共享的抽象决策信息精准服务链不应该是单方管理，而应该是多方参与的协作管理模式，这样不仅能够提高决策信息精准服务链的管理效率，也能够充分利用多方智慧、融合多方应急决策经验，提高决策的准确性。由此，抽象决策信息精准服务链的协作管理功能也是系统必须实现的功能。

2. 事件驱动的抽象决策信息精准服务链的精确高效发现的需求

面对流域事件时，为了进行事件的处置和决策，需要查找关联的抽象决策信息精准服务链，这涉及关联事件类型及阶段的抽象决策信息精准服务链的发现。抽象决策信息精准服务链的发现一方面要精确，即这种发现过程是事件驱动的，发现的抽象决策信息精准服务链应该是关联该城市事件所属类型及阶段的。另一方面，抽象决策信息精准服务链的发现应该是高效的，即软件在整个抽象决策信息精准服务链的检索过程中应该具有较短的响应时间，实现抽象决策信息精准服务链的高效检索，快速发现关联事件类型及阶段的抽象决策信息精准服务链，为流域日常管理和突发事件的快速分析、决策和应急响应提供支持。在抽象决策信息精准服务链网络化共享的基础上，基于事件类型及阶段进行关联的抽象决策信息精准服务链的快速查询、获取、加载等是进行后续事件处置的前提，也是智慧流域决策信息精准服务系统必须实现的功能。

3. 决策信息精准服务链运行过程监控的需求

由于抽象决策信息精准服务链只描述了事件处置的宏观流程，本身并不能执行。针对流域特定事件，为了实现对其处置和决策，需要对抽象决策信息精准服务链进行实例化，实例化过程包括绑定具体的城市分析与决策模型服务和链接数据服务（包括传感器观测服务产生的实时的传感器监测数据，包括地理空间数据互操作服务如 MFS、WMS、WCS 在内的各种历史存档数据服务）两方面。实例化的决策信息精准服务链是可执行的，为了掌握决策信息精准服务链的运行过程和及时跟进事件分析与处置过程，需要对决策信息精准服务链的运行过程进行监控，即对决策信息精准服务链中每一个原子决策服务运行过程进行监控，监控的内容包括原子决策服务输入的完整性、原子决策服务运行是否正常和原子决策服务运行结果访问性信息等。

4. 决策结果共享的需求

决策结果共享是决策信息精准服务的重要方面。决策结果是指决策信息精准服务链实例运行产生的中间结果和最终结果，也称为中间决策结果和最终决策结果。为了实现决策结果最大程度的复用，提高决策结果应用效益，同时也为了降低本软件系统与其他软件系统的耦合度，需要对决策结果进行网络化共享。决策结果网络化共享包括两方面的内容：①决策结果的网络化发布，形成可通过互联网访问和获取的网络资源，充分利用互联网的优势，实现决策结果的在线分发。②决策结果的注册，通过对决策结果进行统一描述，关联事件信息和决策信息精准服务链信息，并注册到注册中心，实现决策结果描述信息的共享，有利于决策结果的精确发现和获取。

5. 简洁易用的软件系统

任何一个软件系统，都应该是简洁易用的。简洁是指软件的界面应该布局合理、重点突出，将与软件功能和必要操作无关的成分减少到最低，以减少对用户使用系统的干扰，确保用户的注意力集中在当前需要完成的任务上，从而提高相关操作的准确性和工作效率。"易用"字面上理解就是容易使用，容易上手，即用户应该能够根据以前使用相关软件的经验快速掌握本软件系统的使用方法，同时软件系统各个操作的命名和定义应该尽可能与现实世界保持一致，避免各种自定义的生僻的术语。总之，系统在设计上应该考虑充分，确保用户在使用上的高效、便捷。

9.7.1 系统架构

9.7.1.1 系统总体架构

智慧流域决策信息精准服务系统的体系结构采用以开放地理信息联盟传感网使能框架为标准信息模型和服务接口、服务编排为技术核心、CSW 为支撑的 B/S 模式，即在系统软件和支撑软件的基础上，自顶向下建立表现层、业务层、组件层和资源层的四层结构。如图 9-9 所示，不同层具有不同的应用特点，在处理系统建设中具有不同程度的复用和更新。其中，资源层和组件层的通信采用 Web Service 技术，基于开放服务接口实现，具有开放性和互操作性，业务层通过对组件层的细粒度服务进行，提供简洁实用的业务操作服务，表现层提供可视化的操作方式和过程决策结果及最终决策结果表现方式。

（1）资源层：主要提供流域决策信息资源的管理、决策信息资源涉及流域基础地理空间信息、流域感知网实时存档的传感器数据、流域分析与决策模型资源这些决策信息资源发布成 OGC 的开放服务，通过标准的接口供用户应用互操作的获取和调用。这些资源均在注册中心注册，过注册中心提供的统一接口进行发现和管理，这一层的决策信息资源是整个系统运行的基础，同时也为构建 SOA 提供了可能，尽管会随综合判定业务模式在未来的变化而有所变化，但主要部分或模块在未来的处理系统中可进行复用。

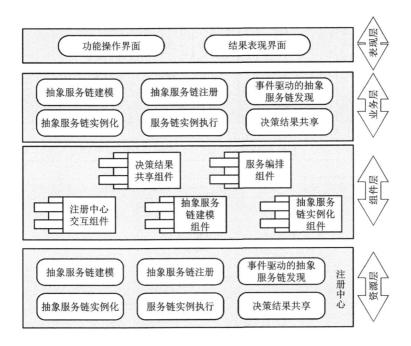

图 9-9 系统体系结构图

（2）组件层：主要提供业务层使用的相关组件，包括与注册中心交互的组件、抽象服务链构建组件、抽象服务链实例化组件、服务编排引擎组件和决策成果共享组件。

（3）业务层：业务层主要提供面向最终用户使用的各类业务，其内容包括抽象服务链建模、抽象服务链注册、事件驱动的抽象服务链发现、抽象服务链实例化、服务链实例执行和决策结果共享。业务层主要依赖于智慧流域综合决策用户的需求。在需求基本固定的情况下，该业务层具有一定的通用性。

（4）表现层：表现层主要包括图形化人机交互接口和输入输出表现等，涉及功能操作界面和结果表现界面，可以根据操作需求、设备需求的变化进行升级改造。

本系统根据智慧流域综合管理用户需求，对注册中心注册的各类决策资源（包括流域中丰富的数据资源和分析与决策模型资源等）进行按需组合，通过服务编排引擎执行服务组合，实现业务层系统功能。其逻辑视图如图 9-10 所示。

9.7.1.2 系统应用模式

智慧流域决策信息精准服务系统整体上采用 B/S 架构，具体应用模式如图 9-11 所示。

（1）抽象决策信息精准服务链建模与注册模块采用 B/S 架构，智慧流域综合管理用户根据城市常见事件信息，构建关联事件类型及阶段的抽象决策信息精准服务链，并将该抽象决策信息精准服务链注册到注册中心。

（2）抽象决策信息精准服务链发现与实例化模块采用 B/S 架构，智慧流域综合决策用户针对某一具体流域事件，发现关联该事件所属类别和该事件所处阶段的抽象决策信息精准服务链，并根据事件信息实例化所发现的抽象决策信息精准服务链，关联具体的流域分析与决策模型服务和数据服务，形成决策信息精准服务链实例。

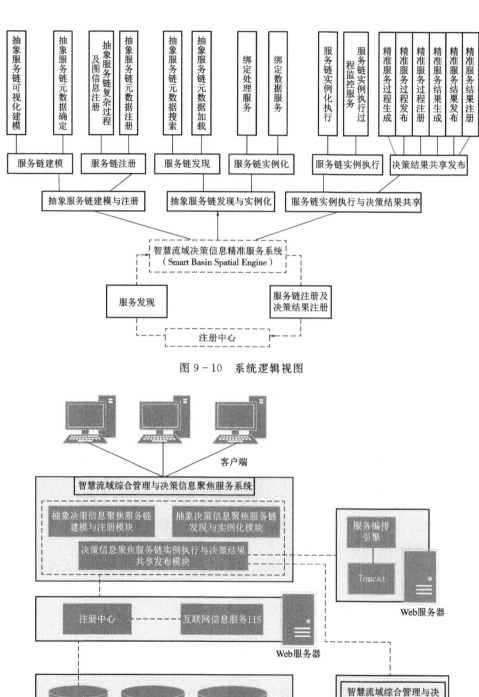

图 9-10 系统逻辑视图

图 9-11 智慧流域决策信息精准服务系统应用模式

（3）决策信息精准服务链实例执行与决策结果共享发布模块采用 B/S 架构，决策信息精准服务链实例通过决策信息精准服务系统执行。决策信息精准服务过程与结果表现分别指抽象决策信息精准服务链实例执行产生中间决策结果和最终决策结果的发布及注册过程。决策信息精准服务结果（决策结果）以网络资源的形式存储在网络服务器上，例如，以标准网络服务的形式（如 WFS/WMS、WCS、SOS 等）对外发布，最大限度地降低与流域信息决策可视化和仿真软件系统的耦合度。

9.7.1.3　系统内外部接口

1. 系统外部接口

此系统与其他系统之间的接口，如图 9-12 所示。

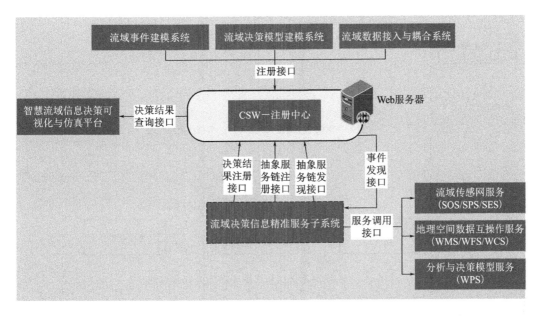

图 9-12　流域决策信息精准服务子系统外部接口

系统外部资源主要为注册中心注册的各类事件信息与基础服务，基础服务包含数据服务、流域决策模型服务、地理空间数据互操作服务和流域传感器网服务。这些服务通过注册中心提供的事务操作接口注册到注册中心，通过注册中心提供的信息查询接口从注册中心发现和访问这些服务。

流域事件建模系统构建的流域事件信息通过事件注册接口注册到注册中心，流域决策信息精准服务系统构建的关联事件类型与阶段的抽象服务链通过服务中心发现事件信息，并依据事件信息，通过服务链发现接口，从注册中心发现关联该类该阶段事件的抽象处理服务链；流域决策信息精准服务系统通过服务调用接口，关联流域决策信息资源（流域传感网服务、流域空间互操作服务、分析与决策模型服务等），实例化抽象决策信息精准服务链；流域决策信息精准服务系统的中间决策结果和最终决策结果通过结果注册接口注册到注册中心。流域信息决策可视化与仿真软件通过结果发现接口，从注册中心获取决策结果信息，进行流域事件应急决策过程的动态可视化与仿真。

2. 系统内部接口

系统内部接口主要包括系统内部每个子模块之间的通信和模块之间的通信。系统中各模块的接口通过数据库表、函数或全局变量进行通信和连接。系统主要内部接口如图 9-13 所示。

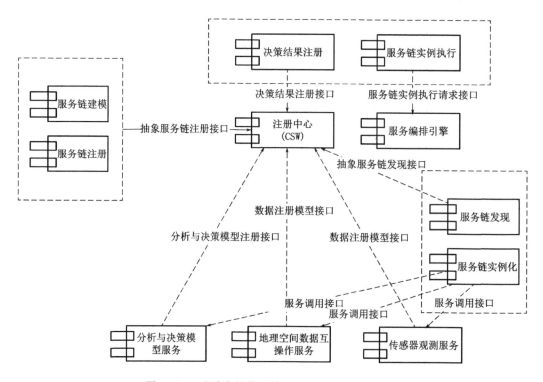

图 9-13 流域决策信息精准服务系统内部接口图

9.7.2 系统功能设计

针对流域辅助决策支持任务多、业务模型各异、资源分散等特点，为了在动态复杂网络环境下根据任务对数据资源进行优化配置和高效聚集，建立支持辅助决策的精准服务，高效聚合数据资源、处理资源、决策资源，本系统通过网络化分布式服务协作实现智慧流域辅助决策支持服务。

智慧流域决策信息精准服务系统，通过聚焦基础信息资源的管理，依照流域决策事件建模与管理系统建立与发布的流域事件信息，制定针对流域事件的抽象决策过程，形成该事件的精准服务方案，并注册到注册中心；针对流域发生的某一具体事件，实例化决策过程链，关联具体的分析与决策模型服务和数据服务，通过决策信息精准服务系统执行服务链，发布并注册决策结果。系统主要功能包括构建关联流域事件类型与阶段的抽象决策信息精准服务链；注册关联流域事件与阶段的抽象决策信息精准服务链；根据流域事件信息，发现关联的抽象决策信息精准服务链；实例化抽象决策信息精准服务链；决策信息精准服务链实例执行；决策信息精准服务链执行结果发布与注册。系统功能的设计开发紧紧围绕需求分析，划分为以下 3 个功能模块：①抽象决策信息精准服务链建模与注册模块。

②抽象决策信息精准服务链发现与实例化模块。③决策信息精准服务链实例执行与决策结果共享模块。

系统所实现的功能如表 9-2 所示。

表 9-2　　　　　　　　　　　系 统 功 能 列 表

模块名称	功 能 描 述
抽象决策信息精准服务链建模与注册	提供抽象决策信息精准服务链的建模与注册功能。抽象决策信息精准服务链建模包括两部分：服务链可视化建模和服务链元数据构建。抽象决策信息精准服务链注册是将抽象服务链包含的抽象服务信息、抽象服务链接信息和抽象服务链关联了流域公共突发事件的元数据信息注册到注册中心
抽象决策信息精准服务链发现与实例化	提供针对流域特定事件的抽象决策信息精准服务链的发现、实例化功能。抽象服务链发现是指针对流域中发生的特定事件，从注册中心发现预先注册的关联该类事件特定阶段的抽象决策信息精准服务链；服务链实例化针对发现的每一个抽象决策信息精准服务链，绑定具体的处理服务和数据服务，形成可执行的服务链实例
决策信息精准服务链实例执行与决策结果共享模块	提供决策信息精准服务链实例执行、执行结果的注册与发布功能。服务链执行是指依次执行服务链中的原子服务，直至完成整条服务链的运行，同时对原子服务的执行情况进行监控。执行结果包括中间结果和最终结果。中间结果是指精准服务链中每条子链的执行结果；最终结果则是整条服务链的执行结果。精准服务结果注册构建服务结果描述信息并注册到注册中心；精准服务结果发布是将服务结果发布到互联网，形成可访问的网络资源

9.8　本章小结

本章在分析物联网服务新特征的基础上，提出了基于物联网的精准服务框架，探讨了基于物联网的精准服务模型及其信息化表示，初步设计了流域管理决策信息的服务流程和系统，结论如下。

（1）物联网使传统的"业务流＋媒体流"服务模式转变为"业务流＋媒体流＋感知流"服务模式。物联网无缝将物理空间融入信息空间，不仅需要与用户和信息空间资源交互，还需要实时感知物理世界并动态地协同人、机、物来做出应对，因此其服务边界发生了变化，从原来的二元域问题（即"用户、信息空间"）转变为三元域问题（即"用户、信息空间、物理空间"）。

（2）提出了基于物联网的精准服务框架，阐述了智慧流域中管理决策信息精准服务的概念，总结了物联网应用现状，概括了基于物联网精准服务的内容，即对海量、分布、异构的流域管理决策信息资源进行统一管理，实现海量信息资源的聚焦；为政府、企业和公众提供个性化的信息服务，实现对信息服务对象的聚焦；提出了基于事件驱动、面向服务的物联网精准服务方法。

（3）基于物联网的精准服务模型是基于事件驱动的概念和特性，在 GEA 提出的对象和过程模型的基础上而建立的，它是由流域中的涉水事件触发，并且面向不同的社会实体（政府、企业和公众）提供服务，是一个通用模型，其服务涵盖了管理和应急响应涉水领域。精准服务模型的信息化表示由元数据和输入输出组成，元数据表示包含标识信息、关联事件信息、组件信息、管理信息和约束信息；输入输出描述了精准服务模型完成聚焦任务所需要的信息和精准服务所能产生的结果。

（4）基于物联网的精准服务流程包括信息资源注册、事件触发、抽象服务链查询和获取、服务绑定和数据关联、服务链实例执行及分析与处理结果注册信息构建、分析结果注册及共享、分析结果获取和决策处置。在分析流域综合管理与决策需求基础上，设计了基于物联网的流域综合管理信息精准服务系统，包括抽象决策信息精准服务链建模与注册、抽象决策信息精准服务发现与实例化、决策信息精准服务链实例执行与决策结果共享等模块。

参考文献

陈能成，王伟，王超，等，2015. 智慧城市综合管理 ［M］. 北京：科学出版社.

李德仁，童庆禧，李荣兴，等，2012. 高分辨率对地观测的若干前沿科学问题 ［J］. 中国科学（地球科学），42（6）：805-813.

乔秀全，章洋，吴步丹，等，2013. 事件驱动、面向服务的物联网服务提供方法 ［J］. 中国科学（信息科学），43（10）：1219-1243.

MA H D，2011. Internet of Things：Objectives and scientific challenges ［J］. Journal of Computer Science and Technology，26（6）：919-924.

MEYER S，RUPPEN A，MAGERKURTH C，2013. Internet of Things - Aware process modeling：Integrating IoT devices as business process resources ［C］//Proceedings of Advanced Information Systems Engineering，Valencia，Spain，7908：84-98.

技术篇

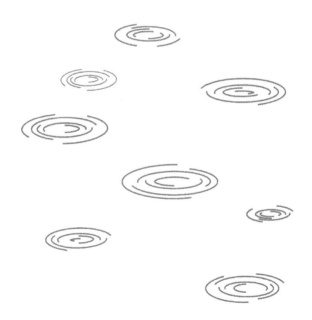

第 10 章　面向智能感知的降水传感网节点布局优化技术

10.1　引言

对流域过去、现在和未来信息进行多维描述的数字流域研究需综合处理流域空间、地理、气象、水文和历史信息（刘家宏 等，2006），近年来随着无线传输、云计算、物联网等信息技术的快速发展，数字流域正逐渐向智慧流域发展。集传感器技术、自动控制技术、数据网络传输、存储、处理与分析技术于一体的无线传感器网络作为物联网观测系统的重要组分，是智慧流域建设的关键技术（蒋云钟 等，2011），在多个领域中逐步得到深化应用（宫鹏，2010），但在水资源领域应用相对较少。

降水无线传感器网络通过各种通信技术可实现降水自动化、高精度、时空连续监测，克服了传统单点无法连续观测区域尺度降水时空变异特性的不足，可以很好地捕捉流域尺度下降水的时空动态分布特征及其不确定性，同时可利用通信技术对各传感器节点的工作状态进行远程监控，基于数据自动诊断实时检查观测数据质量，最大限度避免出现无效数据导致数据缺失问题（晋锐 等，2012）。目前以自动监测和自动传输的自动测报雨量站、自动测报气象站、自动测报水文站组成的无线传感器节点在获取降水资料中发挥越来越重要的作用，合理布设降水无线传感器网络节点对捕捉水文规律和服务水资源管理均具有重要意义，尤其在高山流域，降水时空变异强，而站点往往根据管理经验来布设，导致站点布设冗余或欠缺，缺乏整体规划。在全球气候变化和人类活动影响下，为了更全面捕捉降水的时空变异性，降水无线传感器网络优化布局成为智慧流域物联网观测系统中地面降水监测研究的热点和难点。

目前，降水监测站网优化布局研究主要集中于现有降水监测站网密度分析，确定区域降水监测站数目，而有关降水监测站的优化布局研究相对较少。张强等（1992）以雨量内插标准误差不大于观测随机误差的原则，估算珠江三角洲雨量站网的平均间距为 36km，同时给出增设站点的位置和数量；王美荣等（2003）在考虑时间尺度因素的基础上利用数字水文模型对传统雨量站网空间布设合理性进行探究；Suhartanto 等（2012）参考 WMO（世界气象组织）推荐的最小雨量站网密度，利用 Kriging 插值误差对 Kahayan 流域雨量站网进行分析，在此基础上给出 Kahayan 流域新增雨量站的数目和布设位置；Wang 等（2015）将雨量站优化布局转化为雨量站最大覆盖问题（MCLP），采用多边形交点集（PIPS）作为增设雨量站备选位置，以雨量站最大覆盖面积作为指标对金沙江流域雨量站网进行了优化布局；葛咏等（2012）基于回归克里格方差，对八宝河流域地表温度无线传感器监测网络进行优化布局，优化布局后的无线传感器网络很好地捕捉黑河流域内地表温度的时空动态特征。现有降水站网优化布局中常采用抽站法对现有监测站网进行站网密度分析，该方法以获取的降水数据均值作为该区域降水近似真值，以此为标准计算组合站点降水均值相对于近似真值的相对误差，在允许误差范围内对现有稠密降水监测站网进行精简，剔除冗余站点，该方法仅考虑降水的大小而忽略了降水监测站点捕捉降水分布的能力；Wang 等（2015）基于覆盖度的雨量站网优化未考虑降水时空分布特性，增设站点数量较多，容易造成资源浪费；葛咏等（2012）在整个黑河流域上优化布设无线传感器节点，然后根据实地勘测评价布设方案的可行性，时间和经济成本高且未考虑具体应用需求；流域降水无线传感器网络优化布局计算量大，目前部分研究中采用模拟退火算法（韩宗伟 等，2015；Melles et al.，2011）、遗传算法（徐旭 等，2012）、粒子群算法（张国华 等，2006；Li et al.，2015）等启发式算法提高站点布局优化效率，但耗时依旧较长，计算效率亟待进一步提高。

　　本章对传统抽站法进行改进，基于改进的抽站法分析雅砻江流域现有降水监测站网密度，去除冗余站点，为了更好地监测降水在雅砻江流域上的分布规律，在去冗余剩余降水监测站点基础上增设新的监测站点，基于回归克里格模型采用并行设计的模拟退火算法对雅砻江流域新增站点进行优化布局研究，该方法可为雅砻江流域水文模拟提供分布式观测数据，对其他流域站网的优化布局同样具有借鉴意义。

10.2　研究区与数据

　　雅砻江流域位于四川省西部，青藏高原南部，地处北纬 26.53°～33.97°，东经 96.87°～102.8°，流域面积为 12.8 万 km^2，多年平均降水量为 600～1800mm（万东辉 等，2008）。从事雅砻江流域水电站开发、建设、经营管理等业务的雅砻江流域公司现有降水监测站主要位于雅砻江中下游区域（图 10-1），面积为 44804km^2，该区域共有 155 个降水监测站点。基于获取的 155 个降水监测站点 2008—2011 年的日降水数据，计算年平均降水量。为了辅助降水监测站优化设计，需要获取研究区高程、经纬度、坡度、坡向等环境变量以及研究区年平均降水的空间分布，作为先验信息和约束条件（葛咏 等，2012）。收集研究区 DEM 数据、河网和公路网数据（图 10-1），利用现有 155 个站点的年平均降水数据插值获取研究区年平均降水（图 10-2）作为降水的先验信息。

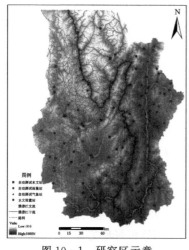

图 10-1　研究区示意

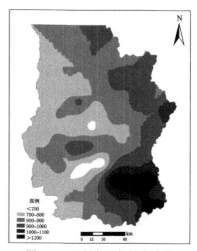

图 10-2　研究区年平均降水

10.3　研究方法

10.3.1　降水监测站网密度分析

10.3.1.1　精简现有站点

根据《水文站网规划技术导则》（SL 34—2013），在降水监测站网足够稠密区域，可利用抽站法分析站网密度，传统的抽站法以现有降水监测站获取的降水数据均值作为该区域降水近似真值，在现有站点中依次选择部分站点进行组合，计算组合站点降水均值相对于近似真值的相对误差，在允许误差范围内对现有稠密降水监测站网进行规划，剔除冗余站点。但利用降水量均值计算相对误差来衡量组合站点和现有站点在测量上的相似性，这样会忽略降水监测站捕捉降水分布的能力。为更准确地评价组合站点和现有站点的相似度，可以根据站点获取的年平均降水，采用核心平滑密度估计年平均降水的概率密度，年平均降水的概率密度可以同时体现年平均降水的大小和分布，因此，利用组合站点和原始站点获取的概率密度函数之间的相似度作为新的评价标准，用组合站点和现有站点获取的多年平均降水概率密度函数图重叠部分面积（图 10-3）作为组合站点和现有站点的相似度。

由于站点数较多，组合数过于庞大，穷尽组合难以实现。为了保证抽站的稳定性，每个站点数选取 1000 个组合，利用组合站点和现有站点获取的多年平均降水概率密度函数图重叠部分面积的均值作为该数目站点和现有站点之间的相似度，控制误差在 5% 以内的最小站点数为最佳站点数。确定最佳站点数后，随机生成该站点数的 1000 个组合，选择误差最小的组合站点为现有站点的最优布局，实现降水监测站的精简。

10.3.1.2　增设站点

原始站点和研究区降水概率密度函数如图 10-4 所示，其中原始站点代表去冗余前 155 个站点获取降水的概率分布，总体代表整个研究区降水的概率分布，两者存在显著差异，相似度较低，说明现有站点难以监测降水在整个研究区上的分布。为了更好地监测降水在整个研究区上的分布规律，在对现有降水监测站点去冗余后剩余站点的基础上需增设新的降水监测站点。

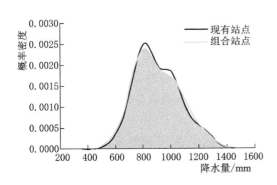

图 10-3　组合站点与现有站点
的相似度示意图

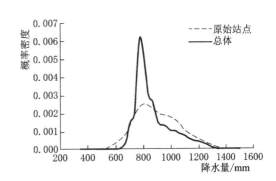

图 10-4　原始站点和总体降水
密度分布对比图

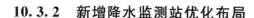

10.3.2　新增降水监测站优化布局

10.3.2.1　回归克里格

回归克里格是一种综合考虑回归模型和回归误差分布的空间插值方法（Hengl et al.，2007）。该方法综合考虑了待估计点和样本点之间的位置关系以及待估计变量和环境变量之间的相关关系，其基本思路是：利用 n 个样本点处目标变量（年平均降水）和与目标变量显著相关（$p<0.05$）的环境变量（经纬度、高程、坡度、坡向）进行多元回归，然后基于回归残差建模结果，得到待估计点处的目标变量的最优线性无偏估计值。根据回归克里格模型可以计算回归克里格方差，见式（10-1）和式（10-2），具体推导过程参考文献（葛咏 等，2012）：

$$\delta^2(s_0) = c(0) - c'_0 C^{-1} c_0 + x'_a (X'C^{-1}X)^{-1} x_a \qquad (10-1)$$

$$x_a = x_0 - X'C^{-1}c_0 \qquad (10-2)$$

式中：$c(0)$ 为残差变异函数图的基台值；$c(0) - c'_0 C^{-1} c_0$ 为残差的估计误差的方差；$x'_a(X'C^{-1}X)^{-1}x_a$ 为趋势项的估计误差的方差；x_0 为待估计点 s_0 处环境变量矩阵；c_0 为 s_0 和 n 个样本点处环境变量的协方差矩阵；C 为 $n \times n$ 的残差的方差——协变量矩阵；X 为 $n \times (m+1)$ 的样本点环境变量矩阵。

10.3.2.2　目标函数构建

由式（10-1）可以看出，回归克里格方差取决于样本点的位置、环境变量和回归残差的变异函数（Goovaerts，1997），根据样本点的位置及其环境变量可以计算整个区域待估计点的回归克里格方差。回归克里格方差可以表征利用样本点数据插值整个区域上目标变量值的综合误差（趋势项估计误差和残差的估计误差），因此，选择整个区域待估计点回归克里格方差的均值作为样本优化的目标函数（葛咏 等，2012）。

10.3.2.3　并行设计模拟退火算法

模拟退火算法是一种模拟晶体退火过程得到的一种优化算法，算法以一定的概率 P 来接受一个比当前解要差的解，具有很好的全局搜索能力，随着迭代的进行，P 值越来越小，此时算法具有很好的局部搜索能力，最终得到最优布局的近似解。本章利用模拟退火算法进行雅砻江流域降水监测站的优化布局研究，该算法虽然较大程度上提高了优化效率，但由于研究区范围较大，优化布局模型求解耗时依旧较长，优化效率低。本章基于MATLABR2013a 中提供的 spmd 并行计算结构编写模拟退火算法的并行计算程序。设计思路如下：

步骤 1：初始化 N 个种群。

步骤 2：计算各个种群的目标函数值，将目标函数值最小的种群定义为全局最优解。

步骤 3：随机移动站点位置，进行种群进化，利用 spmd 结构对待优化种群进行分解，利用 MATLABmatlabpoollocal$P$ 函数开启并行计算环境，生成 P 个 workers，采用 spmd并行结构，利用 workers 索引 labindex 将步骤 1 中初始化的 N 个种群分解，分配给各个worker，利用 P 个 workers 同时计算新种群的目标函数值，然后综合所有种群目标函数值和进化前的种群目标函数进行对比，若新种群目标函数值小于进化前种群，则保留新种群，此时新种群为该种群的个体最优解，若新种群目标函数值大于等于进化前种群，为了保证算法有很好的全局搜索能力，以一定概率接受新种群；每次迭代后将 P 个 workers 种群进行合并，确定全局最优解，然后继续进行种群分解，利用 P 个 workers 对种群进行更新，循环迭代，实现种群更新的并行计算，并行计算效率采用加速比和加速效率进行衡量，公式如下：

加速比：

$$S = \frac{T_{串行}}{T_{并行}} \tag{10-3}$$

加速效率：

$$E = \frac{S}{P} \tag{10-4}$$

式中：S 和 E 分别为加速比和加速效率，$T_{串行}$、$T_{并行}$ 分别为串行优化和并行优化所需时间，P 为 workers 的个数。

步骤 4：循环迭代直至达到最大迭代次数，最终获取的全局最优解为最佳布设方案。

10.3.2.4　新增降水监测站优化布局

利用改进的抽站法对雅砻江流域现有的降水监测站网进行分析，剔除冗余站点，在剩余站点的基础上增设站点并进行优化布局。选择和目标变量存在显著相关关系（$p < 0.05$）（葛咏 等，2012）的环境变量和目标变量进行 GLS 回归，计算回归残差的变异函数，以所有待估计点回归克里格方差均值作为目标函数，采用基于并行设计的模拟退火算法对增设站点进行优化布局。为了确定增设最佳站点的个数，在精简剩余站点基础上依次增设 1 个站点，对增设站点进行优化布局。分别统计精简剩余站点和增设站点获取降水的概率密度，计算其和降水总体分布概率密度的相似性（两者概率密度函数图重叠部分面积），当相似度达到最大值时，认为此时增设的站点数为增设最佳站点数，其分布为增设降水监测站的最佳布局。新增降水监测站优化布局流程如图 10-5 所示。

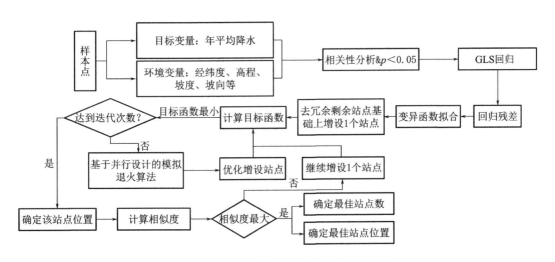

图 10-5　新增降水监测站优化布局流程图

10.4 结果与讨论

10.4.1 现有站点精简

对传统抽站法进行改进，以组合站点获取的降水概率密度函数图和现有站点获取降水的概率密度函数图重叠面积作为相似度，以该相似度为指标精简现有站点。组合站点和现有 155 个站点的相似度随组合站点数的变化如图 10 - 6 所示。控制综合误差在 5％以内，确定最佳站点数为 78 个；随机抽取 78 个站点 1000 次，保留和现有 155 个站点降水概率分布最相似的 78 个站点（图 10 - 7）作为精简剩余站点，其降水概率密度函数如图 10 - 8 所示。由图 10 - 8 可以看出，保留的 78 个站点可以很好地代表现有的 155 个站点，两者降水分布的概率密度函数图基本一致。

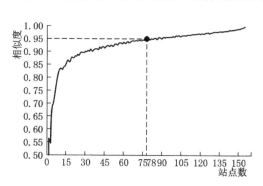

图 10 - 6　组合站点和现有站点相似度随站点数变化图

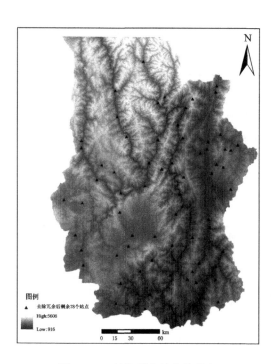

图 10 - 7　精简剩余站点的分布

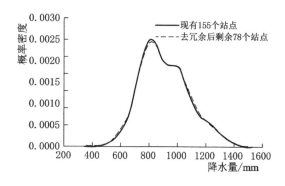

图 10 - 8　精简剩余站点和现有站点的降水概率密度函数对比

10.4.2 新增降水监测站优化布局

由于现有降水监测站网难以捕捉整个研究区降水分布规律，需在精简现有站点的基础上增设新的站点。利用研究区 DEM 数据获取已知年平均降水站点处的高程、经度、纬度、坡度和坡向等环境变量，计算目标变量年平均降水和各个环境变量的相关系数以及显著性水平（表 10-1），选择统计学中认为变量存在显著相关性的 0.05^*、0.01^{**} 和 0.001^{***} 这三个显著性水平，未加 $*$ 号代表显著性水平大于等于 0.05，变量之间无显著相关性。

表 10-1　　　　　　　　　　目标变量与环境变量之间的相关性

降水	0.687***	−0.275	−0.605***	0.052	−0.034
	经度	−0.217	−0.528***	0.001	0.305*
		纬度	0.425**	0.309*	−0.067
			高程	0.214	−0.021
				坡度	−0.151
					坡向

由表 10-1 可以看出，高程、经度和年平均降水显著相关（$p<0.05$），选择高程、经度和年平均降水进行广义最小二乘（GLS）回归分析。降水可以通过高程和经度去除其在空间中的趋势，计算回归残差的变异函数，去除降水在空间中的趋势后，认为残差在空间上满足二阶平稳假设，可进行残差变异函数拟合（葛咏 等，2012）。降水回归残差的变异函数如图 10-9 所示，变异函数采用指数模型拟合（表 10-2），公式如下：

$$\gamma(h) = \begin{cases} 0 & h = 0 \\ 10 + 25620 \times [1 - \exp(-h/15200)] & h > 0 \end{cases} \tag{10-5}$$

式中：$\gamma(h)$ 为半方差；h 为滞后距离。

表 10-2　　　　　　　　　　变 异 函 数 拟 合

目标变量	环境变量	模型	块金值	基台值	变程/m
降水量	经度、高程	指数模型	10	25630	45600

在精简剩余站点基础上依次增设 1 个站点，采用并行设计模拟退火算法对该增设站点进行优化布局，统计精简剩余站点和优化布局后该站点获取降水的概率密度，计算其和降水总体概率密度的相似度；然后在精简剩余站点和该优化布局站点基础上继续增设 1 个站点，采用上述方法对该站点进行优化布局，计算精简剩余站点和 2 个优化布局站获取降水的概率密度和总体的相似度；基于上次优化布局结

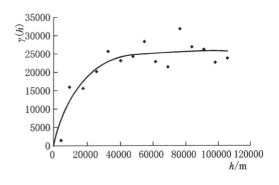

图 10-9　回归残差变异函数图

果,每次增设 1 个站点,重复上述操作,当增设至 N 个站点时,如果精简剩余站点和 N 个新增优化布局站点获取降水的概率密度和总体的相似度达到最大值时,认为此时增设的站点数 N 为增设最佳站点数,其分布为增设降水监测站点的最佳布局。下面对两种情景下降水监测站优化布局进行探讨。

10.4.2.1 无限制因素

该情景下,研究区除现有降水监测站位置之外,其余位置均可作为新增降水监测站的布设位置。依次增设 1 个站点,采用并行设计模拟退火算法对增设站点进行优化布局。站点和总体年平均降水的相似度随增设站点数的变化如图 10 - 10 所示。由图 10 - 10 可以看出,相似度随着增设站点数的增加而增加,当增设站点达到 26 个时,相似度达到最大值 88.10%(图 10 - 11),此时去冗余剩余站点基础上增设 26 个站点,可以很好地捕捉整个研究区上降水分布规律,因此,此情景下增设的最佳站点数为 26 个,其分布如图 10 - 12 所示,由图 10 - 12 可以看出,降水监测站在研究区的分布较为均匀,这和降水在空间上存在显著的自相关性(变程达 45.6km)有关。随着站点的继续增加,相似度开始下降并呈现出波动性,相似度整体上不再上升。

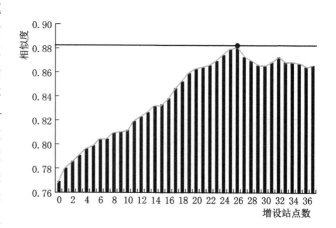

图 10 - 10 站点和总体年平均降水量相似度随增设站点数变化

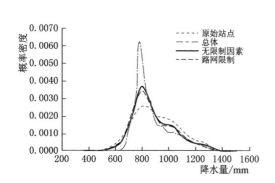

图 10 - 11 原始站点、优化布局站点降水量与总体的密度比较

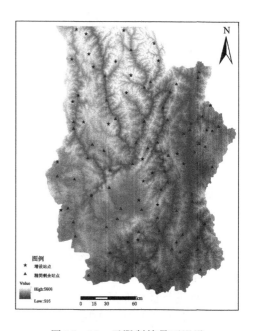

图 10 - 12 无限制情景下增设降水监测站优化布局图

10.4.2.2　考虑路网限制

　　降水监测站的布设需考虑布站位置的可达性，利用雅砻江流域公路网信息，该情景下，将距公路 $d>3\mathrm{km}$ 的区域设为不适宜布站区域，不考虑任何因素的优化布局方案会有部分站点位于不适宜布站区域（图 10-13）。该情景在 $d\leqslant3\mathrm{km}$ 范围内进行站点优化布局，由于每次增设新站点均是在之前增设站点的优化布局结果进行的优化布局，因此，此情景下，需重新进行增设站点的优化布局，将增设的站点限制在适宜布设站点区域（$d\leqslant3\mathrm{km}$）。依次增设 1 个站点，采用并行设计模拟退火算法对增设站点进行优化布局。站点和总体年平均降水量的相似度随增设站点数的变化如图 10-14 所示。由图 10-14 可以看出，相似度随着增设站点数的增加而增加，当增设站点达到 28 个时，相似度达到最大值 86.93%（图 10-11），此时去冗余剩余站点基础上增设 28 个站点，可以很好地捕捉整个研究区上降水分布规律，为考虑路网限制情景下增设的最佳站点数，其分布如图 10-15 所示，由图 10-15 可以看出，降水监测站在研究区的分布同样较为均匀。随着站点的继续增加，相似度开始下降并呈现出波动性，相似度整体上不再上升。考虑路网限制情景相对无限制因素情景下最佳增设站点数略微有所增长，最佳相似度略微有所下降，但差异较小，这是因为雅砻江流域公路网较为发达，不适宜布站区域占比较小（4.35%）。

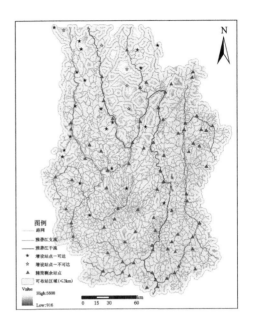

图 10-13　考虑路网限制的可布设站点区域示意图

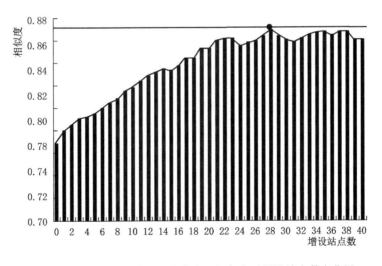

图 10-14　站点和总体年平均降水量相似度随增设站点数变化图

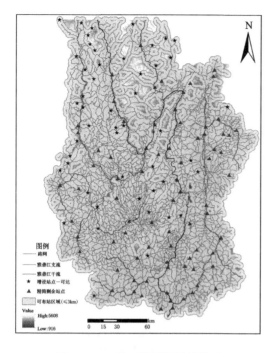

图 10-15　基于路网限制情景下
增设降水监测站优化布局图

优化布局后研究区共有 106 个降水监测站点，站网密度仅为 422.68km²/站，远低于 WMO（2012）推荐的 250km²/站的最小降水监测站网密度，基于回归克里格的降水监测站网优化布局在保证雨量站网充分捕捉降水空间分布特征的基础上控制增设的降水监测站点数最小，有效地节约了站点建设和维护成本。

10.4.2.3　并行计算

本章基于 MATLAB 中 spmd 并行计算结构，设计模拟退火算法并行计算程序，可明显提高优化布局效率。以 8 核计算机为例，模拟退火算法初始化 20 个种群，使用 matlabpoollocal8 开启 8 个 workers，利用 labindex 将 20 个种群分配给 8 个 workers（前 6 个 workers 各分配 2 个种群，最后 2 个 workers 各分配 4 个种群），8 个 workers 同时计算各个种群目标函数值，然后综合 20 个种群目标函数值进行种群更新，确定全局最优解。将更新后的种群重新分配给 8 个 workers 进行种群进化和新种群目标函数计算，直至达到迭代次数。

以基于精简剩余 78 个站点增设第 1 个站点，在 CPU 为 Intel（R）Core（TM）i7-4770@3.40GHz、8 核计算机上利用 MATLABR2013a 进行 400 次迭代为例，对并行计算加速效率进行探讨。程序串行计算耗时 5654.9s，并行计算耗时 1409.5s，加速比为 4.01，加速效率为 50.15%。本研究中基于并行设计的模拟退火算法加速比离线性加速比（$S=8$）有一定差距，主要原因有：①并没有实现整个程序的并行，spmd 并行结构仅用于计算种群目标函数值以及新种群的产生，每次迭代中新种群是否代替旧种群以及全局最优解的确定依旧采用串行计算。②spmd 并行结构每次迭代后需将各个种群合并，确定全局最优解，然后再次分配给各个 workers，该过程存在通信耗时。虽然离线性加速比存在一定差距，但并行设计模拟退火算法依旧可以显著缩短优化布局时间，提高优化布局效率。

10.5　本章小结

本章采用改进的抽站法对雅砻江流域现有降水监测站网密度进行分析，去除冗余站点，在去冗余剩余站点基础上，基于回归克里格模型采用并行设计模拟退火算法对雅砻江流域新增站点进行优化布局研究。结果表明：

（1）研究区内雅砻江公司管辖的降水监测站存在冗余，精简后剩余 78 个站点，为了更好地捕捉降水在空间上的分布规律，考虑路网对增设站点的限制，应增设 28 个站点。

（2）该优化布局方法可以对雅砻江流域（部分）降水监测站网进行合理优化布局，优化布局后站点分布均匀，可以很好地捕捉降雨的空间分布规律。

（3）基于回归克里格的降水监测站网优化布局在保证降水监测站网充分捕捉降水空间分布特征的基础上控制增设降水监测站点数最小，有效地节约了站点建设和维护成本。

（4）采用并行设计模拟退火算法可成倍减少优化布局所需时间，优化效率得到显著提高。接下来需要引入卫星遥感降水产品来深入研究不同季节、不同水平年降水分布对降水传感网节点布局优化的影响规律分析。

参考文献

葛咏，王江浩，王劲峰，等，2012. 基于回归克里格的生态水文无线传感器网络布局优化 [J]. 地球科学进展，27（9）：1006 – 1013.

宫鹏，2010. 无线传感器网络技术环境应用进展 [J]. 遥感学报，14（2）：387 – 395.

韩宗伟，黄魏，罗云，等，2015. 基于路网的土壤采样布局优化——模拟退火神经网络算法 [J]. 应用生态学报，26（3）：891 – 900.

蒋云钟，冶运涛，王浩，2011. 智慧流域及其应用前景 [J]. 系统工程理论与实践，31（6）：1174 – 1181.

晋锐，李新，阎保平，等，2012. 黑河流域生态水文传感器网络设计 [J]. 地球科学进展，27（9）：993 – 1005.

刘家宏，王光谦，王开，2006. 数字流域研究综述 [J]. 水利学报，37（2）：240 – 246.

万东辉，夏军，宋献方，等，2008. 基于水文循环分析的雅砻江流域生态需水量计算 [J]. 水利学报，2008，39（8）：994 – 1000.

王美荣，任立良，李春红，等，2003. 基于数字流域的水量站网空间布设研究 [J]. 河海大学学报（自然科学版），31（2）：196 – 199.

徐旭，屈忠义，黄冠华，2012. 基于遗传算法的田间尺度土壤水力参数与溶质运移参数优化 [J]. 水利学报，43（7）：808 – 815.

张国华，张展羽，邵光成，等，2006. 基于粒子群优化算法的灌溉渠道配水优化模型研究 [J]. 水利学报，37（8）：1004 – 1008.

张强，杨贤为，1992. 雨量站网的合理布局研究 [J]. 南京气象学院学报，（2）：111 – 118.

GOOVAERTS P，1997. Geostatistics for natural resources evaluation [M]. New York：Oxford University Press.

HENGL T，HEUVELINK G B M，ROSSITER D G，2007. About regression – kriging：From equations to case studies [J]. Computers & Geo – sciences，33（10）：1301 – 1315.

LI H G，ZHANG Q，ZHANG Y，2015. Improvement and application of particle swarm optimization algorithm based on the parameters and the strategy of co – evolution [J]. Applied Mathematics Information Sciences，9（3）：1355 – 1364.

MELLES S J，HEUVELINK G B M，TWENHOFEL C J W，et al.，2011. Optimizing the spatial pattern of networks for monitoring radioactive re – leases [J]. Computers & Geosciences，37（3）：280 – 288.

SUHARTANTO E，MONTARCIH L L，2012. Density of rainfall stations in Kahayan watershed centre Kalimantan Province of Indonesia [J]. Journal of Basic and Applied Scientific Research，2（12）：12952 –

12960.

WANG K, CHEN N C, TONG D Q, et al. , 2015. Optimizing precipitation station location: a case study of the Jinsha River Basin [J]. International Journal of Geographical Information Science, 30 (6): 1 – 21.

WMO, 2012. Current problems of hydrological networks design and optimization [C] //The 14th Session of the Commission for Hydrology, Geneva, Switzerland.

第 11 章 面向智能感知的水情测报遥测站网论证分析技术

11.1 引言

遥测水文站网是由遥测雨量站、水位站、中继站、中心站联成一体的信息采集通信网，它通过遥测雨量和水位站反映流域水雨情的时空变化过程，为流域洪水预报、水库调度等提供基础数据。遥测站网布设的合理性不仅与水情自动测报系统建设投资、运行维护直接相关，而且与流域洪水预报、水调和电调精度联系密切。本章对第二松花江丰满水库以上流域（不含白山水库流域）现有水文遥测站网布设的合理性进行分析，旨在经济、科学、合理的基础上调整遥测站网，进一步提高流域洪水预报的精度和水库调度的准确性，为丰满水库防洪、发电调度服务。

11.2 流域概况

丰满水库位于吉林市东南 24km 处的第二松花江上，丰满水库以上江段是二松的中上游，其上有头道松花江、二道松花江、辉发河、蛟河、拉法河等主要支流，丰满水库以上第二松花江流域均为山区，位于吉林省东南部，面积包括吉林省吉林地区南部、通化地区北部、延边自治州西部及四平地区东部等 16 个市县所辖区域。流域属于中温带大陆性季风气候湿润区，夏季主要受太平洋季风影响，冬季主要受西伯利亚高压控制。流域内年降雨量为 500～1020mm，由上游山区向下游递减，分布不均；多年平均降雨量为 739mm，年内降雨集中在 6—9 月，占全年总雨量的 60%～80%；地表径流主要由降水形成，年际和年内径流分配均极不均匀。流域内的大洪水主要由暴雨形成，每年可发生 2～16 次洪水，多发生在 7 月、8 月，8 月尤其集中，一般是陡涨陡落的单峰型；有几次连续降水时，过程线形状为双峰型或多峰型（于德万 等，2008）。

丰满水库以上第二松花江流域控制面积为 42500km²，为便于丰满水库水情预报工作，将该流域划分为三个区：白山水库以上为Ⅰ区（白山区），控制流域面积为 19000km²；五道沟水位站以上为Ⅱ区（五道沟区），面积为 11600km²；红石库区—丰满水库为Ⅲ区（五道沟—丰满区），面积为 11900km²。本章研究对象为Ⅱ区和Ⅲ区，其流域示意图及现有遥测水文站网见梁犁丽等（2016）论文的图 1。

11.3 遥测站网分析目的、原则和方法

11.3.1 站网分析目的和原则

遥测站网分析是水情自动测报系统和水调自动化系统建设的前提，目的是根据流域特点，评价所建立的遥测站网是否科学、经济、合理，遥测站点能否在有效的时间内搜索到质量合格、充足的水文资料，在数量、空间分布、相互搭配以及观测时限和信息传递上能否满足洪水预报的精度。站网分析应本着科学合理、经济可行的基本原则（水利部水文局，2000、2003），结合流域雨洪特性、工程建设特点，采用各种途径进行定量和定性分析论证。

11.3.2 站网布设合理性论证方法

（1）水位站和雨量站布设论证。水位站的合理性论证一般从其功能和流域特点方面分析。根据流域特点和水位站的功能，水位站可以分水库坝上坝下站、库区站、入库站、主干流控制站、支流控制站及小河水位站。雨量站点布设受流域天气、地形条件、暴雨类型、站点位置等多种因素限制，因而要具体分析其布设的合理性和经济性，以求真实反映流域的面雨量。根据流域面雨量计算站网密度要求（水利部水文局，2013），面积在 500km² 以上的流域雨量站密度湿润区一般平均 300km²/站（荒僻地区可放宽），湿润区的温带、热带山区的站网密度最小为 250km²/站，且分布均匀。实际研究中，雷阵雨型、经常性暴雨中心区需要较多的站点以获得符合实际的降雨空间分布。

（2）合理性检验方法。常用方法有：抽站对比法、结合水文模型检验法、降雨/暴雨等值线法、相关分析法、站网密度检验等。抽站对比法即根据流域水系的分布特征，将全流域分为若干子流域，对子流域上原有雨量站与选用雨量站计算的相应面雨量进行误差对比相关分析，在符合精度要求的条件下，若其相对误差均值在±5％范围内，说明选用站的雨量资料推求流域产流量不会导致较大误差。结合水文模型检验法即结合水文预报模型参数率定成果，根据各种站网布设方案计算出相应的洪峰、洪量，分析其拟合精度并选择可能的最佳布设方案。降雨/暴雨等值线法即分析流域暴雨区，绘制不同时段的暴雨量等值线，对站点控制的面雨量进行分析，正确地勾绘等值线取决于雨量站的数量和空间分布。相关分析法即选用流域内雨量站点，建立相邻站点的相应时段雨量相关关系，若两站之间相关系数大，说明两站相关性好，可以取其中一站。此外，雨量站网密度与水库流域控制面积有关，根据《水文站网规划技术导则》（SL 34—2013）（水利部水文局，2013）规定进行检验。一般流域面积越大，站网密度越小。

11.4 研究区遥测水文站网分析

丰满水库以上流域水情自动测报系统建于 1985 年，1989 年正式投入运行，现有遥测水文站网中有 36 个遥测雨量站和 9 个水位站（其中五道沟和丰满为雨量/水位站），站网密度为 652km²/站。大部分站点为近年新设或改造站，常用的一些方法（如抽站比较法）

无法运用；相关分析法需要长系列、一致性的水文资料，对于新建站点不适用；水文预报模型法耗时较长，适合于降水、径流资料充足、验证方便的较小流域。经过综合分析比较，本章水位站点布设合理性主要根据其位置及功能法进行论证，雨量站点则采用降雨等值线法和站网密度检验法进行分析。

11.4.1　水位站网分析

11.4.1.1　现有水位站布设合理性分析

五道沟水位站为第二松花江重要支流辉发河的控制性站点，控制面积占辉发河流域面积的 93.6%，桦树林子水位站是木箕河汇入第二松花江后干流上的重要水位控制站，这两个水位站对掌握所在河段以上流域的水情信息十分重要，在两处分别设水位站很有必要。太平水位站是丰满水库的入库控制站，也是漂河汇入第二松花江后的干流重要控制性站点；拉法河口水位站是库区上游控制站，位于蛟河汇入后的第二松花江干流上。两站分别提供漂河和蛟河汇入后第二松花江干流的来水过程，对丰满水库上游的水位、水量监测十分重要，分别在两处设水位站必不可少。杨木和旺起水位站是库区水位站，丰满库区是狭长形河谷式水库，最大回水长度可达 180km，因此在库区设置水位站掌握库区水位、水面及库容的变化情况，对监测水库上游汛情与回水影响情况具有重要作用。通过设置丰满水库坝上、坝下水位站，水调工作人员可在监控室观测水库坝上、坝下的实时水位，并计算发电流量和发电量等，对丰满水库的防洪、发电具有至关重要的意义，因此设立丰满水库坝上、坝下水位站必不可少。丰满水位/雨量站位于丰满水库坝上、坝下水位站西南库区方向，由于坝上、坝下水位站的存在，丰满水位/雨量站的水位监测作用不大。

11.4.1.2　水位站合理性分析结果及建议

漂河是丰满水库之上第二松花江的支流之一，十分接近水库库区，漂河水位流量对库区上游的水位具有一定的影响，建议在漂河入河口设置支流入库控制水位站——下崴子，以便实时监测漂河水位变化情况，和太平水位站相互呼应。蛟河是丰满库区的重要入流之一，蛟河水位的变化对库区上游水位有较大影响，建议在蛟河下游松花湖以上增设支流入库区控制水位站，实时监测蛟河入库水位和流量；初步建议在松江雨量站增设水位监测功能，将其改为水位/雨量站。杨木和旺起水位站位于库区偏下游，由于库区回水影响河段较长，而杨木和拉法河口两水位站之间河段无水位站，且两水位站之间有石槽河等大小支流汇入库区，建议在两者之间新设沿江七队水位站，以便更好地监测库区回水影响，快速掌握库区上游的水量、洪峰过程。

综上所述，根据水位站位置及功能作用，建议撤销丰满水位/雨量站的水位监测功能，在漂河入河口增设下崴子水位站，在蛟河下游松江雨量站增设水位监测功能，在拉法河口和杨木水位站之间的库区增加沿江七队水位站。

11.4.2　雨量站网分析

现有遥测雨量站网合理性主要采用时段面雨量精度和站网密度进行分析：抽出近两三年新建的 5 个站（朝阳镇、亨通山、金川、安口镇和猴石），采用等值线法进行面雨量分析，比较采用 31 个雨量站和 36 个雨量站对流域面雨量精度的影响；而后分别分析 9 个子区间的遥测雨量站网密度。

11.4.2.1 流域现有雨量站网合理性分析

根据现有资料，统计出现有 36 个遥测雨量站的年均降水量；根据吉林省 28 个国家基本、基准地面气象观测站及自动站 1951 年以来的气候资料年值，统计出 1951—2010 年的年均降水量。分别选取 31 个遥测雨量站和 28 个气象站年降水量，36 个遥测雨量站和 28 个气象站的年降水量，利用 ArcGIS 软件空间分析工具，先采用插值计算工具中的张力样条函数绘制两种情况下流域的年降雨量图，而后用表面分析中的等值线提取工具将栅格图绘制成年降雨等值线图。由于抽取的 5 个雨量站分布在 Ⅱ 区，等值线仅在此区间内变化，Ⅱ 区两种情况下年降雨等值线见图 11-1。

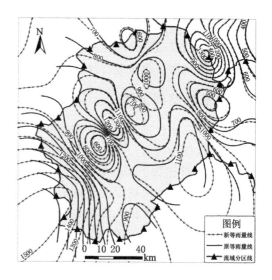

图 11-1 Ⅱ 区两种情况下年降雨等雨量线比较

采用网格插值法计算流域面雨量，以含有 36 个雨量站和 28 个气象站的等值线栅格图计算得出的各分区面平均雨量作为基准，分别计算 Ⅱ 区和 Ⅲ 区及整个研究区的面雨量。具体是利用上述含 36 个雨量站和 28 个气象站时得到的年降雨量栅格图（栅格大小 100m×100m），分别根据 Ⅱ 区和 Ⅲ 区及整个研究区的边界截取该栅格图，得到所需区域的栅格图，查询栅格图属性中栅格的平均值即为所求。

分别利用 36 个雨量站、28 个气象站，31 个雨量站、28 个气象站的站点位置做成两个属性表里包含各站年降雨量值的矢量图，采用 ArcGIS 分析工具中的创建泰森多边形命令，根据各站年降雨量值分别做出两种情况下的泰森多边形；利用 Ⅱ 区和 Ⅲ 区的流域边界图截取得到研究区的泰森多边形，根据各站年降雨量与其对应的泰森多边形面积，加权平均得到 Ⅱ 区、Ⅲ 区及整个研究区的面雨量。将两种情况下流域面雨量计算结果与等值线法计算结果相比较，见表 11-1。

表 11-1　　丰满水库以上流域（不含白山区）增加雨量站前后面雨量比较

区　　间	面积/km²	含 31 个雨量站、28 个气象站		含 36 个雨量站、28 个气象站		含 36 个雨量站、28 个气象站
		泰森多边形法/mm	误差/%	泰森多边形法/mm	误差/%	等雨量线法/mm
五道沟以上（Ⅱ区）	12476.25	935.535	-1.21	955.260	0.88	946.9624
五道沟—丰满（Ⅲ区）	11795.42	901.506	2.12	901.506	2.12	882.8139
丰满以上流域	24271.66	918.998	0.35	929.137	1.46	915.7929

由表 11-1 可知，上述两个区间站网均可以较好地控制流域雨情变化，雨量站代表性较好，面雨量计算误差在 ±2.12% 以内；在五道沟以上区间增加 5 个遥测雨量站后，面雨量计算误差均缩减至 ±1.0% 以内，且分布更加合理，基本实现了在现有站网基础上精确

控制流域雨情变化的目标。

11.4.2.2　遥测雨量站网密度合理性检验

（1）Ⅱ区：该区间内有水文站 1 个，雨量站 24 个（含五道沟水文站），雨量站网平均密度为 483.3km²/站。根据各支流分布情况将其分为海龙镇、柳河、样子哨、辉发城、五道沟 5 个子区间分别分析，柳河子区间的站网密度最大，达到 192km²/站，海龙镇子区间的站网密度最小，为 504.2km²/站；仅柳河子区间满足《水文站网规划技术导则》（SL 34—2013）（水利部水文局，2013）要求。建议在海龙镇、样子哨、辉发城和五道沟子区间分别增加遥测雨量站 4 个、2 个、2 个和 4 个，站网密度见表 11-2。

表 11-2　拟新增遥测雨量站后丰满水库以上流域（白山水库以下）站网密度

子区间	面积/km²	现有雨量站个数/站	现有站网密度/(km²/站)	拟增加后雨量站个数/站	拟增加后站网密度/(km²/站)
海龙镇	3025	6	504.2	10	302.5
柳河	576	3	192	3	192
样子哨	1957	4	489.25	6	326.2
辉发城	2528	7	361.1	9	280.9
五道沟	3514	7	502	11	319.5
五道沟以上区间	11600	24	483.3	36	322.2
民立	1314	2	657	5	262.8
横道子	530	1	530	2	265
蛟河	2590	3	863.3	9	287.8
丰满	7466	9	829.6	15	497.7
五道沟—丰满区间	11900	12	991.7	28	425.0
丰满水库以上流域	23500	36	652.8	64	367.2

（2）Ⅲ区：该区间内有水文站 8 个，雨量站 12 个（其中丰满站是雨量/水文站），雨量站网密度为 991.7km²/站。将Ⅲ区分为民立、横道子、蛟河、丰满 4 个子区间，横道子区间站网密度最大，为 530km²/站；蛟河子区间最小，为 863.3km²/站，均不能满足大流域站网密度 300～600km²/站的基本要求。建议在 4 个子区间内分别增加遥测雨量站 6 个、1 个、3 个和 5 个，并改旺起水位站为水位/雨量站。共计新增遥测雨量站 15 个，改建雨量站 1 个，站网密度见表 11-2。

11.4.2.3　遥测雨量站合理性分析结果及建议

通过以上流域面雨量分析及遥测雨量站网密度检验，在流域面雨量精度控制方面，遥测雨量站位置布设合理，基本能够控制研究区域内二松干流及主要支流的降水分布，能够满足各支流洪水预报对面雨量计算精度的要求。但在雨量站网密度检验方面，站网密度均不能达到《水文站网规划技术导则》（SL 34—2013）（水利部水文局，2013）的要求。拟分别在五道沟以上区间和五道沟—丰满区间新增遥测雨量站点 12 个和 15 个，改建旺起水位站为水位/雨量站 1 个，再新建 28 个遥测雨量站后站网密度由原来的 652.8km²/站增大

到 $367.2km^2$/站，可提高流域面雨量计算精度，相应提高五道沟—丰满区间主河道及丰满库区洪水预报精度。需要说明的是，建议增设的站点个数为丰满发电厂水情自动测报系统所要达到的理想状态，具体增设站点个数及位置应根据实际需要、经济能力、土建工程、交通及运行维护状况综合分析后确定。

11.5 本章小结

针对丰满流域的特性，丰满水库以上流域（不含白山区）水情自动测报系统站网分析结果如下。

（1）系统中现有水位站网基本控制了系统需要监测的重要位置的水位、流量状况，水位站位置布设合理，能够满足水情预报基本需求，但考虑第二松花江主要支流入库控制及丰满库区水位、流量监测要求，建议在漂河入河口设置支流入库控制水位站下崴子站，在蛟河下游松花湖口以上改建松江雨量站为水位/雨量站，在拉法河口和杨木水位站之间的库区中部增设沿江七队水位站，撤销丰满水位站水位监测功能。由于缺乏暴雨洪水资料，且前期站网论证已有水库洪水预见期的相关成果，库区各遥测水位站点已满足洪水预报精度的要求，本文未对入库控制站及库区各站的洪水预见期进行分析。

（2）系统中的雨量站网布设已充分考虑了本流域的自然地理、降水不均性、雨量站的区域代表性等因素，在暴雨相对集中的辉发河上游区及蛟河中上游区、位置相对重要的丰满水库库区以及降水不均匀性较大的海龙镇区间、蛟河中游等区域布设了较多的雨量站点，但站网密度不能满足大流域雨量站网密度要求，且在研究区域及其各子区间内分布不均匀。建议除柳河子区间外，在各个子区间中再增加新站、团山子、琵河、旺起、桦南等28 个遥测雨量站，并改旺起水位站为水位/雨量站。拟新增雨量站后，系统雨量站网密度将达到 $367.2km^2$/站，站网分布将更加均匀合理。

由于已建水位站和雨量站交通及站点的运行维护状况基本可行，本次未对遥测站网的通讯组网状况、交通、运行维护等进行分析。遥测站网的布设和优化是一项极其复杂烦琐的工作，在实际操作中，应根据科学经济的原则，结合自然地理条件，尽量利用已有站点，充分考虑干支流水文特性、区域交通状况、站点建设及维护难度，再经过现场查勘及通信测试，根据历史资料进行详细分析和统筹优化后综合比较后才能确定。

参考文献

梁犁丽，徐海卿，李匡，等，2016. 丰满水库以上流域（不含白山区）遥测站网分析 [J]. 水利水电技术，47（4）：1-5.

水利部水文局，2013. 水文站网规划技术导则：SL 34—2013 [S]. 北京：中国水利水电出版社.

水利部水文局，2000. 水文情报预报规范：SD 250—2000 [S]. 北京：中国水利水电出版社.

水利部水文局，2003. 水文自动测报系统技术规范：SL 61—2003 [S]. 北京：中国水利水电出版社.

于德万，谢洪，李萍，2008. 吉林省第二松花江暴雨洪水特性及防洪对策 [J]. 水利规划与设计，（5）：16-18.

第12章 面向智能感知的水质多参数监测设备研制技术

12.1 引言

水污染是当今世界水环境面临的最严峻的问题之一，如何有效控制水污染、合理利用和保护水资源已成为世界各国共同关注的热点之一。水质监测可及时、准确、全面地反映水环境质量和污染源状况，是制定切实可行的污染防治规划和水环境保护的前提和基础。目前水质检测采用的主要技术有化学分析技术、原子光谱技术、色谱分离技术、电化学分析技术、生物传感技术和分子光谱技术（Gonzalez et al.，2009；曾甜玲 等，2013）。基于前三者的水质分析仪存在体积大、采样－测试周期长、成本高等问题，基于电化学分析技术和生物传感技术的水质分析仪虽然便携，但存在使用寿命短、维护成本高等问题。分子光谱分析技术是水环境监测中应用最广泛的技术，它具有无须试剂、实时在线、体积小、成本低、多参数检测等优点，在对饮用水、地表水、工业废水等水体的在线监测中具有显著优势，满足现代水质监测对监测仪器提出的微型便携、现场实时、多参数、低成本等需求，成为水质监测仪器的重要发展方向（曾甜玲 等，2013）。

以化学需氧量（COD）、生化需氧量（BOD）、总有机碳（TOC）、高锰酸盐指数（COD_{Mn}）、总磷（TP）、总氮（TN）、多环芳烃（PAHs）为代表的水质有机物综合分析指标，体现了水体有机污染和富营养化的程度，被我国《地表水环境质量标准》（GB 3838—2002）采纳为评价水体质量的重要指标。

从检测技术的角度来说，此类综合性分析指标的特点是：①体现水中大量化学成分的综合效应，而不是单一成分的确定性效应，因此难以用传统上适用于单一理化指标分析的传感器来感知和测量。②分析过程中包含水体中极其复杂的干扰因素的影响，对传感和分析过程的鉴别能力提出很高的要求。水质有机物综合分析指标的上述特点导致其分析过程复杂化，国家标准规定的分析流程操作步骤多、耗时长、需用的分析设备和分析试剂多、需要大量人工介入，因此要将其转换为高度自动化的快速在线分析，需要解决一系列关键技术难题。

本章介绍了我国独创的、具有自主知识产权的新一代水质在线分析技术的基本原理和主要优点，并对其与国际知名品牌美国哈希（Hach）公司（http://www.hach.com/）产品的性能做了对比分析。最后对该监测分析系统进行设计，并用实例验证该产品的精度。

12.2 新一代在线水质分析技术原理与性能分析

12.2.1 新一代在线水质分析技术原理

按技术产品进入市场的先后划分，水质有机物综合指标在线分析技术的发展经历了三代，即第一代为在线化学分析仪表、第二代为在线 UV 吸收光谱分析仪表、第三代为在线 UV＋FL＋Raman 光谱融合分析仪表。第一代和第二代技术具有互补的技术特点，因此目前在市场上共存；第三代技术的出现弥补了前两代技术的一些重要缺陷，是水质有机物综合指标在线分析技术的发展方向。

杭州希玛诺（SIGMARO）光电技术股份有限公司与浙江大学紧密合作，于 2010 年研发出 SWF 型多参数在线水质分析仪系列产品。该系列产品在国内和国际上首次采用了第三代 UV＋FL＋Raman 光谱融合分析技术，其关键是引入了现场荧光（FL）分析技术，并与 UV 吸收光谱分析技术有机融合，显著提升了水体有机物综合指标的在线分析性能。

现场 FL 光谱分析技术（Lakowicz，2008）是在 21 世纪初开始大量发展起来的一种新型光谱分析技术，其广泛应用与小型、高功率的发光二极管、半导体激光器、光电二极管阵列、电荷耦合器件等现代光电技术的发展密不可分。现场 FL 光谱分析采用单个或多个特定波长的高功率密度激发光源照射待分析的样品，使其中的有机化合物和生物物质分子吸收能量后由基态跃迁至高能级。激发光源撤除后，有机分子跃迁至原有能级，将在一定波长下发射出光子，构成的 FL 发射光谱波长和强度分布与有机物质分子的结构特性相关。采用高灵敏度的光电转换器件将此 FL 发射光谱转换为电信号并输入计算机，即可获得被测样品中有机物分子构成种类及其含量的相关信息。现代 FL 光谱分析技术已发展出同步 FL 光谱分析、三维 FL 光谱分析、激光诱导 FL 光谱分析、时间分辨 FL 光谱分析等一系列新方法，大大提高了荧光分析技术的敏感度和稳定性。

与 UV 吸收光谱分析法相比，FL 发射光谱分析法具有一些显著的优点（尚丽平 等，2009），主要包括：①高灵敏度。理论分析和大量试验都证明，有机物分子的 FL 发射光谱比 UV 吸收光谱有更好的区分性，并且其灵敏度高 $10^1 \sim 10^2$ 个数量级。因此，在有机物含量很低的情况下，FL 发射光谱分析比 UV 吸收光谱分析有更好的适用性。②高选择性。FL 发射光谱的形成与特定的有机化合物和生物物质分子结构有关，无机物分子不能产生类似的 FL 发射光谱，因此在含有大量无机杂质（如泥沙）的样品分析中，FL 发射光谱分析比 UV 吸收光谱分析具有更好的抗干扰能力。

但荧光分析理论和实际试验也表明，从有机物含量分析的角度来看，FL 发射光谱也存在与 UV 吸收光谱相比不利的方面（Lakowicz，2008），主要是：①稳定性稍差。有机分子从高能级跃迁回基态时释放的光子数量及其波长易受各种复杂因素的影响而带有一定的不确定性，因此在正常范围内用于样品的有机物含量分析时，FL 发射光谱的稳定性与 UV 吸收光谱相比稍低。②存在特殊的荧光猝灭现象。这种现象是指有机物含量很高或存在某些特定无机化合物的情况下，有机分子的 FL 发射光谱强度突然显著下降，与有机物含量不再存在正相关关系。

在这种情况下，单一采用 FL 发射光谱分析会带来较大的测量误差。根据上述分析，第三代水质有机物综合指标分析方法采用了同时测量样品 UV 吸收光谱、FL 发射光谱和 Raman 散射光谱，并将其进行信息融合的方法，以实现这三种光谱分析方法的优势互补，显著提升测量仪表的分析精度和稳定性。新一代水质分析方法的主要步骤如图 12-1 所示。

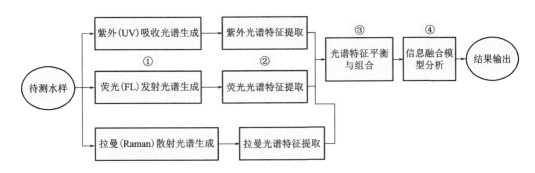

图 12-1　多源光谱融合数值分析方法示意图

在图 12-1 中，各主要分析步骤的功能说明如下。

(1) 采用多个不同波段的激发光源同步照射水样，分别生成待测样品的 UV 吸收光谱、FL 发射光谱和 Raman 散射光谱。

(2) 分别对获得的水样多源光谱提取水中有机物特征，构成特征光谱，以排除各种干扰因素的影响。

(3) 将不同来源的水样特征光谱进行平衡与组合，避免"信息掩盖"问题，即一种光谱的强度远大于另一种光谱的强度，而导致部分有效信息被抑制。

(4) 对处理后的多源特征光谱进行信息融合建模分析，获得水样中有机物的综合含量值。在上述样品分析过程中，主要的操作是样品光谱生成和光谱数据处理。采用目前先进的光电技术和计算机技术，整个分析过程所需时间不大于 2min。同时由于通过信息融合技术使 UV 吸收光谱、FL 发射光谱和 Raman 散射光谱优势互补，使整体的分析精度达到 5%，即类似于实验室人工分析的精度，从而全面超越第二代在线 UV 吸收光谱水质分析仪表。同时，在以下方面克服了在线化学分析仪表的缺陷：

(1) 解决了高盐度情况下的水质分析问题。水体中盐度较高时，由于氯化物的影响，对化学分析过程造成很大干扰，实验室人工分析可采取针对性措施。但全自动的化学分析仪表因分析流程固定，对于消除干扰物的影响缺乏灵活性，导致测量误差增大。但采用上述第三代光谱分析技术时，氯化物对有机物 UV/FL 光谱无干扰作用，因此不影响测量精度。

(2) 解决了高浊度情况下的水质分析问题。水体浊度较高一般意味着水中不溶性无机化合物较多，它们会干扰化学分析影响。由于各种无机化合物干扰十分复杂，难以在设计在线仪表分析流程时全面考虑，从而导致高浊度时化学分析仪表误差加大。

但上述第三代在线仪表中采用的现场 FL 光谱分析技术对无机杂质的影响具有很好的抗干扰能力，从而提高了高浊度情况下的测量精度。

(3) 解决了低浓度情况下的水质分析问题。现有的水质有机物综合指标化学分析方法其作用机理和分析流程对微量有机物的敏感度较差，因此在低浓度条件下在线化学分析仪表的精度普遍较低（因此多数化学分析仪表的量程下限较高）。而第三代在线仪表中使用的水样 FL 光谱对微量有机物十分敏感，很好地解决了低量程的测量精度问题。

因此，第三代在线水质分析仪表可替代第一代在线化学分析仪表，成为水体有机物综合指标在线分析仪表的新的发展方向。

12.2.2 产品性能比较分析

为进一步说明新一代水质有机物综合指标在线分析技术的优势，以下将对目前国内市场上占据较大份额的美国哈希（Hach）公司 2 种在线分析仪产品和杭州希玛诺（SIG-MARO）光电技术股份有限公司的一种在线分析仪产品进行性能对比分析。

（1）美国哈希（Hach）公司的 CODmax plus sc 在线铬法 COD 分析仪（http：//www.hach.com.cn/youji/plus.shtml），属于第一代在线化学分析仪表，官方网站公布的主要技术指标见表 12-1。

表 12-1　　　　Hach 公司的 CODmax plus sc 在线铬法 COD 分析仪技术指标

序号	性能指标	性　能　参　数
1	测量参数	COD
2	测量方法	重铬酸钾高温消解，比色测定
3	测量范围	10～5000mg/L
4	测量误差	示值误差：±8%； 重复性：3%； 示值稳定性：±3%
5	消解时间	3min、5min、10min、20min、30min、40min、60min、80min、100min 或 120min 可选
6	测量周期	连续测量、1～24h 间隔测量、触发启动测量
7	试剂容量	在连续测量、消解时间为 30min、校正时间间隔为 24h 的情况下，每套试剂可用 1 个月

（2）美国哈希（Hach）公司的 UVASsc 有机物分析仪（http://www.hach.com.cn/youji/plus.shtml），属于第二代在线 UV 吸收光谱分析仪表，官方网站公布的主要性能指标见表 12-2。

表 12-2　　　　　Hach 公司的 UVASsc 有机物分析仪技术指标

序号	性能指标	性　能　参　数
1	测量参数	COD、BOD、TOC（可选）
2	测量方法	UV 吸收光谱分析法
3	测量范围	COD：0～20000mg/L BOD：0～20000mg/L TOC：0～10000mg/L
4	测量误差	示值误差±3%；测量值：±0.5mg/L
5	测量周期	>1min
6	试剂容量	无

（3）杭州希玛诺（SIGMARO）光电技术股份有限公司的 SWF－10.02B2 多参数在线水质分析仪（http://www.sigmaro.com/），属于第三代在线 UV＋FL＋Raman 光谱融合分析仪表，官方网站公布的主要性能指标见表 12－3。

表 12－3　　SIGMARO 公司的 SWF－10.02B2 多参数在线水质分析仪技术指标

序号	性能指标	性 能 参 数
1	测量参数	COD、BOD、TOC、TP、TN、COD_{Mn}、pH、DO、TDS、TC、NH_3—N、叶绿素 a
2	测量方法	UV＋FL＋Raman 光谱融合分析法
3	测量范围	COD：0.5～350mg/L
		BOD：0.5～160mg/L
		TOC：0.2～50mg/L
		TP：0.01～100mg/L
		TN：0.2～100mg/L
		COD_{Mn}：0.5～50mg/L
		pH：0～14
		DO：0～20mg/L
		TDS：0～10％
		TC：0～50℃
		NH_3—N：0.02～50mg/L
		叶绿素 a：0.1～10mg/L
4	测量误差	示值误差：±5％；重复性：3％；示值稳定性：±3％
5	测量时间	＜2min
6	测量周期	5～720min
7	试剂容量	无

表 12－4 从单机可测量参数的数量、测量所有参数所需时间、在各种情况下的测量精度、测量过程中是否存在二次污染、设备运行成本、设备维护要求和设备建设投资等方面对上述三代在线分析仪产品的性能进行评估。

表 12－4　　　　　　　　　　三代在线水质分析仪表性能对比

在线仪表名称	第一代在线仪表哈希公司 CODmax plus sc	第二代在线仪表哈希公司 UVASsc	第三代在线仪表希玛诺公司 SWF－10.02B2
参数数量	只能测量单一的有机物综合指标 COD。由于不同测量参数的化学反应过程不相同，因此单机设备不能测量多个有机物综合指标	可同时测量 COD、BOD 和 TOC 等三个指标	可同时测量 COD、BOD、TOC、TP、TN、COD_{Mn}、pH、DO、TDS、TC、NH_3—N、叶绿素 a 等 12 项指标

在线仪表名称	第一代在线仪表哈希公司 CODmax plus sc	第二代在线仪表哈希公司 UVASsc	第三代在线仪表希玛诺公司 SWF-10.02B2
测量时间	标准测量时间为120min，快速消解（3～100min）将导致化学反应不完全，误差加大	标准测量时间为2min	标准测量时间为2min
测量精度	在标准测量时间下，测量误差不超过5%，但快速消解时测量误差可增至8%	经实测，仅在满足生活饮用水的条件下（即样品浊度不大于5.0NTU）测量精度可达3%。地表水监测时平均测量误差不低于15%	经实测，在满足生活饮用水的条件下（即样品浊度不大于5.0NTU）测量误差低于1%。地表水监测时平均测量误差不大于5%
二次污染	测量过程中需使用重铬酸钾、硫酸银、浓硫酸、硫酸汞等有毒试剂，测量后废弃水样泄漏将导致二次环境污染	无须任何试剂，无二次污染	无须任何试剂，无二次污染
运行成本	日常运行需使用各种昂贵的分析试剂，因此分析费用较高，每年总计可达设备总价值的20%以上	除少量电费与通讯费（如数据远传）外，无日常运行费用	除少量电费与通信费（如数据远传）外，无日常运行费用
维护要求	分析过程中要使用大量各种加热、搅拌、称量、配比、分光设备，维护复杂，技术要求高。同时由于设备结构复杂，因此故障率较高	分析过程中除接触样品的探测器外，所有其他设备均为免维护设备。探测器具备自清洗功能，无须人工维护	分析过程中除接触样品的探测器外，所有其他设备均为免维护设备。探测器具备自清洗功能，无须人工维护
设备投资	仪表结构复杂，精密部件很多。且正常使用需高标准的设备机房。设备建设投资大	仪表结构简单，体积小，无须高标准的设备机房。设备建设总投资较低	仪表结构简单，体积小，可在户外或水下直接安装，设备建设总投资低

12.3 新一代在线水质监测系统架构

水质自动监测系统的信息控制系统采用GPRS/CDMA/北斗等通信协议的无线组网方式进行监测数据的远程传输。自动监测点是无人值守的，按设定的监测周期，定时将水质监测数据通过移动通信公网传输至数据处理服务器。数据处理服务器通过公网接收监测站大范围远程监测数据并进行处理后，经由内部局域网传输给高级客户端，通过公网传输至二级管理机构客户端。

由于数据处理服务器与现场测量系统之间采用基于移动通信公网的数据通信，因此数据处理服务器的安放位置无现场距离限制。远程自动水质监测系统结构如图12-2所示。

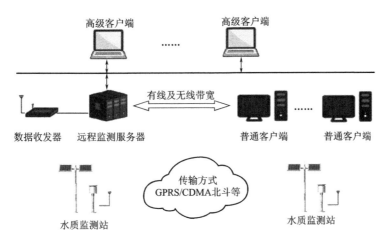

图 12 - 2　大范围联网远程水质自动监测系统架构图

12.4　新一代在线水质监测硬件系统

12.4.1　测量系统

12.4.1.1　设备型号及规格

测量系统由多参数水质光谱快速分析仪和一体型多参数水质分析仪组成。设备型号及规格见表 12 - 5 和表 12 - 6。主要参数指标见表 12 - 7。

表 12 - 5　　　　　　　　多参数水质光谱分析仪设备型号及规格

设备型号	多参数水质光谱快速分析仪 SWF - 02.08.B1
测量参数	COD_{Mn}、TP、TN 等
分析方式	采用 UV/VIS 吸收光谱和荧光激光/发射光谱两者融合技术，测量过程不适用任何试剂
安装方式	现场户外安装，无须站房、前置处理和后置污水处理等辅助系统

表 12 - 6　　　　　　　　一体型多参数水质分析仪设备型号及规格

设备型号	一体型多参数水质分析仪 HAF - 03.2220.B7
常规水质测量参数（可选）	水温、pH、COD、电导率、$NH_3—N$、浊度等
安装方式	现场户外安装，无须站房、前置处理和后置污水处理等辅助系统

表 12 - 7　　　　　　　　仪 器 监 测 参 数 表

监测参数	测量范围	检出限	测量精度	分辨率	重复性
COD_{Mn}	0～5mg/L、0～50mg/L、0～100mg/L、0～200mg/L	—	≤±10%	—	≤±10%
$NH_3—N$	0～5mg/L、0～50mg/L、0～100mg/L、0～200mg/L	—	≤±10%	—	≤±10%

续表

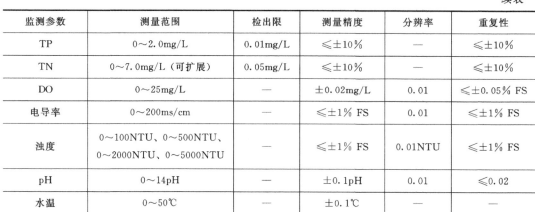

监测参数	测量范围	检出限	测量精度	分辨率	重复性
TP	0～2.0mg/L	0.01mg/L	≤±10%	—	≤±10%
TN	0～7.0mg/L（可扩展）	0.05mg/L	≤±10%	—	≤±10%
DO	0～25mg/L	—	±0.02mg/L	0.01	≤±0.05% FS
电导率	0～200ms/cm	—	≤±1% FS	0.01	≤±1% FS
浊度	0～100NTU、0～500NTU、0～2000NTU、0～5000NTU	—	≤±1% FS	0.01NTU	≤±1% FS
pH	0～14pH	—	±0.1pH	0.01	≤0.02
水温	0～50℃	—	±0.1℃	—	—

12.4.2　监测站选址原则

基于科学、安全可靠、经济实用，便于安装维护的原则下，结合多参数在线水质自动监测系统特点和监测水域水体及地理环境特征进行选址，原则如下。

（1）监测结果的代表性。监测设备的安装点应能及时、准确地反映被监测水域的水质动态变化情况。避免安装在被监测水体的死角、滞流带、浅滩、局部水质特异等地点。

（2）监测设备的安全性。监测设备的安装点应保证设备的稳定工作状态。避免安装在易受急流冲击、外物冲撞、强烈震动、丢失被盗等地点。

（3）监测人员的易维护性。监测设备的安装点应尽量考虑设备安装和日常维护人员工作的方便性。避免安装在需要动用大型工程机械、特种辅助设备、对安装维护人员有人身安全风险等地点。

12.4.3　安装方式

12.4.3.1　立杆式安装

立杆式安装是将监测设备本体架设于立杆上，并且架设位置处于最高洪水位以上，保证设备不受水浸泡，其安装流程如下。

（1）根据选址原则选定安装位置后，在预定位置浇筑体积为 0.5m³ 的混凝土基座，浇筑过程中预埋地笼用于固定立杆。

（2）基础浇筑完毕后，开始安装立杆，并调整仪表安装支架，保证安装支架水平，支架调整就位后，紧固螺栓固定安装支架。

（3）仪表安装调整仪表螺栓孔位与安装架孔位一致，使用规定型号的螺丝固定仪表与安装支架。测量仪表、沉淀池、过滤器装置均安装于箱体内部。

（4）取水泵及取水管路采用隐藏式安装，河道至立杆之间的管道采用地埋式隐藏，立杆至仪表间管道，在空心立杆中间通过，避免影响河道景观。

立杆式在线水质监测站模式有以下优点：①无须建设站房。②占地面积不大于 1.5m²。③可适应复杂地理环境、防止洪涝灾害影响。

12.4.3.2　岸壁式安装

岸壁式多参数水质自动监测站采用岸壁固定平台装载自动监测设备进行水箱流动水体水质监测。该平台具有以下特点。

(1) 岸壁固定平台长 750mm，宽 500mm，高 1680mm。测量仪器流通水箱容积为 200L。仪器本体自重 35kg，水箱及配件自重 200kg。抽水所用潜水泵最高扬程可达 58m，排水管道为 PVC 管。整体式装置由不锈钢箱体包围，有较好的防护性，且整体置于岸上，便于清理维护及参观。

(2) 水箱抽水一体化安装方式将现场自动水质监测仪器放置在岸壁固定整体式装置一体化水箱中，仪器整体完全浸入水中，有效避免了野外环境的气温剧烈变化影响。监测本体内部关键部件工作环境均在温度 26℃、温湿度 51％左右，显著提高了监测设备的工作稳定性和设备寿命。

(3) 岸壁固定平台抽水及排水系统工作全天 24h 不间断进行，实现水体即时循环，确保水体为监测站点自流水体，真实有效地反应现场当前水质状况，保证监测数据的即时性、有效性。

(4) 岸壁固定平台框架是由角钢和槽钢焊接而成，长 750mm，宽 500mm，高 1680mm，框架底座与岸壁连接采用地埋件方式，岸壁固定平台承载着储水箱、供电控制系统以及排水系统。其占地面积为 $0.37m^2$。

(5) 监测设备主体是由框架、水箱、监测仪、配电箱、排水阀门等组成。框架是由不锈钢材料制成。储水箱、配电箱等均采用不锈钢材料制成，并集成在框架内，组成一个监测站的承载平台。

12.4.4　辅助取供水系统（适用立杆式/岸壁式）

1. 采水系统主要特点

采水系统为可调节式取水系统，具备以下特点。

(1) 现场自动控制运行。

(2) 系统故障自动诊断、报警及记录。

(3) 停电保护及来电自动恢复。

(4) 可设定连续或间歇的运行方式。

(5) 自动反吹清洗，可设置清洗周期。

(6) 系统应具备自动灭藻单元，有抑制藻类和其他水生生物（如贝类动物）在系统内孳生的功能，防止藻类的滋生。

(7) 管路外应有必要的防水、防压、防冻保护措施。设备与取水点河岸之间地埋部分的取水管更换采用与抽水泵出水口径合适配套的优质热水用铝塑管。

2. 采水泵

对采水泵的要求如下。

(1) 选择的潜水泵为优质品牌，不锈钢材质，水泵配备相应的粗过滤防护装置防止水中石块、树枝等较大杂物损坏水泵。取水泵选择低电压 12V 的潜水泵，流量为 6LPM，满足监测需求，并根据各站点的实际需要选择合适的功率、扬程，以满足供水需求。

（2）采用双泵/双管路采水，一采一备，满足实时不间断监测的要求；并且当一路出现故障时，能够自动切换到另一路进行工作，保证整个系统的正常运行。系统会通过自检系统上报故障，维护人员即可前往更换、维修。

（3）采水泵具有停电后来电再启动的自动恢复功能。

3．取水管路

取水管路的要求如下。

（1）取水管路均要安装保温套管进行绝热处理，并在外部套用 PVC 管材，减少环境温度等因素对水样造成的影响，保证对测定项目（除水温）监测结果的影响必须小于 5%（水温的影响必须小于 20%）。

（2）要有必要的防冻措施，保证冬季低温时采样管路不被冻裂。

（3）取水管采用磐石胶管、UPVC 管等材质稳定的材料，避免对水样产生污染。管道采用排空设计，使管道内不存水，以防藻类孳生。

（4）采取支架、浮球组合的取水方式，这样能够使取水口随水位变化，保证取水水管的进水孔位于水表面以下 0.5～1m 的位置，并与河底保持一定距离，保证采集到具有代表性的符合监测需要的水样，又保证了取样吸头的连续正常使用。浮筒装置外设有阻挡水中垃圾，防止进水口堵塞的装置。

（5）取水系统具有自动提升装置，方便人工提升与安装，人工日常清洗和维护都很方便。为了加强取水防护，在取水点旁边应设有警示标志。

（6）取水管路均安装聚乙烯保温套管进行绝热保温处理，可减少环境温度等因素对水样造成的影响，管路清洗干净后进行安装。为了防止意外堵塞和方便泥沙沉积后的清洗，取水系统所有取水管路采用可拆洗式连接，即每个地埋转角处内需装有一个活接头。

（7）可根据业主及当地情况选择连续或间歇的工作方式，并能够根据监测要求现场设置监测频次。为避免取水单元明显地影响样品监测项目的测试结果，排水点应设在样品水采水点下游 10m 以上的位置。根据现场实际情况，制作必要的保温、防冻、防压、防淤、防撞、防盗措施，并对采水设备和设施进行必要的固定。

（8）取水装置由水泵、管路、供电流速调节装置、水位监控设备和调节阀、保护管及相应的检测、控制、驱动电气电路组成。取水系统应采用双管双泵设计，一用一备。

（9）取水。通过水位传感器进行控制，当水位达到设定监测水位时，取水泵取水，仪表则开始测量。当水位下降至监测水位以下时，仪表关闭，取水泵停止取水。

（10）整个系统采用集成设计，能够在停电时自我保护，再次通电时自动恢复。

12.4.5　沉沙过滤系统（适用立杆式）

多参数水质自动监测站小型竖流式沉淀池配置有泥沙分离及沉沙处理装置对水样进行前级预处理。预处理时，要求水样在处理装置中滞留时间不超过 30min，进水的停留时间根据水样情况进行最佳选择，并且该装置有自动清洗及排沙功能。原水由设在沉淀池中心的进水管自上而下排入池中，进水的出口下设挡板，使原水在池中均匀分布，然后沿池的整个断面缓慢上升。悬浮物在重力作用下沉降入池底锥形污泥斗中，澄清水从池上端周围的溢流堰中排出。溢流堰前也可设浮渣槽和挡板，保证出水水质。

水样的预处理可保证分析系统的连续长时间可靠运行，对所采水样进行相应的预处理，将水样中的某些杂质过滤而又不能改变水样的代表性。根据仪器对水样的要求，对水样进行预处理，必要时使各仪器可以从各自专门的过滤装置中取样，过滤后的水质不能改变水样的代表性。过滤器与相应的仪器设备共同组成分析单元，在保证不影响正常运行的情况下，可根据实际应用的效果进行调换，过滤器及滤芯可方便拆卸清洗，可重复使用。

水样预处理既要消除干扰仪表分析的因素，又不能失去水样的代表性。满足各仪器对样品的要求，满足所有仪器的需水量。预处理对测定项目监测结果影响必须小于5%（含）。

预处理单元能在系统停电恢复并自动启动后按照控制器的控制时序自动启动。如 pH、温度、DO、电导率、浊度常规五参数等有特殊进样要求的仪器，需要使用未预处理的样品。

12.4.6　供电方式（适用立杆式）

立杆式多参数水质自动监测站采用 220V 交流电源供电。电源线采用三芯、$1.5m^2$ 的 RVV 线（铜芯聚氯乙烯绝缘护套软线），引出部分采用 PVC 管穿套保护。具体参数见表 12-8。

表 12-8　　　　　　　　　　供电系统具体参数

项　　目	规　　格
电源	AC220V
多参数水质分析仪功率	30W
取水系统	60W
排水系统	10W
综合功率	100W

12.4.7　数据采集与集成、传输

采用基于 GPRS 通信协议的无线组网方式进行现场远程监测数据的无线通信接收和数据处理。

数据采集与传输通过远程终端通信单元（RTU）实现，RTU 须符合《水资源监测数据传输规约》（SZY 206—2012/2016）的规定，并具有水利部水文仪器及岩土工程仪器质量监督检验测试中心的规约符合性监测报告。

仪表正常运行后，通过外置的远程终端通信单元（RTU）自动搜索设定的远程联网中心站。按照《水资源监测数据传输规约》（SZY 206—2012/2016）的规定，通过中心站的设置指令，可实现以下数据通信功能。

（1）自报功能。按设定的监测周期，定时将水质监测数据进行处理后，经由 GPRS 传输给省水资源统一接收平台。

（2）查询/应答功能。可响应中心站的信息查询指令，上传有关仪表自报数据种类、

报警上下限、地址、实时时钟、当前工作模式、事件记录、测量数据历史记录、上传失败测量数据以及报警状态的查询结果。

（3）具有实时状态检测功能。实时检测设备状态是否正常，检测项包括供电状态、供电电压、信号强度等，当发生异常时发出报警信息。

（4）具有历史数据存储功能。采用循环存储的方式保存储监测数据，可保存近三年的监测数据，而且发生断电时，数据也不会丢失。

12.4.8 安全防护单元

1. 防冻措施

（1）箱体保温。监测箱体内部设置有隔热层，夏季可有效防止阳光直射造成监测设备温度过高，冬季配合辅助加热装置确保监测设备结冰。

（2）温控装置。监测箱体嵌入温度传感器，当室外温度达到 0℃以下时，温控开关自动切换至辅助加热系统，并同时进行水箱排水，仪表停机，保证监测设备安全性。

（3）加热装置。箱体测量设备周围采用低压电伴热带缠绕，在温度低于 0℃时，电板热带通电工作，将温度稳定在 10℃左右。当室外温度大于 10℃时，辅助加热装置停止加热，同时启动仪表进行测量工作。

（4）管道保温。取水管道采用 50mm 厚保温棉进行防护，并将管道埋设于地下 30cm 处。防止冬季管道存水被冻裂或堵塞。

2. 防雷措施

提供三级避雷装置及通信防雷，包括等电位连接系统、共用接地系统、屏蔽系统、合理布线系统、浪涌保护器等。第一级是在监测点立杆顶部安装 0.5m 长的避雷针并做好接措施。第二级是在电源接入整个系统的控制柜之前，安装避雷器。第三级是在每台仪器中均安装防浪涌装置。

3. 防风措施

（1）立杆底部采用长 1m、宽 1m、深 0.8m 的混凝土浇筑底座，底座内预埋直径 16cm 的钢筋，用于固定立杆。

（2）根据安装现场环境（如当地最大风力的影响）确定，是否加装拉线，保证立杆稳定性。

（3）尽量避免在立杆上安装大面积设施，减小风阻。

（4）保证设备及立杆在 7 级风以内正常工作，在 8 级风时设备不被破坏。

4. 其他防护措施

在监测点周围安装 1.5m 锌钢栅栏，仪表安装 GPS 定位系统、入侵探测报警系统及视频监控系统，保障在线监测站的财物安全。

12.5　新一代在线水质监测软件系统

12.5.1　主要技术指标

软件系统主要技术指标见表 12-9。

表 12 - 9　　　　　　　　　　　　软件系统主要技术指标

技术指标	规格参数
与现场设备的通信方式	GPRS/CDMA/北斗等
现场监测点数量	1024（最大）
与远程监测客户端的连接方式	Internet
远程监测客户端连接数量	254（最大）
以笔记本电脑为平台的移动监测	支持
最小数据更新速率	300s
GIS	支持
实时超限报警	支持
超限报警标准	《地表水环境质量标准》（GB 3838—2002）
监测人员权限管理	支持
远程监测数据库	SQL server

12.5.2　主要功能

1. 用户权限管理

每个授权操作人员拥有一个用户账户，只有输入正确的用户代码和用户账户，才能进入系统。系统设有用户等级，通过权限设置，不同级别的使用者所能进行的操作必须具有相应的授权，系统禁止未经授权的操作。用户的授权由用户的权限确定，用户的权限是用户账户的一部分，具有较高等级的使用者有权使用低级操作人员的所有系统功能。

2. 操作员管理

该平台设置多级操作员进行管理，在操作员管理界面可对操作员进行分级、分权限管理，可设定中心操作管理、区域操作管理、站点查询管理等多级管理员设置。

3. 区域管理

监测区域管理可以通过本界面进行设置，增加或删除监测区域，包括监测大区、站点、测站的增加和删除功能。

4. 地图显示

地图界面显示区域内所有的监测点名称，地图上对应标示出所有的监测点地理位置，点击具体某一具体监测点，地图会同时显示该点水质最近一次的测量数值。当监测点出现某些故障时，也会显示在该地图界面。当监测点设备正常工作时，监测点地理位置的标示框显示为绿色；当监测设备无法传输数据时，标示框显示为黑色；当水质某一参数的实时监测数据超过报警界限时，标示框显示为红色。

5. 监测数据实况查看

监测数据实况界面左侧显示区域内所有的监控点名称，点击具体的监测点，界面右侧会显示该点所有监测参数最新一次的采样时间和监测数值。当设备状态的背景变为灰色时，说明该点监测设备无法传输数据。

6. 历史数据查看及管理

历史记录界面左侧一栏为监测点名称，选择具体时间，可查看该点某一时间段内所有监测参数的历史数据，可根据需要将数据导出系统以 Excel 表格形式进行保存。

7. 历史趋势查看

历史趋势查看界面左侧为监测点名称，可选择时间段查询、日曲线查询、月曲线查询、年度曲线查询和采样间隔时间以及测量参数，即可在右侧显示该参数在该时间段内的曲线趋势，将鼠标放在曲线上某一点，可显示该点的采样时间和测量数值。

8. 通用报表

通用报表分为时段统计报表、日统计报表、月统计报表和年度统计报表，报表内容包括统计时段的最大值、最小值和平均值。可根据报表直接看出水质变化范围。

9. 管理员操作查询

管理员操作查询可选取任意时间段查询某个站点某个管理员操作查询，可查询管理员登录状态，查询状态。

10. 数据导出

所有数据均可进行导出，例如：历史监测数据、统计分析数据、管理员操作记录、历史报警记录等，均可在数据查询后以 Excel 表格形式进行导出。

12.6 新一代在线水质监测分析仪的实例应用

12.6.1 实验室内质控分析

新一代在线水质监测分析仪已在很多地区进行了应用。为了展示实际运行效果，以北海牛尾岭水库自动监测站自动监测系统为例进行说明。该系统是广西壮族自治区水利电力勘测设计研究院的建设项目，完成后，委托广电计量检测（南宁）有限公司进行了自动监测系统比对监测工作，出具了水质自动监测站自动监测系统质控报告。

为确保监测过程各项技术要求和质量控制活动的规范性、完备性，监测数据的代表性、准确性、精密性、可比性以及完整性，该公司在样品采集、样品流转、样品分析等环节进行了全过程质量控制，相关质量保证和质量控制措施如下：

（1）比对样品按照《环境监测质量管理技术导则》（HJ 630—2011）、《地表水和污水监测技术规范水质采样》（HJ/T 91—2002）、《样品的保存和管理技术规定》（HJ 493—2009）进行采集、保存和运输。

（2）比对试验中所用的监测仪器均满足国家有关标准和技术规范要求，且经过具有相关资质的部门校准/检定合格，使用的标准方法为该公司资质能力范围内的国家标准或行业标准。

（3）现场监测人员及实验室分析人员均经培训合格后上岗，采样及分析过程完全遵循相关标准和技术规范的操作要求。

（4）实验室的质量控制措施规范、全面。实验人员在样品有效期内对样品进行分析，分析过程中采用室内空白、样品平行、有证标准物质验证作为质量控制措施，以保证样品分析的精密度和准确度。在精密度控制方面，实验室对水样进行平行双样测定，平行样精密度合格率为 100％；在准确度控制方面，实验室对有证标准样品进行分析，准确度合格率为 100％，详见表 12-10。

表 12-10　　　　　　　　　　实验室内部质控汇总表

分析项目	精密度				准确度		
	平行样				标准样品		
	测定值/(mg/L)		相对偏差/%	相对偏差范围/%	结果判定	测定值/(mg/L)	保证值/(mg/L)	结果判定
COD_Mn	2.3	2.4	2.1	≤20	合格	4.2	4.17±0.19	合格
	2.4	2.4	0			4.1		
	2.4	2.4	0			4.2		
	2.4	2.4	0			4.2		
	2.3	2.3	0			4.3		
	2.4	2.3	2.1			4.2		
NH_3—N	0.070	0.081	7.3	≤20	合格	0.923	0.904±0.042	合格
	0.075	0.075	0			0.904		
	0.070	0.070	0			0.910		
	0.070	0.075	3.4			0.935		
	0.075	0.065	7.1			0.885		
	0.070	0.075	3.4			0.910		
TP	0.04	0.04	0	≤10	合格	0.85	0.850±0.038	合格
	0.04	0.04	0			0.83		
	0.04	0.04	0			0.82		
	0.04	0.04	0			0.84		
	0.04	0.04	0			0.83		
	0.04	0.04	0			0.85		
TN	1.08	1.09	0.5	≤5	合格	2.52	2.48±0.17	合格
	1.09	1.11	0.9			2.42		
	1.18	1.18	0			2.41		
	1.18	1.18	0			2.42		
	1.11	1.10	0.5			2.44		
	1.11	1.11	0			2.43		

12.6.2　实验室内监测分析

监测基本信息见表 12-11。

表 12-11　　　　　　　　　　　监 测 基 本 信 息

监测采样内容	内 容 描 述
监测点位	北海牛尾岭水库水源地
监测项目	水温、pH、DO、电导率、浊度、COD$_{Mn}$、NH$_3$—N、TP、TN共9项
监测频率	连续监测3天，每天间隔采样6次，每次采集2个水样（平行样）
采用日期	2019年5月17日16：00至5月20日12：00
接样日期	2019年5月18—20日
分析日期	2019年5月18—21日
分析条件说明	现场分析条件和实验室分析条件均符合环境监测规定条件要求

手工监测方法依据及仪器信息见表 12-12。

表 12-12　　　　　　　　手工监测方法依据及仪器信息

序号	监测项目	监测方法（标准）及编号	仪器名称及型号	仪器编号	检出限/测量精度
1	水温	《水质　水温的测定　温度计或颠倒温度计测定法》（GB/T 13195—1991）	水银温度计	NNHB2019-D002	0.1℃
2	pH	《水质　pH值的测定　玻璃电极法》（GB/T 6920—1986）	便携式多参数测定仪 SX836	NNHB2019-G021	0.01
3	DO	《水质　溶解氧的测定　电化学探头法》（HJ 506—2009）	便携式多参数测定仪 SX836	NNHB2019-G021	0.01mg/L
4	电导率	《水和废水监测分析法》（第四版增补版国家环保总局2002年）3.1.9.1	便携式多参数测定仪 SX836	NNHB2019-G021	0.1μS/cm
5	浊度	《水和废水监测分析法》（第四版增补版国家环保总局2002年）3.1.4.3	浊度仪 HI93703-11	SYHB2017-G110	0.01NTU
6	COD$_{Mn}$	《水质　高锰酸盐指数的测定》（GB/T 11892—1989）	酸碱通用滴定管	NNHB-D25-6	0.5mg/L
7	NH$_3$—N	《水质　氨氮的测定纳氏试剂分光光度法》（HJ 535—2009）	紫外可见分光光度计 UV-1800	NNHB2016-G281	0.025mg/L
8	TP	《水质　总磷的测定　钼酸铵分光光度法》（GB/T 11893—1989）	紫外可见分光光度计 UV-1800	NNHB2016-G281	0.01mg/L
9	TN	《水质　总氮的测定　碱性过硫酸钾消解紫外分光光度法》（GB/T 11893—1989）	紫外可见分光光度计 UV-1800	NNHB2016-G281	0.05mg/L

自动监测仪器信息见表 12-13。

表 12-13　　　　　　　　　　　自 动 监 测 仪 器 信 息

设备名称	监测指标	测量方法	测量范围	生产厂家
一体型潜入式多参数在线水质分析仪（型号：SWF-03.06B1）	COD_{Mn}	光学法	0～20mg/L	希玛诺
	NH_3-N	电极法	0～5mg/L、0～50mg/L、0～100mg/L、0～200mg/L	
	TP	光学法	0.05～2.0mg/L	
	TN	光学法	0.05～2.0mg/L	
	溶解氧	电极法（荧光）	0～25mg/L	
	电导率	电极法	0～100μS/cm	
	pH	玻璃电极法	0～14pH	
	浊度	光学法	0～100NTU	
	水温	电热阻法	0～50℃	

地表水自动监测设备评价标准要求，实际水样比对监测按《地表水自动监测技术规范》（试行）（HJ 915—2017）要求进行评价。

实际水样比对实验连续进行 3 天。采集瞬时样，每天于自动监测仪器采样时，人工间隔采样 6 次，每次采集 2 个水样（平行样），用于对比实验分析。同步记录自动监测仪器读数，计算实际水样比对相对误差，按照表 12-14 对结果进行判定。实际水样比对合格率应不小于 85%。

表 12-14　　　　　　　　　　实 际 水 样 比 对 误 差 控 制

监测项目	实际水样比对
pH/（无量纲）	±0.1
温度/℃	±0.2
DO/（mg/L）	±0.3
电导率/（μS/cm）	±10%
浊度/（NTU）	±10%
NH_3-N/（mg/L）	当 $C_x>B_{IV}$ 时，比对实验的相对误差在 20% 以内；当 $B_{II}<C_x\leqslant B_{IV}$ 时，比对实验的相对误差在 30% 以内；当 $4DL<C_x\leqslant B_{II}$ 时，比对实验的相对误差在 40%；当自动监测数据和实验室分析结果双方都未检出，或有一方未检出且另一方的测定值低于 B_I 时，均认定对比实验结果合格。其中，C_x 为仪器测定浓度；B_I、B_{II}、B_{IV} 分别为《地表水环境质量标准》（GB 3838—2002）表 1 中相应的水质类别标准限值；4DL 为测定下限
COD_{Mn}/（mg/L）	
TN/（mg/L）	
TP/（mg/L）	

比对监测结果分别见表 12-15～表 12-23。

表 12 - 15 　　　　　　　　　**水温地表水自动分析仪实际水样比对结果**

监测时间	水温/℃						
	手工监测值			在线监测值	绝对误差	考核指标	评价结果
	1	2	均值				
2019 年 5 月 17 日 16:00	29.5	29.5	29.5	29.7	0.2		合格
2019 年 5 月 17 日 20:00	29.4	29.4	29.4	29.6	0.2		合格
2019 年 5 月 18 日 00:00	29.6	29.6	29.6	29.6	0.0		合格
2019 年 5 月 18 日 04:00	29.5	29.5	29.5	29.6	0.1		合格
2019 年 5 月 18 日 08:00	29.7	29.7	29.7	29.8	0.1		合格
2019 年 5 月 18 日 12:00	30.1	30.1	30.1	29.9	−0.2		合格
2019 年 5 月 18 日 16:00	30.6	30.5	30.6	30.7	0.1		合格
2019 年 5 月 18 日 20:00	30.5	30.5	30.5	30.6	0.1		合格
2019 年 5 月 19 日 00:00	30.1	30.1	30.1	30.3	0.2	±0.2	合格
2019 年 5 月 19 日 04:00	30.1	30.1	30.1	30.3	0.2		合格
2019 年 5 月 19 日 08:00	30.0	30.0	30.0	30.2	0.2		合格
2019 年 5 月 19 日 12:00	30.5	30.5	30.5	30.6	0.1		合格
2019 年 5 月 19 日 16:00	30.3	30.3	30.3	30.4	0.1		合格
2019 年 5 月 19 日 20:00	30.2	30.2	30.2	30.4	0.2		合格
2019 年 5 月 20 日 00:00	29.7	29.7	29.7	30.4	0.7		不合格
2019 年 5 月 20 日 04:00	30.2	30.2	30.2	30.3	0.1		合格
2019 年 5 月 20 日 08:00	30.6	30.6	30.6	30.8	0.2		合格
2019 年 5 月 20 日 12:00	31.4	31.5	31.4	31.6	0.2		合格
实际水样比对合格率为 94.4%							

表 12 - 16 　　　　　　　　　**pH 地表水自动分析仪实际水样比对结果**

监测时间	pH（无量纲）						
	手工监测值			在线监测值	绝对误差	考核指标	评价结果
	1	2	均值				
2019 年 5 月 17 日 16:00	8.90	8.88	8.89	9.89	1.00		不合格
2019 年 5 月 17 日 20:00	8.84	8.84	8.84	8.92	0.08		合格
2019 年 5 月 18 日 00:00	8.82	8.82	8.82	8.82	0		合格
2019 年 5 月 18 日 04:00	8.81	8.80	8.80	8.77	−0.03		合格
2019 年 5 月 18 日 08:00	8.79	8.79	8.79	8.81	0.02		合格
2019 年 5 月 18 日 12:00	8.79	8.80	8.80	8.71	−0.09		合格
2019 年 5 月 18 日 16:00	8.81	8.81	8.81	8.89	0.08		合格
2019 年 5 月 18 日 20:00	8.98	8.96	8.97	8.93	−0.04		合格
2019 年 5 月 19 日 00:00	8.89	8.89	8.89	8.85	−0.04		合格
2019 年 5 月 19 日 04:00	8.81	8.81	8.81	8.77	−0.04	±0.1	合格
2019 年 5 月 19 日 08:00	8.73	8.71	8.72	8.63	−0.09		合格
2019 年 5 月 19 日 12:00	9.04	9.03	9.03	8.76	−0.27		不合格
2019 年 5 月 19 日 16:00	8.64	8.63	8.63	8.60	−0.03		合格
2019 年 5 月 19 日 20:00	8.81	8.81	8.81	8.86	0.05		合格
2019 年 5 月 20 日 00:00	8.78	8.79	8.78	8.70	−0.08		合格
2019 年 5 月 20 日 04:00	8.71	8.71	8.71	8.64	−0.07		合格
2019 年 5 月 20 日 08:00	8.55	8.54	8.54	8.53	−0.01		合格
2019 年 5 月 20 日 12:00	9.01	9.01	9.01	8.96	−0.05		合格
实际水样比对合格率为 88.9%							

表 12－17　　　　　　　　　溶解氧地表水自动分析仪实际水样比对结果

监测时间	DO/(mg/L)						
	手工监测值			在线监测值	绝对误差	考核指标	评价结果
	1	2	均值				
2019 年 5 月 17 日 16：00	8.14	8.13	8.14	8.0	－0.14		合格
2019 年 5 月 17 日 20：00	7.85	7.85	7.85	8.0	0.15		合格
2019 年 5 月 18 日 00：00	7.83	7.82	7.82	7.8	－0.02		合格
2019 年 5 月 18 日 04：00	7.81	7.79	7.80	7.7	－0.10		合格
2019 年 5 月 18 日 08：00	7.71	7.70	7.70	7.5	－0.20		合格
2019 年 5 月 18 日 12：00	7.82	7.82	7.82	7.8	－0.02		合格
2019 年 5 月 18 日 16：00	8.44	8.42	8.43	8.2	－0.23		合格
2019 年 5 月 18 日 20：00	8.22	8.24	8.23	8.0	－0.23		合格
2019 年 5 月 19 日 00：00	7.82	7.82	7.82	7.7	－0.12	±0.3	合格
2019 年 5 月 19 日 04：00	7.55	7.54	7.54	7.4	－0.14		合格
2019 年 5 月 19 日 08：00	7.71	7.71	7.71	7.3	－0.41		合格
2019 年 5 月 19 日 12：00	8.12	8.11	8.12	7.8	－0.32		合格
2019 年 5 月 19 日 16：00	7.70	7.70	7.70	7.7	0.00		合格
2019 年 5 月 19 日 20：00	8.20	8.17	8.18	7.9	－0.28		合格
2019 年 5 月 20 日 00：00	7.78	7.78	7.78	7.6	－0.18		合格
2019 年 5 月 20 日 04：00	7.54	7.53	7.54	7.3	－0.24		合格
2019 年 5 月 20 日 08：00	7.23	7.22	7.22	7.1	－0.12		合格
2019 年 5 月 20 日 12：00	8.01	8.00	8.00	8.1	0.10		合格
实际水样比对合格率为 100%							

表 12－18　　　　　　　　　电导率地表水自动分析仪实际水样比对结果

监测时间	电导率/(μS/cm)						
	手工监测值			在线监测值	绝对误差	考核指标	评价结果
	1	2	均值				
2019 年 5 月 17 日 16：00	78.6	78.6	78.6	86	9.4%		合格
2019 年 5 月 17 日 20：00	79.0	79.0	79.0	81	2.5%		合格
2019 年 5 月 18 日 00：00	79.5	79.5	79.5	80	0.6%		合格
2019 年 5 月 18 日 04：00	79.8	79.8	79.8	81	1.5%		合格
2019 年 5 月 18 日 08：00	79.5	79.5	79.5	81	1.95%		合格
2019 年 5 月 18 日 12：00	80.1	80.1	80.1	81	1.1%		合格
2019 年 5 月 18 日 16：00	78.2	78.2	78.2	81	3.6%		合格
2019 年 5 月 18 日 20：00	80.1	80.1	80.1	81	1.1%		合格
2019 年 5 月 19 日 00：00	80.3	80.3	80.3	81	0.9%		合格
2019 年 5 月 19 日 04：00	80.1	80.1	80.1	81	1.1%	±10%	合格
2019 年 5 月 19 日 08：00	79.1	79.1	79.1	80	1.1%		合格
2019 年 5 月 19 日 12：00	81.1	81.1	81.1	81	－0.1%		合格
2019 年 5 月 19 日 16：00	76.6	76.6	76.6	80	4.4%		合格
2019 年 5 月 19 日 20：00	79.1	79.1	79.1	81	2.4%		合格
2019 年 5 月 20 日 00：00	79.3	79.3	79.3	80	0.9%		合格
2019 年 5 月 20 日 04：00	79.5	79.5	79.5	81	1.9%		合格
2019 年 5 月 20 日 08：00	81.2	81.2	81.2	80	－1.5%		合格
2019 年 5 月 20 日 12：00	80.3	80.3	80.3	81	0.9%		合格
实际水样比对合格率为 100%							

表 12-19 浊度地表水自动分析仪实际水样比对结果

监测时间	浊度/NTU						
	手工监测值			在线监测值	绝对误差	考核指标	评价结果
	1	2	均值				
2019 年 5 月 17 日 16:00	6.57	6.50	6.54	7	7.0%		合格
2019 年 5 月 17 日 20:00	6.72	6.70	6.71	7	4.3%		合格
2019 年 5 月 18 日 00:00	7.83	7.76	7.80	8	2.6%		合格
2019 年 5 月 18 日 04:00	7.95	7.80	7.88	8	1.5%		合格
2019 年 5 月 18 日 08:00	8.35	8.42	8.38	9	7.4%		合格
2019 年 5 月 18 日 12:00	8.20	8.33	8.26	9	9.0%		合格
2019 年 5 月 18 日 16:00	7.44	7.50	7.47	11	47.3%		不合格
2019 年 5 月 18 日 20:00	8.22	8.40	8.31	10	20.3%		不合格
2019 年 5 月 19 日 00:00	7.78	7.68	7.73	8	3.5%	±10%	合格
2019 年 5 月 19 日 04:00	5.34	5.42	5.38	5	−7.1%		合格
2019 年 5 月 19 日 08:00	6.05	6.37	6.21	6	−3.4%		合格
2019 年 5 月 19 日 12:00	8.63	8.54	8.58	8	−6.8%		合格
2019 年 5 月 19 日 16:00	7.80	7.66	7.73	7	−9.4%		合格
2019 年 5 月 19 日 20:00	8.76	8.62	8.69	9	3.6%		合格
2019 年 5 月 20 日 00:00	6.82	6.85	6.84	7	2.3%		合格
2019 年 5 月 20 日 04:00	5.74	5.91	5.82	6	3.1%		合格
2019 年 5 月 20 日 08:00	6.23	6.31	6.27	6	−4.3%		合格
2019 年 5 月 20 日 12:00	8.39	8.37	8.38	9	7.4%		合格
实际水样比对合格率为 88.9%							

表 12-20 COD_{Mn} 地表水自动分析仪实际水样比对结果

监测时间	$COD_{Mn}/(mg/L)$						
	手工监测值			在线监测值	绝对误差	考核指标	评价结果
	1	2	均值				
2019 年 5 月 17 日 16:00	2.3	2.3	2.3	2.4	4.3%		合格
2019 年 5 月 17 日 20:00	2.3	2.3	2.3	2.4	4.3%		合格
2019 年 5 月 18 日 00:00	2.4	2.4	2.4	2.5	4.2%		合格
2019 年 5 月 18 日 04:00	2.4	2.4	2.4	2.5	4.2%		合格
2019 年 5 月 18 日 08:00	2.3	2.3	2.3	2.3	0		合格
2019 年 5 月 18 日 12:00	2.4	2.4	2.4	2.4	0		合格
2019 年 5 月 18 日 16:00	2.3	2.3	2.3	2.4	4.3%		合格
2019 年 5 月 18 日 20:00	2.3	2.3	2.3	2.3	0		合格
2019 年 5 月 19 日 00:00	2.3	2.3	2.3	2.3	0		合格
2019 年 5 月 19 日 04:00	2.3	2.3	2.3	2.3	0	±40%	合格
2019 年 5 月 19 日 08:00	2.4	2.4	2.4	2.4	0		合格
2019 年 5 月 19 日 12:00	2.3	2.4	2.4	2.3	−4.2%		合格
2019 年 5 月 19 日 16:00	2.4	2.3	2.4	2.4	0		合格
2019 年 5 月 19 日 20:00	2.4	2.4	2.4	2.4	0		合格
2019 年 5 月 20 日 00:00	2.3	2.4	2.4	2.4	0		合格
2019 年 5 月 20 日 04:00	2.3	2.4	2.4	2.4	0		合格
2019 年 5 月 20 日 08:00	2.3	2.4	2.4	2.3	−4.2%		合格
2019 年 5 月 20 日 12:00	2.4	2.4	2.4	2.3	−4.2%		合格
实际水样比对合格率为 100%							

表 12 - 21　　　　　　　　NH₃—N 地表水自动分析仪实际水样比对结果

监测时间	NH₃—N/(mg/L)						
	手工监测值			在线监测值	绝对误差	考核指标	评价结果
	1	2	均值				
2019 年 5 月 17 日 16:00	0.334	0.324	0.329	0.35	6.4%		合格
2019 年 5 月 17 日 20:00	0.081	0.070	0.076	0.08	5.3%		合格
2019 年 5 月 18 日 00:00	0.065	0.070	0.068	0.07	2.9%		合格
2019 年 5 月 18 日 04:00	0.060	0.070	0.065	0.07	7.7%		合格
2019 年 5 月 18 日 08:00	0.070	0.075	0.072	0.07	−2.8%		合格
2019 年 5 月 18 日 12:00	0.078	0.075	0.076	0.08	5.3%		合格
2019 年 5 月 18 日 16:00	0.081	0.070	0.076	0.08	5.3%		合格
2019 年 5 月 18 日 20:00	0.081	0.086	0.084	0.09	7.1%		合格
2019 年 5 月 19 日 00:00	0.086	0.075	0.08	0.08	0	±40%	合格
2019 年 5 月 19 日 04:00	0.075	0.075	0.075	0.08	6.7%		合格
2019 年 5 月 19 日 08:00	0.065	0.075	0.070	0.07	0		合格
2019 年 5 月 19 日 12:00	0.070	0.072	0.071	0.07	−1.4%		合格
2019 年 5 月 19 日 16:00	0.081	0.070	0.076	0.07	−7.9%		合格
2019 年 5 月 19 日 20:00	0.075	0.075	0.075	0.08	6.7%		合格
2019 年 5 月 20 日 00:00	0.070	0.081	0.076	0.08	5.3%		合格
2019 年 5 月 20 日 04:00	0.081	0.075	0.078	0.07	−10.3%		合格
2019 年 5 月 20 日 08:00	0.075	0.070	0.072	0.07	−2.8%		合格
2019 年 5 月 20 日 12:00	0.070	0.070	0.070	0.08	14.3%		合格
实际水样比对合格率为 100%							

表 12 - 22　　　　　　　　TP 地表水自动分析仪实际水样比对结果

监测时间	TP/(mg/L)						
	手工监测值			在线监测值	绝对误差	考核指标	评价结果
	1	2	均值				
2019 年 5 月 17 日 16:00	0.04	0.03	0.04	0.04	0		合格
2019 年 5 月 17 日 20:00	0.04	0.04	0.04	0.04	0		合格
2019 年 5 月 18 日 00:00	0.04	0.04	0.04	0.04	0		合格
2019 年 5 月 18 日 04:00	0.03	0.04	0.04	0.04	0		合格
2019 年 5 月 18 日 08:00	0.04	0.04	0.04	0.04	0		合格
2019 年 5 月 18 日 12:00	0.04	0.04	0.04	0.04	0		合格
2019 年 5 月 18 日 16:00	0.03	0.04	0.04	0.04	0		合格
2019 年 5 月 18 日 20:00	0.04	0.04	0.04	0.04	0		合格
2019 年 5 月 19 日 00:00	0.04	0.04	0.04	0.04	0	±40%	合格
2019 年 5 月 19 日 04:00	0.04	0.04	0.04	0.04	0		合格
2019 年 5 月 19 日 08:00	0.04	0.04	0.04	0.04	0		合格
2019 年 5 月 19 日 12:00	0.04	0.04	0.04	0.04	0		合格
2019 年 5 月 19 日 16:00	0.04	0.04	0.04	0.04	0		合格
2019 年 5 月 19 日 20:00	0.04	0.04	0.04	0.04	0		合格
2019 年 5 月 20 日 00:00	0.04	0.04	0.04	0.04	0		合格
2019 年 5 月 20 日 04:00	0.04	0.04	0.04	0.04	0		合格
2019 年 5 月 20 日 08:00	0.04	0.04	0.04	0.04	0		合格
2019 年 5 月 20 日 12:00	0.04	0.04	0.04	0.04	0		合格
实际水样比对合格率为 100%							

表 12 - 23 总氮地表水自动分析仪实际水样比对结果

监测时间	TN/(mg/L)						
	手工监测值			在线监测值	绝对误差	考核指标	评价结果
	1	2	均值				
2019 年 5 月 17 日 16:00	1.26	1.24	1.25	1.30	4.0%		合格
2019 年 5 月 17 日 20:00	1.26	1.23	1.24	1.30	4.8%		合格
2019 年 5 月 18 日 00:00	1.11	1.12	1.12	1.15	2.7%		合格
2019 年 5 月 18 日 04:00	1.11	1.13	1.12	1.15	2.7%		合格
2019 年 5 月 18 日 08:00	1.10	1.11	1.10	1.12	1.8%		合格
2019 年 5 月 18 日 12:00	1.08	1.10	1.09	1.12	2.8%		合格
2019 年 5 月 18 日 16:00	1.24	1.22	1.23	1.28	4.1%		合格
2019 年 5 月 18 日 20:00	1.23	1.24	1.24	1.24	0		合格
2019 年 5 月 19 日 00:00	1.13	1.12	1.12	1.15	2.7%	±40%	合格
2019 年 5 月 19 日 04:00	1.13	1.11	1.12	1.12	0		合格
2019 年 5 月 19 日 08:00	1.13	1.11	1.12	1.12	0		合格
2019 年 5 月 19 日 12:00	1.18	1.18	1.18	1.18	0		合格
2019 年 5 月 19 日 16:00	1.10	1.09	1.10	1.18	7.3%		合格
2019 年 5 月 19 日 20:00	1.21	1.21	1.21	1.22	0.8%		合格
2019 年 5 月 20 日 00:00	1.21	1.20	1.20	1.22	1.7%		合格
2019 年 5 月 20 日 04:00	1.15	1.17	1.16	1.20	3.4%		合格
2019 年 5 月 20 日 08:00	1.02	1.00	1.01	1.10	8.9%		合格
2019 年 5 月 20 日 12:00	1.10	1.11	1.10	1.14	3.6%		合格
实际水样比对合格率为 100%							

经分析，对北海牛尾岭水库水源地水温、pH、DO、电导率、浊度、COD_{Mn}、NH_3—N、TP、TN 进行实际水样比对监测，比对合格率均不小于 85%，比对监测结果合格。

12.7 本章小结

本章回顾了水质有机物综合指标在线分析技术的发展历史，介绍了我国独创的、具有自主知识产权的新一代水质在线分析技术的基本原理和主要优点，并对其与国际知名品牌美国哈希（Hach）公司（http://www.hach.com/）产品的性能做了对比分析。最后对该监测分析系统进行设计，具体结论如下。

（1）水质有机物综合指标在线分析技术发展经历了在线化学分析仪表、在线 UV 吸收光谱分析仪表、在线 UV＋FL＋Raman 光谱融合分析仪表三个阶段。在线化学分析仪表和在线 UV 吸收光谱分析仪表具有技术互补的特点。在线 UV＋FL＋Raman 光谱融合分析仪表充分利用水体有机物的 UV 吸收光谱、FL 发射光谱和 Raman 散射光谱具有互补的感知性能，经优化设计后可克服在线 UV 吸收光谱分析仪表测量精度低、抗干扰能力差的重要缺陷，且在高浊度、低浓度的水体中具有优良的测量稳定性。

（2）我国自主研发的多参数在线水质分析仪，首次采用了 UV＋FL＋Raman 光谱融合分析技术，引入了现场荧光（FL）分析技术和 Raman 散射光谱，并与 UV 吸收光谱分析技术有机融合，显著提升了水体有机物综合指标在线分析性能。其分析步骤如下：采用多个不同波段的激发光源同步照射水样，分别生成待测样品的 UV 吸收光谱、三维 FL 发射光谱和 Raman 散射光谱；分析对获得水样多源光谱提取水中有机物特征，构成特征光谱，以排除各种干扰因素的影响；将不同来源的水样特征光谱进行平衡与组合，避免"信息掩盖问题"；对处理后的多源特征光谱进行信息融合建模分析，获得水样中有机物的综合含量值。将我国自主研发的多参数水质分析仪与美国哈希公司的在线分析仪在参数数量、测量时间、测量精度、二次污染、运行成本、维护要求、设备投资等指标方面进行了对比，均比前两代技术产品具有明显优势。

（3）设计了新一代在线水质监测系统。系统架构采用 GPRS/CDMA/北斗等通信协议的无线组网方式进行监测数据的远程传输；自动监测站点是无人值守的，按设定的监测周期，定时将水质监测数据通过移动通信公网传输至数据处理服务器；经由内部局域网传输给高级客户端，通过公网传输至二级管理机构客户端。数据处理服务器与现场测量系统之间采用基于移动通信公网的数据通信，因此数据处理服务器安放位置不受现场距离限制。

（4）对测量系统设备型号及规格进行了选择，确立监测站选址原则，对立杆式和岸壁式的安装方式进行设计，并设计了辅助取供水系统、沉沙过滤系统、供电方式、数据采集与集成传输单元、安全防护单元。研发了新一代在线监测水质分析系统，具有用户管理、地图显示、监测数据实况管理、历史数据管理、历史数据趋势分析、历史通用报表管理管理、管理员操作查询管理和数据导出等功能。

（5）以北海牛尾岭水库自动监测站为例，依据《地表水自动监测技术规范》（试行）（HJ 915—2017）对北海牛尾岭水库水源地水温、pH、DO、电导率、浊度、COD_{Mn}、NH_3—N、TP、TN 进行实际水样比对监测，比对合格率均不小于 85%，比对监测结果合格。

参考文献

尚丽平，杨仁杰，2009. 现场荧光光谱技术及其应用 [M]. 北京：科学出版社.

曾甜玲，温志渝，温中泉，等，2013. 基于紫外光谱分析的水质监测技术研究进展 [J]. 光谱学与光谱分析，33（4）：1098-1103.

GONZALEZ C，QUEVAUVILLER P，GREENWOOD R，2009. Rapid chemical and biological techniques for water monitoring [M]. Chichester：John Wiley & Sons Ltd.

LAKOWICZ J R，2008. 荧光分析法原理 [M]. 3 版. 北京：科学出版社.

第 13 章　面向智能仿真的水动力水质三维虚拟仿真技术

13.1　引言

梯级水库调节过程引发的水动力效应可能导致崩岸、上游淤积、下游冲刷、污染物累积、航线优选等问题出现，已引起政府和社会的高度关注。国内已较为系统地研究了梯级水库群调度模型（吴昊 等，2015）、河道冲淤变化（假冬冬 等，2014a、2014b）、污染物迁移转化（程军蕊 等，2014）等带来的水动力水质效应，积累了丰富成果。但是仍缺乏有效的方法将梯级水库群动态调节带来的水动力水质效应通过更加科学直观的方式研究和展示，不利于科学决策和高效管理，尤其梯级水库群的调控决策非结构化程度更高（黄少华 等，2013），需要更多的人机动态交互和分布式协同工作。因此，对支撑调度决策的系统时效性和直观性要求更高，为推动流域管理向智慧流域（蒋云钟 等，2011）方向迈进提供了技术支持。

国内外学者对可视化仿真在水领域应用展开研究。Lai 等（2011）利用已有试验和数值模拟结果生成了大尺度洪水减灾工程的三维虚拟环境。Chien 等（2011）把 Google Earth 作为可视化工具，实现了二维水动力模型计算结果在数字地球上的展示。Zhang 等（2013）提出了利用数值模型和虚拟环境进行流域决策的实时交互仿真框架。Zhang 等（2016）在建立的虚拟航道环境系统中可视化仿真水流过程。叶松等（2008）对三峡库区万州段污染物迁移转化过程进行了动态模拟，展现了水污染扩散推进三维效果。Ye 等（2015）在虚拟流域环境中实现了大尺度河道冲淤过程的三维可视化。冶运涛等（2011a）集成二维溃坝水流模型和在线监测数据，形象直观地展现了堰塞湖的蓄水过程和洪水演进的三维效果。高阳等（2015）在水污染事件数据与空间数据集成的基础上，汇集数字地球所提供的地形地貌数据，直观地表现了水污染运移过程。

可视化仿真技术能够直观地展现梯级水库群调控水动力水质效应的时空过程，能够有效地辅助工程人员的科学决策，有很强的实用性。但是传统的水库群优化调度计算与决策模拟，都是以二维图表或报表展示调度结果和运算过程，整个过程不直观（胡军 等，2011），缺乏沉浸感和交互性，且很少考虑由于水库调度造成水力边界的调整引发的水动力水质效应的表达；水库的运行管理基本上还是在二维平面上或者是采用摄像头进行监视，三维地理信息系统和虚拟仿真等三维可视化技术的出现和发展，为水库调度管理提供了全新的技术平台（胡军 等，2011）。虚拟现实技术具有沉浸性、交互性和多感知性等特点，并已在许多领域得到了研究和应用，在水利水电行业也有学者进行了一定的研究。因此，本章将虚拟现实应用到梯级水库群调控水动力水质效应的建模及仿真中，开发梯级水库群水动力水质效应虚拟仿真系统，使工程决策人员真正地融入仿真过程中，实现"人在回路中的仿真"（钟登华 等，2009），极大地提高了梯级水库群管理的现代化水平。

13.2　梯级水库群调控水动力水质虚拟仿真系统分析

13.2.1　虚拟现实与数值模拟结合

虚拟现实技术（或称为虚拟仿真技术）为流域综合管理的立体可视化管理提供了一种途径。它将以水循环为纽带的多源的水资源、社会经济、生态环境等信息高度融合，将真实流域空间"搬入"计算机生成虚拟流域环境，使用户在虚拟空间中对流域进行交互观察和控制，从而实现对流域的协同高效管理。

流域数值模拟是首先通过对流域中的研究对象概化，运用适当的数学工具，建立用数学语言模拟现实的模型；其次，运用计算机辅助数学模型求解过程，从而根据实际系统或过程的特征，按照一定的数学规律用计算机程序语言模拟实际运行状况，预测未来发展情景，对研究对象定量分析，并提供对象的最优决策或控制（冶运涛，2009）。如梯级水库调节改变水流运动边界造成的水动力模拟以及伴随水动力特性变化导致的水质迁移转化、泥沙悬浮及沉降的转化等、水库淹没范围的模拟等。

流域仿真模拟是将虚拟现实技术与流域数值模拟相结合而形成的支撑流域综合管理的新型手段和方法。虚拟现实可以为用户提供身临其境般的交互式仿真环境，比一般可视化仿真有更优越的沉浸感和交互性；而数值模拟主要关心流域水循环过程及其调控耦合系统的模拟预测，更具有专业特色，是流域仿真模拟的核心引擎，可以为流域管理辅助决策提供依据。因此，可将虚拟现实技术和数值模拟技术两者结合起来，以利用它们各自的特点。通过两者的结合，开发梯级水库群调控水动力水质效应虚拟仿真系统，服务于水库群运行管理。

13.2.2　系统的功能分析

（1）具有自适应调整视点的虚拟环境漫游。系统提供了通过鼠标和键盘改变视点视角和位置的手动漫游控制方式，还可以预定制漫游路径实现自动巡航。自适应调整是在视点接近地形地物表面时，启动碰撞检测功能避免视点穿越物体而有"违和"感。漫游和碰撞检测功能的结合增强了用户在虚拟环境中的真实沉浸感。

（2）水利工程实体模型信息的交互动态查询。在虚拟环境中漫游浏览时，鼠标移动到待选三维模型，双击左键就可以以对话框方式显示该模型的属性信息。如通过构建属性数据库存储实体模型信息，鼠标点击实体后即可实现相关信息的查询，增强了用户和实体模型之间的实时交互性。

（3）闸坝控制的仿真。水库的调节通过闸门的控制实现。通过图形建模方式对水库和闸门进行精细建模，构造其运动节点的自由度，利用鼠标操纵实现闸门的启闭。或者基于远程自动化调度指令信息实现闸门的自动启闭。

（4）泄流形态的模拟。根据大坝表孔、中孔、底孔的闸门开闭变化，动态演示出流流量的大小变化和影响范围。

（5）水库淹没过程的模拟。建立地形网格的拓扑关系并获取网格节点高程值；给定水位后，按照基于无向图的洪水淹没过程算法搜索出洪水淹没区。当给定系列水位值后，在计算机生成的虚拟场景中，就可以动态模拟库区洪水淹没过程，给人一目了然的感觉。

（6）河道水流可视化模拟。仿真系统水流模拟不仅满足视觉需要，而且能够模拟各种来水情况下的真实水流形态，为摸清水流、泥沙或污染物的相互作用机理提供直观的可视化手段。

（7）水质迁移转化三维可视化。基于水质模型计算结果或监测数据，通过标量场的可视化表达方式。根据模拟或监测结果以不同颜色梯度变化映射不同的水质浓度，在三维虚拟环境中，直观展现河道水质浓度的沿程变化过程。

（8）工程方案论证。以往的工程方案基于二维可视化平台规划设计，简单的点、线、面所表达的工程方案不够清晰直观，难于理解和多方案比选。而虚拟现实技术生成的三维场景具有真实的立体感、高度的沉浸感和良好的交互特性。在计算机生成的虚拟环境中，根据规则模型的实际尺寸建模，然后与场景融合，对比多种方案的空间布置和模拟不同方案的效果，确定最终方案。

13.2.3 系统开发流程及总体框架

系统所用地形建模软件为 Terra Vista，地物建模软件为 Multigen Creator，三维模型采用 OpenFlight 格式文件存储，三维场景驱动采用 Open Scene Graph（OSG）和 OpenGL2.0 共同完成，系统开发采用 Visual Studio 2008。Terra Vista、Creator 和 OpenGVS 三者分别发挥不同的作用，大范围地形的生成采用 Terra Vista，具体地物如桥梁、闸门、建筑物建模用 Multigen Creator，场景驱动及功能开发采用 OSG，动态水流模拟采用 OpenGL 基本图元函数绘制。系统总体框架如图 13-1 所示。

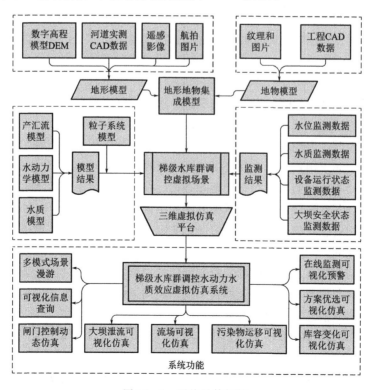

图 13-1 系统总体框架

13.3　梯级水库群调控虚拟环境建模方法

13.3.1　地形建模

梯级水库群调控主要关注河道及坝区环境，因此采用分区建模降低渲染负担。河道外的地形地貌采用较粗分辨率的数字高程模型（Digital Elevation Model，DEM）和遥感影像，将其导入到地形建模软件 Terra Vista 生成大范围多分辨率地形环境（冶运涛，2009）；河道内地形（含消落带区）及坝区地形采用高精度 DEM 和航拍图片生成精细分辨率的地形场景，并与河道外地形形成嵌套建模结构（冶运涛，2009）。

13.3.2　地物建模

根据地物模型是否具有行为特性将其分为静态模型和动态模型两类。静态模型只进行几何建模和形象建模两个过程，其中几何建模指的是构造与真实世界物体形状相同或相似的模型，而形象建模是为增强模型真实感，将图片以纹理映射的方式添加到几何模型上，并施以光照阴影等处理。若规则地物模型的系列特征参数之间具有明确的几何关系，可以利用参数化方法建模。不规则地物模型则用 Multigen Creator 等软件依据物体的外形轮廓由基本的点、线、多边形来构建。场景中的动态模型具有行为特性，则需要按照节点之间运动的连接关系动态建模，这不仅展示生动丰富的三维场景，还能逼真显示水利工程的调控过程，如升船机升降运动、闸门的开闭、水轮机旋转、航船运动等动态模型，需要精细的描述实体结构的几何数据来按其具体尺寸和连接结构建模。

13.3.3　粒子系统建模

粒子系统是由 Reeves 于 1983 年首次提出（Reeves，1983）用于不规则模糊物体建模及其图像生成的最为成功的一种方法，在水、云、森林等自然景观的模拟方面已取得了很好的效果（张芹 等，2004）。本系统中用粒子系统模拟泄洪及水流流场。粒子模拟技术可以比较生动地表现水流运动的细节，不但在视觉上有独特的表现力，而且可以与物体的受力运动等物理机制相结合，模拟出高逼真的流体运动状态，但是越精细的模拟越需要更多的存储空间和更高的渲染能力，不能大范围使用，可以根据实际应用情况处理。

13.3.4　数据组织及存储

系统建设中包括空间数据和属性数据两种。空间数据采用 OpenFlight 格式组织存储，应用 extern 外部引用节点存储和管理地物模型空间位置信息，并以唯一 ID 标识。属性数据则存储于 SQL Server 数据库。空间数据与属性数据的双向连接查询通过 ID 关联，其他专业数据的获取则通过直接搜索数据库实现。

13.4　梯级水库群调控三维虚拟仿真平台

三维虚拟仿真平台采用开源视景软件包 OSG 开发。OSG 包含了一系列的开源图形库，主要为图形图像应用程序的开发提供场景管理和图形渲染优化的功能，采用 ANSI 标准 C++和标准模板库（STL）编写，使用 OpenGL 底层渲染 API，具有良好的跨平台性。它采用自顶向下树状结构的场景图来管理和组织空间数据集。场景图具有大量定义的节点类型及其内部的空间组织结构能力，提高了渲染的效率，被广泛应用于 GIS、CAD、DCC、数据库开发、虚拟现实、动画和游戏等领域。OSG 的体系结构如图 13-2 所示。

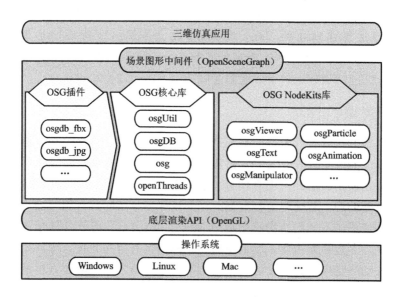

图 13-2　OSG 体系结构

三维虚拟仿真平台利用主线程和辅助线程来统领整个系统的操作和渲染工作。系统主要分为系统初始化、场景渲染和系统退出，如图 13-3 所示。系统初始化主要是设置渲染窗口、摄像机初始位置、光照雾化参数初始化、载入地形地物模型等。场景渲染实现了动

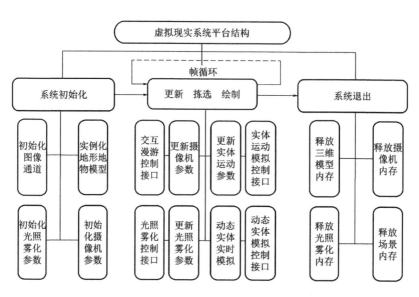

图 13-3　程序框架示意图

态几何体更新、拣选、排序和高效渲染，主要完成更新、拣选和绘制三种遍历操作。更新遍历是允许程序修改场景图形，实现动态场景，主要由程序或者场景图形中节点的回调函数完成，如修改摄像机观察参数、光照雾化参数、动态水体模拟、闸门的启闭等动态实体模拟。拣选遍历是检测场景节点的边界包围盒，判断是否在当前视野内，将在视野内的节点加入渲染列表绘制。绘制遍历是调用底层 API 对拣选遍历产生的几何体列表渲染。程序退出是卸载指针对象占用的内存空间，智能指针能够自动释放。

13.5　梯级水库群调控水动力水质仿真模拟技术

13.5.1　基于碰撞检测的多模式漫游控制技术

虚拟环境的多模式漫游控制通过键盘、鼠标等基本的输入设备控制视点（或摄像机）的空间位置及旋转变化，实现在场景中飞行或行走，比如前进、后退、左转、右转、上升、下降、俯瞰、仰视等。这不仅增强用户的沉浸感及方便用于检验场景模型正确性，而且能够自由观看水库群调度变化引起的水动力水质效应的时空演变情况，以此检验调度方案的合理性以及水流变化模拟预测的正确性，更为决策者制订可操作方案提供基础。场景漫游包括固定路径、视点聚焦、手动等三种漫游模式，并利用碰撞检测技术防止漫游中不合理地"穿越"地形或物体。碰撞检测限制了漫游视点与物体之间的几何位置关系，若系统根据检测视点与物体的距离小于某给定值即判定有碰撞，自动调整视点向后退移。包围体方法是一个常用的碰撞检测方法。为提高碰撞检测效率，利用多个多边形将物体包裹起来表示包围体，并利用这些多边形进行碰撞检测，其精确度取决于多边形划分的细致程度。

13.5.2　基于虚拟环境的可视化信息查询与分析技术

可视化信息查询与分析包括双向查询、条件查询、热链接等，以及水位水质变化趋势分析、水质多断面评价分析，并用直观的图表显示出来；信息查询包括某时刻的水位、水质、水利工程实体等信息的查询。

双向查询实现方法如下：打开并激活要查询的对应实体，用鼠标拾取该实体上任意一点，则可弹出与之相应的信息。由于系统中属性数据与空间数据对应关联，当鼠标激活实体模型某一点时，则激活了与该实体相应的属性数据库表记录，那么将用户感兴趣记录中有关字段的内容以对话框形式显示在屏幕上。与此相反，选中实体模型对象对应属性数据库表某条记录，被选中实体的颜色在虚拟环境中变得鲜亮或闪烁，视点同步定位到该实体。条件查询是在对话框中输入逻辑表达式，将其作为查询条件，就可查询符合条件的信息状况。对于按时间的动态数据查询，使用条件查询尤为方便。热链接就是把某一实体和另外的图形、文本文件、数据库、应用模型、视频等对象连接起来。当启动热链接，用鼠标点中该实体时，能立刻显示出与该实体相连接的对象。比如查询水利工程建筑物设计 CAD 详图就可以通过热链接实现。水利工程建筑物在虚拟环境中以适当简化的三维立体模型表达，若查看其结构设计细部图件或详细图件，可以用与该实体模型相关联的属性数据库表记录的某字段字符型数据为公共项建立热链接，将结构设计图处理成视图文件，并把公共项数据名称作为图件名称保存在系统文件中，从而确立实体模型与结构设计图件的热键连接关系。在虚拟环境中查询时，激活该实体模型并点击菜单中的热链接按钮，以鼠标选中待查询的物体，那么就可以将与其相连接的结构设计图显示在窗口中。

13.5.3 基于远程自动控制的闸门反馈动态仿真技术

在水库实际调度过程中，大坝孔口闸启闭、船闸启闭以及水轮机旋转速度调整已实现自动或半自动的控制，通过传感器设备将采集的闸门开度或水轮机转速信息传递到三维虚拟仿真平台中，驱动虚拟环境中相应实体形态变化，实现物理实体和虚拟实体的双向通信，有助于管理者掌控工程运行。若对虚拟环境中实体进行可视化与动态模拟，仅靠纹理图像配以简单的几何结构难以描述和操控实体模型细部结构，需要按这些物体的实际尺寸详细建模，并按照层次结构组织，通过设置运动链和局部坐标对其灵活操控和实时驱动。Multigen Creator 建模软件平台中提供了较强的运动链分析功能（张尚弘 等，2011）。它在具有层次关系的模型结构树中，明确实体部件运动时的相互关系，在此基础上，建立不同的运动自由度（DOF）子节点，并将需要运动的实体部件置于其下，然后可以控制 DOF 子节点模拟部件的运动。如三峡升船机、大坝孔口闸门等可通过此种方式完成建模。其关键步骤如下：①在实体模型组节点下创建DOF 父节点，将设置自由度的模型都移动到该节点下，成为 DOF 节点的子节点。②使用"Local–DOF/Position DOF"功能模块创建局部坐标系，受运动控制的实体部件相对于局部坐标系旋转和移动。③利用"Local–DOF/Set DOF Limits"功能模块设置该 DOF 节点相对局部坐标系的自由度属性。④在程序中对 DOF 节点调用，便可模拟相对实体的运动。

13.5.4 基于物理模型的大坝泄流可视化仿真技术

用计算机逼真模拟高坝泄洪雾化现象，对于直观分析雾化影响范围及程度、方便决策、防范危害、确保工程安全具有现实意义。现有关于泄洪雾化的研究主要集中在理论计算、物理模型或原型观测方面，很少涉及泄洪雾化现象的计算机模拟和可视化，尤其是基于一定物理机理、实现不规则泄洪水流运动场景的虚拟，更是一个新的研究课题。大坝泄流过程可视化仿真是在泄流时的水流运动轨迹方程控制下，利用粒子系统可视化模拟水滴粒子的产生、运动直至消亡等全部过程。具体步骤如下：①结合大坝泄洪水流物理机制，建立构成泄洪水流的粒子系统中不同水滴粒子轨迹的运动控制方程。②在大坝孔洞出口断面生成一定数量的具有空间位置、运动速度、加速度、大小、形状及生命周期等初始属性的水滴粒子，新生成的水滴粒子数目可由围绕均值变化的正态分布随机数控制。③在每一帧中，由步骤①运动轨迹方程计算所有存活的水滴粒子的空间位置，并赋予其新的属性。④水滴粒子的消亡可以认为当水滴粒子跌入大坝下游水流即可消失。⑤绘制所有泄洪水流粒子系统中存活的水滴粒子，将其显示在屏幕上。系统循环推进每一帧，通过重复步骤②～⑤，就可以动态模拟整个大坝泄洪过程。

13.5.5　基于水动力模型的流场可视化仿真技术

数学模型计算与物理实验、原型观测并列为流域研究的三大手段，已在工程建设各阶段发挥了重要作用（刘东海 等，2005）。数学模型计算往往会产生大量数据，但这些数据本身并不能直观形象地揭示现象本质特征。结合虚拟现实技术和科学计算可视化技术，将科学计算中产生的水利专业数据映射为直观的静态或动态图形图像，有助于对随时空变化的物理量和物理现象进行数据分析，寻找水利专业数据之间的关联以便进行数据挖掘和科学推理。

运用河道水流模型或水沙模型计算时，首先将研究区域离散化为网格单元，一般为四边形网格、三角形网格或混合网格；然后在网格单元上离散水流模型或水沙模型的控制方程，形成数值方程组；然后，选择数值算法求解数值方程，获得某一时刻计算网格节点上的流速、水位、流量、泥沙量等信息；最后，按照一定时间步长输出模型计算结果。在进行流场可视化仿真时，需要将用欧拉场表示的模型计算结果转换为拉格朗日场，用于追踪水体粒子的运动轨迹。在流场转换时，视可视化效果选定时间步长驱动水体粒子运动以平滑仿真水体粒子运动。若模型计算结果输出时间步长过大时，可以通过缩小模型计算输出时间步长，或将相邻时刻的输出模型计算结果进行线性插值。

将水体视为水体粒子的集合，可以用粒子系统表示（王兴奎 等，2006）。流场可视化仿真可以通过粒子系统中粒子的产生、运动、死亡、绘制来表达整个水流状态动态变化情况。粒子产生是基于模型计算网格控制空间分布情况，并规定每个网格单元内粒子数目阈值；由于粒子运动可能造成单元内粒子数目超过规定阈值，则将粒子置于"死亡"状态进行删减，若小于给定阈值，就"出生"新的粒子；粒子"出生"时的属性根据所在网格单元节点的水流特性值插值计算得到。粒子运动由流速、时间和位置组成的常微分方程控制，采用自适应 Runge - Kutta 方法积分常微分方程得到粒子新位置，同时通过扫描数值计算网格，根据所在网格单元节点的属性值插值计算粒子属性。粒子死亡满足以下两个条件之一：①网格单元内粒子数目超过规定阈值。②粒子运动到河道外。粒子绘制是对整个研究区域存在的粒子进行绘制显示，粒子形状设计为一定粗细的三维实体箭头，实体箭头长度表示流速大小，箭头指向表示流速方向，实体厚度表示水深或水位的高低，实体箭头颜色表示泥沙浓度大小，这样能够实现标量、矢量数据的统一表达；根据系统建设需要，也可以把粒子绘制为线性箭头，线段长度和指向分别表示流速大小和方向，颜色可以表示泥沙量、水深或水位值，设置按钮进行切换，用不同颜色显示标量信息时空分布（冶运涛等，2012）。

在场景控制漫游过程中，视点可能距离关注河道较远，可以自动关闭流场显示，以河道纹理代替显示河道水面，或者削减总数调整粒子空间分布；若部分河道流场位于视点范围内，对位于视点范围外的河道流场自动消隐不予绘制。上述处理方式的目的是降低系统渲染数据量，提高系统运行速度。

13.5.6　基于水质模型的污染物运移可视化仿真技术

与河道水流流场不同，水质模型输出的模拟结果属于标量场，其可视化方法包括颜色映射、云图、等值面及体绘制等。颜色映射与云图应用于一维、二维水质模型模拟预测结果的可视化；等值面与体绘制则用于三维水质模型模拟预测结果的可视化。

一维水质模型模拟预测可视化仿真步骤如下：①在模型计算断面之间视情况增加用于演示的辅助断面，顺直河段处增加辅助断面少，弯曲河段处增加辅助断面多，计算断面和辅助断面构成可视化仿真演示断面集合。②根据辅助断面与上下游计算断面的距离，线性插值出辅助断面的水质浓度，依次类推，可以得到演示断面集合的浓度场。③为了使浓度场时序变化更加符合实际情况，需要结合河道地形追踪出每个断面水位与地形相交的淹没点，具体算法见文献（冶运涛 等，2009）。④利用颜色的梯度变化表示断面浓度值的大小，根据断面的淹没点构成三角网格，形成浓度场序列（冶运涛 等，2011b）。

二维水质模型通常基于规则或不规则网格输出模型计算网格单元或网格节点的水质浓度值，若模型计算结果为网格单元的浓度值，则需要利用反距离权重插值方法计算出网格节点的水质浓度值。对于规则格网，由于节点和单元之间拓扑结构明显，很容易离散为三角形网格单元；对于不规则格网为三角形单元的网格，不予以处理；对于其他单元，如常用的四边形网格，将其离散为三角形网格。在三角形网格化的基础上，结合网格节点浓度值，建立与其对应的颜色映射列表，直接绘制浓度场。在此基础上，追踪浓度场的等值线并填充等值线形成表达浓度场的云图。

三维水质模型基于分层网格计算，分层网格构成了水体的真三维数据。三维数据处理方法主要分为体绘制和等值面两大类，其中等值面方法在实时生成图像方面具有明显优势。传统的移动立方体方法（Marching Cube，MC）难以处理任意8个节点六面体单元的结果数据，为避免该不足，利用单元节点相关性的等值面构造算法实现三维模型计算结果的体可视化（王威信 等，2000）。以某一水质计算六面体单元为例，算法描述如下：①利用给定的水质浓度阈值C，分别比较判断与单元8个节点的水质浓度值的大小关系。②若与当前单元8个节点水质浓度值之差均为正值节点或负值节点，则转至⑥。③以某正值节点作为当前节点，搜索与其相邻的3个节点。④若相邻节点为负值点，等值点坐标可以通过线性插值方法计算。⑤若相邻节点为正值点，则以其为当前节点，转至③。⑥以同样方式循环判断处理下一单元。⑦将搜索的等值点连接为等值面片。

13.5.7　基于在线监测的水库调控可视化预警技术

可视化预警主要包括水位预警、水质预警、设备运行预警、大坝安全预警等。利用河道关键断面、设备运行关键部件及大坝关键部位等处布设的传感器设备，实时采集河道的水位、水质、设备运行状态、大坝形变等数据，以无线或有线的方式迅速传输到监控中心，按给定的预警分级指标，发出报警信息；还可以结合数值模型，预测水文安全事件和工程安全事件的演变趋势，适时发出预警，并将这些报警或预警信息以不同的颜色动态显示在三维虚拟环境中，并配以声音播放或解说。以水质预警为例，对水质自动监测站、常规水质监测断面、入河排污口监测站点以及入库污染物的实时监视，监测数据通过GPRS、局域网等传输方式传送到三维虚拟仿真系统平台，并通过人工选择分析方法、标准和阈值实现分析报警。在此基础上，利用水质预警模型模拟污染物运移变化过程，实现突发性污染事件预警。在应急处理过程中，展示水情、水质信息，包括重要常规水质监测断面水质现状及趋势、实时水情水质自动监测站监测信息、水质现状评价信息等展示。根据实时水质监测结果，显示主要河道的水质评价图，在电子地图上标注常规水质监测断面和自动水质监测站的位置、最新监测数据和现状水质类别；展示自动水质监测站的最新监测信息，以折线图的形式展示监测断面的高锰酸盐指数、氨氮、总磷、总氮等监测指标的变化趋势。

13.5.8　基于虚拟环境的多方案优选仿真技术

大型梯级水库群承担着防洪、发电、航运、供水、生态等多项任务，为优化水库群调度，发挥综合效益，在对水库的实际管理中，可利用虚拟仿真平台支撑各种工程或调度方案的优化。三峡工程建成后，实行冬季蓄水夏季放水排沙的"蓄清排浑"的运行方案，受水库运行调节及自然环境本底影响，库区 145~175m 高程将全部成为周期性淹没的消落区，现有的生态系统发生重大演变，很可能导致严重生态环境问题，将破坏三峡水库与库岸景观和旅游环境。为了综合治理消落带生态环境，可以根据不同调度时期的消落带淹没情况种植不同的作物，从而可以防治消落带水土流失、改善生态环境、美化旅游景观，这种效果可以在三维虚拟仿真平台中进行模拟。长江中上游大型水库修建改善了航运条件，但是由于河道地形复杂，出现了许多碍航河段，同时由于水库调度造成的水动力效应，给航船运行带来了困难。可以结合水动力学模型、数字高程模型、水库调度模型和优化模型，建立航线优选模型，确定最优航线，将最优航线、碍航区域、水流流态不稳定区域通过可视化方式与周围环境相融合，仿真模拟航船的运行调度过程。同样，大坝的阻隔影响了水流的连续性和鱼类的洄游通道，带来的水流流态的变化会影响生物栖息地的变化，结合水沙模型、栖息地模型、水库调度模型识别出栖息地区域，通过三维虚拟仿真平台将栖息地变化情况标识在虚拟环境中，动态仿真不同生物种群的栖息地区域变化。

13.5.9　基于水库调度的库容变化可视化仿真技术

水库防洪作用的大小由防洪库容决定。湖泊型水库的水面比较开阔，水流坡降缓且流速很小，水面趋于水平，其淹没区域的动态变化可以采用基于广度优先搜索数据结构的种子点蔓延算法（丁雨淋 等，2013）。顾及洪水淹没的实际情况，本文方法的起始淹没点位置一般选在坝前附近的网格单元内，以此网格为种子点向周围遍历其相邻网格单元，若相邻网格单元被淹没，则被计入淹没缓冲区，并将这些新被淹没的边界网格单元作为新的种子点，继续向外判断进行连通域搜索，直至淹没连通域搜索完毕，即可得到整个淹没区域。在淹没区搜索过程中，对于淹没区内部网格单元，以新的水位为基础计算更新该网格单元的水深信息。

河道型水库库面宽度较小，而回水范围可能较长，水面线坡降较大，不能用"水平面"的方法进行模拟仿真，而采用考虑到水面线演进和变化的动库容计算方法，按照不恒定的水动力学理论和模型进行分析和计算，河道型水库库区的水流演进模拟需要的水动力学方程可以用一维的河道水流运动圣维南方程组描述，方程采用四点线性隐式差分格式求解，在实际水库计算时，需要将整个水库库区概化为分段河网计算。支流调节能力按静库容方法计算（出口水位按动库容计算），支流库容根据实测地形资料分别建立库容曲线；区间和支流水量根据实测资料和降雨径流水文模型计算（周建军 等，2013）。库区淹没动态变化的可视化仿真是基于水动力学模型计算的断面水位来搜索河道的淹没边界、确定淹没区域的网格单元集合，然后进行渲染，即可在三维虚拟环境中演示河道型水库库容的动态变化过程。

13.6　工程实例应用

三峡工程是治理和开发长江的关键性骨干工程，是当今世界最大的水利枢纽工程，具有防洪、发电、航运、供水及生态等综合功能。三峡工程在带来巨大社会效益和经济效益的同时，出现了频繁发生的库区支流"水华"现象、水库下游清水下泄导致河道崩岸以及消落带区域的生态环境问题，甚至水电站调节引发的非恒定过程对三峡与葛洲坝两坝间通航条件造成了很大影响。这些问题归结为梯级水库群调控水动力水质效应失衡造成的。众多学者通过建设河道整治工程和水库联合调度研究来改变水动力条件，从而解决水库上下游的生态环境、通航及崩岸问题。在这些生产实践和科学研究中产生了由原型观测、物理实验和数学模型（周建军 等，2013；假冬冬 等，2014a、2014b）计算产生的海量数据，这些海量数据是否有效得到合理解释，如何从中提炼和挖掘潜在规律，并采用直观方式表达，成为研究人员面临的问题。通过构建仿真系统，可以将这些数据的时空变化通过科学计算可视化技术展现于虚拟环境中，立体化表达各种规则数据的时空分布，提高海量数据综合管理和挖掘效率，服务于梯级水库调控。

利用以上技术，构建了三峡—葛洲坝梯级水库调控水动力水质效应虚拟仿真平台。三峡河道地形精度为1∶5000，河道外地形精度1∶250000，地表纹理通过对遥感影像合成生成，利用三维建模工具 Terra Vista 对河道和周围场景进行自动嵌套建模；三峡大坝、升船机及水轮机转子根据实际设计资料则利用 Multigen Creator 精细建模生成；其他相关属性数据存储在 SQL Server 中。利用开源三维视景软件包 OSG，导入地形地物模型，生成三维虚拟仿真平台，通过研发的虚拟表达关键技术，实现了三维场景的漫游、信息可视化查询分析、闸门控制的动态反馈、泄流的可视化仿真、流场的可视化模拟、水质的可视化预警、三峡消落带方案的优化和库容变化可视化仿真等功能，列出部分三维效果，如图13-4～图13-10所示。

图 13-4　裸露地面消落带

图 13-5　植被覆盖消落带

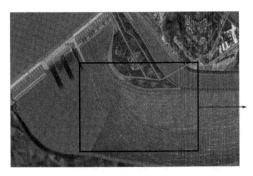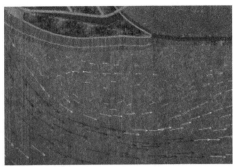

图 13 - 6　三峡下游的涡流状态

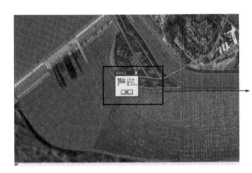

图 13 - 7　流场信息的查询

图 13 - 8　水质信息可视化

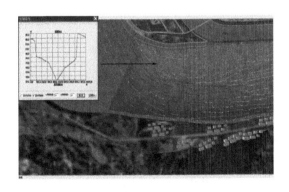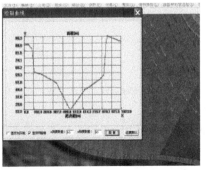

图 13 - 9　河道断面截取

图 13-10　水淹模拟分析

13.7　本章小结

三维虚拟仿真能够模拟预演水库群调控重大实践问题的决策，使决策者和管理者快速获取和理解准确、直观和全方位信息，并为他们提供立体逼真和协同综合的会商环境。本章对梯级水库群调控的功能进行了分析，并设计了系统总体框架，开发了梯级水库群调控综合管理平台，研究梯级水库群虚拟环境建模方法和梯级水库群调控下水动力水质效应虚拟表达关键技术，包括基于碰撞检测的多模式漫游控制、基于虚拟环境的可视化信息查询与分析、基于远程自动控制的闸门反馈动态仿真、基于物理模型的大坝泄流过程可视化仿真、基于水动力学模型的河道水流流场可视化仿真、基于水质模型的污染物运移可视化仿真、基于在线监测的水库调控可视化预警、基于虚拟环境的多方案优选仿真和基于水库调度的库容变化可视化动态仿真等技术。最后以三峡工程为例，构建了三峡—葛洲坝梯级水库调控水动力水质效应虚拟仿真平台，具备了场景漫游、信息查询、闸门启闭、大坝泄流、流场可视化、水质可视化、水质预警、方案优选、库容可视化仿真等功能，可以为水库群调控提供技术支撑，为其他水库群调控系统构建提供借鉴。

参考文献

程军蕊，王侃，冯秀丽，等，2014. 基于 GIS 的流域水质模拟及可视化应用研究 [J]. 水利学报，45（11）：
　　1352-1360.

丁雨淋，杜志强，朱庆，等，2013. 洪水淹没分析中的自适应逐点水位修正算法 [J]. 测绘学报，42（4）：
　　546-553.

高阳，李建勋，解建仓，等，2015. 基于数字地球的水污染运移仿真模拟 [J]. 水力发电学报，34（1）：
　　147-152.

胡军，黄少华，2011. 丹江口水库调度管理三维仿真系统开发与应用 [J]. 人民长江，42 (1)：87 - 89.

黄少华，丁志良，王汉东，等，2013. 基于三维 GIS 的水库洪水调度模拟系统研究 [J]. 人民长江，44 (7)，95 - 99.

假冬冬，邵学军，周建银，等，2014a. 水沙条件变化对河型河势影响的三维数值模拟研究 [J]. 水力发电学报，33 (5)：108 - 113.

假冬冬，黑鹏飞，邵学军，等，2014b. 分层岸滩侧蚀坍塌过程及其水动力响应模拟 [J]. 水科学进展，25 (1)：83 - 89.

蒋云钟，冶运涛，王浩，2011. 智慧流域及其应用前景 [J]. 系统工程理论与实践，31 (6)：1174 - 1181.

刘东海，崔广涛，钟登华，等，2005. 泄洪雾化的粒子系统模拟及三维可视化 [J]. 水利学报，36 (10)：1194 - 1198，1203.

王威信，邓达华，2000. 基于任意六面体单元数据场的可视化研究 [J]. 计算机辅助设计与图形学学报，12 (8)：605 - 608.

王兴奎，张尚弘，姚仕明，等，2006. 数字流域研究平台建设雏议 [J]. 水利学报，37 (2)：233 - 239.

吴昊，纪昌明，蒋志强，等，2015. 梯级水库群发电优化调度的大系统分解协调模型 [J]. 水力发电学报，34 (11)：40 - 50.

叶松，谭德宝，陈蓓青，等，2008. 水污染扩散模拟三维可视化研究 [J]. 系统仿真学报，20 (16)：4451 - 4453.

冶运涛，2009. 流域水沙过程虚拟仿真研究 [D]. 北京：清华大学.

冶运涛，张尚弘，王兴奎，2009. 三峡库区洪水演进三维可视化仿真研究 [J]. 系统仿真学报，21 (14)：4379 - 4382，4388.

冶运涛，李丹勋，王兴奎，等，2011a. 汶川地震灾区堰塞湖溃决洪水淹没过程三维可视化 [J]. 水力发电学报，30 (1)：62 - 69.

冶运涛，蒋云钟，梁犁丽，2011b. 流域虚拟仿真中水沙模拟时空过程三维可视化 [J]. 水科学进展，22 (2)：249 - 257.

冶运涛，蒋云钟，梁犁丽，等，2012. 虚拟流域环境中河道演变的整体自动建模及可视化分析 [J]. 水科学进展，23 (2)：170 - 178.

张芹，吴慧中，张健，2004. 基于粒子系统的建模方法研究 [J]. 计算机科学，30 (8)：144 - 146.

张尚弘，易雨君，夏忠喜，2011. 流域三维虚拟环境建模方法研究 [J]. 应用基础与工程科学学报，19 (S1)：108 - 116.

钟登华，任炳昱，吴康新，2009. 虚拟场景下高拱坝施工仿真建模理论与应用 [J]. 系统仿真学报，21 (15)：4701 - 4705.

周建军，程根伟，袁杰，等，2013. 三峡水库动库容特性及其在防洪调度上的应用：1. 库水位调度控制的灵敏性 [J]. 水力发电学报，32 (1)：163 - 165.

CHIEN N Q, TAN S K, 2011. Google Earth as a tool in 2 - D hydrodynamic modeling [J]. Computers & Geosciences, 37 (1)：38 - 46.

LAI J S, CHANG W Y, CHAN Y C, et al., 2011. Development of a 3D virtual environment for improving public participation：Case study—The Yuansantze Flood Diversion Works Project [J]. Advanced Engineering Informatics, 25 (2)：208 - 223.

REEVES W T, 1983. Particle systems—a technique for modeling a class of fuzzy objects [C] //ACM SIGGRAPH Computer Graphics. ACM, 17 (3)：359 - 375.

YE Y T, LIANG L L, CAO Y, et al., 2015. Virtual simulation modeling and visual analysis of sediment erosion and deposition change in river basin [J]. Advanced Materials Research, 1065 - 1069：2989 - 2992.

ZHANG S H，XIA Z X，WANG T W，2013. A real‐time interactive simulation framework for watershed decision making using numerical models and virtual environment［J］. Journal of Hydrology，493：95‐104.

ZHANG S，ZHANG T，WU Y，et al.，2016. Flow simulation and visualization in a three‐dimensional shipping information system［J］. Advances in Engineering Software，96：29‐37.

第 14 章　面向智能仿真的河湖水动力水质实时模拟技术

14.1　引言

为充分发挥水资源的综合效益，人类通过在由人工渠道或管道和自然水系组成的水网（河网）中修建水闸、大坝、堰等水流调节工程，根据流域或区域气象和水文特点，实时调节水资源时空分配，满足生活、生产、生态需要。这种集合了多种类型建筑物的复杂水网给水循环调控增加了难度。如何正确认知多模式调控下的水资源演变规律及水资源利用情况是迫切需要解决的问题，那么首要工作就是建立描述复杂河网水动力过程的数值模型。在此基础上，可以预测河网调度后水力要素的时空变化过程，从而有助于认识河网调度水动力变化特性，为制定和优化调度方案并进一步建立河网调控预案库提供支持（顾正华，2006）。

国内外许多学者发展了多种方法求解复杂河网水动力学模型，以便提高模型计算效率，减小误差和提高精度，比较有代表性的是商业软件 MIKE11 和开源软件 SWMM，前者价格昂贵，无法直接进行修改以适应实际情况，扩展性不强；后者主要应用于城市雨洪的模拟，采用显式格式求解，时间步长非常小，成为计算效率提高的制约，且在天然河道中应用效果尚需探讨；国内有学者研究了闸门调控下单一渠道（如具有规则渠道断面南水北调中线干渠）的水力计算（张成 等，2011）；也有的学者研究了含有水力结构建筑的树状河网（主要是高山丘陵区的河网水系）的非恒定流计算（Swain et al.，1990），以及环状河网（如平原河网）的计算（朱德军 等，2012），但是在标准化程度和应用推广效果方面远不如国外商业软件，由于受资料限制和机理研究较少，在实际应用中复杂河网水工建筑物调控模式研究成为重点。但就数值计算模型建立而言，水工建筑物修建改变了水体运动动量守恒特性，导致了不能直接搬用圣维南方程计算，给数值模拟带来了难度，其原因有二（施勇 等，2010）：①调控使水工建筑物过流能力模拟计算与上下游河道的过流能力不一致，易造成模拟计算不稳定。②过流计算格式与上下游河道水流计算格式不一致，易造成计算震荡。因此，需要探讨描述水工建筑物过流能力和调度方程的计算格式。

近年来，突发水污染事件频发，导致局部水域水质迅速恶化，严重威胁周围及下游区域居民的用水安全，同时会造成巨大的经济损失和严重的生态环境问题（陶亚 等，2017）。突发水污染事件发生的诱因众多（徐小钰 等，2015），其中极端降水条件导致的突发洪水和溃坝问题极易引起突发水污染事件。突发洪水和溃坝水流流速较快，快速演进的洪水极易导致潜在点源污染物的释放（Zhang et al.，2015），例如水处理设施的破坏和载有污染物车辆的侧翻导致突发点源污染物的释放，释放的污染物将随着急速演进的洪水快速运移和扩散，导致水环境恶化，严重威胁人类的生命和财产安全。

突发水污染事件发生后，准确模拟污染物在水体中的运移和扩散规律，是认识突发水污染事件危害范围和持续时间的前提，有助于快速评估突发水污染事件的危害并及时预警（龙岩 等，2016；李林子 等，2011）。模型模拟是评估突发水污染事件危害程度的有效手段，但利用模型准确模拟极端洪水和溃坝洪水条件下污染物的输运规律充满了挑战（Zhang et al.，2015）：①极端水流演进过程中会产生激波和动态变化的干湿边界，模型需要能够有效捕捉激波和模拟干湿边界。②实际应用中极端水流多流经复杂地形区域，如山谷、河流和城市区域等，模型必须能够有效描述复杂的地形条件。③突发水污染事件危害评估和预警要求具有很高的时效性，模型必须具有很高的计算效率。二维水动力-输运模型是模拟洪水演进和污染物输移的有效工具（宋利祥 等，2014；毕胜 等，2013），在突发水污染事件管理中得到有效应用（Zhang et al.，2015）。求解模型控制方程获得稳定和谐的数值解是水动力-输运模型应用的关键，相比于有限元法，Godunov 有限体积法由于可以有效捕捉激波，适合极端洪水演进模拟（Liang，2010；周建中 等，2013）。模型利用网格离散计算区域，结构网格和非结构网格和二维水动力-输运模型最常用的网格类型，非结构网格对复杂地形和边界具有较强的拟合能力，但生成过程复杂（Song et al.，2011）；结构网格生成简单，但对复杂地形的拟合能力较差，为了提升模型模拟精度，必须增加网格数量，这势必会降低模型计算效率。基于结构网格的自适应网格技术可以根据水流和污染物浓度梯度自适应调整网格大小，在保证模型模拟精度的前提下可以明显提升模型计算效率（Zhang et al.，2015；Liang et al.，2009）。

本章分为两部分。第一部分综合分析现有研究成果，以圣维南方程为基础，结合多类型建筑物过流流量计算公式来源于能量守恒方程推导的特点，提出耦合多模式调控的混合河网的数值计算方法，建立流域水量调控非恒定流数值计算模型 HydroNet1D，该模型对经典算例的计算结果具有较高精度，能够满足实际需求。第二部分基于自适应结构网格构建了适用于复杂地形和极端水流条件下突发水污染事件模拟的二维水流-输运模型 Hy-droPTM2D-AN，模型采用能够有效捕捉激波的 Godunov 有限体积法离散二维水流-输运控制方程，利用具有时空二阶精度的 MUSCLE-Hancock 方法求解，其中通量计算采用 HLLC 格式，为了保证干湿边界处模型的稳定性和守恒性，采用非负重构技术重构界面两侧黎曼变量并对局部底部高程进行修正。最后分别利用水槽试验、物理模型和实际算例检验了模型模拟突发水污染事件中污染物输移的精度和稳定性。

14.2 流域水量调控数值计算模型

14.2.1 非恒定流运动数值模型

14.2.1.1 基本方程

用圣维南方程组描述渐变性一维非恒定明渠水流，包括连续方程（质量守恒方程）和运动方程（动量守恒方程）。河网中某一河道水流控制方程如下：

连续方程：
$$\frac{\partial Q}{\partial x} + \frac{\partial A}{\partial t} = q \tag{14-1}$$

运动方程：
$$\frac{\partial Q}{\partial t} + \frac{\partial}{\partial x}\left(\frac{\beta Q^2}{A}\right) + gA\frac{\partial Z}{\partial x} + gAS_f = 0 \tag{14-2}$$

式中：Q 为流量，$\mathrm{m^3/s}$；A 为过流断面面积，$\mathrm{m^2}$；q 为侧向入流，$\mathrm{m^2/s}$；β 为断面动量修正系数；g 为重力加速度，$\mathrm{m/s^2}$；Z 为水位，m；S_f 为阻力坡降；x 为沿着河道纵向距离，m；t 为时间坐标，s。

摩擦阻力坡降 S_f 利用曼宁公式计算：
$$S_f = \frac{n^2 Q |Q|}{A^2 R^{4/3}} \tag{14-3}$$

式中：n 为曼宁糙率系数；R 为水力半径（过流面积与湿周比值），m。

14.2.1.2　边界条件

河网中存在入流或出流的外河道开边界一般为缓流，每个开边界处提供 1 个边界条件，可以是流量过程、水位过程、流量-水位关系中任意一种。采用 Preissmann 四点隐式差分格式计算急流或跨临界流时，则需要修正离散格式近似处理（朱德军 等，2011）。对单独河道，采用圣维南方程组描述；但对河道交界处的汊点或者存在水工建筑物的位置，需要等价于圣维南方程组的质量守恒方程和能量守恒方程组成的方程组描述。假定汊点处水量不发生变化，连续方程写为
$$\sum Q_i = \sum Q_o \tag{14-4}$$

假定忽略汊点处水头损失和流速水头差，汊点处能量守恒方程近似为
$$Z_i = Z_o \tag{14-5}$$

式中：Q_i、Q_o 分别为入流流量和出流流量，$\mathrm{m^3/s}$；Z_i、Z_o 分别为入流水位和出流水位，m。

14.2.1.3　离散求解

采用 Preissmann 四点隐式差分格式离散控制方程（江涛 等，2011）：
$$\left.\begin{array}{l} -Q_j + C_j Z_j + Q_{j+1} + C_j Z_{j+1} = D_j \\ E_j Q_j - F_j Z_j + G_j Q_{j+1} + F_j Z_{j+1} = \Phi_j \end{array}\right\} \tag{14-6}$$

如果河网中节点数目为 N 个，未知数为 $2N$ 个，离散圣维南方程组得到 $2(N-1)$ 个代数方程，由边界条件补充 2 个代数方程，共形成 $2N$ 个非线性代数方程组。

采用三级解法求解（张二骏 等，1982）离散的控制方法，该解法将河网分成微段、河段、节点三级，逐级处理，再联合运算。

忽略时间上标，将离散后的方程消元处理得到双追赶方程：
$$\left\{\begin{array}{l} Q_j = \alpha_j + \beta_j Z_j + \gamma_j Z_m \quad (j = m-1, m-2, \cdots, 1) \\ Q_j = \theta_j + \eta_j Z_j + \xi_j Z_1 \quad (j = 2, 3, \cdots, m) \end{array}\right. \tag{14-7}$$

式中：α_j、β_j、γ_j、θ_j、η_j、ξ_j 为追赶系数；Z_1、Z_m 分别为首、末断面水位，m；Q_j 为中间断面的流量，$\mathrm{m^3/s}$；Z_j 为中间断面的水位，m。

任一河道中相邻断面间追赶系数彼此相连，将双追赶方程消元得到以首、末断面水位为变量的河段方程组：
$$\left.\begin{array}{l} Q_1 = \alpha_1 + \beta_1 Z_1 + \gamma_1 Z_m \\ Q_m = \theta_m + \eta_m Z_m + \xi_m Z_1 \end{array}\right\} \tag{14-8}$$

14.2.2 特殊问题的处理

14.2.2.1 河网初始水面和流量的赋值

不合理的初始自由水面和流量赋值可能不利于数值计算稳定性。通常采用以下三种方式进行初始水面和流量赋值：①在水文站点密集情况下，利用实测数据并进行水面插值方式确定初始自由水面和流量。②按河道大小分配流量，采用恒定流模型给出自由水面分布。③按河道过水面积大小确定流量，初始自由水面则采用较高水平水位，而后逐渐降低水位在河段末端达到实测值，经过迭代计算就能使初值分布较为合理。本章采用第三种方法，自由水面和流量的分配误差会随着迭代最终趋于合理的值，适合于复杂河网非恒定流的数值模拟。

14.2.2.2 河道的干湿边界处理

水位涨落、河道地形冲淤变化以及闸坝调控等情形下，部分河道就会出现干湿交替情况，会影响数值计算的稳定性。本章采用河道断面窄缝法（韩冬，2011）解决干湿交替的问题，该方法就是在河道每个断面中挖出宽度约为1mm和深度约为20m的窄深"缝隙"，当实际河道状态由湿变干时，有微量水流从中通过，对计算结果影响较小，能满足实际要求。使用该方法简化了干湿交替计算的具体过程，保证了计算的稳定性。

14.2.3 水量调控计算模式

14.2.3.1 闸堰调控计算模式

闸门是按某种规则实行闸门开度变化调整自然水系或人工水系水位或流量变化。由于天然来水和用水需求的不确定性，闸门调控运行有完全关闭或开启，或处于一定开度等多种工况，这就导致闸下过流可能出现闸孔自由出流、闸孔淹没出流、堰流自由出流、堰流淹没出流等多种流态及其相互之间的转换，且各种流态都属于急变流，给数值模拟带来了难度，因而要求数值计算模型能够描述各个流态以及流态之间转化过程的复杂关系。

闸孔出流与堰流是密切相关，在一定边界条件驱动下，根据闸门开度与上下游水位差之间的关系判定是属于闸孔出流还是属于堰流；进而判定闸孔出流是淹没出流或者是自由出流，堰流是自由出流还是淹没出流。数值计算时，首先要判定闸门是否处于关闭状态，若处于开启状态，判定闸孔处于出流状态，进而进行处理；若处于关闭状态，则须特殊处理。将闸堰所在河段作为单独计算河段，把过闸堰流量非线性表达式转化为上下游水位线性关系，便与整个河网计算模式相融合。

当闸门关闭时，过闸堰流量恒为零，此时，双向追赶系数均等于零。

当闸门开启时，假定闸底坎为宽顶堰，闸门开度为G_0，闸门前堰上水头为H，当$G_0/H \leqslant 0.65$时，按闸孔出流公式计算；当$G_0/H > 0.65$时，按堰流出流公式计算。

    1. 闸孔出流

当$h_{test} > h_d$时，为自由出流，计算公式为

$$Q_f = \phi \varepsilon G_0 w \sqrt{2g(Z_u - Z_w - \varepsilon G_0)} \qquad (14-9)$$

当 $h_{\text{test}} \leqslant h_d$ 时，为淹没出流，计算公式为

$$Q_s = \mu G_0 w \sqrt{2g(Z_u - Z_d)} \tag{14-10}$$

式中：Q_f 和 Q_s 分别为自由出流和淹没出流过闸流量，m^3；ϕ 为自由出流流量系数（$0.85\sim0.95$）；ε 为闸门收缩系数，w 为闸门宽度，m，Z_u 和 Z_d 分别为上、下游水位，m，Z_w 为闸门底坎高程，m；μ 为淹没出流流量系数（$0.65\sim0.70$）；h_d 为闸门下游侧水深，m；h_{test} 定义如下（Shang et al.，2011）：

$$h_{\text{test}} = \frac{\varepsilon G_0}{2}\left[\sqrt{1 + \frac{8Q^2}{gw^2\,(G_0\varepsilon)^3}} - 1\right] \tag{14-11}$$

式中：Q 分别代表 Q_f 或 Q_s，即为自由出流或淹没出流的过闸流量，m^3/s。

闸孔流量是上下游水位和闸门开度的函数。利用泰勒展开自由出流公式，与式（14-7）比较得到双向追赶方程系数：

$$\left.\begin{aligned}
\alpha_1 &= \phi\varepsilon w(G_0^n + \Delta G_0^n)\left[2g(Z_u^n - Z_w - \varepsilon G_0^n)\right]^{1/2} - \phi G_0^n(\varepsilon\Delta G_0^n + 1)\left[2g(Z_u^n - Z_w - \varepsilon G_0^n)\right]^{-1/2} \\
\beta_1 &= \phi\varepsilon G_0^n w\left[2g(Z_u^n - Z_d^n - \varepsilon G_0^n)\right]^{-1/2} \\
\xi_1 &= 0
\end{aligned}\right\} \tag{14-12}$$

$$\left.\begin{aligned}
\theta_2 &= \phi\varepsilon w(G_0^n + \Delta G_0^n)\left[2g(Z_u^n - Z_w - \varepsilon G_0^n)\right]^{1/2} - \phi\varepsilon G_0^n(\varepsilon\Delta G_0^n + 1)\left[2g(Z_u^n - Z_w - \varepsilon G_0^n)\right]^{-1/2} \\
\eta_2 &= 0 \\
\gamma_2 &= \phi\varepsilon G_0^n w\left[2g(Z_u^n - Z_d^n - \varepsilon G_0^n)\right]^{-1/2}
\end{aligned}\right\} \tag{14-13}$$

利用泰勒展开淹没出流公式，与式（14-7）比较得到双向追赶系数：

$$\left.\begin{aligned}
\alpha_1 &= \mu G_0^n w\sqrt{2g(Z_u^n - Z_d^n)} + \mu\Delta G_0 w\sqrt{2g(Z_u^n - Z_d^n)} - \mu G_0^n w(Z_u^n - Z_d^n)^{1/2}/\sqrt{2g} \\
\beta_1 &= \mu G_0^n w\left[2g(Z_u^n - Z_d^n)\right]^{-1/2} \\
\xi_1 &= -\mu G_0^n w\left[2g(Z_u^n - Z_d^n)\right]^{-1/2}
\end{aligned}\right\} \tag{14-14}$$

$$\left.\begin{aligned}
\theta_2 &= \mu G_0^n w\sqrt{2g(Z_u^n - Z_d^n)} + \mu\Delta G_0 w\sqrt{2g(Z_u^n - Z_d^n)} - \mu G_0^n w(Z_u^n - Z_d^n)^{1/2}/\sqrt{2g} \\
\eta_2 &= -\mu G_0^n w\left[2g(Z_u^n - Z_d^n)\right]^{-1/2} \\
\gamma_2 &= \mu G_0^n w\left[2g(Z_u^n - Z_d^n)\right]^{-1/2}
\end{aligned}\right\} \tag{14-15}$$

2. 堰流出流

当 $(Z_d - Z_w) \leqslant (Z_u - Z_w)(2/3)$ 时，为自由出流，计算公式为

$$Q_f = \mu_f w\sqrt{2g}\,(Z_u - Z_w)^{(3/2)} \tag{14-16}$$

当 $(Z_d - Z_w) \geqslant (Z_u - Z_w)(2/3)$ 时，为淹没出流，计算公式为

$$Q_s = \mu_s w\sqrt{2g(Z_u - Z_d)}\,(Z_d - Z_w) \tag{14-17}$$

式中：w 为堰宽，m；μ_f 和 μ_s 分别为自由出流和淹没出流的流量系数，其中 μ_f 为 $0.36\sim 0.57$，μ_s 的取值一般为 μ_f 的 2.598 倍，其余参数物理意义与闸孔出流相同。

从堰流出流公式看出，流量是上下游水位的函数，利用泰勒展开自由出流公式，与式（14-7）比较得到双向追赶系数：

$$\alpha_1 = \mu_f w_w \sqrt{2g} \ (Z_u^n - Z_w)^{3/2} - \frac{3}{2} \mu_f w_w \sqrt{2g} \ (Z_u^n - Z_w)^{1/2} Z_u^n$$

$$\beta_1 = \frac{3}{2} \mu_f w_w \sqrt{2g} \ (Z_u^n - Z_w)^{1/2} \qquad\qquad (14-18)$$

$$\xi_1 = 0$$

$$\theta_2 = \mu_f w_w \sqrt{2g} \ (Z_u^n - Z_w)^{3/2} - \frac{3}{2} \mu_f w_w \sqrt{2g} \ (Z_u^n - Z_w)^{1/2} Z_u^n$$

$$\eta_2 = 0 \qquad\qquad (14-19)$$

$$\gamma_2 = \frac{3}{2} \mu_f w_w \sqrt{2g} \ (Z_u^n - Z_w)^{1/2}$$

利用泰勒展开淹没出流公式，与式（14-7）比较得到双向追赶系数：

$$\alpha_1 = \mu_s w_w \sqrt{2g} \big[(Z_u^n - Z_d^n)^{1/2} (Z_d^n - Z_w) \big] +$$

$$\mu_s w_w \sqrt{2g} \Big[(Z_d^n - Z_w) \cdot \frac{1}{2} \frac{1}{\sqrt{Z_u^n - Z_d^n}} (-Z_u^n + Z_d^n) + (Z_u^n - Z_d^n)^{1/2} (-Z_d^n) \Big]$$

$$\beta_1 = \mu_s w_w \sqrt{2g} (Z_d^n - Z_w) \cdot \frac{1}{2} \frac{1}{\sqrt{Z_u^n - Z_d^n}}$$

$$\xi_1 = \mu_s w_w \sqrt{2g} \Big[(Z_u^n - Z_d^n)^{1/2} - (Z_d^n - Z_w) \cdot \frac{1}{2} \frac{1}{\sqrt{Z_u^n - Z_d^n}} \Big]$$

$$(14-20)$$

$$\theta_2 = \mu_s w_w \sqrt{2g} \big[(Z_u^n - Z_d^n)^{1/2} (Z_d^n - Z_w) \big] +$$

$$\mu_s w_w \sqrt{2g} \Big[(Z_d^n - Z_w) \cdot \frac{1}{2} \frac{1}{\sqrt{Z_u^n - Z_d^n}} (-Z_u^n + Z_d^n) + (Z_u^n - Z_d^n)^{1/2} (-Z_d^n) \Big]$$

$$\eta_2 = \mu_s w_w \sqrt{2g} \Big[(Z_u^n - Z_d^n)^{1/2} - (Z_d^n - Z_w) \cdot \frac{1}{2} \frac{1}{\sqrt{Z_u^n - Z_d^n}} \Big]$$

$$\gamma_2 = \mu_s w_w \sqrt{2g} (Z_d^n - Z_w) \cdot \frac{1}{2} \frac{1}{\sqrt{Z_u^n - Z_d^n}}$$

$$(14-21)$$

14.2.3.2 倒虹吸计算模式

倒虹吸在渠道运行过程中常处于满流有压输水状态，模型计算时不考虑倒虹吸内水流运动过程，利用有压管道公式计算其过水能力，并假定进出口流量相等和忽略行近流速水头，即可得到（张成 等，2007）：

$$Q = Q_u = Q_d = \mu A \sqrt{2g(Z_u - Z_d)} = K \sqrt{Z_0} = K \sqrt{(Z_u - Z_d)} \qquad (14-22)$$

$$\mu = (1 + \xi_f + \sum \xi_j)^{-1/2} = (1 + \lambda L/d + \sum \xi_j)^{-1/2} \qquad (14-23)$$

式中：μ 为管道流量系数，λ 为沿程阻力系数；$\sum \xi_j$ 为局部阻力系数之和，由闸墩、门槽、管道进口、管道管身和管道出口几部分阻力系数组成；Q 为管道过水流量，m^3/s；A 为管道过水面积，m^2；Z_0 为包含行进流速水头的上下游水位差，即总水头损失，m；Z_u 和 Z_d 分别为上下游水位，m；L 为管道全长，m；d 为圆管内直径，m。系数 K 根据设计流量 Q_s 下的设计水头损失 Z_{0s} 求得，即（张成 等，2007）：

$$K = Q_s / \sqrt{Z_{0s}} \qquad\qquad (14-24)$$

经泰勒展开倒虹吸过流公式，并与式（14-7）比较得到倒虹吸所在渠段的双向追赶系数：

$$\alpha_1 = 0 , \beta_1 = \mu A \sqrt{2g} (Z_u - Z_d)^{-1/2} , \xi_1 = -\mu A \sqrt{2g} (Z_u - Z_d)^{-1/2} ;$$

$$\theta_2 = 0 , \eta_2 = -\mu A \sqrt{2g} (Z_u - Z_d)^{-1/2} , \gamma_2 = \mu A \sqrt{2g} (Z_u - Z_d)^{-1/2}$$

14.2.3.3　分（退）水闸调控计算模式

分（退）水闸是位于渠道或河道上宣泄或分配水量的闸门。在河网水动力学计算时，将其作为集中旁侧出流处理。设分水闸在某个时刻的分水流量为 $Q_集$，且流入为正、流出为负，并忽略分（退）水闸处包含水头和流速水头在内的总水头损失，由此得到分（退）水闸所在 i 河段的河段方程：

$$\left. \begin{array}{l} Q_i = Q_集 + Q_{i+1} \\ Z_i = Z_{i+1} \end{array} \right\} \tag{14-25}$$

上式联立第 $i-1$ 段和第 $i+1$ 段的河段方程，得到第 i 断面的追赶方程：

$$Q_i = \alpha_{i+1} + Q_集 + \beta_{i+1} Z_{i+1} + \xi_{i+1} Z_N$$

与式（14-7）对比得到追赶系数：

$$\alpha_i = \alpha_{i+1} + Q_集 , \beta_i = \beta_{i+1} , \xi_i = \xi_{i+1}$$

同理得到第 $i+1$ 断面的追赶系数：

$$\theta_{i+1} = \alpha_i - Q_集 , \eta_{i+1} = \beta_i , \gamma_{i+1} = \xi_i$$

14.2.3.4　输水建筑物计算模式

对通常为多孔并联设计的渡槽、隧道和涵洞等明渠建筑物，进出口处分别存在水流分叉和汇合的现象，水流形态非常复杂，在模型计算时将其作为单独河段，忽略水头损失，该段水流满足质量守恒和能量守恒方程：

河段进出口水量相等，且为各孔过水水流之和：

$$Q_i = Q_{i+1} = \sum_{k=1}^{N} Q_k \tag{14-26}$$

河段进出口水位及各孔进出口水位相等：

$$Z_i = Z_{i+1} = Z_i^k = Z_{i+1}^k \tag{14-27}$$

式中：Q_i 和 Q_{i+1} 分别为与交叉点 i 和 $i+1$ 连接的河段干渠的总流量，m^3/s；Q_k 为交叉点处第 k 个分支的流量，m^3/s；N 为分支渠段的总数；Z_i 和 Z_{i+1} 为交叉点处的水位，m；$Z_{i,k}$ 和 $Z_{i+1,k}$ 分别为第 K 个分支渠道在交叉点 i 和 $i+1$ 处的水位，m。

输水建筑物计算模式可以作为分（退）水闸调控计算模式的特例，即在分（退）水闸计算模式中的双向追赶系数中 $Q_集$ 为 0，那么得到输水建筑物计算模式的双向追赶系数：$\alpha_i = \alpha_{i+1}$，$\beta_i = \beta_{i+1}$，$\xi_i = \xi_{i+1}$ 和 $\theta_{i+1} = \alpha_i$，$\eta_{i+1} = \beta_i$，$\gamma_{i+1} = \xi_i$。

14.2.3.5　泵调控计算模式

泵站若位于河道侧，计算模式与 14.2.3.3 节分（退）水闸调控计算模式类似；若位于河道内，就需分析泵的运行性能，寻找水泵流量与净扬程之间的函数关系，建立泵站河段的双向追赶方程。泵站运行特性如下：随着进水池与出水池水位差的增加，水泵负荷增大，流量就会减小；反之，流量会增加。单泵运行时，流量公式可以用下式表示：

$$Q_p = f(Z_{pu} - Z_{pd})Q_{pd} \qquad (14-28)$$

式中：Q_p 为水泵流量，m^3/s；Q_{pd} 为水泵额定流量或在设计扬程时的水泵流量，m^3/s；Z_{pu} 为外水位或出水池水位，m；Z_{pd} 为内水位或进水池水位，m。ΔZ_p 为净扬程，m，$\Delta Z_p = Z_{pu} - Z_{pd}$；$f(Z_{pu} - Z_{pd})$ 为依赖于净扬程（外水位与内水位之差）的出流系数。

泵的出流系数采用多次函数进行拟合：

$$f(\Delta Z_p) = f(Z_{pu} - Z_{pd}) = a\left(\frac{\Delta Z_p}{\Delta Z_{pa}}\right)^3 + b\left(\frac{\Delta Z_p}{\Delta Z_{pa}}\right)^2 + c\left(\frac{\Delta Z_p}{\Delta Z_{pa}}\right) + d \qquad (14-29)$$

式中：ΔZ_{pa} 为额定扬程或设计扬程，m；其余符号意义同前。

利用泰勒展开式对上式的多次函数方程处理，合并得到 $n+1$ 时层的泵站流量 Q_p 与进出水池水位 Z_{pu} 和 Z_{pd} 之间的线性关系，与式（14-7）对比得到双向追赶方程系数，然后与河网方程耦合整体计算。

14.2.4 基准测试及应用

14.2.4.1 环状河网恒定流计算

Chaudhry 研究了环状河网（Looped Channel Networks，LCN）恒定流计算结果（Chaudhry et al.，1986），LCN-1 结构见图 14-1，用来验证提出模型的实用性。LCN-1 的河道断面为矩形，特征参数见表 14-1，每个河道等分为 20m 的河段。恒定流计算的边界条件是：上游入口给定 $250m^3/s$ 的流量，河网下游出口给定恒定水深 5m。整个河网断面给定初始的随机流量值和恒定水深 5m。模型计算结果与文献结果比较见表 14-2。从结果可以看出，所有河道中的最大误差没有超过 0.3%，具有较好的模拟精度。

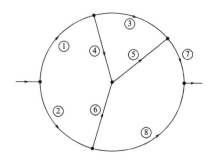

图 14-1 LCN-1 结构图

表 14-1   **LCN-1 渠道特征参数**

河道编号	坡度	曼宁系数	宽度/m	长度/m
①	0.0005	0.013	30	200
②	0.0005	0.013	40	200
③	0.0005	0.012	20	200
④	0.0005	0.014	20	100
⑤	0.0005	0.013	20	100
⑥	0.0005	0.013	25	100
⑦	0.0005	0.014	30	100
⑧	0.0005	0.014	50	300

表 14-2　　　　　　　　　　本章模拟结果与 Chaudhry 等（1986）模拟结果比较

河道编号	①	②	③	④	⑤	⑥	⑦	⑧
Chaudhry 等（1986）模拟结果/(m³/s)	95.748	154.252	55.093	40.655	52.669	12.014	107.762	142.238
本章模拟结果/(m³/s)	95.662	154.336	55.110	40.550	52.724	12.175	107.832	142.159
相对误差/%	−0.080	0.084	0.017	−0.105	0.055	0.161	0.070	−0.079

14.2.4.2　环状河（渠）网非恒定流计算

图 14-2 给出了 LCN-3 结构图，表 14-3 给出了各渠道的特征参数，渠道和节点的编码见图 14-2，上游边界节点为 6、7 和 8，下游边界节点为 9 和 10，上游节点 6 和 7 给定恒定的入流过程为 10m³/s，节点 8 给出的流量过程见图 14-3，下游节点 9 和 10 给定恒定的水位为 5m。设定时间步长为 3min，进行计算。在计算时发现，当从文献给出的时间开始计算时，前面一段时间计算还不稳定，因此要进行预热启动。图 14-4 给出了本章节模拟结果与 Sen 等（2002）中 Adlul 的模拟结果的对比值，两者结果吻合很好。随着节点 8 流量逐渐增加，渠道过流能力限制了渠道⑦产生的流量不能通过，部分流量通过渠道⑦由渠道②承载部分宣泄流量。流量大约为 25m³/s，渠道⑦开始出现倒流，至 50m³/s 的最大流量时，倒流流量最大，这些多余的流量通过渠道②进行分流，致使渠道②过流流量随着渠道⑥流量的加大而变大，这个最大值的出现时间与渠道⑧最大流量的出现时间基本一致。这说明，本章研发的模型能够很好地适应多种入流情景下的水流状况的模拟，且能够很好地适应环状河网非恒定流的模拟。

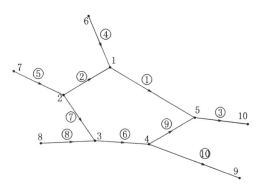

图 14-2　LCN-2 结构图

表 14-3　　　　　　　　　　LCN-2 渠道特征参数

渠道编号	底坡 S_0	曼宁系数 n	底宽/m	边坡系数	长度/m
①⑩	0.0001	0.025	100	1:2	2000
②④⑤⑦⑧	0.0002	0.025	50	1:2	1000
③⑥⑨	0.0001	0.025	75	1:2	1000

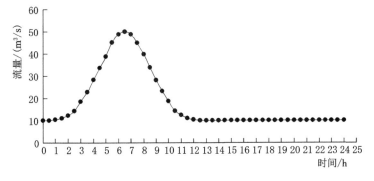

图 14-3　节点 8 入流流量过程

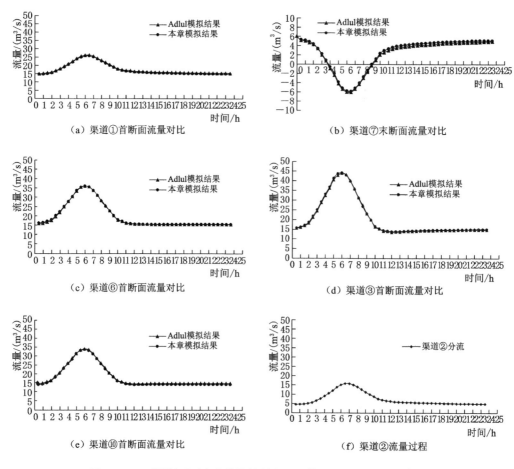

（a）渠道①首断面流量对比　　　　　　（b）渠道⑦末断面流量对比

（c）渠道⑥首断面流量对比　　　　　　（d）渠道③首断面流量对比

（e）渠道⑩首断面流量对比　　　　　　（f）渠道②流量过程

图 14-4　不同断面下本章模拟结果与 Sen 等（2002）模拟结果对比

14.2.4.3　混合河（渠）网非恒定流的计算算例

利用 Islam 等（2005）利用的树状和环状混合河（渠）网（Mixed Channel Networks, MCN）算例验证本章建立模型的计算性能。MCN-1 结构如图 14-5 所示。渠道详细参数见表 14-4 所示。上游入口节点 1、2、3、4、5、6 和 7 给出相同的流量边界，见图 14-6；下游给出水位过程边界条件，见图 14-7。计算结果见图 14-8，图 14-8（a）给出了与节点水位的比较，图 14-8（b）给出了渠首断面流量的比较。渠道⑬由于接收了所有渠道的流量，明显高于渠道⑫，说明计算结果合理。通过与 Islam 等（2005）模拟结果的比较可以看出，模型不仅可以用于规则环状河网的非恒定流和恒定流计算，还可以用于混合河网的非恒定流计算，且计算结果合理，精度较高。

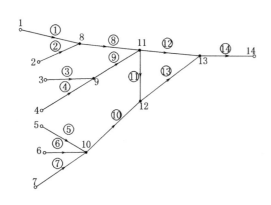

图 14-5　MCN-1 结构图

表 14-4　　　　　　　　　　　　　MCN-1 渠道特征参数表

渠道编号	长度/km	底宽/m	边坡系数	底坡/10^{-4}	曼宁系数	河段数
①②⑧⑨	1.5	10	1:1	2.7	0.022	15
③④	3.0	10	1:1	4.7	0.025	30
⑤⑥⑦⑩	2.0	10	1:1	3.0	0.022	20
⑪	1.2	10	1:0	3.3	0.022	12
⑫	3.6	20	1:0	2.5	0.022	36
⑬	2.0	20	1:0	2.5	0.022	20
⑭	2.5	30	1:0	1.6	0.022	25

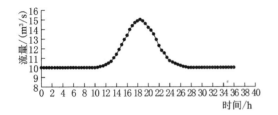

图 14-6　节点 1、2、3、4、5、6、7 入流流量过程

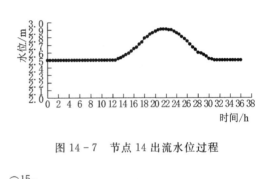

图 14-7　节点 14 出流水位过程

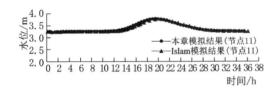

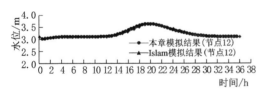

（a）节点 11 和节点 12 的水位本章模拟结果与
Islam 等（2005）模拟结果比较

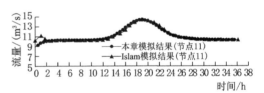

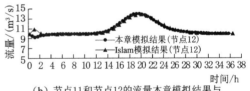

（b）节点 11 和节点 12 的流量本章模拟结果与
Islam 等（2005）模拟结果比较

图 14-8　节点 11 和 12 本章模拟结果与 Islam 等（2005）模拟结果的对比

14.2.4.4　闸堰调控计算

为证明建立模型对河网中存在闸堰情况下的数值计算的稳定性和精度，且考虑到现有闸堰调控参数与实测水位可能不存在很好的对应关系，因此本章选用 Yen 等（2001）研究中的河网结构和河道特性参数作为验证数值模型的算例，将模型计算结果与 Yen 等（2001）的模拟结果比较。如图 14-9 所示，河网是由树状和环状组成的混合河网结构，共有 14 个河道组成，其中 6 个内部河道，8 个外部河道，6 个内节点，8 个外节点，各河道特征参数见表 14-5，并要求河道 3 的过流流量不能超过 30m^3/s。为保证该河道

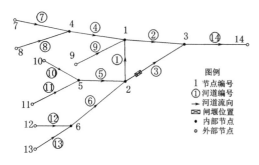

图 14-9 MCN-2 结构图

图例
1 节点编号
① 河道编号
→ 河道流向
🔲 闸堰位置
• 内部节点
◦ 外部节点

安全，在距离河道 3 上游 $400 \sim 420m$ 处布设堰顶宽度为 20m 的宽顶堰。河网节点 7、8、9、10、11、12、13 处给定如图 14-10 所示的入流流量过程；节点 14 处给定出流的水位过程见图 14-11。所有河道计算断面间距均定义为 100m，以此可以确定堰所处位置就在河道 3 的断面 5 和断面 6 之间。

表 14-5　　　　　　　　　　　　　　　MCN-2 河道特征参数

河道编号	长度/km	底宽/m	边坡系数	底坡（10^{-4}）	曼宁系数
①③⑥⑩⑪	1.2	10	1:0	3.3	0.022
④⑦⑧⑨	1.8	10	1:1	3.3	0.022
⑫，⑬	2.8	10	1:1	5.0	0.025
②	2.0	20	1:0	2.5	0.022
③	3.6	20	1:0	2.5	0.022
⑭	2.0	30	1:0	2.0	0.022

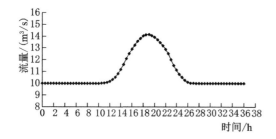

图 14-10　节点 7、8、9、10、11、
12、13 的入流流量过程

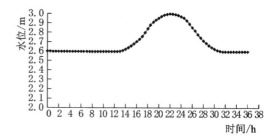

图 14-11　节点 14 出口水位过程

　　图 14-12 是无堰情景下河道 3 的过流流量、断面 5 和断面 6 的水位与 Yen 等（2001）模拟结果的比较；图 14-13 和图 14-14 分别为自由出流和淹没出流情况下河道堰上过流流量、堰前后水位与 Yen 等（2001）研究模拟结果的比较。结果表明：①本章建立模型不仅能较好适应有堰、无堰转化情景下的计算稳定性和收敛性，还具有较高精度。②本章建立模型能较好地处理不合理初值的情况，但这隐含不合理初值可能导致计算中断，如若初始水位高于河道 3 对应最大泄流能力的水位，就会导致计算无法推进，因此在实际计算时要认真选择初值，具体方法见 14.2.2.1 节说明。③本章建立模型能够模拟和预测含有水工建筑物的河网中水位和流量时空连续变化过程，很好满足了质量守恒，如图 14-15 所示有堰和无堰情况下河道 1 和河道 3 的流量过程线。④通过在河网中合理的位置布设水工建筑物，能够改变水流时空分布，满足生产、生活和生态需要。

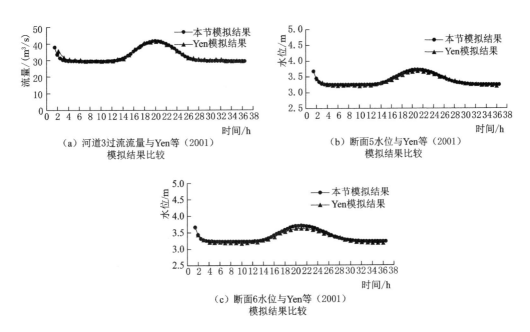

（a）河道3过流流量与Yen等（2001）
模拟结果比较

（b）断面5水位与Yen等（2001）
模拟结果比较

（c）断面6水位与Yen等（2001）
模拟结果比较

图 14-12　在无堰情况下本节模拟结果与 Yen 等（2001）模拟结果对比

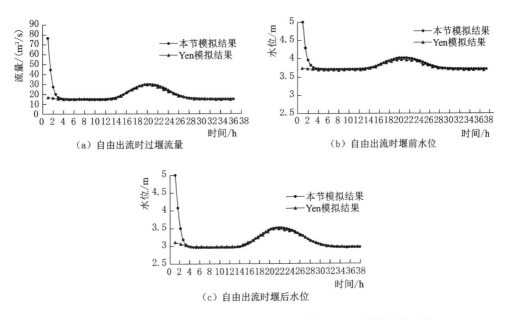

（a）自由出流时过堰流量

（b）自由出流时堰前水位

（c）自由出流时堰后水位

图 14-13　自由出流时本节模拟结果与 Yen 等（2001）模拟结果比较

表 14-6　　本章节模拟结果与 Yen 等（2001）模拟结果比较

工　况	Yen 等（2001）模拟结果/（m³/s）	本节模拟结果/（m³/s）	相对误差/%
无堰时流量	41.16	41.25	0.22
淹没出流	39.96	40.02	0.15
自由出流	29.61	29.68	0.24

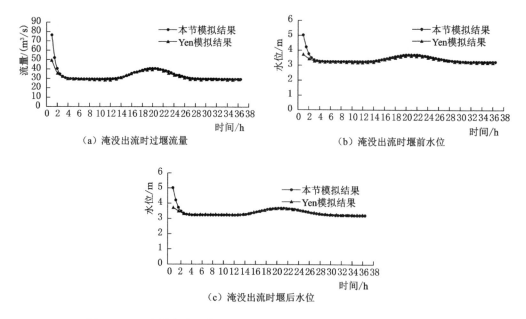

（a）淹没出流时过堰流量

（b）淹没出流时堰前水位

（c）淹没出流时堰后水位

图 14-14 淹没出流时本节模拟结果与 Yen 等（2001）模拟结果比较

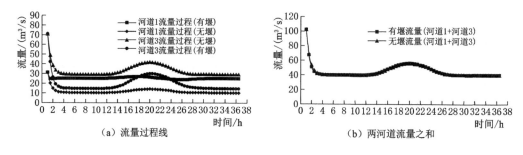

（a）流量过程线

（b）两河道流量之和

图 14-15 河道 1 和河道 3 流量过程线

14.3 基于自适应网格的水动力水质数值计算模型

14.3.1 自适应网格生成技术

本章采用的自适应网格为递归的层次结构网格（图 14-16），初始网格等级 lev 为 0，网格最大划分水平为 div_max，初始网格大小为 dx 和 dy，划分后的网格大小为 $dxl = M/2^{lev}$，$dyl = N/2^{lev}$。任何网格和临近网格的大小必须满足 2 倍关系，即网格大小必须是其临近网格大小的 2 倍、1 倍和 1/2 倍（2:1 准则），该过程需要存储网格的邻居网格信息，为了减少存储要求，网格邻居单元确定采用网格之间的相对关系来确定（Liang et al.，2004；Liang，2012）。自适应网格在程序计算过程中可以快速生成，具体步骤如下：

（1）生成能覆盖计算域的叶网格 (i,j,is,js)，$i = 1,2,\cdots,M$；$j = 1,2,\cdots,N$；$is = js = 1$，网格大小为 dx 和 dy，设置初始网格划分水平为 0，即 $lev(i,j) = 0$。

（2）根据研究区边界种子点识别内部计算单元。

（3）依次计算内部单元 (i,j,is,js)（图 14 - 16）的水位（$grad\eta$）和浓度（$gradc$）梯度，见式（14 - 9）～式（14 - 12），取两者的最大值 $grad(i,j,is,js) = max(grad\eta,gradc)$。

（4）如果 $grad(i,j,is,js)$ 大于网格划分阈值 Φ_{sub}，或者网格 (i,j,is,js) 位于干湿边界处，设置叶网格的划分水平为 $lev(i,j) = lev(i,j) + 1$，如果 $lev(i,j) = div\_max$，则保持 $lev(i,j) = div\_max$。

（5）采用三角形线性插值获取子网格中心高程，然后根据质量守恒定律和动量守恒定律确定子网格水位和流量（张华杰，2014）。

（6）判断并调整单元 (i,j,is,js) 网格大小和 8 个邻居网格大小满足 2∶1 准则（Liang，2009）。

（7）如果 $grad(i,j,is,js)$，$is = 1,\cdots,Ms$；$js = 1,\cdots,Ms$；$Ms = 2^{lev(i,j)}$ 均小于网格合并阈值 Φ_{coar}，则叶网格的划分水平设置为 $lev(i,j) = lev(i,j) - 1$，合并得到的子网格中心状态变量由 4 个网格中心状态变量取平均得到，该过程同样保证单元 (i,j,is,js) 网格大小和 8 个邻居网格大小满足 2∶1 准则。

$$grad\eta(i,j,is,is) = \sqrt{\left(\frac{\partial\eta(i,j,is,js)}{\partial x}\right)^2 + \left(\frac{\partial\eta(i,j,is,js)}{\partial y}\right)^2} \qquad (14 - 30)$$

$$gradc(i,j) = \sqrt{\left(\frac{\partial qc(i,j,is,js)}{\partial x}\right)^2 + \left(\frac{\partial qc(i,j,is,js)}{\partial y}\right)^2} \qquad (14 - 31)$$

$$\frac{\partial\eta(i,j,is,js)}{\partial x} = \frac{\eta\_E - \eta\_W}{2dx}; \frac{\partial(i,j)}{\partial y} = \frac{\eta\_N - \eta\_S}{2dy} \qquad (14 - 32)$$

$$\frac{\partial qc(i,j,is,js)}{\partial x} = \frac{qc\_E - qc\_W}{2dx}; \frac{\partial qc(i,j)}{\partial y} = \frac{qc\_N - qc\_S}{2dy} \qquad (14 - 33)$$

式中：η_E、η_W、η_N、η_S 和 qc_E、qc_W、qc_N、qc_S 分别为单元 (i,j,is,js) 东、西、北、南边四个方向的邻居单元中心的水位和物质质量。

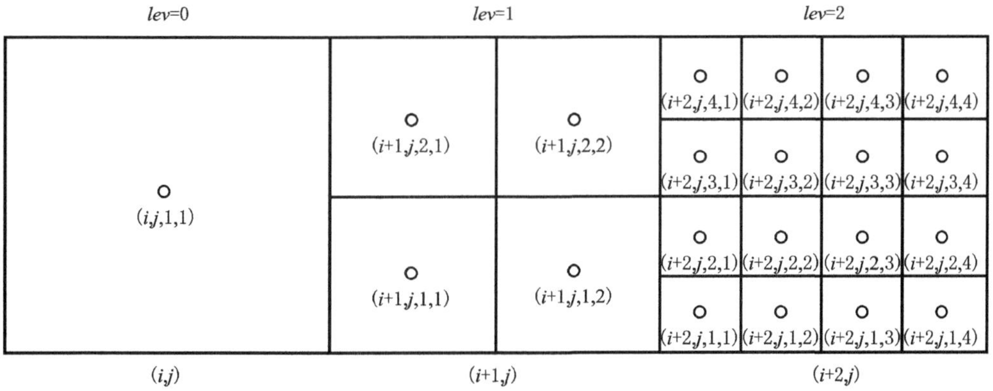

图 14 - 16　自适应网格示意图

自适应网格技术中网格划分阈值存在两种形式：相对阈值（Zhang et al.，2015）和绝对阈值（Liang et al.，2009）。相对阈值即百分比阈值，对所有计算网格的水位和浓度梯度取最大值后进行降序排列，取梯度分位数为 Sa 的网格梯度作为阈值，将高于该阈值的网格单元（占所有计算网格数的比例为 Sa）进行细化，直至达到最大划分水平。相对阈值中网格细化的梯度阈值在计算过程中不断变化；绝对阈值为固定梯度，对任何计算时刻大于该阈值的网格进行细化，直至达到最大划分水平。相对阈值设置简单，但当多数网格存在较大的水流和浓度梯度时，部分高梯度网格没能得到细化，影响模型模拟精度；随着水流的演进，水流趋于平稳，当水位和浓度梯度均较小时，基于相对阈值的自适应网格技术仍会对部分网格进行细化，影响计算效率。相比之下，当多数网格存在较大的水流和浓度梯度，基于绝对阈值的自适应网格技术能够更准确地识别水位和浓度梯度较大的网格并对其细化，当水位和浓度梯度均较小时，低于绝对阈值的细网格将会被识别和合并。相比于相对阈值，绝对阈值可以更好地识别水位梯度和浓度梯度，提高模型模拟精度和计算效率。

14.3.2 控制方程

在满足静水压力和忽略水体垂向加速条件下，利用水深平均的三维 Navier‑Stokes 方程可以推导得到二维浅水方程（Liang et al.，2009），加上描述物质输移的对流‑扩散方程（Kong et al.，2013），二维水流‑输运方程形式如下：

$$\frac{\partial U}{\partial t} + \frac{\partial F}{\partial x} + \frac{\partial G}{\partial y} = \frac{\partial U}{\partial t} + \nabla \cdot E = S \qquad (14-34)$$

式中：t 为时间，s；x 和 y 分别为水平横向和纵向坐标，m；U 为守恒变量；E 为对流项通量，$E = (F, G)$；F、G 分别为 x、y 方向的对流通量；S 为源项。

其中 U、F、G 和 S 表示如下：

$$U = \begin{bmatrix} \eta \\ uh \\ vh \\ ch \end{bmatrix}, F = \begin{bmatrix} uh \\ u^2 h + \frac{1}{2}g(\eta^2 - 2\eta z_b) \\ uvh \\ uch \end{bmatrix}, G = \begin{bmatrix} vh \\ uvh \\ v^2 h + \frac{1}{2}g(\eta^2 - 2\eta z_b) \\ vch \end{bmatrix},$$

$$S = \begin{bmatrix} q_{in} \\ -\dfrac{\tau_{bx}}{\rho} - g\eta\dfrac{\partial z_b}{\partial x} \\ -\dfrac{\tau_{by}}{\rho} - g\eta\dfrac{\partial z_b}{\partial y} \\ \dfrac{\partial}{\partial x}\left(D_x h\dfrac{\partial c}{\partial x}\right) + \dfrac{\partial}{\partial y}\left(D_y h\dfrac{\partial c}{\partial y}\right) + q_{in}c_{in} \end{bmatrix}$$

$$(14-35)$$

式中：η、h 和 z_b 分别为水位、水深和河底高程，m；$\eta = z_b + h$；u 和 v 分别为 x 和 y 方向流速，m/s；g 为重力加速度，m/s²；ρ 为水密度，kg/m³；D_x 和 D_y 分别为 x 和 y 方向的扩散系数，m²/s；c 为物质的垂线平均浓度，mg/L 或 kg/m³；q_{in} 为点源的流量强度 m/s；c_{in} 为物质垂线平均浓度，mg/L 或 kg/m³；τ_{bx} 和 τ_{by} 分别为 x 和 y 方向的床面摩擦应力，表示因床面摩擦导致的水流能量耗散，见式（14‑36）：

$$\left.\begin{aligned} \tau_{bx} &= \rho C_f u\sqrt{u^2 + v^2} \\ \tau_{by} &= \rho C_f v\sqrt{u^2 + v^2} \end{aligned}\right\} \qquad (14-36)$$

式中：C_f 为床面摩擦系数，$C_f = gn^2/h^{1/3}$；n 为 Manning 糙率系数，$s/m^{1/3}$。在涉及干湿边界计算的案例中，当单元水深小于最小水深时，即为干单元时，C_f 设为 0。

14.3.3　数值求解

采用有限体积法离散控制方程，在任意控制体 Ω 上对公式（14-34）进行积分：

$$\frac{\partial}{\partial t}\int_{\Omega} U d\Omega + \int_{\Omega} \nabla \cdot E d\Omega = \int_{\Omega} S d\Omega \qquad (14-37)$$

通过高斯-格林公式将 $\int_{\Omega} \nabla \cdot E d\Omega$ 转化为沿控制体边界的面积分，得到式（14-38）：

$$\int_{\Omega} \frac{\partial U}{\partial t} d\Omega + \oint_{S} E \cdot n dS = \int_{\Omega} S d\Omega \qquad (14-38)$$

式中：U 为单元均值；S 为控制体 Ω 的边界；n 为垂直于面元 ds 的单位向量。

在笛卡儿坐标系下，式（14-38）中的曲面积分项可以转换为

$$\oint_{S} E \cdot n dS = (F_{(i+1/2,j)} - F_{(i-1/2,j)})\Delta y + (F_{(i,j+1/2)} - F_{(i,j-1/2)})\Delta x \qquad (14-39)$$

式中：Δx 和 Δy 分别为笛卡儿坐标系中网格单元 (i,j) 的左右和上下边长；$F_{(i+1/2,j)}$ $F_{(i+1/2,j)}$、$F_{(i-1/2,j)}$、$F_{(i,j+1/2)}$ 和 $F_{(i,j-1/2)}$ 分别为单元东、西、南、北四个界面的界面通量（图 14-17）。

采用自适应网格时，网格邻居单元可能处于不同的细分水平，当单元右侧的邻居单元为两个细分单元时，此时通过东边界面的通量 $F_{(i+1/2,j)} = F^1_{(i+1/2,j)} + F^2_{(i+1/2,j)}$、$F^1_{(i+1/2,j)}$ 和 $F^2_{(i+1/2,j)}$ 计算需要 w_1、e_1、w_2 和 e_2 位置的状态变量，e_1 和 e_2 位置状态变量可以直接获取，w_1 和 w_2 位置状态变量可以通过自然邻近插值获取（图 14-17）（Sibson，1980；Liang et al.，2004）。

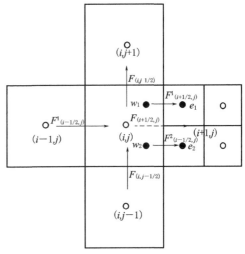

图 14-17　自适应网格通量计算示意图

由式（14-38）和式（14-39）可以得到 n 时层到 $n+1$ 时层推进的守恒有限体积公式：

$$U^{n+1}_{(i,j)} = U^n_{(i,j)} - \frac{\Delta t}{\Delta x}(F_{(i+1/2,j)} - F_{(i-1/2,j)}) - \frac{\Delta t}{\Delta y}(F_{(i,j+1/2)} - F_{(i,j-1/2)}) + \Delta t S_{(i,j)}$$

$$(14-40)$$

14.3.3.1　HLLC 格式计算数值通量

利用 HLLC 格式的近似黎曼求解器计算数值通量 $F = (F_1, F_2, F_3, F_4)$，其中 F_1 为质量通量，F_2 和 F_3 为动量通量，F_4 为物质输移通量，包括对流通量 F_{adv} 和扩散通量 F_{dif}。以矩形网格单元 (i,j) 东侧界面 $(i+1/2,j)$ 计算为例，界面 $(i+1/2,j)$ 的质量通量、动量通量和物质对流通量 $F_{(i+1/2,j)} = (F_1, F_2, F_3, F_{adv})$ 计算公式如下：

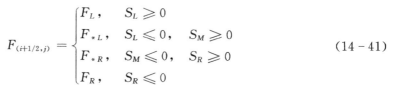

$$F_{(i+1/2,j)} = \begin{cases} F_L, & S_L \geqslant 0 \\ F_{*L}, & S_L \leqslant 0, \quad S_M \geqslant 0 \\ F_{*R}, & S_M \leqslant 0, \quad S_R \geqslant 0 \\ F_R, & S_R \leqslant 0 \end{cases} \tag{14-41}$$

式中：$F_L = F(U_L)$ 和 $F_R = F(U_R)$ 由左右界面状态 U_L 和 U_R 计算得到。F_{*L} 和 F_{*R} 为中间波数值通量；S_L、S_M、S_R 分别为左、中、右波速。F_{*L} 和 F_{*R} 计算公式如下：

$$\left.\begin{array}{l} F_{*L} = \begin{bmatrix} f_{*1} & f_{*2} & v_L f_{*1} & c_L f_{*1} \end{bmatrix}^T \\ F_{*R} = \begin{bmatrix} f_{*1} & f_{*2} & v_R f_{*1} & c_R f_{*1} \end{bmatrix}^T \end{array}\right\} \tag{14-42}$$

式中：v_L 和 v_R 为左右切向速度分量；c_R 和 c_L 为界面左右的物质浓度。利用黎曼近似求解器计算通量 F_*：

$$F_* = \frac{S_R F_L - S_L F_R + S_L S_R (U_R - U_L)}{S_R - S_L} \tag{14-43}$$

考虑干湿边界的动态交替的处理，S_L、S_M、S_R 计算公式如下（冶运涛 等，2014）：

$$S_L = \begin{cases} u_R - 2\sqrt{gh_R}, h_L = 0 \\ \min(u_L - 2\sqrt{gh_L}, u_* - 2\sqrt{gh_*}) \quad (h_L > 0) \end{cases} \tag{14-44}$$

$$S_R = \begin{cases} u_L + 2\sqrt{gh_L}, h_R = 0 \\ \min(u_R + 2\sqrt{gh_R}, u_* + 2\sqrt{gh_*}) \quad (h_R > 0) \end{cases} \tag{14-45}$$

$$S_M = \frac{S_L h_R (u_R - S_R) - S_R h_L (u_L - S_L)}{h_R (u_R - S_R) - h_L (u_L - S_L)} \tag{14-46}$$

式中：u_L、u_R、h_L 和 h_R 为界面左右状态变量。u_* 和 h_* 计算公式如下：

$$\left.\begin{array}{l} u_* = \dfrac{1}{2}(u_L + u_R) + \sqrt{gh_L} - \sqrt{gh_R} \\ h_* = \dfrac{1}{g}\left[\dfrac{1}{2}(\sqrt{gh_L} + \sqrt{gh_R}) + \dfrac{1}{4}(u_L - u_R)\right] \end{array}\right\} \tag{14-47}$$

根据散度定理，扩散通量计算如下：

$$F_{\text{dif}} = -\frac{1}{2}D_x(h_L + h_R)(c_R - c_L)/\Delta x \tag{14-48}$$

综上，矩形网格单元 (i,j) 东侧界面 $(i+1/2,j)$ 的数值通量 $F_{(i+1/2,j)} = (F_1, F_2, F_3, F_{\text{adv}} + F_{\text{dif}})$，其他三个方向界面通量均可采取相同方法计算。

14.3.3.2 模型时空二阶精度构造

采用 MUSCL-Hancock 方法求解控制方程，该方法具有二阶精度和高分辨率迎风格式，包括预测步和校正步。在 x 方向上，针对单元 (i,j)，预测步计算步骤如下：

首先利用 n 时层单元 (i,j) 和 4 个邻近单元中心状态变量 U 重构单元 (i,j) 四个界面左右的状态变量，以界面 $(i+1/2,j)$ 为例，界面左侧状态变量 $U^L_{(i+1/2,j)}$ 和右侧状态变量 $U^R_{(i+1/2,j)}$ 重构如下：

$$U^L_{(i+1/2,j)} = U^n_{(i,j)} + \frac{1}{2}\varphi(r)(U^n_{(i,j)} - U^n_{(i-1,j)}), \ U^R_{(i+1/2,j)} = U^n_{(i,j)} + \frac{1}{2}\varphi(r)(U^n_{(i+1,j)} - U^n_{(i,j)})$$

$$\varphi(r) = \max\{0, \min(\beta r, 1), \min(r, \beta)\}, \ r = \frac{U_{(i+1,j)} - U_{(i,j)}}{U_{(i,j)} - U_{(i-1,j)}} \tag{14-49}$$

式中 $\varphi(r)$ 为坡度限制器，限制器根据 β（$1 \leqslant \beta \leqslant 2$）取值不同分为 Roe's minmod 限制器（$\beta=1$）和 Roe's superbee 限制器（$\beta=2$）。本章采用 Roe's minmod 限制器。

利用重构后的界面左右状态变量计算界面数值通量 F^*，然后代入式（14-40）计算 $n+1/2$ 时层单元 (i,j) 中心状态变量值 $\overline{U}_{(i,j)}^{n+1/2}$。

$$\overline{U}_{(i,j)}^{n+1/2} = U_{(i,j)}^n - \frac{\Delta t}{2}\left[\frac{(F_{(i+1/2,j)}^* - F_{(i-1/2,j)}^*)}{\Delta x} + \frac{(F_{(i,j+1/2)}^* - F_{(i,j-1/2)}^*)}{\Delta y} - S_{(i,j)}\right]$$

$$(14-50)$$

基于预测步获取的 $n+1/2$ 时层单元 (i,j) 和 4 个邻近单元中心状态变量 $\overline{U}^{n+1/2}$ 采用非负线性重构技术（冶运涛 等，2014）和局部底部高程修正方法（冶运涛 等，2014）对界面左右状态变量进行空间重构。

14.3.4　结果与讨论

为了检验模型模拟不同水流条件下污染物的输移能力，分别利用经典算例检验了模型模拟精度、稳定性以及模拟效率。经典案例包括：均匀流场条件下的浓度峰输运模拟、均匀浓度和非均匀浓度的溃坝水流-输运模拟、Toce 溃坝水流-输运模拟和 Malpasset 大坝水流-输运模拟。均匀流场条件下的浓度峰输运模拟案例中，网格细化和粗化的绝对阈值分别设置为 5×10^{-4}（Φ_{sub}）和 2×10^{-4}（Φ_{coar}），其余案例中网格细化和粗化的绝对阈值分别设置为 0.08（Φ_{sub}）和 0.05（Φ_{coar}）。所有算例中重力加速度 g 取 9.81m/s^2，水体密度 ρ 取 1000kg/m^3。

14.3.4.1　均匀流场条件下浓度峰输运模拟

本算例为高斯分布浓度峰的输运模拟问题（邵军荣 等，2012），计算域为 $[0\text{m} \leqslant x \leqslant 12800\text{m}；0\text{m} \leqslant y \leqslant 1000\text{m}]$，总模拟时间为 9600s。计算域内水体流速 u 保持不变，$u=0.5\text{m/s}$，污染物初始浓度呈高斯分布，初始浓度 C_0 满足 $C_0 = \exp[-(x-2000)^2/2\sigma_0^2]$，$\sigma_0 = 264$，不同时刻污染物浓度分布的解析解为

$$C(x,t) = (\sigma_0/\sigma)\exp[-(x-\overline{x})^2/2\sigma_0^2] \tag{14-51}$$

$$\sigma = \sigma_0^2 + 2Dt，\overline{x} = 2000 + \int_0^t u(\eta)d\eta \tag{14-52}$$

式中：D 为扩散系数。

分别模拟三种扩散系数（$0\text{m}^2/\text{s}$、$2\text{m}^2/\text{s}$、$50\text{m}^2/\text{s}$）下污染物的输移情况，初始网格数为 640×200，最大划分水平为 2。图 14-18 为 $t=9600\text{s}$ 污染物沿程分布的解析解和数值解，由图 14-18 可以看出，随着扩散系数的增加，浓度峰值逐渐降低，不同扩散条件下的模拟污染物沿程分布的数值解和解析解基本一致，浓度峰值衰减很小，模拟过程中未出现浓度为负值或者数值震荡问题，说明模型具有较高模拟精度和稳定性。

14.3.4.2　均匀浓度的溃坝水流-输运模拟

本算例（宋利祥 等，2014）用于验证模型的计算精度以及动边界处理的有效性。计算域为 $75\text{m} \times 30\text{m}$，大坝位于 $x=16\text{m}$ 处，忽略大坝厚度。糙率 $n=0.018\text{s/m}^{1/3}$。底部高程为

$$b(x,y) = \max[0,1-0.125\sqrt{(x-30)^2+(y-6)^2},$$
$$1-0.125\sqrt{(x-30)^2+(y-24)^2},$$
$$3-0.3\sqrt{(x-47.5)^2+(y-15)^2}] \tag{14-53}$$

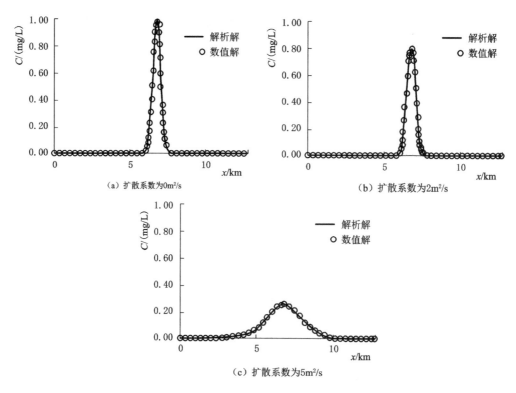

图 14-18　不同扩散系数下 9600s 物质浓度沿程分布

大坝上游初始水位为 1.875m，物质浓度为 1mg/L，流速为 0；下游为干河床；不考虑物质降解。扩散系数取 $Dx=Dy=0.5m^2/s$。$t=0$ 时大坝瞬时全溃。由于初始条件均为均匀浓度水体，因此，计算至任意时刻，水体的物质浓度保持不变。

初始条件（0s）及不同时刻（10s、20s、30s）的流场、物质浓度计算结果如图 14-19 所示，不同时刻的网格分布和网格数如图 14-20 和图 14-21 所示。由图 14-19 可知，溃坝水流演进过程中水体的物质浓度始终保持在 1mg/L，模型模拟结果合理。由图 14-20 可以看出，网格划分水平随着溃坝水流演进不断地变化，由于地形和初始条件的对称性，水体流速和水质状态时刻保持对称，因此自适应生成的网格同样具有对称性（图 14-21）；由图 14-21 可以看出 $t=14s$ 时网格最多，网格数为 18411，随后网格数逐渐降低，最后网格数稳定在 11226 附近。自适应网格技术可以自动捕捉高水位梯度所在区域和高物质浓度梯度所在区域以及干湿边界区域，对这些区域的网格进行细化，提升模型对这些区域水流和物质输移的捕捉能力。此外，自适应网格技术可以提高模型模拟效率，$t=300s$ 时基于自适应网格的模型模拟时间为 1055.8s，如果采用自适应网格中最大划分水平的网格作为固定网格，模型模拟时间为 2370.5s，自适应网格技术可以节约 55.5% 的计算时间。

14.3.4.3　非均匀浓度的溃坝水流-输运模拟

该算例（宋利祥 等，2014）中，$x<8m$ 计算域初始水体物质浓度为 1mg/L，$8m\leqslant x\leqslant16m$ 计算域初始物质浓度为 0。其他计算条件和 14.3.4.2 节算例的计算条件保持一

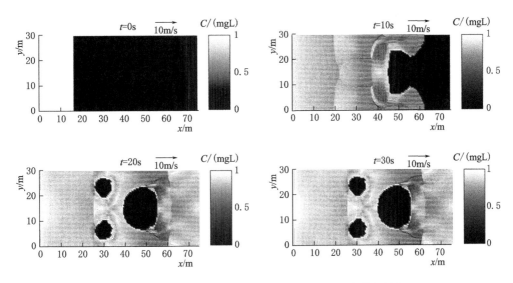

图 14 - 19　不同时刻溃坝水流流场和污染物浓度模拟结果

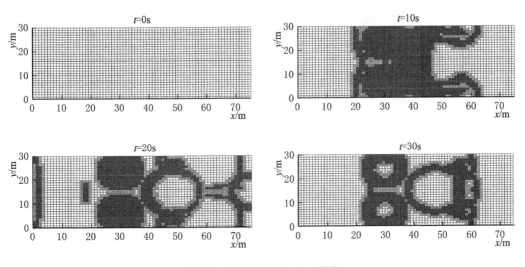

图 14 - 20　不同时刻网格分布

致，不同时刻（0s、10s、20s、30s）的流
场、物质浓度计算结果如图 14 - 22 所示，
对应的自适应网格分布和网格数如图 14 -
23 和图 14 - 24 所示。由图 14 - 22 所示，随
着溃坝洪水的演进，污染物质逐渐向下游迁
移和扩散，上游的物质浓度逐渐降低。由于
地形、初始物质浓度和水流的对称性，污染
物随水流运动输移过程中始终保持对称性，
模拟结果符合水流和物质输移规律。由图
14 - 23 可以看出，不同时刻模型计算网格

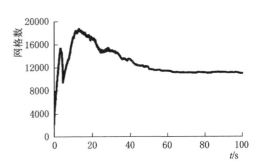

图 14 - 21　自适应网格数随时间变化图

始终保持着对称性，位于水位梯度和物质浓度梯度较高的区域以及干湿边界区域的网格均处于细化状态，网格数随模拟时间动态变化（图14-24），$t=11.2\text{s}$时网格数达到最大值18687，随着洪水的演进和污染物的运移和扩散，水位和物质浓度梯度逐渐降低，网格数逐渐减小，最后网格数稳定在9550附近。$t=300\text{s}$时基于自适应网格的模型模拟时间为808.8s，相较于基于固定网格的模型模拟时间（2288.7s），节省了64.7%的模拟时间。

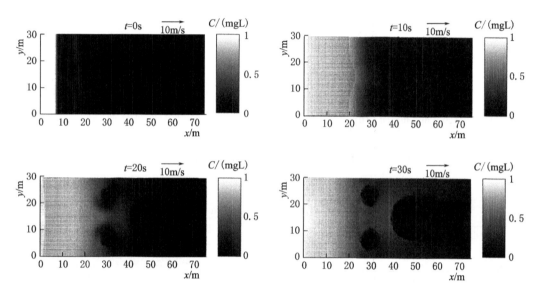

图14-22　非均匀浓度溃坝水流-输运模拟过程中不同时刻物质浓度模拟结果

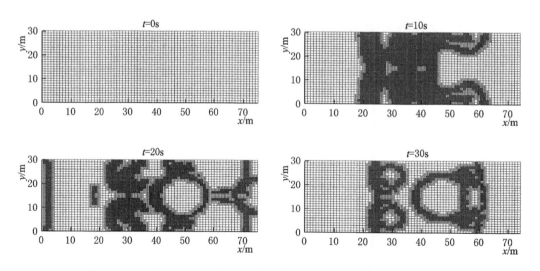

图14-23　非均匀浓度溃坝水流-输运模拟过程中自适应网格的动态变化

14.3.4.4　Toce案例

Toce河模型（Soares et al.，1999）是ENEL按1：100的比例尺对意大利米兰市Toce河上游约5km范围内建立的物理模型，作为标准模型常用于检验各种溃坝数学模型的精度和稳定性。该物理模型长约 50m，宽约 11m。模型高程的空间分辨率为 5cm，比较精确地描述了 Toce 河的真实地形。Toce 河物理模型的地形和观测点位置如图 14 - 25 所示，Toce 河中部有一个空水库，水库在靠近河流一侧有个开口。Toce 物理模型利用顶端水池水位的突然增加来模拟溃坝入流过程，入流流量随时间变化如图 14 - 26 所示。模型初始水深为 0m，模型的出口设定一个自由出流边界；糙率取 ENEL 推荐的 $0.0162s/m^{1/3}$；模型模拟初始

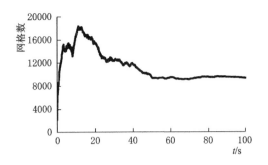

图 14 - 24　非均匀浓度溃坝水流-输运模拟过程中自适应网格数随时间变化图

网格大小为 0.4m×0.4m，最大细分水平设置为 2。假设从溃坝发生后第 25s 开始，位于 [7.868，5.882] 处的一个点源开始释放污染物，污染物释放速度为 1m/s，污染物浓度为 $1kg/m^3$，污染物的扩散系数为 $0.01m^2/s$。

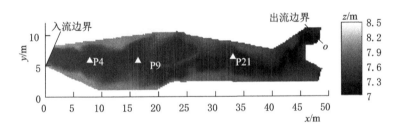

图 14 - 25　Toce 河物理模型地形

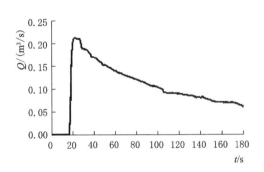

图 14 - 26　入流流量过程

图 14 - 27 为 $t=0\sim180s$ 模拟时间内 P4、P9 和 P21 点水位模拟值和实测值对比图，三个观测点处模拟水位和观测水位基本一致，模型具有很高的模拟精度。图 14 - 28 为 $t=30s$、60s、120 和 180s 模拟水深分布，可以看出随着 $t=18s$ 溃坝开始，溃坝洪水流速很快，向前下游快速推进。图 14 - 29 为 $t=30s$、60s、120 和 180s 模拟污染物浓度分布，可以看出，极端水流条件下如果突发水污染事故，污染物会随着水流迅速向下游扩散。图 14 - 30 和图 14 - 31 为 $t=30s$、60s、120 和 180s 网格分布以及模拟过程中网格数的变化情况，溃坝开始前，计算网格为 2461，$t=18s$ 溃坝开始后，溃坝水流向下游快速演进，洪水经过区域具有较高的水位梯度，加上点源污染物释放后的运移产生的浓度梯度，导致网格数快速增加，$t=78s$ 时达到最大值 16930 个，随后逐渐降低，稳定在 15300 附近，自适应网格可以自动捕捉具有高水位梯度和高浓度梯度以及干湿边界区域，细化该区域网格，保证模型模拟精度。$t=180s$ 时基于自适应网格的模型模拟时间为 365.3s，相较

于基于固定网格的模型模拟时间（435.2s），节省了 16.1% 的模拟时间，由于该溃坝水流经过的大部分区域具有较高的水位或浓度梯度，这些区域网格均处于最大划分水平，阻碍模型计算效率的进一步提升。

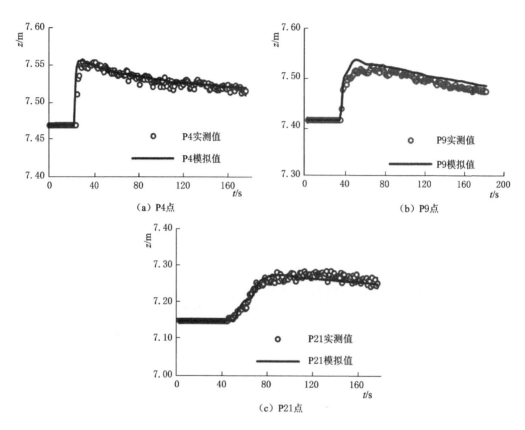

（a）P4点   （b）P9点

（c）P21点

图 14-27　水位实测值和模拟值

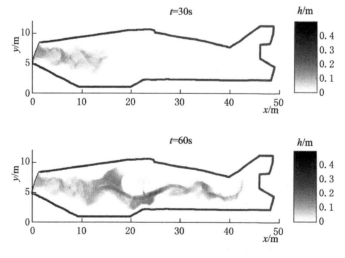

图 14-28　t＝30s、60s、120s 和 180s 模拟水深分布

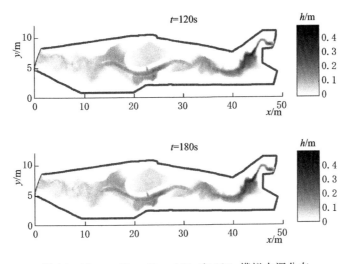

图 14 - 28　$t=30s$、$60s$、$120s$ 和 $180s$ 模拟水深分布

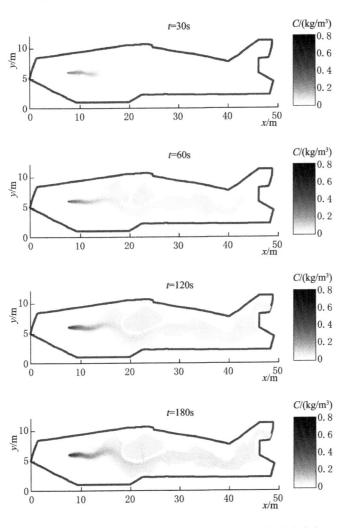

图 14 - 29　$t=30s$、$60s$、$120s$ 和 $180s$ 模拟污染物浓度分布

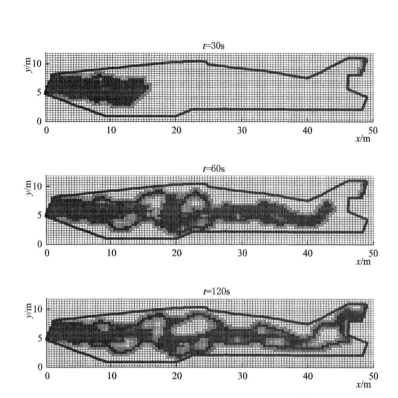

图 14 - 30 $t=30s$ 、 $60s$ 、 $120s$ 和 $180s$ 模型网格分布

14.3.4.5 Malpasset 大坝

法国 Malpasset 大坝建于 1956 年，最大库容为 $55 \times 10^6 m^3$ ，主要用于农业灌溉和城市用水。由于 1959 年 11 月底连降暴雨，Malpasset 大坝水位短时间内迅速上升，大坝最终于 12 月 2 日 21 时 14 分溃决，溃坝历时很短，可认为是瞬时溃坝，Malpasset 水库及下游地形如图 14 - 32 所示。溃坝水流迅速向下游演进，最终进入大海，海面高程为 0m；溃坝前，大坝上游水位为 100m，下

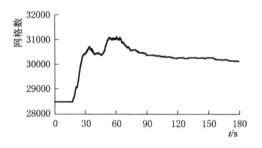

图 14 - 31 $t=0 \sim 180s$ 自适应网格数随模拟时间变化图

游水深为 0m。假设溃坝 900s 后位于（9660m，3074m）的位置突发污染物排放，排放的污染物浓度为 $1 kg/m^3$ ，排放强度为 $1m/s$ ，污染物扩散系数为 $0.5 m^2/s$ 。利用基于自适应网格的二维水动力-物质输运耦合模型模拟溃坝水流演进和污染物迁移扩散，初始网格大小为 $80m \times 80m$ ，最大细分水位设为 2，Manning 糙率系数取 $0.033 s/m^{1/3}$ 。

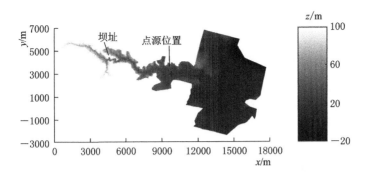

图 14-32 Malpasset 水库及下游地形

模型模拟溃坝后 1000s、1400s 和 1800s 的水深和污染物浓度分布分别如图 14-33 和图 14-34 所示。溃坝后洪水向下游快速演进，$t=1800\text{s}$ 时水流已经到达下游平原，和

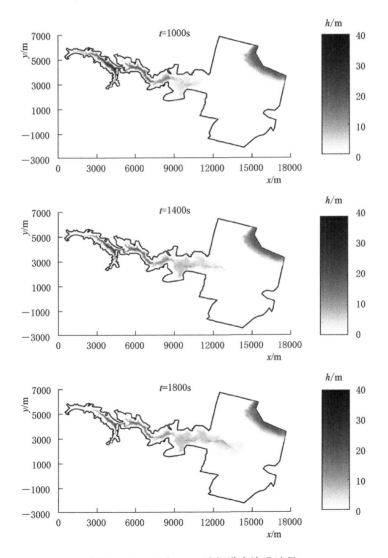

图 14-33 Malpasset 溃坝洪水演进过程

Hou 等（2013）模拟结果一致。$t=900s$ 时水流已经经过（9660m，3074m），随着污染物的释放，污染物随水流往下游迁移，同时由于浓度梯度的存在污染物逐渐向周围扩散，污染物浓度沿着水流演进方向逐渐降低；由于溃坝水流流速较大，污染物对流显著大于扩散，所以水流两侧的污染物浓度低于水流演进中心的浓度（图 14-34）。图 14-35 为模型 1000s、1400s 和 1800s 模型网格分布，自适应网格技术可以识别水位和污染物质梯度的动态变化，自适应调整网格大小，同时可以捕捉干湿边界变化，在干湿边界处对网格进行细化，提高干湿边界处数值模拟精度。$t=3000s$ 时基于自适应网格的模型模拟时间为 860.4s，相较于基于固定网格的模型模拟时间 1515.1s，节省了 43.2% 的模拟时间，网格数变化如图 14-36 所示。

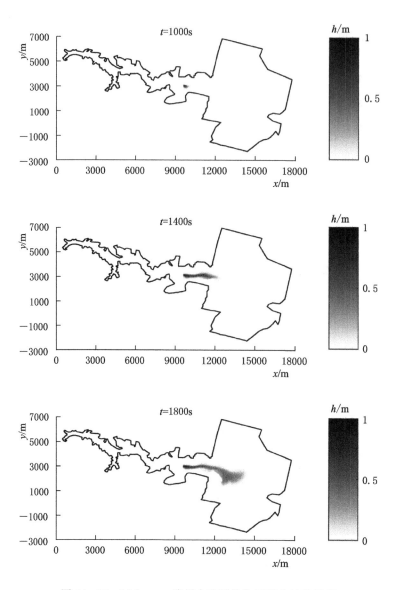

图 14-34　Malpasset 溃坝水流污染物运移和扩散过程

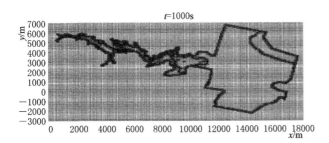

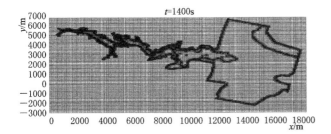

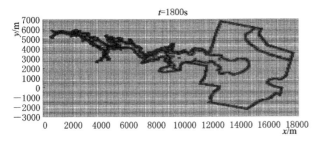

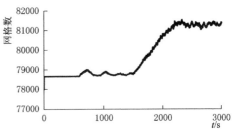

图 14-35　不同时刻网格分布　　　　　图 14-36　网格数目变化

14.4　本章小结

　　我国逐步建成由渠道、水库、闸门、泵站等以及与自然水系组成的较为完备水资源调配工程体系，但是如何分析这些工程联控与水流运动特性的相互作用机制成为研究重点和难点。在分析了闸堰、倒虹吸、水泵、渡槽、隧道和涵洞等建筑物的调控机制的基础上，研究了能够与非恒定流计算模型无缝耦合的流域水量调控建筑物的计算模式，提出并建立了耦合多类型建筑物作用下的流域水量调控非恒定流数值计算模型，该模型能连续模拟复杂水系系统中边界条件变化情景下的水位和流量时空过程。利用经典算例对树状或环状河网及闸堰调控作用的水流过程进行了模拟，具有较好稳定性和较高精度，能够应用于水资源调度、水力过渡过程研究等方面。

　　本章还建立了基于自适应网格技术的二维水流-输运模型可以捕捉高水位梯度、高物质浓度梯度和干湿边界区域，并对这些区域网格进行细化，保证了模型模拟精度；基于自适应网格技术在保证模型模拟精度的同时，可以提升模型模拟效率；基于自适应网格技术的二维水流-输运模型能够准确高效地模拟极端水流条件下污染物的输运过程，适用于突发水污染事件的评估、预警和应急管理，具有推广应用价值。

参考文献

毕胜，周建中，陈生水，等，2013. Godunov 格式下高精度二维水流-输运耦合模型 [J]. 水科学进展，24 (5)：706-714.

顾正华，2006. 河网水闸智能调度辅助决策模型研究 [J]. 浙江大学学报（工学版），40 (5)：822-826.

韩冬，2011. 长江三峡工程下游荆江洞庭湖水沙数学模型研究 [D]. 北京：清华大学.

江涛，朱淑兰，张强，等，2011. 潮汐河网闸泵联合调度的水环境效应数值模拟 [J]. 水利学报，42 (4)：388-395.

李林子，钱瑜，张玉超，2011. 基于 EFDC 和 WASP 模型的突发水污染事故影响的预测预警 [J]. 长江流域资源与环境，20 (8)：1010-1016.

龙岩，徐国宾，马超，等，2016. 南水北调中线突发水污染事件的快速预测 [J]. 水科学进展，27 (6)：883-889.

邵军荣，吴时强，周杰，等，2012. 二维输运方程高精度数值模拟 [J]. 水科学进展，23 (3)：383-389.

施勇，栾震宇，陈炼钢，等，2010. 长江中下游江湖水沙调控数值模拟 [J]. 水科学进展，21 (6)：823-831.

宋利祥，杨芳，胡晓张，等，2014. 感潮河网二维水流-输运耦合数学模型 [J]. 水科学进展，25 (4)：550-559.

陶亚，雷坤，夏建新，2017. 突发水污染事故中污染物输移主导水动力识别——以深圳湾为例 [J]. 水科学进展，28 (6)：888-897.

徐小钰，朱记伟，李占斌，等，2015. 国内外突发性水污染事件研究综述 [J]. 中国农村水利水电，(6)：1-5.

冶运涛，梁犁丽，张光辉，等，2014. 基于修正控制方程的复杂边界溃坝水流数值模拟 [J]. 水力发电学报，33 (5)：99-107.

张成，傅旭东，王光谦，等，2007. 复杂内边界长距离输水明渠的一维非恒定流数学模型 [J]. 南水北调与水利科技，33 (5)：16-20.

张成，张尚弘，2011. 闸门调控下大型输水系统的水力响应特征研究 [J]. 应用基础与工程科学学报，19 (增刊)：98-107.

张二骏，张东生，李挺，1982. 河网非恒定流的三级联合解法 [J]. 华东水利学院学报，(1)：1-13.

张华杰，2014. 湖泊流场数学模型及水动力特性研究 [D]. 武汉：华中科技大学.

周建中，张华杰，毕胜，等，2013. 自适应网格在复杂地形浅水方程求解中的应用 [J]. 水科学进展，24 (6)：861-868.

朱德军，陈永灿，刘昭伟，2012. 大型复杂河网一维动态水流-水质数值模型 [J]. 水力发电学报，31 (3)：83-87.

朱德军，陈永灿，王智勇，等，2011. 复杂河网水动力学数值模型 [J]. 水科学进展，22 (2)：203-207.

CHAUDHRY M H，SCHULTE A M，1986. Computation of steady-state, gradually varied flows in parallel channels [J]. Canadian Journal of Civil Engineering，13 (1)：39-45.

HOU J，LIANG Q，SIMONS F，et al.，2013. A 2D well-balanced shallow flow model for unstructured grids with novel slope source term treatment [J]. Advances in Water Resources，52 (2)：107-131.

ISIAM A，RAGHUWANSHI N S，SINGH R，et al.，2005. Comparison of gradually varied flow computation algorithms for open-channel network [J]. Journal of Irrigation and Drainage Engineering，131 (5)：457-465.

KONG J，XIN P，SHEN C J，et al.，2013. A high-resolution method for the depth-integrated solute transport equation based on an unstructured mesh [J]. Environmental Modelling & Software，40 (1)：

109 - 127.

LIANG Q, BORTHWICK A G L, STELLING G, 2004. Simulation of dam - and dyke - break hydrodynamics on dynamically adaptive quadtree grids [J]. International Journal for Numerical Methods in Fluids, 46 (2): 127 - 162.

LIANG Q, BORTHWICK A G L, 2009. Adaptive quadtree simulation of shallow flows with wet - dry fronts over complex topography [J]. Computers & Fluids, 38 (2): 221 - 234.

LIANG Q, 2010. A well - balanced and non - negative numerical scheme for solving the integrated shallow water and solute transport equations [J]. Communications in Computational Physics, 7 (5): 1049 -1075.

LIANG Q, 2012. A simplified adaptive Cartesian grid system for solving the 2D shallow water equations [J]. International Journal for Numerical Methods in Fluids, 69 (2): 442 - 458.

SEN D J, GARGE N K, 2002. Efficient algorithm for gradually varied flows in channel networks [J]. Journal of Irrigation and Drainage Engineering, 128 (6): 351 - 357.

SHANG Y Z, LIU R H, LI T J, et al. , 2011. Transient flow control for an artificial open channel based on finite difference method [J]. Science China Technological Sciences, 54 (4): 781 - 792.

SIBSON R, 1980. A vector identity for the Dirichlet tessellation [J]. Mathematical Proceedings of the Cambridge Philosophical Society, 87 (1): 151 - 155.

SOARES F S, TESTA G, 1999. The Toce River test case: numerical results analysis [C] //Proceedings of the 3rd CADAM workshop, Milan, Italy: 6 - 7.

SONG L, ZHOU J, GUO J, et al. , 2011. A robust well - balanced finite volume model for shallow water flows with wetting and drying over irregular terrain [J]. Advances in Water Resources, 34 (7): 915 -932.

SWAIN E D, CHIN D A, 1990. Model of flow in regulated open - channel networks [J]. Journal of Irrigation and Drainage Engineering, 116 (4): 537 - 556.

YEN J F, LIN C, 2001. Method of flow controlled by weirs in open - channel networks [J]. Journal of Kao Yuan Institute of Technology, 8 (1): 1 - 10.

ZHANG L, LIANG Q, WANG Y, et al. , 2015. A robust coupled model for solute transport driven by severe flow conditions [J]. Journal of Hydro - environment Research, 9 (1): 49 - 60.

第 15 章　面向智能诊断的水电机组健康评估与诊断技术

15.1　引言

水电作为经济可靠的可再生能源，为促进经济发展及节能减排起到了重要作用（潘罗平，2013；An et al.，2014）。水电机组是发挥水利枢纽工程安全和经济效益的核心设备，机组运行产生的激振力（包括流道内部压力脉动）将通过压力管道、蜗壳钢衬、座环、顶盖和尾水管等，向厂房结构传递并作用于厂房结构，可能会引起厂房结构的整体或局部振动。巨型机组由于水头高、能量大，振动问题一旦发生，危害性可能更为严重。因此，巨型水轮发电机组在多约束条件下的安全运行及调控技术是保障特大水利枢纽安全的重要基础，且对于提高水资源利用率、促进国民经济发展、保证电站下游生态用水均具有重要意义。

随着水电机组容量和尺寸的增大，机组设备的运行稳定性对电站及互联电网安全的影响越来越大。水电发展"十三五"规划指出，我国将建设"互联网＋"智能水电站。因此，迫切需要实时掌握机组设备真实的运行状况，从而科学合理地确定机组运维方式，实现机组智能化运维管理，同时可集中专家的优势，对分散的电站群通过远程诊断会商方式判断和指导特殊故障的检修，使机组更加安全高效运行。

本章通过开展巨型机组启动试验、全水头稳定性和能量特性试验，利用机载测试技术开展转轮动应力、主轴及导叶扭矩等关键旋转部件的力特性试验，在全面掌握机组运行特性和规律基础上，基于试验、监测及维护等大数据，探寻机组特征参数与运行工况参数之间的耦合关系，提出基于健康样本的多维度水电机组健康评估、异常检测与性能退化非线性预测模型；建立了超大规模、跨流域、多机组、多系统的大型水电设备状态监测与诊断系统平台；制定了统一的水电设备状态监测数据通信接口规约标准，实现了不同监测系统之间的数据集成，为一体化数据集成提供了典范。

15.2　基于大数据的水电机组健康评估与诊断

本章的基本思路为：首先分析水电机组正常工况健康特征，然后建立机组健康样本库，再将实时监测的特征参数与健康样本进行跟踪比对，识别运行状态是否"异常"，最后对检测出的"异常"状态输入诊断系统或人工辅助诊断后可形成"故障样本"，逐步完善故障样本库，从而实现精确诊断。技术路线如图 15-1 所示，基于大数据的水电机组健康评估与诊断流程如图 15-2 所示。

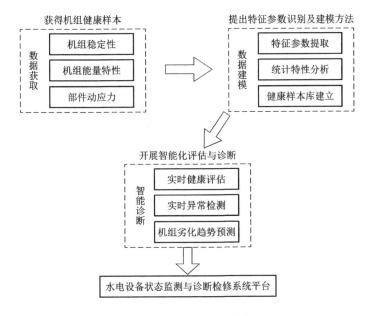

图 15-1　研究技术路线

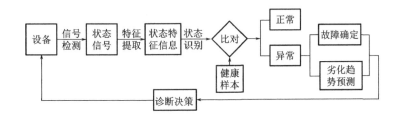

图 15-2　基于大数据的水电机组健康评估与诊断流程

目前，国内外现有的故障诊断理念是基于故障征兆，其策略为利用状态监测数据计算得到的特征参数与故障知识库中的故障征兆进行比对和分类，来识别设备故障，判断设备发生故障的性质和程度，以及产生的原因、发生部位等，并预测故障的发展趋势（潘罗平，2013；An et al.，2014）。由于水电机组的特殊性，其"故障"表现可能多种多样，使现阶段根本无法健全故障样本，进而导致基于水电机组故障特征和故障样本的诊断方法很难在短期内取得实用成果。这也是近十年来的故障诊断理论和诊断方法很难在工程上实际应用的主要原因。

针对水电机组水机电耦合、运行工况的时变性等导致机组运行状态不能进行精确数学描述的难题，本研究从分析水电机组运行状态健康标准入手，以概率论与数理统计理论为基础，确定了机组健康指标及控制界限值，提出了基于健康样本的机组健康状态评估与异常检测模型，发明了机组动态特征提取及异常检测方法，实现了复杂、时变环境下水电机组运行状态实时准确评价和性能退化预测（潘罗平，2013；An et al.，2014；An & Pan，2013；An et al.，2015）。

当前对机组海量在线监测数据进行统计分析的研究非常少。通过对数据进行统计分析，能更好地掌握机组运行的整体情况，进而可以对数据异常的信号给出提示，指导监控人员进行原因分析，发现机组运行中存在的潜在问题，及时采取相应措施，进行风险管控。

某水电机组上导摆度 Y 向水平振动实测数据如图 15-3 所示，从图 15-3 可以看出，由于机组结构复杂、工况转换频繁，使得振动参数时间序列非常复杂，难以从图中准确地分析机组实际运行状态。图 15-4 为图 15-3 数据的频数分布图及概率密度图，该图具有明显的非对称性，且中心偏右，说明该振动明显受机组工况等相关因素影响。从图中可以看出，若要获取机组更精确的实时运行特性，需要尽可能地找出影响其振动变化的关键因素。

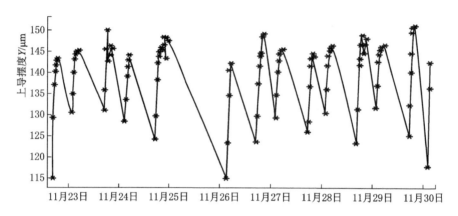

图 15-3　某水电机组上导摆度 Y 向水平实测数据

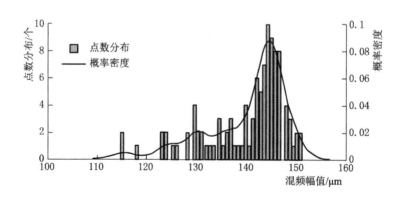

图 15-4　水电机组上导摆度 Y 向数据频数分布

采用机组运行初期运行状态良好的无故障数据，建立机组健康状态下振动标准模型。该模型已经比较充分地考虑到工况参数等外界因素对机组特性的影响，较好地反映了该参数与机组工况之间的耦合关系。某电站机组基于现场实际状态监测振动数据进行健康评估结果如图 15-5 所示，展示了机组健康状态和当前状态下的振动偏差概率密度曲线。从图中可知，在机组经过 2 年运行后，机组振动概率密度曲线发生明显变化。其主要体现在曲线的宽度明显增大，峰值对应偏差值往右侧明显偏移，且明显减小。同时当前工况下的振动偏差概率密度曲线已经不具有明显的对称性。上述现象说明机组经过 2 年运行，运行状态已明显偏离最优健康状态，约偏离 20％，且左右波动范围加大。

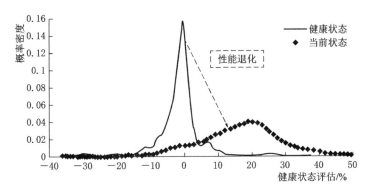

图 15-5　水电机组健康评估结果

　　水电机组各设备随着累积运行时间的增加，其性能将不断劣化，使得机组效率下降和振动加剧，若不及时采取检修措施将可能引发故障。如何准确、有效地确定机组的真实状态，预测机组劣化趋势，以便及时发现机组异常并合理安排检修，是水电机组由计划检修向状态检修转变的重要课题。

　　据此，本研究提出了基于健康样本的水电机组劣化趋势非线性预测模型（An et al.，2014；An & Zeng，2015；An et al.，2015；安学利 等，2013）。该模型主要思路为：首先建立综合考虑有功功率、工作水头耦合作用的水电机组状态退化趋势模型；然后将状态退化趋势时间序列分解成若干个平稳分量，并根据其不同特性分别建立不同预测模型；最后将所有分量的预测结果进行重构获得水电机组最终的状态退化程度。由水电机组实际状态监测数据分析结果，如图 15-6 所示（安学利 等，2013）。由图可见，研究所提模型能有效地预测机组运行状态的劣化趋势，为水电机组的运行维护提供了一种新的思路。

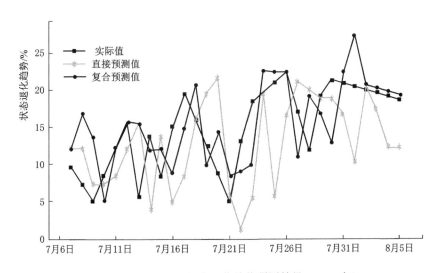

图 15-6　水电机组状态退化趋势预测结果（2011 年）

15.3 基于规则和故障树的水电机组智能诊断与故障识别

结合水电机组具体特点，充分考虑到水电机组状态监测技术已得到广泛应用（桂中华等，2018；杨虹 等，2014；谢国财 等，2013；孙慧芳 等，2014），而现阶段水电机组故障样本较少等实际情况，本研究提出了通过建立健全的监测特征量指标健康样本来实现水电机组的健康诊断（安学利 等，2013；安学利 等，2015；于晓东 等，2017；丁光 等，2017；An et al.，2017；An et al.，2015）。该诊断方法侧重于设备运行状态的实时评估（健康诊断），而不是过多地去关注故障原因、故障机理等，重点在于监测异常及严重程度，一旦发现异常再启动系统智能诊断或其他辅助手段来完成故障分析。同时，对于故障机理已经研究透彻的水电机组常见或一般故障，则建立确定的诊断规则，根据明确的故障征兆，利用基于规则的故障树诊断方法开展这类故障的智能诊断与自动识别。图 15-7 给出了智能诊断系统总体结构。

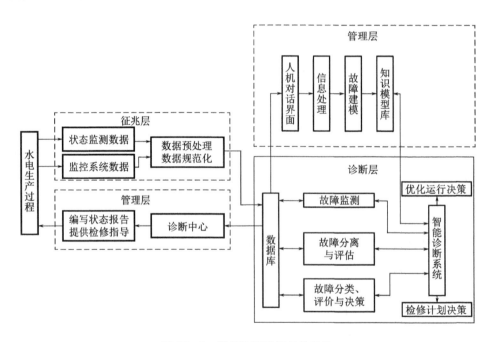

图 15-7　智能诊断系统总体结构

15.4　大型水电机组安全稳定运行分区准则

本章通过水电机组全水头稳定性及能量特性试验，提出了大型水电机组安全稳定分区准则；通过开展大型混流式和轴流转桨式水轮机转轮叶片动应力测试，研究转轮叶片在不同工况下的动应力和静应力水平分布情况及动应力的频率特征，分析动应力成因及对转轮叶片寿命的影响，为转轮裂纹机理研究以及指导大型水电机组的安全高效运行提供参考。

三峡电站上游水库分别于 2003 年 11 月 6 日蓄水至 139m 水位、2006 年 10 月 25 日蓄水至 156m 水位、2008 年 11 月 4 日蓄水至 172m 水位、2010 年 10 月 26 日蓄水至 175m 水位，先后完成了 135～139m（2003 年）、135～156m（2006 年）、145～172m（2008 年）、170～175m（2010 年）、145～175m（2011 年，地下电站 31 号机）、145～175m（2012 年，地下电站 28 号机）升水位过程中的机组稳定性和能量特性试验，试验水头为 68～110m，每隔 1m，对机组效率及稳定性进行了全面实测，积累了机组全水头运行稳定性及能量特性数据，为保障机组安全稳定和高效运行提供了真实可靠的资料，具有重要意义（中国水利水电科学研究院水力机电研究所，2008a、2008b、2008c；张飞 等，2011）。

根据运行标准、稳定性试验以及国内外相关研究成果（王正伟 等，2010），提出了机组稳定运行分区原则：①空载工况下机组能稳定运行。②机组振动、摆度和噪声满足运行标准要求。③压力脉动小于 4%，或压力脉动在 4%～6% 之间无水力共振，无卡门涡共振。④关键部件的动态应力应小于 10MPa。基于运行标准和上游水位上升（145.5～172.1m）过程中机组运行稳定性试验，根据水电机组能量特性、水压脉动特性、振动摆度特性和关键部件动应力特性，确立特性限值与约束条件，实施分区。如图 15-8 所示，机组运行区域划分为 4 个区：空载运行区、稳定运行区、限制运行区和禁止运行区。

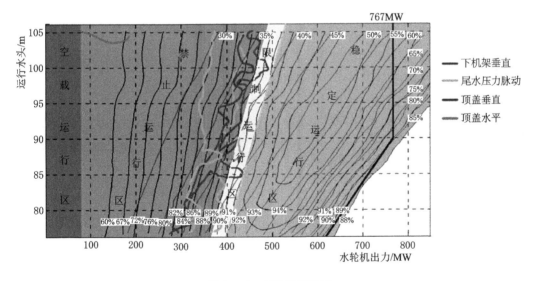

图 15-8　26F 运行区域

15.5　大型水电设备状态监测与诊断系统平台

本章以三峡电站、葛洲坝电站、溪洛渡电站和向家坝电站为对象，通过分析集中控制的远程状态监测和故障诊断技术，探究大容量监测数据的高效读取与处理方法；提出多监测系统集成统一的设备状态监测数据接口规约，实现了不同厂家、不同监测设备的数据格式统一，制定了规约标准；建立了超大规模、跨流域、多机组、多系统的水电机组状态监测与故障诊断中心。对水轮机、发电机及其辅机运行状态进行全面监测与诊断，为中国长江三峡集团公司实现状态检修的目标奠定了坚实基础。该平台涉及 2 个流域，4 个巨型电站（三峡、葛洲坝、溪洛渡、向家坝），81 台机组，装机容量为 4549 万 kW，18 种机型，21 类监测子系统，24.9 万个测点。

由于监测与诊断平台涉及多地域、多机组、多系统，按照区域级-电厂级-机组级-监测子系统级（模块级）这 4 个层次进行设计和开发。区域级显示模块的是监测诊断中心能监测到的所有电厂位置。厂级监测模块显示的某一个厂级的所有机组的运行状态，如停开机状态、报警状态和水头、转速、有功等每一台机组的状态特征数据。机组级监测模块显示的是某一厂级的某一台机组的所有监测模块的特征状态数据，可以整体评估某台机组的运行情况。监测子系统模块显示的某一厂级的某一台机组的某一个监测模块的详细监测信息，如稳定性监测模块，会给出频谱分析、棒图、表格、波形等多种分析方法。监测子系统模块包括机组稳定性、效率、噪声、温度、发电机气隙与磁场强度、主变局放等监测模块。

目前已在该平台开展了机组运行状态报告编制，累计出具各类评价和研究报告 6000 余台份；已诊断出了转子质量不平衡、卡门涡共振、座环导流板撕裂、伸缩节导流板撕裂、转轮上止漏环脱落、极频振动与气隙不均、主变运行异常等 7 大项故障；提升了机组运行效率；为保障公司机组安全、稳定、高效运行正逐步发挥积极的作用并提供技术支撑。限于篇幅关系，本节只给出了两个应用案例。

1. 地震对机组的影响分析（中国长江电力股份有限公司技术研究中心，2014）

2013—2014 年期间，西南地区多次发生有感地震，由于行业内没有地震对机组的健康状态影响实际经验，运行单位及设备制造商等各方都对地震"是否会给机组带来损害"以及"会带来什么损害"非常关注。

潘罗平等（2018）分析了 2014 年"9·12 永善地震"时溪洛渡电站 20F 机组的振动情况。该地震震级为里氏 5.0 级，震源深度约 7km。地震发生时，20F 机组的振动明显增大，地震结束后，振动迅速恢复到震前水平，且经过长时间监测，机组振动水平与震前相比没有明显变化，说明"9·12 永善地震"对机组的运行状态影响较小。

通过及时分析三峡诊断中心的监测数据，及时了解地震级别和电站距离震中距离给机组振动带来的影响，并对设备状态及时评估，为生产决策提供数据支持。通过大数据分析，得出以下结论：①地震对机组的振动影响较大，对摆度、压力及瓦温影响较小。②震后振动能迅速恢复到震前水平。③在震前振动水平相当的情况下，除个别测点外，6.3 级地震比 5.8 级地震震时振动值高 2~5 倍。

2. 机组运行工况建议（中国长江电力股份有限公司技术研究中心，2015）

水电机组在设计和制造阶段，厂家会提供机组运行范围区域图；另外，在机组投运初期，一般在升降水位过程中会进行稳定性和能量特性测试，进一步复核厂家提供的运行范围，并形成用以指导机组实际运行的运转特性曲线。

设计阶段的运行范围是综合理论计算及模型试验结果得到的，而变水位过程中的真机试验，一般按等间隔水头进行试验，试验过程并不能全覆盖机组的所有运行水头和出力。

另外，随着机组运行时间的改变或者机组检修工作的实施，当前机组的状况相对于初始状态已发生了改变，导致厂家给出的运行范围及投运初期真机试验得到的运行范围可能与实际情况有所变化。

在中国长江三峡集团公司水电机组状态监测与故障诊断中心统一平台上，由于对机组稳定性参数进行了实时测量，能够及时反映机组的实际状态，因此通过对该平台中实时数据的分析，可以更加准确地绘制机组稳定运行范围，为指导机组的安全稳定运行提供参考。潘罗平等（2018）发表成果的图 11 为 2014 年三峡电站某台机组实测数据绘制的稳定运行范围，蓝色部分为稳定运行区，红色部分为超标运行工况。

通过对实时运行数据的分析，可以更加精确地查找机组设备的稳定运行工况和超标运行工况，为机组的运行提供参考建议，避免机组在非稳定运行工况下长期运行，从而确保机组安全、稳定和可靠运行。

15.6　本章小结

本章首先提出了基于大数据的水电机组健康评估与诊断方法，研究了基于规则和故障树的水电机组智能诊断与故障识别和大型水电机组安全稳定运行分区准则，研发了大型水电设备状态监测与诊断系统平台，具体结论如下：

（1）提出了基于大数据的水电机组智能健康评估和诊断理论及方法，建立了多维度水电机组健康评估、异常检测和性能退化预测模型，大幅提高了水电机组异常诊断的准确率。从分析水电机组运行状态健康标准入手，以概率论与数理统计理论为基础，确定了机组健康指标及控制界限值，提出了基于健康样本的机组健康状态评估与异常检测模型，发明了机组动态特征提取及异常检测方法。采用机组运行初期运行状态良好的无故障数据，建立机组健康状态下振动标准模型。提出了基于健康样本的水电机组劣化趋势非线性预测模型。

（2）提出了通过健全的监测特征量指标健康样本来实现水电机组的健康诊断。该诊断方法侧重于设备运行状态的实时评估（健康诊断），而不是过多地去关注故障原因、故障机理等，重点在于监测异常及严重程度，一旦发现异常再启动系统智能诊断或其他辅助手段来完成故障分析。同时，对于故障机理已经透彻的水电机组常见或一般故障，则建立确定的诊断规则，根据明确的故障征兆，利用基于规则的故障树诊断方法开展这类故障的智能诊断与自动识别。建立了智能诊断专家知识库，实现水电机组四大类 70 种故障的实时自动识别和精确定位；建立了专家诊断平台，实现疑难故障的远程专家会诊。

（3）提出了大型机组安全稳定运行分区准则，研究成果已应用于 GB/T 32584、ISO 20816 等国家和国际标准的制定。建立了规模最大、流域面积最广、机组型号最多、涉及特征参数最全面、系统最复杂的大型水电机组远程状态监测与诊断系统平台，经多年运行考验，系统稳定可靠，诊断准确率高。

参考文献

安学利，潘罗平，张飞，等，2013. 水电机组状态退化评估与非线性预测 [J]. 电网技术，37 (5)：1378 - 1383.

安学利，唐拥军，王允，2015. 基于健康样本的风电机组滚动轴承状态评估 [J]. 中国水利水电科学研究院学报，13 (1)：48 - 53.

丁光，安学利，王开，等，2017. 抽水蓄能机组水轮机工况启动时机组及厂房振动时频分析 [J]. 中国水利水电科学研究院学报，15 (6)：444 - 448.

桂中华，张浩，孙慧芳，等，2018. 水电机组振动劣化预警模型研究及应用 [J]. 水利学报，49 (2)：216 - 222.

潘罗平，2013. 基于健康评估和劣化趋势预测的水电机组故障诊断系统研究 [D]. 北京：中国水利水电科学研究院.

潘罗平，安学利，周叶，2018. 基于大数据的多维度水电机组健康评估与诊断 [J]. 水利学报，49 (9)：1178 - 1186.

孙慧芳，潘罗平，张飞，等，2014. 旋转机械轴心轨迹识别方法综述 [J]. 中国水利水电科学研究院学报，12 (1)：86 - 92.

王正伟，秦亮，曾季弟，等，2010. 基于不定场流动及动力响应分析的水轮机运行区划分 [J]. 中国科学（技术科学），40 (2)：186 - 195.

谢国财，李朝晖，2013. 基于 Community Intelligence 的水电机组融合监测方法 [J]. 电力自动化设备，33 (1)：153 - 159.

杨虹，刘刚，刘旸，等，2014. 水电机组状态监测现状及发展趋势分析 [J]. 中国水利水电科学研究院学报，12 (3)：300 - 305.

于晓东，潘罗平，安学利，2017. 基于 VMD 和排列熵的水轮机压力脉动信号去噪算法 [J]. 水力发电学报，36 (8)：78 - 85.

张飞，高忠信，潘罗平，等，2011. 混流式水轮机部分负荷下尾水管压力脉动试验研究 [J]. 水利学报，42 (10)：1234 - 1238.

中国水利水电科学研究院水力机电研究所，2008a. 三峡右岸电站追踪上游水位（145.5～172.4m）26F 机组稳定性与能量特性试验报告 [R]. 北京：中国水利水电科学研究院.

中国水利水电科学研究院水力机电研究所，2008b. 三峡左岸电站追踪上游水位（155.5～172.4m）8F 机组稳定性与能量特性试验报告 [R]. 北京：中国水利水电科学研究院.

中国水利水电科学研究院水力机电研究所，2008c. 三峡右岸电站追踪上游水位（145.5～172.4m）16F 机组稳定性与相对效率试验报告 [R]. 北京：中国水利水电科学研究院.

中国长江电力股份有限公司技术研究中心，2014. 地震对水轮发电机组稳定性指标的影响 [R]. 宜昌：中国长江电力股份有限公司.

中国长江电力股份有限公司技术研究中心，2015. 长江电力 2015—2016 年度岁修检修计划建议报告 [R]. 宜昌：中国长江电力股份有限公司.

AN X L, PAN L P, YANG L, 2014. Condition parameter degradation assessment and prediction for hydropower units using Shepard surface and ITD [J]. Transactions of the Institute of Measurement and Control, 36 (8)：1074 - 1082.

AN X L, PAN L P, 2013. Characteristic parameter degradation prediction of hydropower unit based on radial basis func - tion surface and empirical mode decomposition [J]. Journal of Vibration and Control, 21 (11)：2200 - 2211.

AN X L, YANG L, PAN L P, 2015. Nonlinear prediction of condition parameter degradation trend for hydropower unit based on RBF interpolation and wavelet transform [J]. Journal of Mechanical Engineering Science, 229 (18): 3515 – 3525.

AN X L, PAN L P, ZHANG F, 2017. Analysis of hydropower unit vibration signals based on variational mode decompo – sition [J]. Journal of Vibration and Control, 23 (12): 1938 – 1953.

AN X L, ZENG H T, 2015. Pressure fluctuation signal analysis of a hydraulic turbine based on variational mode decomposition [J]. Journal of Power and Energy, 229 (8): 978 – 991.

第16章 面向智能预警的基于二元水循环的干旱预警技术

16.1 引言

干旱是一种缓慢发生的现象，直接影响着人类的生活（Hisdal et al.，2003）。近年来，干旱在许多国家和地区发生频率显著增大（Ashok et al.，2011），已经成为制约经济社会可持续发展的重要因素之一。随着中国经济社会发展和人口增长，对水资源需求不断增加，水资源供需缺口日渐扩大，干旱引发的旱灾呈现出更加严重、频次增高、范围扩大、持续时间延长和灾害损失增加等发展趋势（国家防汛抗旱总指挥部办公室 等，2010）。造成这一趋势的原因包括两个方面：一方面是社会经济系统脆弱性较高，抵御干旱灾害的能力较弱；另一方面是对干旱形成机理认知有限，干旱演变驱动机制尚不清楚，干旱评估、预报、预警及管理缺乏有力基础支撑，只能"被动抗旱"，目前还难以实现"主动防旱"。

20世纪60—90年代，国外一些学者基于对干旱的不同理解（Ashok et al.，2010），提出了一系列干旱指标对干旱程度进行评估，如Palmer干旱指数（Palmer，1965）、降水量分位数（Gibbs et al.，1967）、作物水分指标（Palmer，1968）、地表水供水指数（Shafer et al.，1982）、标准化降水指数（Mckee et al.，1993）等；自1967年Yevjevich（1967）提出游程理论后，干旱研究开始从单一的干旱程度评估发展到对干旱统计特征研究，包括干旱程度、历时、面积、严重度、频率5个方面特征，按照涵盖的特征数量可分为单特征、双特征、多特征及时空分布研究4个层次（Ashok et al.，2011）；随着干旱特征研究的不断深入，基于统计学（Steinemann，2003；Mishra et al.，2005）、系统分析方法（Ochoa - Rivera，2008）或两者混合方法（Mishra et al.，2007）的干旱预测研究相继展开，进而形成了一些干旱管理模式（Ashok et al.，2011）。进入21世纪以来，随着气候变化问题的备受关注和人类活动对自然生态系统的干扰不断增大，气候变化和人类活动对干旱的影响研究逐渐成为热点问题之一（Blenkinsop et al.，2007；Eleanor et al.，2010；Bernhard et al.，2006）。中国对干旱的研究起步较晚，在20世纪90年代，主要集中在干旱概念和分类分析方面（耿鸿江，1993；孙荣强，1994）；之后，在干旱特征研究方面开展了大量的工作，但主要集中在运用干旱指标对某一研究区干旱程度进行评估；近年来，才有一些学者开始研究干旱的频率（宋松柏 等，2011）及频率、程度双特征（陆桂华 等，2010），尚未出现多特征综合研究成果；干旱预报和干旱管理研究也处于刚刚起步阶段（许继军 等，2010），而关于气候变化和人类活动对干旱的影响方面研究极少（尹正杰 等，2009）。

梁犁丽等（2017）以西北内陆河流域为研究对象，从自然-社会二元水循环的角度，以天然水循环的"降水-蒸发-渗漏-产汇流"为主线，以人工侧支循环的"引水-供水-用水-耗水-排水"为辅线，分析研究区干旱形成的机理，构建基于分布式水文模型的流域干旱演化模拟模型；建立气象、水文、农业和生态干旱模糊评估子模型及综合评估模型。本章以干旱演化模拟模型和综合评估模型为基础，以新疆玛纳斯河流域为研究对象，基于模型模拟结果及观测数据，对玛纳斯河流域的干旱状况进行时空分布评估，并利用数据空间展布方法和制图技术进行流域干旱等级区划分析，并针对性地提出流域抗旱减灾工程和非工程措施。

16.2　评估指标计算与干旱等级划分

针对本流域实际情况，根据气象、水文、农业和生态 4 个子系统的特征，遵循科学性、合理性、数据易获得性和易操作性等原则，结合模型模拟结果、实测数据和调查资料等，基于第 4 章构建的评估指标体系和干旱综合评估模型，计算各子系统的评估指标，对流域干旱状况进行模糊综合评估。

16.2.1　气象和水文干旱评估指标计算

根据梁犁丽等（2017）建立的经过率定验证的基于 SWAT 的玛纳斯河流域水文模型，该模型可以输出每个子流域 1981—2007 年的水平衡长系列模拟结果，其中包含每月/年的潜在蒸发量、实际蒸发量和降水量，径流和水资源量。7 个气象站点均有月观测降水量值，石河子、莫索湾等 3 个气象站有 1980—2000 年的水面蒸发量观测资料，因此，数据可以满足气象干旱的干燥平 K、降水距平 D_p 和 Z 指数 3 个指标的计算。

水文干旱的两个评估指标为径流距平值 D_R 和水资源量距平值 D_w，这两个指标的计算数据可利用模拟结果计算值，计算公式与降水距平值类似。其中以两个量 27 年的平均值作为年尺度指标计算中的 $\overline{R}$ 和 $\overline{W}$，以 27 年中每个月的平均值作为月尺度指标计算的 $\overline{R}$ 和 $\overline{W}$。

16.2.2　农业干旱评估指标计算

农业子系统干旱评估指标包含土壤相对湿度（S_d）、作物缺水指标（$CWSI$）和作物综合干旱指标（K_d）3 个。模拟结果中包含了土壤根系层的含水量，以水深表示，土壤田间持水量由土壤湿容重、土壤层深度和分层土壤有效持水百分数计算得到。

1. 土壤相对湿度

由土壤含水量测定试验可知，根系层土壤所含水量 w 为

$$w = H\theta_{综合}\gamma_{湿}/(1+\theta)_{综合} \qquad (16-1)$$

式中：w 为作物根系层土壤饱和有效含水量，mm；H 为作物根系层土壤厚度，mm，$\gamma_{湿}$ 为根系层土壤湿容重，g/cm³，$\theta_{综合}$ 为根系层土壤综合有效持水体积百分数，%。

根据土壤物理特性参数，每种土壤可分为若干层，每层土壤厚度 h 和有效持水体积百

分数 θ 各不相同，故先由每层土壤有效持水体积百分数根据土壤厚度加权平均求得根系层土壤综合有效持水体积百分数，见式（16-2），然后由式（16-1）求得作物根系层的含水量。根系层深度内各层土壤综合有效持水体积百分数的计算公式如下：

$$\theta_{综合} = \sum_{i=1}^{n} (\theta_i \times h_i)/H \tag{16-2}$$

式中：θ_i 为第 i 层土壤的有效持水量，%；h_i 为第 i 层土壤的厚度，mm；其余符号意义同前。

由于子流域由各水文响应单元（HRU）组成，每个水文响应单元根据不同的土壤类型、植被类型和坡度划分，故每个 HRU 的土壤类型可能不同，因而每个子流域中含有多种土壤类型。由式（16-1）计算出每种土壤的根系层有效含水量后，子流域的作物根系层土壤含水量需要根据子流域汇总各土壤类型的面积加权平均求得，公式如下：

$$W_{总} = \sum_{i=1}^{n} (w_i \times A_i)/A \tag{16-3}$$

式中：$W_{总}$ 为子流域作物根系层土壤饱和有效含水量，mm；n 为子流域中土壤类型个数；w_i 为第 i 种土壤类型的根系层土壤饱和有效含水量，mm；A_i 为子流域中第 i 种土壤的面积，hm²；A 为子流域总面积，hm²。

土壤相对湿度指标 S_d 计算由式（16-3）计算得到的子流域作物根系层土壤饱和有效含水量和模拟结果的子流域土壤实际含水量 SW 计算得到，公式如下：

$$S_d = SW/W_{总} \tag{16-4}$$

式中：S_d 为子流域作物根系层土壤相对湿度，%；SW 为子流域土壤实际含水量，由模型计算结果得到。

土壤相对湿度干旱等级划分见表 16-1。

表 16-1　　　　　　　　　　　土壤相对湿度干旱等级划分

干旱等级	无旱	轻度干旱	中度干旱	严重干旱	特大干旱
土壤相对湿度/%	$S_d > 60$	$60 > S_d \geqslant 55$	$55 > S_d \geqslant 45$	$45 > S_d \geqslant 40$	$S_d < 40$

2. 作物缺水指数

作物缺水指数 $CWSI$ 定义为

$$CWSI = 1 - E_d/E_p \tag{16-5}$$

式中：E_d 为子流域实际蒸散量，mm；E_p 为子流域潜在蒸散量，mm。

$CWSI$ 可根据模拟结果计算得到，该指标值越大，表明子流域内作物水分越亏缺，作物越干旱。目前还没有根据该指标划分干旱等级的成熟研究结论。

3. 作物综合干旱指标

土壤相对湿度和作物缺水指数表明了作物生长的下垫面和作物种类对干旱的反映，未说明灌溉、耕作等人类活动对作物干旱状况的影响，而作物综合干旱指标 K_d 考虑了降水、地下水的补给、土壤含水量以及灌溉水等多种因素对作物的综合影响，是作物干旱与否的综合表现指标，计算公式为

$$K_d = (P + G + W_1 - W_0 + I)/(W_2 - W_0 + ET_0) \tag{16-6}$$

式中：K_d 为作物综合干旱指数；P 为相应时段内的有效降水量；G 为相应时段内地下水补给量；W_1 为相应时段初作物根系层土壤含水量；W_2 为相应时段末作物根系层土壤适宜含水量；W_0 为土壤凋萎含水量；I 为时段内灌溉水量；ET_0 为时段内充分供水条件下作物潜在需水量。除 K_d 外，以上各量单位均为 mm。

当 $K_d > 1$ 时，表示作物根系层土壤水分充足，作物水量尚有盈余；当 $K_d < 1$ 时，说明土壤对作物水分供应出现亏缺，作物可能受旱，该指标越小，说明作物受旱的程度越深。该指标概念明确，代表性较好，可方便用于作物旱情预测预报系统（王密侠 等，1998）。但目前仍未出现根据该指标划分干旱等级的成熟研究。

子流域有效降水量 P 和地下水补给量 G 可由模拟结果直接给出；$W_1 - W_0$ 为作物根系层土壤的实际有效含水量，$W_2 - W_0$ 为土壤饱和有效含水量，也可以根据模拟结果给出；子流域评估时段内的灌溉水量 I 可由灌溉制度得到，模型中已经考虑了灌溉措施，土壤含水量中应有体现，在式（16 - 6）中不计该部分水量；作物潜在需水量 ET_0 由子流域评估时段内的潜在蒸发量 PET 乘以 0.85 的折算系数得到。

16.2.3　生态干旱评估指标计算

生态干旱评估指标为 NDVI 指数和平原区地下水位埋深，两个指标通过遥感和观测数据直接得到，但 NDVI 数据为栅格数据，地下水埋深数据为点状观测数据，两者均需要在相应的子流域范围内进行空间展布。空间插值方法见梁犁丽等（2017）的相关研究。

1. 潜水埋深

玛纳斯河流域冲洪积扇潜水埋深自扇顶向北逐渐变浅，山前断层使玛纳斯河在出山口处形成跌水。扇缘顶部潜水埋深一般大于 50m；到玛纳斯大桥—园艺场—凉州户六队一带，潜水埋深为 50m 左右；扇中部埋深为 20～50m，含水层主要由粗大卵石层组成，为扇区最富水地带（昌吉回族自治州水利科学技术研究所 等，2006）；河流冲洪积扇缘及冲积平原区，潜水水位埋深大多在 2～8m，至溢出带附近潜水埋深 5m 左右，溢出带以北小于 3m。石河子市、143 团一带水位埋深为 15～50m，地表主要由 1～5m 不等的粉土和粉质黏土组成，渗透性相对较弱；石河子乡、152 团一带水位埋深为 50～150m，含水层由卵砾石组成（新疆生产建设兵团勘测规划设计研究院，2005）。

地下水埋深资料主要参考《玛河流域综合规划》《石河子地区超采区划定说明书》《玛纳斯县地下水超采区划定》《玛纳斯县水资源论证报告》等文字和图片资料以及生产井主要年份水位调查成果（新疆地质工程勘察院，2006），在资料中尽可能多地搜索平原区生产井和观测井位置，结合 Google Earth 定位系统，在图中找到各位置的地理坐标，整理输入 ArcGIS 中，经过投影后做成点状矢量图。然后根据资料情况，把各点相关的起测年份、起测年埋深、井深、各年份地下水埋深等属性数据输入点状矢量图的属性表中。根据天然植被分布和地下水位的关系，本次评估所用数据主要是潜水埋深，对承压井水位埋深不予考虑。共搜集到 84 眼地下水埋深观测井或生产井的位置点，有长系列观测资料的井共 64 眼，基本能覆盖流域的平原区，各井基本属性统计见相关文献（梁犁丽 等，2017）。

以 2005 年各井的实测埋深资料为例，利用 ArcGIS 空间分析模块所提供的数据空间插值方法，选择自然临近法、样条函数插值、Kriging 插值和反距离插值 4 种方法，以流域边界为边界，按照 7 级划分标准分别得到流域内平原区的地下水位埋深分布图（栅格数据，GRID 格式），图见相关文献（梁犁丽 等，2017）。根据上述不同空间插值方法作图效果的比较认为，临近插值法覆盖范围小，IDW 插值法存在"牛眼"现象，Kriging 插值法和样条插值函数比较理想，选择较常用的 Kriging 插值法作为点数据空间展布方法。

为得到平原区子流域上的潜水埋深，根据梁犁丽等（2017）研究介绍，将位于子流域边界内的栅格值进行面积的加权平均，得到整个子流域地下水埋深值。玛纳斯河流域内山区和山前带地下水埋深条件和平原区差异较大，本次评估认为山区地下水埋深均在不干旱的范围内，故除观测井覆盖的平原区子流域外，其余各子流域地下水埋深都设为 0。根据上述步骤将子流域内潜水埋深分级得到子流域潜水埋深分布，见图 16-1（a）。其中除观测井覆盖的平原区子流域外，其余子流域均划为"无旱"级别。

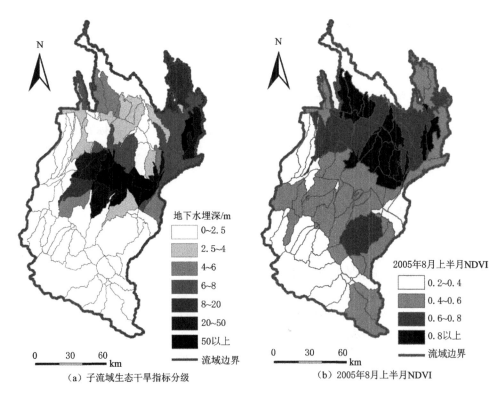

（a）子流域生态干旱指标分级 （b）2005年8月上半月NDVI

图 16-1　子流域生态干旱指标分级

2. NDVI

本章所采用的 NDVI 数据来自长时间序列中国植被指数数据集（马明国 等，2007），该数据集包含三种遥感数据产品，分别为：SPOT VEGETATION，MODIS 和 AVHRR。本章采用 SPOT VEGETATION 和 AVHRR 的植被 NDVI 指数数据集，前者是基于 1km 的从 1998 年 4 月 1 日至 2007 年年底每 10 天合成的四波段的光谱反射率及 10d 最大化 NDVI 数据集；后者是基于 1°的 1981 年 7 月至 2006 年年底 NOAA/AVHRR 每 15d 合成的最大化 NDVI 数据集。

长时间序列中国植被指数数据集需要用遥感软件打开和处理。本章应用 ENVI 软件，输入大区域内的 NDVI 影像数据，经过投影和数据格式转换，利用流域边界矢量图层，得到本流域内各期 NDVI 指数栅格数据（GRID 格式），以便进行各子流域内 NDVI 的提取和计算。年尺度用的是各年份 NOAA/AVHRR - NDVI 数据集 8 月上半月的数据，月尺度用的是 SPOT VGT - NDVI 数据集中 5—11 月中旬的数据。

同潜水埋深一样，NDVI 栅格数据需要转化到各子流域上，利用梁犁丽等（2017）研究方法，对子流域边界内的栅格面积和栅格值进行统计，并对栅格值进行面积加权平均，得到各子流域的 NDVI 值，重新划分得到子流域上的 NDVI，以 NOAA/AVHRR - NDVI 数据集 2005 年 8 月上半月的数据为例，得到子流域的 NDVI，如图 16 - 4（b）所示。

以上干旱指标的计算除生态子系统潜水埋深指标受资料限制外，其余各指标均可计算年、月尺度上的指标值，可用于年过程和月过程的干旱综合评估。限于篇幅，本章下文在整个流域和各子系统年尺度的干旱评估中以典型年为例，月过程干旱评估以 2007 年 5—11 月为例，进行流域内年和月过程干旱状况的评估与分析。

16.3　干旱模糊综合评估预警

16.3.1　典型年选取

由模型模拟结果可计算得到 1981—2007 年 99 个子流域的气象、水文和农业干旱指标，限于篇幅，本章仅给出典型年各子流域的评估结果。典型年根据降水量选取，由于空间差异性，根据每个水文气象站计算得到的典型降水频率年很可能不一致，石河子、乌苏、克拉玛依和肯斯瓦特站气象数据系列均超过 50 年，经过比较分析，石河子典型降水频率年多在模拟期间 1981—2007 年内，且石河子位于流域中部的平原区，降水量较有代表性，故本章选择石河子气象站点降水排频作为典型降水频率年，所选典型年见表 16 - 2。

表 16 - 2　石河子气象站典型降水频率年及相应降水量

降水频率/%	50	73.68	75	90	95	多年平均	5.26
典型降水频率年	1995	1989	1963	1982	1991	1990	2004
年降水量/mm	208.8	175.6	172.2	144.8	129.1	209.95	308.4

其中，75% 降水频率年为 1963 年，不在模拟系列内，故以 73.68% 降水频率年 1989年代替；石河子站多年平均降水量为 209.95mm，对应的年份为 1990 年（210.7mm）；2004 年作为丰水年也给出了评估结果。

16.3.2　指标分级阈值及分级隶属度

根据国内外通用的指标分级阈值及内陆河流域的实际情况，确定指标分级标准，并根据分级阈值确定干旱等级的分级隶属度。

16.3.2.1　分级阈值确定方法

对于西北内陆河流域的气象、水文、农业和生态评估指标，没有统一的干旱等级划分阈值，而阈值的确定对干旱评估与区划相当重要。对于干燥度指标，国内外有成熟的研究结果，本章直接引用。对于降水距平值、径流距平值和年产水量距平值的分级阈值选取则是基于概率统计的思想，根据研究区子流域各值长系列（1981—2007 年）计算结果，从小到大进行排频率，分别取 45%、30%、15% 和 5% 频率对应的距平值为正常与轻旱、轻旱与中旱、中旱和重旱、重旱和特旱的临界值。

对于 Z 指数和土壤相对湿度指标，虽有相关的研究和分类标准，但由于内陆河流域本身的自然环境和下垫面状况已经适应了干旱区的大气候，原有标准并不适合本流域；作物缺水指数的范围为 0～1，在内陆河流域，作物的实际蒸发远小于参考作物蒸发量，该指标的分级参考内陆河流域实际蒸散发与潜在蒸发能力的比值；作物综合干旱指数大于 1 属于湿润状况，指标值越小越干旱。以上几个指标根据本流域的实际情况，选择 6 个典型频率年 99 个子流域的指标值，按照指标的正、负向性，对指标进行排频，分别设 45%、30%、15% 和 5% 频率下对应的指标值为干旱等级划分的分级临界值（表 16-3）。

<p>表 16-3   评估指标的分级标准</p>

评价指标	正常	轻度干旱	中度干旱	重度干旱	特大干旱
干燥度	<1.0	1.0～2.7	2.7～3.5	3.5～16	≥16
降水距平/%	>−6.24	−17.48～−6.24	−27.60～−17.48	−39.96～−27.60	<−39.96
Z 指数	>−0.206	−0.358～−0.206	−1.459～−0.358	−1.847～−1.459	<−1.847
径流距平/%	>−7.209	−19.128～−7.209	−55.037～−19.128	−70.098～−55.037	<−70.098
年产水量距平/%	>−8.045	−45.914～−8.045	−61.008～−45.914	−71.979～−61.008	<−71.979
土壤相对湿度/%	>38.8	26.3～38.8	13.9～26.3	5.9～13.9	<5.9
作物缺水指标	<0.869	0.869～0.885	0.885～0.899	0.899～0.913	>0.913
作物综合干旱指数	>0.662	0.628～0.662	0.559～0.628	0.485～0.559	<0.485
植被归一化指数	>0.4	0.28～0.4	0.22～0.28	0.14～0.22	<0.14
地下水埋深/m	<3.24	3.24～5	5～8.12	8.12～20.67	>20.67

植被归一化指数 NDVI 的范围为 −1～1，但 NDVI<0 时，地面为雨、雪、水等反射可见光部分强烈的区域，NDVI=0 时，地面为裸岩、沙砾等无植被地带，有植被的地带 NDVI 值大于 0，且随着植被覆盖度的提高而增加，故当 NDVI=0 时，归为特大干旱级别，当 NDVI<0 时，归为正常级别，并参考上述频率方法，以 45%、30%、15% 和 5% 频率对应的指标值将其在（0,1] 范围内分级。对于地下水埋深分级临界值的确定说法不一，本章参考西北地区以往的研究结果（王芳 等，2002）以及干旱区植物群落生长特点确定该指标的分级，如地下水埋深小于 2.0m 的最适植物群落是湿生的芦苇，埋深在 2～3.5m 的适宜植物群落有胡杨林、柽柳等，在埋深 4m 左右范围适宜梭梭的生长（王芳 等，2008），并根据指标排频的结果，确定地下水埋深在 0～3.24m 为"正常"级别。

径流距平、NDVI 等水文和生态指标分级阈值的确定采用了基于概率分析的方法，一方面使分级标准具有实际的统计意义，并符合流域的实际情况；另一方面减少了部分人为因素对指标阈值的主观影响，使得分级标准更客观。

16.3.2.2 指标阈值分级隶属度

根据指标的分级阈值，基于模糊分级理论，计算指标值所属的干旱等级，建立分级指标的模糊相对隶属度矩阵，见表 16-4。

表 16 - 4　　　　　　　　　　　　　　　　　指 标 分 级 隶 属 度

干旱等级	干燥度	降水距平/%	Z 指数	径流距平/%	年产水量距平/%	土壤相对湿度/%	作物缺水指标	作物综合干旱指标	植被归一化指数	地下水埋深/m
无旱	1	1	1	1	1	1	1	1	1	1
轻旱	0.887	0.897	0.914	0.86	0.56	0.68	0.798	0.86	0.77	0.96
中旱	0.833	0.361	0.293	0.42	0.39	0.36	0.634	0.59	0.59	0.84
重旱	0.215	0.192	0.074	0.24	0.26	0.15	0.46	0.29	0.37	0.55
特旱	0	0	0	0	0	0	0	0	0	0

16.3.3　指标权重

本章采用主观赋权和客观赋权相结合的方法为评估指标赋权重（梁犁丽 等，2017）。利用了层次分析法、专家打分法和熵权法 3 种分别得到准则层及指标层权重，见表 16 - 5 和表 16 - 6。利用 3 种方法计算得到的评估指标权重各不相同，层次分析法和专家打分法赋权主要受人为因素影响，为减弱这种影响，本章采用熵权和层次分析法相结合的赋权方法得到综合权重，见表 16 - 7 和表 16 - 8。其中相对 V 为相对于准则层 B 的指标权重，绝对 V 为相对于目标层 A 的指标权重。

表 16 - 5　　　　　　　　　3 种赋权方法准则层指标权重结果

方　　法	气象子系统（B1）	水文子系统（B2）	农业子系统（B3）	生态子系统（B4）
层次分析法	0.340	0.282	0.242	0.136
专家打分法	0.249	0.184	0.407	0.160
熵权法	0.277	0.193	0.314	0.217

表 16 - 6　　　　　　　　　3 种赋权方法指标层指标权重结果

方法	干燥度（C11）	降水距平/%（C12）	Z 指数（C14）	径流距平/%（C21）	产水量距平/%（C22）	土壤相对湿度/%（C31）	作物缺水指标（C32）	作物综合干旱指数（C33）	植被归一化指数（C41）	潜水埋深/m（C42）
层次分析法	0.111	0.492	0.397	0.510	0.490	0.329	0.316	0.355	0.531	0.469
专家打分法	0.072	0.759	0.170	0.762	0.238	0.299	0.223	0.478	0.365	0.635
熵权法	0.372	0.360	0.268	0.527	0.473	0.317	0.331	0.352	0.496	0.504

表 16 - 7　　　　　　　　　　准测层指标综合权重

气象子系统（B1）	水文子系统（B2）	农业子系统（B3）	生态子系统（B4）
0.347	0.289	0.230	0.134

表 16 - 8　　　　　　　　　　指标层指标综合权重

指标层	干燥度	降水距平/%	Z 指数	径流距平/%	产水量距平/%	土壤相对湿度/%	作物缺水指标	作物干旱指数	植被归一化指数	地下水埋深/m
相对 V	0.103	0.497	0.401	0.509	0.491	0.315	0.316	0.369	0.526	0.474
绝对 V	0.036	0.172	0.139	0.147	0.142	0.073	0.073	0.085	0.070	0.063

16.3.4 典型年和月过程干旱评估结果

根据指标值计算公式，得到 99 个子流域 5%（2004 年）、多年平均、50%、75%、90% 和 95% 降水频率年的干旱指标值。基于最大熵理论的模糊综合评估模型，首先进行气象、水文、农业和生态子系统干旱评估，而后对流域干旱状况进行模糊综合评估。评估结果见梁犁丽等（2017）研究文献的附表 3～附表 6。经过各子系统评估后，根据准则层权重进行流域干旱模糊综合评估，评估结果见图 16-2 和梁犁丽等（2017）文献的附表 7。

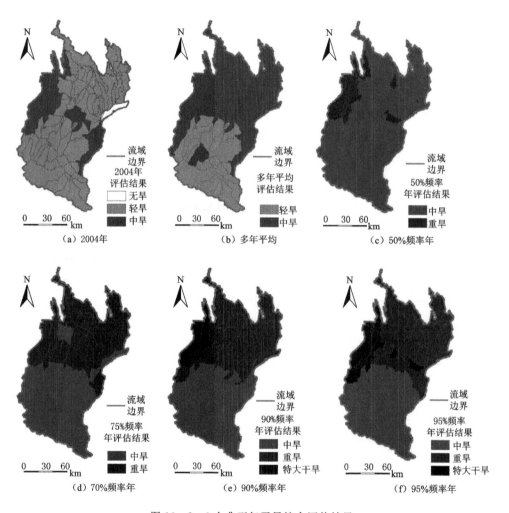

图 16-2　6 个典型年干旱综合评估结果

其中，对于生态干旱评估指标，获得的地下水埋深数据年份有限，仅有 1999 年、2000 年、2004 年、2005 年、2007 年、2008 年和起测年以及 2007 年 1 月至 2008 年 7 月的潜水埋深数据，故本章参考实测数据年份的降水频率，分别作为各典型年的潜水埋深指标：多年平均值参考 2000 年潜水埋深值，50% 降水频率年参考 2005 年的潜水埋深值，75%、90% 和 95% 降水频率年均参考 2008 年潜水埋深值；由于受潜水埋深数据资料限制，本章选择 2007 年（石河子气象站降水频率为 17.54%，降水量为 257.3mm）5—11 月作为月过程干旱评估算例，按照年过程评估的指标计算和综合评估方法，得到 2007 年月过程评估结果，见图 16 - 3。

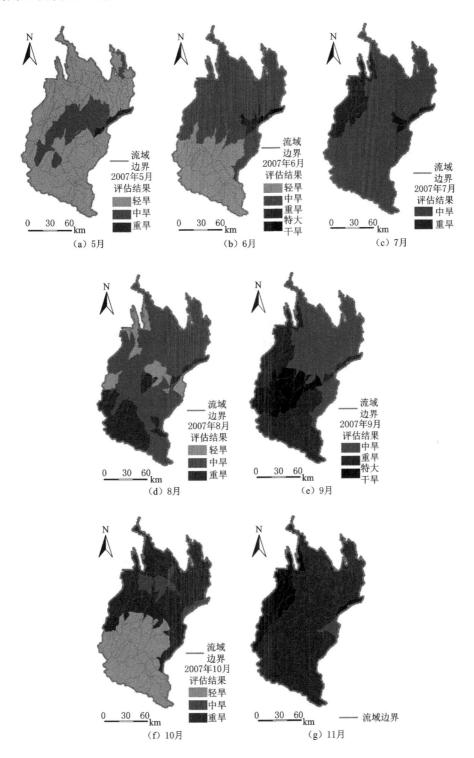

图 16 - 3　2007 年月过程综合评估结果

限于篇幅，2007年月过程各子系统综合评估结果未列出，各月干旱综合评估结果见梁犁丽等（2017）的文献附表8。

16.3.5 增温增雨情境下典型年评估结果

在各水文气象站气温增加10%和降水增加20%两种情境下，基于SWAT模型预测结果，根据以上计算步骤，进行干旱评估指标的计算和干旱模糊综合评估。评估结果见图16-4和图16-5。

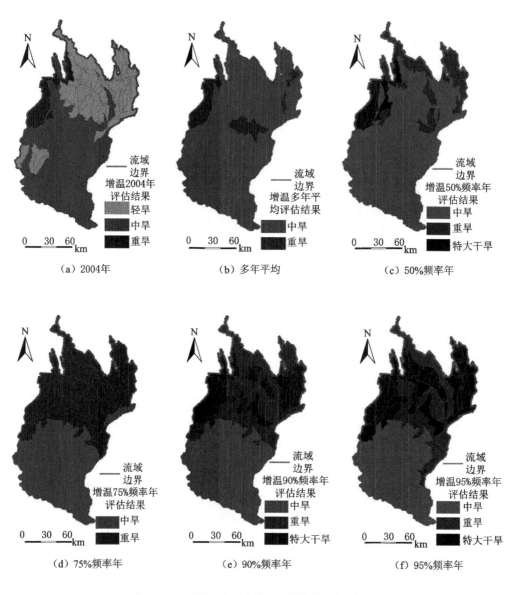

图16-4　增温情境下流域干旱模糊综合评估结果

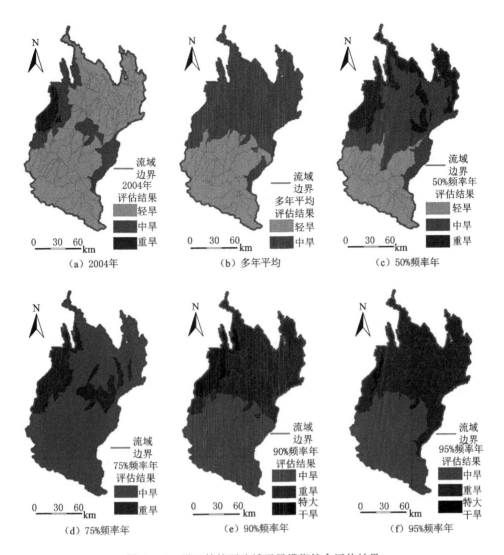

图 16 - 5　增雨情境下流域干旱模糊综合评估结果

16.4　干旱评估结果分析

16.4.1　评估结果与历史统计资料的对比分析

由于统计数据大多是按照行政区划统计上报的，没有具体针对玛纳斯河流域旱情及旱灾历史统计资料；且旱情统计多基于农业旱灾和天然径流减少情况。本节根据相关统计数据，利用附近县市旱情资料简要对照分析本章的评估结果。

根据灌溉农业区易旱季节统计，流域内的玛纳斯县和奎屯市属于夏旱类型，即旱季为6—8月，大部分位于流域内的克拉玛依市和沙湾县，属于春夏旱类型，旱季为5—6月。石河子、玛纳斯县附近由于降水或天然河道来水较少而发生较严重干旱的事件为1995年和1997年的春旱，2005年的春夏旱，2006年和2007年的春旱和夏秋连旱。

由于灌溉农业区位于本流域的北部,从 2007 年 5—11 月北部各子流域的水文和农业干旱状况看,5 月各子流域在径流上表现为轻旱,在农业上表现为中旱,6 月以后水文径流和水资源量上表现出供需水的不足,农业墒情出现水分亏缺。玛纳斯县出现夏秋旱,沙湾县出现秋旱,奎屯市和乌苏市出现夏秋旱,见表 16-9。

表 16-9 流域内县级水文、农业干旱统计

县(市)	5 月	6 月	7 月	8 月	9 月	10 月	11 月
玛纳斯县	轻旱、中旱	中旱、重旱	重旱	重旱	重旱	重旱	重旱
沙湾县	轻旱、中旱	重旱	重旱、无旱	重旱	重旱	重旱	重旱
奎屯市	轻旱、中旱	特旱、重旱	重旱	重旱	重旱	重旱	重旱
乌苏市	轻旱、中旱	重旱	重旱	重旱	特旱、重旱	特旱、重旱	重旱

2007 年流域内各县的旱情与历史统计的 2007 年出现春旱和夏秋旱情况基本吻合,但本文未评估其他年份的旱情,故不能得到易旱季节的分布。由于数据不充分,评估结果可能存在些许偏差,但总体干旱状况与统计相似,结论具有一定的可靠性。

16.4.2 流域干旱总体特征及时空分布

16.4.2.1 总体特征

玛纳斯河流域水源主要是冰川融水和山区降水,径流年际变化大,且呈连续丰水和连续枯水的特点,水文气象干旱时有发生。流域内灌溉农业发达,下游平原区耕地面积不断增加,但随着国民经济发展和生态保护的需要,水资源供需矛盾日益突出,虽然玛纳斯河上已建成拦河引水枢纽 2 座、大、中型平原水库 5 座,灌溉渠系配套,水资源开发利用程度较高,但由于玛纳斯河水资源总量并未发生大变化,导致上游灌区的季节性缺水长期未能解决,人工绿洲灌溉保证率得不到提高;且径流年内分配集中,7 月和 8 月的径流占全年的 54.01%,4 月和 5 月的径流仅占 7.36%,在作物生长期,特别是作物萌蘖的春夏季节,用水极为不利,容易发生"卡脖子旱";而在人工绿洲区内部某些区域,又因地下水位上升而造成局部面积土壤次生盐渍化,农作物难以正常生长,使已有耕地弃耕后演化成盐碱地。由于流域内水资源利用不能得到优化配置,土壤盐渍化、沙化问题突出,甚至产生局部地下水超采等问题,严重影响绿洲生态环境的改善和天然绿洲生态系统的稳定。有资料显示,石河子地下水以平均每年 0.6m 的速度下降,在开垦区内人工绿洲的边缘,因水资源利用不当而导致部分天然绿洲带出现沿古河道形成区域性水位下降,造成植被枯萎退化,由长年生植物演变为短期生长植物。

16.4.2.2 时空分布规律

在时间尺度上,尽管干旱区年降水量相差较小,但不同的降水频率年干旱状况仍有较大差异,随着年际降水量减少以及降水量影响下的径流量、地下水位及植被覆盖的变化,干旱状况在年际呈现加重的趋势;以 2007 年月尺度的评估结果看,干旱在年内的发生发展也具有一定的规律性:在作物生长的 5 月,由于冰川融雪的补给,流域内干旱状况不明显,随着作物生长需水量的增加,6 月和 7 月逐渐显现出一定的缺水迹象,8 月可能由于降水量和灌溉水量的增加,旱情有所缓解,9—11 月为作物成熟和收割季节,灌溉量减

少，植被覆盖相应下降，旱情呈加重的趋势。

在空间尺度上，无论是典型年旱情、增温增雨情景下典型年干旱状况还是 2007 年各月干旱过程，总体上流域南部山区较北部平原区轻，作物生长季节较其他季节轻，奎屯市和石河子市附近及石河子市以东的部分地区较其他地区旱情严重；2007 年 8 月和 9 月，估计由于灌溉和降水的原因，流域南部山区旱情较北部地区严重。

16.4.3　干旱类型时空演化定量分析

16.4.3.1　单个子流域干旱类型演化定量分析

以红山嘴水文站所在子流域 65 为例，定量分析气象、水文、农业和生态干旱类型在各典型年和月尺度上的时间变化过程，比较增温增雨条件对各干旱类型的影响。

1. 年尺度

子流域 65 在 5％、多年平均、50％、75％、90％ 和 95％ 降水频率年的干旱状态见表 16-10。从表中可以看出其所处的干旱状态，但并不能反映子流域中各干旱类型对综合评估结果的贡献量，以及随时间变化的规律。

表 16-10　　　　　　　　　　子流域 65 各年干旱等级

干旱类型	情境	降水频率					
		5％	多年平均	50％	75％	90％	95％
综合干旱	正常	中旱	中旱	中旱	中旱	重旱	重旱
	增温	中旱	中旱	中旱	重旱	重旱	重旱
	增雨	中旱	中旱	轻旱	重旱	重旱	重旱
气象干旱	正常	中旱	中旱	轻旱	中旱	中旱	中旱
	增温	中旱	中旱	轻旱	中旱	中旱	中旱
	增雨	中旱	轻旱	轻旱	中旱	中旱	中旱
水文干旱	正常	中旱	中旱	中旱	中旱	中旱	中旱
	增温	重旱	重旱	重旱	重旱	重旱	重旱
	增雨	中旱	中旱	重旱	重旱	重旱	重旱
农业干旱	正常	中旱	中旱	中旱	中旱	中旱	重旱
	增温	中旱	中旱	中旱	中旱	中旱	中旱
	增雨	中旱	轻旱	中旱	中旱	重旱	重旱
生态干旱	正常	重旱	中旱	中旱	重旱	重旱	重旱
	增温	重旱	中旱	中旱	重旱	重旱	重旱
	增雨	重旱	中旱	中旱	重旱	重旱	重旱

基于各干旱类型的权重和模糊评价过程，定量分析各典型年不同干旱类型对综合评估结果的贡献量，即以综合干旱等级的模糊隶属度值为标准，计算不同干旱类型模糊隶属度的比重，以此来分析干旱类型在时间上发生演变的可能性。

从表 16-11 可以看出，尽管干旱类型所占比重变化较小，但在正常模拟、增温和增雨 3 种情境中，多年平均状况下气象因素随降水量的减少所占比重在增加，正常模拟情况下比重小于增温和增雨情境，增温情境下气象因素所占比重最大。

表 16-11 典型降水频率年不同情境下各干旱因素所占比重

干旱类型	情境	降水频率					
		5%	多年平均	50%	75%	90%	95%
气象干旱	正常	0.3477	0.3464	0.3466	0.3477	0.3477	0.3482
	增温	0.3482	0.3469	0.3471	0.3482	0.3486	0.3486
	增雨	0.3466	0.3464	0.3460	0.3482	0.3482	0.3482
水文干旱	正常	0.2892	0.2895	0.2897	0.2892	0.2892	0.2882
	增温	0.2882	0.2885	0.2887	0.2882	0.2885	0.2885
	增雨	0.2897	0.2895	0.2892	0.2882	0.2882	0.2882
农业干旱	正常	0.2297	0.2300	0.2301	0.2297	0.2297	0.2301
	增温	0.2301	0.2303	0.2305	0.2301	0.2292	0.2292
	增雨	0.2301	0.2300	0.2309	0.2301	0.2301	0.2301
生态干旱	正常	0.1333	0.1341	0.1336	0.1333	0.1333	0.1335
	增温	0.1335	0.1343	0.1338	0.1335	0.1337	0.1337
	增雨	0.1336	0.1341	0.1340	0.1335	0.1335	0.1335

水文干旱因素在丰水年和平水年增雨情境下所占比重最大，其次为正常模拟情境，在增温情景下比重最小；而在枯水年正好相反。在增雨情境下，随着降水量的减少，水文干旱因素所占比重不断下降；在正常模拟和增温情境下规律不明显。

农业干旱类型所占比重在正常模拟年份相差不多，但在丰水年和平水年所占比重较枯水年大，且呈现均随降水量的减少而增加的趋势；在增温情境下丰水年和平水年所占比重较枯水年大，但丰水年和平水年比重随降水量的减少而增加，枯水年呈现随降水量的减少而减少的趋势；在增雨情境下较其他年份大，但规律不明显。

生态干旱类型所占比重在正常模拟、增温和增雨情境下，丰水年和平水年较枯水年大，丰水年与枯水年分级较明显，且所占比重均随降水量的减少而增加。

2. 月尺度

2007 年 5—11 月干旱等级见表 16-12，从 5—11 月子流域 65 总的干旱状况为从轻旱逐渐演变为重旱而后减轻为中旱。其中除生态干旱一直处于中旱状态外，气象、水文和农业干旱类型变化规律不明显。

表 16-12 2007 年 5—11 月子流域 65 干旱等级

干旱类型	5月	6月	7月	8月	9月	10月	11月
综合干旱	轻旱	中旱	中旱	中旱	中旱	重旱	中旱
气象干旱	轻旱	轻旱	中旱	无旱	中旱	中旱	中旱
水文干旱	中旱	重旱	重旱	中旱	中旱	重旱	中旱

干旱类型	5 月	6 月	7 月	8 月	9 月	10 月	11 月
农业干旱	轻旱	轻旱	轻旱	轻旱	重旱	中旱	重旱
生态干旱	中旱	中旱	中旱	中旱	中旱	中旱	中旱

从表 16-13 子流域各干旱类型随时间变化的比重可以看出，气象干旱类型除 8 月外，所占比重随时间呈现逐渐较小的趋势；水文干旱类型则随时间呈现逐渐增大的趋势；农业干旱类型所占比重变化不明显，而生态干旱类型 5—7 月、8—10 月呈现随时间增加的趋势，在 8 月出现转折。

表 16-13　　　　　　　2007 年 5—11 月子流域 65 各干旱类型所占比重

干旱类型	5 月	6 月	7 月	8 月	9 月	10 月	11 月
气象干旱	0.3513	0.3499	0.3487	0.3494	0.3482	0.3460	0.3459
水文干旱	0.2850	0.2867	0.2872	0.2877	0.2882	0.2892	0.2905
农业干旱	0.2310	0.2300	0.2304	0.2297	0.2301	0.2309	0.2296
生态干旱	0.1327	0.1335	0.1337	0.1333	0.1335	0.1340	0.1339

16.4.3.2　流域干旱类型演化定量分析

以 2007 年 5—11 月各干旱等级面积的变化情况，分析整个流域各干旱类型在月尺度上的演化过程。流域中旱和重旱等级各月面积变化见图 16-6。

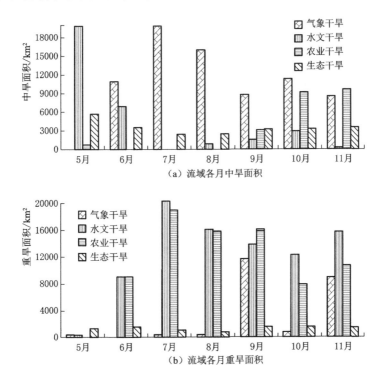

图 16-6　流域中旱和重旱等级各月面积变化

以各月中旱和重旱等级面积为例，从各月份不同干旱类型中旱面积图［图 16-9（a）］可以看出，5 月水文干旱造成的中旱面积占比最大，但随着时间的推移迅速降低，转化为由气象干旱类型占主导；气象干旱造成的中旱面积随时间先增加后减小，而后转化为农业干旱造成的面积占主导；农业干旱造成的中旱面积随时间呈增加的趋势；生态干旱造成的中旱面积比较稳定，呈现先减后增的趋势。

从各月份不同干旱类型重旱面积图［图 16-9（b）］可知，水文和农业干旱造成的重旱面积占主导。水文干旱在 7 月造成的干旱面积达到峰值，随后逐渐减少，但面积比重大；农业干旱与水文干旱趋势相似，但农业干旱造成的重旱最大面积出现在 8 月，比水文干旱滞后一个月；气象干旱造成的重旱面积在 9 月和 11 月较明显，其他月份几乎无影响；生态干旱造成的重旱面积各月较稳定，且面积很小。

16.4.3.3 干旱类型空间演化分析

以 2007 年 5—11 月各干旱类型干旱等级面积分布分析干旱类型的空间演变规律，气象干旱类型空间变化趋势见图 16-7，农业干旱类型空间演变规律见图 16-8。

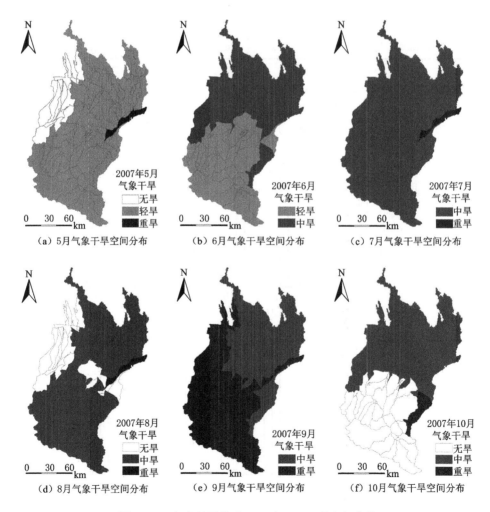

图 16-7 气象干旱类型 2007 年 5—10 月空间变化

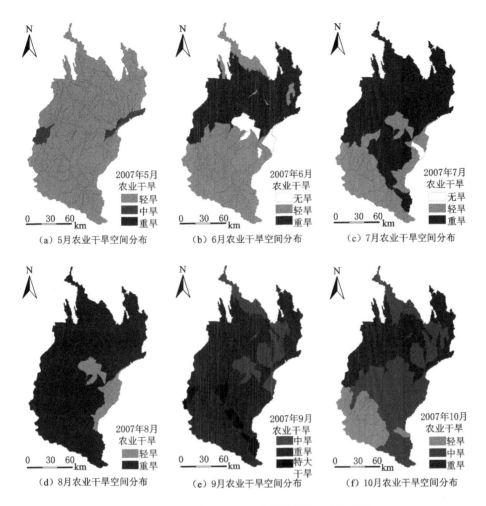

（a）5月农业干旱空间分布　　　　（b）6月农业干旱空间分布　　　　（c）7月农业干旱空间分布

（d）8月农业干旱空间分布　　　　（e）9月农业干旱空间分布　　　　（f）10月农业干旱空间分布

图 16－8　2007 年 5—10 月农业干旱类型空间变化

　　5月，流域大部分表现为：气象干旱和农业处于轻旱等级，奎屯地区气象干旱处于无旱等级，而此时水文干旱表现为中度干旱。6月，气象干旱在北部灌区演变为中度干旱，而水文和农业干旱均演变为重旱，南部山区气象和农业干旱类型仍为轻旱，水文上则表现为中旱。7月，气象干旱中旱等级扩大至全流域，水文上表现为全流域的重旱等级，农业重旱等级面积由平原灌区向南北两个方向蔓延。8月，沙湾县和玛纳斯县中部、奎屯市、乌苏市及克拉玛依市在流域内的部分在气象上表现为无旱等级，其余区域为中旱等级；奎屯市附近和沙湾县中部在水文干旱类型上表现为中旱和轻旱，其余区域则为重旱级别，北部新湖灌区部分面积则为特旱级别；除沙湾和玛纳斯县中部部分区域农业干旱级别为轻旱外，其他区域为重旱。9月，南部山区气象旱情加重，演变为重旱区域，北部灌区仍为中旱级别；山区西南部部分子流域水文旱情进一步演变为重旱级别，石河子市附近区域减轻；农业旱情南部山区部分子流域进一步加重，而北部新湖灌区及玛河古河道附近区域旱情减轻，演化为中旱级别。

　　10月，南部山区气象旱情解除，演变为无旱级别，而北部灌区仍为中旱等级；水文旱情也有所缓解，西南部区域子流域变为轻旱状况，东南部区域仍为重旱，西岸大渠灌区旱情缓解为中旱，特旱等级面积大大减少；农业旱情也逐渐缓解，中旱面积扩大，重旱面积减少，并在西南部山区降低为轻旱级别，东南部降低为中旱级别，西岸大渠灌区仍为重旱级别。11月，气象旱情南北两大区域差异明显，南部山区为重旱级别，北部灌区为中旱级别；农业旱情除沙湾县中部小部分面积外，全区域基本处于重旱以上级别，北部灌区旱情较重；农业旱情状况与气象相反，南部较北部旱情轻，南部山区缓解至中旱级别，北部灌区重旱面积则比9月略微增加。

生态干旱类型7月、8月平原灌区大部分呈现无旱状态；石河子市附近由于地下水位较低，5—11月一直呈现重旱状态；重旱区域外围为部分中旱区域；南部山区各月均为轻旱状态。限于篇幅，水文和生态干旱类型的空间变化图未给出。

16.5　干旱预警措施

干旱预警是干旱评估结果向公众发布的一种干旱状况表现形式，是干旱风险管理中最基本、最重要的组成部分（顾颖 等，2007）。干旱预警的目的是通过对所在区域干旱发生、演化规律的分析和研究，应用干旱评估技术，对干旱事件进行实时识别、可能损失估算以及干旱风险预测，并根据风险程度的不同，以事先拟定的干旱等级（无旱、轻旱、中旱、重旱和特旱）及其划分标准，由政府有关部门向其他部门和社会公众发布干旱状态（发生、持续、发展、缓和及解除）和干旱风险程度等预警信息，为有关部门实施防旱抗旱措施提供重要的决策依据，达到对干旱进行风险管理的目的。

对于预警等级划分，一般对灾害较为严重或持续发生的状态进行预警，根据《气象灾害预警信号机防御指南》规定，台风、暴雨、大风、暴雪和寒潮预警信号分为4级，分别以蓝色、黄色、橙色和红色表示，并有相应的预警标准；高温、雷电、大雾沙尘暴和道路结冰分为黄色、橙色、红色3级预警信号；霜冻分为蓝色、黄色和橙色3级预警信号；冰雹、霾和干旱分为橙色、红色2级预警信号。干旱等级根据国家标准《气象干旱等级》（GB/T 20481—2006）中的综合气象干旱指数为标准。国内对农业干旱预警的发布对应于干旱风险程度的高风险、中风险、低风险和无风险4个级别，分别用红色、橙色、黄色和蓝色四种颜色表示，也代表特旱、重旱、轻旱和无旱状态。本文将干旱状态划分为5级，分别以蓝色、绿色、黄色、橙色和红色表示无旱、轻旱、中旱、重旱和特大干旱，代表预警级别的无风险、低风险、中度风险、较高风险和高风险。

16.6　本章小结

本章根据流域基本干旱特征，采用多因子的干旱评估指标体系对玛纳斯河流域的干旱状况进行评估，通过多因子干旱指标的计算和干旱等级划分，利用基于最大熵理论的干旱模糊综合评价方法，选择降水多年平均、5%、50%、75%、90%、95%降水频率年以及2007年5—11月，对流域内各子流域的典型年和月过程的干旱状况作出了模糊综合评估，并评估了增温增雨两种情境下，未来流域的干旱状况。相应的评估结果不但对认识流域内干旱状况有重要的科学和实践价值，而且对协调流域水资源-生态环境-经济发展之间的矛盾，实现流域社会经济与生态环境的健康、稳定及可持续发展也有一定的现实意义。

根据各干旱指标计算结果，考虑内陆河流域干旱的实际情况，对于分级阈值无成熟研究结果的评估指标，提出了基于概率的指标分级阈值确定方法；在综合比较分析了各空间插值模型优缺点的基础上，利用 Kriging 模型的数据空间展布技术和地理信息系统软件 ArcGIS 的绘图功能，对典型降水频率年、2007 年月过程的干旱状况综合评估结果和部分年份生态干旱评估指标的干旱等级区划结果进行绘图；在生态干旱评估指标的空间栅格数据转化为子流域面上的数据过程中，使用了面积加权平均的方法，得到子流域上相应评估指标的值，便于子流域上的图形显示和参与干旱模糊综合评估。

对于干旱模糊评估结果，采用历史资料和评估结果相对比、定性和定量相结合、单个子流域和整个流域相互印证的方法，对流域的整体干旱状况及等级区划、时空分布规律进行了分析，并进一步剖析了流域干旱成因及未来干旱趋势；利用典型年和月尺度的评估结果定量分析了干旱类型的时空演化规律。基于此，探讨了国内外干旱风险管理经验与管理模式，在充分了解和分析流域各区域干旱成因、掌握干旱时空变化规律和发展趋势的基础上，针对流域干旱特点，提出了基于水资源供需平衡和合理配置的内陆河流域干旱风险管理模式框架与管理、预警措施。

干旱等级区划的质量主要取决于评估指标和结果的合理性与精确程度，本章一方面基于模糊不确定性理论提高了评估结果的精度；另一方面承认干旱状况的不可精确估计的现实，利用基于子流域单元的干旱等级区划方法，尽可能地为决策者提供充足的信息，从而为干旱风险管理和风险决策提供技术服务。

参考文献

昌吉州水利科学技术研究所，新疆昌吉水文水资源勘测局，2006. 玛纳斯县平原区地下水超采区划定报告 [R]. 昌吉：昌吉州水利科学技术研究所.

顾颖，刘静楠，薛丽，2007. 农业干旱预警中风险分析技术的应用研究 [J]. 水利水电技术，38 (4)：61 - 64.

国家防汛抗旱总指挥部办公室，2010. 防汛抗旱专业培训教材 [M]. 北京：中国水利水电出版社：305 -315.

耿鸿江，1993. 干旱定义述评 [J]. 灾害学，8 (1)：19 - 22.

梁犁丽，冶运涛，2017. 内陆河流域干旱演化模拟评估与风险调控技术 [M]. 北京：中国水利水电出版社：47 - 181.

陆桂华，闫桂霞，吴志勇，等，2010. 基于 Copula 的区域干旱分析方法 [J]. 水科学进展，21 (2)：188 -193.

马明国，潘小多，李新，等，2007. 长时间序列中国植被指数数据集 (1998—2007) [EB/OL]. [2011 - 03 - 09]. http：//westdc. westgis. ac. cn.

宋松柏，聂荣，2011. 基于非对称阿基米德 Copula 的多变量水文干旱联合概率研究 [J]. 水力发电学报，30 (4)：20 - 29.

孙荣强，1994. 干旱定义及其指标述评 [J]. 灾害学，9 (1)：17 - 21.

王芳，梁犁丽，2008. 内陆河流域水资源驱动生态演化模拟研究 [R]. 北京：中国水利水电科学研究院.

王芳，王浩，陈敏建，等，2002. 中国西北地区生态需水研究 (2) ——基于遥感和地理信息系统技术的区域生态需水计算及分析 [J]. 自然资源学报，17 (2)：129 -137.

王密侠，马成军，蔡焕杰，1998. 农业干旱指标研究与进展 [J]. 干旱地区农业研究，16 (3)：119 -124.

新疆生产建设兵团勘测规划设计研究院，2005. 新疆兵团农八师平原区地下水超采区划定说明书 [R]. 乌鲁木齐：新疆生产建设兵团勘测规划设计研究院.

新疆地质工程勘察院，2006. 新疆玛纳斯县城镇及工业园区水资源论证及供水工程规划报告 [R]. 乌鲁木齐：新疆地质工程勘察院.

许继军，杨大文，2010. 基于分布式水文模拟的干旱评估预报模型研究 [J]. 水利学报，41（6）：739-747.

尹正杰，黄薇，陈进，2009. 水库径流调节对水文干旱的影响分析 [J]. 水文，29（2）：41-44.

ASHOK K M，VIJAY P S，2010. A review of drought concepts [J]. Journal of Hydrology，391（1-2）：202-216.

ASHOK K M，VIJAY P S，2011. Drought modeling：A review [J]. Journal of Hydrology，403（1-2）：157-175.

BERNHARD L，PETRA D，JOSEPH A，2006. Estimating the impact of global change on flood and drought risks in Europe：A continental integrated Analysis [J]. Climate Change，75（3）：273-299.

BLENKINSOP S，FOWLER H J，2007. Changes in drought frequency, severity and duration for the British Isles projected by the PRUDENCEregional climate models [J]. Journal of Hydrology，342（1-2）：50-71.

ELEANOR J B，SIMON J B，2010. Regional drought over the UK and changes in the future [J]. Journal of Hydrology，394（3-4）：471-485.

GIBBS W J，MAHER J V，1967. Rainfall deciles as drought indicators [R]. Melbourne：Australian Bureau of Meteorology.

HISDAL H，TALLAKSEN L M，2003. Estimation of regional meteorological and hydrological drought characteristics：A case study for Denmark [J]. Journal of Hydrology，281（3）：230-247.

MCKEE T B，DOESKEN N J，KLEIST J，1993. The relationship of drought frequency and duration to time scales [C] //Proceeding of the 8th Conference on Applied Climatology. Boston：American Meteorological Society：179-184.

MISHRA A K，DESAI V R，2005. Drought forecasting using stochastic models [J]. Environmental Research Risk Assess，19（5）：326-339.

MISHRA A K，DESAI V R，SINGH V P，2007. Drought forecasting using a hybrid stochastic and neural network model [J]. Journal of Hydrology，12（6）：626-638.

OCHOA-RIVERA J C，2008. Prospecting droughts with stochastic artificial neural networks [J]. Journal of Hydrology，352（1）：174-180.

PALMER W C，1965. Meteorological drought [R]. Washington D C：US Department of Commerce, Weather Bureau：8.

PALMERW C，1968. Keeping track of crop moisture conditions, nationwide：The new crop moisture index [J]. Weatherwise，21（4）：156-161.

SHAFER B A，DEZMAN L E，1982. Development of a surface water supply index（SWSI）to assess the severity of drought conditions insnowpack runoff areas [C] //Proceedings of the Western Snow Conference. Colorado：Colorado State University：164-175.

STEINEMANN A，2003. Drought indicators and triggers：A stochastic approach to evaluation [J]. Water Research Association，39（5）：1217-1233.

YEVJEVICH V M，1967. An objective approach to definitions and investigations of continental hydrologic droughts [R]. Fort Collins：Colorado State University：1-18.

第 17 章　面向智能预报的电站调蓄作用下径流预报技术

17.1　引言

堵河流域呈扇形，地跨陕西、湖北两省，上游为海拔 1200～2500m 的高山，下游属海拔 500～1200m 的中、低山地，流域平均高程约 1055m。堵河为汉江中上游南岸支流，发源于川陕交界的大巴山北麓，全长 354km，系山区型河流，河谷狭窄，滩多流急，河道平均坡降为 4.81‰，干流平均坡降为 0.82‰。堵河有西、南两源，西源为主流，两源在两河口汇合后始称堵河。堵河流域水电开发蓬勃发展，目前已经有大中型水电站 16 座，总库容超 100 亿 m³，总装机容量超 150 万 kW，干流及主源共划分七级，黄龙滩水电站处于末级，其坝址控制流域面积为 11892km²（1982 年堵河流域规划复核成果），占堵河流域面积的 95.1%。

在实时洪水预报过程中，预见期长、精度高的洪水预报成果是水库防汛安全的保证，是实现水库科学合理调度的基础，更有利于水库调度节水降耗增效工作的开展。受上游众多水库调蓄影响，黄龙滩水库以上堵河汇流形势发生较大变化，加之气候异常引起"坨子雨"频发，原设计的洪水预报方案已经不能适应当前形势，无法满足各水库调度需求，利用近期水文资料，结合流域水库群格局，根据重要断面预报需求，重新建立堵河流域洪水预报方案势在必行。本章拟在分析流域暴雨洪水特性的基础上，考虑水库群对堵河洪水预报的影响及选择合适的产汇流模型、校正方法等，利用近 10 年水文资料重新建立堵河流域洪水预报方案，并评定方案精度，为各级重要水库断面的洪水预报提供可靠的技术支撑。

17.2　流域暴雨洪水特性分析

堵河流域位于北亚热带江北湿润区、副热带季风气候区，属湿润半湿润地带，四季分明，降雨丰沛。流域内多年平均气温为 15.4℃，多年平均年降水量约为 990mm，水面蒸发量约为 870mm，日照为 1726h，无霜期为 235d。据堵河竹山水文站统计多年资料，竹山站多年平均径流量为 61.8 亿 m³，多年平均流量为 164m³/s（王忠华 等，2015）。流域年径流深约为 500mm，6—9 月径流量约占年径流量的一半，9 月最大，约占 14.5%。

堵河暴雨集中，强度大，易成洪灾。上游年降雨量可达 1000mm 以上，中下游一般在 800～900mm，平均降雨量为 920mm，日最大降雨量为 150mm。竹山站 1935 年 7 月最大降水量为 731.0mm，占年平均降水量的 91.8%。降雨量年内分配不均，每年 4—10 月暴雨频繁，为本流域的洪水季节，来水量约占全年来水量的 85%，其中 7—9 月最丰，约占全年的 45%；11 月至次年 3 月为枯水期。

年最大洪水在汛期各月均可出现，7 月和 9 月出现的机会最多，洪水陡涨陡落，洪量也较大。年内洪水有较明显的夏汛和秋汛，夏汛洪水多发生在 6 月中下旬至 7 月中旬，秋汛洪水则多发生在 9 月中旬至 10 月上旬；夏汛洪水以单峰居多，一次洪水过程约为 3d，秋汛洪水多为复峰，一次洪水过程约 5d。

17.3　水利工程及其对洪水预报的影响

按照《堵河流域规划报告》，堵河干流及一级支流泗河共有七级，总装机容量为 1400MW。堵河干流分为五级开发，即龙背湾、松树岭、潘口、小漩和黄龙滩，泗河上有鄂坪和汇湾电站，均已建成投产。流域内其他较大的水利工程有：泗河上游的竹叶关、下游的白果坪，支流泉河的红岩、大峡水电站，支流霍河的牧渔山、霍河水电站等。堵河干流上五级电站除小漩电站水库调节性能为日调节外，其余电站水库均具有多年调节、年调节或不完全年调节性能，泗河汇湾为径流式电站，鄂坪具有年调节性能，这些具有调节性能的电站水库对流域洪水产生较大影响。

（1）水库建成改变了原流域的产汇流条件。如潘口坝址在竹山水文站上游约 14.8km，堵河两源在坝址上游约 13.5km 处汇合，潘口水库建成后，官渡河回水末端至官渡水文站附近，泗河回水至新洲水文站上游约 20km，水库长度约 61km，回水区内原有的产汇流条件均会发生变化。

（2）回水线延长使上下游站的传播时间缩短，天然河道传播时间和水库中的传播时间临界点受坝前水位影响（熊金和 等，2011）。如汇湾—新洲的洪水传播时间平均约为 3h，新洲—竹山站的洪水传播时间一般为 5h；龙背湾—官渡的洪水平均传播时间约为 2h，官渡—竹山的洪水传播时间一般为 6h；竹山—黄龙滩洪水传播时间平均为 5h。水电站建成后，由于河道水深加大，洪水波传播速度加快。据统计，潘口水库建成后，原竹山水文站被淹没，潘口库区的传播时间约需 1h，潘口出库洪水传播时间至黄龙滩库首约需 2h，比原竹山—黄龙滩洪水传播时间减少约 2h。

（3）具有调节性能的水电站运行对洪水洪峰和洪量有较大影响。如中小洪水期，潘口水库的蓄水运行不但降低了黄龙滩水库的最高库水位，同时延迟了黄龙滩水库最高水位和入库洪峰出现的时间；在大洪水期，黄龙滩入库洪水峰值有较大幅度的降低，出现的时间有明显延迟（梁犁丽 等，2013）。

（4）水位流量关系变化。水库蓄水改变了原河道的水位流量关系，使相同流量下的水位发生变化。如潘口水库建成后，泗河和官渡河下游河道部分属于库区，原支流控制站新洲站和官渡站撤销或迁移，其河道水位流量关系需要重新率定。

17.4　总体设计与方法

17.4.1　总体思路

考虑水利工程影响的流域洪水预报方案构建的总体思路是依托流域现有历史水文、水利工程、数字地形等资料，采用遥测站历史和实时的雨量、水位、流量等信息，收集相应的流域蒸发资料，根据流域洪水特性，选取合适的产汇流模型，利用重要预报断面历史洪水过程率定和验证模型参数，编制流域各断面或水库入库及区间洪水预报方案。对于具有调蓄作用的水库，将坝址处作为一个预报断面，利用水文预报模型计算出该断面以上的计算单元/区间入流后，利用水库调洪规程计算出出库流量，并按照河道汇流计算推算至下一个断面，叠加区间入流后得到下一个预报断面的流量/水库入流，具体思路见图 17-1。

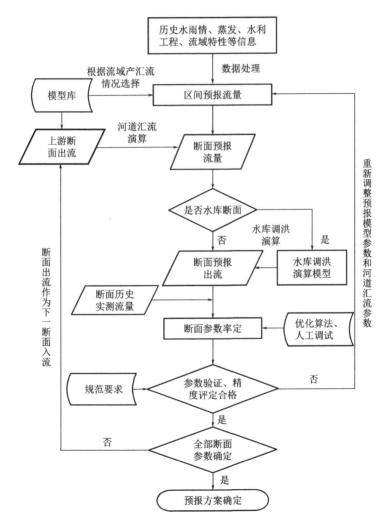

图 17-1　考虑水利工程影响的流域洪水预报方案构建总体思路

17.4.2　模型方法选择

预报模型是洪水预报方案及洪水预报系统的核心，各预报断面洪水预报模型和方法的选用应适合河流的水文特征，对于不同流域面积、传播时间和资料条件的河流，所采用的模型和方法应有所侧重，还应综合考虑各预报断面控制的流域内的地形特征、水利工程、汇流特性等因素，确定合理的预报时间步长，选择合适的流域坡面产流和河道汇流模型（李匡 等，2017；陆玉忠 等，2017）。具备洪水预报方案编制条件的湿润与半湿润地区，流域产汇流可选新安江三水源蓄满产流模型、水箱模型、三水源滞后演算汇流模型，河道汇流可选用马斯京根河道分段连续演算模型（MSK）、汇流系数法等；也可以使用其他水文/水力学模型或经验方法进行产汇流计算。

该流域面积大，属于湿润区，选择三水源新安江模型作为产流模型，坡面汇流选滞后演算法，河道汇流选择马斯京根分段连续演算模型。并设定 36h 的预热期，目的是在连续计算的预热期内使各层土壤含水量、地表水和地下水初值趋于与实测值吻合，获得与实测洪水过程一致的洪水起涨过程。对于具有年调节以上性能的水库预报断面，获得水库入流后，选择水库调洪演算模型计算出库流量。

17.5　预报方案编制

根据要求，需要对龙背湾、潘口和黄龙滩 3 个水库电站断面进行预报方案编制。由于该流域面积大，分块分单元面积也较大，将洪水预报时段长设置为 3h 已能满足预见期长度和预报精度要求。

17.5.1　数据资料与处理

黄龙滩水库坝址以上堵河流域水文站网包括遥测水位站、人工水文站、遥测/人工雨量站，经过多次站网调整，部分水文测站撤销、改名或移置，现正在使用的测站共计 28 个，其中水文站 6 个，雨量站 20 个，水位站 2 个，站网密度约为 424.7km²/站。采用 2005—2015 年 26 个站的雨量资料和松树岭、竹山和黄龙滩 3 个水文站的流量资料，其中由于龙背湾水库的建设，松树岭站流量资料只到 2012 年，黄龙滩站入库资料时段为 2009—2015 年，其余各站均有全时段资料。将各站雨量和流量资料按照规范处理成时段长为 3h 的数据导入专用数据库中；流域内无专门的蒸发站，利用气象部门设立的气象站蒸发资料，资料年限为 1980—2015 年，将其小水面蒸发经过统计公式转换成大水面蒸发后计算出 36 旬的多年平均 3h 时段蒸发量，并输入数据库相应表格中供模型调用。

根据流域内测站分布情况，利用泰森多边形和人工经验相结合的方法划分了块和计算单元，流域分块分单元及单元所用雨量站、蒸发站情况见表 17-1。

各块各单元间的汇流关系见图 17-2，其中单元出口—预报断面、预报断面到下一个预报断面间的流量采用马斯京根分段连续演算法，将入流演算到预报断面出口，即某预报断面的入流包含上一预报断面的入流和两断面之间的区间入流（单元坡面汇流）。

表 17-1　　　　　　　　　　　　　　　单元划分与单元中测站

块编码	单元编码	单元名称	单元面积/km²	单元中雨量站	所用蒸发站
100	101	龙背湾 1	1197.38	巴东垭、九道梁、洪坪	
	102	龙背湾 2	1124.58	松树岭、桃园、洪坪	
200	201	鄂坪	1588.45	洞滨口、镇坪、牛头店、鄂坪	镇坪
	202	大峡	705.68	洞滨口、杨家坝、蔡家坝	
	203	大峡—潘口、松树岭—潘口 1	1214.78	竹溪、秦古	
	204	鄂坪—白果坪	611.04	鄂坪、汇湾	
	205	大峡—潘口、松树岭—潘口 2	816.60	保丰、丰坝	
	206	大峡—潘口、松树岭—潘口 3	862.99	上龛、中坝	
	207	大峡—潘口、松树岭—潘口 4	838.37	新洲	
300	301	霍河	776.91	上龛、中坝	十堰
	302	潘口—黄龙滩 1	1177.22	茅塔、竹山、对峙河	
	303	潘口—黄龙滩 2	978.04	大木厂、库区、叶大、黄龙滩	

　　由于未收集到龙背湾和潘口的入库流量资料，在参数率定时，龙背湾断面以松树岭水文站为出流站和校正站，潘口断面以竹山水文站为出流站和校正站，黄龙滩断面参数率定以经过平滑的黄龙滩历史入库流量为实测流量。选取 2005—2015 年各预报断面出流站具有代表性的大、中、小洪水过程，计算各场洪水的产流系数，

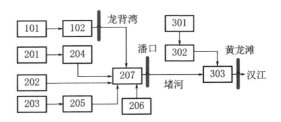

图 17-2　各块各单元间的汇流关系

剔除产流系数大于 1 或实测洪水过程明显小于上一断面入流过程的场次洪水后，龙背湾断面选取洪水 18 场，潘口断面 24 场，黄龙滩断面 14 场。

17.5.2　预报断面参数率定和验证

　　模型参数率定的方法分为人工试算和自动优选两种，在实际操作过程中两者需结合使用。本文以标准粒子群算法（PSO）结合人工经验进行新安江模型参数率定。选择各断面约前 2/3 的场次洪水用于模型参数率定，约后 1/3 的场次洪水用于参数验证。对于新安江模型中不敏感的参数 B、C、IM、EX 按照经验值进行确定，河网 L 根据坡面汇流时间确定，河道分段数 n 根据各河段场次洪水传播时间确定，其余参数通过优化算法率定（李匡等，2017）。优化算法目标函数设为误差平方和最小准则，即实测流量和模拟流量差值的平方和最小；粒子群种群规模设为 70，粒子维数为需要率定的参数个数 11，加速因子

c_1 与 c_2 均为 2，位置与速度之间的限制系数 k 为 0.729，固定惯性权重 w 为 0.5，迭代终止条件设为两次迭代目标函数之差 $<10^{-5}$。由于粒子群算法中初始值（模型参数）的取值在取值范围之间随机选择，可能每次优选出的参数不一致，且新安江模型存在异参同效的问题，故进行 10 次优化计算，挑选出其中最优的一组参数作为预报方案。经比选，各断面预报方案模型参数见表 2。

表 17-2　　　　　　　　　　　各断面预报方案模型参数

	参数名称	K	UM	LM	C	WM	B	IM	SM	EX	KG	KI	CG	CI
龙背湾	参数值	0.52	13	71	0.16	100	0.39	0.02	28	1.2	0.264	0.436	0.998	0.604
	参数名称	河网CS	河网L	河道x	河道$1n$	河道$2n$								
	参数值	0.51	1	0.3	3	0								
潘口	参数名称	K	UM	LM	C	WM	B	IM	SM	EX	KG	KI	CG	CI
	参数值	0.51	20	60	0.16	123	0.4	0.02	10	1.2	0.06	0.64	0.998	0.76
	参数名称	河网CS	河网L	河道x	河道$1n$	河道$2n$	河道$3n$	河道$4n$	河道$5n$	河道$6n$	河道$7n$	入流x	入流$1n$	
	参数值	0.63	1	0.414	8	6	5	3	1	1	0	0.425	3	
黄龙滩	参数名称	K	UM	LM	C	WM	B	IM	SM	EX	KG	KI	CG	CI
	参数值	0.67	16	68	0.16	125	0.39	0.02	21	1.2	0.465	0.235	0.984	0.66
	参数名称	河网CS	河网L	河道x	河道$1n$	河道$2n$	河道$3n$	入流x	入流$1n$					
	参数值	0.6	1	0.456	7	4	0	0.483	1					

注　河道$1n$、河道$2n$、…、河道$7n$ 分别表示单元 1、2、9、…、7 出口到预报断面的河道汇流分段数；入流$1n$ 表示入流块 1 出口到预报断面的河道汇流分段数。

17.5.3　方案精度评定

对预报方案率定和检验成果进行统计分析，根据 GB/T 22482—2008《水文情报预报规范》确定方案等级。本章采用实测洪峰流量和洪量的 20% 作为许可误差评价预报方案精度，3 个预报断面 2005—2015 年场次洪水新安江模型预报方案精度评定结果见表 17-3。

表 17-3　　　　　　　　　各预报断面合格率及预报等级统计

序号	预报断面	模拟项目	率定/验证期	预报方案精度				确定性系数均值
				总场次	合格场次	合格率/%	方案等级	
1	龙背湾	洪峰流量、洪量	率定期	12	9	75.00	乙级	0.801
			验证期	6	5	83.33	乙级	0.881
			总精度	18	14	77.78	乙级	0.828

序号	预报断面	模拟项目	率定/验证期	预报方案精度				确定性系数均值
				总场次	合格场次	合格率/%	方案等级	
2	潘口	洪峰流量、洪量	率定期	16	14	87.50	甲级	0.802
			验证期	8	6	75.00	乙级	0.679
			总精度	24	20	83.33	乙级	0.761
3	黄龙滩	洪峰流量、洪量	率定期	9	8	88.89	甲级	0.790
			验证期	5	4	80.00	乙级	0.673
			总精度	14	12	85.71	甲级	0.748

由表 17-3 可知,以实测洪峰流量和实测洪量的 20% 作为许可误差,3 个预报断面参数率定期预报方案合格率分别为 75.00%、87.50% 和 88.89%,预报方案精度分别为乙级、甲级、甲级;验证期合格率分别为 83.33%、75.00% 和 80.00%,预报方案精度均为乙级,可用于正式预报。

17.5.4　预报方案模拟结果分析

从表 17-3 场次洪水模拟结果的平均确定性系数可知,潘口和黄龙滩断面验证期场次洪水模拟过程的确定性系数均值高于 0.5 但低于 0.7,过程模拟精度略低,若以确定性系数评定,则潘口、黄龙滩断面预报方案精度降为丙级。究其原因可能是潘口断面与竹山站还有一定的距离,流量过程略有偏差;黄龙滩断面洪水过程为入库反推流量,存在锯齿现象,影响确定性系数。

所选洪水过程模拟洪峰、洪量与实测洪峰、洪量有偏差的原因可能是:①流域内大中型水库的洪水期调度的调蓄作用。②暴雨中心的影响及降雨不均匀造成的点雨量处理成面雨量时的误差。③个别时段实测流量少和流量资料处理成 3h 时段时造成的误差,以及降水资料处理过程中的误差等。鉴于以上原因,建议:①进一步收集流域内鄂坪、汇湾、龙背湾、松树岭、潘口、黄龙滩等大中型水库的运控状况,特别是大洪水时水利工程的下泄状况,有条件后将其出库流量资料输入数据库进行模型参数的再率定和验证。②加强对实时水雨情信息的维护与管理,加强对实测流量资料的处理和整编,提高使用数据的质量和处理精度。③利用近期数据不断修订和完善本预报方案。

17.6　本章小结

本章在对黄龙滩水库坝址以上流域自然地理和暴雨洪水特性分析的基础上,考虑流域内各水库运行调度的特点,分析了流域内水利工程对洪水预报的影响;根据流域特性和测站资料情况,确定了预报时段长和预报模型,选取了预报根据雨量站,并利用泰森多边形和人工经验相结合的方法划分了计算单元,计算了每个单元雨量站的权重;随后选取了每个预报断面的若干场次洪水率定和验证了模型参数,确定了预报方案;最后对预报断面场次洪水的预报方案精度进行了评定。本次预报方案选取的场次洪水具有一定的代表性,利用洪峰流量、洪量的 20％ 作为许可误差，堵河流域 3 个预报断面总场次洪水合格率分别为 77.78％、83.33％、85.71％，新安江模型预报方案精度均为乙级，可用于正式预报。

预报方案的精度受到众多因素的影响，如水利工程、流域下垫面条件、河道状况、测站分布、资料条件等，由于未收集到 2 个预报断面的入库和下泄流量资料，利用附近水文站的资料进行参数率定和验证存在一定的误差；有入库流量的黄龙滩断面个别场次洪水过程存在锯齿现象，影响了洪水过程模拟精度。从预报断面场次洪水合格率和精度评定结果来看，本预报方案精度较高，其预报结果能够对整个流域的防洪形势作出科学、准确的分析，为防汛会商决策支持系统提供大量信息，对整个流域的防洪具有重要意义。由于未收集到众多水库的下泄流量资料，建议在利用本方案进行实时洪水预报时，与流域内各水库的实时调度相结合，特别是具有调蓄能力的大型、中型水库，并实时调整前期土壤含水量等，以期达到好的效果。在实际操作中，还需不断增加场次洪水以验证模型参数，不断修订和更新预报方案，进一步提高预报精度。

参考文献

李匡，何朝晖，梁犁丽，2017. 雅砻江流域水情预报方案 [J]. 人民珠江，38（8）：33-38.

梁犁丽，袁林山，胡宇丰，等，2013. 潘口水库调蓄对黄龙滩大坝的防洪安全影响研究 [J]. 水电能源科学，31（3）：58-61.

陆玉忠，胡宇丰，李匡，等，2017. 水电站施工期洪水预报系统设计与开发 [J]. 水利水电技术，48（4）：30-34.

王忠华，贺德才，卢向飞，2015. 堵河流域水文特征分析 [J]. 水文，35（1）：92-96.

熊金和，郭丽娟，同斌，等，2011. 受水利工程影响的乌江流域洪水预报方法浅析 [J]. 人民长江，42（6）：35-37.

第 18 章　面向智能预报的流域水文过程实时动态预测技术

18.1　引言

实时准确的洪水预测对洪水预报、洪水实时调度及水资源的合理调度起着至关重要的作用。支持向量机（Support Vector Machine，SVM）虽然在预测领域得到广泛应用，但许多研究中，SVM 预测模型的预测结果与实际观测值之间表现出一定程度的背离，Siva-pragasam 指出造成这种偏离的主要原因为模型初始化阶段训练数据的不足（Li et al.，2014）。文献查阅中发现将支持向量机和集合卡尔曼滤波相耦合用来预测降雨径流过程的研究相对较少。另外，由于支持向量机是建立在小样本集理论统计学习理论之上，通过非线性映射，在高维特征空间构造最优超平面决策函数来训练样本的学习，其庞大的训练数据集导致支持向量机的处理速度较慢（Li et al.，2014）。因此，有必要引入一种在保持数据分类能力不变的前提下简化数据集的方法，对模型的输入数据集做简化预处理，从而达到提高模型运行效率的目的。

粗糙集（Rough Set，RS）理论是 Pawlak 在 20 世纪 80 年代初提出的对数据分析中具有不精确、模糊和不确定性进行分析、处理的一种数学理论。RS 的最大特点是不需要预先给定某些特征或属性的数量描述（如统计学中的概率分布、模糊集理论中的隶属度或隶属函数等），而是直接从给定问题的描述集出发，通过不可分辨关系和不可分辨类确定给定问题的近似域。其主要思想是直接从给定问题的描述集合出发，在保持分类能力不变的前提下，通过知识约简，导出概念的分类规则，以达到简化数据的目的。

水文模型已经成为水文研究的重要工具之一，主要有集总式和分布式两大类。集总式概念降雨径流模型包括启发式和经验式状态变量关系，一般都具有十个或更多参数，还包括模型输入、临时状态变量和模型输出。参数无法从已经观测到的流域特征中直接获得，而是通过逐步调试的方式得到一组较为准确的模型参数。新安江模型是一种集总式流域水文模型。当研究流域面积较小时，新安江模型采用集总式模型，而当流域面积较大时，采用分块模型计算，把整个流域划分为许多块流域单元，对每个单元流域作产汇流计算，得到单元流域的出口流量，之后进行出口以下的河道洪水演算，得到流域出口的流量，最后把每个单元流域的出流过程相加，得到流域的总出流。仅仅利用历史数据研究模型参数的瞬时进化过程缺乏可行性，对于无资料区域水文预测的另一缺陷是，当历史数据不充分时，不可能进行批处理。这些因素引起了专家的重视，出现许多对模型参数的不合理处理导致模型不稳定性的研究。

水文模型的研究主要集中在两个方面：①应用最优方法优化模型参数的估计值。②在确定模型参数的条件下，优化模型状态变量随时间变化的估计值。通常的分批校正技术只考虑参数的不确定性，而忽视了模型输入、输出及模型结构的不确定性，所有的误差都归于模型参数，这会导致模拟值和观测值之间的更大误差。序列数据同化技术提供一种可以涉及模型输出、模型参数和输出的不确定性的方法，其中集合卡尔曼滤波（Ensemble Kalman Filter，EnKF）序列数据同化方法已被广泛应用于降雨径流（Rainfall Runoff，RR）模型。水文模型研究焦点在于参数的优化估计和确定参数后的预测精度，因此新安江模型的应用中其参数的估计是非常关键的。

本章分为两部分。第一部分研究一种支持向量机方法与 EnKF 耦合的径流预测模型（SVM＋EnKF 模型）。首先利用粗糙集理论对支持向量机的输入数据集进行约简预处理，通过发现数据间的关系去掉冗余输入信息，简化输入空间的表达信息，提高支持向量机训练的速度，以获得较高的预测精度。然后，将预处理的结果数据作为耦合模型的输入驱动数据，进行模型的校正和预测。第二部分是在新安江模型的参数率定中引入粒子群优化（Particle Swarm Optimization，PSO）算法，并结合 EnKF 数据同化算法，建立基于新安江模型的降雨径流模型。

18.2 基于支持向量机的径流预测数据同化方法

18.2.1 基于 VPRS 和 SVM 的数据预处理

18.2.1.1 变精度粗糙集模型

粗糙集理论是一种新型的处理模糊和不确定知识的数学工具，能有效地分析和处理不精确、不一致、不完整等各种不完备信息，并从中发现隐含的知识，揭示潜在的规律。考虑到传统意义上的属性约简定义依赖于下近似，而下近似采用的是集合包含关系，其计算对噪声数据十分敏感，导致属性约简受噪声数据的影响很大，造成许多有价值的规则无法提取到。本章选用变精度属性约简的概念取代传统意义上的属性约简，可以扩大提取规则的覆盖能力和泛化能力。

变精度粗糙集（Variable Precision Rough Set，VPRS）模型在基本粗糙集模型的基础上引入了误差因子 β（$0 \leqslant \beta < 0.5$），即允许一定程度的错误分类率存在。设信息系统 $S = (U, A, V_a, f_a)$，$a \in A$，其中 U 为对象的论域，A 为对象的属性集合，$A = C \cup D$ 且 $C \cap D = \varphi$，C 为条件属性集，D 为决策属性集，V_a 为属性取值的集合，f_a 为 $U \times A \rightarrow V_a$ 的映射。基于变精度粗糙集模型的属性约简算法见相关文献（陈纯毅 等，2005；徐红艳 等，2009；刘琼荪 等，2009）。

18.2.1.2 支持向量机模型

SVM 是一种基于统计学习理论的机器学习方法，建立在结构风险最小化（SRM）原理的基础上，它根据有限的样本信息在模型的复杂性和学习能力之间寻求最佳折中，使结构风险最小化，以获得最好的学习泛化能力，较好地解决小样本、非线性、高维数等实际问题。其基本思想是通过非线性变换方法把原来的低维特征空间映射到高维空间，使得在高维空间样本是可分的，因此可用线性判别函数实现分类。非线性 SVM 回归估计中涉及 3 个重要参数的确定：不敏感损失函数、惩罚系数和核函数。

18.2.1.3　基于 VPRS 和 SVM 的数据预处理流程

VPRS 理论在分析问题时不需要先验知识，仅利用数据本身提供的信息表达和处理不完备信息，以不可分辨关系为基础，在保留关键信息的前提下对数据进行约简并求得知识的最小表达。VPRS 理论中根据属性的重要性，剔除冗余的知识，这一点恰好能弥补 SVM 在这方面的不足。而 SVM 具有较好的抑制噪声干扰的能力，有较强的容错能力和泛化能力，正好可以互补粗糙集方法在实际应用中对噪声较敏感的缺陷。本章将粗糙集理论与支持向量机相结合，利用粗糙集理论的属性约简算法对 SVM 模型的输入信息进行属性约简预处理，去掉冗余信息，以达到减少训练时间，提高预测效率的目的。基于 VPRS 预处理的 SVM 预测算法如下：

第 1 步：整理训练样本集，量化其属性值，属性分为条件属性和决策属性两部分。

第 2 步：利用 VPRS 算法对条件属性集进行约简，得到属性的一个约简，即最小条件属性集和决策属性组成对应的决策表。

第 3 步：对上一步得到的决策表进行约简，去掉重复行，得到最小决策表。

第 4 步：以最小决策表作为支持向量机模型的训练样本集，进行模型训练。

第 5 步：整理测试样本集，得到对应于最小条件属性集的测试样本集。

第 6 步：利用 SVM 模型进行预测，得到预测结果并输出。

18.2.1.4　研究流域及数据资料

研究流域为广东省的罗河流域，流域面积为 150km^2，年均降雨量为 2330mm，4—9 月为洪水季，降雨量达 1890mm，占全年总降雨量的 81%。研究中的实验数据来自南告水库的 4 个水文控制站，进入南告水库的平均径流为 $8.76 \text{m}^3/\text{s}$，年均量达 $2.76 \times 10^8 \text{m}^3$。原始数据包括 1994—2003 年 10 年期间 4 个水文站每天观测的降雨、蒸散发和径流。10 年的原始数据分为两组，前 8 年数据作为训练样本集，后 2 年的数据作为测试样本集。实验中为了处理的方便，对 4 个水文站的降雨、蒸散发和径流求平均值，并用降雨减去蒸散发，最终得到的原始数据只有降雨量 P_t（已减去蒸散发量）和径流值 Q_t。

实验设计中的预测尺度为 7 天，即用前 7 天的降雨数据和前 6 天的径流值预测第 7 天的径流值，用式（18-1）描述，P_{t+i} 为第 i 天的降雨值，Q_{t+i} 为第 i 天的径流值，因此有 13 个输入量，构成条件属性集，而 1 个输出量构成决策属性集。

$$Q_{t+7} = f_{\text{svr}}(P_{t+1}, P_{t+2}, P_{t+3}, P_{t+4}, P_{t+5}, P_{t+6}, P_{t+7},$$
$$Q_{t+1}, Q_{t+2}, Q_{t+3}, Q_{t+4}, Q_{t+5}, Q_{t+6}) \tag{18-1}$$

运行约简算法，得到的约简属性集为 $\{P_{t+2}, P_{t+5}, P_{t+7}, Q_{t+3}, Q_{t+5}, Q_{t+6}\}$。

实验结果表明，利用约简属性集作为支持向量机训练和测试的输入，其预测效果并没有降低，但提高了训练的速度。同时，表 18-1 给出两种模型预测的误差值，包括均方根误差 RMSE 和相关系数 Rc（一），结果表明基于粗糙集预处理的支持向量机预测模型其 RMSE 值略小于支持向量机模型，而相关系数却高于支持向量机模型，即该方法在一定程度上提高了预测的精度。

表 18 - 1　　　　　　　　　　　　　　两种模型预测误差比较

精度指标	VPRS - SVM	SVM
$RMSE/(\mathrm{m}^3/\mathrm{s})$	10.1264	10.1388
Rc（—）	0.8640	0.7644

18.2.2　耦合 SVM 和 EnKF 的径流预测

本章建立耦合 EnKF 和 SVM 的多尺度降雨径流预测模型，包括预测时间多尺度和同化时间多尺度，利用 EnKF 的数据同化作用改善 SVM 预测模型的结构，以获得更高的预测精度。为了评价耦合模型的预测能力，建立无数据同化的多尺度 SVM 预测模型并引入非常成熟的新安江模型，对各模型的预测结果对比分析。

EnKF 是把集合预报和卡尔曼滤波有机结合的方法。基本思想是根据集合预报的结果来估计状态变量与观测变量之间的协方差，再利用观测资料和协方差更新分析，得到分析集合，继续向前预报。EnKF 的工作原理分为两步：预测和更新。

本章将 EnKF 耦合于 SVM 中，用 SVM 模型预测指定时间尺度的径流值，对预测的结果值利用 EnKF 方法进行更新，该更新过程是用有效的观测径流值更新预测值的过程。但是观测径流值往往是不完整的，也就是说并不是每一次预测值都可以得到更新，只有在有观测径流值的情况下，更新操作才会发生，所以研究不同的同化时间尺度（ATS）对模拟结果的影响是必要的。为研究方便，假设有效径流观测值是有规律的，例如同化时间尺度 ATS 取值为 n，表示连续 n 天有径流观测值，每天预测值都可以得到更新，而接下来的 n 天没有径流观测值，模型预测值将得不到更新。具体实现算法如下（Li et al.，2014）：

第 1 步：初始化状态估计样本数 M、降雨数据的时间滞后 N、模拟时间长度 T。为了能更好地表达模型的初始概率分布，需要选择一个合适的初始状态集。本章通过扰动和噪声初始化降雨 P 和径流 Q，公式如下（Georgakakos，1986；Weerts et al.，2006）：

$$P(t) = P_{\mathrm{obs}}(t) + [0.15 \times P_{\mathrm{obs}}(t) + 0.2]^2$$
$$Q(t) = Q_{\mathrm{obs}}(t) + [0.1 \times Q_{\mathrm{obs}}(t)]^2$$

第 2 步：运行 SVM 模型。模型的输入数据个数与时间滞后 N 值有关，将 N 个降雨和 $N-1$ 个径流值作为每一步的模型输入，向前预测第 N 个径流，当存在该时刻的径流观测值时进入第 3 步，否则直接将预测得到的径流值补充到输入数据序列中，以便继续向前预测。

第 3 步：通过 EnKF 更新预测的径流值。EnKF 不同于传统的滤波方法，测量值取自一个集合，集合的期望值就是测量值的最优估计，集合的方差反映测量值的误差。

第 4 步：耦合 SVM 和 EnKF。上一步更新得到的径流值反馈于 SVM 模型作为输入的一部分，返回第 2 步进入下一次预测。

18.2.3　实验结果与分析

18.2.3.1　支持向量机模型的参数率定

本章中建立了以 SVM 为预测工具的降雨径流预测模型。由于径流量直接受土壤水分、降雨、径流、蒸散发等的影响，一些潜在的因素如水资源平衡、光照辐射等也会影响径流的产生，因此线性 SVM 难以实现降雨径流过程的模拟。本章选用非线性 SVM 模型，并选择高斯径向基函数作为其核函数。

从原则上讲，任何模型的参数都可通过参数率定的方法确定，但模型参数的率定是一个十分复杂的问题，除了模型的结构要合理外，模型参数的率定对模型能否正确模拟是至关重要的。参数率定的实质就是先为模型假定一组参数，代入模型运行得到计算结果，将计算结果与实测数据进行比较，若计算值与实测值相差较小，或者限制在一个误差范围内，则此时的参数可作为模型的参数；若计算值与实测值相差较大，则调整参数代入模型重新计算，再进行比较，直到计算值与实测值的误差满足一定的范围。常见的参数率定方法有人工神经网络、多目标最优选择、非线性回归、网格搜索等，实际应用中根据模型所要达到的目标选择率定方法。

本章采用试错技术和网格搜索法相结合率定 SVM 的参数。由于降雨的滞后时间不同，模拟结果也会不同，研究中按滞后时间尺度 N 的不同设计了四种情况，分别为 $N=2d$、$3d$、$5d$、$7d$。模型预测的精度与模型参数的取值有很大的关系，SVM 模型的参数主要有：不敏感损失系数 ε、惩罚系数 Cp 和核函数参数 γ。不敏感损失系数 ε 反应回归函数对样本数据中不敏感区域的宽度，其值会影响支持向量的个数，取值的大小与样本噪声有密切关系，ε 过大，支持向量数越少，有可能导致模型过于简单，学习精度较低；ε 过小，支持向量数就越多，回归估计的精度越高，但可能让模型过于复杂。惩罚系数 Cp 用于控制模型复杂度和逼近误差的折中，Cp 取值越大，则对数据的拟合程度越高，机器学习的复杂度就越高，容易产生"过学习"的现象；而 Cp 取值过小，则对经验误差的惩罚越小，机器学习的复杂度越低，就会出现"欠学习"的现象。当 Cp 取值增大到一定程度时，SVM 模型的复杂度将超过空间复杂度的最大范围，再继续增大系数 Cp 将对 SVM 模型的性能几乎不会产生影响。SVM 的核函数及核参数的选择建立支持向量机模型的首要任务，核函数包括线性核函数、RBF 核函数、多项式核函数、高斯核函数等。而 γ 是选择 RBF 核函数后该函数自带的核参数，隐含地决定了数据映射到新的特征空间后的分布。研究中经常采用网格搜索算法选择三个参数（Cp，γ，ε）的最佳组合，并将在训练中获得的最优参数组合应用于最终的模型中作为模型的参数。

选取研究区域中 1994—2001 年共 8 年的数据作为训练数据集进行参数的率定。本章考虑到网格搜索算法比较耗时的缺陷，将网格搜索分为两步，首先在一个粗略的范围（如：$Cp=2^{-5}$、2^{-3}、$\cdots$、2^{9}，$\varepsilon=2^{-11}$、2^{-9}、$\cdots$、2^{-1}，$\gamma=2^{-7}$、2^{-5}、$\cdots$、2^{3}）中搜索选定各参数的最优区间，然后在这个最优区间（如：$Cp=2^{0.5}$、$2^{0.75}$、$\cdots$、$2^{1.25}$，$\varepsilon=2^{-3}$、$2^{-2.75}$、$\cdots$、$2^{1.5}$，$\gamma=2^{-1.5}$、$2^{-1.25}$、$\cdots$、$2^{1.5}$）中进一步搜索得到模型的最优参数组合。

表 18-2 给出四种情形（$N=2d$、$3d$、$5d$、$7d$）下参数率定的结果，包括训练样本的长度、支持向量数的百分比，以及参数（Cp，γ，ε）的值、均方根误差 $RMSE$ 和相关系数 Rc。

表 18-2   **SVM 参数率定结果**

N/d	训练样本长度/个	支持向量数的百分比/%	参数			误差	
			Cp	ε	γ	$RMSE/(\mathrm{m^3/s})$	Rc （一）
2	2910	53.5	3.414	0.361	1.125	5.05	0.9956
3	2917	45.4	3.381	0.428	1.314	8.93	0.9960
5	2915	41.6	2.181	0.241	1.207	7.24	0.9965
7	2913	46.8	2.500	0.281	1.340	6.20	0.9953

图 18-1 显示在校正期各种情形（$N=2d$、$3d$、$5d$、$7d$）的模拟结果和相关系数。可以看出，N 值不同的四种情形都得到较好的模拟效果，相关系数均达到 0.9953 以上。模拟实验的结果表明惩罚系数 Cp 存在一个合适的最优区间，在这个区间中变化 Cp 的值对模拟结果影响不大，也证实当 Cp 低于最优区间下界时，模型出现低拟合现象，$RMSE$ 变大，而当 Cp 值超过最优区间上界时，模型的模拟出现过拟合现象。

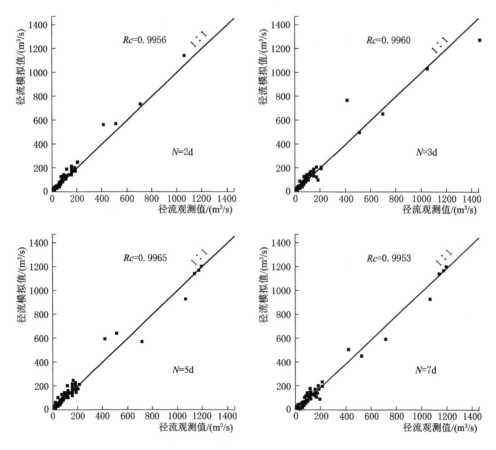

图 18-1   SVM 在 $N=2d$、$3d$、$5d$、$7d$ 时的校正结果

18.2.3.2 新安江模型的参数率定

在新安江模型的参数中，每个参数都有一个可参考的范围或固定参考值，根据其敏感

性分为三类：不敏感性参数 *UM*、*LM*、*DM*、*EX*，参数的变化对模型的模拟结果影响小；敏感性参数：*KI*、*KG*、*K*、*CS*，参数的变化对模拟结果影响较大；区域敏感性参数：*B*、*C*、*IM*、*KG*、*CI*、*WM*、*CG*、*SM*，与流域特征密切相关。参数意义见相关文献（zhao，1992）。

在水文模型的参数率定中已经涌现出许多成熟的方法，其中遗传算法是密歇根（Michigan）大学的 Holland 教授于 1975 年提出的一种新型优化方法，采用全局优化搜索技术，寻求优化问题的最优解。遗传算法包括三个基本操作：选择（Selection），就是从群体中选择出较适应环境的个体，被选中的个体用于繁殖下一代；交叉（Crossover），在选中用于繁殖下一代的个体中，随机选择两个个体的相同位置，按交叉概率 P_c 对选中位置的基因进行交换，从而产生新的个体，交叉概率 P_c 控制着交叉操作的频率，一般取 0.5～0.8；变异（Mutation），在选中的个体中，根据生物遗传中基因变异的原理，以变异概率 P_m 对某些个体的某些位置基因执行变异，如果某位置基因为 1，产生变异时就是把它变成 0，反则反之。变异概率 P_m 与生物变异极小的情况一致，所以，P_m 的取值较小，一般取 0.001～0.1。遗传算法中群体的大小直接影响算法运行的效率和质量，一般取 150～300。

新安江模型中参数 *L* 为汇流滞后时间，取值为整数（0、1、2 或 3），参照流域特征本研究中选取 0 为 *L* 的值。在剩余参数中选择部分与流域特征相关的敏感参数（*B*，*SM*，*KG*，*CG*，*CI*）进行校准，其他参数参考文献（Zhao，1980；Lü et al.，2013）中的取值。选用南告水库 1994—2001 年连续 8 年的降雨径流数据进行模型参数的校正。

本章选择并行遗传算法率定新安江模型参数，遗传算法中的群体大小 $P_{size}=100$，交叉概率 $P_c=0.65$，变异概率 $P_m=0.05$，进化代数 $G_{max}=2000$，该值取 1000 左右的数据时，得到最优的目标值，图 18-2 显示新安江模型的校正结果。

18.2.3.3　SVM 模型的模拟结果分析

为了研究无数据同化时 SVM 模型在研究区域中的预测能力，按照滞后时间 *N* 的不同设计了四种情形，分别为：*N*=2d、3d、5d、7d。模型参数使用校正期率定的结果，在研究流域中选择 2002 年降雨比较集中的 3 个月（7—10 月）的降雨数据作为模型的测试数据。图 18-3 给出模拟期平均日降雨量的时间序列分布。DOY 表示某一年的某一天。

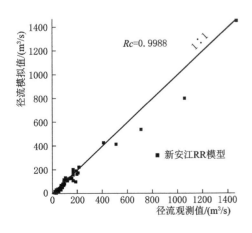

图 18-2　新安江 RR 模型的校正结果

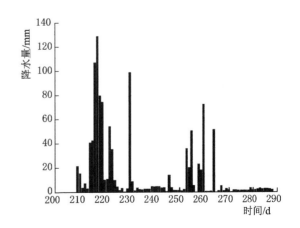

图 18-3　罗河实验区域降雨分布图

（DOY206—288，2002）

在模拟期（2002 年 7 月 25 日至 10 月 15 日，共 83d），平均降雨量达 12.13mm，其间出现三次较大的降雨，8 月 4 日降雨量为 107.03mm，8 月 5 日降雨量为 129.50mm，8 月 18 日降雨量为 99.55mm。在 8 月 2 日至 9 月 1 日，降雨天数为 11d，占整个模拟期的 13%，平均降雨量达 54.55mm，同期的观测径流平均值为 78.91m³/s。

图 18-8 显示模拟期 SVM 模型模拟径流的结果。根据校正阶段的设计和参数率定结果，仍然设计不同滞后时间（$N=2d$、3d、5d、7d）的四种情形来测试模型的能力。从图 18-8 的曲线走势可以看出，四种情形中模拟结果和观测值曲线的走势一致，都能较相近地模拟出洪峰特征，如模拟期 DOY217（8 月 5 日）是最大降雨时间，也是模拟结果中的最大径流时间。但是模拟结果和实际观测之间仍然存在误差，在模拟期洪峰 DOY217（8 月 5 日）时刻，观测径流值为 263.3m³/s，而 $N=2d$ 时模拟径流值为 336.1m³/s，$N=3d$ 时为 334.7m³/s，$N=5d$ 为 217.8m³/s，$N=7d$ 时为 243.6m³/s。显然当滞后时间 N 取 2 或 3 时模型过估计了峰值，而 N 取 5 和 7 时对峰值估计较为准确。在另一个峰值时刻 DOY230（8 月 18 日），四种情况都表现出过估计现象，其中 N 为 2 和 3 时误差更大。进一步分析几个主要降雨事件对应的径流峰值模拟结果，发现大多数情况下都表现出过估计现象。出现这种过估计的原因，应该与测试数据的特征、支持向量的数量、滞后时间等有关。滞后时间越短，模型不能更好地将历史降雨的特征反应到当前模拟径流中，出现暴雨发生后径流值迅速增大，而暴雨结束后径流迅速衰退的现象，忽略了实际中径流产生和衰退的滞后期，从而导致更大的误差。另外，测试数据集如果超出训练集的范围，也会导致模型模拟的结果不准确，在本实验中未出现这种情况，训练集的日降雨量为 0～417.7mm，而测试集为 0～129.5mm。

图 18-4 反映出洪峰过后过估计现象仍然存在，模拟结果的统计特征也说明了这一点。表 18-3 给出统计特征信息，其中平均偏差误差 MBE 值最小为 10.88m³/s，表现出模拟结果过估计。四种滞后时间尺度下相关系数差别不大，都比较高，最小的也达到 0.9006。$RMSE$ 最小值为 19.94m³/s（$N=7d$）。纳什效率系数 CE 值在四种尺度下存在明显差异，其中 $N=7d$ 时值最大，为 0.6614，$N=2d$ 时值最小，为 0.2019。

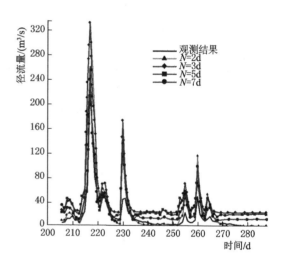

图 18-4　SVM 模型在不同 N 值时的模拟结果
(Day of Year, DOY) (2002)

表 18-3　　　　　　　　　　　　　　　　　SVM 模型

N	Min/(m³/s)	Max/(m³/s)	$RMSE$/(m³/s)	R_c（－）	MBE/(m³/s)	CE（－）
2	5.17	336.16	30.61	0.9283	10.88	0.2019
3	26.47	334.71	33.69	0.9244	25.29	0.0330

N	Min/(m³/s)	Max/(m³/s)	RMSE/(m³/s)	R_c（—）	MBE/(m³/s)	CE（—）
5	18.11	217.83	21.20	0.9099	15.74	0.6170
7	12.47	243.62	19.94	0.9006	11.10	0.6614

综上所述，在研究流域上建立不同滞后时间尺度的 SVM 模型，都能模拟降雨径流过程，但不同程度地出现过估计现象，相比之下滞后时间越小过估计越明显，尤其在峰值期过估计现象更为突出，本实验中的四种尺度下，$N=7d$ 模拟效果要更好一些。为了改善模型的这种不足，后面的实验将集合卡尔曼滤波方法 EnKF 引入到模型中，对预测结果进行数据同化以提高模拟精度。

18.2.3.4　SVM 模型、SVM＋EnKF 模型及新安江模型对比分析

本节分析 SVM 模型、耦合了集合卡尔曼滤波的 SVM＋EnKF 模型及新安江模型在研究流域上模拟径流的效果差异，其中 SVM 模型和 SVM＋EnKF 模型的滞后时间 N 选择 2，SVM＋EnKF 模型的同化时间尺度选择 $ATS=1d$，即模型的预测结果每隔 1d 被更新一次。模拟期仍为 2002 年 7 月 25 日至 10 月 15 日。图 18-5 显示三种模型的径流模拟结果相对于观测径流的散点图，可以看出三种模型的模拟结果都出现不同程度的过估计，但相比较而言 SVM＋EnKF 模型的模拟结果明显优于其他两种模型，其所有散射点都落在带状区域中，并且大多数点分布在 $y=x$ 实线上或临近区域，新安江模型的模拟结果中有两个点落在带状区域外面，而 SVM 模型的模拟结果中有较多的点远离 $y=x$ 实线，且有五个点出了区域边界。

图 18-5 列出三种模型模拟结果的统计特征，其中 SVM＋EnKF 模型的 RMSE 值为 13.50m³/s，明显低于其他两种模型（SVM 模型为 30.61m³/s，新安江模型为 20.82m³/s）。三种模型的相关系数 R_c 都比较高，其中 SVM＋EnKF 模型的 R_c 值为 0.947，仍然最高。三种模型的 MBE 值都表现出模拟径流的过估计，但 SVM＋EnKF 模型低于其他两种模型。分析三种模型的 CE 值，SVM＋EnKF 模型最大，SVM 模型最小。

综合对图 18-9 和表 18-4 的分析，SVM＋EnKF 模型的模拟效果优于新安江模型和 SVM 模型，新安江模型作为传统的降雨径流模拟模型，其模拟效果较 SVM 模型又具有一定的优越性。对比 SVM＋En-

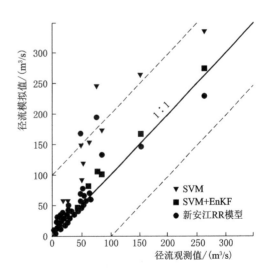

图 18-5　三种模型的径流模拟值
与径流观测值的散点图

KF 模型和 SVM 模型，可以看出 SVM＋EnKF 模型明显改善了 SVM 模型的结构，提高了模拟精度。新安江模型和 SVM 模型存在一个共同的特征，就是将仅仅用历史数据校正的参数用于预测模型中，模拟未来的降雨径流过程，而 SVM＋EnKF 模型结构在校正期得到当前时刻有效观测值的更新，模型的结构得到改善，在预测期模拟结果精度也得到提高。

表 18－4   三种方法的径流模拟的统计特征

方法	Min/(m³/s)	Max/(m³/s)	RMSE/(m³/s)	Rc（－）	MBE/(m³/s)	CE（－）
SVM（$N=2$）	5.17	336.16	30.61	0.9283	10.88	0.2019
SVM＋EnKF（$N=2$，$ATS=1$）	4.66	274.58	13.50	0.947	4.25	0.8386
新安江模型	5.50	228.88	20.82	0.8764	7.40	0.6307

18.2.3.5　滞后时间尺度对 SVM＋EnKF 模型的影响

为了测试滞后时间尺度 N 对 SVM＋EnKF 模型模拟结果的影响，研究中设计四种不同的 N 值（$N=2d$、3d、5d、7d）进行实验，且同化时间尺度都选择 1（$ATS=1d$）。图 18－6 反映出四种不同 N 值下的径流模拟结果与实际观测值的比较结果，图 18－6（c）为模拟期（2002 年 7 月 25 日至 10 月 15 日）的模拟曲线，可以看出在整个模拟期，模拟值与观测值拟合较好，图 18－6（a）和（b）给出两次较大洪峰期的模拟结果，分别为模拟期 DOY216（8 月 4 日）至 DOY218（8 月 6 日）和模拟期 DOY229（8 月 18 日）至 DOY231（8 月 20 日）。从图 18－6（a）可以看出，在洪峰模拟期 DOY217 时刻，四种情况的模拟结果都表现出低估现象，相对而言，N 取 2d 和 3d 时模拟结果更接近实际观测。如图 18－6（b）所示，在另一个峰值时刻 DOY230，四种情况的模拟结果都表现出过估计现象，但 N 取 2d 时，模拟结果仍然最接近观测值。模型模拟结果的这种过估计或低估现象可能和降雨数据的分布特征有关，降雨特征为均匀分布还是瞬时暴雨对模型的模拟结果会产生不同的影响，而在本章研究中降雨数据都采用的是每一天的总降雨量，这可能导致峰值期模型模拟结果出现较大的差异。通过对图 18－6 的分析，可以确定滞后时间尺度对 SVM＋EnKF 模型的影响情况，在不同滞后时间尺度下，SVM＋EnKF 模型的模拟结果曲线和观测值反映出一致的走势，当 $N=2d$ 时，模拟结果与观测值拟合最好，两次峰值放大图 18－6（a）和（b）也反映出一致的结论，$N=2d$ 时模拟效果均优于其他三种情况。

进一步分析 SVM＋EnKF 模型在四种尺度下的统计特征，见表 18－5。当 $N=2d$ 时，$RMSE$ 最小，为 13.50m³/s，而 $N=3d$、5d、7d 时分别为 20.10m³/s、17.63m³/s、17.14m³/s。在四种滞后时间尺度下相关系数都比较高，差异不大，但 $N=2$ 时相关系数 R 也相对较高，达到 0.9470。另外，分析 MBE 和 CE，仍然体现出 $N=2d$ 时的优势，$N=2d$ 时的 MBE 最小，为 4.25m³/s，而 $N=3d$、5d、7d 时分别为 15.47m³/s、13.36m³/s、6.82m³/s。$N=2d$ 时 CE 的值也最大，达到 0.8386。

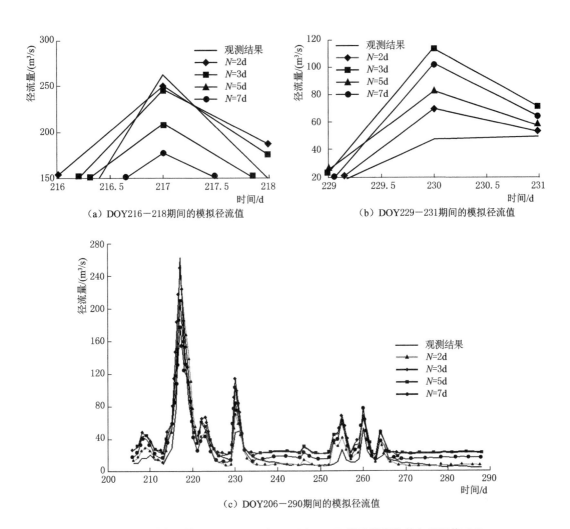

图 18-6　不同 N 值且 $ATS=1$d 时 SVM+EnKF 模型模拟结果与观测值对比

(Day of Year, DOY)（2002）

表 18-5　　　　不同 N 值且 $ATS=1$d 时 SVM+EnKF 模型模拟结果的统计特征

N/d	RMSE/(m³/s)	Rc（一）	MBE/(m³/s)	CE（一）
2	13.50	0.9470	4.25	0.8386
3	20.10	0.9362	15.47	0.6938
5	17.63	0.9481	13.36	0.7365
7	17.14	0.9016	6.82	0.7566

　　综合以上分析，对 SVM+EnKF 模型，当 $AST=1$ 时，$N=2$d、3d、5d、7d 四种情形下，$N=2$d 模拟效果最佳，也就是滞后时间尺度较小时，耦合模型表现出更大的优势，说明运用 EnKF 同化 SVM 的预测结果，大大优化了模型的预测精度，改善了模型结构。

对比 SVM 模型和 SVM＋EnKF 模型在四种滞后时间尺度下的模拟结果，SVM＋En-KF 模型对 SVM 模型的模拟效果有较大的改观，滞后时间尺度较小的情况下改善效果更加突出，尤其在峰值期表现更为明显。例如在洪峰期 DOY217 SVM＋EnKF 模型（$N=$ 2d，$ATS=1$d）径流模拟结果为 246.64m³/s，SVM 模型（$N=2$d）的模拟结果为 336.16m³/s，而实际观测值为 263.3m³/s。

18.2.3.6 同化时间尺度（*ATS*）对 SVM＋EnKF 模型的影响

SVM＋EnKF 模型运行中，只有在存在有效的观测值的情况下才可以执行数据同化操作。但是在实际应用中，由于各种原因，并不是每一时刻都存在观测值，这就意味着并不是每一次的预测值都可以得到观测值的同化，所以在实验中为了迎合这种现实情况，假设有效观测数据的存在是有规律的，即连续的同化时间尺度（*ATS*）天有观测数据，那么 *ATS* 天的预测结果都得到观测值的同化，而接下来的 *ATS* 天没有观测数据，预测值不被更新，这种观测数据的存在与否在整个实验中交替出现。为了验证 *ATS* 对模型模拟结果的影响，实验中设计 *ATS* 取 2d、3d、5d 而时间滞后尺度 *N* 取 2d 三种情况，图 18-7 显示出 SVM＋EnKF 模型在不同数据同化时间尺度下的模拟结果信息，图 18-7（a）与图 18-7（b）是两次较大峰值的放大图，图 18-7（c）为整个模拟期（DOY206—288，2002）三种同化尺度的模拟结果与观测值的对比曲线，图 18-7（d）为各种情况下的散射图。从图 18-7（a）和（c）可以看出在第一个峰值时刻（DOY217，2002），三种同化尺度的模拟结果都较为精确，如实际观测值为 263.30m³/s，而 *ATS* 为 2d 时模拟径流为 246.64m³/s，*ATS* 取 3d、5d 时分别为 246.23m³/s 和 246.24m³/s。但是在另一个峰值时刻（DOY230，2002），三种同化尺度的径流模拟结果都过估计了实际径流，如观测径流为 47.87m³/s，*ATS*＝2d 时模拟径流值为 71.00m³/s，*ATS*＝3d 时为 71.00m³/s，*ATS*＝5d 为 70.98m³/s，出现这种过估计现象的主要原因可能与模型结构、模型参数、输入数据等的不确定性有关。虽然 SVM＋EnKF 模型在峰值仍然存在一定程度的过估计，但对模拟结果的改善还是很明显的，尤其在峰值过后效果更佳。从图 18-7（c）可以发现，在峰值后的时间段 DOY240—255 与 DOY270—280，3 种同化尺度的模拟结果都非常接近观测值，其效果明显优于图 18-5 所示的 SVM 模型的结果。

表 18-6 显示三种同化尺度下模拟结果的统计特征，*RMSE* 值都比较小，其范围为 11.66～13.94m³/s。相关系数差异不大，都比较高。同化尺度 *ATS* 取 2d、3d 和 5d 时 *CE* 的值分别为 0.8345、0.8630 和 0.8842。因此，在研究流域上建立的 SVM＋EnKF 模型，当滞后时间 *N* 取 2d 时，同化尺度为 5d 的情况模拟效果最佳。因为持续校正模拟结果值的时间越长，对模型的改善程度越高。

表 18-6　　　　N＝2d 且不同 *ATS* 值时 SVM＋EnKF 模拟结果的统计特征

ATS/d	*RMSE*/(m³/s)	*Rc*（—）	*MBE*/(m³/s)	*CE*（—）
2	13.94	0.9593	4.35	0.8345
3	12.68	0.9611	3.95	0.863
5	11.66	0.9482	2.69	0.8842

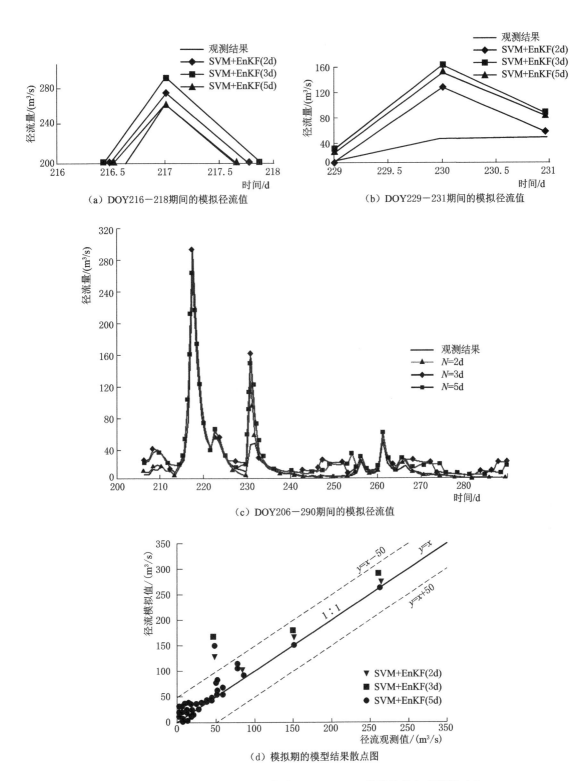

（a）DOY216－218期间的模拟径流值

（b）DOY229－231期间的模拟径流值

（c）DOY206－290期间的模拟径流值

（d）模拟期的模型结果散点图

图 18-7　N＝2d 且不同 ATS 值时 SVM＋EnKF 模拟结果与观测值对比

（DOY206—288，2002）

18.3 水文模型径流预测数据同化方法

18.3.1 新安江模型

20世纪80年代初赵人俊借鉴"山坡水文学"相关建模思想及理论研究进展，提出了基于三水源的新安江模型（Zhao et al., 1980），其主要适用于湿润与半湿润区，目前在国内外得到广泛应用。本章18.3节中的"新安江模型"均表示"三水源新安江模型"。

新安江模型考虑到地表水、壤中流和地下径流三种水源存在较大的汇流特性，将这三种水源分别单独进行汇流计算，同时，针对坡地区域和河网区域，三种水源的汇流速度也存在典型差异，新安江模型中将这两个区域的水流汇流计算分为两个阶段：坡面汇流计算和河网汇流计算。

新安江模型主要包含四个计算模块（Zhao，1992；Li et al., 2009）。①蒸散发计算模块：蒸散发计算根据土壤蓄水特性分上层、下层和深层三层分别计算。②产流计算模块：采用流域蓄满产流原理计算流域产流量。③分水源计算模块：采用自由水蓄水库将产流量分为地表、壤中和地下三种水源。④汇流计算模块：根据坡面和河网水流运动特性的较大差异，将汇流分为坡面汇流和河网汇流两种分别计算。

新安江三水源模型结构如图18-8所示，实际观测降雨量 P 和实测水面蒸发量 EM 作为模型的输入，输出为流域出口断面流量过程 TQ 以及流域蒸发量 E。

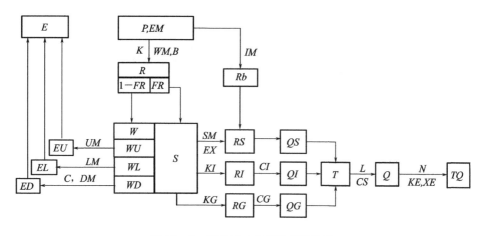

图18-8 新安江三水源模型结构图

新安江模型的18个参数的物理意义及取值范围见表18-7。

表18-7 新安江模型参数

序号	参数	物 理 含 义	取值范围
1	UM/mm	上层张力水容量	5～100
2	LM/mm	下层张力水容量	50～300

序号	参数	物　理　含　义	取值范围
3	DM/mm	深层张力水容量	5~100
4	B	张力水蓄水容量曲线的方次	0~1
5	IM/%	不透水面积的比值	0~0.1
6	K	蒸散发能力折算系数	0.5~1.1
7	C	深层蒸散发系数	0.08~0.18
8	SM/mm	表层土自由水容量	5~100
9	EX	表层自由水蓄水容量曲线的方次	0.5~2.0
10	KG	表层自由水蓄水库对地下水的出流系数	0.05~0.70
11	KI	表层自由水蓄水库对壤中流的出流系数	0.25~0.6
12	CG	地下水库的消退系数	0.90~0.999
13	CI	深层壤中流的消退系数	0.05~0.95
14	CS	河网蓄水消退系数	0.001~0.8
15	KE	马斯京根（Muskingum）法的演算参数	0.0~时间步长
16	XE	马斯京根（Muskingum）法的演算参数	0.0~0.5
17	L	滞后演算法中的滞后时间	经验值
18	N	河道汇流河段数	经验值

18.3.2　参数与状态变量

粒子群优化算法（PSO）是通过模拟鸟群觅食行为而发展起来的一种基于群体协作的随机搜索算法（Kennedy et al.，1995）。它首先初始化为一群随机粒子（随机解），然后通过迭代找到最优解，在每一次迭代中，粒子通过跟踪两个"极值"来更新自己。第一个极值就是粒子本身所找到的最优解，被称为个体极值 pBest，另一个极值是整个种群目前找到的最优解，称为全局极值 gBest。另外也可以不用整个种群而只是用其中一部分最优粒子的邻居，那么在所有邻居中的极值就是局部极值（Lü et al.，2013）。

本章用 MATLAB 编写粒子群算法代码进行新安江模型的参数率定，对其除 L 参数外的 13 个参数进行敏感性分析。算法实现中选择粒子数为 50，群代数选择 100。研究流域中，搜集有南告的四个水文站从 1988—2003 年的降雨径流数据，实验中选择 1988—1999年 12 年的数据校正参数，降雨数据取四个水文站的平均值。算法校正的最优结果见表 18-8，校正误差（RMSE）为 31.0m³/s。仅仅用历史数据预测未来径流的方法选择参数的可行性不高，年平均径流只有 $8.76\text{m}^3/\text{s}$。模型参数的不确定性难以保证预测结果的准确性和可靠性，实际上模型参数和状态变量随着不确定性程度的不同有很大的随机性，因此模型参数的不确定性对预测结果的影响是非常深刻的。

表 18-8   新安江模型参数校正结果

参数	敏感性	优化值	中间值
UM/mm	No	20	52.5
LM/mm	No	60	175
DM/mm	No	40	52.5
B（—）	Yes	0.3	0.5
$IM/\%$	No	0.02	0.05
C（—）	No	0.15	0.075
SM/mm	Yes	40	52.5
EX（—）	No	1.2	1.2
KG（—）	Yes	0.39	0.375
KI（—）	No	0.31	0.375
CG（—）	No	0.992	0.9495
CI（—）	Yes	0.7	0.5
CS（—）	Yes	0.3	0.4005
L/d	—	0	0

 表 18-9 列出新安江模型的状态变量名称及其物理含义，主要状态变量为 WU、WL、WD、FR、S、QI 和 QG。由于状态变量在模型模拟过程中的变化存在较强的非线性，集合卡尔曼滤波只能线性更新主要状态变量的一个子集体，所以要分析主要状态变量与输出径流之间的相关性，选择相关性较大的状态变量子集来更新。另外还要考虑 t 时刻的输出径流 Q_{sim}（t）与 $t-1$ 时刻的输出径流 Q_{sim}（$t-1$）之间的相关性，实验中将 Q_{sim}（$t-1$）也作为一个状态变量。为了分析这些相关性，实验中模拟研究流域上 2000—2003 年的径流输出，参数值使用表 18-8 中的最优结果，主要状态变量的初始取值：$WU=20$，$WL=50$，$WD=10$，$FR=0.89$，$S=2$，$QI=0.3Q_{\text{obs}}$，$QG=0.4$，$Q_{\text{sim}|t=0}=Q_{\text{obs}}$。状态变量与模拟输出的径流之间的相关性如图 18-9 所示，横坐标轴为 t 时刻的模拟径流值，纵坐标为 t 时刻的状态变量值。从图 18-9 中看出，状态变量中，QI、S、QG、Q_{sim}（$t-1$）对输出的模拟径流影响较大，因此对这几个状态变量进行迭代更新。另外，由于新安江模型是基于蓄满产流理论的，当降雨达到某特定值时，WU、WL、WD 达到最大值，之后将不会随着降雨量的增加而改变，WU、WL、WD 都取值为 1；产流区域比例为 60%，所以 FR 的取值不能超过 0.6。

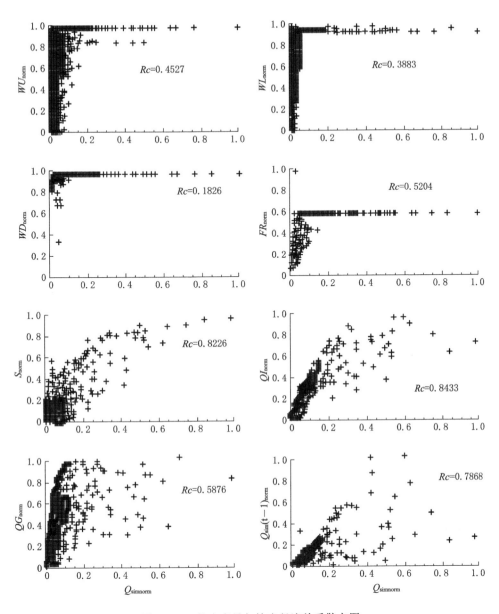

图 18-9　状态变量与输出径流关系散点图

表 18-9　　　　　　　　　　　　　新安江模型状态变量

状态变量名称	物理含义	单位
R	透水面径流	m^3/s
RB	不透水面径流	m^3/s
FR	产流面积比	—
W	张力水容量	mm
WU	上层张力水蓄水量	mm

状态变量名称	物理含义	单位
WL	下层张力水蓄水量	mm
WD	深层张力水蓄水量	mm
S	自由水蓄水量	mm
RS	地表径流	m^3/s
RI	壤中流	m^3/s
RG	地下径流	m^3/s
QS	流入河网的地表径流	m^3/s
QI	流入河网的壤中流	m^3/s
QG	流入河网的地下径流	m^3/s
TR	流入河网的总子流域水量	m^3/s

在表 18-8 中列出的新安江模型参数及取值范围中，L 是个整数，取值为 0、1、2 或 3，其取值与研究流域的特征有关，本研究流域较小，L 取 0。剩余参数中部分参数是敏感的，微小的变化可以导致模拟结果较大的变化，对这些参数设置基于初始值的四种变化：-20%、-10%、10%、和 20%，研究区域上 2000—2004 年的驱动数据被用来运行模型，实验结果表明，这些参数按其敏感性从大到小排列为：CS、CI、KG、B、SM、KI、DM、UM、LM、CG、EX 和 IM，如图 18-10 所示，当 SM 大于 0.0079 时定义参数是敏感的，表 18-10 为敏感性分析表。分析实验结果，参数 CS、CI、KG、B 及 SM 通过数据同化得到调整。其他参数对模型模拟结果影响较小。

表 18-10　　　　　　　　　新安江模型参数敏感性分析结果（Case 5～6）

参数	敏感性	优化值	中间值
UM	No	20	52.5
LM	No	60	175
DM	No	40	52.5
B	Yes	0.3	0.5
IM	No	0.02	0.05
C	No	0.15	0.075
SM	Yes	40	52.5
EX	No	1.2	1.2
KG	Yes	0.39	0.375
KI	No	0.31	0.375
CG	No	0.992	0.9495

参数	敏感性	优化值	中间值
CI	Yes	0.7	0.5
CS	Yes	0.3	0.4005
L	—	0	0

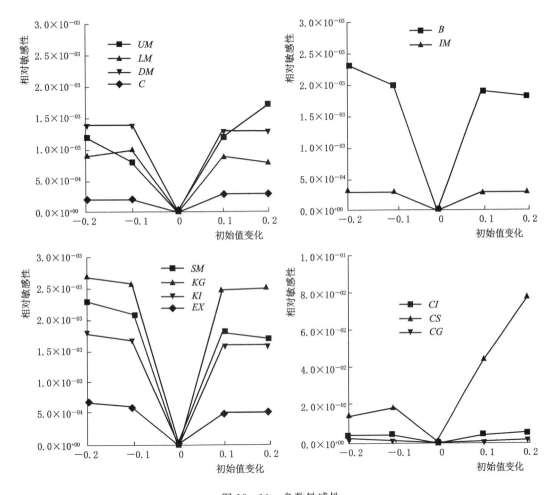

图 18-10　参数敏感性

18.3.3　数据同化

如果仅凭历史数据选定的参数作为模型参数预测未来的径流值并不是完全可靠的，因为模型的参数和状态变量都具有不确定性，这种不确定性会在一定程度上影响预测的精度和效果。但在问题研究中，仍然常常假设校正得到的参数能作为预测模型的参数。本次研究中利用前面率定的参数预测 2000 年到 2001 年的径流值，实验中考虑两种情况，即有资料流域的径流预测（有历史数据）和无资料流域的径流预测（无历史数据）。共设计 7 种方案（Case1～7）验证模型的能力，如表 18-11 所示。

表 18-11　　　　　　　　研究方案（同化时间尺度 *AST*＝3d）

案例		初始参数	PA（参数同化）	SA（状态变量同化）
罗河流域	1	OP（最优化）	No	No
	2	OP（最优化）	Yes	No
	3	OP（最优化）	No	Yes
	4	OP（最优化）	Yes	Yes
	5	ME（中位值）	Yes	No
	6	ME（中位值）	No	Yes
	7	ME（中位值）	Yes	Yes

18.3.3.1　有资料区域的研究

在有资料流域的预测实验中，设计四种方案（Case1～4），假设模型参数可以利用历史数据通过最优化得到。Case1（OP）中，利用粒子群算法估计的参数为模型参数，模型运行中不进行数据同化，模拟结果（径流 Q_{sim}）如图 18-11 所示。为了方便分析，图 18-11 也显示整个模拟期（2000—2001 年）的降雨数据，降雨总量达 5968mm。从图 18-11 可以看出 Case1 的模拟结果不尽如人意，整个模拟期的均方根误差 *RMSE* 较大，达 15.36m³/s，相关系数为 0.868，明显出现过估计现象，尤其在 DOY170、DOY199 和 DOY244 时刻的过估计值的百分率分别达到 94.8％、77.8％和 67.6％，究其原因可能与降雨数据较大和参数估计的误差较大有关。表 18-12 显示罗河流域模拟结果的统计特征。

表 18-12　　　　　　　罗河流域模拟结果的统计特征（2000—2001 年）

案例		*RMSE*/(m³/s)	*Rc*（—）	*MBE*/(m³/s)	*CE*（—）
罗河流域	1	15.36	0.8681	0.85	0.3062
	2	10.56	0.8199	−0.04	0.6721
	3	10.44	0.9118	0.69	0.6792
	4	1.06	0.9988	−0.52	0.9967
	5	13.39	0.9063	0.63	0.4727
	6	9.51	0.9031	0.53	0.7338
	7	4.80	0.9764	0.38	0.9323

为了更全面地分析径流模拟的效果，实验中将观测径流数据分为三个时段：干旱期（12 月、1 月、2 月）、平缓期（3 月、4 月、5 月、10 月、11 月）、湿润期（6 月、7 月、8 月、9 月），模拟结果的统计特征列在表 18-13 中。在 Case1（OP）可以看出，在湿润期 *RMSE* 达到最大值 23.79m³/s，平缓期的 *RMSE* 最小，为 2.12m³/s。可见在湿润期，模拟结果明显出现过估计现象。而在平缓期模拟效果较好，相关系数达到 0.9065。

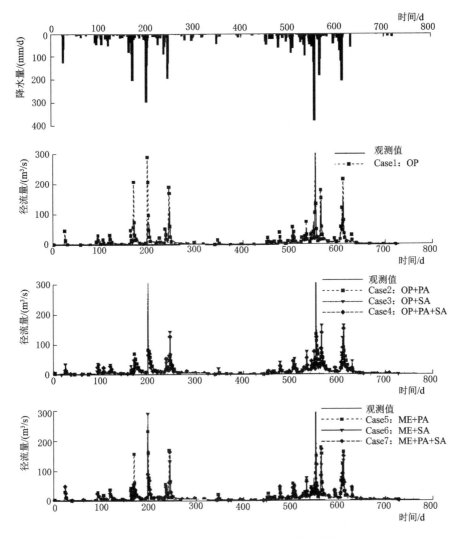

图 18-11　实验方案 1~7 径流模拟结果

(Day of Year，DOY)（2002）

表 18-13　　　　　　　　　　　　　罗河流域不同时期的误差统计特征

流量组	干旱期 (12月、1月、2月)		平缓期 (3月、4月、5月、10月、11月)		湿润期 (6月、7月、8月、9月)	
	$RMSE/(\text{m}^3/\text{s})$	Rc（—）	$RMSE/(\text{m}^3/\text{s})$	Rc（—）	$RMSE/(\text{m}^3/\text{s})$	Rc（—）
Case1	2.67	0.8963	2.12	0.9065	23.79	0.8560
Case2	1.75	0.6758	3.54	0.6748	16.10	0.7869
Case3	1.78	0.871	1.93	0.9388	16.14	0.8998
Case4	0.71	0.9729	1.14	0.9815	1.17	0.9992
Case5	1.73	0.8881	2.31	0.8951	20.74	0.9010
Case6	2.51	0.8211	1.54	0.9576	14.64	0.8870
Case7	2.57	0.8252	2.02	0.9274	6.97	0.9759

在 Case2（OP＋PA）中，应用最优估计算法估计参数，并且引入集合卡尔曼滤波只对参数进行同化。从图 18-15 可知，洪峰期的观测值要大于模拟径流值，模拟结果明显滞后于观测值的衰退时间，但是由于对参数进行了数据同化，所以在 DOY150 和 DOY250 期间，与 Case1 相比，模拟效果更好。因此参数的数据同化改善了峰值期的径流模拟效果，但在衰退期出现对径流的轻微过估计现象。在 Case3（OP＋SA），模型参数通过最优估计获得，集合卡尔曼滤波对状态变量进行数据同化。从图 18-15 可以看出，在衰退期的大部分时段模拟径流值大于观测值，而衰退期的小部分时段模拟值与观测径流值的曲线拟合较好，但也表现出轻微低估现象。在洪峰期 DOY200，Case3 表现出和 Case1 相似的结果，都较严重地过估计了径流。综上所述，对参数或状态变量数据同化后改善了模型的模拟结果。

在 Case4（OP＋PA＋SA）中，对参数和状态变量都实行数据同化，实验结果图表明在 DOY150 和 DOY250 期间及衰退期都避免了过估计现象。Case3 与 Case4 相比，在 Case3 中，当径流较大时剩余误差也会增大，径流变化与剩余误差曲线有几分一致，当径流值较小时剩余误差值相对稳定，除了突然出现的流量峰值外大部分值为负数。而在 Case4 中的剩余误差出现波动，但变化范围小于 Case2 和 Case3。纵观整个模拟期，Case4 的 $RMSE$ 为 $1.06\text{m}^3/\text{s}$，如表 18-12 所示。Case2 与 Case3 的 $RMSE$ 都超过 $10\text{m}^3/\text{s}$，但都小于 Case1。Case4 的相关系数达到 0.9992。这些实验结果证实数据同化的模型预测中的有效性。

数据同化在不同模拟期对模拟结果的影响是非常明显的，如表 18-13 所示。在湿润期，Case2、Case3、Case4 的模拟结果都比较准确，$RMSE$ 分别为 $16.10\text{m}^3/\text{s}$、$16.14\text{m}^3/\text{s}$、$1.17\text{m}^3/\text{s}$，相关系数 Rc 分别为 0.7869、0.8998、0.9992。在平缓期，$RMSE$ 分别为 $3.54\text{m}^3/\text{s}$、$1.93\text{m}^3/\text{s}$、$1.14\text{m}^3/\text{s}$，说明只对参数进行数据同化对模型模拟结果的改善程度不如只对状态变量数据同化的情形。在干旱期，Case2 和 Case3 的 $RMSE$ 差别不大，而 Case4 的最小。说明无论在哪一个模拟期，Case4 的模拟效果总是最好的，这与前面结论一致。

18.3.3.2　无资料区域的研究

在研究中，如果没有研究流域的相关有效历史数据，模型的参数就无法用粒子群等优化算法估计。本章中为了验证模型在资料缺失情况下的运行能力，模型参数取中值 ME，状态变量初始值随机地选自范围值，实验方案中的 Cses5～7 是针对无资料区域的研究。Case5（ME＋PA）中，只对参数进行数据同化，Case6（ME＋SA）只对状态变量进行数据同化，Case7（ME＋PA＋SA）对参数和状态变量都进行数据同化。

如图 18-15 所示的 Case5 中，在模拟期的第 1 年（DOY1—365，2000）期间，参数选择中位值时模型模拟的结果高估了观测径流，这主要是因为受参数的影响，如产流面积过估计或蒸散发的低估计等都会影响模型模拟的结果。而在模拟期的第 2 年（DOY365—730，2001），模拟结果得到改善，尤其在 DOY550—650 期间，没有出现过估计径流的现象，很明显参数的数据同化过程校准了参数。在 Case6（ME＋SA）方案下，除 DOY200 外，模拟值与观测值非常相似，而在 DOY200 时，模拟值特别高，出现这种极端事件的原因可能是降雨数据不太准确。在 Case7（ME＋PA＋SA）方案下，在整个模拟期，由于参数和状态变量都得到同化，模型运行得到较准确的结果，在 DOY200 时的模拟值也和观测值非常相似。

通过统计误差分析（表 18-12）可以看到 Case5 的模拟效果比 Case6 和 Case7 差，Case5 的 $RMSE$ 为 $13.39\text{m}^3/\text{s}$、CE 值为 0.4727，但比 Case1 的模拟效果又要好。因此，

如果初始参数取中位值，模型运行中通过数据同化方法校准参数，模拟结果要比使用历史数据校准参数（Case1）的效果优越。实验显示状态变量的数据同化过程对模拟结果的影响要比参数数据同化大，另外，在资料缺失区域、状态变量数据同化方案（Case6）下的模拟效果更优于在有资料区域、状态变量数据同化方案（Case3）的模拟效果。这里出现的这种结果可能只是偶然详细，按常理相反的情况应该是更期望的结果。Case7 中状态变量和参数都得到数据同化，其模拟结果与 Case4 相似，比 Case1～3、Case5～6 更准确。

综上所述，当参数初始值用中位值设置，耦合了参数数据同化和状态向量数据同化的新安江 RR 模型预测的径流值较为准确，即模型参数和状态向量的集合卡尔曼滤波对模型参数的实时校准产生非常重要的影响。当模型参数初值取中值而没有得到 EnKF 数据同化的校正，只对状态变量进行实时校正时，误差相对增大，然而，当只对参数利用 EnKF 数据同化而未对状态变量数据同化时，模拟效果也不尽如人意。

表 18-13 记录了无资料区域在三个模拟期（干旱期、平缓期、湿润期）的统计误差分析（Case5～7）。在干旱期，由于径流较小，三种方案的误差值相差不大，$RMSE$ 为 1.73～2.57，Rc 值为 0.8211～0.8881；在平缓期，从 $RMSE$ 和 Rc 可以看出 Case6（ME＋SA）和 Case7（ME＋PA＋SA）明显优于 Case5（ME＋PA）；在湿润期，Case7（ME＋PA＋SA）表现出最佳效果，$RMSE$ 为 6.97m^3/s，Case5（ME＋PA）的 $RMSE$ 达到 20.74m^3/s，Case6（ME＋SA）的 $RMSE$ 为 14.64m^3/s。

18.3.3.3　同化频率对模拟结果的影响

本章将 EnKF 数据同化方法引入新安江模型建立了罗河流域的径流预测模型，模型运行中对参数和状态变量进行数据同化，当存在有效观测值时更新所得到的观测值，以达到参数的校准和改善模型性能的目的。而现实中并不是每一步的预测值都有对应的观测值，也就是说并非每一步的预测都能得到更新。所以研究中设计实验方案时，假设径流数据以 n 天为一个数据子集，每一子集中前（$n-1$）天没有观测值，每一天的预测值直接反馈给输入集，而第 n 天有观测数据，更新预测值后再反馈。实验中将这个假设应用于 Case2～4，Case2～4 的其他条件不变，设计 $n=2d$、3d、4d、5d。实验结果表明 n 值的变化对 $RMSE$ 和 CE 影响很小，只有 Case3 中的 $RMSE$ 随着 n 值的增大有所增加，Case2 和 Case4 中的 $RMSE$ 几乎是常数。分析 CE 值，Case4 是非常鲁棒的，在 n 取 2d、3d、4d 时其 CE 的值接近 1，Case2 和 Case3 的 CE 值随 n 的变化有些轻微的变化。以上结果表明同化频率对改善模型性能的贡献不大，Case4 无论在哪种同化频率下都能很鲁棒地估计日径流量。

18.3.3.4　模型参数的推演

许多水文学家指出，使用历史数据（如降雨、径流等）优化模型参数时，得到的模型参数的估计总存在误差，因此，实时地校正模型参数是非常重要的。本研究中分析三种数据同化方案对新安江 RR 模型参数的推演过程，模型参数的校准是通过 EnKF 算法实现的，在模型的每一步运行中引入对应的有效观测值来更新运行结果，直到得到一个最优参数集。图 18-12 给出最优结果和 5 个模型参数在 Case2 和 Case5 中的推演过程，Case4 与 Case7 的参数推演过程与 Case2 和 Case5 非常相似，因此这里不再列出。Case2 中模型参数的初始值由粒子群最优算法选择而得，在 EnKF 数据同化过程中，模拟初期参数变化较大，参数 KG 和 B 相对其他参数变化更大，随着模拟时间的推进，所有参数逐渐趋于常数中。Case5 中，最初的 100d 由于参数初始值与最优值相差较大，几个参数的变化都很缓慢，最后趋于最优值或固定值。以上实验结果表明有些最优参数是可靠的，而有些最优参数并不一定能让模型运行得到最佳结果，而模型参数的数据同化过程在参数的校准和模拟结果的改善中发挥了重要的作用，即使设置的参数初始值误差较大，模型参数也能在一段时间后得到较好的校准。

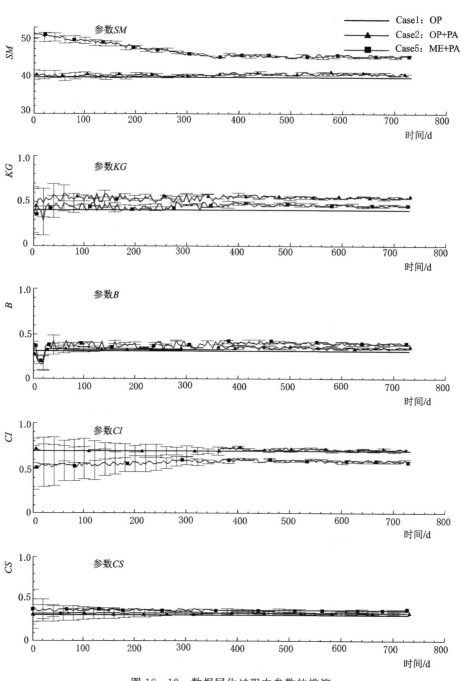

图 18-12　数据同化过程中参数的推演

(Day of Year, DOY) (2002)

18.4　本章小结

流域尺度的降雨径流过程是非常复杂的，虽然已经涌现出许多用于模拟径流的降雨径流模型，但由于降雨径流过程的非线性及人类在流域上的频繁活动，导致模型的参数具有很大的不确定性，利用历史数据确定模型参数的传统方法具有局限性。支持向量机具有严格的理论基础和较强的泛化能力，可以有效解决高维问题，从而避免维数灾难现象。因此，支持向量机在机器学习领域成为继神经网络之后的又一焦点，吸引了越来越多的研究者。支持向量机已被成功应用于模式识别、回归分析及控制理论等领域，近年来也引起了水文工作者的关注。在本研究中建立不同滞后时间尺度的 SVM 降雨径流模型，预测研究流域的径流值，并引入集合卡尔曼滤波方法，同化预测结果，建立耦合 SVM 与 EnKF 的模拟模型，达到改善模型结果，提高预测精度的目的。

研究中，首先用罗河流域1994—2001 年的降雨径流数据作为训练集和 2002 年的降雨径流数据作为测试集，建立滞后时间尺度为 2d、3d、5d、7d 的 SVM 降雨径流模型。分析滞后时间尺度对 SVM 模型的影响情况，结果表明当滞后时间尺度较小时，历史数据对模型的影响不能得到更好的反映，导致误差较大。然后，在同样数据集上验证耦合模型 SVM＋EnKF 的能力，验证中考虑实际情况，设计几种不同的同化尺度进行模型测试，如 $ATS=1d$、2d、3d、5d。结果表明，SVM＋EnKF 模型改善了 SVM 模型的结构，在同样的滞后时间尺度下，SVM＋EnKF 模型的模拟结果优于 SVM 模型和新安江模型。研究中发现，不同的同化时间尺度对模型模拟的结果也会产生影响，同化时间尺度越大，表明连续更新的时间越长，对模型结构的改善程度越大，本实验中同化时间尺度为 5d 时模拟效果最好。

集总式 RR 模型虽然已被广泛应用与径流预测，但由于水文问题的非线性、人类活动的频繁性、模型参数的不确定性等导致数据的不确定性，而使用历史数据确定参数的传统方法表现出较大的局限性。全局智能随机优化方法能够确定模型参数，近年来涌现出的基于集合技术和滤波策略的序列数据同化方法为模型结构的改善作出巨大的贡献，能准确反映模型输入和输出、状态变量、模型参数及模型结构的不确定性。虽然这些数据同化技术的实现细节已经很成熟，但流域中应用仍然是一个研究热点。本章建立一个耦合 EnKF 技术的新安江 RR 模型并应用于中国南部流域来预测径流。主要工作为：研究新安江 RR 模型的参数敏感性；状态变量与模型输出之间的关系；运用 PSO 算法确定模型参数范围；利用 EnKF 数据同化方法实时校正模型参数，研究状态变量的数据同化与参数同化对模型模拟效果的影响以及同化频率对模拟结果的影响。实验中 PSO 算法被用来确定参数的范围，流域中两年的降雨径流数据作为测试数据，为了解决模型不确定性问题，引入 EnKF 数据同化方法实时校正模型参数和状态变量。实验过程中设计只同化模型参数、只同化状态变量或两者都同化三种情况，实验结果表明同时对模型参数和状态变量数据同化的情形下模拟效果最好，只对状态变量数据同化时模型的模拟效果无明显的改善，而只数据同化模型参数时模型的模拟结果得到较为明显的改善。

研究中还考虑了资料缺失条件下模型的运行能力。假设模型参数未知，也无历史数据来确定参数，模型参数初始值取中位值，比较三种同化方案下的实验结果，同时同化参数和状态变量的方案的效果仍然最好，只同化参数的方案优于只同化状态变量的方案，说明模型参数的实时同化更能影响模拟效果。为了研究同化频率对模型性能的影响，研究中设计每 n 天更新一次，n 取值 2d、3d、4d、5d，在 Case2、Case3、Case4 中进行实验，结果表明 Case3 对 n 值的变化很敏感，Case4 对 n 值的变化反应甚微，Case4 表现出日径流预测的鲁棒性。

综上所述，在新安江 RR 模型中，有些内部状态变量（如 QI、S、QG）与预测的径流值之间有很强的相关性，一些模型参数也是非常敏感的（CS、CI、KG、B、SM）。利用 EnKF 数据同化技术校正相关性较大的状态变量和敏感性较强的模型参数，改善了模型结构并提高了模拟结果的精确度。

参考文献

陈纯毅，崔广才，2005. 基于变精度粗糙集模型的属性约简方法研究 [J]. 长春理工大学学报，28（3）：52-54.

刘琼荪，胡文彬，2009. 基于变精度粗糙集模型的属性约简的 β 值稳定区间讨论 [J]. 数学的实践与认识，39（11）：133-137.

徐红艳，鄂旭，白相宇，等，2009. 基于变精度粗糙集模型的属性约简 [J]. 辽宁工业大学学报（自然科学版），29（6）：380-382.

GEORGAKAKOS K, 1986. A generalized stochastic hydrometeorological model for flood and flash – flood forecasting Part II. Case studies [J]. Water Resources Research, 22（13）：2096-2106.

KENNEDY J, EBERHART R C, 1995. Particle swarm optimization [C] //Proceedings of IEEE International Conference on Neural Networks, IV：1942-1948.

LI H, ZHANG Y, CHIEW F H S, et al., 2009. Predicting runoff in ungauged catchments by using Xinanjiang model with MODIS leaf area index [J]. Journal of Hydrology, 370（1-4）：155-162.

LI X L, LÜ H, HORTON R, et al., 2014. Real – time flood forecast using the coupling support vector machine and data assimilation method [J]. Journal of Hydroinformatics, 16（5）：973-988.

LÜ H, HOU T, HORTON R, et al., 2013. The streamflow estimation using the Xinanjiang rainfall runoff model and dual state – parameter estimation method [J]. Journal of Hydrology, 480：102-114.

WEERTS A H, SERAFY Y H, 2006. Particle filtering and ensemble Kalman filtering for state updating with hydrological conceptual rainfall – runoff models [J]. Water Resources Research, 42（9）：W09403.

ZHAO R J, 1992. The Xinanjiang model applied in China [J]. Journal of Hydrology, 135（1-4）：371-381.

ZHAO R J, ZHANG Y L, FANG L R, et al., 1980. The Xinanjiang model [C] //Hydrological Forecasting Proceedings Oxford Symposium. IAHS：351-356.

第 19 章　面向智能调度的梯级水电站智能优化调度技术

19.1　引言

水库调度需要依赖准确率高、预见期长的预报结果（Koltsaklis et al.，2015）。受限于现有的气象、水文预报水平，目前，梯级水库的长期径流预报结果与实际情况偏差较大，导致据此制定出的长期优化调度方案通常不具有可行性（Wörman et al.，2017）。根据径流预报制定的水库长期调度方案，仅能在调度初期起到一定的指导作用，但随着时间推移，该静态的调度方案将与实际情况将出现重大偏离（Fleming et al.，2012；Vonk et al.，2014）。在现状情况下，调度期后期的中短期水库调度计划通常需要独立与长期调度计划，另行单独编制，这样一来，水库的长期、中期与短期调度计划之间就缺少了有效的衔接与关联（Kasprzyk et al.，2012；Vonk et al.，2014）。这不仅严重影响梯级水库群发电收益最大化这一目标的实现，而且阻碍水库调度自动化系统的应用与发展（Wang et al.，2017）。在现状的预报技术水平下，如何增强长期调度计划对中短期调度计划调度的指导能力，提升水库长期经济效益，是当前水库自动化调度系统研究的热点和难点问题（Chang et al.，2001；Chaves et al.，2008；Uysal et al.，2016）。一套完整的水库自动化调度系统均应涵括长期、中期和短期三个时间尺度的调度计划编制模型（Sakr et al.，1985；Fosso et al.，2004）。其中，长期优化调度模型是水电站制定年发电计划的主要工具，是水电站企业实现"充分利用水能资源多发电力"这一目标的重要技术保障（Zicmane et al.，2017）。

长期运行调度模型是在一段较长的时间内使水电效益最大化，并且通常具有一个或多年的计划期（Kang et al.，2017）。但是长期调度存在的问题是，径流的不确定性容易导致预报的精度随着时间的推移而降低（Scarcelli et al.，2014）。中期调度模型是连接长期和短期调度模型的纽带，是将长期调度过程的结果转换为适合短期调度的准确波动过程的一种手段（Qin et al.，2010）。中期模型应具有足够的时间增量以支持短期调度（Sreekanth et al.，2012），短期调度作为确定性问题求解，并以水电系统经济运行为目的（Kong et al.，2017）。理想情况下，长期模型可以实时动态地为短期模型提供边界条件（Li et al.，2013）。

利用预报信息来优化水库调度，能够提高水电站的发电效益（Celeste et al.，2012），但是这需要足够高准确率的降雨径流预报结果，且足够长预见期（Datta et al.，1984）。

近年来，预报技术一直在不断的进步，在提高径流预报的精度，延长预报的预见期方面取得了丰硕成果（Kumar et al.，2015）。美国的全球预报系统（Global Forecasting System，FS）以及中国气象局的 T213 等模式能够滚动发布未来 10～15d 的降雨预报信息（Charron et al.，2012）；日本气象厅（JMA）的全球谱模式（Global Spectral Model，GSM）能够每天发布未来 8d 的空间分辨率 125km 的确定性气象预报（Sugi et al.，1990）；欧洲中期天气预报中心（European Centre for Medium-Range Weather Forecasts，ECMWF）也能够对未来气象状况发布 15d 预见期的确定性预报和集合预报（Bauer et al.，2007）。目前，中短期预报信息的精度基本达到可利用水平，并已被广泛应用于水库调度（Yang et al.，2017a）。中期预报应用于中期计划，如每周（或 10d）发电计划，而短期预报则用于短期决策，如确定每日发电量（Yan et al.，2014）。

然而，相比与中短期的水库优化调度，长期水库优化调度对于提升水电站发电效益的作用更为巨大（Xie et al.，2015）。目前的水库预报调度处于这样一种窘情：短期（中期）预报可靠，但预报范围有限，从几个小时到几天不等（Galelli et al.，2012）。相比之下，长期预报有几个月的预报期，但受很大不确定性的困扰（Georgakakos et al.，2012）。综合来看，预报不确定性本质上是制约预报型水库调度发展的主要因素。

近年来，许多与基于预报的水库调度相关的工作都致力于处理导致盈亏和运行任务的不确定性（Kasprzyk et al.，2012；Ahmadi et al.，2014；Liu et al.，2014）。Stojković 等（2017）分析了长期和短期降雨径流过程的变异性。Maurer 等（2003、2004）评估了长期预报不确定性的影响，并证明通过改进长期预报，水电利润有所增加。Zhao 和 Zhao（2014）研究了长期和短期预报不确定性对水库调度的联合和各自的影响，并提出了降低决策过程中潜在风险的策略。近年来，水库的自适应调度逐渐受到重视，使调度系统能够对突发风险做出快速反应。Zhang 等（2017）提出了一种同时考虑历史信息和未来预报自适应操作规则生成方法，即历史和未来操作规则（HAFOR）。Vonk 等（2014）采用基于情景的方法，通过与非支配排序遗传算法Ⅱ（NSGAⅡ）相关联的水资源评价与规划系统（WEAP）配水模型，探索未来一段时间内各种可能的径流变化的影响，并进一步提取水库最优运行规则。自适应管理可能是有效指导水库调度的一种有前途的方法，但其调度控制模型还需要实证检验。

水库库容与发电水头是影响水电站发电效益的重要因素，尤其是库容大、调节能力强的大型水电站，调度期内发电水头分配与水库水位控制，对水电站发电收益的影响尤为明显（Chen et al.，2015；Zhou et al.，2014）。由于预报精度和预见期的限制，目前在水电站发电水头优化分配和水库水位过程控制方面，尤其是长期调度计划编制中，并不能保证所制定的调度计划往往是最优化方案，需要根据调度计划实施后造成的实况与预期差异进行实时修正（Najl et al.，2016），这样才能确保长期、中期和短期优化调度方案的有效衔接。然而，中短期耦合水库调度是一个具有复杂约束的时空连续多阶段决策过程，其中决策变量的维数取决于水库的数量和决策的时间间隔（Jairaj et al.，2000；Yoo，2009）。例如，三峡—葛洲坝梯级中的三峡水库具有季度调节能力，以年调度期、日调度时段为例，即便仅考虑下游葛洲坝水库，那么决策变量将达到上千个，如果以小时（或者 15min）为调度时段，决策变量将达到上万个。如何避免高维、非线性水库群优化调度模型求解经常出现的"维数灾"，目前仍然是一个非常棘手的难题。关于水库群优化调度模型求解问题通常有以下两类求解算法，一类是经典的数学规划方法，如非线性规划、动态规划和渐进优化算法，由于模型和约束条件比较简单，得到了广泛的应用（Cheng et al.，2009；Catalão et al.，2009；Rong et al.，2009），其中维数灾难是求解的主要困难；另外一类是人工智能和计算智能方法，如遗传算法（Zhu et al.，2008；Kumar et al.，2011；Chang et al.，2010）、人工神经网络（Chaves et al.，2007）、粒子群优化（Fu et al.，2011）、文化算法（Yuan et al.，2006；Lu et al.，2011）等（Finardi et al.，2005；Lakshminarasimman et al.，2008）。这些方法基于随机概率搜索机制，不受优化问题特点的限制。

三峡电站是世界上装机容量最大的电站，葛洲坝电站是世界上最大的径流式电站，三峡和葛洲坝组成了目前世界上绝无仅有的巨型梯级水电站（Li et al.，2012）。三峡水电站和葛洲坝水电站均位于长江干流，前后距离间隔仅为 38km，又同属于中国的华中电网，因而两座电站具有紧密的水力和电力联系（Shang et al.，2018）。对于如此规模巨大且联系紧密的梯级水电站，其高效合理的运行无论是对流域水资源的高效开发利用还是整个电力系统的稳定运行均意义重大（Zhou et al.，2018）。尤其是，三峡和葛洲坝都是综合性水利枢纽，除发电外，还有防洪、供水、生态、航运等多种功能（Cai et al.，2013）；且这两个水电站的电站机组装机均十分巨大，三峡电站单台机组容量就高达 70 万 kW，发电水头的稍微变化对整个电站的发电效益都会产生巨大影响（Li et al.，2014）。这些只有大型水库、电站才有的特点，给这些水库、电站的调控运行带来了极大困难。譬如，巨型水库的高水头、大库容的特性使得水电站的运行区间较大，即水位的取值范围较大，在如此大的范围内选定一个最佳的运行方案是具有挑战性的问题（Yang et al.，2017b）。实际上，恰恰是由于缺乏有效的决策辅助工具，三峡和葛洲坝水库在以往调度过程都过于保守（Mu et al.，2015）。调度前期，为避免后期可能出现的枯水，宁可少发电，也要保证水库在高水位运行，水电站在整个非汛期均按保证出力（最小出力）工作；而汛期来临时，为了下游防洪需要，又不得不将水库水位快速下降到汛限水位以下（Zhong et al.，2011）。这种操作模式的迅速转变产生大量弃水，造成了巨大发电效益损失。对于其他一些中小型水电站，则往往会走向另外一个极端，水电站在非汛期前期盲目多发电，如果调度期后期遭遇枯水，水库余留水量不足，导致不能完成电力系统要求的发电、调峰等任务，甚至会危及整个电力系统的稳定运行（Mo et al.，2013）。

为了给三峡—葛洲坝梯级调度提供技术支撑，Shang 等（2016、2017）开展了面向梯级水库群调度的水动力模拟和机组负荷分配与实时控制方面的研究。在此基础上，本章则是围绕将上述系统平台在水库自动化调度方面的创新应用，重点解决三峡—葛洲坝梯级水电站调度期划分及长短期调度方案套接和反馈方式，以及不同调度期的梯级水库群发电优化调度模型建模与求解算法。本章概述基于预报的水库调度技术及其发展情况，介绍三峡—葛洲坝梯级水库工程以及水库调度图。重点介绍了本研究所采用技术路线、模型和算法，不仅介绍多时间尺度优化调度模型的套接方法，包括梯级水库调度期划分方法，多时段套接的优化调度模型交互机制以及水库调度方案的生成流程；而且展示给定调度期下的优化调度模型构建方法，详细介绍优化调度模型的典型求解算法及其改进方法。最后，对改进算法性能进行分析，并给出了多时段嵌套优化调度模型的应用实例。

19.2 基于预报的水库调度研究回顾

水库调度工作主要包括：拟定水库调度方式、编制水库调度计划及确定各项控制运用指标、进行面临时段的实时调度等。水库调度的理论与方法是随着20世纪初水库和水电站的大量兴建而逐步发展起来的，并逐步实现了综合利用和水库群的水库调度。在调度方法上，1926年苏联 A. A. Morozov 提出水库水资源年内合理分配与水电站发电控制的思路，这个调控思路逐步发展成为后来的水库调度图（Reservoir Operating Rule Curves）（Young，1967；Oliveira et al.，1997）。这种水库调度图至今仍被广泛应用。目前，世界上大中型水库比较普遍地编制了水库调度图，并在调度图基础上，编制出年、月（两周）、日调度计划。水库调度的保障目标也逐步由单一目标调度走向多目标综合利用调度，由单独水库调度开始向梯级水库调度方向发展。

根据气象预报和水文预报进行的水库调度，能够使水库效益得到进一步发挥。目前，服务于水库调度的预报包括长期预报和中短期预报。长期预报是承担供水、灌溉、水力发电等综合利用任务的水库制定非汛期调度计划的依据。在中国，较广泛地应用长期预报和水库调度图相结合，编制水库非汛期调度计划，主要包括：非汛期水库总效益（供水量、发电量）的估计，各时期特征水位的预测，可能调度方式的拟定以及各项设备检修计划的安排等。在汛末，这些水库根据当时水库蓄水情况，以及气象、水文预报，包括参照多年径流及其影响因素的统计规律，对汛末至翌年汛前的非汛期的水库径流量及分配过程做出定量的预测，并由此计算出这一时期总的可供水量及其过程，作为拟定调度计划的主要参考。中短期气象预报是水库制定防洪调度计划的重要参考。①利用中期、短期洪水预报，增加水库防洪能力。即在一次洪水过程的前期，根据中短期洪水预报，提前加大水库下泄量，以腾空部分兴利库容，增加调洪能力，保证工程及下游安全，并减少弃水。当预报入库洪水较大时，下泄量应服从下游河道安全泄量限制（区间洪水应按预报正误差计）。②利用中期、短期洪水预报拦蓄洪水尾部水量。即根据一次洪水退水过程的短期预报，在洪峰过后，水库水位未超过当时的汛期限制水位时及时关闸蓄水，保证水库后期正常供水运用。

相对于中期、短期预报调度，长期预报调度对提升梯级电站经济效益作用更大。根据气象预报和水文预报进行的水库调度具有极大的不确定性，这种不确定性主要来源于未来降雨、径流的随机性，对于长期预报调度的负面影响更为显著。在气象、水文预报的现状科技水平下，如要在水库调度过程中体现长期调度计划对中短期调度计划的指导作用，只有建立具有不同时段长与调度期的相互嵌套的分层模型系统，才能适应这一特点。

19.3 工程概况和调度方式

19.3.1 工程概况

三峡—葛洲坝梯级是由三峡水库和葛洲坝水库形成的一个串型、梯级水利枢纽，两个大型水库位于长江干流。整个梯级通过上、下游水库的联合运行共同发挥梯级枢纽工程的防洪、发电、航运等多项综合效益。三峡水库与葛洲坝水库具有紧密的水力和电力联系，是密不可分的梯级枢纽工程。其中，三峡水库是三峡—葛洲坝梯级水利枢纽的核心水库，葛洲坝水库必须配合三峡水库进行统一调度，以充分发挥三峡工程的航运和发电效益。三峡-葛洲坝梯级水利枢纽基本参数见表 19-1。

表 19-1　　　　　　　　　三峡—葛洲坝梯级水利枢纽基本参数

三峡水利枢纽		葛洲坝水利枢纽	
设计洪水位/m	175	设计洪水位/m	66
校核洪水位/m	180.5	校核洪水位/m	67
正常蓄水位/m	175	正常运行水位/m	66
枯期消落水位/m	155	最低运行水位/m	63
防洪高水位/m	175	最高运行水位/m	66.5
汛限水位/m	145	汛期最低水位/m	63
调节库容/亿 m³	165	调节库容/亿 m³	0.85
防洪库容/亿 m³	221.5	防洪库容	—
装机容量/万 kW	2240	装机容量/万 kW	271.5
保证出力/万 kW	499	保证出力/万 kW	104

三峡水利枢纽工程，1992 年全国人大批准建设，1994 年正式动工，2003 年水库开始蓄水，2009 年工程全部竣工。三峡大坝坝顶高程为 185m，按照千年一遇洪水设计，相应设计洪水位为 175m，按照万年一遇洪水外加 10% 校核，相应校核洪水位为 180.4m。正常蓄水位库容为 393 亿 m³，兴利库容为 165 亿 m³，防洪库容为 221.5 亿 m³。电站设计装机容量达 2240 万 kW（不含 2 台 5 万 kW 的电源机组），为世界上装机容量最大的水电站，其中左岸电厂安装 14 台 70 万 kW 机组，右岸电厂安装 12 台 70 万 kW 机组，地下电厂安装 6 台 70 万 kW 机组。

三峡水库控制流域面积约 100 万 km²，占长江总流域面积 180 万 km² 的 56%，坝址所在断面多年平均径流量为 4500 亿 m³，将近占长江总径流量 9600 亿 m³ 的一半。枯水期，水库充分利用 165 亿 m³ 的兴利库容，可平均增加下游流量 1000m³/s，有效提高航运、供水、生态等综合效益。汛期，水库合理利用 221.5×10^8 m³ 的防洪库容，可确保长江下游（长三角——中国第一大经济区）的防洪安全，避免千年一遇洪水下江汉平原（中国重要粮食生产基地）发生毁灭性灾害。此外，三峡电站具有 2240 万 kW 的装机容量，是中国国家电网电力供应的骨干电源。

葛洲坝水利枢纽位于三峡坝址下游 38km，是三峡水利枢纽的航运反调节水库，配合三峡水库进行日调节下泄非恒定流的调节。葛洲坝水电站于 1971 年开工建设，1988 年全部竣工，是长江上第一座大型水利枢纽，也是世界上最大的径流式电站。水库库容为 15.8 亿 m³，反调节库容为 8500 万 m³，具备日调节能力。电站设计装机容量为 271.5 万 kW，其中单机容量 17 万 kW 机组 2 台，单机容量 12.5 万 kW 机组 19 台。

19.3.2 调度图

图 19-1 中的上半部分显示了如何利用调度规则线来指导水库的 10 月蓄水控制。根据这个规则，当蓄水水位位于上边界线（Ⅰ区），水库蓄满以保证水位低于正常蓄水位（175m），当水位低于下边界线（Ⅲ区），水电站产生固定出力，如果水位在Ⅱ区，需要调整至最大出力。

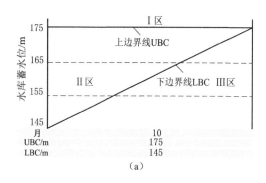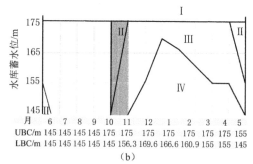

图 19-1 三峡水库调度图（Energy）

水库调度图通常以时间（月、旬）为横坐标，以水库水位或蓄水量为纵坐标，绘制出不同时段水库蓄水指示线来指导水库运行。水库调度图表示了水库调度中决策变量（电站出力、供水量、下泄量等）与状态变量（库水位、入库流量、时间等）的关系。图 19-1 为三峡水库的水库调度图。图 19-1 是以月为横坐标，以水库蓄水位为纵坐标，根据水库的防洪、通航、发电、供水等调控目标，偏安全地决定三峡水库水位控制线。图中，UBC 为 Upper Boundary Curve 的缩写，LBC 为 Lower Boundary Curve 的缩写。

图 19-1（a）显示了如何使用调度规则线指导水库 10 月的蓄水控制。根据方案，当水库蓄水位位于上边界线（Ⅰ区），为保证水库水位低于正常蓄水位（175m），应进行泄水，当水库水位低于下边界线（Ⅲ区）时，水电站产生固定出力，否则如果水位在区域Ⅱ中，需要将发电机调整至最大出力。图 19-1（b）显示了三峡水库一年的调度运行过程，包括三个重要阶段，即消落期、汛期和回蓄期，被视为标准调度规程。从图 19-1（b）可以看出，水库水位将从 5 月底至 6 月初降至 145m（洪水限制水位）。10 月，水库水位将逐步提高到 175m 的正常水位，11 月至次年 4 月底，水库应尽量保持在较高水位，以产生更多的电力。水库水位将进一步下降，但不应在 4 月底前降到 155m 以下。

总的来说，三峡水库以一年为一个循环周期，一年的调度运行过程可以划分成三个重要阶段，即消落期、汛期和回蓄期。①消落期从 11 月初到次年的 6 月 10 日，水位从 175m 逐步消落，在一般来水年份 4 月末库水位不低于枯水期消落低水位 155m，5 月可以加大出力运行，逐步降低水库水位，一般情况下，5 月底消落至 155m，6 月 10 日消落至 145m。②汛期从 6 月 11 日至 9 月 10 日，水位变动范围为 144.9～146.5m。③回蓄期从 9 月 11 日至 10 月底，从汛限水位开始起蓄，9 月底不低于 158m，10 月底前蓄至汛末蓄水位 175m。

19.4　优化调度模型与求解方法

19.4.1　多时间尺度优化调度模型的套接方法

19.4.1.1　梯级水库调度期划分

在三峡—葛洲坝梯级中，三峡水库是该梯级的核心水库，葛洲坝是三峡水库的反调节水库，其调度运行方式直接受三峡水库影响。根据三峡水库调度的实际需要，并考虑三峡水库和葛洲坝水库入库径流预报的精度，及上、下梯级水库水流时间滞后影响，本研究将三峡—葛洲坝梯级水库优化调度期划分为五个时间尺度，即需要建立五个层次的调度模型，如图 19-2 所示，包括：年，消落期、汛期和回蓄期，月，旬，日。需要说明的是，越下层的优化调度模型，其所采用的来水预报预见期越短，因而该层优化调度模型所使用预报结果的精度越高，据此制定的水库调度计划可能越接近实际情况。

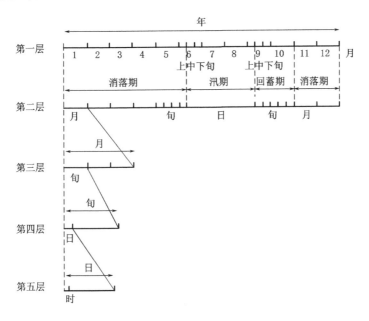

图 19-2　三峡—葛洲坝梯级水库调度期划分

水库调度期的划分情况如图 19-2 所示。第一层，以年为调度期，6 月和 9 月以旬为时段，其他以月为时段。第二层，分别以消落期、汛期和回蓄期为调度期，消落期 1—4 月以月为时段长，5 月 1 日至 6 月 10 日以旬为时段长；汛期以日为时段长；回蓄期 9 月 11 日至 10 月底以旬为时段长，11 月、12 月以月为时段长。第三层，以月为调度期，旬为时段长。第四层，以旬为调度期，以日为时段长。第五层，以日为调度期，小时为时段长。

19.4.1.2　多时段套接的优化调度模型的交互

多时间尺度嵌套优化调度模型，是将不同时间尺度的模型通过输入和输出相联系，体现水库调度决策过程长期、中期、短期的有序、连贯的决策过程。各层优化调度模型交互机制采用的设计方式如图 19-3 所示。为了充分利用精度较高的预报信息，在多时间尺度模型的系统集成框架设计中，上层模型面临时段的入库流量，需采用下层模型调度期内的入库流量值。这样做，不仅保证各层次模型同期来水的一致性，还能够确保不同调度期优化调度模型输入和输出之间的有序衔接。

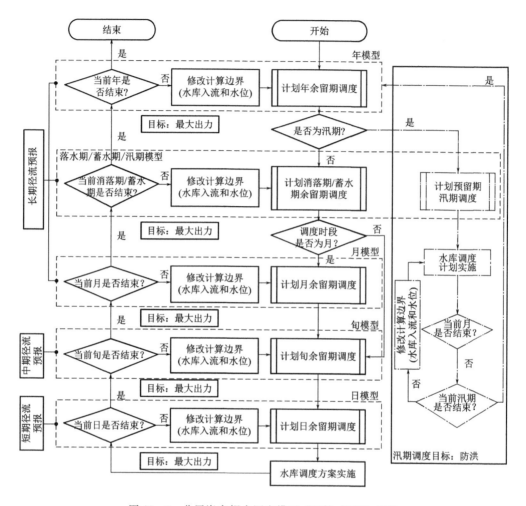

图 19-3　分层嵌套耦合调度模型"反馈-控制"流程

首先，先通过初始水位和与不同层级的预报入库径流过程，依次生成不同调度期的优化调度方案，在此过程中体现上层模型对下层模型的"控制"作用；然后依据方案实施后造成的实况与预期的差异，修正不同层级的预报入库径流过程，并以实际出现的当前水位为起调水位，调整后续余留期的优化调度方案，在此过程中体现下层模型对上层模型的"信息反馈"。在年度调度期内，"控制"与"反馈"交替进行（图 19-3），以实现发电水头的长期效益和不同精度来水的信息价值。

由于水库调度运行的实际情况比较复杂，实际的水库调度操作不仅与水库来水有关还与电网消纳能力有关。因而，即便按照最准确的径流预报进行编制水库调度计划，也可能会出现与实际运行要求不符合的情况，如果不确定性发生后，水库调度计划却没有及时修正，则会导致调度计划与实际情况相偏离，随着时间的推荐，甚至出现重大偏离，造成水库运行操作的事故发生。为此，本章将采用水库的实际水位作为各层优化调度模型起调水位。

19.4.1.3　水库实时调度方案生成的技术流程

本章节针对非汛期时段的建立以梯级水电站发电量最大为目标的调度模型，不同调度期优化模型均采用相同的模型结构。针对长中短套接的优化调度模型特点，提出了利用轮库迭代耦合增量动态规划（Incremental Dynamic Programming，IDP）算法和改进遗传算法（Improved Genetic Algorithm，IGA）求解优化调度模型的方法，优化调度模型构造与模型求解方法详见 19.4.2 节。

采用 IGA 算法进行模型求解的优势是结果生成比较快；轮库迭代耦合 IDP 算法计算结果较为精确，但是耗时较长，还时不时会出现"维数灾"。因而，为满足实际调度需要，在编制实际调度方案时，首先采用 IGA 结果进行调度，等到后期轮库迭代耦合 IDP 算法生成调度方案后，再根据后面计算结果进行修正操作。建立多时段套接优化调度模型的技术流程如下。

步骤 1：考虑到梯级水库群入库径流预报精度，上下游梯级水库群水流时间滞后影响，将优化调度期划分为五个时间尺度，包括：年，消落期、汛期和回蓄期，月，旬和日。根据调度期，建立五个时间尺度的调度期的分层嵌套结构。

步骤 2：针对梯级水库群，建立以梯级水库群发电量最大为目标的调度模型。约束条件包括水量平衡、水力联系、出力函数、水库蓄水量、出库流量、电站出力、系统负荷、水位约束等。

步骤 3：为平衡计算效率和计算精度，同步采用轮库迭代耦合 IDP 算法和 IGA 求解调度模型。

步骤 4：将两种算法最早生成的调度方案用于指导实际调度。通常来说，IGA 效率快，采用该算法生成的调度方案要早于轮库迭代耦合 IDP 算法。

步骤 5：以轮库迭代耦合 IDP 算法求解得到的调度方案，如有（有可能会出现"维数灾"导致算法不收敛，导致无法获得计算方案），则将其作为基准方案，对采用 IGA 计算得到的方案进行修正或者替换，将其作为下一层的初始值。

19.4.2　优化调度与求解方法

19.4.2.1　水库群发电优化调度模型

1. 目标函数

以调度期内系统发电量最大为优化目标：

$$\max E = \sum_{j=1}^{n} \sum_{t=1}^{T} N_{j,t} \cdot \Delta t \tag{19-1}$$

式中：$N_{j,t}$ 为 j 库 t 时段的平均出力，$j=1$，2，$\cdots$，n；T 为调度期；Δt 为时段长。

2. 约束条件

（1）水量平衡：

$$V_{j,t+1} = V_{j,t} + (Q_{j,t} - q_{j,t}) \cdot \Delta t \tag{19-2}$$

式中：$V_{j,t}$、$V_{j,t+1}$ 分别为 j 库 t 时段始末库蓄水量；$Q_{j,t}$ 为 j 库 t 时段入库流量；$q_{j,t}$ 为 j 库 t 时段出库流量。

（2）水力联系：

$$Q_{j,t} = \sum_{k \in \Omega_j} (Q q_{k,t} + q_{k,t}) \tag{19-3}$$

式中：Ω_j 为与 j 库有直接水力联系的上游水库集合；$Qq_{k,t}$ 为 k 库与 j 库区间入流。

（3）出力函数：

$$N_{j,t} = f_j(q_{j,t}, H_{j,t}) \tag{19-4}$$

式中：$H_{j,t}$ 为 j 库 t 时段平均水头；f_j（•）函数为水电站出力特性函数。

（4）水库蓄水量：

$$\underline{V_{j,t+1}} \leqslant V_{j,t+1} \leqslant \overline{V_{j,t+1}} \tag{19-5}$$

式中：$\overline{V_{j,t+1}}$、$\underline{V_{j,t+1}}$ 分别为第 j 库 t 时段末水库蓄水量上下限。

（5）出库流量：

$$\underline{q_{j,t}} \leqslant q_{j,t} \leqslant \overline{q_{j,t}} \tag{19-6}$$

式中：$\overline{q_{j,t}}$、$\underline{q_{j,t}}$ 分别为第 j 库 t 时段出库流量上下限。

（6）电站出力：

$$\underline{N_{j,t}} \leqslant N_{j,t} \leqslant \overline{N_{j,t}} \tag{19-7}$$

式中：$\overline{N_{j,t}}$、$\underline{N_{j,t}}$ 为第 j 库 t 时段出力上下限。

（7）系统负荷：

$$\sum_{j=1}^{n} N_{j,t} \geqslant ND_t \tag{19-8}$$

式中：ND_t 为电力系统要求库群提供的出力下限。

（8）水位约束：

水库上下限水位约束：

$$\underline{Z_{j,t}} \leqslant Z_{j,t} \leqslant \overline{Z_{j,t}} \tag{19-9}$$

水库水位变化幅度约束：

$$|Z_{j,t+1} - Z_{j,t}| \leqslant \Delta Z_j \tag{19-10}$$

调度期期末水位控制：

$$Z_{je} \geqslant Z_{je}^* \tag{19-11}$$

式中：$Z_{j,t}$、$Z_{j,t+1}$ 为第 j 库 t 时刻和 $t+1$ 时刻水位；$\underline{Z_{j,t}}$，$\overline{Z_{j,t}}$ 为第 j 库 t 时刻允许下限水位和上限水位；ΔZ_j 为第 j 库水位容许变幅；Z_{je}、Z_{je}^* 为第 j 库调度期末计算水位和控制水位。

19.4.2.2 动态规划法及其改进

1. 动态规划算法

动态规划（Dynamic Programming，DP）算法基本思想与分治法类似，也是将待求解的问题分解为若干个子问题（阶段），按顺序求解子阶段，前一子问题的解，为后一子问题的求解提供了有用的信息。在求解任一子问题时，列出各种可能的局部解，通过决策保留那些有可能达到最优的局部解，丢弃其他局部解。依次解决各子问题，最后一个子问题就是初始问题的解。其计算步骤如下：

（1）阶段与阶段变量。将整个调度期 T 划分为 1、$\cdots$、t、$\cdots$、T 共 T 个时段，相应的时刻 $t \sim t+1$ 为面临时段，时刻 $t+1 \sim T$ 为余留时段。图 19-4 以年为调度期，月为时段的阶段示意图。

（2）状态与状态变量。选用每个阶段的水库蓄水量 V_t 作为状态变量，$t=1$、2、$\cdots$、

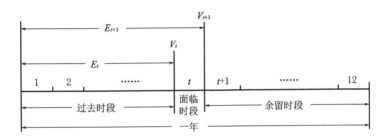

图 19-4　动态规划模型时段划分

$T+1$，记 V_t、V_{t+1} 分别为时段初、末的蓄水状态，同时 V_{t+1} 也是 $t+1$ 时段的初始蓄水状态。

（3）决策变量。在某一阶段，水库状态给定后，可以取水库的下泄流量 q_t 为决策变量。

（4）状态转移方程。水库的状态转移方程即为水量平衡方程，即

$$V_{t+1} = V_t + (Q_t - q_t) \cdot \Delta t \tag{19-12}$$

式中：V_t、V_{t+1} 分别为第 t 时段始末库蓄水量；Q_t 为第 t 时段的入库流量；q_t 为第 t 时段的出库流量。Δt 为第 t 时段的时段长。

（5）递推方程。在求解水库最优调度问题时，主要是逐阶段使用递推方程择优。如果从第 k 阶段，当起始状态为 V_k 时的最优策略及其目标函数值 $E_k^*(V_k)$ 已经求出，那么第 $k+1$ 阶段，状态 V_{k+1} 的最优策略及目标函数为

$$E_k^*(V_k) = \max\{f(V_{k+1}, Q_{k+1}, q_{k+1}) + E_k^*(V_k)\} \tag{19-13}$$

（6）罚函数。在求解过程中，对于最小出力、最小流量等约束条件不满足时，采用罚函数法处理，当决策满足约束条件时，以计算出力来计算面临时段效益；当决策不满足约束条件时，引进惩罚系数计算面临时段效益：

$$f(\cdot) = [N(t) - \Delta N(t)] \cdot \Delta t \tag{19-14}$$

$$\Delta N(t) = \alpha \cdot [S(t) - \underline{S}(t)]^\gamma \tag{19-15}$$

定义：

$$\alpha = \begin{cases} 1 & \text{如果不能满足约束} \\ 0 & \text{如果能满足约束} \end{cases} \tag{19-16}$$

式中：$\Delta N(t)$ 为第 t 时段惩罚量；Δt 为计算时段；α 为惩罚系数；γ 为惩罚指数；$S(t)$ 为约束条件 S 的计算值；$\underline{S}(t)$ 为约束条件 S 的边界值。

2. DP 算法的改进方法

DP 算法的优点显著，具有严格的理论解，在全局情况下绝对收敛，求解效率高（Saadat et al.，2017），但是在处理具有时间高维、空间高维的强非线性问题时，容易出现"维数灾"。IDP 算法是一种改进的 DP 算法，采用逐次逼近的方法求解高维问题，在一定程度上能够减缓时间维度增加带来的"维数灾"。轮库迭代方法是利用分布式计算和分布式内存，缓解随参与模型计算的水库数量增加带来的空间高维问题。本章针对三峡和葛洲坝特大型梯级水利枢纽特点，提出轮库迭代耦合 IDP 求解方法。该方法通过与环境的交互作用，可以逐步改善局部约束满足性，从而找到全局最优解。

413

（1）IDP 算法。IDP 是改进动态规划的一种方法。此方法的一般求解步骤如下（图 19-5）：

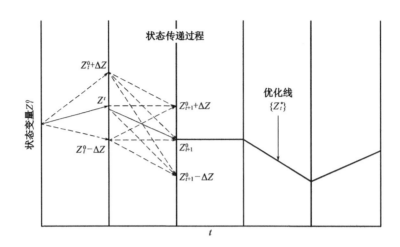

图 19-5　IDP 原理示意图

步骤 1：先根据入库径流过程在水库容许变化范围内，拟定一条符合约束条件和初始、终了条件的初始可行调度线（即可行轨迹）Z_t^0（$t=1$、2、$\cdots$、T），由于在不发生弃水情况下，水头的最优利用，就反映为库位越高越好。因此最优调度线的近似位置常可大致估出。

步骤 2：以初始可行调度线为中心，在其上下各取若干个水位增量（步长）ΔZ，形成若干个离散值的策略"廊道"。在 $t=1$ 和 $t=T$ 处，$\Delta Z=0$。

步骤 3：在所形成的策略"廊道"范围内，利用动态规划方法顺时序向后递推求解该策略走廊范围内的最优调度线 Z_t^*。

步骤 4：如果 $|Z_t^*-Z_t^0|>\varepsilon$，则令 $Z_t^0=Z_t^*$（$t=1,2,\cdots,T$），按上述步骤 2 和步骤 3 重新进行计算；如果 $|Z_t^*-Z_t^0|<\varepsilon$，说明对于所选步长已不能增优，应以所求调度线作为初始调度线，缩短步长继续进行优化计算，直到（步长）ΔZ 满足精度要求，此时最优调度线 Z_t^* 即为所求。

（2）轮库迭代耦合 IDP 算法。本章提出将 IDP 与轮库迭代的计算方法结合使用，来求解梯级水库的联合优化调度问题。该方法基本步骤如下：

步骤 1：给定每一个水库一条初始调度线 $Z_{i,t}^0$（$i=1,2,\cdots,n,t=1,2,\cdots,T$）。

步骤 2：固定 $Z_{i,t}^0$（$i=2,3,\cdots,n,t=1,2,\cdots,T$），对第一个水库进行拟优化调度，得到最优调度线 $Z_{1,t}^*$。计算时要注意各水库间的水力联系，出力值应为整个梯级出力值总和。

步骤 3：固定 $Z_{1,t}^*$，$Z_{i,t}^0$（$i=3,4,\cdots,n,t=1,2,\cdots,T$），对下一个水库进行优化计算，得到最优调度线 $Z_{2,t}^*$。

步骤 4：依次类推，得到每一个水库的最优调度线 $Z_{1,t}^*$、$Z_{2,t}^*$、$\cdots$、$Z_{n,t}^*$。

步骤 5：如果 $|Z_{i,t}^*-Z_{i,t}^0|<\varepsilon$，则此时的调度线为最优解，否则，令 $Z_{i,t}^0=Z_{i,t}^*$ 转入步骤 2。

19.4.2.3　遗传算法及其改进

遗传算法（Genetic Algorithm，GA）是 Holland 依据物种适者生存、代代相传的种群繁衍规律提出的仿生学智能算法（Najl et al.，2016）。较传统的数学规划方法，GA 求解条件要求低，具有隐并行性和普适性，因此被引入来解决优化调度问题并取得了一定的成果。但 GA 在求解水库优化调度问题时存在两个问题：随机的初始种群生成方式难以保证个体在解空间均匀分布，导致求解结果不稳定；由于水库水量平衡等条件约束，使交叉、变异操作常常导致可行解变成不可行解。因此，本章提出一种改进的遗传算法。

1. 遗传算法 GA

标准遗传算法 GA 的原理如下。

（1）编码方式及初始种群生成。以库水位为基因以实数编码，种群大小为 $Popsize$，$i=1\sim Popsize$。初始种群生成方式如下：

$$p_{i,j,t} = \underline{Z_{j,t}} + (\overline{Z_{j,t}} - \underline{Z_{j,t}}) \cdot Rnd \tag{19-17}$$

式中：Rnd 为服从 $[0,1]$ 均匀分布的随机数。

（2）适应度函数。以发电效益之和作为适应度，将出力上下限、流量上下限约束构造为惩罚项。对水电站水库而言，出力上限约束以及最大出库约束通常可在计算中作阈值处理。所以，将最小出力约束、最小流量约束构造成惩罚项，适应度函数表达式如下：

$$Fit_i = \sum_t \sum_j \left[N_{j,t} \cdot \Delta t \cdot \alpha_{j,t} + Inf_j \cdot \min\left(\frac{N_{j,t} - \underline{N_{j,t}}}{\underline{N_{j,t}}}, 0\right) + Inf_j \cdot \min\left(\frac{q_{j,t} - \underline{q_{j,t}}}{\underline{q_{j,t}}}, 0\right) \right] \tag{19-18}$$

式中：Inf_j 为罚因子；α 为惩罚系数。

（3）交叉算子。采用单点交叉法，假设 i_1、i_2 个体在 pos 时间点进行交叉：

$$p'_{k,j,t} = \begin{cases} p_{i_2,j,t} & t \geqslant pos \\ p_{i_1,j,t} & t < pos \end{cases}, \quad p'_{k+1,j,t} = \begin{cases} p_{i_1,j,t} & t \geqslant pos \\ p_{i_2,j,t} & t < pos \end{cases} \tag{19-19}$$

取交叉概率为 1，交叉后形成种群大小同为 $Popsize$ 的 p' 群体。

（4）变异算子。采用均匀变异的方式，以概率 pm 控制基因突变，在突变点产生新基因替换原基因：

$$p''_{i,j,t} = \begin{cases} \underline{Z_{j,t}} + (\overline{Z_{j,t}} - \underline{Z_{j,t}}) \cdot Rndmut & Rnd \leqslant pm \\ p_{i,j,t} & Rnd > pm \end{cases} \tag{19-20}$$

式中：Rnd、$Rndmut$ 均为 $[0,1]$ 均匀分布的随机数；变异形成种群大小为 $Popsize$ 的 p'' 群体。

（5）选择算子。引入联赛法（Yang et al.，1997）：将父代群体 p、交叉群体 p'、变异群体 p'' 的 3 个 $Popsize$ 种群汇聚为一个整体，对种群中的个体进行打分。这样 3 个 $Popsize$ 种群汇聚成的一个大群体，其规模为 $3 \times Popsize$。群体中第 i 个个体的打分规则如下：无重复随机抽取 num 个竞赛个体，以第 i 个个体的适应度超过竞赛个体适应度的计数作为第 i 个个体的得分 $Score_i$：

$$Score_i = Count\{Fit_i > Fit_j | j \in \Omega_{num}\} \tag{19-21}$$

大群体的所有个体依得分大小排序，选取排名在前 $Popsize$ 的个体，组成一个新的群体，作为父代种群进入下一代进化。

（6）进化终止条件。最优解维持 $Snum$ 代不变或进化代数达到 $Generation$ 代时算法终止，输出最优个体。

2. 遗传算法的改进方法

针对 GA 求解优化调度模型将破坏水量平衡、负荷约束的缺陷，设计了保障可行解的交叉、变异算子。针对 GA 随机生成种群代表性不足的问题，引入了基于均匀设计的初始种群生成方式。

（1）均匀设计的初始种群生成。初始种群代表性不足的原因在于各维均匀分布的随机生成不能保证整个空间个体分布均匀。而均匀设计可以满足实验代表性的要求。均匀设计即以事先设计好的均匀表 $U_n(q^s)$ 安排实验，其中，U 为均匀设计，n 为实验次数，s 为因素数，q 为水平数。从全方案集中挑选具有代表性的实验方案集。

应用于水库调度时，基因（月初水位）作为实验因素，将水位取值范围离散作为因子水平，种群大小为实验次数。各均匀表共 n 行 s 列，行对应于种群个体，列对应各月水位。对于大小为 $Popsize$ 的初始种群，首先，生成均匀表 $U_{Popsize}$（$Popsize^{T+1}$），然后通过式（19-22）将表中元素转化为基因：

$$P_{i,j,t} = \underline{Z_{j,t}} + \frac{\overline{Z_{j,t}} - \underline{Z_{j,t}}}{Popsize - 1} \times (U_{i,t} - 1) \tag{19-22}$$

其中，$t = 1、2、\cdots、T+1$，年初水位 $\underline{Z_{j,1}} = \overline{Z_{j,1}} = Z_{j,s}^*$，年末水位 $\underline{Z_{j,T+1}} = \overline{Z_{j,T+1}} = Z_{j,e}^*$。

（2）操作算子的改进。

1）交叉算子改进。为防止随机交叉操作将优良个体破坏，在进行交叉操作之前，增加交叉可行域判断步骤。设 i_1、i_2 个体在 pos 时刻交叉，如图 19-6 所示。具体步骤如下。

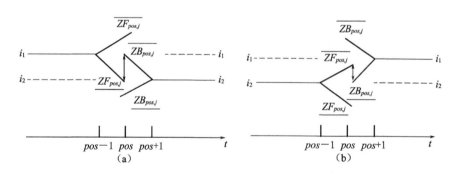

图 19-6　改进交叉操作示意图

步骤 1：如图 19-6（a）所示，pos 时刻的水位受前后两时段约束。$pos-1$ 时段由水量平衡、出力上下限约束可顺推估算 pos 时刻水位的可行域 1：$[\underline{ZF_{pos,j}}, \overline{ZF_{pos,j}}]$

$$\left. \begin{array}{l} V_{pos-1,j} = Z\_V_j(p_{i_1,j,pos-1}) \\ V_{pos+1,j} = Z\_V_j(p_{i_2,j,pos+1}) \end{array} \right\} \tag{19-23}$$

$$\left.\begin{array}{l}\underline{VF_{pos,j}} = V_{pos-1,j} + [Q_{pos-1,j} - q_j(\underline{N_{pos-1,j}})]\Delta t \\ \overline{VF_{pos,j}} = V_{pos-1,j} + [Q_{pos-1,j} - q_j(\overline{N_{pos-1,j}})]\Delta t\end{array}\right\} \tag{19-24}$$

$$\left.\begin{array}{l}\overline{ZF_{pos,j}} = V\_Z_j(\overline{VF_{pos,j}}) \\ \underline{ZF_{pos,j}} = V\_Z_j(\underline{VF_{pos,j}})\end{array}\right\} \tag{19-25}$$

式中：$V_{pos-1,j}$ 和 $V_{pos+1,j}$ 分别为 $pos-1$ 时刻和 $pos+1$ 时刻 j 水库的库容；$q_j(\cdot)$ 为 j 水库出力-水量转化关系（单耗曲线）；$V\_Z_j(\cdot)$、$Z\_V_j(\cdot)$ 分别为各库容曲线由库容查水位、由水位查库容。

同理，由 pos 时段水量平衡、出力上下限约束可逆推估算 pos 时刻水位的可行域 2：$[\underline{ZB_{pos,j}}, \overline{ZB_{pos,j}}]$

$$\left.\begin{array}{l}\overline{VB_{pos,j}} = V_{pos+1,j} - [Q_{pos,j} - q_j(\overline{N_{pos,j}})]\Delta t \\ \underline{VB_{pos,j}} = V_{pos+1,j} - [Q_{pos-1,j} - q_j(\underline{N_{pos,j}})]\Delta t\end{array}\right\} \tag{19-26}$$

$$\left.\begin{array}{l}\overline{ZB_{pos,j}} = V\_Z_j(\overline{VB_{pos,j}}) \\ \underline{ZB_{pos,j}} = V\_Z_j(\underline{VB_{pos,j}})\end{array}\right\} \tag{19-27}$$

交叉点水位同时满足前后两时段约束条件才可行，则 pos 时刻水位可行域为两域的交集：

$$\begin{aligned}\Omega_{Z_{pos,j}} &= [\underline{ZF_{pos,j}}, \overline{ZF_{pos,j}}] \bigcap [\underline{ZB_{pos,j}}, \overline{ZB_{pos,j}}] \\ &= [\max(\underline{ZF_{pos,j}}, \underline{ZB_{pos,j}}), \min(\overline{ZF_{pos,j}}, \overline{ZB_{pos,j}})]\end{aligned} \tag{19-28}$$

令　　　$\underline{Z'_{pos,j}} = \max(\underline{ZF_{pos,j}}, \underline{ZB_{pos,j}})$，$\overline{Z'_{pos,j}} = \max(\overline{ZF_{pos,j}}, \overline{ZB_{pos,j}})$

则修正后的交叉算子如下：

$$p'_{k,j,t} = \begin{cases}p_{i_1,j,t} & t < pos \\ \underline{Z'_{pos,j}} + (\overline{Z'_{pos,j}} - \underline{Z'_{pos,j}}) \cdot Rnd & t = pos \\ p_{i_2,j,t} & t > pos\end{cases} \tag{19-29}$$

步骤 2：类似地，图 19-6（b），$V_{pos-1,j} = Z\_V_j(p_{i_2,j,pos-1})$，$V_{pos+1,j} = Z\_V_j(p_{i_1,j,pos+1})$，依据上述操作交叉生成另一个体 $p'_{k+1,t}$。

2）异算子改进。在进行变异操作前，增加变异可行域判断步骤。设 i 个体在 pos 时刻变异，如图 19-7 所示。

将 式 （19-23） 改 为 $V_{pos-1,j} = Z\_V_j(p_{i,j,pos-1})$，$V_{pos+1,j} = Z\_V_j(p_{i,j,pos+1})$，其余估算可行域的操作步骤跟交叉操作步骤 1 一致，修正后的变异算子如下：

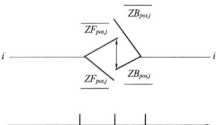

图 19-7　改进变异操作示意图

$$p''_{i,j,t} = \begin{cases}\underline{Z'_{pos,j}} + (\overline{Z'_{pos,j}} - \underline{Z'_{pos,j}}) \cdot Rndmut & Rnd \leqslant pm \\ p_{i,j,t} & Rnd > pm\end{cases} \tag{19-30}$$

19.5　结果与讨论

19.5.1　IGA 的性能测试

GA 以适当牺牲计算精度的手段大大降低了计算时间，可避免动态规划高精度网格计算带来的维数灾问题。本章提出的 IGA 能够更加适合长期-中期-短期调度期嵌套耦合调度模型求解。为能够直观展示算法改进后的效果，本节开展遗传算法改进前后的性能比较试验。此次试验将轮库迭代耦合 IDP 算法计算结果作为参考基准值。

19.5.1.1　试验参数设置

分别应用改进前后的 GA 求解三峡—葛洲坝梯级水库发电优化调度问题，作为比较，以网格精度为 0.01m 的轮库迭代耦合 IDP 算法求解结果为该精度条件下的全局最优解。随机生成种群以及随机算子操作时，同样对水位进行 0.01m 等精度离散。考虑到算法随机性，统计 200 次独立求解的算法性能指标。算例约束条件见表 19-2，在该算例中，起调水位为 174m，调度期末水位为 173m。考虑航运、生态基流的最小流量约束为 5000m³/s。改进前后的 GA 采用相同的参数设置，采用如下参数：交叉率 1，变异率 0.1，竞赛个体 $num=Popsize$，最优解不变代数 $Snum=5$，最大允许进化代数 200 代。为反映种群规模对算法性能的影响，设置 4 组种群规模方案：32（均匀表生成要求）、60、150、200。

表 19-2　　　　　　　　　　三峡水库优化调度方案约束条件

月份	入库流量/(m³/s)	水位上限/m	水位下限/m	出力下限/万 kW	出力上限/万 kW
1	4290	175	155	499	1820
2	3840	175	155	499	1820
3	4370	175	155	499	1820
4	6780	175	155	499	1820
5	12100	175	155	499	1820
6	24100	146	144.9	499	1820
7	25000	146	144.9	499	1820
8	26000	146	144.9	499	1820
9	23500	146	144.9	499	1820
10	18200	175	155	499	1820
11	10000	175	155	499	1820
12	5800	175	155	499	1820

本次试验分别统计算法的收敛率、平均计算时间、电能均值及标准差。各项指标分述如下：①收敛：将局部收敛、全局收敛统一考虑，认为在指定进化代数内，算法终止时最优解维持了 $Snum$ 代不变即视为收敛。②收敛率：收敛的实验次数占总实验次数的比例。③平均计算时间、电能均值、标准差均对多次重复试验进行分项统计。

19.5.1.2　试验结果分析

三种算法求解发电优化调度结果见表 19-3。图 19-8 为各算法平均条件下的最优解（最优水位过程线）。图 19-9 为各算法平均条件下逐代可行解比例变化过程图。

表 19-3　　　　　　　　不同算法求解发电优化调度结果统计表

算法	种群大小	收敛率/%	平均计算时间/s	平均电能/亿 kWh	电能标准差/亿 kWh
GA	32	65	8.457	970.02	3.42
	60	81	12.861	972.64	2.09
	150	98	23.354	974.88	1.55
	200	99	30.862	975.33	1.45
IGA	32	100	4.946	976.2	0.72
	60	100	11.013	976.25	0.63
	150	100	26.251	976.58	0.56
	200	100	38.092	976.73	0.46
轮库迭代耦合 IDP 算法			1305	977.2	

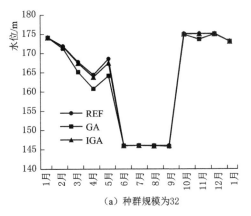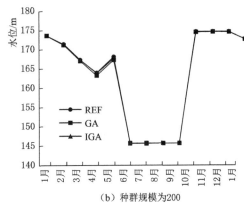

（a）种群规模为32　　　　　　　　（b）种群规模为200

图 19-8　不同算法最优解比较图

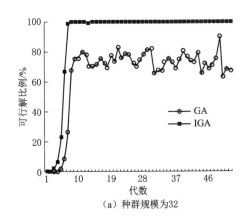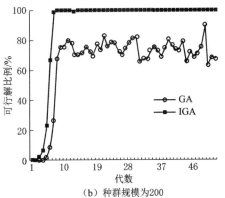

（a）种群规模为32　　　　　　　　（b）种群规模为200

图 19-9　可行解比例变化过程图

从表 19-3、图 19-8 和图 19-9 可以看出：①平均条件下，IGA 的最优解距离全局最优解要比 GA 近，全局收敛性更好。②GA 可能将可行解破坏为不可行解，破坏比例最大为 21.8%；IGA 的平均电能要高，主要由于改进操作算子的可行域检验使得个体被破坏的几率减小，算法能更稳定、高效地寻优。③IGA 收敛率高且电能标准差小，说明收敛更稳定。在种群数目少时两者的差异最为突出，主要原因在于均匀设计的初始种群代表性好，而随机生成的种群在解空间分布的任意性大；两者的差异随着种群大小的增加而减少。只有增大种群规模后，GA 的基因多样性才能有基本保证。也只有这样，GA 在解空间局部集中的几率才可能降低，计算精度才可以提高。④IGA 的优势主要在于，以小的种群规模得到快速的高精度的收敛，当种群规模逐渐增大后，IGA 优势则不十分突出了。这是由于 IGA 中增加了阈值估算操作，当种群规模增大后计算时间的增加反而较改进之前增加很多。

总体看来，IGA 与 GA 相比，收敛性更好、计算精度更高。

19.5.2 实例应用

本节以某年 1 月 1 日调度计划的编制为例，展示调度计划从年计算到日的整个流程，对应的计算结果。

(1) 求解得出年优化调度，得到消落期、汛期、蓄水期的期末水位分别为 155.00m、146.50m 和 175.00m。年调度方案执行结果见表 19-4。

表 19-4　　　　　　　　　年调度方案执行效果统计

日期	入库流量 /(m³/s)	发电流量 /(m³/s)	弃水流量 /(m³/s)	发电水头 /m	平均出力 /万 kW	发电量 /亿 kWh
1 月 1 日	4502	5600	0	107.45	541	40.25
2 月 1 日	4542	5603	0	105.65	532.2	35.77
3 月 1 日	5682	5600	0	105.18	529.9	39.42
4 月 1 日	8715	6674	0	109.04	655	47.16
5 月 1 日	10137	16299	0	98.01	1459.7	108.6
6 月 1 日	12240	17918	0	83.56	1353.6	32.49
6 月 11 日	16210	16210	0	79.52	1123.8	26.97
6 月 21 日	17040	17040	0	79.42	1178.9	28.29
7 月 1 日	22539	22539	0	78.68	1536.3	114.3
8 月 1 日	27787	25906	1881	77.91	1740.6	129.5
9 月 1 日	28830	25906	2924	77.75	1736	41.67
9 月 11 日	26670	17059	0	86.17	1345.7	32.3
9 月 21 日	24010	8840	0	101.2	813.1	19.51
10 月 1 日	15355	15355	0	108.13	1495.6	111.27
11 月 1 日	15825	15825	0	108.06	1540.5	110.92
12 月 1 日	5866	5866	0	108.90	574.9	42.78

（2）①用年模型得到的消落期水位作为消落期模型的控制期末水位，制定消落期的消落方案。三峡水库消落期调度计划见图 19－10（a），调度结果见表 19－5。②用年模型得到的汛期水位作为汛期模型的控制期末水位，制定汛期的消落方案。三峡水库汛期调度计划见图 19－10（b），调度结果见表 19－6。③用年模型得到的蓄水期水位作为蓄水期模型的控制期末水位，制定蓄水期的消落方案。三峡水库蓄水期计划见图 19－10（c），调度结果见表 19－7。

表 19－5　　　　　　　三峡水库消落期计划（变时段）执行效果统计

日期	入库流量/(m³/s)	发电流量/(m³/s)	弃水流量/(m³/s)	发电水头/m	平均出力/万 kW	发电量/亿 kWh
1 月 1 日	4502	5601	0	107.45	541	40.25
1 月 11 日	4542	5600	0	105.5	531.3	36.98
2 月 1 日	5682	5601	0	105.2	530.1	39.44
3 月 1 日	8715	6640	0	108.99	651.5	46.91
4 月 1 日	9845	9845	0	108.64	962.9	23.11
5 月 1 日	9024	17157	0	104.24	1610.4	38.65
5 月 11 日	11415	21388	0	93.69	1819.9	48.05
5 月 21 日	12240	17918	—	83.56	1353.6	32.49

表 19－6　　　　　　　　　三峡水库汛期计划执行效果统计

日期	水位/m	日期	水位/m	日期	水位/m
6 月 11 日	146.5	7 月 12 日	146.5	8 月 12 日	146.5
6 月 12 日	146.5	7 月 13 日	146.5	8 月 13 日	146.5
6 月 13 日	146.5	7 月 14 日	146.5	8 月 14 日	146.5
6 月 14 日	146.5	7 月 15 日	146.5	8 月 15 日	146.5
6 月 15 日	146.5	7 月 16 日	146.5	8 月 16 日	146.5
6 月 16 日	146.5	7 月 17 日	146.5	8 月 17 日	146.5
6 月 17 日	146.5	7 月 18 日	146.5	8 月 18 日	146.5
6 月 18 日	146.5	7 月 19 日	146.5	8 月 19 日	146.5
6 月 19 日	146.5	7 月 20 日	146.5	8 月 20 日	146.5
6 月 20 日	146.5	7 月 21 日	146.06	8 月 21 日	146.5
6 月 21 日	146.5	7 月 22 日	145	8 月 22 日	146.46
6 月 22 日	146.5	7 月 23 日	145.34	8 月 23 日	146.43
6 月 23 日	146.5	7 月 24 日	146.5	8 月 24 日	146.5
6 月 24 日	146.5	7 月 25 日	146.5	8 月 25 日	146.5
6 月 25 日	146.5	7 月 26 日	146.5	8 月 26 日	146.47
6 月 26 日	146.5	7 月 27 日	146.5	8 月 27 日	145.94
6 月 27 日	146.5	7 月 28 日	146.5	8 月 28 日	145.38

续表

日期	水位/m	日期	水位/m	日期	水位/m
6月28日	146.5	7月29日	146.5	8月29日	145
6月29日	146.5	7月30日	146.5	8月30日	146.32
6月30日	146.5	7月31日	146.5	8月31日	146.5
7月1日	146.5	8月1日	146.5	9月1日	146.5
7月2日	146.5	8月2日	146.5	9月2日	146.5
7月3日	145.87	8月3日	146.5	9月3日	146.5
7月4日	145.26	8月4日	146.5	9月4日	146.5
7月5日	145.21	8月5日	146.5	9月5日	146.5
7月6日	146.12	8月6日	146.5	9月6日	146.5
7月7日	145.98	8月7日	146.5	9月7日	146.5
7月8日	146.22	8月8日	145.85	9月8日	146.5
7月9日	146.5	8月9日	145	9月9日	146.5
7月10日	146.5	8月10日	145.52	9月10日	146.5
7月11日	146.5	8月11日	146.5	9月11日	146.5

表19-7   三峡水库蓄水期计划（变时段）执行效果统计

日期	入库流量/(m³/s)	发电流量/(m³/s)	弃水流量/(m³/s)	发电水头/m	平均出力/万kW	发电量/亿kWh
9月11日	26670	17059	2924	86.17	1345.7	32.3
9月21日	24010	8840	0	101.2	813.1	19.51
10月1日	18370	18370	0	107.76	1781.5	42.76
10月11日	13670	13670	0	108.29	1333.2	32
10月21日	14145	14145	0	108.25	1379.1	36.41
11月1日	15825	15825	0	108.06	1540.5	110.92
12月1日	5866	5866	0	108.9	574.9	42.78

（3）以消落期1月份为例，以（2）中①计算的1月底水位作为月模型的控制期末水位，得到1月调度方案。三峡水库1月调度方案见19-10（d），调度结果见表19-8。

表19-8   三峡水库1月调度方案（以旬为时段）执行效果统计

日期	入库流量/(m³/s)	发电流量/(m³/s)	弃水流量/(m³/s)	发电水头/m	平均出力/万kW	发电量/亿kWh
1月1日	4863	5603	0	108.61	547.8	13.15
1月11日	4411	5601	0	108.19	545.8	13.1
1月21日	4256	5650	0	107.49	545.9	14.41

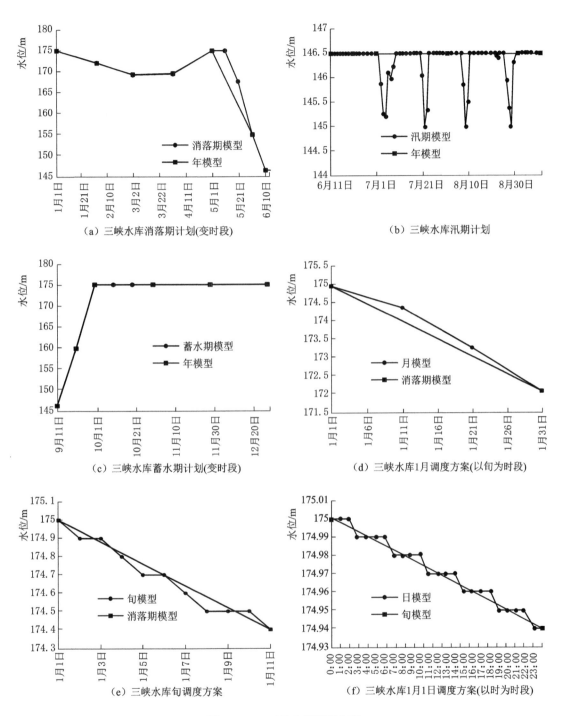

图 19-10　三峡水库调度方案

（4）以消落期 1 月份为例，以（3）中计算的 1 月上旬末水位作为旬模型的控制期末水位，得到 1 月上旬调度方案。三峡水库 1 月上旬调度方案见图 19-10（e），调度结果见表 19-9。

表 19 - 9　　　　　　　三峡水库旬调度方案（以日为时段）执行效果统计

日期	入库流量 /(m³/s)	发电流量 /(m³/s)	弃水流量 /(m³/s)	发电水头 /m	平均出力 /万 kW	发电量 /亿 kWh
1 月 1 日	4810	5514	0	108.9	540.5	1.3
1 月 2 日	4730	5552	0	108.97	544.5	1.31
1 月 3 日	4580	5519	0	108.93	541.1	1.3
1 月 4 日	4740	5562	0	108.98	545.5	1.31
1 月 5 日	4730	5552	0	108.93	544.3	1.31
1 月 6 日	4670	5609	0	108.89	549.7	1.32
1 月 7 日	4910	5614	0	108.71	549.5	1.32
1 月 8 日	5190	5542	0	108.55	541.7	1.3
1 月 9 日	5230	5582	0	108.58	545.7	1.31
1 月 10 日	5040	5627	0	108.5	549.7	1.32

（5）以消落期 1 月份为例，以（4）中计算的 1 月 1 日末水位作为日模型的控制期末水位，得到 1 月 1 日逐小时的调度方案。三峡水库 1 月 1 日调度方案见图 19 - 10 (f)，调度结果见表 19 - 10。

表 19 - 10　　　　　　　三峡水库日调度方案（以小时为时段）执行效果统计

时间	入库流量 /(m³/s)	发电流量 /(m³/s)	弃水流量 /(m³/s)	发电水头 /m	平均出力 /万 kW	发电量 /亿 kWh
0:00	4810	5515	0	111.83	551	551
1:00	4810	5515	0	111.83	551	551
2:00	4810	5515	0	111.82	551	551
3:00	4810	5511	0	111.82	550.6	551
4:00	4810	5515	0	111.82	551	551
5:00	4810	5515	0	111.82	551	551
6:00	4810	5514	0	111.81	550.9	551
7:00	4810	5515	0	111.81	551	551
8:00	4810	5511	0	111.81	550.5	551
9:00	4810	5515	0	111.81	550.9	551
10:00	4810	5515	0	111.8	550.9	551
11:00	4810	5515	0	111.8	550.9	551
12:00	4810	5515	0	111.8	550.9	551
13:00	4810	5515	0	111.8	550.9	551
14:00	4810	5515	0	111.79	550.9	551
15:00	4810	5511	0	111.79	550.5	550

时间	入库流量 /(m³/s)	发电流量 /(m³/s)	弃水流量 /(m³/s)	发电水头 /m	平均出力 /万 kW	发电量 /亿 kWh
16:00	4810	5515	0	111.79	550.9	551
17:00	4810	5515	0	111.79	550.9	551
18:00	4810	5514	0	111.78	550.8	551
19:00	4810	5515	0	111.78	550.9	551
20:00	4810	5511	0	111.78	550.4	550
21:00	4810	5515	0	111.78	550.8	551
22:00	4810	5515	0	111.77	550.8	551
23:00	4810	5515	0	111.77	550.8	551

水库水位与水电站发电水头是影响梯级水库发电效益的重要因素，尤其是库容大、调节能力强的大型水电站，调度期内的发电水头分配与水库水位控制，对水电站的发电收益的影响尤为明显。本质上来讲，所谓最优的水库调度计划就是根据预报结果，合理分配调度期的水电站发电水头，确定出最优的水库水位控制时序（时间序列）。由图 19-10 可以看出，不同调度期耦合嵌套的耦合调度模型实现了从年时间尺度的调度到日时间尺度的调度计划的实时编制。在付诸实施的水库调度方案中，短调度期的调度计划于长调度期的调度计划边界条件完全吻合，但是水库操作显示更为精细。在本调度平台中，日调度计划可以细化到 15min 为一个间隔，全天 24h，被划分为 96 个调度操作时段。从表 19-4～表 19-10 可知，本章提出的长期–中期–短期嵌套耦合的优化模型系统编制的水库调度操作计划执行良好，按照系统自动生成的水库调度计划全年基本没有发生水库弃水情况，在严格水库水位严格变化满足水库调度规程要求的情况下（图 19-3），实现了水电站发电收益的最大化。

需要说明的是，水电站发电不仅受到水库来水影响，还受到电力系统消纳能力限制。电力需求受到不确定的人类经济社会的影响，同样具有很强的不确定性，加上目前中国电力系统储存电能的能力有限，导致梯级水库在执行调度计划时一小部分时段发生被迫弃水现象。因此，该研究仍需进一步深入考虑电力市场因素，结合三峡—葛洲坝梯级水电站系统发电特点，对现有的梯级水电站长期发电效益最大模型进行优化，研究制定梯级水电站中长期发电计划最优报送策略，使得梯级水电站的实际发电量最大可能接近水电站的发电潜力，以进一步提高长江三峡集团的发电收益。

19.6　本章小结

本章提出了多时间尺度协调的优化调度模型建模方式，研发出长期、中期和短期水库调度方案生成与修正技术，实现了水库适应性调度。特别是，本章面向三峡—葛洲坝梯级水库调度运行的实际需要，建立了长期–中期–短期套接的五层优化调度模型，该模型编制出的调度计划时间间隔最小可以达到 15min，满足了该梯级水电站系统实时调度要求。此外，针对该调度模型特点，研发出实用、高效的求解算法，包括轮库迭代耦合 IDP 算法和 IGA。

更为重要的是，本章较为全面地介绍了多时间尺度协调优化调度模型所有曾采用的求解算法。IDP 算法为梯级水电站自动化平台在试运行时期所采用的算法；试运行期间，针对三峡—葛洲坝水库工程特点，对该算法进行了不断改进，在此基础上提出了轮库迭代耦合 IDP 算法的求解方法。该求解方法能够解决 DP 及其改进算法存在的大多数问题。但是，在实际的水库调度运行过程中，发现该求解方法仍存在一些缺点，对某些复杂问题求解耗时过长，有时也会产生"维数灾"，导致问题无法求解。为此，本章提出并改进了能够实用的 IGA。目前，IGA 和轮库迭代耦合 IDP 算法都被三峡—葛洲坝梯级调度平台所采用。在编制实际调度方案时，首先采用 IGA 求解结果进行调度，等到后期，利用轮库迭代耦合 IDP 算法生成调度方案后，再根据后面计算结果进行修正操作。这种方式确保在该调度模型无论在何种工况都能够自动生成有效的调度方案。

总的来说，本章所介绍的研究内容是三峡—葛洲坝梯级调度通信系统的核心模型和算法，已应用于三峡—葛洲坝梯级水电站联合运行和电力生产调度的实践中，不仅为三峡—葛洲坝梯级水库水资源的优化配置提供了坚实的技术支撑，而且对其他梯级水库调度同样具有重要参考价值。

参考文献

AHMADI M, HADDAD O B, LOÁICIGA H A, 2014. Adaptive reservoir operation rules under climatic change [J]. Water Resource Management, 29 (4): 1247 - 1266.

BAUER P, LOPEZ P, MOREAU E, et al., 2007. The European Centre for medium - range weather forecasts global rainfall data assimilation experimentation [M] //LEVIZZANI V, BAUER P, TURK F J. Measuring precipitation from space Údvances In Global Change Research: vol 28. Dordrecht, Netherlands: Springer: 447 - 457.

CAI W, ZHANG L, ZHU X, et al., 2013. Optimized reservoir operation to balance human and environmental requirements: A case study for the Three Gorges and Gezhouba Dams, Yangtze River basin, China [J]. Ecological Informatics, 18: 40 - 48.

CATALÃO J P S, MARIANO S J P S, MENDES V M F, et al., 2009. Scheduling of head sensitive cascaded hydro systems: A nonlinear approach [J]. IEEE Transactions on Power Systems, 24 (1): 337 -346.

CELESTE A B, BILLIB M, 2012. Improving implicit stochastic reservoir optimization models with long - term mean inflow forecast [J]. Water Resources Management, 26 (9): 2443 - 2451.

CHANG L C, CHANG F J, 2001. Intelligent control for modelling of real - time reservoir operation [J]. Hydrological Processes, 15 (9): 1621 - 1634.

CHANG L C, CHANG F J, WANG K W, et al., 2010. Constrained genetic algorithms for optimizing multi - use reservoir operation [J]. Journal of Hydrology, 390 (1): 66 - 74.

CHARRON M, POLAVARAPU S, BUEHNER M, et al., 2012. The stratospheric extension of the Canadian global deterministic medium - range weather forecasting system and its impact on tropospheric forecasts [J]. Monthly Weather Review, 140 (6): 1924 - 1944.

CHAVES P, CHANG F J, 2008. Intelligent reservoir operation system based on evolving artificial neural networks [J]. Advances in Water Resources, 31 (6): 926 - 936.

CHAVES P, KOJIRI T, 2007. Deriving reservoir operational strategies considering water quantity and quality objectives by stochastic fuzzy neural networks [J]. Advances in Water Resources, 30 (5): 1329 – 1341.

CHEN L, SINGH V P, GUO S, et al., 2015. An objective method for partitioning the entire flood season into multiple sub – seasons [J]. Journal of Hydrology, 528: 621 – 630.

CHENG C, LIAO S, TANG Z, et al., 2009. Comparison of particle swarm optimization and dynamic programming for large scale hydro unit load dispatch [J]. Energy Conversion and Management, 50 (12): 3007 – 3014.

DATTA B, BURGES S J, 1984. Short – Term, Single, Multiple – Purpose reservoir operation: importance of loss functions and forecast errors [J]. Water Resources Research, 20 (9): 1167 – 1176.

FINARDI E, SILVA E D, SAGASTIZABAL C, 2005. Solving the unit commitment problem of hydropower plants via Lagrangian relaxation and sequential quadratic programming [J]. Computational and Applied Mathematics, 24 (3): 317 – 341.

FLEMING S W, WEBER F A, 2012. Detection of long – term change in hydroelectric reservoir inflows: Bridging theory and practice [J]. Journal of Hydrology, 470 – 471: 36 – 54.

FOSSO O B, BELSNES M M, 2004. Short – term hydro scheduling in a liberalized power system [C] // 2004 International Conference on Power System Technology, 2004. Powercon 2004., Singapore, 2004, 2: 1321 – 1326.

FU X, LI A Q, WANG L P, et al., 2011. Short – term scheduling of cascade reservoirs using an immune algorithm – based particle swarm optimization [J]. Computers & Mathematics with Applications, 62 (6): 2463 – 2471.

GALELLI S, GOEDBLOED A, SCHWANENBERG D, et al., 2012. Optimal real – time operation of multipurpose urban reservoirs: A case study in Singapore [J]. Journal of Water Resources Planning & Management, 140 (4): 511 – 523.

GEORGAKAKOS A P, YAO H, KISTENMACHER M, et al., 2012. Value of adaptive water resources management in Northern California under climatic variability and change: Reservoir management [J]. Journal of Hydrology, 412 – 413: 34 – 46.

JAIRAJ P G, VEDULA S, 2000. Multireservoir system optimization using fuzzy mathematical programming [J]. Water Resources Management, 14 (6): 457 – 472.

KASPRZYK J R, REED P M, CHARACKLIS G W, et al., 2012. Many – objective de Novo water supply portfolio planning under deep uncertainty [J]. Environmental Modelling & Software, 34: 87 – 104.

KANG S, LEE S, KANG T, 2017. Development and application of storage – zone decision method for long – term reservoir operation using the dynamically dimensioned search algorithm [J]. Water Resources Management, 31 (1): 219 – 232.

KOLTSAKLIS N E, LIU P, GEORGIADIS M C, 2015. An integrated stochastic multi – regional long – term energy planning model incorporating autonomous power systems and demand response [J]. Energy, 82: 865 – 888.

KONG J, SKJELBRED H I, 2017. Operational hydropower scheduling with post – spot distribution of reserve obligations [C] //14th International Conference on the European Energy Market (EEM): 1 – 6.

KUMAR V S, MOHAN M R, 2011. A genetic algorithm solution to the optimal short – term hydrothermal scheduling [J]. International Journal of Electrical Power & Energy Systems, 33 (4): 827 – 35.

KUMAR S, TIWARI M K, CHATTERJEE C, et al., 2015. Reservoir inflow forecasting using ensemble models based on neural networks, wavelet analysis and bootstrap method [J]. Water Resources Management, 29 (13): 4863 – 4883.

LAKSHMINARASIMMAN L, SUBRAMANIAN S, 2008. A modified hybrid differential evolution for short – term scheduling of hydrothermal power systems with cascaded reservoirs [J]. Energy Conversion and Management, 49 (10): 2513 – 2521.

LI X, WEI J, FU X, et al. , 2013. Knowledge – based approach for reservoir system optimization [J]. Journal of Water Resources Planning and Management, 140 (6): 04014001.

LI F F, WEI J H, FU X D, et al. , 2012. An effective approach to long – term optimal operation of large – scale reservoir systems: Case study of the Three Gorges system [J]. Water Resources Management, 26 (14): 4073 – 4090.

LI X, LI T, WEI J, et al. , 2014. Hydro unit commitment via mixed integer linear programming: A case study of the Three Gorges project, China [J]. IEEE Transactions on Power Systems, 29 (3): 1232 –1241.

LIU P, LI L P, CHEN G J, et al. , 2014. Parameter uncertainty analysis of reservoir operating rules based on implicit stochastic optimization [J]. Journal of Hydrology, 514: 102 – 113.

LU Y L, ZHOU J Z, QIN H, et al. , 2011. A hybrid multi – objective cultural algorithm for short – term environmental/economic hydrothermal scheduling [J]. Energy Conversion and Management, 52 (5): 2121 –2134.

MAURER E P, LETTENMAIER D P, 2003. Predictability of seasonal runoff in the Mississippi River basin [J]. Journal of Geophysical Research Atmospheres, 108 (D16): 941 – 949.

MAURER E P, LETTENMAIER D P, 2004. Potential effects of long – lead hydrologic predictability on Missouri River main – stem reservoirs [J]. Journal of Climate, 17 (1): 174 – 186.

MO L, LU P, WANG C, et al. , 2013. Short – term hydro generation scheduling of Three Gorges – Gezhouba cascaded hydropower plants using hybrid MACS – ADE approach [J]. Energy Conversion and Management, 76: 260 – 273.

MU J, MA C, ZHAO J, et al. , 2015. Optimal operation rules of Three – gorge and Gezhouba cascade hydropower stations in flood season [J]. Energy Conversion & Management, 96: 159 – 174.

NAJL A A, HAGHIGHI A, SAMANI H M V, 2016. Simultaneous optimization of operating rules and rule curves for multi reservoir systems using a self – adaptive simulation – GA model [J]. Journal of Water Resources Planning and Management, 142 (10): 04016041.

QIN H, ZHOU J, LU Y, et al. , 2010. Multi – objective differential evolution with adaptive Cauchy mutation for short – term multi –objective optimal hydro – thermal scheduling [J]. Energy Conversion & Management, 51 (4): 788 – 794.

OLIVEIRA R, LOUCKS D P, 1997. Operating rules for multi reservoir system [J]. Water Resources Research, 33 (4): 839 – 852.

RONG A, HAKONEN H, LAHDELMA R, 2009. A dynamic regrouping based sequential dynamic programming algorithm for unit commitment of combined heat and power systems [J]. Energy Conversion and Management, 50 (4): 1108 – 1115.

SAADAT M, ASGHARI K, 2017. Reliability improved stochastic dynamic programming for reservoir operation optimization [J]. Water Resources Management, 31 (6): 1795 – 1807.

SAKR A F, DORRAH H T, 1985. Optimal control algorithm for hydropower plants chain short – term operation [C] //IFAC Proceedings Volumes, 18 (11): 165 – 171.

SCARCELLI R O, ZAMBELLI M S, FILHO S S, et al. , 2014. Aggregated inflows on stochastic dynamic programming for long term hydropower scheduling [C] //2014 North American Power Symposium (NAPS), Pullman, WA: 1 – 6.

SHANG Y, GUO Y, SHANG L, et al., 2016. Processing conversion and parallel control platform: A parallel approach to serial hydrodynamic simulators for complex hydrodynamic simulations [J]. Journal of Hydroinformatics, 18 (5): 851 – 866.

SHANG Y, LU S, GONG J, et al., 2017. Improved genetic algorithm for economic load dispatch in hydropower plants and comprehensive performance comparison with dynamic programming method [J]. Journal of Hydrology, 554: 306 – 316.

SHANG Y, LU S, YE Y, et al., 2018. China' energy – water nexus: Hydropower generation potential of joint operation of the Three Gorges and Qingjiang cascade reservoirs [J]. Energy, 142: 14 – 32.

SREEKANTH J, DATTA B, MOHAPATRA P K, 2012. Optimal short – term reservoir operation with integrated long – term goals [J]. Water Resources Management, 26 (10): 2833 – 2850.

STOJKOVIĆ M, KOSTIĆ S, PLAVŠIĆ J, et al., 2017. A joint stochastic – deterministic approach for long – term and short – term modelling of monthly flow rates [J]. Journal of Hydrology, 544: 555 – 566.

SUGI M, 1990. Description and performance of the JMA operational global spectral model (JMA – GSM88) [J]. Geophys Magazine, 43 (27): 105 – 130.

UYSAL G, ŞENSOY A, ŞORMAN A A, et al., 2016. Basin/Reservoir system integration for real time reservoir operation [J]. Water Resources Management, 30 (5): 1653 – 1668.

VONK, E, XU Y P, BOOIJ M J, et al., 2014. Adapting multi – reservoir operation to shifting patterns of water supply and demand [J]. Water Resource Management, 28 (3): 625 – 643.

WANG L, WANG B, ZHANG P, et al., 2017. Study on optimization of the short – term operation of cascade hydropower stations by considering output error [J]. Journal of Hydrology, 549: 326 – 339.

WÖRMAN A, LINDSTRÖM G, RIML J, 2017. The power of runoff [J]. Journal of Hydrology, 548: 784 – 793.

XIE M, ZHOU J, LI C, et al., 2015. Long – term generation scheduling of Xiluodu and Xiangjiaba cascade hydro plants considering monthly streamflow forecasting error [J]. Energy Conversion & Management, 105: 368 – 376.

YAN B, GUO S, CHEN L, 2014. Estimation of reservoir flood control operation risks with considering inflow forecasting errors [J]. Stochastic Environmental Research and Risk Assessment, 28 (2): 359 –368.

YANG J, SOH C, 1997. Structural optimization by genetic algorithms with tournament selection [J]. Journal of Computing in Civil Engineering, 11 (3): 195 – 200.

YANG N, ZHANG K, HONG Y, et al., 2017a. Evaluation of the TRMM multisatellite precipitation analysis and its applicability in supporting reservoir operation and water resources management in Hanjiang basin, China [J]. Journal of Hydrology, 549: 313 – 325.

YANG Y, ZHANG M, ZHU L, et al., 2017b. Influence of large reservoir operation on water – levels and flows in reaches below dam: Case study of the Three Gorges reservoir [J]. Scientific Report, 7 (1): 15640.

YOO J H, 2009. Maximization of hydropower generation through the application of a linear programming model [J]. Journal of Hydrology, 376 (1): 182 – 187.

YUAN X H, YUAN Y B, 2006. Application of culture algorithm to generation scheduling of hydrothermal systems [J]. Energy Conversion and Management, 47 (15): 2192 – 2201.

YOUNG G K, 1967. Finding reservoir operating rules [J]. Journal of Hydraulics Division, 93 (6): 293 –321.

ZHANG W, LIU P, WANG H, et al., 2017. Reservoir adaptive operating rules based on both of historical streamflow and future projections [J]. Journal of Hydrology, 553: 691 – 707.

ZHAO T, ZHAO J, 2014. Joint and respective effects of long – and short – term forecast uncertainties on reservoir operations [J]. Journal of Hydrology, 517: 83 – 94.

ZHONG Z, HU W, DING Y, 2011. The planning and comprehensive utilization of Three Gorges Project [J]. Engineering Sciences, 9 (3): 42 – 48.

ZHOU Y, GUO S, LIU P, et al. , 2014. Joint operation and dynamic control of flood limiting water levels for mixed cascade reservoir systems [J]. Journal of Hydrology, 519: 248 – 257.

ZHOU Y, GUO S, CHANG F J, et al. , 2018. Methodology that improves water utilization and hydropower generation without increasing flood risk in mega cascade reservoirs [J]. Energy, 143: 785 – 796.

ZHU J Q, CHEN G T, ZHANG H L, 2008. A hybrid method for optimal scheduling of short term electric power generation of cascaded hydroelectric plants based on particle swarm optimization and chance – constrained programming [J]. IEEE Transactions on Power Systems, 23 (4): 1570 – 1579.

ZICMANE I, MAHNITKO A, KOVALENKO S, et al. , 2017. Algorithmization in the task of optimization of cascade hydro power plants [C] //2017 IEEE Manchester PowerTech, Manchester: 1 – 6.

第 20 章　面向智能控制的长距离调水渠道运行控制技术

20.1　引言

南水北调中线工程总干渠自动控制和安全运行是南水北调中线工程的重大课题。中线工程有其自身的特点，如中线工程全线依靠自流水，可利用水头小，输水距离长、分水变化大，沿线缺乏调蓄水库等（吴保生 等，2008）。工程实践表明，干渠水位的微小变化都会引起分水流量的较大变动，直接影响到水量分配的公平和效率。此外，干渠水位快速下降或上升还会破坏渠道衬砌，进而危及渠道的安全运行（方神光 等，2007）。所谓渠道的运行控制，就是指当渠道运行工况改变后，运行控制系统通过自适应性调节来维护渠道安全，确保改变带给渠道的负面影响最小。实际上，渠道是通过控制有限个点的水位来确保整个渠道系统的高效、安全运行，这些点通常被称为渠道运行控制点，维持控制点水位稳定是渠道安全运行的首要条件。国外已有研究多针对灌溉渠道，这些渠道输水距离短、运行要求相对简单（Lozano et al.，2010；Guitart et al.，2008）。根据中线工程的固有特点，建立适合的控制系统模型，尚未有固定蓝本可以遵循。为直观展现调控下的复杂水流特征，清华大学开发出"南水北调中线工程电子渠道"（魏加华 等，2007）。方神光等（2008）分析比较了渠道在同步控制和顺序控制两种控制方式下，下游节制闸前水位的波动变化，认为必须对现有渠道调控方式进行改进才可以维持控制点水位稳定。史哲等（2007）进一步探讨了运行控制方式的实现方式。

本章在以往研究的基础上，将分水变化造成的干渠水位变化作为系统扰动，以控制点水位波动为主要的抑制因子，提出将改进后的预测算法加入到线性二次型优化模块中来，设计出扰动可预知优化调度模块。设计有效性在南水北调中线电子渠道上得到了验证。

W－M 渠道建成于 1987 年，为美国亚利桑那州马里科帕斯坦菲尔德（Maricopa Stanfield）灌溉区的支渠。渠道设计之初就准备实现运行控制的自动化，闸门控制设备使用了当时较为先进的模拟 PI（比例-积分）控制器，并利用 LQR 算法对各控制器的协同操作进行优化，率先将全局优化技术纳入到渠道运行调度中来。尽管在某些工况下，仍需要切换至人工监控模式，由工人替代控制器亲自操作闸门马达。但从渠道运行控制角度上讲，W－M 渠道运行调度平台仍然为完整意义上的自动化当地控制系统。开源测试平台及二十年来的渠道运行数据和算法调控经验，使 W－M 渠段成为美国土木工程师协会（ASCE）验证调控算法有效性的首要选择（Clemmens et al.，1994）。积分-时滞模型为该系统对渠段内波动辨识的工具，是 PI 控制器和 LQR 优化调度算法设计的基础。本章介绍了积分-时滞模型，并将其扩展至整个渠道，完成了与可预知算法的耦合建模。以 W‐M 支渠为例，借助现有运行控制平台，在设定工况下分析、比较了扰动可预知算法与 LQR 算法的优化调度性能。

20.2 渠道分水扰动可预知算法设计与仿真

20.2.1 数学模型

20.2.1.1 控制方程及数值方法

南水北调中线工程输水渠道平均底坡为 1/25000，属于缓坡渠道，并认为受节制闸启闭或分水口流量变化影响的渠道水流流态为非恒定渐变流，其流动特性可用水位 z、流量 Q 和时间 t 表示的圣维南方程表述。圣维南方程组由连续方程和运动方程组成：

$$B \frac{\partial z}{\partial t} + \frac{\partial Q}{\partial x} = q_l \tag{20-1}$$

$$\frac{\partial Q}{\partial t} + 2 \frac{Q}{A} \frac{\partial Q}{\partial x} - \left(\frac{Q}{A}\right)^2 \frac{\partial A}{\partial x} - g\left(\theta - \frac{\partial Z}{\partial x}\right)A + \frac{|Q|Qgn^2}{AR^{4/3}} = 0 \tag{20-2}$$

式中：z 为水位，m；Q 为流量，m³/s；B 为水面宽度，m；A 为过水断面面积，m²；q_l 为单位长度上的旁侧入流或出流，m³/s；g 为重力加速度，m/s²；t 为时间，s；x 为沿程距离，m；R 为水力半径，m；n 为糙率。

采用上、下游守恒的 Pressimann 四点差分隐格式对圣维南方程组进行离散化处理，将其转化为一维差分方程组（Durdu，2006）：

$$A_{11}\delta Q_j^+ + A_{12}\delta z_j^+ + A_{13}\delta Q_{j+1}^+ + A_{14}\delta z_{j+1}^+ = A'_{11}\delta Q_j + A'_{12}\delta z_j + A'_{13}\delta Q_{j+1} + A'_{14}\delta z_{j+1} + C_1 \tag{20-3}$$

$$A_{21}\delta Q_j^+ + A_{22}\delta z_j^+ + A_{23}\delta Q_{j+1}^+ + A_{24}\delta z_{j+1}^+ = A'_{21}\delta Q_j + A'_{22}\delta z_j + A'_{23}\delta Q_{j+1} + A'_{24}\delta z_{j+1} + C_2 \tag{20-4}$$

式中：A_{11}、A_{12}、A_{13}、A_{14}、A'_{11}、A'_{12}、A'_{13}、A'_{14} 为连续方程的系数；A_{21}、A_{22}、A_{23}、A_{24}、A'_{21}、A'_{22}、A'_{23} 为运动方程的系数；δQ_j^+、δz_j^+ 为节点 j 处的流量、水位在时层 $n+1$ 的增量；δQ_j、δz_j 为节点 j 处的流量、水位在时层 n 的增量；在稳定状态下 C_1 和 C_2 项都为零。

式（20-3）和式（20-4）分别对应圣维南方程组中的连续方程式（20-1）和运动方程式（20-2）。

20.2.1.2 闸门内边界处理

节制闸是一维计算模型的内边界，设节点 j 和 $j+1$ 分别为节制闸闸前和闸后节点。根据水流质量守恒和闸门出流公式可知：

$$Q_j = Q_{j+1} = Q_g \, , \, Q_g = C_d bu \sqrt{\Delta h} \tag{20-5}$$

式中：Q_g 为过闸流量；C_d 为闸孔流量系数；u 为闸门开度；b 为闸孔宽度。

设渠道稳态工作点为 e，将闸门出流公式表达为以此工作点的值为基准的增量形式，并将与时层 $i+1$ 有关项写在方程式右边，与时层 $i+2$ 有关项写在方程式左边：

$$-\left(\frac{\partial f}{\partial z_j}\right)_e \delta z_j^+ + \delta Q_{j+1}^+ - \left(\frac{\partial f}{\partial z_{j+1}}\right)_e \delta z_{j+1}^+ = -\left(\frac{\partial f}{\partial z_j}\right)_e \delta z_j + \delta Q_{j+1} - \left(\frac{\partial f}{\partial z_{j+1}}\right)_e \delta z_{j+1} + \left(\frac{\partial f}{\partial u}\right)_e \delta u$$

$$\tag{20-6}$$

20.2.1.3　分水口和倒虹吸

渠道分水作为系统扰动存在，设节点 j 和 $j+1$ 分别为分水口前和后两个节点，Q_p 为分水口分水流量，则节点 j 和 $j+1$ 间水位、流量关系为

$$Q_j - Q_p = Q_{j+1} \ , \ z_j = z_{j+1} \tag{20-7}$$

将式（20-7）分别代入式（20-3）和式（20-4）可得分水口节点的差分方程组。类似地，渡槽、隧洞和暗渠，通常为多孔并联设计，可将其与总干渠结合位置看做汊点，汊点水位、流量关系与分水口处理类似（李义天，1997）。渠道运行过程中的倒虹吸处于满流状态，为有压输水。为模型简便实用计，不考虑倒虹吸内部水流运动情况，将倒虹吸过水能力按有压管道公式进行单独计算（余国安，2004）。

可以看出，除节制闸节点只有一个连续方程外，其余节点都是一个节点对应两个方程。闸门边界项的引入增加了模型转换矩阵的稀疏性。为减少计算存储空间，方便分析，略去增量描述符号 δ，将处理后的方程组写成紧凑矩阵形式。若记状态向量：

$$\delta x(k) = \begin{bmatrix} \delta Q_j & \delta z_j & \delta Q_{j+1} & \delta z_{j+1} & \delta z_{j+2} \end{bmatrix}^T , \delta x(k+1) = \begin{bmatrix} \delta Q_j^+ & \delta z_j^+ & \delta Q_{j+1}^+ & \delta z_{j+1}^+ & \delta z_{j+2}^+ \end{bmatrix}^T$$

则转换后的水力学数学模型通用表达式：

$$x(k+1) = \mathbf{A}x(k) + \mathbf{B_u}u(k) + \mathbf{B_d}d(k) \tag{20-8}$$

式中：$\mathbf{A} = (\mathbf{A_L})^{-1}\mathbf{A_R}$；$\mathbf{B_u} = (\mathbf{A_L})^{-1}\mathbf{B}$；$\mathbf{B_d} = (\mathbf{A_L})^{-1}\mathbf{C}$。其中，

$$\mathbf{A_L} = \begin{bmatrix} A_{11} & A_{12} & A_{14} & A_{13} & \\ A_{21} & A_{22} & A_{24} & A_{23} & \\ & & 1 & -\left(\dfrac{\partial f}{\partial z_{j+1}}\right)_e & -\left(\dfrac{\partial f}{\partial z_{j+2}}\right)_e \end{bmatrix}$$

$$\mathbf{A_R} = \begin{bmatrix} A'_{11} & A'_{12} & A'_{14} & A'_{13} & \\ A'_{21} & A'_{22} & A'_{24} & A'_{23} & \\ & & 1 & -\left(\dfrac{\partial f}{\partial z_{j+1}}\right)_e & -\left(\dfrac{\partial f}{\partial z_{j+2}}\right)_e \end{bmatrix}$$

$$\mathbf{B} = \begin{bmatrix} 0 & 0 & \left(\dfrac{\partial f}{\partial u}\right)_e \end{bmatrix}^T$$

$$\mathbf{C} = \begin{bmatrix} A_{11} & -B_{11} \\ A_{21} & -B_{21} \\ 0 & 0 \end{bmatrix}$$

$u(k)$ 为过闸流量，$d(k)$ 为分水扰动，式（20-8）表明渠道系统状态的调整是通过调节节制闸门来实现的。在控制理论上通常称式（20-8）为状态方程。式（20-8）是本文后面优化调度算法设计的基础。

20.2.2　扰动可预知模型

20.2.2.1　可预知算法的提出

所谓非恒定流输水过程的预测控制就是指采用逐时段向前滑动的、不断根据渠道当前状态对后续时段的控制点水位偏差的预测进行修正的控制手段。其实质是，如果在 K 时刻分水流量发生变化，根据式（20-8）推测出未来 N 个时刻控制点水位的变化值，比照

控制点水位的设定值，通过调整控制输入 $u(k)$ 来修正模型参数，得到新的预测值 $y(k)$。这样，逐次从面临当前时段的实测值出发，不断调整控制输入或调整控制模型参数，最终维护控制点水位恒定。预测控制模型可以通过阶跃响应试验得到，无须深入了解系统或过程的内部结构，也不必进行复杂的系统辨识，建模容易、简单，而且算法中采用滚动优化策略，并在优化过程中不断通过实测系统输出和预测模型输入的误差来反馈矫正，能在一定程度上克服由于模型误差和某些不确性干扰带来的影响，特别适合复杂水力学过程的预测和控制。

根据未来的变化来决定现在的行动是预测控制的主要特点。输水工程在实际运行过程中，就需要根据未来干渠分水变化，实时调整渠道运行状态。预测控制所说的对"未来情况"的把握和输水工程对"未来情况"的把握是有差异的，前者只是一种"估计"或者说"预测"（如水文模型中对降雨的预测，未来某一具体时刻是否真的降雨并不是必然的），而后者却是明明白白讲的一个事实（到时间，分水口必须按照分水计划开启分水），这里我们权且称为"可预知"。

渠道运行控制系统实际上是，根据已经确认的系统未来应该满足什么要求，系统的未来目标信号或外部干扰将会有怎样的变化等信息来做当前时刻的决策。如果以最优控制理论作为控制系统设计的理论基础和求解手段，控制系统设计所追求的应该不仅是当前时刻的最优，而且是根据所了解的未来一段时间的情报而追求一段时间内追踪目标值，减少外扰影响，调节控制输出的整体综合目标最优。

根据上述分析结论，可预知算法和预测算法是所使用的调节手段和所追求的目标都是不同的，算法结构自然也是不同的。如果要实现"可预知"这一手段就需要对预测控制算法进行一点小小的改造。

20.2.2.2　可预知算法的构造

可预知算法设计的基本思路是：形成一个包含有 M 步未来信息的扩大误差系统，然后用二次型最优调节器设计的方法求解系统的最优控制律。

对式（20-8）进行一阶差分，并将差分后的方程组和原方程合写成一个方程组，称该方程组为误差系统：

$$x_0(k+1) = \boldsymbol{\Phi} x_0(k) + \mathbf{G_u} \Delta u(k) + \mathbf{G_d} \Delta d(k) \qquad (20-9)$$

式中：$x_0(k) = [e(k) \quad x(k)]$，其中，$e(k)$ 为式（20-8）一阶差分后的误差信号。

$$\boldsymbol{\Phi} = \begin{bmatrix} \mathbf{I_m} & \mathbf{CA} \\ \mathbf{o} & \mathbf{A} \end{bmatrix} \quad \mathbf{G_u} = \begin{bmatrix} -\mathbf{CB_u} \\ \mathbf{B_u} \end{bmatrix} \quad \mathbf{G_d} = \begin{bmatrix} -\mathbf{CB_d} \\ \mathbf{B_d} \end{bmatrix}$$

进一步如果设外扰的变化可以提前 M 步被预知，并定义：

$$x_d(k) = \begin{bmatrix} \Delta d(k+1) \\ \Delta d(k+2) \\ \vdots \\ \Delta d(k+M) \end{bmatrix} \quad \Delta d(k+i) = 0, i = M+1, M+2, \cdots$$

采用预测建模方式，式（20-9）可扩展包含 M 步未来扰动信息的扩大误差系统：

$$\begin{bmatrix} x_0(k+1) \\ x_d(k+1) \end{bmatrix} = \begin{bmatrix} \boldsymbol{\Phi} & \mathbf{G_M} \\ \mathbf{o} & \boldsymbol{\Theta} \end{bmatrix} \begin{bmatrix} x_0(k) \\ x_d(k) \end{bmatrix} + \begin{bmatrix} \mathbf{G_u} \\ \mathbf{o} \end{bmatrix} \Delta u(k) \qquad (20-10)$$

式中，$\mathbf{G_M} = \begin{bmatrix} \mathbf{G_d} & \mathbf{o} \end{bmatrix}$，$\mathbf{\Theta} = \begin{bmatrix} 0 & I & & & o \\ & & I & & \\ & & & \ddots & \\ & & & & I \\ o & & & & 0 \end{bmatrix} (M \times M)$

根据式（20-10）的形式，LQR 评价函数相应扩展为

$$J = \sum_{k=-M+1}^{\infty} \left\{ \begin{bmatrix} x_0^T(k) & x_d^T(k) \end{bmatrix} \begin{bmatrix} \mathbf{Q} & \mathbf{o} \\ \mathbf{o} & \mathbf{0} \end{bmatrix} \begin{bmatrix} x_0(k) \\ x_d(k) \end{bmatrix} + \Delta u^T(k) \mathbf{R} \Delta u(k) \right\} \quad (20-11)$$

式中，$\mathbf{Q}$ 和 $\mathbf{R}$ 都为正定加权矩阵。到现在为止，系统设计又转化为寻找一个最优控制律使式（20-11）取极小值这一经典问题。本章不准备对求解过程进行展开，仅给出这个解的表达式：

$$\Delta u(k) = \mathbf{F_0} x_0(k) + \sum_{j=0}^{M_d} \mathbf{F_d}(j) \Delta d(k+j) \quad (20-12)$$

式中，$\mathbf{F_0} = -\begin{bmatrix} \mathbf{R} + \mathbf{B_u}^T \mathbf{P} \mathbf{B_u} \end{bmatrix}^{-1} \mathbf{B_u}^T \mathbf{PA}$，正定矩阵 $\mathbf{P}$ 为 Riccati 方程的解。

$\mathbf{F_d}(j) = -\begin{bmatrix} \mathbf{R} + \mathbf{B_u}^T \mathbf{P} \mathbf{B_u} \end{bmatrix}^{-1} \mathbf{B_u}^T (\xi)^j \mathbf{P} \mathbf{B_d}$，$j = 0, 1, 2, \cdots, M$，$\varepsilon = \mathbf{A} + \mathbf{B_u} \mathbf{F_0}$

对式（20-12）进行 Z 变换，并进一步绘制出控制结构图（见图 20-1）：

$$u(k) = \mathbf{F_e} \frac{1}{1-z^{-1}} e(k) + \mathbf{F_x} x_0(k) + \mathbf{F_{pv}}(z) d(k) \quad (20-13)$$

式中，$\mathbf{F_0} = \begin{bmatrix} \mathbf{F_e} & \mathbf{F_x} \end{bmatrix}$，$\mathbf{F_{pv}}(z) = \mathbf{F_d}(0) + \mathbf{F_d}(1)z + \cdots + \mathbf{F_d}(M)z^M = \sum_{j=0}^{M} \mathbf{F_d}(j)z_j$

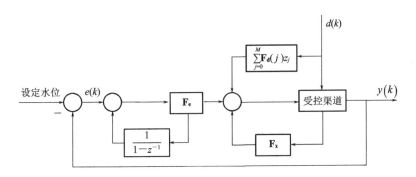

图 20-1　可预知算法控制结构图

20.2.2.3　模型阶跃响应测试

渠道是耗散系统，即使不施加任何控制，渠道水位最终也将稳定，将未施加任何控制的系统称为原始系统，称描述该系统的水力学数学模型为状态空间名义模型。为利用脉冲响应分析工具来理解扰动可预知模型建立的意义，本章仅考虑计划内分水扰动影响，采用矩形方波脉冲代替渠道分水变化，分别使用 LQR 最优控制算法和本文所建立的扰动可预知算法对原始闭环反馈系统进行仿真计算，绘制出单渠段状态空间名义模型在该扰动下的输出响应，图 20-2 为渠道系统在这三种运行方式下的控制点水位响应曲线，图 20-3 为系统分别在 LQR 算法和本文算法下的控制输入。不考虑实际物理意义，两组实验使用相

同的控制参数和加权矩阵。

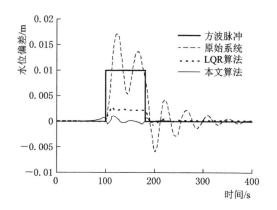

图 20-2　控制点水位响应曲线

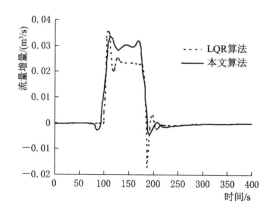

图 20-3　控制信号输入变化曲线

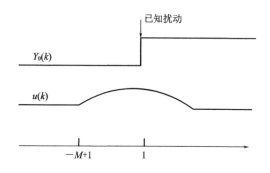

图 20-4　预知分水后的模型调整过程

综合图 20-2 和图 20-3 的结果，可以看出虽然 LQR 算法和本文算法的控制输入相差不大，但后者的分水扰动一直效果明显优于前者，证实了可预见控制算法的确可以通过未来情报的利用和前馈作用取得较理想的控制效果。图 20-4 有助于进一步理解扰动可预知模型建立的意义（设定水位变化为目标信号）。

如图 20-4 所示，如果在 $k=1$ 的目标值将有变化，受控渠段能在此前 M 步预知该信息，并根据优化评价函数选择适宜时间段完成控制量的调整，以期望系统能够从容避免系统超调，减小稳态误差。

20.2.3　电子渠道仿真测试

南水北调中线京石（北京—石家庄）应急段工程，起点为古运河节制闸，终点为河北省渠道终点，全长 217.045km。整个渠道由 14 个节制闸分成 13 个相对独立的子渠段。起点渠段设计流量为 170m³/s，终点渠段设计流量为 60m³/s。电子渠道按设计流量运行，在渠道运行过程上游水深保持不变。永安分水口（位于第 2 渠段）初始分水为 3.75m³/s，西名村分水口（位于第 3 渠段）初始分水为 1.5m³/s，留营分水口（位于第 4 渠段）初始分水为 16.5m³/s，大寺城涧分水口（位于第 6 渠段）初始分水为 3.75m³/s，高昌分水口（位于第 6 渠段）初始分水为 0.7m³/s，郑家佐分水口（位于第 8 渠段）初始分水为 9.0m³/s，西黑山分水口（位于第 9 渠段）初始分水为 5.38m³/s，荆轲山分水口（位于第 11 渠段）初始分水为 1.5m³/s，三岔沟分水口（位于第 13 渠段）初始分水为 10.5m³/s。

将可预知优化调度模块植入南水北调中线电子渠道平台，着眼于系统工况突变后的系统随动性分析，对运行控制系统的整体性能综合考察。位于第 9 渠段的西黑山分水口（即天津干渠取水口）为应急段工程的主要分水口，所允许分水流量变化大，对干渠水位变化影响也较强，并认为若满足西黑山分水口紧急分水要求，京—石应急段渠道控制系统设计合格。

设西黑山分水口在分水过程中，分水流量大幅变化。按照分水计划，西黑山分水口在第 2 小时时段初，分水口分水流量突然由 $5.38\mathrm{m^3/s}$ 增至 $58.38\mathrm{m^3/s}$，渠道运行到第 4 个小时，分水口流量又增加 $5.32\mathrm{m^3/s}$，总分水增至 $63.70\mathrm{m^3/s}$，渠道运行至第 8 个小时，西黑山分水口紧急关闭（分水流量突降为 0）。绘制受控渠道在下游常水位（即闸前常水位）运行模式下，各渠段控制点的水位偏差。受控渠道各渠段控制点水位偏差如图 20-5 所示。

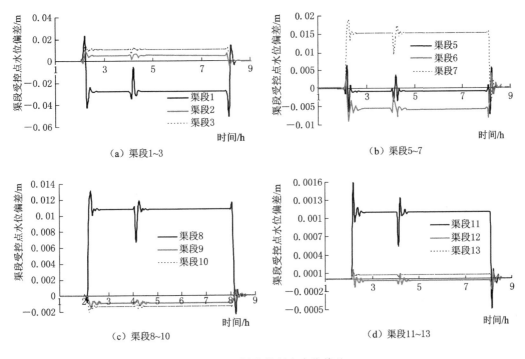

（a）渠段1~3　　　　　　（b）渠段5~7

（c）渠段8~10　　　　　　（d）渠段11~13

图 20-5　渠段控制点水位偏差

根据图 20-5 分析算法的运行控制性能。第 2 小时时段初分水口流量突然大幅增加，系统针对此变化及时作出响应，计算并重新设定渠道控制点水位，各渠段经过短暂调整后稳定在新的运行点。系统运行至第 4 小时时，分水流量又增加 $5.32\mathrm{m^3/s}$，各渠池经过短暂调整后，水位恢复稳定。渠道运行 8 小时后，西黑山分水口关闭，受控渠道重新恢复至原设定水位。渠道整个调整过程各渠池闸前水位偏差式中保持在 5cm 以内，符合规定 15cm/h 和 30cm/24h 的水位波动安全限幅。由此可以看出，受控渠道在大分水情况下能重新调整控制水位，小分水情况下能够维持控制点水位不变，工况恢复之后受控渠道还能无偏差回归至原水位控制点。系统在整个调整过程都满足渠道的安全运行要求，这表明本论文所设计渠道自动化控制系统随动性能良好，针对扰动具有较强的鲁棒性。提请注意的是，本章所设定工况，采用相关研究成果中的控制逻辑（方神光 等，2007；方神光 等，2008），电子渠道平台都无法顺利完成推演，也就是说对上述文献所提起的运行控制方法而言，该工况实际"不可控"。

20.3 扰动可预知算法在实际渠道上的应用

20.3.1 水力学数学模型

20.3.1.1 积分-时滞模型

积分-时滞模型是有适用前提的，最重要一个前提就是渠段必须有明显的回水区。在回水区内，水面近似与地面平行。Corriga 等（1982）发现渠段"回水区"能够主动整合渠段内波动，渠道回水区堪称为渠道的物理"积分器"，并认为以回水区为界，可以将渠段划分为"均匀流区"和"回水区"两部分。Papageorgiou 等（1985）通过多次现场试验测定，发现渠池"均匀流区"对"回水区"是具有补偿作用的，这种补偿通常会有较大的时间滞后，也就是说"均匀流区"对"回水区"的补偿是"时滞"性的，而且渠池水位波动幅度主要受流量补偿时间滞后的影响。

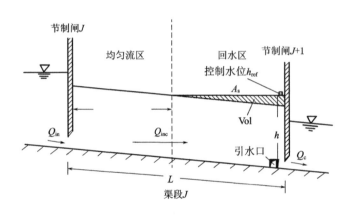

图 20 - 6　渠段单元概化图

积分-时滞模型将渠段单元概化如图 20 - 6 所示，渠段采用下游常水位运行方式，引水口选取在渠段下游，水位控制点 h_{ref} 设置在下游节制闸前。

由图 20 - 6 可以看出，渠段水面被虚线分为两部分，虚线左半部分为均匀流区，右半部分为回水区。阴影部分 Vol 代表渠段槽蓄，通常认为 Vol 是渠段内可调蓄的水体。设回水区面积为 A_s，上游渠段通过本渠段"恒定流区"对本渠段"回水区"进行流量补偿的滞后时间为 τ。基本方程可以写成如下形式：

$$Q_{inc}(t) = Q_{in}(t-\tau) \tag{20-14}$$

$$A_s \cdot \frac{dh(t)}{dt} = Q_{inc}(t) - Q_{offtake}(t) - Q_c(t) \tag{20-15}$$

式中：Q_{in} 为渠池入流流量；Q_{inc} 为渠池回水区入流流量；Q_c 为渠池下泄流量；$Q_{offtake}$ 为引水口引水流量；A_s 为回水区面积；h 为水位。

式（20-14）和式（20-15）理解起来是比较直观的，式（20-14）其实就是水力学总流分析的连续方程。式（20-14）为引水变化后的楔形水体的增量线性化表达。以楔形水体为总流分析的控制体积，引水变化后的楔形水体的变化速率其实就是式（20-15）。式（20-14）和式（20-15）合称积分-时滞模型。由此总结出该模型的两个特点：①物理意义明确。②只有回水区面积 A_s 和补偿时滞 τ 两个主要模型参数，待定参数少。该模型还有另外两个特点，文后将进行交代。

Ellerbeck（1995）和 Schuurmans 等（1999）通过实验测定了 W - M 支渠段在设定工

况下的"回水区面积 A_s"和相应的"时滞 τ",并对积分-时滞模型有效性进行验证,验证结果表明模型计算值和实测值高度符合,证实了积分-时滞模型的确可以很好地逼近渠段的稳态运行特性。

20.3.1.2　模型参数辨识

回水区面积 A_s 和补偿时滞 τ 是积分-时滞模型用来表征渠道水力特性的重要常数,是模型判断和预测渠段当前状态的基础。正确率定这两个模型参数至关重要。选用 W-M 支渠第 3 渠段,介绍了渠段分别在大、小入流流量两种工况下的参数辨识过程。渠段 3 的基本水力参数见表 20-1。

表 20-1　　　　　　　　　　渠段基本水力参数

参数	渠段长度/m	坡降	渠底宽度/m	边坡系数	糙率
数值	422.7	0.004	1.22	1.5	0.02

渠段采用下游常水位运行模式,下游节制闸前水位 0.85m。渠段入流流量从 $0.36\text{m}^3/\text{s}$ 在 12h 内缓慢增至 $1.44\text{m}^3/\text{s}$,可认为渠段一直在稳定状态下运行。设渠段入流流量为 $0.36\text{m}^3/\text{s}$ 时为工况 1,渠段入流流量达到 $1.44\text{m}^3/\text{s}$ 时为工况 2,绘制渠道水面沿程分布图 20-7,工况 1 和工况 2 水面线分别为流量变化过程中的渠段水面的下、上包络线。

由图 20-7 可以看出,渠段水面明显可分为均匀流区和回水区两部分,渠段回水区水面近似水平,水深沿程增加;随着入流流量的增加,均匀流区和回水区结合点逐渐移向渠段下游,回水区面积随之减小。由此不难看出,当渠段入流增加至某个流量,渠段回水区就会消失,但在回水区消失前渠段下游闸前水位仍能保持不变。实际上如果渠道坡降过缓,渠段同样也没有明显的回水区。为应用积分-时滞模型,本文所讨论渠段皆保留有明显回水区,采用下述方法可以较为精确地率定模型参数。

假定渠段上游入流流量变化 ΔQ,绘制流量改变后的均匀流区和回水区结合点水深随时间变化曲线,估计流量变化对结合点水深影响,对回水区面积和补偿时间进行辨识,回水区面积和补偿时间参数辨识见图 20-8。

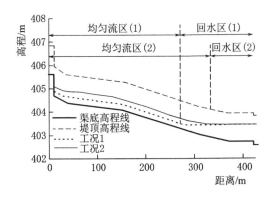

图 20-7　渠段在不同工况下的沿程水面分布

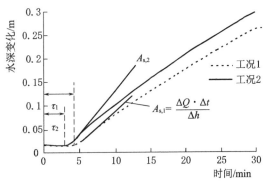

图 20-8　回水区面积和补偿时间参数辨识

439

以工况 1 为例，渠段上游入流流量增加 ΔQ 开始计时，经过时间 τ_1 结合点水深才会改变，称 τ_1 为工况 1 下的补偿时滞。此外，通常取串联各渠段补偿时滞之和为渠道优化调度模型的预测时间，据此可确定可预知算法中的预测步长 M 的值。工况 1 下的回水区面积 $A_{s,1}$ 可由如下公式获取：

$$A_{s,1} = \frac{\Delta Q \cdot \Delta t}{\Delta h} = \frac{\Delta Q}{K}, \ K = \Delta h / \Delta t \tag{20-16}$$

式中：h 为水深；t 为时间；Δh 和 Δt 分别为结合点水位和时间的增量；K 为工况 1 水深变化曲线在转折点处的斜率。

由上述模型参数率定方法可以看出，回水区面积 A_s 的确定不受断面变化影响，即使遇到不规则的过水断面，回水区面积也很容易准确率定。由此，可以总结出积分-时滞模型另外的两个特点：①实现简单；②计算方便。

表 20-2 为利用上述方法获取的工况 1 和工况 2 的实测值。由表 20-2 可知，渠段在设定不同工况下运行，均匀流区对回水区的补偿滞后时间差别可达 35%。结合表 1 对回水区楔形蓄水体积进行粗略估算，工况 1 和工况 2 蓄水体积差别最大可达 52%。因此，即使渠道在稳态运行情况下，实时辨识渠道实际运行状况，并适时调整模型参数，也是很有必要的。

表 20-2 不同工况下的模型参数

工况 1（入流流量为 $0.36\text{m}^2/\text{s}$）		工况 2（入流流量为 $1.44\text{m}^2/\text{s}$）	
τ_1/s	$A_{s,1}/\text{m}$	τ_2/s	$A_{s,2}/\text{m}$
120	503	78	240

20.3.1.3 状态空间模型

要应用可预见模型，就需要根据模型接口要求，将积分-时滞模型书写成状态方程的通用表达。定义变量 $x(t)$ 各测点水位与设定值的偏差，该变量对时间的导数为 $x(t)$，$u(t)$ 为节制闸过闸流量与设定工况下的稳态流量之间的偏差，则该通用表达式可做如下表达：

$$\dot{x}(t) = \mathbf{A}x(t) + \mathbf{B_u}u(t) + \mathbf{B_d}d(t) \tag{20-17}$$

式中：$\mathbf{A}$ 为渠道各测点水位、流量间耦合关系的度量矩阵；$\mathbf{B_u}$ 为控制量矩阵，表征节制闸开度变化对各测点水位、流量的影响；$\mathbf{B_d}$ 为扰动度量矩阵，表征引水口引水流量变化对渠池水位、流量的影响。

将式（20-15）代入式（20-14）中，可得

$$A_s \cdot \frac{dh(t)}{dt} = Q_{\text{in}}(t-\tau) - Q_c(t) - Q_{\text{offtake}}(t) \tag{20-18}$$

由 20.3.1.2 节的分析结果所知，即使稳态工况下模型参数也会发生漂移，因此有必要每隔一段时间就重新率定模型参数，所设定的这段时间就是采样时间。设模型采样时间为 T_c，将时间连续方程式（20-18）写成适合控制的时间离散表达式：

$$\Delta h = h(k+1) - h(k) = \frac{T_c}{A_s}\{Q_{\text{in}}(k-k_d) - [Q_c(k) + Q_{\text{offtake}}(k)]\} \tag{20-19}$$

式中：k 为时间步长，$k_d = \tau/T_c$ 为时滞步长。选取参考点水位 h_{ref}，设 $e(k)$ 为控制点水位

偏差，则：

$$e(k) = h(k) - h_{\text{ref}} \atop e(k+1) = h(k+1) - h_{\text{ref}} \Bigg\} \Rightarrow h(k+1) - h(k) = e(k+1) - e(k)$$

对式 (20-19) 进行简单变换可得水位偏差控制方程：

$$e(k+1) - e(k) = \frac{T_c}{A_s}\{Q_{\text{in}}(k-k_d) - [Q_c(k) + Q_{\text{offtake}}(k)]\} \qquad (20-20)$$

$$e(k) - e(k-1) = \frac{T_c}{A_s}\{Q_{\text{in}}(k-1-k_d) - [Q_c(k-1) + Q_{\text{offtake}}(k-1)]\} \quad (20-21)$$

将式 (20-21) 代入式 (20-20) 中，得

$$e(k+1) = e(k) + [e(k) - e(k-1)] + \frac{T_c}{A_s}[Q_{\text{in}}(k-k_d) - Q_{\text{in}}(k-1-k_d)]$$

$$- \frac{T_c}{A_s}\{[Q_c(k) - Q_c(k-1)] + [Q_{\text{offtake}}(k) - Q_{\text{offtake}}(k-1)]\}$$

$$(20-22)$$

式 (20-22) 还可简写为

$$e(k+1) = e(k) + \Delta e(k) + \frac{T_c}{A_s}\Delta Q_{\text{in}}(k-k_d) - \frac{T_c}{A_s}[\Delta Q_c(k) + \Delta Q_{\text{offtake}}(k)]$$

$$(20-23)$$

利用上述变换方法还可获取水位偏差变率控制方程：

$$\Delta e(k+1) = \Delta e(k) + \frac{T_c}{A_s}\Delta Q(k-k_d) - \frac{T_c}{A_s}[\Delta Q_c(k) + \Delta Q_{\text{offtake}}(k)] \qquad (20-24)$$

考虑第 J 渠段在设定工况下运行，若该渠段有 m 个引水口，测定时滞并据此计算出的时滞步长 $k_d = n$，根据式 (20-23) 和式 (20-24) 建立状态空间模型：

$$x(k+1) = \mathbf{A}x(k) + \mathbf{B_u}u(k) + \mathbf{B_d}d(k) \qquad (20-25)$$

式中，变量

$$x(k+1) = [e(k+1) \quad \Delta e(k+1) \quad \Delta Q_{\text{in}}(k) \quad \Delta Q_{\text{in}}(k-1) \quad \cdots \quad \Delta Q_{\text{in}}(k-(n-1))]^{\mathrm{T}}$$
$$x(k) = [e(k) \quad \Delta e(k) \quad \Delta Q_{\text{in}}(k-1) \quad \Delta Q_{\text{in}}(k-2) \quad \cdots \quad \Delta Q_{\text{in}}(k-n)]^{\mathrm{T}}$$
$$u(k) = [\Delta Q_c(k)]^{\mathrm{T}}$$
$$d(k) = [\Delta Q_{\text{in}}(k) \quad \Delta Q_{d1}(k) \quad \Delta Q_{d2}(k) \quad \cdots \quad \Delta Q_{dm}(k)]$$

矩阵

$$\mathbf{A} = \begin{bmatrix} 1 & 1 & 0 & 0 & \cdots & \frac{T_c}{A_{si}} \\ 0 & 1 & 0 & 0 & \cdots & \frac{T_c}{A_{si}} \\ 0 & 0 & 0 & 0 & \cdots & 0 \\ 0 & 0 & 0 & 1 & \cdots & 0 \\ \vdots & \vdots & \vdots & \vdots & \vdots & \vdots \\ 0 & 0 & 0 & 0 & \cdots & 0 \end{bmatrix} \quad \mathbf{B_u} = \begin{bmatrix} -\frac{T_c}{A_{si}} \\ -\frac{T_c}{A_{si}} \\ 0 \\ 0 \\ \vdots \\ 0 \end{bmatrix} \quad \mathbf{B_d} = \begin{bmatrix} 0 & -\frac{T_c}{A_{si}} & -\frac{T_c}{A_{si}} & \cdots & -\frac{T_c}{A_{si}} \\ 0 & -\frac{T_c}{A_{si}} & -\frac{T_c}{A_{si}} & \cdots & -\frac{T_c}{A_{si}} \\ 1 & 0 & 0 & 0 & 0 \\ \vdots & \vdots & \vdots & \vdots & \vdots \\ 0 & 0 & 0 & 0 & 0 \end{bmatrix}$$

至此，将积分-时滞水力学模型转化为适合算法设计的状态方程，式 (20-25) 是以过闸流量（或闸门开度）为控制输入，引水变化为系统扰动，控制点水位偏差及偏差变率

为系统状态的空间描述，该描述包含了优化调度算法设计的全部信息，故此，通常还将式（20-25）称为全状态空间模型。扰动可预知算法基于式（20-25）进行设计，设计实现在实际渠道上进行验证。

20.3.2 算法应用

W-M渠道从Santa Rosa干渠取水，渠道长约9.5km，渠段最大允许流量为2.8m³/s，分水口位于渠段下游，渠道采用闸前常水位运行模式以确保恒定分水，W-M支渠水力参数见表20-3。

表 20-3 W-M 支 渠 水 力 参 数

渠段	长度/m	水头落差/m	边坡系数	渠底宽/m	渠高/m
1	118.0	1.26	1.5	1.22	1.22
2	1202.8	9.69	1.5	1.22	1.22
3	422.7	3.04	1.5	1.22	1.22
4	809.0	4.50	1.5	1.22	1.22
5	1953.5	9.90	1.5	1.22	1.22
6	1669.2	3.41	1.5	1.22	1.22
7	1617.0	4.41	1.5	0.61	1.22
8	1491.4	4.24	1.5	0.61	1.22

20.3.2.1 实验工况设定

积分-时滞模型有适用条件，多年运行实践证明运行平台小流量在工况1（渠道上游入流流量为0.36m³/s）和工况2（（渠道上游入流流量为1.44m³/s小流量）下，模型是较为精确的。实际上，控制系统通常也只允许在这两种工况运行。本节实验是优化调度算法的验证，只需保证模型精确与渠道运行工况并无直接关系，设定渠道在工况1下运行。实验分两组进行：①验证积分-时滞模型参数设置。②对比检验优化调度算法性能。第一组实验为先验性实验。

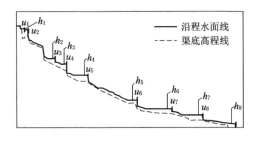

图20-9 W-M支渠纵剖面及水面线示意图

设定工况：Santa Rosa干渠分水闸为u_1，设定干渠下泄流量为0.36m³/s，W-M支渠初始无分水，且处于稳定状态。绘制渠道水面线，W-M支渠纵剖面及水面线见图20-9。可以发现，在该工况下渠段有稳定回水区，恒定流区与回水区区分明显，满足积分-时滞模型适用条件。

渠道采用下游常水位运行模式，水位控制点选取在各受控渠段下游（即渠段下游节制闸前)。设渠首闸门 h_1 桩号为 0，据此可确定沿程各渠段控制点位置，控制点位置及编号顺序详见图 20-9，表 20-4 为控制点位置及控制点所处渠段回水区参数。注：为方便计量，认为控制点即为渠段恒定流区与回水区结合点。

表 20-4　　　　　　　　　　　控制点位置及所处渠段回水区参数

控制点	桩号/m	海拔高程/m	回水区面积 A_s/m^2	测定时滞 τ/s
h_1	118.0	416.226	397	0
h_2	1320.8	406.533	653	534
h_3	1743.5	403.421	503	120
h_4	2552.5	399.072	1630	162
h_5	4506.0	——	1152	171
h_6	6175.2	385.530	1614	792
h_7	7792.2	381.192	2000	540
h_8	9483.6	376.773	1241	1008

20.3.2.2　先验性实验

设定闸门开度以小增量变化来避免模型非线性计算造成的模拟失真。选取渠段 2 和渠段 7 为实验对象进行独立考察，这两个渠段分别位于顺序第 2 渠段和逆序第 2 渠段，可以分别通过调整渠首闸门和渠末闸门来维持该渠段工况稳定，另外这两个渠段又不是离渠首和渠末闸门特别近，闸门调节过程对渠池波动影响不大，因而更能反映模型参数率定情况。

工况设定：①渠段 2：合理调节闸门 h_1 严格维持渠段 1 的回水区，以避免渠首流量变化对实验的影响，其余渠段状态保持不变。②渠段 7：动态调整闸门 h_8 开度以维持渠段 7 回水区恒定，其余渠段状态保持不变。

图 20-10 为节制闸 u_3 按照设定开度变化时，检测点 h_2 水位偏差计算与实测值对比图。图 20-11 为节制闸 u_8 按照设定开度变化时，检测点 h_7 水位偏差计算与实测值对比图。为方便比较，将闸门开度变化序列和计算、实测水位绘制在同一张图内。

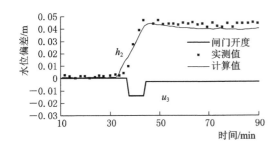

图 20-10　检测点水位偏差 h_2 计算值
与实测值对比图

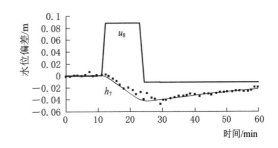

图 20-11　检测点水位偏差 h_7 计算值
与实测值对比图

由图 20-10 和图 20-11 可以看出，无论闸门开启或关闭，计算值都能够较好地与实测值相吻合，积分-时滞模型能够较好地模拟渠道实际状态。更重要的是，实验表明离散积分-时滞模型参数设置正确，实验所使用的控制设备运转正常。

20.3.2.3 算法性能比较

优化调度性能就是渠道在工况改变后，协同操作应对改变的能力。本章考察在此工况下的 LQR 算法和本文算法优化调度性能，本章优化调度算法是 DSP 芯片实现，采用 DSP 芯板片外存储器内的离线分析数据，LQR 算法为基于历史运行数据的仿真再现。为保证绘制曲线的平滑，所使用的数据皆为滤波处理后的数据。

设定工况：渠道入流流量为 $0.36\text{m}^3/\text{s}$，分水计划见表 20-5，渠道第 2h 分水流量为 $0.3\text{m}^3/\text{s}$，从第 4h 分水流量已达 $0.5\text{m}^3/\text{s}$，从第 6h 开始分水流量为 $0.75\text{m}^3/\text{s}$，维持该分水 2h 后，流量逐步调小至 $0.3\text{m}^3/\text{s}$。

表 20-5 　　　　　　　　　　　　分　水　计　划

时　段	流量/(m^3/s)					
	0～2h	2～4h	4～6h	6～8h	8～10h	10～12h
渠段 3	0	0.1	0.2	0.25	0.2	0.2
渠段 7	0	0.2	0.3	0.5	0.1	0.1

由分水计划可知，某些时段渠道分水流量超过上游水库下泄流量。此时系统需要充分利用各渠段槽蓄，对各渠段进行联合调度，才能有效避免渠段水位振荡。优化调度算法参数根据经验，通过试凑取得。优化调度算法调控参数见表 20-6。

表 20-6 　　　　　　　　　　　优化调度算法调控参数

控制参数	T_s/s	M_d	Q_e（x_0加权）	Q_d（x_d加权）	R
数值	240	30	44	4.0×10^4	4.4×10^3

图 20-12～图 20-18 为各控制点分别在 LQR 和本章所采用的可预知算法下的水位偏差曲线。

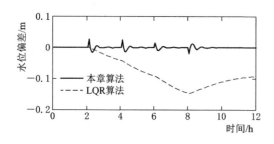

图 20-12 不同调度策略下的控制点
h_1 水位偏差对比图

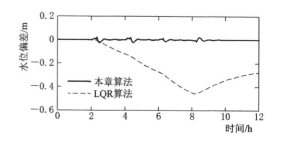

图 20-13 不同调度策略下的控制点
h_2 水位偏差对比图

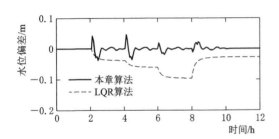

图 20-14　不同调度策略下的控制点
h_3 水位偏差对比图

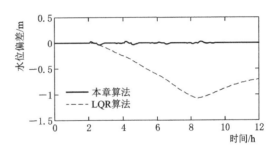

图 20-15　不同调度策略下的控制点
h_4 水位偏差对比图

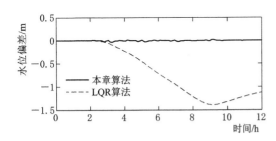

图 20-16　不同调度策略下的控制点
h_5 水位偏差对比图

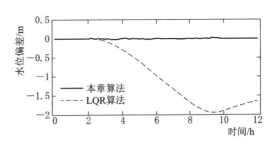

图 20-17　不同调度策略下的控制点
h_6 水位偏差对比图

由图 20-12～图 20-18 可以看出，在不同控制策略下的渠段水位响应方式截然不同，渠道系统依照本文优化调度算法指定的调控策略，受控渠池控制点水位波动偏差较小，基本上无稳态误差，在 LQR 算法下控制点水位偏差较大，但是都满足美国农垦局规定的混凝土衬砌渠道水位下降速率不得超过 0.15m/s 的基本安全运行要求。由表 20-5 可知，从第 4h 开始，渠段 3 和渠段 7 分水流量之和已经达到 0.5m³/s，渠

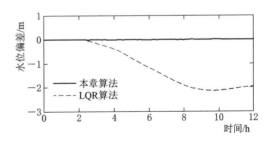

图 20-18　不同调度策略下的控制点
h_7 水位偏差对比图

道上游来流流量仍为 0.36m³/s 小于该分水流量，整个渠道供需出现不平衡。渠道优化调度平台应制定优化调度策略，消耗自身蓄水体积，最大限度地维持渠道水位稳定。

综合各图结果发现，本章优化调度算法能够预知分水变化，在渠系状态空间系统中计算储蓄水体消耗，并据此制定优化调度策略。所制定的调度策略基本可以维持控制点水位恒定。由图 20-14 还可以看出，LQR 算法在流量改变后，三次试图改变控制点 h_3 水位以维持渠道的稳定运行，实际上本地控制单元并没有能力将扰动抑制在渠段内。另外，这个调控过程延缓了调整时间，错失了调整良机，加剧了水位波动，其结果是：整个调整过程中的渠段运行水位一直低于设计水位，控制点 h_4 水位最大偏差为 -1.07m，h_5 为 -1.39m，h_6 为 -1.94m，一直到 h_7 水位最大偏差为 -2.14m，控制误差叠加直接导致下游渠段水位稳态偏差逐步增大。从渠段 5 开始，2h 内水位降幅已然超过 0.30m。如果渠段要调整至

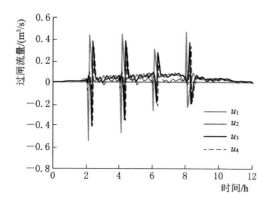

图 20-19　节制闸 $u_1 \sim u_4$ 过闸流量变化曲线

原稳态工况，需要转换为人工监控模式，重新进行工况校准。图 20-19 为节制闸 $u_1 \sim u_4$ 过闸流量变化曲线。

节制闸 u_1 和 u_2（节制闸 u_3 和 u_4 为反趋势）过闸流量调节动作一致，控制点 $h_1 \sim h_3$ 水位出现较大偏差，由此可以得出渠段 1 至渠段 4 的槽蓄参与调节，渠段 1 至渠段 3 受到影响最大。这不难理解，系统预知渠段 3 分水量超过自身调蓄能力，预支渠段 1 和渠段 2 槽蓄对渠段 3 进行补偿，同时减少渠段 4 的入流流量，由于渠段 4 回水区调节作用，降水波对控制点 h_4 水位影响较小。

参照相对应的流量调控过程，可以看出在分水口实施分水前 25 个步长（约 1.5h 左右），逐步形成两个流量波峰（谷）。这可以从模型调控机理来解释，模型提前 M 步预见到分水变化，并开始逐步调节渠段槽蓄容积。根据下游需水量，渠段调整闸门开度释放本渠段回水区的蓄水容积，形成下游渠段第一个波峰（本段渠段为波谷）。尚未等到本段渠段以水位降低的形式反映流量变化，上游渠段已形成一个类型相同的流量波峰通过该渠段的恒定流区补给回水区，此时本段渠段完成了第二个波峰的筑就过程。据此，完全有理由得出预知模型是利用渠道的大时滞运行特性进行合理调节槽蓄的一种手段。

同时还可以看出，渠道时滞主要体现在两个方面：①渠段波动传输的滞后性，即上游水波到达下游所需要的时间。②水位-流量反馈机制的滞后性，即流量变化和水位变化并不能即时地得到体现，水位变化往往会滞后于流量变化，以水位为直接控制目的的系统设计更容易错过渠道实施调节的最佳时机。

20.4　本章小结

对南水北调中线工程来说，渠道分水变化是可以预先获知的。如果将分水过程看作系统未知扰动，显然不尽合理。本章吸收预测模型建模思路，将扰动矩阵 $\mathbf{B}_d$ 看作可预见外扰，尝试构造出包含有 M 步未来信息的扩展系统。系统设计是在预测算法的基础上进一步涵括了可预知的外扰信息 $d(k)$，因此称该运行控制模块为扰动可预知模块。本章详细阐述了可预知模型的建模启示和思路，利用脉冲响应测试来理解模型机制，使用电子渠道仿真实验来说明模型的确可用。

本章将积分-时滞模型用在实际渠道上，结果表明：①积分-时滞模型物理意义明确，待定参数少，实现简单，计算方便。但是模型对入流流量有一定要求，受控渠段必须有明显回水区才行。②本章对积分-时滞模型进行离散变换，将其转化为适合可预知算法设计的状态空间模型。先验性实验表明，该转换方法正确，实测结果与计算结果一致。③无论是 LQR 算法还是扰动可预知算法，算法设计的主要目的都是维护渠道安全、高效运行，所使用的主要控制手段都是维持控制点水位、消除水位偏差（如不能消除偏差，就使水位变化平缓），设计的核心都是围绕"如何才能充分利用渠道自身槽蓄"进行。④可预知算法之所以能够取得较好的控制效果是因为模型充分考虑水波传输的时滞特性，另外模型能够提前利用渠道槽蓄，以便有充足的时间预留给系统较多的调整空间。

参考文献

方神光，吴保生，傅旭东，等，2007. 南水北调中线输水渠道中分水口的影响 [J]. 清华大学学报（自然科学版），47（9）：1452 - 1456.

方神光，李玉荣，吴保生，2008. 大型输水渠道闸前常水位的研究 [J]. 水科学进展，19（1）：68 - 71.

李义天，1997. 河网非恒定流隐式方程组的汊点分组解法 [J]. 水利学报，（3）：49 - 57.

史哲，马吉明，郑双凌，2007. 节制闸控制下宽浅渠道内的非恒定流 [J]. 南水北调与水利科技，5（6）：21 - 24.

魏加华，王光谦，陈志祥，等，2007. 南水北调中线电子渠道平台建设 [J]. 南水北调与水利科技，5（2）：28 - 52.

吴保生，尚毅梓，崔兴华，等，2008. 渠道自动化控制系统及其运行设计 [J]. 水科学进展，19（5）：746 - 755.

余国安，2004. 闸门调控下的灌溉渠道非恒定流数值模拟研究 [D]. 咸阳：西北农林科技大学.

CLEMMENS A J, SLOAN G, SCHUURMANS J, 1994. Canal - control needs：Example [J]. Journal of Irrigation and Drainage Engineering, 120（6）：1067 - 1085.

CORRIGA G, FANNI A, SANNA S, et al. , 1982. A constant volume control method for open channel operation [J]. International Journal Modeling and Simulation, 2（2）：108 - 112.

DURDU Ö F, 2006. Control of transient flow in irrigation canals using Lyapunov fuzzy filter - based Gaussian regulator [J]. InternationalJournal for Numerical Methods in Fluids, 50（4）：491 - 509.

ELLERBECK M B, 1995. Model predicative control for an irrigation canal [D]. The Netherlands：Delft University.

GUITART J S, VALENTIN G M, BENEDE J R, 2008. A control tool for irrigation canals with scheduled demands [J]. Journal of Hydraulic Research, 46（sup1）：152 - 167.

LOZANO D, ARRANJA C, RIJO M, et al. , 2010. Simulation of automatic control of an irrigation canal [J]. Agricultural Water Management, 97（1）：91 - 100.

PAPAGEORIOU M, MESSMER A, 1985. Continuous - time and discrete - time design of water flow and water level regulators [J]. Automatica, 21（6）：649 - 661.

SCHUURMANS J, CLEMMENS A J, DIJKSTRA S, et al. , 1999. Modeling of irrigation and drainage canals for controller design [J]. Journal of Irrigation and Drainage Engineering, 125（6）：338 - 344.

第21章　面向智能决策的水循环要素特性数据挖掘技术

21.1　引言

在全球气候变暖和人类频繁活动干扰的大背景下，世界上许多流域系统的自然平衡状态正在发生改变，呈现一种渐变或突变的发展趋势，致使区域乃至全球范围内水汽循环发生变异，洪涝、干旱、台风等水文气象极端事件频发，给人类社会经济的快速发展和生态文明建设造成重要影响。

降水是流域水循环中的关键要素。降水结构的变化是水循环变异的重要指标，逐渐引起国内外学者的关注：Zolina 等（2010）应用连续湿润天数的历时及其降水强度研究欧洲极端降水；Moberg 等（2006）和 Brommer 等（2007）利用最大连续降水天数研究欧洲、美国的极端降水事件的变化趋势；Zhang 等（2011）通过研究 27 个降水极值指标，发现中国降水极值变化特征区域差异明显。以上研究仅仅集中在总降水天数研究上，很少涉及不同历时的连续性降水，尤其是连续性降水结构的变化特征（Zolina et al.，2010；Moberg et al.，2006；彭俊台 等，2012）。针对长江上游流域降水变化，已有学者开展了一些研究（冯亚文 等，2013；王艳君 等，2005），从不同角度分析了长江上游流域降水时空变化规律，但降水结构的研究仍未开展。

近年来，受气候变化的影响，长江上游的洪涝和干旱等极端气候事件呈增加态势。随着三峡工程的建设、南水北调工程的开工和长江上游流域经济的进一步发展，更加迫切需要全面了解整个长江上游的水循环规律及其长期变化特征，降水结构研究作为其中的关键内容，其成果可为特大梯级水电枢纽运行调度服务。本章旨在通过探讨长江上游流域降水结构的变化，分析长江上游流域区域水循环对区域气候乃至全球气候变化的响应特征与机理。

21.2　研究区域概况

长江上游由源头至湖北宜昌，长约 4500km，约占长江总长度的 70％，三峡坝址以上流域面积约 100 万 km²，占流域总面积的 58.9％，多年平均径流量为 4510 亿 m³，约占全流域的 48％。除西部高原属高寒气候外，流域大部分地区属东亚或南亚季风气候。有研究表明，近百年来全球气候变暖主要由人类活动造成，长江上游又是气候变化的敏感区和脆弱区，冰川退缩、水土流失、地质灾害和旱涝等极端天气事件频发，影响和制约着长江上游水资源的开发利用（冯亚文 等，2013）。随着上游大型水电枢纽相继建成，三峡水库面临着全球变暖情境下自然降水的异常波动、上游水库群的人为调控、下游生活生产用水激增和通航保证水位限制等诸多新问题。因此研究长江上游流域降水结构时空演变特征，对于开发水电能源、实现上游水电枢纽的联合调度以及长江流域防洪抗灾，具有重要的现实意义和社会经济效益。

21.3　数据资料与研究方法

21.3.1　数据资料

长江上游流域按水文分区分为乌江流域、长江干流区间、嘉陵江流域、岷沱江流域、大渡河流域、雅砻江流域和金沙江流域等七大分区。各分区内气象站空间分布情况为：乌江流域 9 个（贵阳、思南、湄潭、遵义、毕节、黔西、酉阳、习水、桐梓），长江干流区间 6 个（宜宾、涪陵、万州、梁平、奉节、巴东），嘉陵江流域 12 个（武都、略阳、平武、广元、绵阳、阆中、巴中、万源、遂宁、南充高坪区、达县、沙坪坝），岷沱江流域 5 个（松潘、都江堰、雅安、峨眉山、乐山），大渡河流域 6 个（班玛、色达、马尔康、小金、康定、越西），雅砻江流域 10 个（清水河、石渠、甘孜、新龙、道孚、理塘、九龙、木里、凉山、盐源），金沙江流域 19 个（伍道梁、托托河、曲麻莱、玉树、德格、巴塘、稻城、迪庆、丽江、华坪、会理、元谋、楚雄、昆明、会泽、昭通、威宁、昭觉、雷波），空间分布图见相关文献（冶运涛 等，2014）。本章所分析的数据是长江上游 1961—2005 年上述各站逐日降水量资料。以日降水量不小于 1mm 作为降水天，以此排除个别非降水引起的微量降水（彭俊台 等，2012）。考虑到长历时降水和短历时降水表现出不同的长期变化趋势，故将降水过程按降水历时进行分类（殷水清 等，2012），类比李建等（2008）的分类方法，本章中的长历时降水和短历时降水分别为历时不少于 6d 的降水和历时小于 6d 的降水。

21.3.2　研究方法

Mann-Kendall 检验（简称"M-K 检验"）是 Mann 率先提出并由 Kendall 改进的一种非参数化的检验方法，被世界气象组织推荐并受到气象水文学者青睐。该方法因其对样本分布情况不予考虑、不受少量异常值干扰的特点，在评估水文时间序列趋势显著性研究中得到了广泛应用（殷水清 等，2012）。基于 M-K 检验的时间序列突变检验方法可以用于水文系列突变点的检测与识别，是研究水文系列对气候变化与人类活动响应的统计方法之一（魏凤英，2007）。

为克服 M-K 检验分析应用于自相关性序列样本可能使检验精度下降的不足，有学者提出了能消除序列中自相关性和保证原样本趋势性的 Trend Free Pre-Whitening 方法（Yue et al.，2002；Yue，Wang，2002）。该方法首先对要研究的降水时间序列进行处理，将原来的降水时间序列除以样本数据的均值，得到新样本数据序列。新的数据序列保持了原来数据序列的特性，不再受自相关性影响，应用非参数方法对此新系列进行趋势检验和突变点分析（张蔚 等，2010）。

考虑到降水发生率和贡献率无量纲，先统计区域内各站点的特征，再平均到区域。鉴于现有站网空间分布密度的限制，这种计算方法也是一种近似，随着观测站点密度增加，该计算方法的精度会更高。

21.4 结果与讨论

21.4.1 不同历时降水事件的发生率与对总降水量的贡献率

图 21-1 给出了长江上游流域及其各分区不同降水历时的降水事件的发生率及其对总降水量的贡献率的统计图。由图 21-1 可以看出，长江上游流域各历时降水发生率随降水

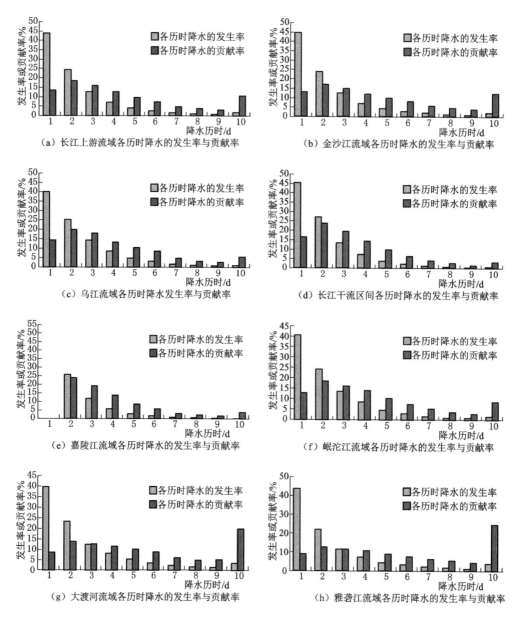

图 21-1　长江上游分区各历时降水的发生率和贡献率

历时增加大致呈指数形式递减，1d 历时降水事件发生率为 44％，2d 历时降水发生率为 24.4％，1～2d 历时降水发生率就高达 68.4％，9d 以上历时降水发生率为 2.4％；各历时降水贡献率与发生率变化不一致，随着降水历时增加呈先增加后减小趋势，至 10d 以上历时降水贡献率又出现上升的趋势，其中 2d 历时降水贡献率最高，其降水量占总降水量的 18.6％，10d 历时降水发生率虽然仅为 1.7％，而其贡献率高达 10.6％，1～2d 历时降水的发生率高达 68.4％，其贡献率却仅有 35％。经统计分析，长江流域以短历时降水（1～5d）为主，发生率为 92.4％，降水量占年降水总量的 70.3％；长历时降水（6～10d）发生率为 7.6％，降水量占总降水量的 29.7％。

考虑到流域水文要素的演变存在空间尺度效应，为深入理解长江上游流域降水结构的变化规律，按乌江流域、长江干流区间、嘉陵江流域、岷沱江流域、大渡河流域、雅砻江流域、金沙江流域等七个分区分析降水结构的空间规律。

通过对七个分区降水发生率的分析（图 21-1），七个分区的降水发生率随降水历时的变化与长江上游流域保持一致，基本呈指数趋势递减；各历时降水发生率在各分区的数值较接近，但 1d 历时降水有所差别，嘉陵江流域发生率在 50％以上，乌江流域、岷沱江流域、大渡河流域发生率约在 40％，金沙江流域、长江干流区间、雅砻江流域接近 45％，与长江流域均值较接近。从降水贡献率来看，七大分区降水贡献率随降水历时增加先增加后减小，至 10d 历时降水时出现了增加，且大渡河流域和雅砻江流域增加尤为明显，其中长江干流区间、嘉陵江流域、岷沱江流域、乌江流域、金沙江流域的 2d 历时降水贡献率最大，各分区值略有差别，长江干流区间、嘉陵江流域贡献率较为接近，分别为 23.6％和 23.9％；乌江流域为 19.9％，岷沱江流域为 18.4％，金沙江流域为 16.8％；大渡河流域和雅砻江流域 10d 以上历时降水的贡献率最大，分别为 19.7％和 24.6％。

分析短历时（1～5d）降水发生率和贡献率的分区特征。从发生率来看，各分区短历时降水发生率占 88％以上，其中长江干流区间、嘉陵江流域分别为 95.7％和 96.7％；金沙江流域、乌江流域、岷沱江流域比较接近，分别为 91.8％、92.5％和 92％；大渡河流域和雅砻江流域更加接近，分别为 88.1％和 88.6％。从贡献率来看，长江干流区间和嘉陵江流域几乎相等，分别为 83.2％和 83.3％；乌江流域和岷沱江流域分别为 75.7％和 71.8％，金沙江流域为 66.1％，大渡河流域和雅砻江流域分别为 55.9％和 52.2％。由此可知，大渡河流域和雅砻江流域的降水量中，虽然短历时降水发生率所占比例较大，但长历时降水贡献率已接近短历时降水的贡献率。

21.4.2　不同历时降水发生率与贡献率随时间变化趋势分析

以长江上游流域为对象，给出 1961—2005 年各历时降水发生率和贡献率变化趋势统计结果，见表 21-1。从表 21-1 可以看出，6d 和 10d 历时降水发生率变化趋势通过了显著性检验，且呈显著性下降，其他各历时降水发生率均没有显著变化；1d、2d、6d 和 10d 历时降水贡献率变化趋势通过了显著性检验，其中 1d 和 2d 历时降水贡献率显著增加，6d 和 10d 历时降水贡献率则显著减少，其他历时降水贡献率变化没有通过显著性检验，无显著变化。

表 21-1 不同历时降水发生率和贡献率变化趋势检验统计量

降水历时	1d	2d	3d	4d	5d	6d	7d	8d	9d	10d
发生率统计量	1.91	1.16	−0.24	−0.02	−0.71	−2.80	−1.70	−0.82	−1.93	−3.19
贡献率统计量	3.36	2.59	1.66	1.94	0.27	−2.63	−0.49	0.08	−1.88	−2.71

通过对不同历时降水发生率与贡献率的分析得出，6d 和 10d 历时降水发生率和贡献率均呈显著下降趋势；1d 和 2d 历时降水发生率无显著变化，但贡献率却显著增加。结果表明，长江上游流域在全球气候变化影响下，短历时的降水强度呈增大趋势，对洪水发生具有诱发作用；而长历时降水的降水频次和降水强度均呈减少趋势。

在上述分析基础上，检测与识别具有显著变化历时降水发生率和贡献率的突变点。图 21-2 和图 21-3 分别给出了其突变检验统计量的结果。

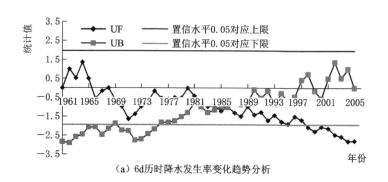

（a）6d 历时降水发生率变化趋势分析

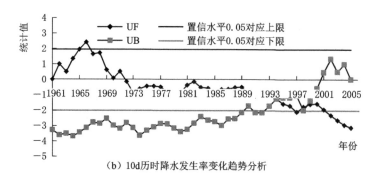

（b）10d 历时降水发生率变化趋势分析

图 21-2 6d 和 10d 历时降水发生率变化突变检验

图 21-2 表明，6d 和 10d 历时降水发生率突变的时间分别在 1984 年和 1999 年。图 21-3 表明，1d 和 2d 历时降水贡献率突变的时间均在 1976 年；6d 和 10d 历时降水贡献率发生突变的时间分别在 1984 年和 1999 年。

21.4.3 不同历时降水发生率与贡献率空间分布特性分析

通过对各分区的降水测站降水量进行趋势检验分析，按 1～2d、3～5d、6～8d、9～10d 四个等级解析出乌江流域、长江干流区间、嘉陵江流域、岷沱江流域、大渡河

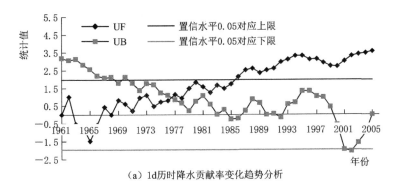

（a）1d 历时降水贡献率变化趋势分析

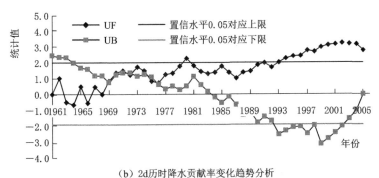

（b）2d 历时降水贡献率变化趋势分析

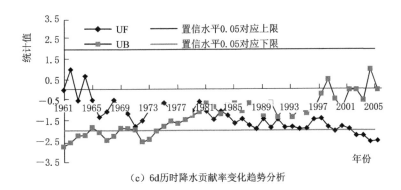

（c）6d 历时降水贡献率变化趋势分析

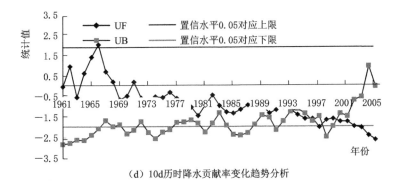

（d）10d 历时降水贡献率变化趋势分析

图 21-3　1d、2d、6d 和 10d 历时降水贡献率变化突变检测

流域、雅砻江流域和金沙江流域的降水发生率和贡献率的检验统计量，见表21-2和表21-3。

表21-2 各分区历时降水发生率变化趋势检验统计量

分区	降水历时			
	1~2d	3~5d	6~8d	9~10d
长江上游	2.81	−0.32	−3.04	−3.29
乌江流域	1.50	−0.56	−0.87	−1.64
长江干流区间	1.91	−0.12	−1.82	−2.76
嘉陵江流域	1.92	−0.41	−1.57	−2.86
岷沱江流域	2.47	−1.09	−2.90	−3.43
大渡河流域	2.76	−1.49	−2.38	−2.85
雅砻江流域	0.34	1.26	−1.56	−1.87
金沙江流域	1.07	−0.21	−0.76	−0.34

表21-3 各分区历时降水贡献率变化趋势检验统计量

分区	降水历时			
	1~2d	3~5d	6~8d	9~10d
长江上游	3.69	1.87	−2.28	−2.59
乌江流域	1.91	0.68	−0.38	−1.56
长江干流区间	2.16	0.85	−1.48	−2.70
嘉陵江流域	1.83	0.49	−1.30	−1.63
岷沱江流域	2.54	1.45	−1.70	−2.73
大渡河流域	2.63	1.65	−2.22	−1.94
雅砻江流域	0.48	2.82	−0.72	−1.66
金沙江流域	1.34	0.35	−1.29	0.27

从表21-2和表21-3看出，从各分区检验统计量的正负数值角度分析，各分区1~2d历时降水发生率和贡献率变化趋势检验统计量均为正值，呈增加趋势；3~5d历时降水发生率变化趋势检验统计量为负值（雅砻江流域除外），呈减少趋势，而其降水贡献率变化趋势检验统计量为正值，呈减少趋势；6~8d和9~10d降水发生率和贡献率变化趋势检验统计量均为负值，呈减少趋势。总体而言，短历时降水（1~2d）的降水频次和降水强度均呈增加趋势；长历时降水（6~8d和9~10d）的降水频次和降水强度均呈减少趋势；短历时降水（3~5d）的降水频次呈减少趋势，但其降水强度却呈增加趋势。

从各分区检验统计量的显著性角度分析，岷沱江流域和大渡河流域的1~2d历时降水发生率和贡献率均呈显著性增加趋势；岷沱江流域和大渡河流域的6~8d和9~10d历时降水发生率变化呈显著减少趋势，其中岷沱江流域 9～10d 历时降水贡献率变化呈显著减少趋势，大渡河流域 6～8d 历时降水贡献率变化呈显著减少趋势。长江干流区间 1～2d 历时降水发生率无显著变化，但其贡献率变化呈显著增加趋势；9～10d 历时降水发生率和贡献率的变化均呈显著减少趋势。嘉陵江流域 9～10d 历时降水发生率变化呈显著减少趋势，但其贡献率无显著变化。雅砻江流域 3～5d 历时降水发生率无显著变化，而其贡献率却呈显著增加趋势。

以上结论表明，长江上游某些分区短历时降水和长历时降水的发生率和贡献率变化通过了显著性检验。对这些分区来说，短历时降水的降水贡献率的增加以及爆发频次的增加，极易引起洪涝灾害，加剧了流域防洪形势，给流域防洪调度以及防止堤岸溃决提出了更高要求；长历时降水的降水爆发频次减少和贡献率低，对于可能发生干旱的区域，这不利于旱情的解除，有可能还会加剧旱情程度。

21.5　本章小结

利用趋势分析方法研究了各历时降水的发生率与贡献率的时空变化特征，得到如下结论。

(1) 长江上游流域各历时降水发生率随历时的增加呈指数递减趋势变化。在长江上游流域分区中，乌江流域、长江干流区间、嘉陵江流域、岷沱江流域和金沙江流域各历时降水的贡献率的最大比重是 1～4d 历时降水，由此表明这些分区以短历时降水为主；大渡河流域和雅砻江流域各历时降水贡献率最大比重是 10d 以上历时降水和 1～4d 历时降水，然而由于 10d 以上历时降水发生率较低，并不占主导地位，占主导地位的仍是短历时降水。

(2) 长江上游流域在全球气候变化影响下，短历时降水强度呈增大趋势，对洪水的发生具有诱发作用；长历时降水的频次和强度均呈减少趋势。6d 和 10d 历时降水发生率和贡献率均呈显著下降趋势，降水发生率和降水贡献率发生突变的时间相同，均分别在 1984 年和 1999 年；1d 和 2d 历时降水发生率无显著变化，但贡献率却显著增加，降水贡献率突变的时间均在 1976 年。

(3) 岷沱江流域、大渡河流域和长江干流区间短历时降水集中出现次数增加，对降水总量的贡献率也显著增加，这给该流域的防洪系统造成了巨大压力。岷沱江流域和大渡河流域的 1～2d 历时降水发生率和贡献率变化趋势均显著增加，长江干流区间贡献率变化趋势显著增加；雅砻江流域 3～5d 历时降水贡献率显著增加；大渡河流域 6～8d 历时降水发生率和贡献率变化趋势均显著减少，岷沱江流域降水发生率变化显著减少；长江干流区间、岷沱江流域、大渡河流域分区 9～10d 历时降水发生率和贡献率显著减少，而嘉陵江流域降水发生率显著增加。

参考文献

冯亚文，任国玉，刘志雨，等，2013. 长江上游降水变化及其对径流的影响 [J]. 资源科学，35 (6)：1268-1276.

李建，宇如聪，王建捷，2008. 北京市夏季降水的日变化特征 [J]. 科学通报，53 (7)：829-832.

彭俊台，张强，陈晓宏，2012. 珠江流域降水结构时空演变特征研究 [J]. 水资源研究，(1)：94-102.

王艳君，姜彤，施雅风，2005. 长江上游流域 1961—2000 年气候及径流变化趋势 [J]. 冰川冻土，27 (5)：709 – 714.

魏凤英，2007. 现代气候统计诊断与预测技术 [M]. 2 版. 北京：气象出版社：69 – 72.

冶运涛，梁犁丽，龚家国，等，2014. 长江上游流域降水结构时空演变特性 [J]. 水科学进展，25 (2)：164 –171.

殷水清，高歌，李维京，等，2012. 1961—2004 年海河流域夏季逐时降水变化趋势 [J]. 中国科学 （地球科学），42 (2)：256 – 266.

张蔚，严以新，郑金海，等，2010. 珠江三角洲年际潮差长期变化趋势 [J]. 水科学进展，21 (1)：77 – 83.

BROMMER D M, CERVENY R S, BALLING R C, 2007. Characteristics of long – duration precipitation events across the United States [J]. Geophysical Research Letters, 34 (22)：2 – 6.

MOBERG A, JONES P D, LISTER D, et al. , 2006. Indices for daily temperature and precipitation extremes in Europe analyzed for the period 1901 – 2000 [J]. Journal of Geophysical Research – Atmospheres, 111：D22106.

YUE S, PILON P, PHINNEY B, et al. , 2002. The influence of autocorrelation on the ability to detect trend in hydrological series [J]. Hydrological Processes, 16 (9)：1807 – 1829.

YUE S, WANG C Y, 2002. Applicability of pre – whitening to eliminate the influence of serial correlation on the Mann – Kendall test [J]. Water Resources Research, 38 (6)：1068 – 1074.

ZHANG Q, XU C Y, CHEN X, et al. , 2011. Statistical behaviors of precipitation regimes in China and their links with atmospheric circulation 1960 – 2005 [J]. International Journal of Climatology, 31 (11)：1665 – 1678.

ZOLINA O, SIMMER C, GULEV S K, et al. , 2010. Changing structure of European precipitation：Longer wet periods leading to more abundant rainfalls [J]. Geophysical Research Letters, 37 (6)：L06704.

第 22 章　面向智能决策的水利工程规划方案决策优化技术

22.1　引言

河湖水系连通工程为解决区域水安全问题提供了一条途径，是我国新时期的治水方略，水利部下发了《关于推进江河湖库水系连通工作的指导意见》，各地相继开展了一些河湖水系连通实践，取得了有益经验（向莹 等，2015）。由于河湖水系连通问题具有特殊性，不仅关注河湖水系连通对生态环境以及对调出区或调出区等局部区域的影响，而且要关注其对连通工程沿线区域以及整个连通系统的综合影响。目前多数研究关注对影响本身的探索，在对影响如何实现定量性综合评价来优选河湖水系连通工程方案方面则研究相对较少（邵卫云 等，2007；陈军飞，2004；赵静 等，2010；冯顺新 等，2014），需要遵循自然规律和经济规律，加强连通工程论证和方案比选，高度重视河湖水系连通对生态环境影响，注重连通工程风险评估研究。目前有专家打分法、层次分析灰色关联分析法、模糊评判、人工神经网络、物元分析以及投影寻踪等多种方法可以应用于方案优选及排序，但由于它们建立的原理基础不同，各有缺点和不足（王顺久 等，2005），因此许多领域开展了相应研究，以探索这些评价方法的应用特性和适用对象（陈绪坚 等，2010）。

目前模糊综合评价法在实践工作中得到日益广泛的应用，它解决了经典数学模型中只能以"非此即彼"来描述确定性问题的局限，采用"亦此亦彼"的模糊集合理论来描述非确定性问题（郭瑞 等，2014）。然而传统模糊集仅能反映模糊信息的肯定隶属情况，不能反映现实世界中对模糊概念的肯定与否定两个方面以及介于两者之间的踌躇性，故传统模糊集应用在工程方案优选中会导致决策者部分信息的丢失。而由 Gau 于 1993 年提出的 Vague 集能够克服以上不足，具有更强的表达不确定性的能力。Vague 集评分函数方法是常用的两种方法之一，其中评分函数 Vague 集多属性决策的关键和核心，它是 Vague 集中进行模糊不确定信息集结处理的直接集中与体现，其构造的优劣直接影响了 Vague 集决策的优劣，甚至影响决策结果的正确与否。目前已有多个学者构建了多个评分函数，由于决策者对 Vague 值中不确定信息的理解与发觉角度不同，使得找到一个能够合理反映客观事实的评分函数成为一个研究难点（郭瑞 等，2014）。在 Vague 评分函数的应用研究中，畅明琦等（2008）利用 Vague 集评分函数中的 Chen‐Tan 公式（Chen et al.，1994）对山西能源基地水安全进行了综合评价，王爱玲（2013）利用基于 Vague 集 Chen‐Tan 公式对水资源工程投资决策方案研究，这些研究侧重于对方法的应用，却没有对评价结果的合理性进行探讨。因此将 Vague 集评分函数多属性决策方法用于河湖水系连通工程规划和建设时，亟须解决的问题是探索这些评分函数的应用特性以及不同评分函数在指标以及指标权重变化情况下的鲁棒性。

针对上述问题，本章首先构建基于 Vague 集评分函数和云模型的河湖水系连通工程规划布局方案优选方法，然后分析不同评分函数在实际工程案例中的适用性，接着建立单一指标权重变化下和多个指标权重变化下的不同评分函数综合评价值的云模型，并绘制各方案的正态云图，最后以此分析不同评分函数综合评价方法的鲁棒性，并得出一些有益结论。

考虑连通工程优选评价各指标评价标准分级并没有明确的界限，具有模糊性，但是影响他们的众多指标却是清晰的确定值，因此河湖水系连通评价实质上是可变模糊清晰混合集，简称为可变集（陈守煜，2013）。可变集是可变模糊集的发展，是对札德模糊集合论的突破，具有重要的理论意义（陈守煜，2014），已在多个领域得到应用（Chen，2013a、2013b；Diao et al.，2011；柯丽娜 等，2013；邱林 等，2011；陈守煜 等，2014a、2014b），并取得了很好效果，但是可变集在河湖水系连通工程方案优选中的适应性如何，尚未见文献报道；另外，现有文献将 4 种参数组合的可变模型计算结果的平均值作为最终评价结果，其合理性值得商榷。

针对上述问题，本章在已有成果基础上，首先，将对立统一、质量互变及否定之否定定理与河湖水系连通生产实践相结合，将"非此即彼"的清晰性指标与"亦此亦彼"的模糊概念辩证综合分析，提出基于可变集辩证法数学定理的科学、合理、快捷的河湖水系连通工程方案优选及排序方法；其次，为了客观评价不同参数组合的可变模型的优劣，分别以单一指标属性值变化和多个权重同时变化时采用不同参数组合的可变模型求得工程方案评价值作为样本数据，引入云模型进行灵敏度分析，对比可变模型决策结果的鲁棒性，帮助决策者选择决策结果鲁棒性更好的可变模型。最后，通过浙北引水工程算例分析，验证此方法在实际工程应用中的有效性和进行灵敏度分析的必要性。

22.2　基于 Vague 集评分函数的工程方案优选决策方法

22.2.1　决策方法原理

22.2.1.1　技术路径分析

将 Vague 集评分函数引入河湖水系连通工程方案优选及排序的总体思路：首先，建立河湖水系连通工程方案评判的指标体系和指标权重不是本文重点，不予详述；其次，基于相对优属度（或其他方法）和指标权重建立河湖水系连通工程方案的 Vague 集；再者，遴选有代表性的评分函数公式，计算工程方案的各自的评分函数值；然后，分析各个评分函数计算值的合理性，对明显存在问题的评分函数予以剔除；接着，利用云模型对初判合理的河湖水系连通工程方案的指标和指标权重变化下的综合评价结果的灵敏度进行分析；最后，根据上述分析结果选择较为合理的评分函数。其技术流程如图 22-1 所示。

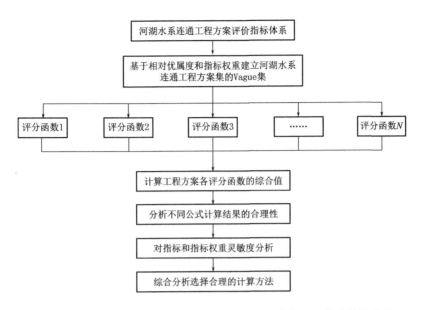

图 22-1　基于 Vague 集评分函数的规划布局方案优选及排序计算流程

22.2.1.2　优选排序的 Vague 集评分函数

现有评分函数总体分为两类：一类是基于真假隶属绝对差距的评分函数，最早由 Chen 和 Tan 提出；另一类是基于真假隶属度相对差距的评分函数，最早由 Liu 和 Wang 提出。在此选择代表性评分函数来分析它们在河湖水系连通工程方案中的适用性。下面公式中 t_{A_i} 是由支持方案 A_i 的证据所导出的肯定隶属度的下界，f_{A_i} 则是由反对 A_i 的证据所导出的否定隶属度的下界，π_{A_i} 为关于方案 A_i 的不确定度，它等于 $1 - t_{A_i} - f_{A_i}$。

（1）Chen 和 Tan 公式（Chen et al.，1994）

$$S(A_i) = t_{A_i} - f_{A_i} \tag{22-1}$$

（2）Hong 和 Choi 公式（Hong et al.，2000）

$$S(A_i) = t_{A_i} + f_{A_i} \tag{22-2}$$

（3）刘华文公式（刘华文，2004）

$$S(A_i) = t_{A_i} + f_{A_i}\pi_{A_i} \tag{22-3}$$

（4）Liu 和 Wang 公式（Liu et al.，2007）

$$S(A_i) = \frac{t_{A_i}}{t_{A_i} + f_{A_i}} \tag{22-4}$$

（5）周晓光公式（周晓光 等，2009）

$$S(A_i) = \begin{cases} (t_{A_i} - f_{A_i})(1 + \pi_{A_i}), & t_{A_i} + f_{A_i} = 1 \\ (t_{A_i} + f_{A_i})(1 + \pi_{A_i}), & t_{A_i} + f_{A_i} \neq 1 \end{cases} \tag{22-5}$$

（6）许昌林公式（许昌林 等，2010）

$$S(A_i) = \begin{cases} 2t_{A_i}; & t_{A_i} > f_{A_i}, t_{A_i} + f_{A_i} = 1 \\ t_{A_i} + f_{A_i} + (t_{A_i} - f_{A_i})\pi_{A_i}; & t_{A_i} > f_{A_i}, t_{A_i} + f_{A_i} < 1 \\ -(t_{A_i} + f_{A_i})\pi_{A_i}; & t_{A_i} = f_{A_i} \\ t_{A_i} - 2f_{A_i} - (t_{A_i} + f_{A_i})\pi_{A_i}; & t_{A_i} < f_{A_i} \end{cases} \tag{22-6}$$

（7）张恩瑜公式（张恩瑜 等，2011）

$$S(A_i) = \begin{cases} 0; t_{A_i} = f_{A_i} = 0 \\ \dfrac{t_{A_i} - f_{A_i}}{2} + \dfrac{t_{A_i} - f_{A_i}}{2(t_{A_i} + f_{A_i})}; 其他 \end{cases} \tag{22-7}$$

（8）李鹏公式（李鹏 等，2012）

$$S(A_i) = t_{A_i} - f_{A_i} + \pi_{A_i} \dfrac{(t_{A_i}/f_{A_i}) \big/ \left(\sum\limits_{i=1}^{n} t_{A_i} \big/ \sum\limits_{i=1}^{n} f_{A_i}\right) - 1}{(t_{A_i}/f_{A_i}) \big/ \left(\sum\limits_{i=1}^{n} t_{A_i} \big/ \sum\limits_{i=1}^{n} f_{A_i}\right) + 1} \tag{22-8}$$

（9）王万军公式（王万军，2014）

$$S(A_i) = t_{A_i} - f_{A_i} + (1 - \pi_{A_i})\mathrm{sign}(t_{A_i} - f_{A_i}) + \pi_{A_i}\left[0.5 + \dfrac{|t_{A_i} - f_{A_i}|}{k + |t_{A_i} - f_{A_i}|}\mathrm{sign}(t_{A_i} - f_{A_i})\right] \tag{22-9}$$

（10）高建伟公式（高建伟 等，2014）

$$S(A_i) = \dfrac{t_{A_i} - f_{A_i}}{1 + \pi_{A_i}} \tag{22-10}$$

（11）彭展声公式（彭展声，2011）

$$S_P(A_i) = t_{A_i} - f_{A_i} + \dfrac{1}{10 + 100\pi_{A_i}} \tag{22-11}$$

（12）王伟平公式（王伟平，2013）

$$S_{ME}(A_i) = \begin{cases} 1 - f_{A_i} + (1 + \pi_A)(t_{A_i} - f_{A_i}), t_{A_i} > f_{A_i} \\ t_{A_i}, t_{A_i} = f_{A_i} \\ t_{A_i} + (1 + \pi_A)(t_{A_i} - f_{A_i}), t_{A_i} < f_{A_i} \end{cases} \tag{22-12}$$

根据评分函数定义，评分函数值越大，说明工程方案越适合决策者需求，因此可以根据评分函数值优选方案或者排序，选出最优方案。

22.2.1.3 基于云模型的评判指标值灵敏度分析

本章采用云模型理论对比各种不同的评价方法所得决策结果的数字特征期望 E_x，熵 E_n，超熵 H_e 大小以及云图重叠部分的多少进行数据稳定性和随机性分析。在只有数据样本而没有其确定度的情况下，首先利用逆向云发生器生成各自的云模型，然后通过正向云发生器生成云图。最后，可通过对比 E_x、E_n、H_e 大小以及云图重叠部分的多少进行数据稳定性和随机性分析。具体生成算法见金维刚等（2016）的研究。

工程方案评判指标值的不确定性将直接影响到决策结果的稳定性，分析它们变化对决策结果的影响是整个灵敏度分析的基础。本章 22.2 节仅对单指标灵敏度分析，即每次只考虑一个指标值的变化，其他指标值不变，统计各备选方案排序变化情况，确定保持最优方案不变的取值区间。引入云模型理论进行单指标灵敏度分析，具体步骤如下。

（1）假定评判指标 r'_{11} 的可能取值区间为 $(0, r'')$，指标归一化后值的区间在 $[0, 1]$ 内。

（2）给 r'_{11} 赋初值 r_0，一般取 $r_0 = 0.01$，步长确定为 $\Delta r = 0.01$。

（3）其他指标值不变，利用不同的 Vague 集评分函数计算备选工程方案的综合评价值。

（4）令 $r'_{11} \rightarrow r'_{11} + \Delta r$，重复步骤（3），直到 $r'_{11} = r''$。

（5）重复以上步骤，依次统计在其他指标值变化的整个取值区间各备选方案的综合评价值。

（6）以各备选方案在指标值变化情况下所得的综合评价值为样本数据，通过逆向云得到各备选方案的云模型 (E_x, E_n, H_e)，然后生成云图，即可分析各备选方案在单个指标变化情况下排序结果的鲁棒性。

22.2.1.4　基于云模型的评判指标权重灵敏度分析

指标权重分为主观权重和客观权重，主观权重主要由专家打分得到，主观随意性和不确定性强，影响方案排序变化的可能性不大；客观权重主要依赖于客观数据，指标值的变化，可能会引起客观权重的变化，进一步也可能影响到方案排序的变化。因此除了指标值的变化，研究指标权重的变化对决策结果的影响情况也尤为重要。指标权重之和应等于 1，假设所有备选方案的指标属性值不变。

多个权重同时变化灵敏度分析具体步骤如下：

（1）给 ω_1 赋初值 ω_0，一般取 $\omega_0 = 0.01$。

（2）用计算机生成 1 组随机权重 ω_2、ω_3、$\cdots$、ω_j、$\cdots$、ω_y，满足 $\sum_{i=1}^{y} \omega_i = 1$，形成 1 组随机权重集合 $W_1 = \{\omega_0, \omega_2, \omega_3, \cdots, \omega_j, \cdots, \omega_y\}$。

（3）根据以上得到的随机权重集合，利用 Vague 集不同评分函数计算备选方案的综合评价值。

（4）改变 $\omega_1 \rightarrow \omega_1 + \omega_0$，然后重复以上步骤（2）～（3），直到 $\omega_1 = 1$，即可得到各备选方案综合评价值矩阵集合。

（5）利用同样的方法分别对 ω_2、ω_3、$\cdots$、ω_j、$\cdots$、ω_y 进行灵敏度分析。

（6）根据 ω_1、ω_2、ω_3、$\cdots$、ω_j、$\cdots$、ω_y 的各备选综合评价值作为样本数据，计算其云模型，生成云图即可分析不同综合评价方法的决策结果的权重变化情况下鲁棒性。

22.2.1.5　基于云模型的工程方案灵敏度分析方法

对河湖水系连通工程方案决策结果在指标值和权重的整个取样空间进行灵敏度分析，首先通过指定各评判指标值或评判指标权重的变化范围，将 Vague 集不同评分函数计算的各备选方案的综合评价值作为样本数据，通过 22.2.1.3 和 22.2.1.4 计算各备选方案的云模型参数，并生成对应的云图。

利用云模型参数和云图可以从以下两个方面分析工程方案决策结果的灵敏度：①在某 Vague 集评分函数综合评价法下横向对比各备选工程方案之间的排序稳定情况，首先根据方案的期望 E_x 大小排序，期望越大稳定性越好；若期望 E_x 相同，则熵 E_n 越小（即稳定性越好）排序稳定性越好，若期望 E_x 和熵 E_n 都相同，则超熵 H_e 越小（即随机性越小）排序稳定性越好。②当利用上述横向比较难以确定某评分函数的鲁棒性时，进而根据云图纵向对比各 Vague 集评分函数综合评价法之间决策结果的稳定情况，若最优方案的云分布与其他方案重叠越少，该方法得到的决策结果鲁棒性越好。

22.2.2　实例分析

为验证基于 Vague 集在方案优选中的应用效果，本章选取浙北引水工程作为应用案例，在邵卫云等（2007）建立评价指标体系的基础上，利用本章选用的优选方法评估河湖水系连通工程方案。

22.2.2.1　工程方案及其评价指标

为解决浙北地区嘉兴市水质性缺水、杭州市区工程性缺水（局部资源性和水质性缺水）的问题，浙江省发展和改革委员会组织开展了浙北引水工程前期研究工作，形成了《浙北引水工程前期研究报告》。拟定了新安江方案、富春江方案和太湖—富春江方案三个浙北引水方案作为初选方案集，见表22-1。

表22-1　　　　　　　　　　　浙北引水工程不同方案

序号	方案名称	标识	方　案　描　述
1	新安江方案	S1	嘉兴市和杭州市区均从新安江水库直接引水。取水口位置拟定在新安江水电站大坝上游的富文湾
2	富春江方案	S2	嘉兴市和杭州市区都从新安江（富春江）水电站下游取水，以利用电站的发电尾水作为引水水源。取水口位置初定富春江富阳里山附近
3	太湖—富春江方案	S3	嘉兴市和杭州市区分别从太湖和富春江就近取水，即采用分区供水，嘉兴市从南太湖南浔附近的吴溇取水，杭州市区从富春江富阳里山附近取水

利用邵卫云等（2007）在浙北引水工程方案选优评价中建立的指标体系来验证建立综合评估模型的可行性和有效性。邵卫云等（2007）依据资源-经济-社会-环境-工程技术为模型，遵循评价指标体系设置的原则，在借鉴水资源可持续开发利用、水资源合理配置、水资源可承载能力、水资源紧缺程度等指标体系基础上，建立了浙北引水工程方案选优综合评价指标体系。并选用层次分析法与变异分析法来确定指标权重，第一层、第二层指标权重采用层次分析法确定，第三层指标权重采用层次分析法与变异系数法相结合的方法确定。评价指标体系及权重详见邵卫云等（2007）的研究。

22.2.2.2　基于评分函数的计算结果分析

基于相对优属度（畅明琦 等，2008）可以得到不同方案的 Vague 值，取值为：$\lambda^L=0.5$，$\lambda^U=0.75$，可以得到三个方案的 Vague 值，见表22-2。

表22-2　　　　　　　　　　不同方案计算的 Vague 值

方　案	S1	S2	S3
Vague 值	[0.531，0.792]	[0.674，0.842]	[0.750，0.798]

根据上述评分函数，可以得到对应的评分函数值，见表22-3。

表22-3　　　　　　　　不同方案不同评分函数值及方案排序

序号	评分函数	S1	S2	S3	排序
1	Chen-Tan 公式	0.323	0.515	0.548	S3>S2>S1
2	Hong-Choi 公式	0.738	0.832	0.952	S3>S2>S1
3	刘华文公式	0.669	0.787	0.786	S2>S3>S1

序号	评分函数	S1	S2	S3	排序
4	Liu－Wang 公式	0.719	0.810	0.788	S2＞S3＞S1
5	周晓光公式	0.932	0.972	0.998	S3＞S2＞S1
6	许昌林公式	0.823	0.919	0.978	S3＞S2＞S1
7	张恩瑜公式	0.380	0.567	0.562	S2＞S3＞S1
8	李鹏公式	0.284	0.533	0.550	S3＞S2＞S1
9	王万军公式	1.256	1.488	1.541	S3＞S2＞S1
10	高建伟公式	0.256	0.441	0.523	S3＞S2＞S1
11	王伟平公式	1.200	1.444	1.372	S2＞S3＞S1
12	彭展声公式	0.351	0.553	0.616	S3＞S2＞S1

注　"＞"表示"优于"。

从计算结果看，刘华文公式、Liu－Wang 公式、张恩瑜公式、王伟平公式得出的排序为 S2＞S3＞S1。其中刘华文公式和张恩瑜公式计算的 S2 和 S3 的评分值接近相等；Liu－Wang 公式和王伟平公式计算的 S2 评分值高于 S3 评分值。新安江方案评分值低于 S2 和 S3 评分值。

依据投票模型分析不同方案的 Vague 值，假定投票人数为 100 人，对方案评判表态分为支持、反对和弃权三种情况，那么可以得到 S1 的支持人数为 53 人，反对人数为 21 人，弃权人数为 26 人；S2 的支持人数为 67 人，反对人数为 16 人，弃权人数为 17 人；S3 的支持人数为 75 人，反对人数为 20 人，弃权人数为 5 人。

依次分析来看，刘华文公式、Liu－Wang 公式、张恩瑜公式计算结果表明，S3 支持人数比 S2 要多，那么评分值要高于后者，而评分值计算结果却恰恰相反。主要原因是这三个公式先后细化了 Vague 集的弃权部分，提出了基于真假隶属度相对差距的评分函数法，但这种方法实际上夸大了未知信息对决策结果的影响，主要考虑的是支持意见对决策者的影响，忽视了反对意见对决策效果的影响，是一种较乐观的决策方法，在某些情况下也会得到违背人们直觉判断的结果，得出了 S2 优于 S3 的不合理的判断。因此在用于河湖水系连通工程方案优化及排序时，不宜使用。

王伟平公式得出违背常理的计算结果的原因是，该公式评分函数根据决策者中立、厌恶与追求心态构造了一种分段的记分函数，虽然该方法能较好地反映决策者的偏好心态，但该记分函数在信息决策时容易造成信息偏好极端化，即当支持证据占优势时，采用追求心态决策时未确知信息全部激进支持证据；当反对证据占优势时，采用厌恶心态决策时，未确知信息全部追随反对证据，在理论上是不合理的。

周晓光公式虽然得出了方案排序为：S3＞S2＞S1，但是三个方案的评分值分别为 0.932、0.972 和 0.998，数值非常接近，对方案排序的分辨率不高。分析原因是未确定性程度越高，对计算结果的值影响越大，从而夸大了不确定性信息或弃权部分的影响。

与投票模型结合分析来看，Chen－Tan 公式、Hong－Choi 公式、许昌林公式、李鹏公式、王万军公式、高建伟公式、彭展声公式得出结果较为合理。在上述公式中 Chen－

Tan 公式和 Hong - Choi 公式仅仅考虑了真、假隶属度，Chen - Tan 公式的出发点是真隶属度比假隶属度具有的优势越多，越能满足决策者的要求；Hong - Choi 公式的出发点是已知信息越多，越能满足决策者的要求，这两个公式不能处理相同评分值的情况，而且忽略了未知信息对决策的影响。

22.2.2.3　指标值灵敏度分析

在工程方案决策指标值标准化基础上，设定所有指标可能取值范围为 $0.01 \sim 1.0$。为使得不同评分函数方法下各方案得到的决策结果鲁棒性更加直观，分别在 7 种评分函数综合评价法下，以指标变动下的方案综合评价值为样本数据，通过逆向云和正向云计算各方案的云模型 (E_x, E_n, H_e)，结果见表 22 - 4。

表 22 - 4　　　　指标值变化下不同公式综合评价方法的各方案云模型

序号	计算公式	S1	S2	S3
1	Chen - Tan 公式	(0.2351, 0.0340, 0.0277)	(0.4242, 0.0318, 0.0256)	(0.6056, 0.0334, 0.0286)
2	Hong - Choi 公式	(0.7412, 0.0122, 0.0198)	(0.8329, 0.0119, 0.0186)	(0.9499, 0.0119, 0.0135)
3	许昌林公式	(0.7860, 0.0464, 0.1449)	(0.9039, 0.0098, 0.0093)	(0.9615, 0.0459, 0.1249)
4	李鹏公式	(0.1780, 0.0395, 0.0358)	(0.4265, 0.0339, 0.0306)	(0.6160, 0.0342, 0.0328)
5	高建伟公式	(0.1868, 0.0271, 0.0227)	(0.3635, 0.0279, 0.0217)	(0.5768, 0.0336, 0.0263)
6	王万军公式	(1.6413, 0.1085, 0.2946)	(1.7246, 0.0434, 0.0448)	(1.6996, 0.0410, 0.0393)
7	彭展声公式	(0.2631, 0.0339, 0.0279)	(0.4620, 0.0318, 0.0254)	(0.6730, 0.0346, 0.0282)

从表 22 - 4 可以看出：各指标变动情况下，①根据 Chen - Tan 公式、Hong - Choi 公式、李鹏公式和彭展声公式计算综合评价值结果，S3 方案的期望最高，S2 方案期望次之，S1 方案最低，三个方案熵及超熵相差不大，这说明三个方案各自保持其期望稳定情况差不多。②根据许昌林公式计算综合评价值结果分析，S3 方案的期望最高，S2 与 S3 方案期望相差不大，S1 方案期望最低，S3 和 S1 方案熵和超熵相差不大，这说明此两种方案保持其期望稳定情况差不多，S2 方案的熵和超熵远低于其他两种方案，说明 S2 方案保持期望稳定的鲁棒性更好。③根据高建伟公式计算结果分析，S3 方案期望最高，S2 方案期望次之，S1 方案期望最低，S1 和 S2 方案的熵相近，S3 方案熵略高，这说明 S1 和 S2 方案维持期望稳定性的值比 S3 方案高，三种方案超熵相近，说明随机性相似。④根据王万军公式计算结果分析，S2 方案的期望最高，S1 和 S3 方案期望值相近，S2 和 S3 方案熵和超熵相差不大，说明两者维持期望的稳定性相近，S1 方案熵和超熵高于其他两种方案，说明 S1 方案稳定性较差。

为了更加直观分析结果，不同方法计算的综合评价值的云模型分布如图 22 - 2 所示。从 7 个云图可以看出：

（1）根据 Chen - Tan 公式、Hong - Choi 公式、李鹏公式、彭展声公式、高建伟公式等 5 个公式进行评价，三种方案各自维持其期望稳定性差不多，S1 方案和 S3 方案的综合评价值几乎没有重叠部分，说明 S1 方案和 S3 方案的排序稳定，S3 方案优于 S1 方案的鲁棒性比较好，S2 方案与 S1 方案、S3 方案的综合评价值均有一定重叠，其中 Hong - Choi

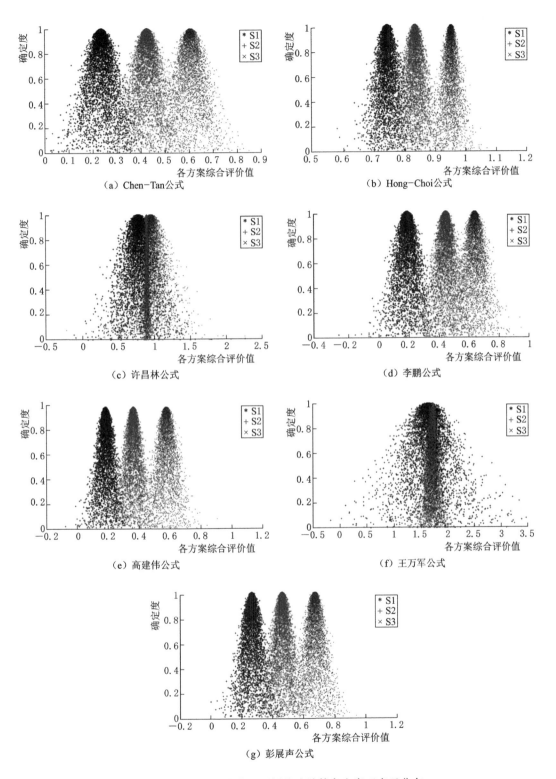

(a) Chen-Tan公式

(b) Hong-Choi公式

(c) 许昌林公式

(d) 李鹏公式

(e) 高建伟公式

(f) 王万军公式

(g) 彭展声公式

图 22-2 指标值变化下不同公式计算各方案正态云分布

公式计算结果中 S2 方案与 S3 方案的重叠部分小于与 S1 方案的重叠部分，李鹏公式计算结果 S2 方案与 S1 方案的重叠部分小于与 S3 方案的重叠部分，其余三个公式计算结果 S2 方案与 S1 方案、S3 方案重叠比例几乎相等，但 Chen-Tan 公式的重叠部分大于高建伟公式和彭展声公式。

（2）据许昌林公式计算的综合评价结果分析，S2 方案和 S1 方案、S3 方案几乎全部重叠，S1 方案和 S3 方案重叠部分较多，这说明 S1 方案、S2 方案和 S3 方案排序不稳定，容易发生变化；据王万军公式计算的综合评价结果分析，S2 方案、S3 方案和 S1 方案完全重叠，S2 方案和 S3 方案也几乎完全重叠，这也说明了三种方案排序不稳定，容易发生变化。

22.2.2.4　权重变化灵敏度分析

在对指标权重灵敏度分析时，假定各方案的指标属性值保持不变，对 Chen-Tan 公式、Hong-Choi 公式、许昌林公式、李鹏公式、高建伟公式、王万军公式、彭展声公式等决策结果进行分析，分别以权重变化下三个方案的所有综合评价值为样本，得到不同评分函数的云模型，其参数见表 22-5，分布如图 22-3 所示。

表 22-5　　　　　　　权重值变化下不同公式综合评价方法的各方案云模型

序号	计算公式	S1	S2	S3
1	Chen-Tan 公式	(0.1752, 0.4874, 0.0769)	(0.6747, 0.3131, 0.1966)	(0.7284, 0.2924, 0.2473)
2	Hong-Choi 公式	(0.7748, 0.2165, 0.0997)	(0.8746, 0.1373, 0.1297)	(0.9750, 0.0328, 0.0829)
3	许昌林公式	(0.2545, 0.9962, 0.3086i)	(0.8029, 0.3779, 0.3981)	(0.8284, 0.3841, 0.4471)
4	李鹏公式	(0.0426, 0.6153, 0.2305i)	(0.7276, 0.2722, 0.2411)	(0.7235, 0.3027, 0.2530)
5	高建伟公式	(0.1530, 0.4562, 0.1030)	(0.6276, 0.3218, 0.1787)	(0.7136, 0.2949, 0.2439)
6	王万军公式	(0.9720, 1.6098, 0.5867i)	(1.7774, 0.5088, 0.6679)	(1.6290, 0.5829, 0.6551)
7	彭展声公式	(0.2184, 0.4952, 0.0134)	(0.7340, 0.3271, 0.1883)	(0.8140, 0.2968, 0.2449)

从表 22-5 和图 22-3 分析，在指标权重值变化的情况下：

（1）从 Chen-Tan 公式来看，S3 方案的期望略高于 S2 方案，S2 方案和 S3 方案的期望远高于 S1 方案，S3 方案和 S2 方案的熵低于 S1 方案，说明 S3 方案和 S2 方案的稳定性高于 S1 方案，但是 S2 方案和 S3 方案的超熵低于 S1 方案，说明这两种方案的随机性较大，从云图可以看出三个方案交叉重叠部分较大，因此三个方案的排序不太稳定。

（2）从 Hong-Choi 公式来看，S3 方案期望最高，S2 方案期望次之，S1 方案期望最低，从熵和超熵分析，S3 方案的稳定鲁棒性高于 S1 方案和 S2 方案，从云图看出三个方案的重叠部分大，三个方案的排序不是特别稳定。

（3）据许昌林公式、李鹏公式分析、王万军公式的综合评价结果分析，S2 方案和 S3 方案的期望接近，熵和超熵也非常接近，S1 方案的期望远低于 S2 方案 S3 方案，熵值高于 S2 方案和 S3 方案，说明 S1 方案不稳定性更强，由于样本标准差值小于熵值，导致超熵为复数，说明其随机性不大，从云图看出 S2 方案和 S3 方案重叠部分多，两者排序不稳定。

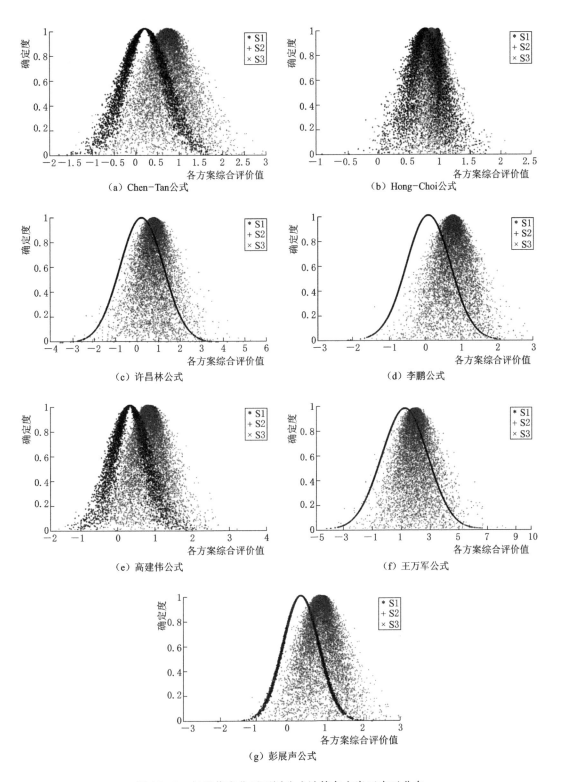

图 22-3　权重值变化下不同公式计算各方案正态云分布

（4）从高建伟公式和彭展声公式来看，S3 方案和 S2 方案的期望远高于 S1 方案，S2 方案和 S3 方案的熵小于 S1 方案，说明 S2 方案和 S3 方案比 S1 方案稳定，S1 方案超熵低于 S2 方案和 S3 方案，说明 S1 方案期望较为稳定，从云图可以看出，S2 方案和 S3 方案重叠部分较多，说明 S2 方案和 S3 方案排序不稳定，S1 方案与 S2 方案、S3 方案重叠较少。

22.3 基于可变集和云模型的河湖水系连通方案优选决策方法

22.3.1 河湖水系连通工程方案优选决策方法

基于可变集和云模型的河湖水系连通工程方案优选决策过程主要由两部分组成：①基于可变集的工程方案优选过程（陈守煜，2013）。②基于云模型的工程方案评价灵敏度分析过程组成（金维刚 等，2016）。

22.3.1.1 基于可变集的工程方案优选过程

可变集优选过程流程见图 22-4 所示。

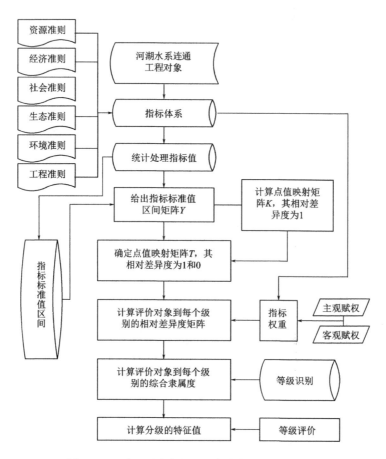

图 22-4 基于可变集的工程方案优选过程流程图

具体描述如下：

（1）确定河湖水系连通工程的评价对象。

（2）根据评价对象的特点，在实地调研、文献调研的基础上，依据资源、经济、社会、生态、环境、工程等准则，建立评价指标体系，并计算评价指标值。

（3）在指标值已经确定的情况下，根据评价者对指标体系中指标重要程度的认识，由主观和客观权重计算方法有机结合确定指标权重，既能体现人的经验判断，又能体现指标的客观特性。

（4）根据现有评价标准、实际情况或专家经验，确定不同等级下的指标标准值区间，进而给出指标标准值区间矩阵。

（5）计算点值映射矩阵 K，其相对差异度为 1，并确定点值映射矩阵 T，其相对差异度为 1 和 0。

（6）结合指标权重，计算评价对象到每个级别的相对差异度矩阵。

（7）计算评价对象到每个级别的综合隶属度，并计算分级的特征值，进行等级评价。

在此需要指出的是，本章研究重点是对可变集方法的应用特性分析，暂不涉及指标体系建立和指标权重确定研究。对河湖水系连通工程来讲，其评判准则分为资源、经济、社会、生态、环境、工程等，所有指标体系的分类均可归结到六大准则下。

决策过程步骤如下：

设河湖水系连通工程方案的好差分为 c 个级别。令 h 为河湖水系连通工程方案级别变量，设 $h=1$ 为好，$h=2$ 为较好，$\cdots$，$h=c$ 为差。

设由 n 个河湖水系连通工程方案组成的集合 U，u 为其中一个识别河湖水系连通工程方案对象，$u \in U$，以河湖水系连通工程评判指标 i 的特征值 x_i 对 u 进行评判等级识别。已知的 m 个河湖水系连通工程方案评价指标 c 个级别的指标的标准值区间矩阵：

$$Y = ([a_{ih}, b_{ih}]) \quad (i = 1, 2, \cdots, m; h = 1, 2, \cdots, c) \tag{22-13}$$

其中，a_{ih}、b_{ih} 分别为河湖水系连通工程评价指标 i 级 h 标准值的上界、下界。对于越小越优的河湖水系连通工程评价指标 $a_{ih} < b_{ih}$；对于越大越优的河湖水系连通工程评价指标 $a_{ih} > b_{ih}$；相邻两级的河湖水系连通工程评价指标 i 标准区间值的交点 b_{ih}，相当于对立统一与质量互变定理中 h 级向 $h+1$ 级转化的渐变式质变点，即交点的相对隶属度 $\mu(b_{ih}) = \mu(a_{i(h+1)}) = 0.5$；$m$ 与 c 分别为河湖水系连通工程评价指标和评价级别的总数。由于存在渐变式质变点 $\mu(b_{ih}) = 0.5$，根据对立统一定理，质变点两侧必存在两级（两极）对立，即 h 与 $h+1$ 级构成对立级别，故 A 和 A' 可以分别以 ih 和 $i(h+1)$ 替代。根据对立统一定理，对象 u 指标 i 对 h 与 $(h+1)$ 级的相对隶属度之和为 1，有

$$\mu_{ih}(u) + \mu_{i(h+1)}(u) = 1 \tag{22-14}$$

只此计算式（22-14）中的 $\mu_{ih}(u)$ 和 $\mu_{i(h+1)}(u)$ 就可确定指标 i 级别 h 或 $h+1$ 的相对隶属度，其方法如下：

（1）设 1 级（$h=1$）为好的河湖水系连通工程方案，根据标准值区间矩阵，评价指标 i 的 1 级标准值区间 $[a_{i1}, b_{i1}]$ 的上界 a_{i1} 对 1 级的相对隶属度为 1，那么根据对立统一定理，则对对立级 2 级的相对隶属度为 0，设 k_{i1} 为对象 u 在区间 $[a_{i1}, b_{i1}]$ 内对 1 级相对隶属度为 1 的点值，故 $k_{i1} = a_{i1}$。

（2）设 c 级（$h=c$）为差的河湖水系连通工程方案，根据标准值区间矩阵，区间 $[a_{ic}, b_{ic}]$ 的下界 b_{ic} 对 c 级的相对隶属度为 1，对对立级（$c-1$）的下界 b_{ic} 对 c 级的相对隶属度为 1，那么根据对立统一定理，对对立级（$c-1$）的相对隶属度为 0，设 k_{ic} 为对应 u

在区间 $[a_{ic}, b_{ic}]$ 内对 c 级相对隶属度为 1 的点值，故 $k_{ic} = b_{ic}$。

（3）设 h 为 2～$(c-1)$ 的中间级别，可取指标 i 级别 h 标准区间 $[a_{ih}, b_{ih}]$ 的中点为 h 级相对隶属度为 1 的点值，即 $k_{ih} = (a_{ih} + b_{ih})/2$，则有

$$
\begin{cases}
k_{i1} = a_{i1} \\
k_{ih} = \dfrac{a_{ih} + b_{ih}}{2} \quad (h = 2, 3, \cdots, c-1) \\
k_{ic} = b_{ic}
\end{cases}
\tag{22-15}
$$

根据标准值区间矩阵 Y 与式（22-15），可得指标相对隶属度为 1 的点值映射矩阵为

$$
K = (k_{ih})
\tag{22-16}
$$

根据式（22-16）与矩阵 Y 中的 b_{ih} 可得到相对隶属度为 1 和 0.5 所对应的点值映射矩阵为

$$
T = (k_{i1}, b_{i1}, \cdots, b_{i(c-1)}, k_{ic})_{m \times (2c-1)} \quad (i = 1, 2, \cdots, m)
\tag{22-17}
$$

设已知河湖水系连通工程方案对象 u 的指标特征值矩阵为

$$
X = (x_1, x_2, \cdots, x_m) = (x_i) \quad (i = 1, 2, \cdots, m)
\tag{22-18}
$$

设 u 的指标 i 特征值 x_i 落入矩阵 K 中 h 与 $h+1$ 级指标 i 的特征值相对差异度 $D_{ih}(u)$ 和 $D_{i(h+1)}(u)$ 等于 1 对应的点值区间 $[k_{ih}, k_{i(h+1)}]$ 内，且区间内同时存在 $D_{ih}(u) = 0$ 渐变式质变点 b_{ih}，则 x_i 对 h 级和 $h+1$ 级的相对差异度 $D_{ih}(u)$ 可按式（22-19）计算：

$$
D_{ih}(u) =
\begin{cases}
\dfrac{b_{ih} - x_i}{b_{ih} - k_{ih}} \quad (x_i \in [k_{ih}, b_{ih}]) \\
-\dfrac{b_{ih} - x_i}{b_{ih} - k_{i(h+1)}} \quad (x_i \in [b_{ih}, k_{i(h+1)}])
\end{cases}
\tag{22-19}
$$

为计算方便，陈守煜（2013）将相对差异度模型转变为相对隶属度模型，则指标特征值 x_{ij} 级别 h 相对隶属度模型见式（22-20）：

$$
\mu_{ih}(u) =
\begin{cases}
0.5 \times \left(1 + \dfrac{b_{ih} - x_i}{b_{ih} - k_{ih}}\right) \quad (x_i \in [k_{ih}, b_{ih}]) \\
0.5 \times \left[1 - \dfrac{b_{ih} - x_i}{b_{ih} - k_{i(h+1)}}\right] \quad (x_i \in [b_{ih}, k_{i(h+1)}])
\end{cases}
\tag{22-20}
$$

根据物理概念，对于小于 h 级，大于 $h+1$ 级指标 i 的相对隶属度均应等于 0，即

$$
\mu_{i(<h)}(u) = 0, \quad \mu_{i[>(h+1)]}(u) = 0
\tag{22-21}
$$

当 x_i 落于模式识别矩阵 T 元素 k_{i1} 与 k_{ic} 范围之外时，根据物理概念，对于越小越优指标，指标 i 对 1 级和 c 级的相对隶属度为

$$
\begin{cases}
\mu_{i1}(u) = 1 \quad (x_i \leqslant k_{i1}) \\
\mu_{ic}(u) = 1 \quad (x_i \geqslant k_{ic})
\end{cases}
\tag{22-22}
$$

对于越大越优指标，指标 i 对 1 级和 c 级的相对隶属度为

$$
\begin{cases}
\mu_{i1}(u) = 1 \quad (x_i \geqslant k_{i1}) \\
\mu_{ic}(u) = 1 \quad (x_i \leqslant k_{ic})
\end{cases}
\tag{22-23}
$$

式（22-17）和式（22-18）是单指标相对差异度或隶属度的计算公式。由于评价是多指标识别，因此需要导出以指标相对差异表示的多指标综合相对隶属度非线性模型。

式（22-22）和式（22-23）是单指标模型，而水资源评价是多指标综合评价问题。参考陈守煜（2013）研究成果，评价对象 u 的指标特征值 x_i 对级别 h 的综合相对隶属度模型为

$$v_h(u_j) = \cfrac{1}{1 + \left\{ \cfrac{\displaystyle\sum_{i=1}^{m} \{\omega_i[1 - \mu_{ih}(u)]\}^P}{\displaystyle\sum_{i=1}^{m} [\omega_i\mu_{ih}(u)]^P} \right\}^{\frac{\alpha}{P}}} \quad (h = 1,2,\cdots,c) \qquad (22-24)$$

根据陈守煜（2013）研究可知，式（22-24）满足对立统一定理。式中 α 为优化准则函数，$\alpha=1$ 为最小一乘方准则，$\alpha=2$ 为最小二乘方准则，p 为距离参数，$p=1$ 为海明距离，$p=2$ 为欧氏距离。当 $\alpha=2$ 时，无论采用 $p=1$ 的海明距离，还是 $p=2$ 的欧氏距离，式（22-24）都是非线性公式，对距离比值具有放大或缩小效应。不同参数组合下的计算模型，本章称之为可变模型。

根据式（22-24）可得评价对象 u 对各个级别的综合相对隶属度向量：

$$\vec{v}(u) = (v_1, v_2, \cdots, v_c) = [v_h(u)] \qquad (22-25)$$

应用陈守煜（2013）提出的级别特征值公式：

$$H(u) = \sum_{h=1}^{c} v_h^{\circ}(u) \times h \quad (h = 1,2,\cdots,c) \qquad (22-26)$$

式中：$v_h^{\circ}(u)$ 为 $v_h(u)$ 的归一化向量。

应用线性模型计算的向量值之和应等于 1，即自动归一化，可用于计算校核之用。对每个评价对象 u 都进行类似计算，得到 n 个评价对象的级别特征值：$H(u_1)$、$H(u_2)$，…，$H(u_n)$，由此对评价对象逐一进行隶属等级的评定。

确定 u 的综合相对隶属度 $\mu_H(u)$ 的计算公式如下：

$$\mu_H(u) = \frac{c - H(u)}{c - 1} \qquad (22-27)$$

根据式可以计算 u 的相对差异度，根据质量互变定理可以进行分析。

22.3.1.2　基于云模型的工程方案评价灵敏度分析过程

本章 22.3 节采用云模型理论对比可变集模型所得决策结果的数字特征期望 E_x、熵 E_n、超熵 H_e 大小以及云图重叠程度来分析其稳定性和随机性。首先利用逆向云发生器生成各自的云模型，其次通过正向云发生器生成云图，然后结合云模型和云图分析可变集模型的稳定性和随机性。具体生成算法见金维刚等（2016）的研究。评价指标值灵敏度分析、评价指标权重灵敏度分析和基于云模型的工程方案灵敏度分析方法见 22.2.1 节。

22.3.2　结果与分析

22.3.2.1　综合评价结果分析

以 22.2.2 节所列的三个工程为评价对象，根据王贞琴（2006）提供的指标值，将河湖水系连通工程评判指标的优劣程度分为 5 个级：1 级（好）、2 级（较好）、3 级（一般）、4 级（较差）、5 级（差）。

根据参数 $\alpha=1$、$p=1$，参数 $\alpha=1$、$p=2$，参数 $\alpha=2$、$p=1$ 和参数 $\alpha=2$、$p=2$，利用上述组合的四种综合相对隶属度模型计算隶属度，再对隶属度值进行归一化，可以得到归一化的隶属度，计算结果见表 22-6。在此约定相对差异度用 RDD（Relative Difference Degree）表示，综合相对隶属度用 CRMD（Comprehensive Relative Membership Degree）表示，级别特征值用 RFV（Rank Feature Value）表示。

表 22 - 6　　　　　　　　各方案综合评价的 RFV、RDD 和 CRMD

参数取值	方案名称	RFV	CRMD	RDD	参数取值	方案名称	RFV	CRMD	RDD
$\alpha=1$、$p=1$	S1	3.10	0.48	−0.05	$\alpha=2$、$p=1$	S1	3.10	0.48	−0.05
	S2	2.53	0.62	0.24		S2	2.25	0.69	0.37
	S3	2.23	0.69	0.39		S3	1.59	0.85	0.71
$\alpha=1$、$p=2$	S1	2.84	0.54	0.08	$\alpha=2$、$p=2$	S1	2.65	0.59	0.18
	S2	2.84	0.54	0.08		S2	2.89	0.53	0.06
	S3	2.69	0.58	0.16		S3	2.45	0.64	0.27

从表 22 - 6 可以看出，不同参数 α 和 p 的组合，计算的同种方案的级别特征值大小不同。对 S1 方案，计算的级别特征值分别为 3.10、3.10、2.84 和 2.65，前两种组合计算的方案处于 3 级和 4 级之间，接近 3 级；后两种组合计算的方案处于 2 级和 3 级之间，接近于 3 级；级别特征值从大向小转变，即等级低向等级高的方案转移。对 S2 方案，计算级别特征值分别为 2.53、2.25、2.84 和 2.89，4 种组合计算的特征值均处于 2 级和 3 级之间，级别特征值先从大到小，然后从小变大。对太湖—富春江 S3 方案，计算级别特征值分别为 2.23、1.59、2.69 和 2.45，其中一种组合在 1 级和 2 级之间，另三种组合在 2 级和 3 级之间。

根据级别特征值，对相同参数的方案之间排序来看，前两种组合计算的方案排序是：S3＞S2＞S1；后两种组合计算的方案排序是：S3＞S1＞S2。第 1 种组合计算的 S1 方案处于 3 级和 4 级之间，S2 方案和 S3 方案处于 2 级和 3 级之间；第 2 种组合计算的 S1 方案处于 3 级和 4 级之间，S2 方案处于 2 级和 3 级之间，S3 方案处于 1 级和 2 级之间；第 3 种和第 4 种组合计算的 S1 方案、S2 方案和 S3 方案均处于 2 级和 3 级之间，三者之间没有明显差别。

从不同参数组合来看，不同参数组合对 3 种方案的可辨识度不同。第 1 种组合，将 S1 方案和 S2 方案、S3 方案区分出来，能够识别出较差方案；第 2 种组合，将 S1 方案、S2 方案、S3 方案区分出来；第 3 种和第 4 种组合，没有很好的识别度，S1 方案、S2 方案、S3 方案基本处于同一类别，差别不是太大。

根据相对差异度值分析，在前两种组合方案中，S1 方案相对差异度均为 −0.05，S2 方案相对差异度分别为 0.24 和 0.37，S3 方案相对差异度分别为 0.39 和 0.71；据相对差异度概念分析，新安江方案与其他两个方案具有质的区别，为不推荐方案，其他两个方案相比较，S3 方案优于 S2 方案；不同的参数组合计算出的相对差异度不同，第 2 种组合计算的相对差异度值比第 1 种组合计算的差异度值要大，且相对差异度值增加的倍数也不一样，通过第 2 种组合相对差异度计算，可知 S3 方案为最优方案。

目前其他领域在使用可变集进行评价时，将四种参数组合的可变模型的计算均值作为最终评价结果。而本章节实例证明，由于不同的可变模型计算出来的排序不一致，求其平均值就会导致不能细致区分优劣，这也说明多属性指标的模糊性导致了采用不同的可变模型计算评价结果不确定性。据质量互变定理，相对差异度值是衡量备选方案与理想值 1 的差异程度，结合相对差异度值大小与可变模型中最大相对差异度与最小相对差异度的差值大小，可以选择可变模型（$\alpha=1$、$p=1$）和（$\alpha=2$、$p=1$）计算结果均值作为评价结果，或者直接选择可变模型（$\alpha=1$、$p=1$）计算结果为评价结果。

通过结合级别特征值和相对差异度值评价结果合理性分析，并最终确定可变模型，克服了传统的单纯以四种模型计算均值作为评价结果的局限性。

22.3.2.2　不同准则的评价结果分析

上节是综合资源、经济、社会、环境和工程等各准则后的综合评估结果，但是没有反映出不同方案各准则的优劣分析。在实际工程案例中，可能不同决策者侧重的角度不同，需要分别对五大准则下的评价结果进行分析，以增进对工程的了解程度。表 22-7 为针对各准则计算的级别特征值、综合相对隶属度和相对差异度。下面分资源准则情景、经济准则情景、社会准则情景、环境准则情景和工程准则情景分别加以解析。

表 22-7　　　　　各方案基于不同准则评价的 RFV、RDD 和 CRMD

参数取值	备选方案	资源准则			经济准则			社会准则		
		RFV	CRMD	RDD	RFV	CRMD	RDD	RFV	CRMD	RDD
$\alpha=1$、$p=1$	S1	3.76	0.31	−0.38	4.10	0.23	−0.55	2.84	0.54	0.08
	S2	3.33	0.42	−0.17	1.93	0.77	0.54	1.86	0.78	0.57
	S3	1.67	0.83	0.67	2.04	0.74	0.48	1.84	0.79	0.58
$\alpha=2$、$p=1$	S1	3.47	0.38	−0.24	4.51	0.12	−0.75	2.73	0.57	0.14
	S2	3.17	0.46	−0.08	1.73	0.82	0.64	1.49	0.88	0.76
	S3	1.67	0.83	0.67	1.28	0.93	0.86	1.41	0.90	0.80
$\alpha=1$、$p=2$	S1	3.59	0.35	−0.30	3.90	0.28	−0.45	2.92	0.52	0.04
	S2	3.31	0.42	−0.16	2.10	0.73	0.45	2.18	0.71	0.41
	S3	1.80	0.80	0.60	2.32	0.67	0.34	2.20	0.70	0.40
$\alpha=2$、$p=2$	S1	3.26	0.43	−0.13	4.47	0.13	−0.74	2.94	0.52	0.03
	S2	3.17	0.46	−0.09	1.82	0.80	0.59	1.69	0.83	0.66
	S3	1.81	0.80	0.60	1.62	0.85	0.69	1.71	0.82	0.65

参数取值	备选方案	环境准则			工程准则		
		RFV	CRMD	RFV	CRMD	RFV	CRMD
$\alpha=1$、$p=1$	S1	2.05	0.74	0.48	4.46	0.14	−0.73
	S2	2.83	0.54	0.08	1.98	0.76	0.51
	S3	3.12	0.47	−0.06	1.91	0.77	0.54
$\alpha=2$、$p=1$	S1	1.50	0.88	0.75	4.74	0.06	−0.87
	S2	3.19	0.45	−0.09	1.94	0.77	0.53
	S3	3.41	0.40	−0.21	1.79	0.80	0.61
$\alpha=1$、$p=2$	S1	2.03	0.74	0.49	4.41	0.15	−0.71
	S2	2.95	0.51	0.02	1.86	0.79	0.57
	S3	3.25	0.44	−0.13	1.82	0.80	0.59
$\alpha=2$、$p=2$	S1	1.50	0.88	0.75	4.73	0.07	−0.87
	S2	3.36	0.41	−0.18	1.67	0.83	0.66
	S3	3.58	0.36	−0.29	1.61	0.85	0.70

（1）资源准则情景：在四种参数组合情况下，S1方案和S2方案分别处于3级和4级之间，S3方案处于1级和2级之间，从相对差异度来看，S1方案的资源准则相对差异度 D_Z（S1）、S2方案相对差异度 D_Z（S2）、S3方案相对差异度 D_Z（S3）满足以下关系：D_Z（S1）·D_Z（S2）<0 和 D_Z（S2）·D_Z（S3）<0，根据质量互变定理，S3方案和S1方案、S2方案有质的变化，明显优于S1方案和S2方案。

（2）经济准则情景：从相对差异度来看，S1方案的经济准则相对差异度 D_J（S1）、S2方案相对差异度 D_J（S2）、S3方案相对差异度 D_J（S3）满足以下关系：D_J（S1）·D_J（S2）<0 和 D_J（S1）·D_J（S3）<0，根据质量互变定理，S2方案、S3方案和S1方案有质的变化，两者明显优于S1方案。从参数组合情况来看，不同参数组合得到的结果略有差异，尤其表现在S2方案和S3方案的等级上，参数组合（$\alpha=1$、$p=1$）和参数组合（$\alpha=1$、$p=2$）情况下级别特征值S2方案小于S3方案，参数组合（$\alpha=2$、$p=1$）和参数组合（$\alpha=2$、$p=2$）情况下S3方案小于S2方案，但均表明S2方案和S3方案的等级较为接近，且明显高于S1方案。

（3）社会准则情景：从级别特征值看，参数组合（$\alpha=1$、$p=1$）、（$\alpha=2$、$p=1$）和（$\alpha=2$、$p=2$）情况下，S1方案在2级和3级之间且偏3级，S2方案和S3方案在1级和2级之间且偏2级；参数组合（$\alpha=1$、$p=2$）情况下，三个方案在2级和3级之间，S1方案距3级较近，S2方案和S3方案距2级较近。从相对差异度来看，四种参数组合计算的相对差异度值，S2方案和S3方案远大于S1方案，S2方案和S3方案相近。

（4）环境准则情景：从级别特征值来看，S1方案优于S2方案和S3方案；参数组合（$\alpha=1$、$p=1$）和参数组合（$\alpha=1$、$p=2$）情况下，S1方案接近2级，S2方案和S3方案略优于3级和略劣于3级，S2方案和S3方案接近；参数组合（$\alpha=2$、$p=1$）和参数组合（$\alpha=2$、$p=2$）情况下，S1方案优于2级，S2方案和S3方案均劣于3级，且两者较为接近。从相对差异度来看，四种参数组合计算均表明，S1方案优于S2方案和S3方案；参数组合（$\alpha=1$、$p=1$）和参数组合（$\alpha=1$、$p=2$）情况下，S1方案的相对差异度 D_H（S1）、S2方案的相对差异度 D_H（S2）、S3方案的相对差异度 D_H（S3）满足以下关系：D_H（S1）·D_H（S3）<0、D_H（S2）·D_H（S3）<0，说明S1方案和S2方案优于S3方案，D_H（S2）远大于 D_H（S3），说明S2方案优于S3方案，但S2方案接近于0，亦不是较优方案；参数组合（$\alpha=2$、$p=1$）和参数组合（$\alpha=2$、$p=2$）情况下，D_H（S1）·D_H（S3）<0，D_H（S1）·D_H（S2）<0，说明S1方案优于S2方案和S3方案，且有质的不同。

（5）工程准则情景：从级别特征值来看，四种参数组合下的S1方案在4级和5级之间，S2方案和S3方案在1级和2级之间，且两者较为接近；从相对差异度来看，四种参数组合下的S2方案和S3方案较为接近，均优于S1方案，由于S1方案的相对差异度 D_G（S1）、S2方案的相对差异度 D_G（S2）、S3方案的相对差异度 D_G（S3）满足以下关系：D_H（S1）·D_H（S2）<0、D_H（S1）·D_H（S3）<0，说明S2方案和S3方案优于S1方案，且有质的变化。

22.3.2.3 指标灵敏度分析

1. 综合评价的指标灵敏度分析

为使四种可变模型计算各方案的决策结果更加直观，以指标变动下的方案综合评价值为样本数据，通过逆向云和正向云计算各方案的云模型（E_x，E_n，H_e），结果见表 22-8，生成的正态云图见图 22-5。

表 22-8　指标值变化下各方案评价值云模型参数

准则	参数取值	方案名称		
		S1	S2	S3
综合	$\alpha=1$、$p=1$	(3.05, 0.05, 0.05)	(2.54, 0.05, 0.04)	(2.25, 0.05, 0.04)
	$\alpha=2$、$p=1$	(3.00, 0.10, 0.09)	(2.27, 0.08, 0.07)	(1.61, 0.06, 0.04)
	$\alpha=1$、$p=2$	(2.82, 0.03, 0.05)	(2.85, 0.03, 0.05)	(2.69, 0.03, 0.06)
	$\alpha=2$、$p=2$	(2.63, 0.05, 0.10)	(2.89, 0.05, 0.09)	(2.47, 0.06, 0.11)
经济	$\alpha=1$、$p=1$	(3.85, 0.22, 0.10)	(2.03, 0.19, 0.06)	(2.13, 0.21, 0.11)
	$\alpha=2$、$p=1$	(4.19, 0.23, 0.19)	(1.79, 0.14, 0.09)	(1.43, 0.26, 0.17)
	$\alpha=1$、$p=2$	(3.72, 0.19, 0.12)	(2.21, 0.19, 0.10)	(2.38, 0.15, 0.13)
	$\alpha=2$、$p=2$	(4.21, 0.28, 0.25)	(1.92, 0.21, 0.19)	(1.75, 0.28, 0.23)
环境	$\alpha=1$，$p=1$	(2.15, 0.25, 0.18)	(2.85, 0.20, 0.17)	(3.10, 0.22, 0.22)
	$\alpha=2$、$p=1$	(1.67, 0.41, 0.29)	(3.14, 0.33, 0.30)	(3.34, 0.38, 0.33)
	$\alpha=1$、$p=2$	(2.13, 0.22, 0.21)	(2.96, 0.16, 0.18)	(3.23, 0.16, 0.20)
	$\alpha=2$、$p=2$	(1.66, 0.34, 0.36)	(3.32, 0.24, 0.33)	(3.52, 0.27, 0.35)
资源	$\alpha=1$、$p=1$	(3.63, 0.27, 0.15)	(3.28, 0.29, 0.14)	(1.89, 0.31, 0.16)
	$\alpha=2$、$p=1$	(3.41, 0.28, 0.23)	(3.15, 0.29, 0.33)	(1.83, 0.27, 0.29)
	$\alpha=1$、$p=2$	(3.48, 0.28, 0.20)	(3.26, 0.24, 0.18)	(2.04, 0.37, 0.21)
	$\alpha=2$、$p=2$	(3.22, 0.26, 0.36)	(3.15, 0.27, 0.36)	(2.00, 0.39, 0.40)
社会	$\alpha=1$、$p=1$	(2.86, 0.20, 0.10)	(1.98, 0.19, 0.05)	(1.95, 0.19, 0.06)
	$\alpha=2$、$p=1$	(2.76, 0.32, 0.16)	(1.57, 0.14, 0.07)	(1.50, 0.14, 0.08)
	$\alpha=1$、$p=2$	(2.92, 0.13, 0.12)	(2.25, 0.18, 0.10)	(2.27, 0.19, 0.10)
	$\alpha=2$、$p=2$	(2.94, 0.20, 0.17)	(1.81, 0.22, 0.07)	(1.82, 0.22, 0.08)
工程	$\alpha=1$、$p=1$	(4.17, 0.41, 0.17)	(2.18, 0.37, 0.23)	(2.13, 0.38, 0.24)
	$\alpha=2$、$p=1$	(4.47, 0.50, 0.32)	(2.02, 0.49, 0.30)	(1.91, 0.52, 0.32)
	$\alpha=1$、$p=2$	(4.09, 0.47, 0.18)	(2.15, 0.44, 0.21)	(2.12, 0.45, 0.21)
	$\alpha=2$、$p=2$	(4.39, 0.59, 0.39)	(1.91, 0.54, 0.38)	(1.86, 0.56, 0.38)

从综合评价结果来看，可变模型（$\alpha=1$、$p=1$）计算结果，S3 方案期望最好，S2 方案次之，S1 方案较差，3 个方案的熵和超熵值接近，说明稳定性和随机性相差不大；可变模型（$\alpha=2$、$p=1$）计算结果，排序与可变模型（$\alpha=1$、$p=1$）组合相似，但 S2 方案和 S3 方案的等级值有所提升，S1 方案期望变化不大；可变模型（$\alpha=1$、$p=2$）和（$\alpha=2$、$p=2$）计算结果，S2 方案期望最差，S1 方案次之，S3 方案最优。不同可变模型计算的排序有所变化。

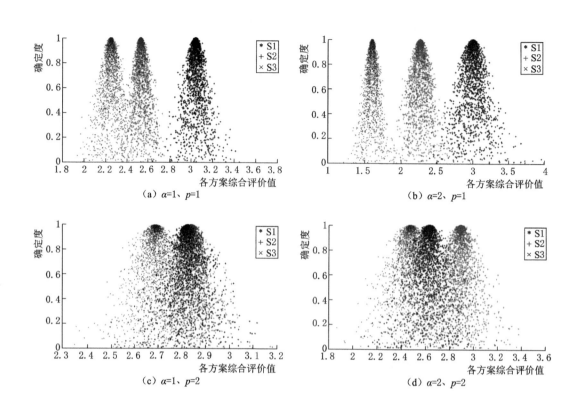

图 22-5 指标值变化下的各方案综合评价值云图

从图 22-5 中可以看出，可变模型（$\alpha=1$、$p=1$）计算结果，在单一指标变化情况下，S1 方案的云图和 S2 方案、S3 方案的没有重叠，说明 S1 方案是最低方案，S2 方案和 S3 方案重叠较少，S3 方案比 S2 方案优；可变模型（$\alpha=2$、$p=1$）计算结果，S3 方案和 S1 方案、S2 方案的云图没有重叠，说明 S3 方案保持最优的稳定性没有改变，S2 方案和 S1 方案云图重叠少，说明指标变化情况下，S2 方案始终优于 S1 方案，S1 方案是差方案。可变模型（$\alpha=1$、$p=2$）计算结果，S1 方案和 S2 方案重叠部分多，指标变化下，较易发生变化，S3 方案和 S1 方案、S2 方案云图也有所重叠，在指标变化情况下，排序也有可能发生变化；可变模型（$\alpha=1$、$p=1$）计算结果，S3 方案和 S1 方案、S2 方案均有多重叠，S2 方案和 S3 方案排序较易发生变化。

综上分析可以得出，可变模型（$\alpha=1$、$p=1$）和（$\alpha=2$、$p=1$）计算三个工程方案的排序较稳定，应用在工程方案优选结果鲁棒性更好，其排序稳定性几乎不受单一指标值变化的影响。这也证明了传统的以四种可变模型计算平均值作为评价结果存在不足。

2. 不同准则评价的指标灵敏度分析

分析资源、经济、社会、环境和工程准则下的评价图的敏感性。

（1）资源准则评价值分析：如表 22-8 所示，在指标值发生变化下，四种可变模型计算结果，S3 方案期望最高，S2 方案期望略高于 S1 方案，对同一可变模型，三个方案的熵值和超熵值较为接近，说明同一参数组合计算结果的稳定性和随机性较为一致。从图 22-6 分析，S3 方案云图和 S1 方案、S2 方案重叠较少，说明 S3 方案维持最优方案的鲁棒性较强；S1 方案和 S2 方案云图有所重叠，可变模型（$\alpha=2$、$p=2$）参数组合下几乎完全重叠。

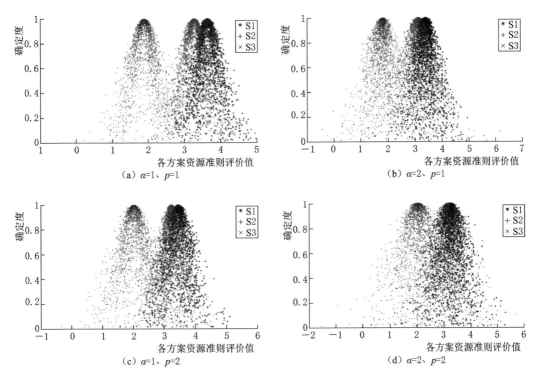

图 22 - 6　指标值变化下的各方案资源准则评价值云图

（2）经济准则评价值分析：如表 22 - 8 和图 22 - 7 分析，在指标值发生变化下，S2 方案和 S3 方案的期望远高于 S1 方案，且这两个方案云图与 S1 方案重叠较少，说明 S2 方案和 S3 方案优于 S1 方案的排序鲁棒性强；S2 方案和 S3 方案不同可变模型计算结果略有不同，可变模型（$\alpha=1$、$p=1$）和（$\alpha=1$、$p=2$）计算的 S2 方案期望略高于 S3 方案，而可变模型（$\alpha=2$、$p=1$）和（$\alpha=2$、$p=2$）计算的 S3 方案期望略高于 S2 方案，且两个方案不同可变模型计算结果云图的重叠性较高，说明这两个方案在指标变化下极易发生变化。

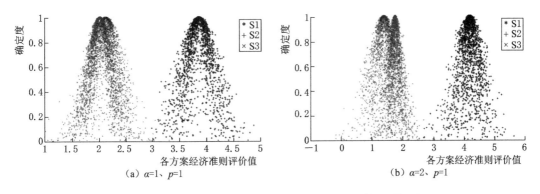

图 22 - 7（一）　指标值变化下的各方案经济准则评价值云图

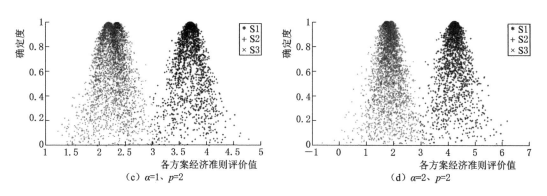

图 22-7（二）　指标值变化下的各方案经济准则评价值云图

（3）社会准则评价值分析：如表 22-8 分析，在指标值发生变化下，S2 方案和 S3 方案的期望远高于 S1 方案；S2 方案和 S3 方案不同可变模型计算结果略有不同，但是级别特征值非常接近，不易区分两个方案的优劣。从图 22-8 分析，S2 方案、S3 方案云图和 S1 方案重叠较少，说明 S2 方案和 S3 方案优于 S1 方案的排序不易发生变化，但是 S2 方案和 S3 方案的云图几乎完全重叠，说明这两个方案在指标变化下排序极易发生变化。

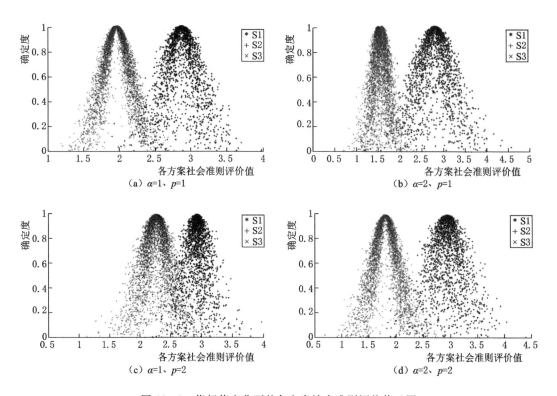

图 22-8　指标值变化下的各方案社会准则评价值云图

（4）环境准则评价值分析：如表 22-8 分析，在指标值变化下，S1 方案期望高于 S2 方案和 S3 方案，S2 方案期望略高于 S3 方案；可变模型在 α 相同下，$p=2$ 与 $p=1$ 相比，

S1 方案期望略有增高，S2 方案和 S3 方案略有降低，但变化均不大；可变模型在 p 相同下，$\alpha=2$ 与 $\alpha=1$ 相比，S1 方案期望提升较多，S2 方案和 S3 方案期望有所降低。从图 22-9 分析，S1 方案维持排序稳定性要好于 S2 方案和 S3 方案，S2 方案和 S3 方案云图重叠度高，说明这两个方案在指标变化下排序极易发生变化。

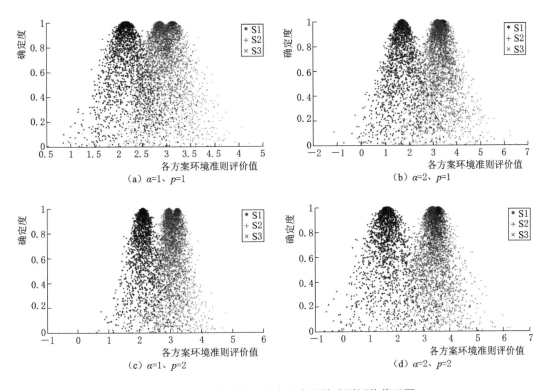

图 22-9　指标值变化下的各方案环境准则评价值云图

（5）工程准则评价值分析：如表 22-8 分析，在指标值发生变化下，S2 方案和 S3 方案期望高于 S1 方案，S3 方案期望略高于 S2 方案。如图 22-10 所示，S2 方案、S3 方案和 S1 方案重叠较少，说明这两个方案优于 S1 方案的排序稳定性强；S2 方案和 S3 方案重叠性高，这说明指标变化下，S2 方案和 S3 方案的排序极易发生变化。

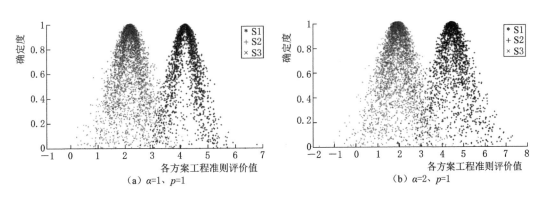

图 22-10（一）　指标值变化下的各方案工程准则评价值云图

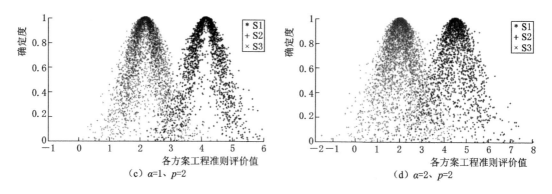

（c）$\alpha=1$、$p=2$ （d）$\alpha=2$、$p=2$

图22-10（二）　指标值变化下的各方案工程准则评价值云图

22.3.2.4　权重灵敏度分析

1. 综合评价的权重灵敏度分析

分别在四种参数组合下，以指标权重变动下的方案综合评价值为样本数据，通过逆向云和正向云计算各方案的云模型（E_x，E_n，H_e），结果见表22-9。

表22-9　　　　　　　　　指标权重变化下各方案评价值云模型参数表

准则	参数取值	方案名称		
		S1	S2	S3
综合	$\alpha=1$、$p=1$	(3.42, 0.72, 0.27)	(2.27, 0.61, 0.24)	(2.12, 0.67, 0.31)
	$\alpha=2$、$p=1$	(3.51, 1.07, 0.12)	(2.09, 0.85, 0.22)	(1.83, 0.93, 0.38)
	$\alpha=1$、$p=2$	(3.33, 0.93, 0.15)	(2.38, 0.82, 0.10)	(2.29, 0.92, 0.12)
	$\alpha=2$、$p=2$	(3.38, 1.20, 0.21i)	(2.26, 1.02, 0.13i)	(2.10, 1.13, 0.22)
经济	$\alpha=1$、$p=1$	(3.62, 0.61, 0.35)	(2.08, 0.54, 0.34)	(2.25, 0.78, 0.24)
	$\alpha=2$、$p=1$	(3.76, 0.76, 0.50)	(1.88, 0.65, 0.45)	(1.93, 1.09, 0.33)
	$\alpha=1$、$p=2$	(3.47, 0.73, 0.31)	(2.23, 0.67, 0.32)	(2.42, 0.91, 0.09)
	$\alpha=2$、$p=2$	(3.61, 0.91, 0.40)	(2.01, 0.77, 0.46)	(2.21, 1.23, 0.15i)
环境	$\alpha=1$、$p=1$	(2.83, 0.67, 0.30)	(2.45, 0.66, 0.12)	(2.47, 0.76, 0.08)
	$\alpha=2$、$p=1$	(2.69, 0.99, 0.11i)	(2.32, 0.96, 0.28i)	(2.25, 1.07, 0.39i)
	$\alpha=1$、$p=2$	(2.85, 0.72, 0.32)	(2.55, 0.72, 0.08)	(2.56, 0.81, 0.07)
	$\alpha=2$、$p=2$	(2.73, 1.01, 0.07)	(2.45, 0.99, 0.29i)	(2.40, 1.08, 0.38i)
资源	$\alpha=1$、$p=1$	(4.05, 0.48, 0.13)	(3.04, 0.53, 0.22)	(2.00, 0.56, 0.38)
	$\alpha=2$、$p=1$	(4.25, 0.70, 0.14i)	(2.96, 0.73, 0.21)	(1.78, 0.68, 0.59)
	$\alpha=1$、$p=2$	(3.95, 0.54, 0.05)	(3.05, 0.58, 0.22)	(2.18, 0.69, 0.34)
	$\alpha=2$、$p=2$	(4.11, 0.73, 0.15i)	(3.02, 0.79, 0.17)	(1.97, 0.86, 0.53)
社会	$\alpha=1$、$p=1$	(2.98, 0.78, 0.29)	(1.94, 0.50, 0.31)	(1.80, 0.49, 0.41)
	$\alpha=2$、$p=1$	(2.90, 1.19, 0.14i)	(1.70, 0.67, 0.35)	(1.58, 0.64, 0.52)
	$\alpha=1$、$p=2$	(2.99, 0.82, 0.32)	(2.13, 0.61, 0.27)	(2.01, 0.63, 0.38)
	$\alpha=2$、$p=2$	(2.94, 1.18, 0.11)	(1.91, 0.73, 0.40)	(1.79, 0.76, 0.53)

续表

准则	参数取值	方 案 名 称		
		S1	S2	S3
工程	$\alpha=1$、$p=1$	(4.24, 0.32, 0.19)	(2.09, 0.41, 0.01i)	(2.02, 0.46, 0.06i)
	$\alpha=2$、$p=1$	(4.31, 0.47, 0.18)	(2.14, 0.63, 0.22i)	(2.02, 0.71, 0.27i)
	$\alpha=1$、$p=2$	(4.18, 0.35, 0.18)	(2.08, 0.43, 0.04)	(2.02, 0.47, 0.05)
	$\alpha=2$、$p=2$	(4.22, 0.51, 0.16)	(2.13, 0.630.20i)	(2.03, 0.69, 0.23i)

从综合评价结果来看，可变模型（$\alpha=2$、$p=2$）计算的熵值大于样本方差均方根值，说明该模型计算结果在指标权重变化下的稳定性非常差，不宜用作方案评价；可变模型（$\alpha=1$、$p=1$）、（$\alpha=2$、$p=1$）和（$\alpha=1$、$p=2$）计算的 S3 方案期望最好，S2 方案次之，S1 方案较差，其中 S2 方案和 S3 方案级别特征值相差不大，且各方案的熵值和超熵值较为接近，说明稳定性和随机性程度比较接近。

从图 22-11 可以看出，S2 方案和 S3 方案的云图重叠较多，说明在指标权重变化下，两个方案的排序较易发生变化；S1 方案和 S2 方案、S3 方案云图也有重叠，说明在指标权重变化下，S1 方案和 S2 方案、S3 方案的排序也有可能发生变化。与可变模型（$\alpha=1$、$p=1$）相比，可变模型（$\alpha=2$、$p=1$）和（$\alpha=1$、$p=2$）计算结果随机性不强，且各自维持稳定性的性质较好。

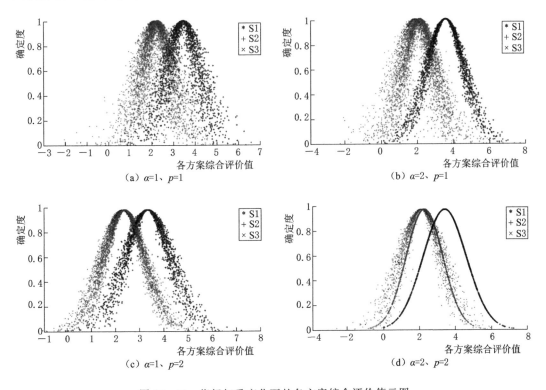

图 22-11　指标权重变化下的各方案综合评价值云图

2. 不同准则评价的权重灵敏度分析

分析资源、经济、社会、环境和工程准则下的评价图的敏感性。

（1）资源准则评价值分析：从表 22-9 可以看出，在指标值权重变化下，可变模型（$\alpha=2$、$p=1$）和（$\alpha=2$、$p=2$）灵敏度高，导致计算结果不合理。可变模型（$\alpha=1$、$p=1$）和（$\alpha=1$、$p=2$）计算的 S3 方案期望最高，S2 方案次之，S1 方案期望最低。从图 22-12 可以看出，三个云图方案均有重叠，说明在指标权重变化下，三个方案的排序也会发生变化。

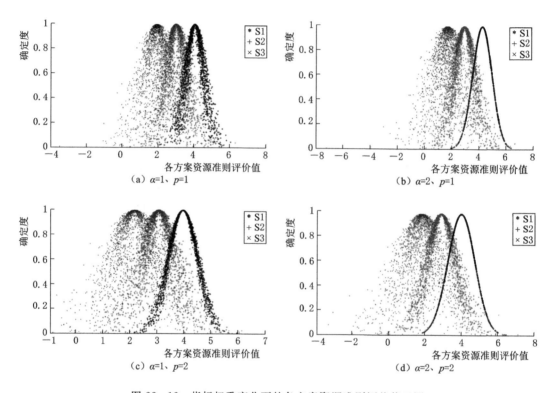

图 22-12　指标权重变化下的各方案资源准则评价值云图

（2）经济准则评价值分析：从表 22-9 可以看出，在指标值权重变化下，可变模型（$\alpha=2$、$p=2$）灵敏度高，导致计算结果不合理。可变模型（$\alpha=1$、$p=1$）、（$\alpha=2$、$p=1$）和（$\alpha=1$、$p=2$）计算的 S2 方案期望最高，S3 方案次之，S1 方案期望最低，S2 方案期望略高于 S3 方案。从图 22-13 可以看出，三个云图方案均有重叠，说明在指标权重变化下，三个方案的排序也会发生变化，其中 S2 方案和 S3 方案重叠度高，排序更易发生变化。

（3）社会准则评价值分析：从表 22-9 可以看出，在指标值权重变化下，可变模型（$\alpha=2$、$p=1$）灵敏度高，导致计算结果不合理。可变模型（$\alpha=1$、$p=1$）、（$\alpha=1$、$p=2$）和（$\alpha=2$、$p=2$）计算的 S3 方案期望最高，S2 方案次之，S1 方案期望最低，S3 方案期望略高于 S2 方案。从图 22-14 可以看出，三个云图方案均有重叠，说明在指标权重变化下，三个方案的排序也会发生变化，其中 S2 方案和 S3 方案重叠度高，排序更易发生变化。

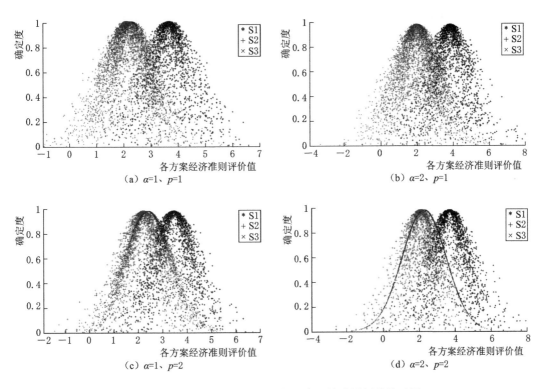

图 22-13 指标权重变化下的各方案经济准则评价值云图

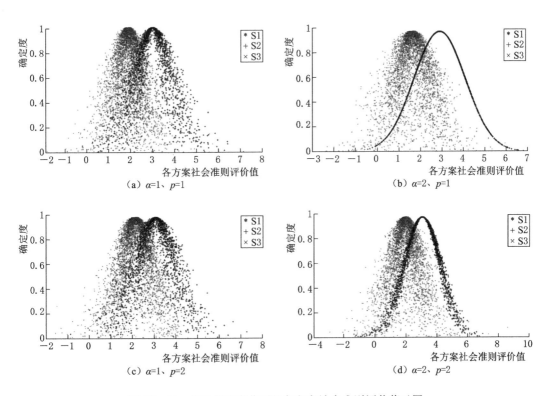

图 22-14 指标权重变化下的各方案社会准则评价值云图

（4）环境准则评价值分析：从表22-9可以看出，在指标值权重变化下，可变模型（$\alpha=2$、$p=1$）和（$\alpha=2$、$p=2$）灵敏度高，导致计算结果不合理。可变模型（$\alpha=1$、$p=1$）和（$\alpha=1$、$p=2$）计算的S3方案和S2方案期望非常接近，均高于S1方案。从图22-15可以看出，三个云图方案均有重叠，说明在指标权重变化下，三个方案的排序也会发生变化。

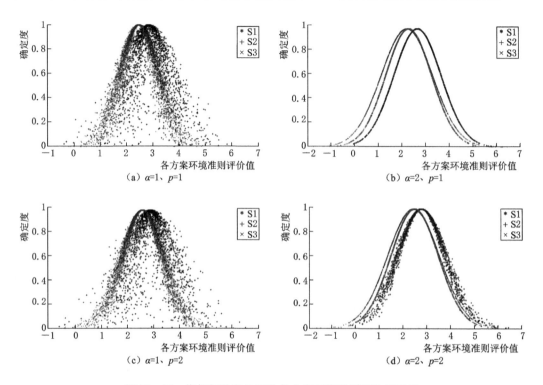

图22-15　指标权重变化下的各方案环境准则评价值云图

（5）工程准则评价值分析：从表22-9可以看出，在指标值权重变化下，可变模型（$\alpha=1$、$p=1$）、（$\alpha=2$、$p=1$）和（$\alpha=2$、$p=2$）灵敏度高，导致计算结果不合理。可变模型（$\alpha=1$、$p=2$）计算的S3方案和S2方案期望非常接近，均高于S1方案。从图22-16可以看出，S2方案和S3方案云图和S1方案几乎没有重叠，说明S2方案和S3方案优于S1方案的排序稳定性强；S2方案和S3方案云图重叠度高，说明这两个方案排序极易发生变化。

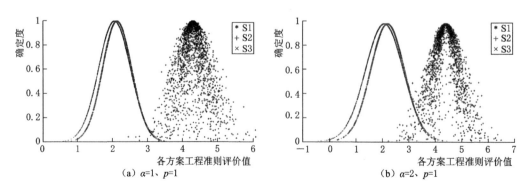

图22-16（一）　指标权重变化下的各方案工程准则评价值云图

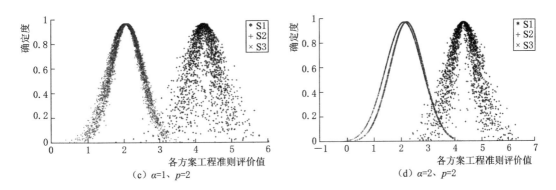

图 22-16（二）　指标权重变化下的各方案工程准则评价值云图

22.4　本章小结

考虑传统模糊集应用在工程方案优选中会导致决策者部分信息的丢失，将 Vague 集模糊评价方法与河湖水系连通工程方案优选相结合，建立了基于 Vague 集评分函数的工程方案优选决策综合评价模型；鉴于现有的指标计算定义及综合评价方法忽略了各指标及权重的不确定性和模糊性信息，提出采用云模型方法还原各指标及权重的不确定性和模糊性信息，并结合实例分析了上述模型方法的特性。得到如下结论。

（1）根据 Chen-Tan 公式、Hong-Choi 公式、刘华文公式、Liu-Wang 公式等 12 个公式计算了浙北引水工程新安江水源方案、富春江水源方案、太湖—富春江方案等三个备选方案的综合评价值，利用投票模型得出刘华文公式、Liu-Wang 公式、张恩瑜公式、王伟平公式计算结果不合理。其中刘华文公式、Liu-Wang 公式、张恩瑜公式不合理的原因是夸大了未知信息对决策结果的影响，主要考虑的是支持意见对决策者的影响，忽视了反对意见对决策结果的影响；王伟平公式反映了决策中的"马太效应"，容易产生极端化。

（2）虽然 Chen-Tan 公式、许昌林公式、周晓光公式从综合评价结果来看，具有一定的合理性，但是周晓光公式计算的三个方案的综合评价值非常接近，在方案优劣的判别上分辨率不高，原因是强化了未知信息对决策结果的影响；Chen-Tan 公式仅仅考虑了支持意见和反对意见之差，忽略了未知信息的影响；许昌林公式虽然同步考虑了未知信息的影响，但是当支持意见和反对意见之差越大，未知信息越多，和周晓光公式一样，容易强化未知信息对决策结果的影响。

（3）在指标值变化时云模型及正态云图发现，Chen-Tan 公式、Hong-Choi 公式、李鹏公式、高建伟公式、彭展声公式计算的 S3 方案比 S1 方案期望高，且云图不存在重叠，说明 S3 方案优于 S1 方案在单一指标值变化时不会发生改变，S2 方案的云图与 S1 方案和 S3 方案有少部分重叠，熵值和超熵值较小，说明单一指标值发生变化时，这三个公式计算综合评价结果鲁棒性能好。

（4）在指标值变化时，许昌林公式计算 S2 方案与 S1 方案和 S3 方案相比，稳定性高，随机性小；S3 方案期望比 S2 方案高，稳定性和随机性相似；三个方案云图重叠度较高，说明排序发生变化的可能性较大。王万军公式计算的 S2 方案和 S3 方案比 S1 方案的稳定性高，随机性小；S1 方案的期望与 S3 方案期望接近，S2 方案期望比 S3 方案高，这与投票模型分析结果相违背；三个方案的重叠程度比较高，较易发生排序变化。许昌林公式和王万军计算的三个方案的云图不类似，说明对指标值变化的影响比 Chen - Tan 公式、Hong - Choi 公式、李鹏公式、高建伟公式、彭展声公式更加敏感。

（5）在权重值变化时，许昌林公式、李鹏公式、王万军公式计算的 S1 方案期望远低于 S2 方案和 S3 方案，熵值大于其他两个方案的熵值，稳定性较差，且超熵得出的为复数，熵值大于均方根误差，显然这种结果不合理。计算的 S2 方案和 S3 方案期望、熵值和超熵非常接近，云图几乎完全重叠，说明这三个公式在运用 S2 方案和 S3 方案的排序时，极易发生变化。

（6）在权重值变化时，Chen - Tan 公式、Hong - Choi 公式、高建伟公式、彭展声公式计算的 S3 方案的期望最高，S2 方案次之，S1 方案期望最低。其中 Chen - Tan 公式、高建伟公式、彭展声公式计算的 S1 方案期望远低于 S2 方案和 S3 方案的期望，熵值高于其他两个方案，稳定性较差，超熵低于其他两个方案，随机性比较小；S2 方案和 S3 方案相比，S2 方案期望低于 S3 方案，两个方案的稳定性和随机性比较接近，从云图来看，S2 方案和 S3 方案重叠部分多，说明排序极易发生变化。Hong - Choi 公式计算的方案期望的次序较为合理，S3 方案期望最高，熵值和超熵值低于 S1 方案和 S2 方案，说明该公式计算 S3 方案综合评价最为稳定，S2 方案较为稳定，S1 方案更次之，但是从云图来看，三者重叠较多，说明在权重发生变化时，这种排序极易发生变化。

（7）从上述分析来看，由于各公式建立时考虑的角度不同，在应用方案决策中要进行合理性分析，从而找出较为合适的模型；从单一指标权重发生变化时，可以得到较为合理的评价公式；在多个权重发生变化时，各模型对于综合评价结果鲁棒性不高，说明在方案决策时，确定各指标权重比较重要。

研究结果对几种综合评价法下决策的有劣性提供新的参考依据，进而有助于决策人员选择合适的综合评价法得出鲁棒性更好的决策方案，为决策人员进行工程方案决策时提供更全面、科学的决策支持，对实际工程优选方法及方案评价具有一定的参考价值，丰富了河湖水系连通规划理论方法体系。在后续的研究中：①考虑到影响 Vague 评分函数建立的关键是对未知信息的处理，因此根据水利工程特点，进一步详细论证分析 Vague 评分函数的特性，提出相应的改进方案。②继续关注云模型及灵敏度分析理论的最新进展，加强对决策方案灵敏度定量分析合理性研究。

本章进一步研究了可变集和云模型相结合在河湖水系连通方案决策中的应用，提出了两者耦合的方法，得到如下结论。

（1）提出河湖水系连通工程方案优选决策的可变集原理与方法以及基于云模型的指标值和指标权重灵敏度分析方法。以浙北引水工程的新安江、富春江和太湖—富春江等三种方案为研究对象，综合评价和分资源、经济、社会、环境、工程准则评价了三种方案排序，并基于云模型进行了灵敏度分析。

（2）利用不同参数的可变模型，综合评价了 S1 方案、S2 方案和 S3 等三种方案。采用级别特征值和相对差异度相结合的方法进行分析，得出 S3 方案是最优方案，且说明了 S1 方案和 S2 方案、S3 方案具有质的不同。同时，分准则评价了 S1 方案、S2 方案和 S3

方案等三种方案；从评价结果来看，对同一准则评价，四种可变模型的评价等级有一定差别，但是对三种方案的排序呈现相似性；在资源准则评价方面，S3 方案最优，S1 方案和 S2 方案差异不大；在环境准则评价方面，S1 方案最优，S2 方案和 S3 方案差异不大；在其他准则评价方面，S2 方案和 S3 方案均优于 S1 方案，且 S2 方案和 S3 方案差异不大。

（3）在指标变化情况下，在综合评价方面，可变模型（$\alpha=1$、$p=1$）和（$\alpha=2$、$p=1$）的评价云图重叠性不大，说明三种方案的排序受指标变化影响不大，而可变模型（$\alpha=1$、$p=2$）和（$\alpha=2$、$p=2$）的评价云图重叠性较大，说明三种方案排序容易发生变化。在分准则评价方面，同一准则的四种可变模型的评价云图具有相似性：资源准则评价云图中，S3 方案和 S1 方案、S2 方案重叠较少，S1 方案和 S2 方案重叠较多；环境准则评价云图中，S1 方案和 S2 方案、S3 方案重叠少，S2 方案和 S3 方案重叠多；在经济、社会、工程等准则评价云图中，S2 方案、S3 方案和 S1 方案重叠少，S2 方案和 S3 方案重叠多。云图重叠多，说明方案排序易受指标变化的影响，反之，则影响较少。从上述结果来看，不同指标集对评价结果具有一定的影响。

（4）在指标权重变化情况下，在综合评价方面，四种参数组合的可变模型评价的云图均有重叠，且 S2 方案和 S3 方案重叠度高，说明方案排序易受指标权重的影响。在不同准则评价方面，工程准则评价云图中，S1 方案和 S2 方案、S3 方案几乎没有重叠，说明 S1 方案在工程方面劣于 S2 方案和 S3 方案；此外，其他准则评价的云图均有重叠，且 S2 方案和 S3 方案重叠度高，说明这些准则的排序评价易受指标权重的影响。

（5）结合综合评价和不同准则评价的指标灵敏度和指标权重灵敏度分析来看，评价结果受指标体系有一定的影响，这说明该方法需要结合不同的研究对象进行具体分析选择合适的评价方法。因此，今后还应把建立的方法应用更多算例来验证，总结出普适性规律，深入论证此方法的有效性。

参考文献

畅明琦，刘俊萍，黄强，2008. 水资源安全 Vague 集多目标评价及预警 [J]. 水力发电学报，27（3）：81-88.

陈军飞，2004. 调水工程线路方案优选的灰色系统模型及其应用 [J]. 数学的实践与认识，34（7）：56-60.

陈守煜，2013. 水资源系统可变评价原理与方法 [J]. 水利学报，44（2）：134-142.

陈守煜，2014. 质量互变定理用于识别可拓学与集对分析的基础性错误 [J]. 黑龙江大学工程学报，5（1）：1-4.

陈守煜，薛志春，李敏，等，2014a. 基于可变集的年径流预测方法 [J]. 水利学报，45（8）：912-920.

陈守煜，祝雪萍，薛志春，2014b. 基于可变集辩证法数学定理的库群防洪优化调度方法 [J]. 水力发电学报，33（6）：46-52.

陈绪坚，胡春宏，陈建国，2010. 黄河干流泥沙优化配置综合评价方法 [J]. 水科学进展，21（5）：585-592.

冯顺新，李海英，李翀，等，2014. 河湖水系连通影响评价指标体系研究 I-指标体系及评价方法 [J]. 中国水利水电科学研究院学报，12（4）：386-393.

高建伟，刘慧晖，谷云东，2014. 基于前景理论的区间直觉模糊多准则决策方法 [J]. 系统工程理论与实践，34（12）：3175-3181.

郭瑞，郭进，苏跃斌，等，2014. 基于记分函数的 Vague 集方案排序局限性及改进策略 [J]. 系统工程与电子技术，36（1）：105－110.

金维刚，李勇，印永华，等，2016. 确定环境下特高压远距离风电专用通道落点方案决策的灵敏度分析 [J]. 电网技术，40（3）：889－896.

柯丽娜，王权明，孙新国，等，2013. 基于可变模糊识别模型的海水环境质量评价 [J]. 生态学报，33（6）：1889－1899.

李鹏，刘思峰，朱建军，2012. 基于前景理论的随机直觉模糊决策方法 [J]. 控制与决策，27（11）：1601－1606.

刘华文，2004. 多目标模糊决策的 Vague 集方法 [J]. 系统工程理论与实践，24（5）：103－109.

彭展声，2011. Vague 集的一个新记分函数 [J]. 湖北大学学报（自然科学版），33（3）：362－365.

邱林，王文川，陈守煜，2011. 农业旱灾脆弱性定量评估的可变模糊分析法 [J]. 农业工程学报，27（14）：61－65.

邵卫云，赵斌，陈雪良，等，2007. 浙北引水工程方案选优指标体系及其综合评价 [J]. 水利学报，（增刊）：251－255.

王爱玲，2013. 基于改进的群组 AHP 和 Vague 集的水资源工程投资决策研究 [J]. 节水灌溉，（10）：52－55.

王顺久，李跃清，2005. 水利水电规划方案优选的投影寻踪模型 [J]. 水利学报，（增刊）：435－437.

王万军，2014. 基于 Vague 集记分函数的一种构造方法 [J]. 郑州大学学报（理学版），46（1）：33－36.

王伟平，2013. 基于记分函数的语言型多准则决策方法 [J]. 数学的实践与认识，43（13）：98－103.

王贞琴，2006. 浙北引水工程方案选优综合评价 [D]. 杭州：浙江大学.

向莹，韦安磊，茹彤，等，2015. 中国河湖水系连通与区域生态环境影响 [J]. 中国人口·资源与环境，25（5）：139－142.

许昌林，魏立力，2010. 多准则模糊决策的 Vague 集方法 [J]. 系统工程理论与实践，30（11）：2019－2025.

张恩瑜，王珏，汪寿阳，2011. 一种新的 Vague 集多准则决策评分函数 [J]. 系统科学与数学，31（8）：961－974.

赵静，史淑娟，李怀恩，2010. 跨流域调水方案优选方法初步研究 [J]. 干旱地区农业研究，28（2）：214－218.

周晓光，张强，2009. 模糊群决策中专家意见的汇总研究 [J]. 北京理工大学学报，29（10）：936－940.

CHEN S M, TAN J M, 1994. Handling multi－criteria fuzzy decision－making problems based on Vague set theory [J]. Fuzzy Sets and Systems, 67（2）：163－172.

CHEN S Y, XUE Z C, LI M, et al., 2013a. Variable sets method for urban flood vulnerability assessment [J]. Science China Technological Sciences, 56（12）：3129－3136.

CHEN S Y, XUE Z C, LI M, 2013b. Variable Sets principle and method for flood classification [J]. Science China Technological Sciences, 56（12）：2343－2348.

DIAO Y F, WANG B D, 2011. Scheme optimum selection for dynamic control of reservoir limited water level [J]. Science China Technological Sciences, 54（10）：2605－2610.

HONG D H, CHOI C H, 2000. Multi－criteria fuzzy decision－making problems based on Vague set theory [J]. Fuzzy Sets and Systems, 114（1）：103－113.

LIU H W, WANG G J, 2007. Multi－criteria decision－making methods based on intuitionistic fuzzy sets [J]. European Journal of Operational Research, 179（1）：220－233.

第 23 章 面向智能管理的草型湖泊水质遥感动态监测技术

23.1 引言

湖泊水资源作为内陆水资源的重要组成部分，为人类提供大量水资源的同时具有防洪、养殖、航运以及生物多样性保护等重要功能（Hou et al.，2017；Wang et al.，2014）。然而随着社会经济的高速发展，日益增强的人类活动加剧了湖泊的污染趋势，导致湖泊呈现富营养化状态的形势越加严峻，大面积蓝藻暴发时有发生（Matthews et al.，2010；朱庆 等，2016；Duan et al.，2009）。因此，加强湖泊水质的动态监测对实现其精细化和科学化管理具有重要意义。

遥感作为一种区域化监测手段，能够快速获取湖泊水质的时空分布，越来越多地应用于湖泊水环境的监测和管理（Dörnhöfer et al.，2016；蒋云钟 等，2010、2011、2014）。总悬浮物浓度和浊度是湖泊水质遥感监测的重用指标，其中总悬浮物是总氮、总磷和有机污染物的重要载体，同时影响着光在水中的衰减和垂直分布（Panigrahi et al.，2009）；浊度是和总悬浮物浓度密切相关的重要参数，能够影响光在水中的传播，对浮游植物生长和水体富营养化状况具有指示作用（Petus et al.，2010）。在叶绿素 a 浓度低的水体中，浊度主要由总悬浮物浓度决定（Güttler et al.，2013）。总悬浮物浓度和浊度遥感监测主要基于遥感反射率与总悬浮物浓度和浊度之间的统计关系构建经验模型（线性或非线性回归模型）（Shi et al.，2015；Zhang et al.；2014；Ali et al.，2014；Kim et al.，2016；Lobo et al.，2015；Hicks et al.，2013）和神经网络模型（Giardino et al.，2010；Matthews et al.，2010）或者基于辐射传输机理构建生物光学模型（如查找表法，矩阵反演算法）（Huang et al.，2014；Giardino et al.，2015；Dekker et al.，2011；张兵 等，2009）来实现水质参数的动态监测。由于生物光学模型的复杂性，简单有效的经验模型成为总悬浮物和浊度遥感监测的常用模型。如 Shi 等（2015）基于2003—2013 年的 MODIS 数据在 545nm 处的遥感反射率和实测太湖水体总悬浮物浓度之间的稳定关系构建了太湖水体总悬浮物浓度反演的经验模型，分析了太湖水体总悬浮物浓度的时空变异性；Lobo 等（2015）利用 1973—2013 年的 Landsat MSS/TM/OLI 影像获取的近红外波段反射率和实测矿坑水体总悬浮物浓度构建单波段指数模型，利用该模型对不同时间点矿坑水体总悬浮物浓度进行监测，在此基础上分析了矿坑水体总悬浮物浓度的时空变化规律及其驱动因素；Hicks 等（2013）利用新西兰怀卡托区域部分湖泊实测的总悬浮物浓度、浊度和透明度数据和时序 Landsat ETM＋数据构建波段组合模型，对有观测的湖泊水体三种水质参数进行遥感监测，并将该模型应用于无观测的湖泊，弥补了无观测湖泊水质监测的空白；Ali 等（2014）利用 400～900nm 范围内的全部波段反射率和总悬浮物浓度分别作为自变量和因变量，构建水体总悬浮物浓度偏最小二乘反演模型，取得较高的反演精度。由于内陆水体光学特性的复杂性，经验模型的时空移植性较差，因此，针对特定湖泊需要构建适用于该湖泊水体总悬浮物浓度和浊度监测的遥感反演模型。

由于很多草型或者混合型湖泊中生长有大量的水生植物，水生植物会造成"水体-水生植物"混合像元问题，导致卫星传感器获取的水生植物生长区域的光谱信息为水体和水生植物的混合光谱，直接利用经验和半经验模型反演水生植物生长区域水质参数存在不确定性（李俊生 等，2009；Giardino et al.，2015）。针对水生植物生长区域的水质反演，部分学者对水生植物生长区域不做特殊处理，直接利用水质遥感模型对水生植物生长区域水质进行反演，如 Shi 等（2015）和 Zhang 等（2014）利用遥感模型直接对东太湖水生植物生长区域水体总悬浮物浓度进行反演；还有部分学者利用目视解译（Birk et al.，2014）、光谱指数（如归一化植被指数和叶绿素 a 光谱指数）（Villa et al.，2013；朱庆 等，2016）、监督或非监督分类方法（Hunter et al.，2010；Oppelt et al.，2012；Bolpagni et al.，2014；Cao et al.，2018）、生物光学模型和混合像元分解方法（Giardino et al.，2015；Brooks et al.，2015）将水生植物生长区域和水体区域分离，仅对水体区水质参数进行遥感监测（Giardino et al.，2015；Bolpagni et al.，2014；Cao et al.，2018）；此外，乔娜等（2016）将南四湖分为水生植物覆盖区和非覆盖区，利用水生植物对水质的指示作用对水生植物覆盖区总悬浮物浓度定性反演，但未考虑水生植物类型和水生植物生长状况对水质的影响。不同物候期的水生植物对水体组分的迁移转化的影响机制不同，处于生长期的水生植物能够吸收湖泊沉积物间隙水中氮磷等营养盐，抑制浮游植物生长和藻类水华过程（张云 等；2018），此外，处于生长期的沉水植物可以吸附、固着和沉降水体中的悬浮物，其根部可以有效抑制沉积物的再悬浮（Zhang et al.，2014；Ellil，2006），降低沉积物营养盐的释放，提高水体的透明度（常素云 等；2016）；但处于衰亡期的水生植物，由于降解过程的氮磷代谢会导致水体氮磷浓度升高，加上衰亡过程产生的植物残体和厌氧条件，导致水体透明度下降，水质不断恶化（申秋实 等，2014；Cao et al.，2018）。因此，如何实现不同物候期内水生植物生长水域的水质遥感监测对实现整个草型或混合型湖泊水质遥感监测至关重要。

本章基于分区反演思路将草型湖泊微山湖区分为水生植物覆盖区和水体区，针对水生植物覆盖区，利用时序 MODIS 归一化植被指数（Normalized Vegetation Index，NDVI）产品识别微山湖典型水生植物的物候特征，基于不同物候期内水生植物对微山湖水体总悬浮物浓度（Total Suspended Matter，TSM）和浊度的指示作用，对微山湖水生植物覆盖区水体总悬浮物浓度和浊度进行定性遥感监测；针对于水体区，利用波段组合模型和偏最小二乘模型对微山湖水体总悬浮物浓度和浊度进行定量遥感监测。将定量和定性遥感监测方法相结合，对草型湖泊微山湖总悬浮物浓度和浊度进行遥感监测，分析了微山湖水体悬浮物浓度和浊度的时空变化规律。

23.2　材料和方法

23.2.1　研究区

微山湖地处东经 $116°58'\sim117°21'$，北纬 $34°27'\sim34°52'$，隶属于山东省济宁市微山县，与南阳湖、独山湖和昭阳湖一起称为南四湖，位于南四湖的最南端，是面积最大的一个湖泊，面积达 $660km^2$。微山湖平均水深不足 3m，春夏湖泊中生长有各种水生植物，其中以光叶眼子菜、穗花狐尾藻和菹草为主，是典型的内陆浅水草型湖泊，此外，微山湖西南边界存在部分湿地和农田。

微山湖是中国北方最大的淡水湖，也是南水北调东线工程重要的湖泊水源地，同时具有防洪、灌溉、养殖和航运等生态系统服务功能，利用遥感手段动态监测微山湖水质对南水北调东线水资源监控管理具有重要意义。

23.2.2　数据获取和处理

2014 年 7 月至 2015 年 6 月，在微山湖开展了 6 次野外试验，采用均匀布点原则布置采样点。乘坐快艇到达预定位置，待水流平稳后利用采样瓶采集水样，对于水生植物生长茂密区域，采集表层水样［图 23－1 (a)］；对于水植物生长相对稀疏区域，在水生植物生长空隙处采集水面以下 0.5m 左右处的水样［图 23－1 (b)］；对于水体区域则就近采集水面以下 0.5m 左右处的水样［图 23－1 (c)］，水样用锡纸包裹，冷藏后送回实验室分析，利用称重法计算水体总悬浮物浓度。采集水样的同时，利用美国哈希 HACH 浊度仪1900C 现场测定水体浊度。具体采样时间、采样点个数、总悬浮物浓度和浊度统计结果见表 23－1。由表 23－1 可以看出，微山湖水体总悬浮物浓度和浊度具有显著的时空变异性，不同月份微山湖水体总悬浮物浓度和浊度最大值、最小值、均值和标准存在显著差异，其中 2014 年 7 月微山湖水体最为浑浊，总悬浮物浓度和浊度四项统计指标均显著大于其他月份；而 2015 年 4 月微山湖水体最为清澈，水体浊度四项统计指标均小于其他月份。从均值指标来看，微山湖水体总悬浮物浓度和浊度从 2015 年 4—7 月呈逐渐增加的趋势，随后逐渐降低。

表 23－1　　　　　　　　　　微山湖水体总悬浮物浓度和浊度统计

试验时间	样点数 N	总悬浮物浓度/(mg/L)				浊度/NTU				卫星遥感数据源	
		最大值	最小值	均值	标准差	最大值	最小值	均值	标准差	HJ－1A/1B	GF－1
2014 年 7 月 21—23 日	17	352.0	12.0	80.5	95.1	343.0	13.7	77.2	98.8	—	2014 年 7 月 21 日
2014 年 8 月 29 日	11	76.0	3.0	42.7	23.2	78.7	3.0	40.1	24.4	2014 年 8 月 29 日	—
2014 年 11 月 17 日	13	42.0	5.0	18.1	9.1	39.9	3.8	17.2	8.5	—	2014 年 11 月 14 日
2015 年 4 月 6—9 日	31	—	—	—	—	30.4	1.5	9.0	6.1	2015 年 4 月 10 日	—
2015 年 5 月 24 日	29	36.9	2.0	14.3	10.2	40.7	2.3	15.9	11.8	—	2015 年 5 月 25 日
2015 年 6 月 11—13 日	41	141.0	1.0	35.9	35.3	140.0	2.1	44.5	41.1	—	2015 年 6 月 6 日

注　"—"代表无有效数据。

（a）水生植物茂密区

（b）水生植物稀疏区

（c）水体区

图 23-1　现场采样照片

从中国资源卫星应用中心网站（http：//www. cresda. com/CN/）上下载和采样时间同步或准同步的 HJ-1A/1B CCD 和 GF-1 WFV 数据，影像获取情况和拍摄时间见表 23-1。利用 ENVI 5.0 软件对获取的 HJ-1A/1B CCD 和 GF-1WFV 影像进行辐射定标、几何精校正和大气校正处理，获取微山湖水体遥感反射率；辐射定标利用资源卫星应用中心提供的定标系数，将影像中的 DN 值转换为辐亮度；几何精校正以 Landsat8 影像作为基准影像，对 HJ-1A/1B CCD 和 GF-1WFV 影像的几何形变进行纠正；大气校正采用的是 ENVI 5.0 软件中 FLAASH 模块，FLAASH 采用 MODTRAN 4 辐射传输模型，该模型是目前世界上发展较为完善的大气校正方法之一，可以快速有效地获取水体遥感反射率（朱云芳 等，2017）。此外在 MODIS WEB 网站上（https：//modis. gsfc. nasa. gov/）下载时序 MOD13A1 植被指数（NDVI）产品。

23.2.3　草型湖泊水体总悬浮物浓度和浊度遥感监测方法

23.2.3.1　总体研究思路

本章基于分区思想，利用归一化水体指数（Normalized Difference Water Index, ND-WI）将微山湖区分为水生植物覆盖区和水体区；针对水生植物覆盖区，考虑水生植物的物候特征，利用水生植物对微山湖水体总悬浮物浓度和浊度的指示作用对微山湖水生植物覆盖区水体总悬浮物浓度和浊度进行定性监测；针对水体区，构建反演微山湖水体区总悬浮物浓度和浊度的经验模型，对微山湖水体区总悬浮物浓度和浊度进行定量反演。具体思路如图 23-2 所示。

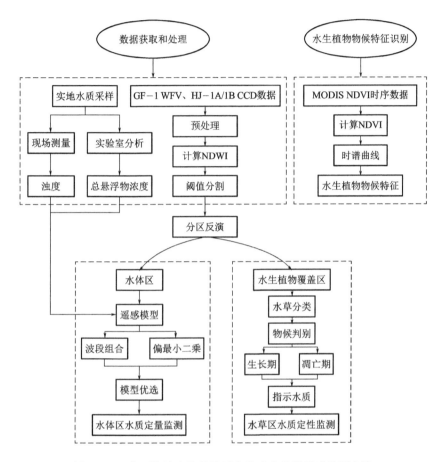

图 23-2　草型湖泊水体总悬浮度浓度和浊度遥感监测方法

23.2.3.2　水生植物物候特征识别

不同水生植物生长和凋亡的时间节点不同，即水生植物存在不同的物候特征（Hestir et al.，2015）。水生植物的生长周期可利用时序 NDVI 构建时谱曲线进行表征（李瑶 等，2016）。选择 500m 空间分辨率和 16d 时间分辨率的 MODIS NDVI 产品（MOD13A1）作为数据源，每年可以获取 23 个时相的 MODIS NDVI 数据，利用微山湖矢量数据对 2014—2015 年覆盖微山湖区域的 MODIS NDVI 产品进行裁剪，将不同时相的 NDVI 数据按时间顺序进行叠加，建立微山湖区 NDVI 时谱曲线。每一景 NDVI 图像相当于时谱曲线的一个"波段"。不同地物的时谱曲线不同，从微山湖区时谱曲线中提取典型地物的时谱曲线。

23.2.3.3　水生植物遥感监测

归一化水体指数（Normalized Difference Water Index，NDWI）是提取水体的重要指

数（Hou et al.，2017），可有效区分水体和水生植物。基于大气校正后的多光谱影像，计算微山湖区 NDWI 值。由于水生植物会增加对近红外波段的反射率，在假彩色影像（由近红、红、绿构成颜色 RGB）中往往呈暗红色，因此结合目视解译，设定阈值将影像中呈暗红色区域提取出来。

23.2.3.4 水体区总悬浮物浓度和浊度遥感模型构建

基于多光谱数据的水体总悬浮物浓度和浊度遥感监测模型以波段组合模型（Bonansea et al.，2015；Hicks et al.，2013）为主，该模型以多光谱波段组合和对应的总悬浮物浓度或浊度之间的相关分析为基础，选择和总悬浮物浓度或浊度相关系数最高的波段组合和水质参数之间建立统计回归模型。此外，偏最小二乘模型作为一种多元回归模型，可以同时利用多个波段信息构建水质参数的多元回归反演模型，目前多应用于高光谱水质遥感（刘忠华 等，2011；Song et al.，2013；Cao et al.，2018）。本章采用偏最小二乘模型，以 GF-1 WFV 和 HJ-1A/1B CCD 的四个波段作为自变量，总悬浮物浓度和浊度作为因变量，建模详细步骤参考刘忠华等（2011）的论文。

23.3 结果与讨论

23.3.1 水生植物物候特征识别

利用 2014 年 7 月至 2015 年 6 月的 MODIS 植被指数时序数据获取的微山湖区光叶眼子菜、菹草、水体、农田和湿地的时谱曲线如图 23-3 所示，其中穗花狐尾藻和光叶眼子菜的时谱曲线类似，将两者归为一类。由图 23-3 可以看出，不同地物时谱曲线存在显著差异（李瑶 等，2016），说明不同地物具有不同的物候特征，其中，农田的时谱曲线具有双峰特征，夏季农作物的收割导致农田的时谱曲线在夏季存在一个低谷；湿地的 NDVI 从春季开始上升，到夏季末达到峰值，然后开始下降；光叶眼子菜和穗花狐尾藻的 NDVI 变化趋势和湿地的一致，也是从春季开始上升，到夏季末达到峰值，然后开始下降，但是 NDVI 的数值较小；菹草的 NDVI 从初春开始上升，到春末时达到峰值，然后急速下降，此后一直保持较低的状态；水体的 NDVI 一直保持较低的状态，且变化不大。

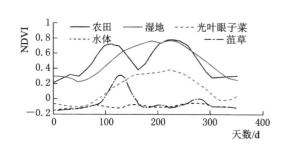

图 23-3 微山湖典型地物的时谱曲线

图 23-4（a）～图 23-4（k）为不同物候期内光叶眼子菜、穗花狐尾藻和菹草生长照片。由图 23-4（a）～图 23-4（h）可以看出光叶眼子菜和穗花狐尾藻在 4 月开始生长，分布零散，在 5—7 月期间内逐渐生长茂盛，成片的光叶眼子菜和穗花狐尾藻贴近甚至浮于水面，此后逐渐衰亡。由图 23-4（i）～图 23-4（k）可以看出菹草在 4 月开始迅速生长，成片的菹草逐渐贴近水面，到 5 月末开始，大片菹草贴近甚至浮于水面，此时水草进入凋亡期，到 6 月中旬，大片菹草迅速腐烂凋亡。利用 NDVI 获取的光叶眼子菜/穗花狐

尾藻和菹草的物候特征和实地采样中观测到的光叶眼子菜/穗花狐尾藻和菹草的物候特征保持一致。

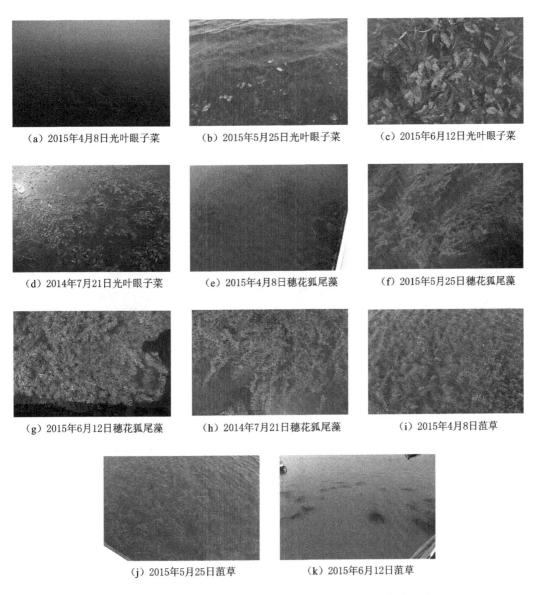

（a）2015年4月8日光叶眼子菜　　（b）2015年5月25日光叶眼子菜　　（c）2015年6月12日光叶眼子菜

（d）2014年7月21日光叶眼子菜　　（e）2015年4月8日穗花狐尾藻　　（f）2015年5月25日穗花狐尾藻

（g）2015年6月12日穗花狐尾藻　　（h）2014年7月21日穗花狐尾藻　　（i）2015年4月8日菹草

（j）2015年5月25日菹草　　（k）2015年6月12日菹草

图 23-4　不同物候期内的光叶眼子菜、穗花狐尾藻和菹草照片

23.3.2　微山湖水生植物时空变化监测

利用时序 GF-1 WFV 数据和 HJ-1A/1B CCD 数据计算微山湖区水体归一化水体指数，基于实地采样获取的水草分布，利用目视解译设定阈值，结合不同水生植物的物候特征得到 2014 年 7 月 21 日、2014 年 8 月 29 日、2014 年 11 月 14 日、2015 年 4 月 10 日、2015 年 5 月 25 日和 2015 年 6 月 6 日微山湖区光叶眼子菜/穗花狐尾藻（图 23-5）和菹草

的时空变化图（图 23-6）。

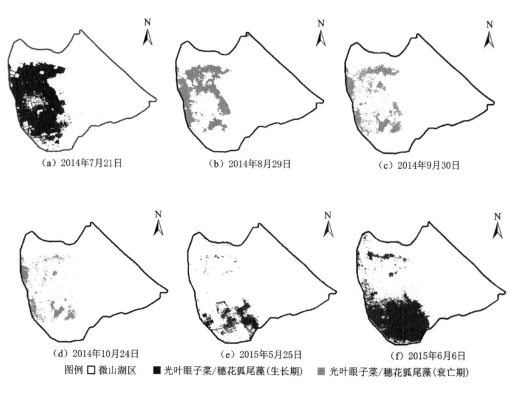

(a) 2014年7月21日   (b) 2014年8月29日   (c) 2014年9月30日

(d) 2014年10月24日   (e) 2015年5月25日   (f) 2015年6月6日

图例 □微山湖区 ■光叶眼子菜/穗花狐尾藻(生长期) ▨光叶眼子菜/穗花狐尾藻(衰亡期)

图 23-5　微山湖光叶眼子菜/穗花狐尾藻时空变化图

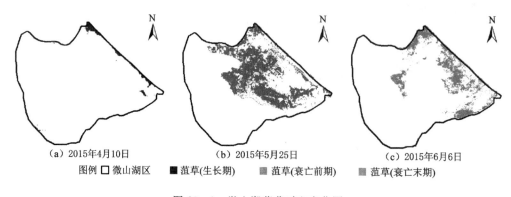

(a) 2015年4月10日   (b) 2015年5月25日   (c) 2015年6月6日

图例 □微山湖区 ■菹草(生长期) ▨菹草(衰亡前期) ▨菹草(衰亡末期)

图 23-6　微山湖菹草时空变化图

　　由图 23-5 可以看出，2014 年 7 月 21 日微山湖水生植物主要集中于西南湖区，此时光叶眼子菜和穗花狐尾藻长势茂盛，成片地贴于水面 [图 23-4 (d)]；至 2014 年 8 月底，光叶眼子菜和穗花狐尾藻逐渐开始进入衰亡期，但衰亡十分缓慢，直至 2014 年 11 月才逐渐衰亡沉入水底 [图 23-5 (b) ~ (d)]；至 2015 年 5 月底，微山湖区西南角的光叶眼子菜和穗花狐尾藻开始进入生长期，部分光叶眼子菜和穗花狐尾藻长势茂盛，开始贴近水面 [图 23-5 (e)]，至 6 月，贴近水面的光叶眼子菜和穗花狐尾藻面积

进一步扩大 [图 23-5 (f)]，与图 23-3 显示的光叶眼子菜和穗花狐尾藻的物候特征保持一致。

由图 23-6 可以看出，2015 年 4 月 10 日，微山湖东北湖边附近的菹草迅速生长，逐渐贴近水面 [图 23-4 (i)]，至 2015 年 5 月，菹草生长区域基本覆盖了整个微山湖东北湖区，由于菹草的生长周期较短（图 23-3），至 2015 年 5 月底，菹草进入衰亡期；菹草在 6 月时开始迅速衰亡降解，微山湖东北湖区的菹草覆盖面积迅速减少，部分菹草残体浮于水面 [图 23-4 (k)]。微山湖区水生植物具有明显的时空变化规律，菹草主要生长于微山湖东北湖区，在 4 月开始迅速生长，然后至 6 月迅速衰亡腐烂；光叶眼子菜和穗花狐尾藻主要生长在西南湖区，从 5 月开始进入生长期，至 7 月基本遍布整个西南湖区，随后逐渐进入衰亡期，直至 11 月才逐渐衰亡降解完全。

23.3.3　水生植物对水质的指示作用

处于生长期的水生植物能够吸收沉积物和水体中的营养盐（黄亮 等，2010），和浮游植物形成竞争关系，同时会分泌抑制悬浮物生长的化感物质（Wu et al.，2009）），可以有效抑制藻类生长；沉水植物枝叶对水体悬浮泥沙具有吸附、固着和沉降作用（Ellil，2006），通过改变水体上下水动力条件，沉水植物能够减小水体挟沙能力，且植物表面的分泌物能促使悬浮泥沙颗粒由分散的悬移质向絮凝团转化，当浮力小于重力时下降，悬浮泥沙将沉积于植物根部周围（郭长城 等，2007），此外沉水植物根部可以固着底泥，防止底泥再悬浮（Zhang et al.，2014）；此外沉水植物光合作用增加了水中的溶解氧，可以促进微生物对污染物的分解作用（Srivastava et al.，2017）。因此，处于生长期的水生植物区域水质一般较好，水体透明度较高（秦伯强，2002）。微山湖中生长的光叶眼子菜、穗花狐尾藻和菹草均属于沉水植物，其中光叶眼子菜具有椭圆形的大叶片，茎粗壮；穗花狐尾藻具有穗状花序，生长茂密的碎花狐尾藻可以浮于水体表面；菹草叶片呈针形，先端钝圆，叶片边缘具有锯齿。沉水植物一般整个植株都处于水中，在生长高峰期可以接近或者浮于水体表面，表 23-2 和表 23-3 分别为微山湖处于不同物候期的菹草、光叶眼子菜和穗花狐尾藻生长区域水体总悬浮物浓度和浊度的统计结果。可以看出处于生长期的三种沉水植物分布区域水体总悬浮物浓度和浊度均值分别小于 10mg/L 和 10NTU，标准差均较小，处于生长期的 3 种水生植物分布区域水质整体较好。

表 23-2　微山湖区菹草生长区域水体总悬浮物浓度和浊度的统计结果

统计值	2015 年 4 月 6—9 日		2015 年 5 月 24 日		2015 年 6 月 11—13 日	
	TSM/(mg/L)	浊度/NTU	TSM/(mg/L)	浊度/NTU	TSM/(mg/L)	浊度/NTU
最大值	12.0	13.1	20.0	23.3	141.1	140.0
最小值	4.0	4.6	3.2	2.7	19.0	34.5
均值	7.5	9.1	8.9	8.9	65.0	84.3
标准差	2.2	2.3	6.5	7.8	31.3	31.8
采样点个数	8		9		16	

表 23-3　　　　　　微山湖区光叶眼子菜和穗花狐尾藻生长区域水体
总悬浮物浓度和浊度的统计结果

统计值	光叶眼子菜/穗花狐尾藻		光叶眼子菜		穗花狐尾藻	
	TSM/(mg/L)	浊度/NTU	TSM/(mg/L)	浊度/NTU	TSM/(mg/L)	浊度/NTU
最大值	19.0	23.6	6.9	12.8	13.1	26.3
最小值	5.0	3.8	2.0	2.1	1.1	4.3
均值	12.6	12.2	3.8	6.4	6.6	9.6
标准差	5.0	6.6	1.6	3.4	3.7	7.1
采样点个数	5		6		6	
采样时间	2014 年 11 月 17 日		2015 年 6 月 11—13 日		2015 年 6 月 11—13 日	

　　由图 23-3 可以看出，菹草的时谱曲线在 6 月初急剧下降，菹草在短时间内迅速衰亡腐烂 [图 23-4 (k)]，菹草在生长期内吸收的营养盐重新释放进入水体（王锦旗 等，2011），造成严重的内源污染，此外水生植物衰亡过程产生的植物残体 [图 23-4 (k)]，导致水体悬浮物浓度上升，水体十分浑浊，水质短时间内迅速恶化（申秋实 等，2014；Cao et al.，2018）。由表 23-2 可以看出，2015 年 4 月 6—9 日微山湖菹草生长区域水体总悬浮物浓度和浊度分别小于 15mg/L 和 15NTU，2015 年 5 月 24 日菹草生长区域水体总悬浮物浓度和浊度均值同样处于较低水平，但标准差较 2015 年 4 月有所增加。根据菹草的物候特征可知，2015 年 5 月 24 日菹草已经开始衰亡，结合实地采样观察，此时菹草衰亡程度较低，菹草分布区域水质依旧较好，该区域总悬浮物浓度和浊度分别低于 20mg/L 和 25NTU；2015 年 6 月 11—13 日微山湖区菹草生长区域水质显著变差，总悬浮物浓度和浊度均值分别高于 60mg/L 和 60NTU，总悬浮物浓度和浊度最大值达到 140mg/L 和 140NTU（表 23-2），此时微山湖区的菹草基本全部腐烂，部分残体浮于水面 [图 23-4 (k)]。相比于菹草，光叶眼子菜和穗花狐尾藻的生长衰亡周期较长（图 23-3），结合实地采样，发现 2014 年 11 月 17 日微山湖区光叶眼子菜和穗花狐尾藻已经腐烂沉降，此时微山湖西南湖区总悬浮物浓度和浊度均值分别低于 30mg/L 和 30NTU，水质无明显恶化（表 23-3）。处于生长期的光叶眼子菜和穗花狐尾藻生长区域水体总悬浮物浓度和浊度范围分别为 0~15mg/L 和 0~30NTU，水质整体较好。

　　微山湖区光叶眼子菜、穗花狐尾藻和菹草在不同生长周期内对水质具有不同的指示作用。因此，基于不同水生植物的物候特征，可利用沉水植物对水质的指示作用对水生植物生长区域水质进行定性监测。其中处于生长期的光叶眼子菜和穗花狐尾藻分布区域水体总悬浮物浓度和浊度为 0~15mg/L 和 0~30NTU，处于生长期的菹草分布区域水体总悬浮物浓度和浊度分别为 0~15mg/L 和 0~15NTU；处于衰亡前期的菹草分布区域水体总悬浮物浓度和浊度分别为 0~20mg/L 和 0~25NTU；处于衰亡末期的菹草分布区域水体总悬浮物浓度和浊度分别为 15~145mg/L 和 30~140NTU。由于缺乏处于衰亡期的光叶眼子菜和穗花狐尾藻分布区域水体总悬浮物浓度和浊度，处于衰亡期的光叶眼子菜和穗花狐尾藻对水质的指示作用需要后续研究。本章中水生植物对水质的指示作用适用于水生植物分布区域，不包括水生植物分布边界以外水域，此外，由于大风或强降雨等恶劣天气条件会造成湖泊底泥的再悬浮，此时水体会变得浑浊，水生植物对悬浮颗粒的吸附和沉降需要一定的时间，所以恶劣天气过后短时间内不适合利用水生植物盖度的大小来指示总悬浮物浓度和浊度（乔娜 等，2016）。

水生植物和水质的作用是相互的，沉水植物对水质具有净化作用，恶劣的水质同样影响着沉水植物的生长和分布（Shields et al.，2016）。富营养化浅水湖泊中水生植物会逐渐减少或消失（Scheffer et al.，2003），导致大面积的蓝藻水华暴发。因此，水生植物可以作为湖泊水环境水质状况的指示物。

23.3.4　微山湖水质时空变化分析

针对水生植物覆盖区，利用不同生长期内不同水草对水质的指示作用对微山湖水生植物覆盖区水体总悬浮物浓度和浊度进行定性反演；针对水体区，基于 2014 年 7 月至 2015 年 6 月在微山湖区 6 次试验获取的微山湖区水体总悬浮物浓度、浊度和准同步的 GF-1 和 HJ-1A/1B 多光谱影像，分别构建水体区总悬浮物浓度和浊度单波段/波段组合模型和偏最小二乘反演模型，不同模型决定系数见表 23-4。选择决定系数最高的单波段/波段组合模型或偏最小二乘模型对微山湖水体区总悬浮物浓度和浊度进行定量反演。2014 年 7 月至 2015 年 6 月微山湖水草区总悬浮物浓度的定性监测结果和水体区总悬浮物浓度的定量监测结果如图 23-7 和图 23-8 所示，其中 2015 年 4 月总悬浮物浓度测量数据无效，共 5 组反演结果；2014 年 7 月至 2015 年 6 月微山湖水草区浊度的定性监测结果和水体区浊度的定量监测结果如图 23-9 和图 23-10 所示。由于缺少处于衰亡期的光叶眼子菜和穗花狐尾藻对水体总悬浮物浓度和浊度的具体指示作用，未对 2014 年 8 月 29 日光叶眼子菜和穗花狐尾藻覆盖区水体总悬浮物浓度和浊度进行定性监测。

表 23-4　　　　　　　　　微山湖水体区总悬浮物浓度和浊度反演模型

水质指标	2014 年 7 月 21 日		2014 年 8 月 29 日		2014 年 11 月 17 日		2015 年 4 月 10 日		2015 年 5 月 25 日		2015 年 6 月 6 日	
	B3/B4[e]	PLS	B2[l]	PLS	B3/B1[l]	PLS	B1[l]	PLS	B3/B1[l]	PLS	B3[e]	PLS
总悬浮物浓度	0.60	**0.63**	0.76	**0.73**	**0.69**	0.72	—		0.74	**0.83**	**0.83**	0.67
浊度	0.60	**0.84**	0.90	**0.91**	**0.72**	0.67	**0.68**	0.64	0.75	**0.79**	**0.79**	0.63

注　e 代表指数拟合；l 代表线性拟合；黑体代表最终采用的模型。

由图 23-7 和图 23-8 可以看出，微山湖水体总悬浮物浓度具有显著的时空变异性。如图 23-7（a）所示，2014 年 7 月 21 日，位于微山湖区东北方向的菹草全部腐烂，生长期内吸收的大量营养盐集中释放，同时生成用于繁殖的鳞枝（张敏 等，2015），导致微山湖水体总悬浮物浓度显著增高，由定量监测结果可以看出微山湖区东北方向水体总悬浮物浓度普遍高于 100mg/L［图 23-8（a）］，而西南湖区水体总悬浮物浓度整体较低，总悬浮物浓度大都低于 20mg/L［图 23-7（a）］，这是因为此时该区域长有光叶眼子菜和穗花狐尾藻等沉水植物，沉水植物对悬浮物具有吸附和沉降作用（Ellil et al.，2006），同时抑制因风浪等原因造成的底泥的再悬浮（Zhang et al.，2014），降低了沉水植物生长区域水体总悬浮物浓度。如图 23-8（b）所示，2014 年 8 月 29 日，微山湖东北湖区水体总悬浮物较 2014 年 7 月 21 日有明显的降低，菹草短期内迅速降解造成的悬浮物浓度上升的持续

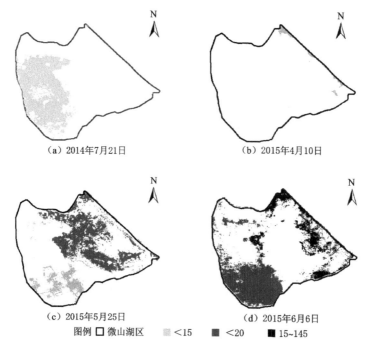

（a）2014年7月21日 　　　　　　　　　（b）2015年4月10日

（c）2015年5月25日 　　　　　　　　　（d）2015年6月6日

图例 □ 微山湖区 　■ <15 　■ <20 　■ 15~145

图 23-7 　微山湖水生植物覆盖区总悬浮物定性监测结果（单位：mg/L）

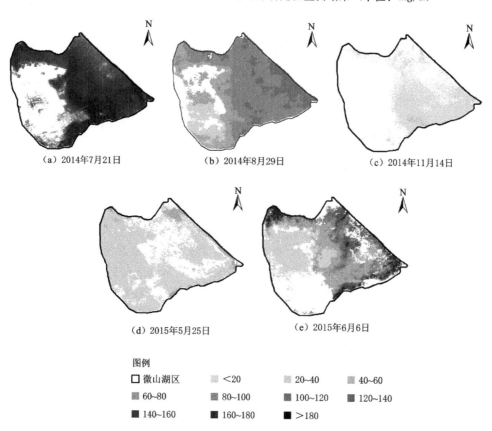

（a）2014年7月21日 　　　（b）2014年8月29日 　　　（c）2014年11月14日

（d）2015年5月25日 　　　　　　　（e）2015年6月6日

图例
□ 微山湖区 　■ <20 　■ 20~40 　■ 40~60
■ 60~80 　■ 80~100 　■ 100~120 　■ 120~140
■ 140~160 　■ 160~180 　■ >180

图 23-8 　微山湖水体区总悬浮物定量监测结果（单位：mg/L）

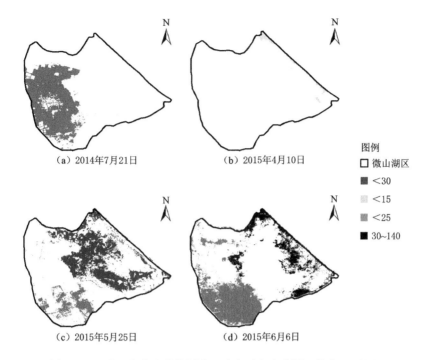

图 23-9　微山湖水生植物覆盖区浊度时空变化图（单位：NTU）

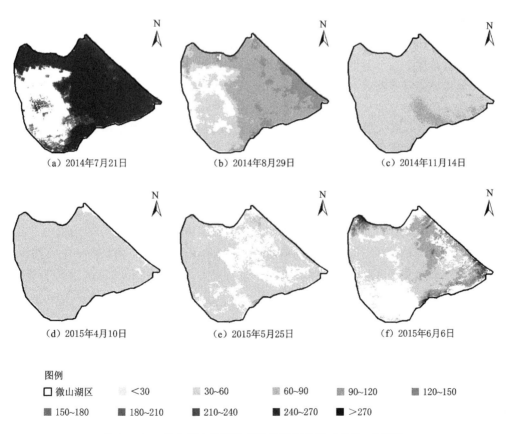

图 23-10　微山湖水体区浊度定量监测结果（单位：NTU）

时间较短，随着时间的推移，菹草衰亡产生的鳞枝和悬浮颗粒最终沉降至湖底（张敏 等，2015），总悬浮物浓度逐渐降低。由图 23-8（c）可以看出，2014 年 11 月 14 日微山湖区基本已无水草，加上悬浮物的沉降作用，水体总悬浮物浓度处于较低水平。由图 23-7（b）可以看出，2015 年 4 月 10 日微山湖东北边界处菹草开始快速生长，至 2015 年 5 月 25 日，微山湖整个东北湖区均被大量的菹草覆盖，西南湖区中的光叶眼子菜和穗花狐尾藻也开始生长，整个湖区的悬浮物浓度均处于较低水平［图 23-7（c）和图 23-8（d）］；由于菹草的生长周期较短，到 6 月初，微山湖区菹草迅速衰亡降解，导致微山湖东北区域总悬浮物浓度急剧上升，水质短时间内迅速恶化，而此时微山湖西南湖区长有大量的光叶眼子菜和穗花狐尾藻，总悬浮物浓度均处于较低水平［图 23-7（d）和图 23-8（e）］。

对比图 23-7 和图 23-9 以及图 23-8 和图 23-10，可以看出微山湖水体浊度的时空变化规律和总悬浮物浓度变化规律具有一致性，这是因为微山湖水体总悬浮物浓度和浊度具有显著的相关性，相关系数达 0.9 以上，微山湖水体浊度主要由总悬浮浓度主导（Cao et al.，2018）。微山湖水体总悬浮物浓度和浊度具有明显的时空变化规律，西南湖区生长着具有较长生长周期的光叶眼子菜和穗花狐尾藻，该区域水体总悬浮物浓度和浊度长期保持着较低水平，而东北湖区在 6 月之前长有大量的菹草，水质整体较好，但菹草在 6 月初会迅速衰亡降低，短期内产生大量的植物残体，导致该区域水质急剧恶化，随着菹草的完全降解，东北湖区的悬浮物浓度会逐渐降低。

23.4　本章小结

本章针对草型湖泊水生植物生长区域水质难以直接利用遥感监测的问题，提出考虑水生植物物候特征的草型湖泊水质监测方法，识别了 2014 年 7 月至 2015 年 6 月微山湖水体水生植物和水质的时空变化规律，得到如下主要结论。

（1）微山湖区长有大量水生植物，其中以光叶眼子菜、穗花狐尾藻和菹草等沉水植物为主，微山湖区光叶眼子菜、穗花狐尾藻和菹草具有显著的时空分布规律。时间上，三种水生植物的物候特征存在差异，其中菹草的生长周期较短，从初春开始迅速生长，到春末时达到峰值随后迅速衰亡降解，而光叶眼子菜和穗花狐尾藻的生长周期较长，从 5 月开始生长，到 7 月中旬达到峰值，随后慢慢衰亡，直至 11 月降解完全；空间上，菹草主要分布于微山湖东北湖区，而光叶眼子菜和穗花狐尾藻主要分布于微山湖西南湖区。

（2）不同水生植物在不同生长周期内对水质具有不同的指示作用。处于生长期内光叶眼子菜、穗花狐尾藻和菹草分布区域水质整体较好，悬浮物浓度和浊度基于低于 15mg/L 和 30NTU，但菹草从 6 月开始迅速衰亡降解，导致水体迅速恶化，总悬浮物浓度和浊度分布范围分别为 15~145mg/L 和 30~140NTU。

（3）微山湖总悬浮物浓度和浊度具有明显的时空分布规律。2014 年 7 月，随着菹草的凋亡降解，微山湖东北湖区水体总悬浮物浓度和浊度显著升高，随着时间的推移，东北湖区水体总悬浮物浓度和浊度逐渐降低；2015 年 4—5 月，由于东北湖区长有大量的菹草，整个东北湖区水质较好，但到 6 月，由于菹草的迅速凋亡，东北湖区的总悬浮物浓度和浊度逐渐上升。而西南湖区长有生长周期较长的光叶眼子菜和穗花狐尾藻，水体总悬浮物浓度和浊度一直保持较低水平。

（4）基于不同水生植物的物候特征，利用水生植物对水质的指示作用可以实现草型湖泊水生植物覆盖区域水质的定性监测，结合水质遥感模型对水体区水质的定量监测，可以实现整个草型湖泊水质的遥感监测。但受采样次数的限制，对不同水生植物在不同物候期内对水质的指示作用研究的还不够深入，后续将继续积累数据进行进一步的研究。

参考文献

常素云，吴涛，赵静静，2016. 不同沉水植物组配对北大港水库水体净化效果的影响 [J]. 环境工程学报，10（1）：439-444.

郭长城，喻国华，王国祥，2007. 菹草对水体悬浮泥沙及氮、磷污染物的净化 [J]. 水土保持学报，21（3）：108-111.

黄亮，吴乃成，唐涛，等，2010. 水生植物对富营养化水系统中氮、磷的富集与转移 [J]. 中国环境科学，30（S1）：1-6.

蒋云钟，冶运涛，王浩，2010. 基于物联网理念的流域智能调度技术体系刍议 [J]. 水利信息化，（4）：1-5.

蒋云钟，冶运涛，王浩，2011. 智慧流域及其应用前景 [J]. 系统工程理论与实践，31（6）：1174-1181.

蒋云钟，冶运涛，王浩，2014. 基于物联网的河湖水系连通水质水量智能调控及应急处置系统研究 [J]. 系统工程理论与实践，34（7）：1895-1903.

刘忠华，李云梅，吕恒，等，2011. 基于偏最小二乘法的巢湖悬浮物浓度反演 [J]. 湖泊科学，23（3）：357-365.

李瑶，张立福，黄长平，等，2016. 基于 MODIS 植被指数时间谱的太湖 2001—2013 年蓝藻爆发监测 [J]. 光谱学与光谱分析，36（5）：1406-1411.

李俊生，吴迪，吴远峰，等，2009. 基于实测光谱数据的太湖水华和水生高等植物识别 [J]. 湖泊科学，21（2）：215-222.

申秋实，周麒麟，邵世光，等，2014. 太湖草源性"湖泛"水域沉积物营养盐释放估算 [J]. 湖泊科学，26（2）：177-184.

乔娜，黄长平，张立福，等，2016. 典型浅水草型湖泊水体悬浮物浓度遥感反演 [J]. 湖北大学学报（自然科学版），38（6）：510-516.

秦伯强，2002. 长江中下游浅水湖泊富营养化发生机制与控制途径初探 [J]. 湖泊科学，14（3）：193-202.

王锦旗，郑有飞，王国祥，2011. 菹草种群对湖泊水质空间分布的影响 [J]. 环境科学，32（2）：416-422.

张兵，申茜，李俊生，等，2009. 太湖水体 3 种典型水质参数的高光谱遥感反演 [J]. 湖泊科学，21（2）：182-192.

张敏，尹传宝，张翠英 等，2015. 沉水植物菹草的生态功能及其应用现状 [J]. 中国水土保持，（3）：50-53.

张云，王圣瑞，段昌群，等，2018. 滇池沉水植物生长过程对间隙水氮、磷时空变化的影响 [J]. 湖泊科学，30（2）：314-325.

朱庆，李俊生，张方方，等，2016. 基于海岸带高光谱成像仪影像的太湖蓝藻水华和水草识别 [J]. 遥感技术与应用，31（5）：879-885.

朱云芳，朱利，李家国，等，2017. 基于 GF-1 WFV 影像和 BP 神经网络的太湖叶绿素 a 反演 [J]. 环境科学学报，37（1）：130-137.

ALI K A, ORTIZ J D, 2014. Multivariate approach for chlorophyll-a and suspended matter retrievals in Case Ⅱ type waters using hyperspectral data [J]. Hydrological Sciences Journal，61（1）：200-213.

BIRK S, ECKE F, 2014. The potential of remote sensing in ecological status assessment of coloured lakes using aquatic plants [J]. Ecological Indicators, 46 (11): 398 - 406.

BOLPAGNI R, BRESCIANI M, LAINI A, et al. , 2014. Remote sensing of phytoplankton - macrophyte coexistence in shallow hyper - eutrophic fluvial lakes [J]. Hydrobiologia, 737 (1): 67 - 76.

BONANSEA M, RODRIGUEZ M C, PINOTTI L, et al. , 2015. Using multi - temporal Landsat imagery and linear mixed models for assessing water quality parameters in Río Tercero reservoir (Argentina) [J]. Remote Sensing of Environment, 158: 28 - 41.

BROOKS C, GRIMM A, SHUCHMAN R, et al. , 2015. A satellite - based multi - temporal assessment of the extent of nuisance Cladophora, and related submerged aquatic vegetation for the Laurentian Great Lakes [J]. Remote Sensing of Environment, 157: 58 - 71.

CAO Y, YE Y T, ZHAO H L, et al. , 2018. Remote sensing of water quality based on HJ - 1A HSI imagery with modified discrete binary particle swarm optimization - partial least squares (MDBPSO - PLS) in inland waters: A case in Weishan Lake [J]. Ecological Informatics, 44: 21 - 32.

DEKKER A G, PHINN S R, ANSTEE J, et al. , 2011. Intercomparison of shallow water bathymetry, hydro - optics, and benthos mapping techniques in Australian and Caribbean coastal environments [J]. Limnology & Oceanography Methods, 9 (9): 396 - 425.

DÖRNHÖFER K, OPPELT N, 2016. Remote sensing for lake research and monitoring - Recent advances [J]. Ecological Indicators, 64: 105 - 122.

DUAN H T, MA R H, XU X F, et al. , 2009. Two - decade reconstruction of algal blooms in China's Lake Taihu [J]. Environmental Science & Technology, 43 (10): 3522 - 3528.

ELLIL A H A, 2006. Evaluation of the efficiency of some hydrophytes for trapping suspended matters from different aquatic ecosystems [J]. Biotechnology, 5 (1): 90 - 97.

GIARDINO C, BRESCIANI M, VALENTINI E, et al. , 2015. Airborne hyperspectral data to assess suspended particulate matter and aquatic vegetation in a shallow and turbid lake [J]. Remote Sensing of Environment, 157: 48 - 57.

GIARDINO C, BRESCIANI M, VILLA P, et al. , 2010. Application of remote sensing in water resource management: the case study of Lake Trasimeno, Italy [J]. Water Resources Management, 24 (14): 3885 - 3899.

GÜTTLER F N, SIMONA N, GOHINB F, 2013. Turbidity retrieval and monitoring of Danube Delta waters using multi - sensor optical remote sensing data: An integrated view from the delta plain lakes to the western - northwestern Black Sea coastal zone [J]. Remote Sensing of Environment, 132: 86 - 101.

HESTIR E L, BRANDO V E, BRESCIANI M, et al. , 2015. Measuring freshwater aquatic ecosystems: The need for a hyperspectral global mapping satellite mission [J]. Remote Sensing of Environment, 167: 181 - 195.

HICKS B J, STICHBURY G A, BRABYN L K, et al. , 2013. Hindcasting water clarity from Landsat satellite images of unmonitored shallow lakes in the Waikato region, New Zealand [J]. Environmental Monitoring & Assessment, 185 (9): 7245 - 7261.

HOU X, FENG L, DUAN H T, et al. , 2017. Fifteen - year monitoring of the turbidity dynamics in large lakes and reservoirs in the middle and lower basin of the Yangtze River, China [J]. Remote Sensing of Environment, 190: 107 - 121.

HUANG C, LI Y, YANG H, et al. , 2014. Assessment of water constituents in highly turbid productive water by optimization bio - optical retrieval model after optical classification [J]. Journal of Hydrology, 519: 1572 - 1583.

HUNTER P D, GILVEAR D J, TYLER A N, et al. , 2010. Mapping macrophytic vegetation in shallow lakes using the Compact Airborne Spectrographic Imager (CASI) [J]. Aquatic Conservation Marine & Freshwater Ecosystems, 20 (7): 717 - 727.

KIM W, MOON J E, PARK Y, et al. , 2016. Evaluation of chlorophyll retrievals from Geostationary Ocean Color Imager (GOCI) for the North - East Asian region [J]. Remote Sensing of Environment, 184: 482 - 495.

LOBO F L, COSTA M P F, NOVO E M L M, 2015. Time - series analysis of Landsat - MSS/TM/OLI images over Amazonian waters impacted by gold mining activities [J]. Remote Sensing of Environment, 157: 170 - 184.

MATTHEWS M W, BERNARD S, WINTER K, 2010. Remote sensing of cyanobacteria - dominant algal blooms and water quality parameters in Zeekoevlei, a small hypertrophic lake, using MERIS [J]. Remote Sensing of Environment, 114 (9): 2070 - 2087.

OPPELT N, SCHULZE F, BARTSCH I, et al. , 2012. Hyperspectral classification approaches for intertidal macroalgae habitat mapping: A case study in Heligoland [J]. Optical Engineering, 51 (11): 1371 - 1379.

PANIGRAHI S, WIKNER J, PANIGRAHY R C, et al. , 2009. Variability of nutrients and phytoplankton biomass in a shallow brackish water ecosystem (Chilika Lagoon, India) [J]. Limnology, 10 (2): 73 - 85.

PETUS C, CHUST G, GOHIN F, et al. , 2010. Estimating turbidity and total suspended matter in the Adour River plume (South Bay of Biscay) using MODIS 250 - m imagery [J]. Continental Shelf Research, 30 (5): 379 - 392.

SCHEFFER M, SZABÓ S, GRAGNANI A, et al. , 2003. Floating plant dominance as a stable state [J]. Proceedings of the National Academy of Sciences of the United States of America, 100 (7): 4040 - 4045.

SHI K, ZHANG Y L, ZHU G W, et al. , 2015. Long - term remote monitoring of total suspended matter concentration in Lake Taihu using 250 m MODIS - Aqua data [J]. Remote Sensing of Environment, 164: 43 - 56.

SHIELDS E C, MOORE K A, 2016. Effects of sediment and salinity on the growth and competitive abilities of three submersed macrophytes [J]. Aquatic Botany, 132: 24 - 29.

SONG K, LI L, TEDESCO L P, et al. , 2013. Remote estimation of chlorophyll - a in turbid inland waters: Three - band model versus GA - PLS model [J]. Remote Sensing of Environment, 136: 342 - 357.

SRIVASTAVA J K, CHANDRA H, KALRA S J S, et al. , 2017. Plant - microbe interaction in aquatic system and their role in the management of water quality: a review [J]. Applied Water Science, 7 (3): 1079 - 1090.

VILLA P, LAINI A, BRESCIANI M, et al. , 2013. A remote sensing approach to monitor the conservation status of lacustrine Phragmites australis beds [J]. Wetlands Ecology & Management, 21 (6): 399 -416.

WANG J, SHENG Y, TONG T S D, 2014. Monitoring decadal lake dynamics across the Yangtze Basin downstream of Three Gorges Dam [J]. Remote Sensing of Environment, 152: 251 - 269.

WU Z B, WANG Y N G, LIU B Y, et al. , 2009. Allelopathic effects of phenolic compounds present in submerged macrophytes on Microcystis aeruginosa [J]. Allelopathy Journal, 23 (2): 403 - 410

ZHANG Y L, SHI K, LIU X H, et al. , 2014. Lake topography and wind waves determining seasonal - spatial dynamics of total suspended matter in turbid Lake Taihu, China: Assessment using long - term high - resolution MERIS data [J]. Plos One, 9 (5): e98055.

第 24 章 面向智能服务的基于云计算的水资源 APP 构建技术

24.1 引言

水资源管理系统建设是水资源管理现代化的重要标志之一，它能有效解决水资源管理基础薄弱的问题，为支撑最严格的水资源管理制度的实施提供重要支撑（蒋云钟 等，2012）。利用水资源管理系统快速准确地掌握水资源信息可以提高决策的科学性和准确性，同时对于落实水资源管理"三条红线"控制具有重要意义。随着移动互联网技术的飞速发展和智能手机终端的迅猛普及，在智慧流域框架内（蒋云钟 等，2011），将智能终端融合在水资源管理工作中，开发水资源管理移动 APP，拓展基于物联网的水资源感知延伸范围（蒋云钟 等，2010、2014），可以有效提升水资源管理系统的协同性、机动性和智能化水平，为突破传统的固定地点、时间、工作设备的水资源业务工作方式，创新水资源管理模式开辟新的途径。

近年来，国内外有不少研究和应用部门着手研制各类移动水利信息发布的应用系统。如美国奥克兰民防部门组织研发的智能手机 APP，可以在诸如海啸、暴风和地震等自然灾害发生之前，向用户发出预警（王乃跃 等，2014）；德国、菲律宾等在抗洪减灾中使用社交 APP，弥补了灾害警报系统的不足（王乃跃 等，2014）；台湾省台北市开发了"台北市行动防灾 APP"（王乃跃 等，2014）；上海、浙江、江苏也已经实验性地开发出以智能终端设备为载体的 APP 防汛信息系统（虞开森 等，2010；黄康 等，2011；谈晓珊 等，2015；黄孔海 等，2006）；太湖流域也实验性地开发了移动水利信息 APP 模块（赵杏杏 等，2014）；很多应用还扩展到实时水文模型的数据计算与模拟数据的实时获取与发布。综合现状分析，APP 在水利中的应用主要集中在防汛信息系统，尚未普及应用，鲜有针对水资源管理研发的 APP 系统；现有水资源管理系统多在计算机终端实现，采用 C/S 或 B/S 架构发布信息，改善了信息获取服务方式，但无法支撑远程移动办公、巡查现场与水资源监控中心的实时互联互通。

为克服传统的水资源管理系统受时空限制导致信息获取及服务途径不灵活、工作效率不高的问题，以福建省水资源管理建设系统为例，基于云计算软件即服务（SaaS）的理念，提出了水资源智能 APP 构建模式，并研发了 APP 系统，成功部署在福建省及各设区市，提升了水资源业务办公效率。

24.2　水资源智能 APP 系统总体架构

根据福建省水资源业务移动式办理和信息服务在移动设备的展现等新的特点和需求，以省与设区市两级水资源管理系统的应用支撑平台作为基础环境支撑，构建水资源管理移动应用系统，实现水资源业务的移动式办理，水资源信息服务的移动设备展现和水资源预警信息的及时推送，从而提高办事效率，方便随时掌握水资源状况，提高应急事件处置的及时性。

福建省水资源管理移动应用系统是在福建省水资源管理系统的基础上，通过搭建移动应用中间件，对已实现的四大应用系统（水资源信息服务、业务管理、决策支持、应急管理）和两大门户系统（水资源业务应用、信息服务门户网）的部分功能模块实现移动终端设备的移植，总体架构如图 24-1 所示。福建省水资源管理移动应用系统架构于福建省水资源管理业务应用平台之上，主要由移动应用服务器端和移动应用客户端两部分组成。

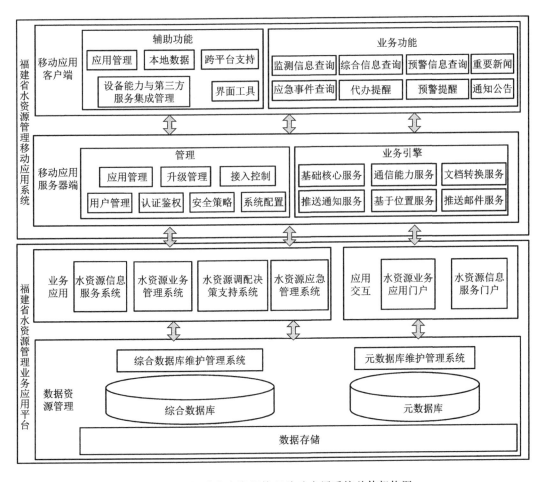

图 24-1　福建省水资源管理移动应用系统总体架构图

（1）移动应用服务器端。服务器端主要负责解决管理、后端（企业业务系统）与网络服务的集成问题，其逻辑功能分为管理（Manager）与业务引擎（Engine）两部分。其中统一的 Manager 负责提供应用、升级、接入控制等业务管理功能，以及用户管理、认证鉴权、安全策略、系统配置等运营管理功能；Engine 用来处理与企业的后端集成及通信、推送、位置等网络服务。根据应用场景的不同，Engine 又分为基础核心（BCS）、通信能力（CAS）、文档转换（DCS）、推送通知（PNS）、基于位置（LBS）、推送邮件（PMS）等 6 个独立的服务。服务之间采用 SOA 的松耦合模型，功能扩展方便；大规模部署时，也可以针对特定服务有针对性地提升处理能力。

（2）移动应用客户端。客户端主要为开发者解决跨平台、本地数据处理、终端及第三方能力的集成问题，并为最终用户提供统一的交互与管理界面。系统业务功能包括监测、综合、预警、应急信息管理，以及代办提醒、新闻与公告等。

24.3 水资源智能 APP 应用平台研发

24.3.1 APP 系统数据库概念模型

在水资源的开发利用及监控管理过程中，根据业务功能的不同，将水资源管理数据库中的表分为信息服务、调配决策支持、应急调度、业务管理信息四类。设计了数据库的概念模型，传感器和辅助设备的概念模型分别如图 24-2 和图 24-3 所示。

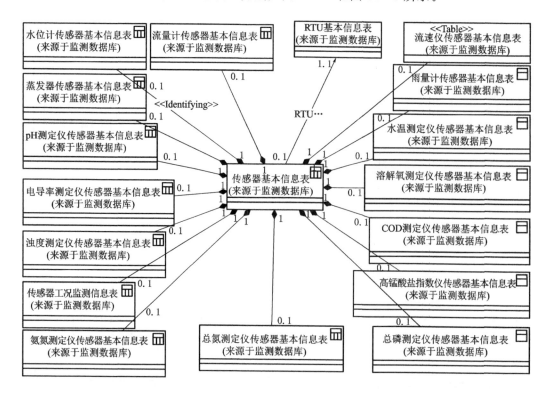

图 24-2　监测设备基础信息（传感器）的概念模型

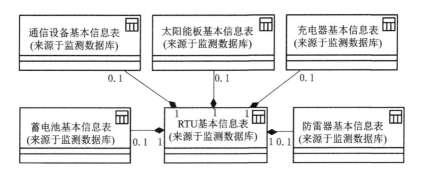

图 24 - 3　监测设备基础信息（辅助设备）的概念模型

24.3.2　APP 系统功能模型

　　系统采用静态建模和动态建模相结合的方式进行 APP 系统的建模模型，其中静态建模采用实体和控制等关系的类图描述，动态建模采用序列图描述。类图和序列图采用统一建模语言 UML 描述，对监测、综合、预警、应急和业务等信息服务及新闻公报服务功能部件，利用 UML 建模工具 Rational Ros Enterprise Edition 绘制。

24.3.3　水资源智能 APP 平台构建技术

　　目前智能型手机应用以 Google Android 与 Apple iOS 两大操作系统为代表，福建省水资源管理移动应用平台以这两个平台为主。移动应用平台的应用方式主要有 Web APP 和 Native APP 两种，两种方式各有优缺点：Native APP 客户端开发工作量大；软件升级和维护比较麻烦；每次版本更新都需要向官方市场提交审核；开发者需要针对不同的操作系统和不同分辨率的终端进行适配开发工作，但目前为止，其性能和用户体现都很难被 Web App 取代。Web App 服务器端的开发工作量大，逻辑复杂；需要在更多设备上进行测试；前端技术尚未标准化；不能有效使用移动设备的特性（传感器、GPS 定位、本地文件系统等）。考虑到 Web App 的标准化和扩展性难度较大，据福建省水资源管理系统开发的特点，本系统采用 Native App 方式，利用烽火星空移动中间件 ExMobi 开发实现。

　　烽火星空的 ExMobi 移动应用开发中间件由 ExMobi 客户端、ExMobi 服务端、MBuilder 集成开发工具等组成，通过全面的数据集成技术和丰富的跨平台客户端展现能力，将业务系统快速、安全、高效地移植于移动终端。ExMobi 从开发（IDE 环境）、集成（IT 系统对接、云服务）、打包（各个操作系统的应用打包）、发布（应用的运行）、管理（日志管理，更新管理）上提供了一整套的解决方案。烽火星空的 ExMobi 移动应用开发中间件主要由服务器端和客户端两部分软件组成。

　　基于 ExMobi 移动中间件的福建省水资源移动应用平台的体系结构如图 24 - 4 所示，由以下几部分组成。

　　（1）用户访问层。由基于 iOS 和 Android 操作系统的移动终端设备组成，提供移动应用服务的请求、用户交互与结果展示。

　　（2）网络接入层。移动终端和业务应用服务平台通信的物理基础，可以利用 Wi - Fi、

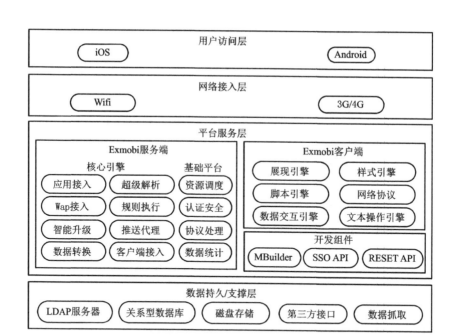

图 24 - 4 移动 APP 体系结构

2G、3G、4G 等基础网络服务。

（3）平台服务层。采用 Exmobi 服务端、Exmobi 客户端及开发组件等提供服务。Ex-Mobi 服务端组件主要负责解决管理、后端与网络服务的集成问题；ExMobi 客户端组件主要为开发者解决跨平台、用户图形界面开发、本地数据处理、终端及第三方能力的集成问题，并为最终用户提供统一的交互及管理界面。开发组件 MBuilder 是基于 Eclipse 定制开发的专用集成开发工具，主要用来解决移动应用的开发、调试、打包问题，可以大幅度提供开发者在程序开发、调试、测试及发布环节的开发效率，并通过云托管平台的协作，解决移动应用的测试与发布问题。

（4）数据持久/支撑层。为平台核心组件、业务应用、增值应用提供一个统一、安全和并发的数据持久机制，完成对各种数据持久化的编程工作，并为平台服务层提供服务。该层提供了数据访问方法，并定义好数据接口及远程数据抓取规则，方便平台在部署中的应用与服务集成。

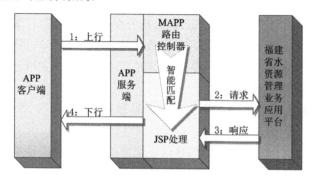

图 24 - 5 移动 APP 系统运行原理

移动 APP 系统运行原理如图 24 - 5 所示，ExMobi 服务端获取到客户端的上行指令后，根据 MAPP 中的路由控制器找到处理该命令的 JSP，在 JSP 中请求第三方系统并把响应结果格式化为客户端识别的语言（UIXML、JSON、XML 和文档等数据格式），并下行给客户端进行展示。

24.4　水资源智能 APP 系统功能实现

福建省水资源管理移动应用系统总体功能结构如图 24-6 所示。

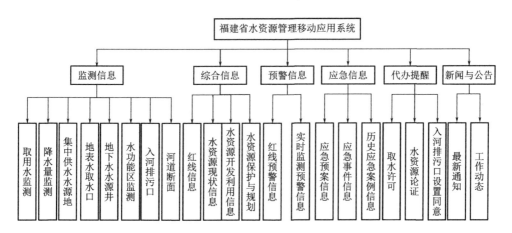

图 24-6　福建省水资源管理移动应用系统功能结构图

24.4.1　监测信息功能实现

该功能模块将福建省水资源管理系统中汇集到的各类水资源相关监测信息及其汇总信息在智能手机终端、PDA 等移动终端设备上查询展示。

1．取用水监测

用于实时查看监测系统采集的主要取水户的取水情况、分区域分时段的取水统计数据、各取用水户对应取用水监测站的水位和流量等信息，通过统计图、过程线、表格等多种样式展示。

2．降水量监测信息

提供对降水量监测站点的实时水量数据及日、月、年降水量汇总数据根据给定条件查询功能，并绘制降水趋势过程线图，反映降水量变化趋势情况。

3．集中供水水源地监测信息

主要展示集中供水水源地监测站点实时监测的水位、流量信息，以及基于实时监测数据汇集的集中供水水源地日、月、年供水量信息，包括表格、统计图、过程线等展示方式。

4．水功能区监测信息

主要提供对水功能实时监测的水情、水质信息进行查询展示，方便相关使用人员及时掌握水功能区的水情及水质状况，包括表格、统计图、过程线等展示方式。

5．地表水取水口监测

主要提供对地表水取水口的实时流量监测信息进行查询展示，同时对实时信息进行整编，并将整编后的取水量信息进行展示。

6. 地下水取水井监测

地下水取水井监测主要对地下水取水井的水位、流量实时监测信息进行查询展示，同时对实时信息进行整编，并将整编后的开采量信息进行展示。

7. 入河排污口监测信息

主要提供对入河排污口实时监测的流量、水质信息进行查询展示，方便相关使用人员及时掌握入河排污口的排污量及水质等信息，包括表格、统计图、过程线等展示方式。包括排污量和排污口水质等监测模块。

8. 河道断面监测信息

主要提供对河道断面实时监测的水情、水质信息进行查询展示，同时对基于监测信息汇总的河道断面的水量信息进行查询展示，方便相关业务人员及时掌握河道断面的水情、水质及水量信息，包括表格、统计图、过程线等展示方式。

24.4.2 综合信息功能实现

对水资源现状、开发利用和保护等信息结构化处理后，采用图、表等多种形式综合展现，直观反映三条红线指标信息，以及水资源现状、开发利用、保护等方面信息。

1. 红线指标信息

主要对水资源三条红线指标信息及基于三条红线的考核结果信息的展示，具体包括三条红线年度、规划目标信息及年度考核结果信息等。

2. 水资源现状信息

主要提供对降水量、地表地下水资源量、出入境水量、大中型水库蓄水量等信息的查询。

3. 水资源开发利用信息

主要提供对许可水量、供水量、用水量等情况的查询展示。

4. 水资源保护信息

主要提供对水质评价、水功能区评价、入河排污口的排污量及水生态保护等信息的展示。

24.4.3 监督预警功能实现

主要针对三条红线监督预警，提供对用水总量控制、用水效率、水功能区纳污控制三条红线进行指标红线及预警信息的展示，实现红线可见、现状可监。

本模块以图表形式为用户提供统计分析和数据管理功能，并将相关功能在移动终端设备上进行查询展示，使得相关领导和业务人员能够随时随地查看水资源相关预警信息，便于及时处置预警，提高业务处理和事件响应效率。

用水总量功能是对年度取用水总量进行监督，通过对取用水总量相关各指标项的计划值、红线指标值与实际值进行对比分析，形成监督结果。取用水总量在不同的范围区间以不同的颜色预警。

万元工业增加值用水量下降率、农田灌溉有效利用率和水功能区达标率功能是对年度万元工业增加值用水量下降率、年度农田灌溉有效利用率和年度水功能区达标率进行监督，通过对红线指标值与实际值对比分析，形成监督结果，同时可设定预警阈值，根据预警阈值进行预警分析。

24.4.4　应急信息功能实现

水资源应急信息服务于突发灾害事件时的水资源管理工作，针对不同类型突发事件提出相应的应急响应方案和处置措施，最大限度地保证供水安全。

该模块主要实现对水资源相关应急预案、应急事件及其处置、应急案例等信息进行移动终端设备上的查询展示，使得相关领导和业务人员能够随时随地查看应急信息，便于及时处置应急事件，提高应急事件的处理能力和响应效率。

24.4.5　代办提醒

为提高办事效率，实时查询业务申请的办理情况，及时对未处理事项进行处理，系统提供移动终端代办提醒功能，对于最新产生的代办事宜系统及时生成代办提醒信息发送给相关人员的移动终端设备，移动终端设备接收到代办提醒信息后采用闪烁及声音提醒的方式通知终端使用人员，从而保证代办事宜得到及时处理。移动终端只进行代办提醒，并不进行实际业务办理。

24.4.6　新闻与公告

新闻与公告服务模块主要实现水资源相关重要新闻和通知公告信息在移动终端设备的查询展示，包含最新通知和工作动态两部分内容。

24.5　水资源智能 APP 系统应用

水资源智能 APP 系统客户端软件只需一键安装到移动终端设备，系统移动服务器端利用 Web Service 技术，可以在不同地域、操作系统和数据库管理系统上建立多个水资源信息源，实现分布式部署，这不仅充分保障了水资源信息的安全可靠，还有效解决了单点数据源承载过多客户端导致响应缓慢的问题，实现了终端应用层的信息融合共享。

福建省水资源智能 APP 系统在福建省和 8 个设区市已完成定制部署。按照"全集开发、子集定制部署"的总体思想，先开发适用于省及设区市移动应用系统的通用功能，再根据各自特点进行个性化定制。定制部署过程分为以下 3 个阶段：第 1 个阶段，基于通用福建省水资源移动应用系统定制部署省级水资源移动应用系统，并进行相关配置、测试工作，根据发现的问题完善通用移动应用系统；第 2 个阶段，选择一个基础较好的设区市作为移动应用系统定制部署的试点，通过该试点设区市的定制部署进一步完善移动应用系统；第 3 个阶段，对其他 7 个设区市定制部署。

24.6　本章小结

目前开发的水资源管理系统仍是采用固定终端的应用服务方式，限制了业务管理人员和社会公众的办公和办事效率提升。随着移动互联网和智能移动终端的逐步普及，以及水资源管理移动式办公、信息主动式服务及信息及时推送的需求，利用 APP 模式改进完善现有水资源管理系统成为信息系统的发展方向，但是目前尚无成功经验借鉴。本文以福建省水资源管理系统为例，结合三条红线控制移动化服务需求，分析了业务应用平台可以在移动终端设备移植的功能结构，结合云计算 SaaS 理念，提出了通用型的水资源智能 APP 的总体架构。在利用统一建模语言 UML 建立移动应用系统的数据库概念模型和功能模型的基础上，以福建省水资源管理系统的应用支撑平台和数据资源管理平台作为环境支撑，研发了支持 Android 和 iOS 操作系统的水资源智能 APP 系统，实现了监测、综合、预警、应急信息管理，以及代办提醒、新闻与公告等功能。研发的 APP 系统采用"全集开发、子集定制部署"的总体思想，已成功定制部署在福建省和 8 个设区市，证明了本章提出的水资源智能 APP 系统构建模式的可行性和实用性，并被《国家水资源监控能力建设项目实施方案（2016—2018 年）》所采纳。以后还需要在多租户并发、2D/3D 一张图、水利专业模型向移动终端移植等方面开展深入研究。

参考文献

黄孔海，邱超，虞开森，等，2006. 基于 WebGIS 的实时水情信息发布与预警系统的设计与实现 [J]. 水文，26（4）：73 - 77.

黄康，虞开森，俞志强，等，2011. 面向服务的防汛 GIS 支撑平台设计与实现 [J]. 浙江大学学报（理学版），38（4）：456 - 460.

蒋云钟，万毅，2012. 国家水资源监控能力建设功能需求及实施策略 [J]. 中国水利，（7）：26 - 30.

蒋云钟，冶运涛，王浩，2010. 基于物联网的流域水资源智能调度技术刍议 [J]. 水利信息化，（4）：1 - 5.

蒋云钟，冶运涛，王浩，2011. 智慧流域及其应用前景 [J]. 系统工程理论与实践，31（6）：1174 - 1181.

蒋云钟，冶运涛，王浩，2014. 基于物联网的河湖水系连通水质水量智能监控及应急处置系统研究 [J]. 系统工程理论与实践，34（7）：1895 - 1903.

谈晓珊，高军，2015. 基于 Android 的移动水利信息查询平台设计与实现 [J]. 江苏水利，（8）：38 - 40.

王乃跃，张帆，2014. "智慧水利"应重视手机 APP 的应用 [J]. 中国水利，（7）：16 - 17.

虞开森，骆小龙，余魁，2010. 基于 iphone 的防汛掌上通平台设计与应用 [J]. 水利水电科技进展，30（6）：74 - 77.

赵杏杏，张晓祥，2014. 移动水利信息 APP 模块的设计与实现 [J]. 测绘工程，23（7）：46 - 50.